JN251003

理工系の基礎

数学 II

数学 編集委員会 編

小池 直之／山川 大亮／金子 宏／黒沢 健／宮岡 悦良
瀬尾 隆／石渡 恵美子／相原 研輔／関川 浩／周 冠宇 著

丸善出版

刊行にあたって

科学における発見は我々の知的好奇心の高揚に寄与し，また新たな技術開発は日々の生活の向上や目の前に山積するさまざまな課題解決への道筋を照らし出す．その活動の中心にいる科学者や技術者は，実験や分析，シミュレーションを重ね，仮説を組み立てては壊し，適切なモデルを構築しようと，日々研鑽を繰り返しながら，新たな課題に取り組んでいる．

彼らの研究や技術開発の支えとなっている武器の一つが，若いときに身に付けた基礎学力であることは間違いない．科学の世界に限らず，他の学問やスポーツの世界でも同様である．基礎なくして応用なし，である．

本シリーズでは，理工系の学生が，特に大学入学後 1，2 年の間に，身に付けておくべき基礎的な事項をまとめた．シリーズの編集方針は大きく三つあげられる．第一に掲げた方針は，「一生使える教科書」を目指したことである．この本の内容を習得していればさまざまな場面に応用が効くだけではなく，行き詰ったときの備忘録としても役立つような内容を随所にちりばめたことである．

第二の方針は，通常の教科書では複数冊の書籍に分かれてしまう分野においても，1 冊にまとめたところにある．教科書として使えるだけではなく，ハンドブックや便覧のような網羅性を併せ持つことを目指した．

また，高校の授業内容や入試科目によっては，前提とする基礎学力が習得されていない場合もある．そのため，第三の方針として，講義における学生の感想やアンケート，また既存の教科書の内容などと照らし合わせながら，高校との接続教育という視点にも十分に配慮した点にある．

本シリーズの編集・執筆は，東京理科大学の各学科において，該当の講義を受け持つ教員が行った．ただし，学内の学生のためだけの教科書ではなく，広く理工系の学生に資する教科書とは何かを常に念頭に置き，上記編集方針を達成するため，議論を重ねてきた．本シリーズが国内の理工系の教育現場にて活用され，多くの優秀な人材の育成・養成につながることを願う．

2017 年 12 月

東京理科大学　学長

藤　嶋　　　昭

序　文

数学は，科学の基礎としての重要な研究分野であるばかりでなく，科学技術が発展した今日の情報社会の基盤を支えているといっても過言ではない．こうした時代においては，数学・応用数学を専門とする学部学生だけではなく，数学系以外の分野を専門とする理工系の学生たちも，数学全般を見渡せるための素養を身に付けることは大切である．このことを念頭に置いて，本書は応用数学を含めた数学のいくつかの分野を俯瞰できるように工夫した．学部学生が本書を教科書や参考書として利用するだけではなく，各章で扱われている分野の学習を一度終えた読者がこれまでの学習を振り返るためにハンドブックとして活用することで，さらに理解が深まることと考えている．第Ⅱ巻は2，3年次で学ぶ幾何学，確率論，統計解析，計算数学の分野をまとめた．また，本書と対をなす第Ⅰ巻では数学の基礎知識，微分積分学，解析学，線形代数学，代数学の分野を解説しているので，併せて活用していただきたい．以下に第Ⅱ巻の各章の特徴を記述する．

第6章では，幾何学について解説する．幾何学とは，変換群の与えられた空間内の図形の性質でその変換群の各元の作用に関して不変なものを研究する学問である．本章では，特にその変換群が等長変換群とよばれるものの場合，つまりユークリッド幾何学，さらにリーマン幾何学について解説する．6.1節では，幾何学のみならず解析学さらに数学以外の物理学，化学の分野においても基礎知識として必要とされるベクトル解析について解説する．6.2，6.3節では，3次元ユークリッド空間内の曲線論，曲面論について解説する．曲線，曲面は，それぞれ1次元多様体，2次元多様体とよばれるものになり，さらに，それらの上に自然に定義される計量とともに，リーマン多様体とよばれるものになる．6.4節では，多様体論，さらにリーマン多様体論について解説する．

第7章は，授業あるいは教科書でランダムネスを伴う現象や理論に接している学習者のために，目的に応じ，整備された知識体系を習得するための要所が確認できるよう，道標を織り込んだ確率論のクラッシュコースである．カラテオドリの拡張定理の証明などの，他の分野にも関係し得る事項については，読者の興味による，自発的な学習に委ねることとし，授業あるいは他の教科書で詳述されることが多い定理の証明等は割愛した．一方，測度論の的確な使いこなしや，複数のランダムネスがおりなす興味深い展開については，なるべく説明を省略せず，学習基盤の確かな確立，多様たり得る発展の方向性について，目標設定に即した学習上の見極めがしやすいよう配慮しつつ，学部での学習で触れ得る内容を網羅的に扱った．

第8章では数理統計学について解説する．統計学は，近年，中高等学校などの教育で積極的に取り入れられているばかりでなく，実社会においても大いに注目されている．本章では，大学で学ぶ数理統計学の中で特に多変量解析で重要である多変量正規分布について，基本的な事項を説明している．また，多変量正規分布と密接に関連するウィッシャート分布の定義とその性質，そして，平均ベクトルの検定などに用いられるホテリングの T^2 統計量についても解説している．次に，統計モデルとして最もよく利用される回帰モデルの数理的背景などを説明している．単回帰モデルから始まり，重回帰モデルについて説明し，決定係数やパラメータの推測，線形仮説問題についても詳細に解説している．

第9章は，数値計算に関して，学部の授業で扱う基本的な解法から，自然現象などの理解・予測に関わる実用的な問題まで含めている．昨今，科学技術計算の対象は大規模化し，応用範囲も幅広くなったが，その数学的基盤にあるのは数値解析である．数値計算は有限桁による近似計算のため，誤差は避けられないが，厳密には解けない問題にアプローチする有効な手段といえる．多くの数値解法の中から問題ごとに適したものを選ぶには，理論を理解するとともに，実際に計算結果を見極めることが大切である．例示を含めた問題については，ぜひ読者自身でも確認してもらいたい．証明や詳細を割愛した事項は，文献を参考にしていただけたら幸いである．

最後に，本書を作成するにあたって，ご協力いただいた方々に心から感謝の意を表したい．とりわけ，三崎一朗氏をはじめとする丸善出版株式会社の方々には大変お世話になった．心より謝意を表する次第である．

2017年12月

執筆者を代表して　小池直之
金子　宏
宮岡悦良
石渡恵美子

目　次

6. 幾　何　学　1

7. 確　　率　　論　55

8. 統　計　解　析　109

9. 計 算 数 学 129

6. 幾　何　学

6.1　ベクトル解析

6.1.1　スカラー積・ノルム・ユークリッド距離

以下，$\mathbb{R}^n$ の元 $(a_1, a_2, \ldots, a_n)$ を (a_i) などと略記する．

線形代数学で，ベクトル $\boldsymbol{a} = (a_i), \boldsymbol{b} = (b_i) \in \mathbb{R}^n$ の和

$$\boldsymbol{a} + \boldsymbol{b} = (a_i + b_i) \in \mathbb{R}^n,$$

および $\boldsymbol{a} = (a_i) \in \mathbb{R}^n$ の $\lambda \in \mathbb{R}$ によるスカラー倍

$$\lambda\boldsymbol{a} = (\lambda a_i) \in \mathbb{R}^n$$

を定義した．

定義 6.1.1. $\boldsymbol{a} = (a_i), \boldsymbol{b} = (b_i) \in \mathbb{R}^n$ のスカラー積 (scalar product) $\boldsymbol{a} \cdot \boldsymbol{b} \in \mathbb{R}$ を

$$\boldsymbol{a} \cdot \boldsymbol{b} = a_1 b_1 + a_2 b_2 + \cdots + a_n b_n$$

と定める．スカラー積を標準内積ともよぶ．

例 6.1.1. $i = 1, 2, \ldots, n$ に対し，第 i 成分が 1 で他の成分がすべて 0 であるような $\mathbb{R}^n$ の元を $\boldsymbol{e}_i$ で表す．$\boldsymbol{e}_i$ たちのスカラー積は

$$\boldsymbol{e}_i \cdot \boldsymbol{e}_j = \delta_{ij} \quad (i, j = 1, 2, \ldots, n)$$

となる．ここで δ_{ij} はクロネッカーのデルタ (Kronecker delta) とよばれる記号で

$$\delta_{ij} = \begin{cases} 1 & (i = j) \\ 0 & (i \neq j) \end{cases}$$

と定義される．

命題 6.1.2. $\boldsymbol{a}, \boldsymbol{b}, \boldsymbol{c} \in \mathbb{R}^n$ および $\lambda \in \mathbb{R}$ に対し次が成り立つ．

(1) $\boldsymbol{a} \cdot \boldsymbol{b} = \boldsymbol{b} \cdot \boldsymbol{a}$.

(2) $(\boldsymbol{a} + \boldsymbol{b}) \cdot \boldsymbol{c} = \boldsymbol{a} \cdot \boldsymbol{c} + \boldsymbol{b} \cdot \boldsymbol{c}$,
$\boldsymbol{a} \cdot (\boldsymbol{b} + \boldsymbol{c}) = \boldsymbol{a} \cdot \boldsymbol{b} + \boldsymbol{a} \cdot \boldsymbol{c}$.

(3) $(\lambda\boldsymbol{a}) \cdot \boldsymbol{b} = \boldsymbol{a} \cdot (\lambda\boldsymbol{b}) = \lambda(\boldsymbol{a} \cdot \boldsymbol{b})$.

(4) $\boldsymbol{a} \cdot \boldsymbol{a} \geq 0$, かつ $\boldsymbol{a} \cdot \boldsymbol{a} = 0 \Leftrightarrow \boldsymbol{a} = \boldsymbol{0}$.

定義 6.1.3. $\boldsymbol{a} = (a_i) \in \mathbb{R}^n$ のノルム (norm) $\|\boldsymbol{a}\| \in \mathbb{R}$ を

$$\|\boldsymbol{a}\| = \sqrt{\boldsymbol{a} \cdot \boldsymbol{a}} = \sqrt{a_1^2 + a_2^2 + \cdots + a_n^2}$$

と定める．

問 6.1.1. 次の不等式が成り立つことを示せ．

$$\max_{1 \leq i \leq n} |a_i| \leq \|\boldsymbol{a}\| \leq \sum_{i=1}^{n} |a_i|$$

命題 6.1.4 (コーシー-シュワルツの不等式)**.** $\boldsymbol{a}, \boldsymbol{b} \in \mathbb{R}^n$ に対し

$$|\boldsymbol{a} \cdot \boldsymbol{b}| \leq \|\boldsymbol{a}\|\|\boldsymbol{b}\|$$

が成り立ち，さらに等号が成立するためには $\boldsymbol{a}, \boldsymbol{b}$ が 1 次従属であることが必要十分である．

定理 6.1.5. $\boldsymbol{a}, \boldsymbol{b} \in \mathbb{R}^n$ および $\lambda \in \mathbb{R}$ に対し次が成り立つ．

(1) $\|\boldsymbol{a}\| \geq 0$, かつ $\|\boldsymbol{a}\| = 0 \Leftrightarrow \boldsymbol{a} = \boldsymbol{0}$.

(2) $\|\lambda\boldsymbol{a}\| = |\lambda|\|\boldsymbol{a}\|$.

(3) $\|\boldsymbol{a} + \boldsymbol{b}\| \leq \|\boldsymbol{a}\| + \|\boldsymbol{b}\|$.

命題 6.1.4 より $\boldsymbol{a}, \boldsymbol{b} \neq \boldsymbol{0}$ ならば

$$-1 \leq \frac{\boldsymbol{a} \cdot \boldsymbol{b}}{\|\boldsymbol{a}\|\|\boldsymbol{b}\|} \leq 1$$

であるから，

$$\frac{\boldsymbol{a} \cdot \boldsymbol{b}}{\|\boldsymbol{a}\|\|\boldsymbol{b}\|} = \cos\theta, \quad 0 \leq \theta \leq \pi$$

を満たす $\theta \in \mathbb{R}$ が唯一つ存在する．この θ を $\boldsymbol{a}$ と $\boldsymbol{b}$ のなす角 (angle) という．

定義 6.1.6. $\boldsymbol{a}, \boldsymbol{b} \in \mathbb{R}^n$ が $\boldsymbol{a} \cdot \boldsymbol{b} = 0$ を満たすとき，$\boldsymbol{a}$ と $\boldsymbol{b}$ は互いに直交する (orthogonal)，または垂直である (perpendicular) といい，$\boldsymbol{a} \perp \boldsymbol{b}$ と書く．

問 6.1.2. $\boldsymbol{a}_1, \boldsymbol{a}_2, \ldots, \boldsymbol{a}_k \in \mathbb{R}^n$ $(k < n)$ に対し，次の条件を満たす $\boldsymbol{b} \in \mathbb{R}^n$ が存在することを示せ．

$$\boldsymbol{b} \perp \boldsymbol{a}_i \ (i = 1, 2, \ldots, k), \quad \|\boldsymbol{b}\| = 1$$

定義 6.1.7. $\boldsymbol{p}, \boldsymbol{q} \in \mathbb{R}^n$ の間のユークリッド距離 (Euclidean distance) を

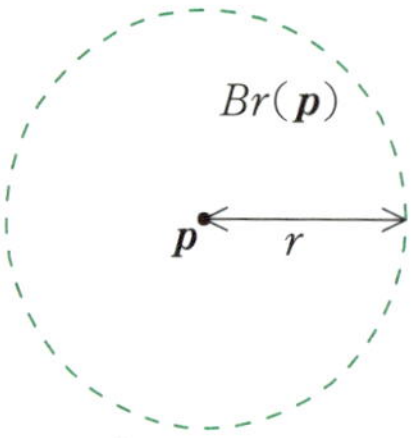

図 6.1.1　$\mathbb{R}^2$ における開球

$$d(\boldsymbol{p}, \boldsymbol{q}) = \|\boldsymbol{p} - \boldsymbol{q}\|$$

と定める．

例 6.1.2. $n = 1$ のとき，$p, q \in \mathbb{R}$ に対し $d(p, q) = |p - q|$ となる．これは数直線上の 2 点 a, b 間の距離である．

$n = 2$ のとき，$d(\boldsymbol{p}, \boldsymbol{q}) = \sqrt{(p_1 - q_1)^2 + (p_2 - q_2)^2}$ となる．これは xy 平面上の 2 点 $(p_1, p_2), (q_1, q_2)$ 間の距離である．

上の例からわかる通り，ユークリッド距離 $d(\boldsymbol{p}, \boldsymbol{q})$ は $\boldsymbol{p}, \boldsymbol{q}$ を位置ベクトルとする 2 点間の距離の概念を一般の n の場合に拡張したものである．したがってユークリッド距離 $d(\boldsymbol{p}, \boldsymbol{q})$ を扱う際は，$\boldsymbol{p}, \boldsymbol{q}$ をベクトルではなく（それらを位置ベクトルとする）n 次元空間内の点と考えた方が都合が良い．$\mathbb{R}^n$ の各元をベクトルではなく点とみなしているとき，$\mathbb{R}^n$ を n 次元**ユークリッド空間 (Euclidean space)** とよぶ．またこのとき $\boldsymbol{p} = (p_i) \in \mathbb{R}^n$ の第 i 成分 p_i を点 $\boldsymbol{p}$ の**第 i 座標 (i-th coordinate)** とよぶ．

定理 6.1.8. $\boldsymbol{p}, \boldsymbol{q}, \boldsymbol{r} \in \mathbb{R}^n$ に対し次が成り立つ．
(1) $d(\boldsymbol{p}, \boldsymbol{q}) \geq 0$, かつ $d(\boldsymbol{p}, \boldsymbol{q}) = 0 \Leftrightarrow \boldsymbol{p} = \boldsymbol{q}$.
(2) $d(\boldsymbol{p}, \boldsymbol{q}) = d(\boldsymbol{q}, \boldsymbol{p})$.
(3) $d(\boldsymbol{p}, \boldsymbol{r}) \leq d(\boldsymbol{p}, \boldsymbol{q}) + d(\boldsymbol{q}, \boldsymbol{r})$.

問 6.1.3. 定理 6.1.5 を用いて定理 6.1.8 を示せ．

定義 6.1.9. $\boldsymbol{p} \in \mathbb{R}^n$, $r > 0$ に対し，部分集合 $B_r(\boldsymbol{p}) \subset \mathbb{R}^n$ を

$$B_r(\boldsymbol{p}) = \{\boldsymbol{x} \in \mathbb{R}^n \mid d(\boldsymbol{p}, \boldsymbol{x}) < r\}$$

によって定め，これを点 $\boldsymbol{p}$ を中心とする半径 r の**開球 (open ball)** とよぶ．

例 6.1.3. $n = 1$ のとき，$B_r(p) = (p - r, p + r)$ である．また $n = 2$ のとき，$B_r(\boldsymbol{p})$ は点 $\boldsymbol{p} = (p_1, p_2)$ を中心とする半径 r の円の内部（開円板），すなわち

$$\{(x_1, x_2) \in \mathbb{R}^2 \mid (x_1 - p_1)^2 + (x_2 - p_2)^2 < r^2\}$$

となる．

定義 6.1.10. $S \subset \mathbb{R}^n$, $\boldsymbol{p} \in \mathbb{R}^n$ とする．

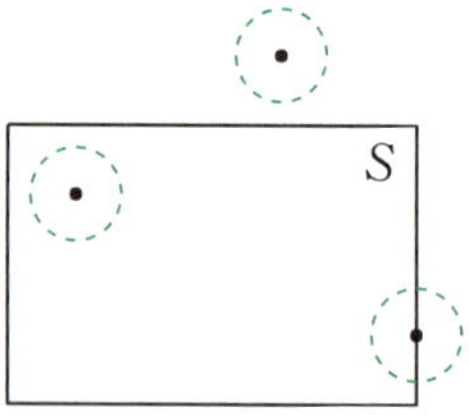

図 6.1.2　内点・外点・境界点

(1) $B_\varepsilon(\boldsymbol{p}) \subset S$ となる $\varepsilon > 0$ が存在するとき $\boldsymbol{p}$ を S の**内点 (interior point)** とよぶ．
(2) $B_\varepsilon(\boldsymbol{p}) \cap S = \emptyset$ となる $\varepsilon > 0$ が存在するとき $\boldsymbol{p}$ を S の**外点 (exterior point)** とよぶ．
(3) $\boldsymbol{p}$ が S の内点でも外点でもないとき $\boldsymbol{p}$ を S の**境界点 (boundary point)** とよぶ．

S の外点は補集合 S^c の内点に他ならない．定義から S の内点は S に属し，S の外点は S に属さない．一方 S の境界点は S に属すときも属さないときもある．

例 6.1.4. $n = 1$ とし，$S = [0, 1) \subset \mathbb{R}$ とおく．このとき任意の $p \in (0, 1)$ は S の内点である．実際，$\varepsilon = \min\{p, 1 - p\}$ とおくと $\varepsilon > 0$ であり，また $p - \varepsilon \geq 0$, $p + \varepsilon \leq 1$ が成り立つ．よって

$$B_\varepsilon(p) = (p - \varepsilon, p + \varepsilon) \subset (0, 1).$$

また，任意の $p \in (-\infty, 0) \cup (1, \infty)$ は S の外点である．実際，$p \in (-\infty, 0)$ のときは $\varepsilon = -p > 0$ とおくと $B_\varepsilon(p) \subset (-\infty, 0)$ より $B_\varepsilon(p) \cap S = \emptyset$ となるし，$p \in (1, \infty)$ のときは $\varepsilon = p - 1 > 0$ とおくと $B_\varepsilon(p) \subset (1, \infty)$ より $B_\varepsilon(p) \cap S = \emptyset$. 一方，$p = 0, 1$ は S の境界点である．実際，$\varepsilon > 0$ がどれだけ小さくても $B_\varepsilon(p) \not\subset S$, $B_\varepsilon(p) \cap S \neq \emptyset$ となってしまう．

例 6.1.5. $n = 2$ とし，$S = [0, 1) \times (0, 1] \subset \mathbb{R}^2$ とおく．このとき任意の $\boldsymbol{p} = (p_1, p_2) \in (0, 1)^2$ は，$\varepsilon = \min\{p_1, 1 - p_1, p_2, 1 - p_2\}$ とおくと $B_\varepsilon(\boldsymbol{p}) \subset S$ となるので S の内点である．また $([0, 1]^2)^c$ 内の任意の点は S の外点である．実際，$\boldsymbol{p} \in ([0, 1]^2)^c$ とすると $p_1 \notin [0, 1]$ または $p_2 \notin [0, 1]$ である．簡単のため $p_1 \notin [0, 1]$ とすると，$p_1 > 1$ ならば $\varepsilon = p_1 - 1$ とおき，$p_1 < 0$ ならば $\varepsilon = -p_1$ とおけば $B_\varepsilon(\boldsymbol{p}) \cap S = \emptyset$ となる．一方 $[0, 1]^2 \setminus (0, 1)^2$ の任意の点は S の境界点である．

定義 6.1.11. $S \subset \mathbb{R}^n$ とする．
(1) S の内点全体を S° とおき，S の**内部 (interior)** とよぶ．
(2) S の境界点全体を ∂S とおき，S の**境界 (boundary)** とよぶ．
(3) $\overline{S} = S \cup \partial S$ とおき，これを S の**閉包 (closure)** と

よぶ．

$\mathbb{R}^n$ のどの点も S の内点，外点，境界点のどれかであるから

$$\mathbb{R}^n = S^\circ \cup \partial S \cup (S^c)^\circ$$

が成り立ち，S のどの点も S の内点か境界点であるから $\overline{S} = S^\circ \cup \partial S$ である．

例 6.1.6. 例 6.1.4 で述べたことから，$S = [0, 1) \subset \mathbb{R}$ のとき

$$S^\circ = (0, 1), \quad \partial S = \{0, 1\}$$

であり，$\overline{S} = [0, 1]$ となる．また例 6.1.5 で述べたことから $S = [0, 1) \times (0, 1] \subset \mathbb{R}^2$ のとき

$$S^\circ = (0, 1)^2, \quad \overline{S} = [0, 1]^2$$

である．

問 6.1.4. (1) $\mathbb{R}$ の一般の区間 S に対し，S°, $\overline{S}$ を求めよ．

(2) $S \subset \mathbb{R}^n$ が $\mathbb{R}$ の n 個の区間の直積であるとき，S°, $\overline{S}$ を求めよ．

(3) S が $\mathbb{R}^n$ の開球であるとき，$S^\circ = S$ であることを示せ．また $\overline{S}$ を求めよ．

定義 6.1.12. $\partial S \subset S$ となる $S \subset \mathbb{R}^n$ を $\mathbb{R}^n$ の**閉集合 (closed set)** とよび，$\partial S \cap S = \emptyset$ となる $S \subset \mathbb{R}^n$ を $\mathbb{R}^n$ の**開集合 (open set)** とよぶ．

定義から，$S \subset \mathbb{R}^n$ が閉集合となるためには $\overline{S} = S$ となることが必要十分であり，開集合となるためには $S^\circ = S$ となることが必要十分である．

命題 6.1.13. $\mathbb{R}^n$ の部分集合 S に対する次の条件は同値である．

(1) S は $\mathbb{R}^n$ の開集合である．

(2) 任意の $\boldsymbol{p} \in S$ に対し，$B_\varepsilon(\boldsymbol{p}) \subset S$ となる $\varepsilon > 0$ が存在する．

問 6.1.5. $\mathbb{R}^n$ の開球，および n 個の開区間の直積は $\mathbb{R}^n$ の部分集合として開集合であることを示せ．

6.1.2　ベクトル積

ここではベクトル積とよばれる $\mathbb{R}^3$ における 2 項演算を導入し，その基本的な性質を紹介する．

定義 6.1.14. $\boldsymbol{a} = (a_1, a_2, a_3)$, $\boldsymbol{b} = (b_1, b_2, b_3) \in \mathbb{R}^3$ の**ベクトル積 (vector product)** $\boldsymbol{a} \times \boldsymbol{b} \in \mathbb{R}^3$ を

$$\boldsymbol{a} \times \boldsymbol{b} = \left(\begin{vmatrix} a_2 & a_3 \\ b_2 & b_3 \end{vmatrix}, \begin{vmatrix} a_3 & a_1 \\ b_3 & b_1 \end{vmatrix}, \begin{vmatrix} a_1 & a_2 \\ b_1 & b_2 \end{vmatrix} \right)$$

と定める．ベクトル積を外積ともいう．

ベクトル積は形式的に

$$\boldsymbol{a} \times \boldsymbol{b} = \begin{vmatrix} \boldsymbol{e}_1 & \boldsymbol{e}_2 & \boldsymbol{e}_3 \\ a_1 & a_2 & a_3 \\ b_1 & b_2 & b_3 \end{vmatrix}$$

と書くと覚えやすい．右辺の行列式を第 1 行で展開すると確かに左辺が得られる．ただしこの第 1 行に並んでいるものはベクトルであり数ではないので，これはあくまでベクトル積を覚えやすくするための形式的な表示である．

問 6.1.6. 次の等式を示せ．

$$\boldsymbol{e}_1 \times \boldsymbol{e}_1 = \boldsymbol{e}_2 \times \boldsymbol{e}_2 = \boldsymbol{e}_3 \times \boldsymbol{e}_3 = \boldsymbol{0}$$
$$\boldsymbol{e}_1 \times \boldsymbol{e}_2 = -\boldsymbol{e}_2 \times \boldsymbol{e}_1 = \boldsymbol{e}_3$$
$$\boldsymbol{e}_2 \times \boldsymbol{e}_3 = -\boldsymbol{e}_3 \times \boldsymbol{e}_2 = \boldsymbol{e}_1$$
$$\boldsymbol{e}_3 \times \boldsymbol{e}_1 = -\boldsymbol{e}_1 \times \boldsymbol{e}_3 = \boldsymbol{e}_2$$

命題 6.1.15. $\boldsymbol{a}, \boldsymbol{b}, \boldsymbol{c} \in \mathbb{R}^3$ および $\lambda \in \mathbb{R}$ に対し次が成り立つ．

(1) $\boldsymbol{a} \times \boldsymbol{b} = -\boldsymbol{b} \times \boldsymbol{a}$.

(2) $(\boldsymbol{a} + \boldsymbol{b}) \times \boldsymbol{c} = \boldsymbol{a} \times \boldsymbol{c} + \boldsymbol{b} \times \boldsymbol{c}$.

(3) $(\lambda \boldsymbol{a}) \times \boldsymbol{b} = \lambda(\boldsymbol{a} \times \boldsymbol{b})$.

上に挙げたベクトル積の性質と問 6.1.6 の等式のみを用いて一般のベクトル積を計算することができる．

例 6.1.7. $\boldsymbol{a} = (1, 1, 1)$, $\boldsymbol{b} = (3, 0, 2)$ に対し，

$$\begin{aligned} \boldsymbol{a} \times \boldsymbol{b} &= (\boldsymbol{e}_1 + \boldsymbol{e}_2 + \boldsymbol{e}_3) \times (3\boldsymbol{e}_1 + 2\boldsymbol{e}_3) \\ &= 2\boldsymbol{e}_1 \times \boldsymbol{e}_3 + 3\boldsymbol{e}_2 \times \boldsymbol{e}_1 \\ &\quad + 2\boldsymbol{e}_2 \times \boldsymbol{e}_3 + 3\boldsymbol{e}_3 \times \boldsymbol{e}_1 \\ &= 2\boldsymbol{e}_1 + \boldsymbol{e}_2 - 3\boldsymbol{e}_3 \end{aligned}$$

となる．

問 6.1.7. 次の $\boldsymbol{a}, \boldsymbol{b} \in \mathbb{R}^3$ に対し，ベクトル積 $\boldsymbol{a} \times \boldsymbol{b}$ とそのノルム $\|\boldsymbol{a} \times \boldsymbol{b}\|$ を求めよ．

(1) $\boldsymbol{a} = (1, 0, 1)$, $\boldsymbol{b} = (2, -1, 3)$

(2) $\boldsymbol{a} = (1, 3, -2)$, $\boldsymbol{b} = (2, 1, 1)$

命題 6.1.16. $\boldsymbol{a}, \boldsymbol{b}, \boldsymbol{c} \in \mathbb{R}^3$ に対し

$$\boldsymbol{a} \times (\boldsymbol{b} \times \boldsymbol{c}) = (\boldsymbol{c} \cdot \boldsymbol{a})\boldsymbol{b} - (\boldsymbol{a} \cdot \boldsymbol{b})\boldsymbol{c}$$
$$\boldsymbol{a} \times (\boldsymbol{b} \times \boldsymbol{c}) + \boldsymbol{b} \times (\boldsymbol{c} \times \boldsymbol{a}) + \boldsymbol{c} \times (\boldsymbol{a} \times \boldsymbol{b}) = \boldsymbol{0}$$

が成り立つ．

命題 6.1.17. $\boldsymbol{a} = (a_i)$, $\boldsymbol{b} = (b_i)$, $\boldsymbol{c} = (c_i) \in \mathbb{R}^3$ に対し

$$\boldsymbol{a} \cdot (\boldsymbol{b} \times \boldsymbol{c}) = \begin{vmatrix} a_1 & a_2 & a_3 \\ b_1 & b_2 & b_3 \\ c_1 & c_2 & c_3 \end{vmatrix}$$

が成り立つ．

$\boldsymbol{a}\cdot(\boldsymbol{b}\times\boldsymbol{c})$ を $\boldsymbol{a}, \boldsymbol{b}, \boldsymbol{c}$ のスカラー 3 重積 (scalar triple product) とよぶ．

問 6.1.8. ベクトル $\boldsymbol{a}, \boldsymbol{b}, \boldsymbol{c} \in \mathbb{R}^3$ が 1 次独立なら，スカラー 3 重積の絶対値 $|\boldsymbol{a}\cdot(\boldsymbol{b}\times\boldsymbol{c})|$ は $\boldsymbol{a}, \boldsymbol{b}, \boldsymbol{c}$ によって張られる平行六面体の体積に等しいことを示せ．

命題 6.1.17 と行列式の性質から次の二つの系が導かれる．

系 6.1.18. $\boldsymbol{a}, \boldsymbol{b}, \boldsymbol{c} \in \mathbb{R}^3$ に対し

$$\boldsymbol{a}\cdot(\boldsymbol{b}\times\boldsymbol{c}) = \boldsymbol{b}\cdot(\boldsymbol{c}\times\boldsymbol{a}) = \boldsymbol{c}\cdot(\boldsymbol{a}\times\boldsymbol{b})$$

が成り立つ．

系 6.1.19. 任意の $\boldsymbol{a}, \boldsymbol{b} \in \mathbb{R}^3$ は $\boldsymbol{a}\times\boldsymbol{b}$ に垂直である．

命題 6.1.20. $\boldsymbol{a}, \boldsymbol{b}, \boldsymbol{c}, \boldsymbol{d} \in \mathbb{R}^3$ に対し

$$(\boldsymbol{a}\times\boldsymbol{b})\cdot(\boldsymbol{c}\times\boldsymbol{d}) = \begin{vmatrix} \boldsymbol{a}\cdot\boldsymbol{c} & \boldsymbol{a}\cdot\boldsymbol{d} \\ \boldsymbol{b}\cdot\boldsymbol{c} & \boldsymbol{b}\cdot\boldsymbol{d} \end{vmatrix}$$

が成り立つ．

系 6.1.21. $\boldsymbol{a}, \boldsymbol{b} \in \mathbb{R}^3$ に対し

$$\|\boldsymbol{a}\times\boldsymbol{b}\|^2 = \begin{vmatrix} \boldsymbol{a}\cdot\boldsymbol{a} & \boldsymbol{a}\cdot\boldsymbol{b} \\ \boldsymbol{b}\cdot\boldsymbol{a} & \boldsymbol{b}\cdot\boldsymbol{b} \end{vmatrix}$$

が成り立つ．

上式右辺の行列式を $\boldsymbol{a}, \boldsymbol{b}$ のグラミアン (Gramian) とよぶ．

$\boldsymbol{a}$ と $\boldsymbol{b}$ のなす角を θ とすると，

$$\begin{aligned} \begin{vmatrix} \boldsymbol{a}\cdot\boldsymbol{a} & \boldsymbol{a}\cdot\boldsymbol{b} \\ \boldsymbol{b}\cdot\boldsymbol{a} & \boldsymbol{b}\cdot\boldsymbol{b} \end{vmatrix} &= \|\boldsymbol{a}\|^2\|\boldsymbol{b}\|^2 - (\boldsymbol{a}\cdot\boldsymbol{b})^2 \\ &= \|\boldsymbol{a}\|^2\|\boldsymbol{b}\|^2(1-\cos^2\theta) \\ &= \|\boldsymbol{a}\|^2\|\boldsymbol{b}\|^2\sin^2\theta \end{aligned}$$

であるから

$$\|\boldsymbol{a}\times\boldsymbol{b}\| = \|\boldsymbol{a}\|\|\boldsymbol{b}\|\sin\theta$$

が成り立つ．

命題 6.1.22. 任意の $\boldsymbol{a}, \boldsymbol{b} \in \mathbb{R}^3$ に対し，$\|\boldsymbol{a}\times\boldsymbol{b}\|$ は $\boldsymbol{a}, \boldsymbol{b}$ がつくる平行四辺形の面積に等しい．

定義 6.1.23. $\mathbb{R}^3$ の順序付けられた基底 $(\boldsymbol{a}, \boldsymbol{b}, \boldsymbol{c})$ で $\boldsymbol{a}\cdot(\boldsymbol{b}\times\boldsymbol{c}) > 0$ となるものを右手系 (right-handed system) とよび，$\boldsymbol{a}\cdot(\boldsymbol{b}\times\boldsymbol{c}) < 0$ となるものを左手系 (left-handed system) とよぶ．

右手（または左手）の親指，人差し指，中指を使って無理なく同時に指し示せる 3 方向のベクトルを一つずつとり順に $\boldsymbol{a}, \boldsymbol{b}, \boldsymbol{c}$ とすると，これらが 1 次独立であれば $(\boldsymbol{a}, \boldsymbol{b}, \boldsymbol{c})$ は右手系（または左手系）となる．

例 6.1.8. $\mathbb{R}^3$ の標準基底 $(\boldsymbol{e}_1, \boldsymbol{e}_2, \boldsymbol{e}_3)$ は右手系であり，$(\boldsymbol{e}_3, \boldsymbol{e}_2, \boldsymbol{e}_1)$ は左手系である．

命題 6.1.24. $\boldsymbol{a}, \boldsymbol{b} \in \mathbb{R}^3$ が 1 次独立であるとき，$(\boldsymbol{a}, \boldsymbol{b}, \boldsymbol{a}\times\boldsymbol{b})$ は右手系である．

6.1.3　ベクトル値関数の極限と連続性

一般に，集合 M からベクトル空間への写像を M 上のベクトル値関数 (vector-valued function) とよび，特に $\mathbb{R}^m$ への写像を $\mathbb{R}^m$ 値関数 ($\mathbb{R}^m$-valued function) とよぶ．$\boldsymbol{f}: M \to \mathbb{R}^m$ を M 上の $\mathbb{R}^m$ 値関数とすると，各 $p \in M$ に対し $\boldsymbol{f}(p) \in \mathbb{R}^m$ であるから

$$\boldsymbol{f}(p) = (f_1(p), f_2(p), \ldots, f_m(p)) = (f_i(p))$$

と表すことができる．このとき M 上の実数値関数 $f_i: p \mapsto f_i(p)$ $(i = 1, 2, \ldots, m)$ を $\boldsymbol{f}$ の第 i 成分 (i-th component) とよび，$\boldsymbol{f}$ を

$$\boldsymbol{f} = (f_1, f_2, \ldots, f_m) = (f_i)$$

と表す．

集合 M 上の $\mathbb{R}^m$ 値関数 $\boldsymbol{f}, \boldsymbol{g}$ と M 上の実数値関数 λ に対し，M 上の $\mathbb{R}^m$ 値関数 $\boldsymbol{f}+\boldsymbol{g}, \lambda\boldsymbol{f}$ を

$$\left.\begin{aligned} (\boldsymbol{f}+\boldsymbol{g})(p) &= \boldsymbol{f}(p)+\boldsymbol{g}(p) \\ (\lambda\boldsymbol{f})(p) &= \lambda(p)\boldsymbol{f}(p) \end{aligned}\right. \quad (p \in M)$$

と定め，M 上の実数値関数 $\boldsymbol{f}\cdot\boldsymbol{g}$ を

$$(\boldsymbol{f}\cdot\boldsymbol{g})(p) = \boldsymbol{f}(p)\cdot\boldsymbol{g}(p) \quad (p \in M)$$

と定める．また $m = 3$ の場合，M 上の $\mathbb{R}^3$ 値関数 $\boldsymbol{f}\times\boldsymbol{g}$ を

$$(\boldsymbol{f}\times\boldsymbol{g})(p) = \boldsymbol{f}(p)\times\boldsymbol{g}(p) \quad (p \in M)$$

と定める．

$\mathbb{R}$ の区間 I 上の実数値関数 $f: I \to \mathbb{R}$ を，I 内を動く変数 x と終域 $\mathbb{R}$ 内を動く変数 y を用いて $y = f(x)$ と表すのが便利だったように，定義域 M が $\mathbb{R}^n$ の部分集合である場合は，M 上の $\mathbb{R}^m$ 値関数 $\boldsymbol{f}: M \to \mathbb{R}^m$ を M 内を動く変数 $\boldsymbol{x} = (x_j)$ と $\mathbb{R}^m$ 内を動く変数 $\boldsymbol{u} = (u_i)$ を用いて $\boldsymbol{u} = \boldsymbol{f}(\boldsymbol{x})$ と表すと便利である．今後このような表示も適宜用いる．この表示における $\boldsymbol{x}$ を独立変数，$\boldsymbol{u}$ を従属変数とよぶ．なお $n \leqq 3$ の場合，変数 $\boldsymbol{x}$ の座標についてこれまで通り

$$x_1 = x, \quad x_2 = y, \quad x_3 = z$$

と書くことが多い．

$\boldsymbol{u} = \boldsymbol{f}(\boldsymbol{x})$ を $\mathbb{R}^n$ の部分集合 M 上の $\mathbb{R}^m$ 値関数とし，点 $\boldsymbol{p} \in \mathbb{R}^n$ は次の条件を満たすとする．

$$B_r(\boldsymbol{p}) \setminus \{\boldsymbol{p}\} \subset M \text{ となる } r > 0 \text{ が存在する}$$

つまり，$\boldsymbol{p}$ と異なるが $\boldsymbol{p}$ に十分近い点はすべて M に含まれているとする．

定義 6.1.25. $\boldsymbol{\lambda} \in \mathbb{R}^m$ とする．任意の $\varepsilon > 0$ に対し $\delta > 0$ が存在し，$d(\boldsymbol{x}, \boldsymbol{p}) < \delta$ を満たす任意の $\boldsymbol{x} \in M$ に対し $d(\boldsymbol{f}(\boldsymbol{x}), \boldsymbol{\lambda}) < \varepsilon$ が成り立つとき，$\boldsymbol{\lambda}$ を $\mathbb{R}^m$ 値関数 $\boldsymbol{f}(\boldsymbol{x})$ の $\boldsymbol{x} \to \boldsymbol{p}$ における**極限 (limit)** とよび

$$\boldsymbol{\lambda} = \lim_{\boldsymbol{x} \to \boldsymbol{p}} \boldsymbol{f}(\boldsymbol{x})$$

と表す．

問 6.1.9. $\boldsymbol{\lambda} = (\lambda_i)$, $\boldsymbol{f} = (f_i)$ と成分表示する．このとき $\boldsymbol{\lambda} = \lim_{\boldsymbol{x} \to \boldsymbol{p}} \boldsymbol{f}(\boldsymbol{x})$ であることと，$\lambda_i = \lim_{\boldsymbol{x} \to \boldsymbol{p}} f_i(\boldsymbol{x})$ がすべての $i = 1, 2, \ldots, m$ で成り立つことは同値であることを示せ．

定義 6.1.26. $\boldsymbol{f}$ を $\mathbb{R}^n$ の開集合 U 上の $\mathbb{R}^n$ 値関数とする．U の各点 $\boldsymbol{p}$ で

$$\lim_{\boldsymbol{x} \to \boldsymbol{p}} \boldsymbol{f}(\boldsymbol{x}) = \boldsymbol{f}(\boldsymbol{p})$$

が成り立つとき，$\boldsymbol{f}$ は U 上**連続 (continuous)** であるという．

連続関数を **C^0 級関数 (function of class C^0)** ともよぶ．

6.1.4 ベクトル値関数の微分

l を正の整数または ∞ とする．

定義 6.1.27. $\mathbb{R}$ の開区間 I 上の C^l 級実数値関数 $f_1, f_2, \ldots, f_m : I \to \mathbb{R}$ を成分とする $\mathbb{R}^m$ 値関数 $\boldsymbol{f} = (f_i) : I \to \mathbb{R}^m$ を I 上の **C^l 級 $\mathbb{R}^m$ 値関数 ($\mathbb{R}^m$-valued function of class C^l)** とよぶ．

開区間 I 上の C^l 級 $\mathbb{R}^m$ 値関数 $\boldsymbol{f} = (f_i)$ に対し，各成分の導関数を成分とする $\mathbb{R}^m$ 値関数 $\boldsymbol{f}' = (f_i')$ を考えることができる．これを実数値関数の場合と同様 $\boldsymbol{f}$ の導関数とよぶ．定義から

$$\boldsymbol{f}'(p) = \lim_{h \to 0} \frac{\boldsymbol{f}(p+h) - \boldsymbol{f}(p)}{h} \quad (p \in I)$$

が成り立つ．

定義 6.1.28. $I \subset \mathbb{R}$ が開区間とは限らない一般の区間であるとき，I を含むある開区間 $\tilde{I}$ 上の C^l 級 $\mathbb{R}^m$ 値関数 $\tilde{\boldsymbol{f}}$ の制限として得られる写像 $\boldsymbol{f} = \tilde{\boldsymbol{f}}|_I : I \to \mathbb{R}^m$ を，I 上の C^l 級 $\mathbb{R}^m$ 値関数という．$\boldsymbol{f}$ の導関数を，$\tilde{\boldsymbol{f}}$ の導関数の I 上への制限として定める．

命題 6.1.29. 区間 I 上の C^1 級 $\mathbb{R}^m$ 値関数 $\boldsymbol{f}, \boldsymbol{g}$ および I 上の C^1 級実数値関数 h に対し

$$(\boldsymbol{f} + \boldsymbol{g})' = \boldsymbol{f}' + \boldsymbol{g}'$$

$$(h\boldsymbol{f})' = h'\boldsymbol{f} + h\boldsymbol{f}'$$

$$(\boldsymbol{f} \cdot \boldsymbol{g})' = \boldsymbol{f}' \cdot \boldsymbol{g} + \boldsymbol{f} \cdot \boldsymbol{g}'$$

が成り立ち，さらに $m = 3$ のときは

$$(\boldsymbol{f} \times \boldsymbol{g})' = \boldsymbol{f}' \times \boldsymbol{g} + \boldsymbol{f} \times \boldsymbol{g}'$$

が成り立つ．

問 6.1.10. 区間 I 上の C^2 級 $\mathbb{R}^3$ 値関数 $\boldsymbol{f}$ に対し

$$(\boldsymbol{f} \times \boldsymbol{f}')' = \boldsymbol{f} \times \boldsymbol{f}''$$

が成り立つことを示せ．

問 6.1.11. 区間 I 上の C^1 級 $\mathbb{R}^3$ 値関数 $\boldsymbol{f}$ が $\boldsymbol{f}(t) \neq \boldsymbol{0}$ $(t \in I)$ を満たすとき次が成り立つことを示せ．

(1) $\boldsymbol{f} \cdot \boldsymbol{f}' \equiv 0$ ならば $\|\boldsymbol{f}\|$ は一定である．

(2) $\boldsymbol{f} \times \boldsymbol{f}' \equiv \boldsymbol{0}$ ならば $\boldsymbol{f}/\|\boldsymbol{f}\|$ は一定である．

U を $\mathbb{R}^n$ の開集合とし，$j \in \{1, 2, \ldots, n\}$ とする．U 上の実数値関数 $u = f(\boldsymbol{x})$ は，任意の $\boldsymbol{p} \in U$ に対し極限

$$\frac{\partial f}{\partial x_j}(\boldsymbol{p}) = \lim_{h \to 0} \frac{f(\boldsymbol{p} + h\boldsymbol{e}_j) - f(\boldsymbol{p})}{h}$$

が存在するとき第 j 座標 x_j に関し U 上偏微分可能であるといい，U 上の関数 $\dfrac{\partial f}{\partial x_j}$ を f の第 j 偏導関数とよんだ．さらにこの関数が x_i $(i = 1, 2, \ldots, n)$ に関し偏微分可能であるとき，得られる偏導関数を

$$\frac{\partial^2 f}{\partial x_i \partial x_j}$$

と書いた（2 階偏導関数）．より一般に k を正の整数として，k 階偏導関数

$$\frac{\partial^k f}{\partial x_{j_1} \partial x_{j_2} \cdots \partial x_{j_k}}$$

が f に対する適切な仮定（f は x_{j_k} に関し偏微分可能であり，その偏導関数は $x_{j_{k-1}}$ に関し偏微分可能であり，その偏導関数は・・・以下略）の下で定義される．なお 1 変数関数 $u = f(x)$ の導関数を $\dfrac{du}{dx}$ と書くことがあったように，f の代わりに従属変数 u を用いて上を

$$\frac{\partial^k u}{\partial x_{j_1} \partial x_{j_2} \cdots \partial x_{j_k}}$$

と書くこともある．一般に k 階までの偏導関数がすべて存在し，それら偏導関数がすべて U 上連続であるとき，f を U 上の C^k 級関数とよんだ．またすべての正の整数 k について C^k 級であるような関数を C^∞ 級関数とよんだ．

定義 6.1.30. U 上の $\mathbb{R}^m$ 値関数 $\boldsymbol{u} = \boldsymbol{f}(\boldsymbol{x})$ は，各成分 f_i $(i = 1, 2, \ldots, m)$ が U 上 C^l 級であるとき，U 上 **C^l 級である**といい，各 $j \in \{1, 2, \ldots, n\}$ に対し

$$\frac{\partial \boldsymbol{f}}{\partial x_j} = \left(\frac{\partial f_1}{\partial x_j}, \frac{\partial f_2}{\partial x_j}, \ldots, \frac{\partial f_m}{\partial x_j} \right)$$

によって定まる U 上の C^{l-1} 級 $\mathbb{R}^m$ 値関数 $\dfrac{\partial \boldsymbol{f}}{\partial x_j}$ を $\boldsymbol{f}$ の**第 j 偏導関数** (***j*-th partial derivative**) とよぶ.

以後表記を簡単にするため

$$\partial_j \boldsymbol{f} = \frac{\partial \boldsymbol{f}}{\partial x_j} \quad (j = 1, 2, \ldots, n)$$

と書く. ∂_j $(j = 1, 2, \ldots, n)$ は**微分演算子** (**differential operator**) とよばれ, どの変数で偏微分しているかをより明確にするため ∂_{x_j} と書かれることもある. 特に $n \leq 3$ の場合は

$$\partial_1 = \partial_x, \quad \partial_2 = \partial_y, \quad \partial_3 = \partial_z$$

である.

命題 6.1.31. $\boldsymbol{f}, \boldsymbol{g}$ を U 上の C^1 級 $\mathbb{R}^m$ 値関数とし, h を U 上の C^1 級実数値関数とすると, 各 $j \in \{1, 2, \ldots, n\}$ に対し

$$\partial_j(\boldsymbol{f} + \boldsymbol{g}) = \partial_j \boldsymbol{f} + \partial_j \boldsymbol{g}$$
$$\partial_j(h\boldsymbol{f}) = (\partial_j h)\boldsymbol{f} + h(\partial_j \boldsymbol{f})$$
$$\partial_j(\boldsymbol{f} \cdot \boldsymbol{g}) = (\partial_j \boldsymbol{f}) \cdot \boldsymbol{g} + \boldsymbol{f} \cdot (\partial_j \boldsymbol{g})$$

が成り立ち, さらに $m = 3$ のとき

$$\partial_j(\boldsymbol{f} \times \boldsymbol{g}) = (\partial_j \boldsymbol{f}) \times \boldsymbol{g} + \boldsymbol{f} \times (\partial_j \boldsymbol{g})$$

が成り立つ.

定義 6.1.32. M を $\mathbb{R}$ の区間または $\mathbb{R}^n$ の開集合とする. M から $\mathbb{R}^m$ の部分集合 S への写像 $\varphi: M \to S$ は, 包含写像 $\iota: S \to \mathbb{R}^m$ との合成 $\iota \circ \varphi$ が M 上の C^l 級 $\mathbb{R}^m$ 値関数であるとき **C^l 級写像**とよばれる ($l = 0$ のときは**連続写像** (**continuous map**) ともよばれる).

6.1.5　スカラー場とベクトル場

U を $\mathbb{R}^n$ の開集合とする.

定義 6.1.33. U 上の C^l 級実数値関数を U 上の C^l 級**スカラー場** (**scalar field**) といい, U 上の C^l 級 $\mathbb{R}^n$ 値関数を U 上の C^l 級**ベクトル場** (**vector field**) とよぶ.

「場」という言葉は U の各点にスカラーやベクトルなどの量を付随させるという意味合いをもつ.

注意 6.1.1. 一般の C^l 級ベクトル値関数 $U \to \mathbb{R}^m$ をベクトル場とはよばない. ベクトル場とよばれるためには $m = n$ でなければならない.

例 6.1.9. 写像 $\boldsymbol{r}: \mathbb{R}^n \to \mathbb{R}^n$, $r: \mathbb{R}^n \to \mathbb{R}$ を

$$\boldsymbol{r}(\boldsymbol{x}) = \boldsymbol{x}, \quad r(\boldsymbol{x}) = d(\boldsymbol{0}, \boldsymbol{x}) = \|\boldsymbol{x}\| \quad (\boldsymbol{x} \in \mathbb{R}^n)$$

によって定めれば, $\boldsymbol{r}$ は $\mathbb{R}^n$ 上のベクトル場であり, r は $\mathbb{R}^n$ 上のスカラー場である.

平面 $\mathbb{R}^2$ 上のベクトル場 $\boldsymbol{v}$ については, さまざまな

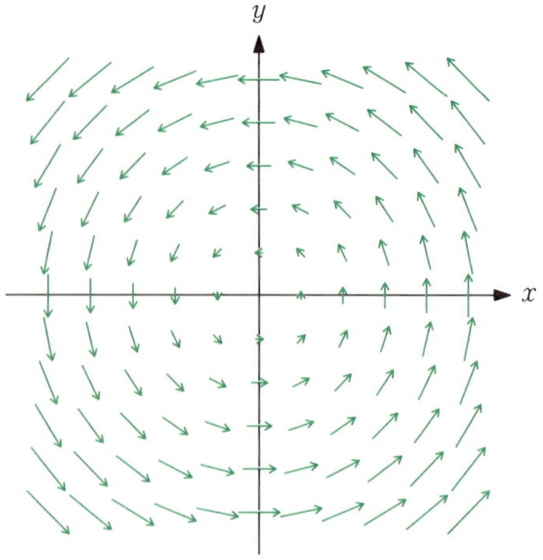

図 6.1.3　$\mathbb{R}^2$ 上のベクトル場 $\boldsymbol{v}(x, y) = (-y, x)/10$

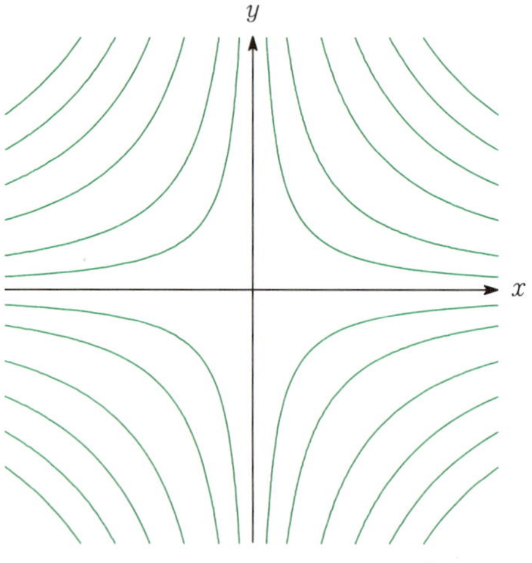

図 6.1.4　$f(x, y) = xy$ のレベル集合

点 $\boldsymbol{x} \in \mathbb{R}^2$ から $\boldsymbol{x} + \boldsymbol{v}(\boldsymbol{x})$ へ有向線分を描くことでその振る舞いを可視化することができる (図 6.1.3 参照).

問 6.1.12. 次の $\mathbb{R}^2$ 上のベクトル場を図 6.1.3 のように図示せよ.

(1) $\boldsymbol{v}(x, y) = (x, y)/10$

(2) $\boldsymbol{v}(x, y) = (-y, -x)/10$

一方平面 $\mathbb{R}^2$ 上のスカラー場 f についてはさまざまな実数 λ に対し**レベル集合** (level set) $f^{-1}(\lambda) \subset \mathbb{R}^2$ を図示することでその増減の様子を可視化することができる (図 6.1.4 参照).

問 6.1.13. 次の $\mathbb{R}^2$ 上のスカラー場のレベル集合を図示せよ.

(1) $f(x, y) = x^2 + y^2$

(2) $f(x, y) = x^2 - y^2$

6.1.6　曲線とその長さ

ここではユークリッド空間内の曲線とその長さを導

入する．

定義 6.1.34. I を $\mathbb{R}$ の区間，$\boldsymbol{\gamma}: I \to \mathbb{R}^n$ を連続写像とするとき，その像 $C = \boldsymbol{\gamma}(I)$ を**媒介変数表示 (parametric representation)** $\boldsymbol{\gamma}$ をもつ $\mathbb{R}^n$ 内の**曲線 (curve)** とよぶ．

一般に曲線 C に対しその媒介変数表示 $\boldsymbol{\gamma}$ はいくらでもあるため，C から $\boldsymbol{\gamma}$ は一意的に決まらない．一方 $\boldsymbol{\gamma}$ によって C は一意的に決まるので，C よりもむしろ $\boldsymbol{\gamma}$ を曲線とよぶ方が都合が良い．そこで次のような定義を行う．

定義 6.1.35. l を 0 以上の整数または ∞ とするとき，$\mathbb{R}$ の区間 I から $\mathbb{R}^n$ への C^l 級写像を $\mathbb{R}^n$ 内の **C^l 曲線 (C^l-curve)** とよぶ．

この 6.1 節では，以後 C^1 曲線を単に曲線とよぶことにする．

定義 6.1.36. 曲線 $\boldsymbol{\gamma}: I \to \mathbb{R}^n$ が

$$\boldsymbol{\gamma}'(t) \neq \mathbf{0} \quad (t \in I)$$

を満たすとき，$\boldsymbol{\gamma}$ は**正則 (regular)** であるという．

例 6.1.10. $\boldsymbol{p} \in \mathbb{R}^n, \boldsymbol{a} \in \mathbb{R}^n \setminus \{\mathbf{0}\}$ に対し写像 $\boldsymbol{\gamma}: \mathbb{R} \to \mathbb{R}^n$ を

$$\boldsymbol{\gamma}(t) = \boldsymbol{p} + t\boldsymbol{a} \quad (t \in \mathbb{R})$$

によって定めれば，$\boldsymbol{\gamma}$ は正則曲線である．$\boldsymbol{\gamma}$ の像は点 $\boldsymbol{p}$ を通りベクトル $\boldsymbol{a}$ に平行な直線である．

例 6.1.11. $\boldsymbol{p} \in \mathbb{R}^2, r > 0$ に対し写像 $\boldsymbol{\gamma}: \mathbb{R} \to \mathbb{R}^2$ を

$$\boldsymbol{\gamma}(t) = \boldsymbol{p} + r(\cos t, \sin t) \quad (t \in \mathbb{R})$$

によって定めれば，$\boldsymbol{\gamma}$ は正則曲線である．$\boldsymbol{\gamma}$ の像は点 $\boldsymbol{p}$ を中心とする半径 r の円周である．

例 6.1.12. $\mathbb{R}$ の区間 I 上定義された C^∞ 級関数 $f: I \to \mathbb{R}$ に対し，写像 $\boldsymbol{\gamma}: I \to \mathbb{R}^2$ を

$$\boldsymbol{\gamma}(t) = (t, f(t)) \quad (t \in I)$$

と定めれば，$\boldsymbol{\gamma}$ は正則曲線である．これを f のグラフ曲線とよぶ．

定義 6.1.37. 正則曲線 $\boldsymbol{\gamma}: I \to \mathbb{R}^n$ および $t_0 \in I$ に対し，ベクトル $\boldsymbol{\gamma}'(t_0)$ のスカラー倍で表されるような $\mathbb{R}^n$ の元を $\boldsymbol{\gamma}$ の t_0 における**接ベクトル (tangent vector)** とよび，$\mathbb{R}^n$ の部分集合

$$\{\boldsymbol{\gamma}(t_0) + \lambda\boldsymbol{\gamma}'(t_0) \mid \lambda \in \mathbb{R}\}$$

を $\boldsymbol{\gamma}$ の t_0 における**接線 (tangent line)** とよぶ．

6.1 節では以後定義域 I が有界閉区間であるような曲線 $\boldsymbol{\gamma}: I \to \mathbb{R}^n$ のみを扱う．

定義 6.1.38. 有界閉区間 $[a, b]$ 内の有限点列 $\Delta = (t_0, t_1, \ldots, t_N)$ $(N \geq 1)$ で

$$a = t_0 < t_1 < \cdots < t_N = b$$

となるものを $[a, b]$ の**分割 (partition)** とよび，各 $[t_{i-1}, t_i]$ $(i = 1, 2, \ldots, N)$ を Δ の**小区間 (subinterval)** とよんで Δ_i と表す．

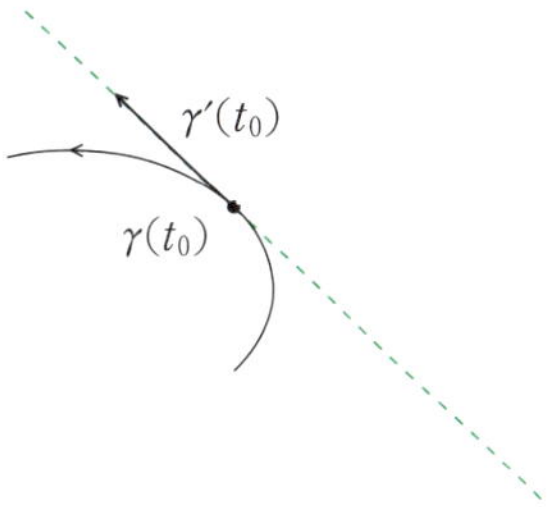

図 6.1.5　接線

定義 6.1.39. $I = [a, b]$ を有界閉区間，$\boldsymbol{\gamma}: I \to \mathbb{R}^n$ を連続写像とする．$[a, b]$ の分割 $\Delta = (t_0, t_1, \ldots, t_N)$ が存在し，各 $i \in \{1, 2, \ldots, N\}$ に対し $\boldsymbol{\gamma}|_{\Delta_i}$ が正則曲線であるとき，組 $\boldsymbol{\gamma}$ を**区分的に正則 (piecewise regular)** な曲線とよぶ．

定義 6.1.40.（区分的に）正則な曲線 $\boldsymbol{\gamma}: [a, b] \to \mathbb{R}^n$ は，$\boldsymbol{\gamma}(a) = \boldsymbol{\gamma}(b)$ が成り立つとき（区分的に）正則な**閉曲線 (closed curve)** とよばれる．

定義 6.1.41. $\boldsymbol{\gamma}: [a, b] \to \mathbb{R}^n$ を区分的に正則な曲線とするとき，$\boldsymbol{\gamma}$ の定義域の分割 $\Delta = (t_0, t_1, \ldots, t_N)$ で各小区間上 $\boldsymbol{\gamma}$ が C^1 級であるようなものを用いて

$$\ell(\boldsymbol{\gamma}) = \sum_{i=1}^{N} \int_{t_{i-1}}^{t_i} \|\boldsymbol{\gamma}'(t)\|\, dt$$

と定め，これを $\boldsymbol{\gamma}$ の**長さ**とよぶ．

例 6.1.13. 例 6.1.11 で定めた $\boldsymbol{\gamma}$ の定義域を $[0, 2\pi]$ に制限した曲線 $\boldsymbol{\gamma}|_{[0, 2\pi]}$ は正則な閉曲線であり，その像は $\boldsymbol{\gamma}$ の像である円周に一致する．

$$\begin{aligned}
\ell(\boldsymbol{\gamma}|_{[0, 2\pi]}) &= \int_0^{2\pi} \|\boldsymbol{\gamma}'(t)\|\, dt \\
&= \int_0^{2\pi} \sqrt{\rho^2(-\sin t)^2 + \rho^2 \cos^2 t}\, dt \\
&= 2\pi\rho
\end{aligned}$$

となり，期待する結果が得られる．

定理 6.1.42. $\boldsymbol{\gamma}: [a, b] \to \mathbb{R}^n$ を区分的に正則な曲線とすると，$[a, b]$ の分割 $\Delta = (t_0, t_1, \ldots, t_N)$ すべてに渡る上限

$$\sup_{\Delta} \sum_{i=1}^{N} d(\boldsymbol{\gamma}(t_{i-1}), \boldsymbol{\gamma}(t_i))$$

は $\ell(\boldsymbol{\gamma})$ に等しい．

$\sum_{i=1}^{N} d(\boldsymbol{\gamma}(t_{i-1}), \boldsymbol{\gamma}(t_i))$ がすべての $i = 1, 2, \ldots, N$ に渡って $\boldsymbol{\gamma}(t_{i-1})$ と $\boldsymbol{\gamma}(t_i)$ を線分で結んで得られる折れ

線の長さに他ならないことに注意すれば，上の定理の意味は明らかである．

命題 6.1.43. $\boldsymbol{\gamma}:[a,b]\to\mathbb{R}^n$ を区分的に正則な曲線とし，写像 $\varphi:[a',b']\to[a,b]$ が次の条件を満たすとする．

(1) φ は連続かつ全単射である．

(2) $[a',b']$ の分割 $\Delta=(t_0,t_1,\ldots,t_N)$ が存在し，各 $i\in\{1,2,\ldots,N\}$ に対し $\varphi|_{\Delta_i}$ は C^1 級でその導関数は常に 0 でない値をとる．

このとき $\boldsymbol{\gamma}\circ\varphi$ も区分的に正則な曲線で $\ell(\boldsymbol{\gamma}\circ\varphi)=\ell(\boldsymbol{\gamma})$ が成り立つ．

問 6.1.14. 次の曲線の長さを求めよ．

(1) $\boldsymbol{\gamma}(t)=(\cos t,\sin t,t)\ (0\le t\le 1)$

(2) $\boldsymbol{\gamma}(t)=(e^t\cos t,e^t\sin t)\ (0\le t\le 2)$

6.1.7 線 積 分

ここではベクトル場，スカラー場の曲線に沿った線積分を導入する．

定義 6.1.44. $\boldsymbol{\gamma}$ を $\mathbb{R}^n$ 内の区分的に正則な曲線とし，$\Delta=(t_0,t_1,\ldots,t_N)$ を各小区間上 $\boldsymbol{\gamma}$ が C^∞ 級であるような $\boldsymbol{\gamma}$ の定義域の分割とする．このとき C を含む開集合 U 上の C^0 級ベクトル場 $\boldsymbol{v}$ に対し，記号 $d\boldsymbol{x}=(dx_1,dx_2,\ldots,dx_n)$ を用いて

$$\int_{\boldsymbol{\gamma}}\boldsymbol{v}\cdot d\boldsymbol{x}=\sum_{i=1}^{N}\int_{t_{i-1}}^{t_i}\boldsymbol{v}(\boldsymbol{\gamma}(t))\cdot\boldsymbol{\gamma}'(t)\,dt$$

と定め，これを $\boldsymbol{v}$ の $\boldsymbol{\gamma}$ に沿った**線積分 (curvilinear integral)** とよぶ．

例 6.1.14. $\boldsymbol{\gamma}:[a,b]\to\mathbb{R}^n$ を区分的に正則な曲線とするとき，写像 $\overline{\boldsymbol{\gamma}}:[-b,-a]\to\mathbb{R}^n$ を

$$\overline{\boldsymbol{\gamma}}(t)=\boldsymbol{\gamma}(-t)\quad(t\in[-b,-a])$$

によって定めると，$\overline{\boldsymbol{\gamma}}$ は区分的に正則な曲線であり，積分の変数変換公式から

$$\int_{\overline{\boldsymbol{\gamma}}}\boldsymbol{v}\cdot d\boldsymbol{x}=-\int_{\boldsymbol{\gamma}}\boldsymbol{v}\cdot d\boldsymbol{x}$$

が成り立つことがわかる．$\overline{\boldsymbol{\gamma}}$ を $\boldsymbol{\gamma}$ と逆向きの曲線とよぶ．

命題 6.1.45. $\boldsymbol{\gamma}:I\to\mathbb{R}^n$ を区分的に正則な曲線とすると，$\boldsymbol{\gamma}(I)$ を含む開集合 U 上の C^0 級ベクトル場 $\boldsymbol{v},\boldsymbol{w}$ および $\lambda\in\mathbb{R}$ に対し

$$\int_{\boldsymbol{\gamma}}(\boldsymbol{v}+\boldsymbol{w})\cdot d\boldsymbol{x}=\int_{\boldsymbol{\gamma}}\boldsymbol{v}\cdot d\boldsymbol{x}+\int_{\boldsymbol{\gamma}}\boldsymbol{w}\cdot d\boldsymbol{x}$$
$$\int_{\boldsymbol{\gamma}}(\lambda\boldsymbol{v})\cdot d\boldsymbol{x}=\lambda\int_{\boldsymbol{\gamma}}\boldsymbol{v}\cdot d\boldsymbol{x}$$

が成り立つ．

区分的に正則な曲線 $\boldsymbol{\gamma}:[a,b]\to\mathbb{R}^n$ と，$\boldsymbol{\gamma}([a,b])$ を含む開集合 U 上の C^0 級スカラー場 f および $i=1,2,\ldots,n$ に対し，第 i 成分が f で他の成分が 0 であるような U 上のベクトル場 $f\boldsymbol{e}_i$ を用いて

$$\int_{\boldsymbol{\gamma}}f\,dx_i=\int_{\boldsymbol{\gamma}}(f\boldsymbol{e}_i)\cdot d\boldsymbol{x}$$

とおくと，一般の C^0 級ベクトル場 $\boldsymbol{v}=(v_i)$ の区分的に正則な曲線 $\boldsymbol{\gamma}$ に沿った線積分を

$$\int_{\boldsymbol{\gamma}}\boldsymbol{v}\cdot d\boldsymbol{x}=\sum_{i=1}^{n}\int_{\boldsymbol{\gamma}}v_i\,dx_i$$

と表すことができる．$\boldsymbol{\gamma}$ が定義域 $[a,b]$ 上 C^1 級であるとき，従属変数を $\boldsymbol{x}$ として $\boldsymbol{x}=\boldsymbol{\gamma}(t)$ と表すと定義から

$$\int_{\boldsymbol{\gamma}}f\,dx_i=\int_a^b f(\boldsymbol{\gamma}(t))\frac{dx_i}{dt}(t)\,dt$$

である．

問 6.1.15. 例 6.1.13 で扱った $\boldsymbol{\gamma}|_{[0,2\pi]}$ について，$\displaystyle\int_{\boldsymbol{\gamma}|_{[0,2\pi]}}x\,dy$ を計算せよ．

問 6.1.16. 曲線 $\boldsymbol{\gamma}$ を

$$\boldsymbol{\gamma}(t)=(1,-1,2)+t(1,4,-1)\quad(t\in[0,1])$$

で定める．線積分 $\displaystyle\int_{\boldsymbol{\gamma}}(y\,dx+xy\,dy+z^2\,dz)$ を計算せよ．

積分の変数変換公式から，媒介変数表示の取り替えについて次が成り立つことがわかる．

命題 6.1.46. $\boldsymbol{\gamma}:[a,b]\to\mathbb{R}^n$ を区分的に正則な曲線とし，写像 $\varphi:[a',b']\to[a,b]$ が命題 6.1.43 の条件を満たし，さらに単調増加とする．このとき $\boldsymbol{\gamma}([a,b])$ を含む開集合上の C^0 級ベクトル場 $\boldsymbol{v}$ に対し

$$\int_{\boldsymbol{\gamma}\circ\varphi}\boldsymbol{v}\cdot d\boldsymbol{x}=\int_{\boldsymbol{\gamma}}\boldsymbol{v}\cdot d\boldsymbol{x}$$

が成り立つ．

区分的に正則な曲線 $\boldsymbol{\gamma}_1:[a,b]\to\mathbb{R}^n$, $\boldsymbol{\gamma}_2:[b,c]\to\mathbb{R}^n$ が $\boldsymbol{\gamma}_1(b)=\boldsymbol{\gamma}_2(b)$ を満たすとき，

$$\boldsymbol{\gamma}(t)=\begin{cases}\boldsymbol{\gamma}_1(t) & (a\le t\le b)\\ \boldsymbol{\gamma}_2(t) & (b\le t\le c)\end{cases}$$

とおくと $\boldsymbol{\gamma}:[a,c]\to\mathbb{R}^n$ は区分的に正則な曲線である．これを $\boldsymbol{\gamma}_1$ と $\boldsymbol{\gamma}_2$ を繋げて得られる曲線とよび $\boldsymbol{\gamma}_1*\boldsymbol{\gamma}_2$ で表す．

命題 6.1.47. 二つの区分的に正則な曲線 $\boldsymbol{\gamma}_1:[a,b]\to\mathbb{R}^n$, $\boldsymbol{\gamma}_2:[b,c]\to\mathbb{R}^n$ が $\boldsymbol{\gamma}_1(b)=\boldsymbol{\gamma}_2(b)$ を満たすとき，$\boldsymbol{\gamma}_1([a,b])\cup\boldsymbol{\gamma}_2([b,c])$ を含む開集合上の C^0 級ベクトル場 $\boldsymbol{v}$ に対し

$$\int_{\boldsymbol{\gamma}_1*\boldsymbol{\gamma}_2}\boldsymbol{v}\cdot d\boldsymbol{x}=\int_{\boldsymbol{\gamma}_1}\boldsymbol{v}\cdot d\boldsymbol{x}+\int_{\boldsymbol{\gamma}_2}\boldsymbol{v}\cdot d\boldsymbol{x}$$

が成り立つ.

定義 6.1.48. $\boldsymbol{\gamma}: I \to \mathbb{R}^n$ を区分的に正則な曲線とする. $\boldsymbol{\gamma}$ の各小区間への制限が C^∞ 級となるような I の分割 $\Delta = (t_0, t_1, \ldots, t_N)$ を用いて, $\boldsymbol{\gamma}(I)$ を含む開集合上の C^0 級スカラー場 f に対し

$$\int_\gamma f\,ds = \sum_{i=1}^N \int_{t_{i-1}}^{t_i} f(\boldsymbol{\gamma}(t))\|\boldsymbol{\gamma}'(t)\|\,dt$$

と定め, これを f の $\boldsymbol{\gamma}$ に沿った線積分とよぶ. ここで記号 ds は

$$ds = \|d\boldsymbol{x}\| = \|\boldsymbol{\gamma}'(t)\|\,dt$$

と定義され, $\boldsymbol{\gamma}$ の線素 (line element) とよばれる.

定義より

$$\int_\gamma ds = \ell(\boldsymbol{\gamma})$$

が成り立つ.

命題 6.1.49. 区分的に正則な曲線 $\boldsymbol{\gamma}$ と C を含む開集合 U 上の C^0 級スカラー場 f, g および $\lambda \in \mathbb{R}$ に対し

$$\int_\gamma (f+g)\,ds = \int_\gamma f\,ds + \int_\gamma g\,ds$$
$$\int_\gamma (\lambda f)\,ds = \lambda \int_\gamma f\,ds$$

が成り立つ.

命題 6.1.50. $\boldsymbol{\gamma}: [a, b] \to \mathbb{R}^n$ を区分的に正則な曲線とし, 写像 $\varphi: [a', b'] \to [a, b]$ が命題 6.1.43 の条件を満たすとする. このとき $\boldsymbol{\gamma}([a, b])$ を含む開集合上の C^0 級スカラー場 f に対し

$$\int_{\gamma\circ\varphi} f\,ds = \int_\gamma f\,ds$$

が成り立つ.

命題 6.1.51. 二つの区分的に正則な曲線 $\boldsymbol{\gamma}_1: [a, b] \to \mathbb{R}^n, \boldsymbol{\gamma}_2: [b, c] \to \mathbb{R}^n$ が $\boldsymbol{\gamma}_1(b) = \boldsymbol{\gamma}_2(b)$ を満たすとき, $\boldsymbol{\gamma}_1([a, b]) \cup \boldsymbol{\gamma}_2([b, c])$ を含む開集合上の C^0 級スカラー場 f に対し

$$\int_{\gamma_1 * \gamma_2} f\,ds = \int_{\gamma_1} f\,ds + \int_{\gamma_2} f\,ds$$

が成り立つ.

問 6.1.17. 問 6.1.16 の曲線 $\boldsymbol{\gamma}$ に沿ったスカラー場 $f(x, y, z) = x - yz$ の線積分 $\int_\gamma f\,ds$ を計算せよ.

注意 6.1.2. $\boldsymbol{\gamma}$ が区分的に正則な閉曲線である場合は, ベクトル場, スカラー場の線積分を

$$\oint_\gamma \boldsymbol{v} \cdot d\boldsymbol{x}, \quad \oint_\gamma f\,ds$$

と書くことがある.

6.1.8 勾配ベクトル場の線積分

ここではスカラー場の勾配を導入しその性質を紹介する. 以下 U を $\mathbb{R}^n$ の開集合とし, l を正の整数または ∞ とする.

定義 6.1.52. U 上の C^l 級スカラー場 f に対し U 上の C^{l-1} 級ベクトル場 $\operatorname{grad} f$ を

$$\operatorname{grad} f = (\partial_1 f, \partial_2 f, \ldots, \partial_n f)$$

と定め, f の勾配ベクトル場 (gradient vector field), または単に勾配とよぶ.

微分演算子のベクトル $\nabla = (\partial_1, \partial_2, \ldots, \partial_n)$ (「ナブラ」と読む) を用いれば

$$\operatorname{grad} f = \nabla f$$

と形式的に表すことができる.

命題 6.1.53. U 上の C^1 級スカラー場 f, g に対し

$$\operatorname{grad}(f+g) = \operatorname{grad} f + \operatorname{grad} g$$
$$\operatorname{grad}(fg) = (\operatorname{grad} f)g + f(\operatorname{grad} g)$$

が成り立つ.

問 6.1.18. 次の U 上のスカラー場 f に対し, $\operatorname{grad} f$ を求めよ.

(1) $U = \mathbb{R}^2$, $f(x, y) = \exp(2x^2 + 3y^2)$

(2) $U = \mathbb{R}^3$, $f(x, y, z) = x^2 z + 2y^3 z^2$

問 6.1.19. 例 6.1.9 で定めた $\boldsymbol{r}, r$ について

$$\operatorname{grad} r = \frac{\boldsymbol{r}}{r}, \quad \operatorname{grad} \sqrt{r} = \frac{\boldsymbol{r}}{2r\sqrt{r}}, \quad \operatorname{grad} \log r = \frac{\boldsymbol{r}}{r^2}$$

が成り立つことを示せ.

命題 6.1.54. U 上の C^1 級スカラー場 f が U 上定数であることと $\operatorname{grad} f = \boldsymbol{0}$ であることは同値である.

定理 6.1.55. f を U 上の C^1 級スカラー場, $\boldsymbol{\gamma}: I \to U$ を区間 I から U への C^1 級写像とすると, 各 $t \in I$ において

$$(f \circ \boldsymbol{\gamma})'(t) = (\operatorname{grad} f)(\boldsymbol{\gamma}(t)) \cdot \boldsymbol{\gamma}'(t)$$

が成り立つ.

$u = f(\boldsymbol{x})$, $\boldsymbol{x} = \boldsymbol{\gamma}(t)$ と表すと, 上の等式は合成関数 $u = f(\boldsymbol{\gamma}(t))$ の微分に関する連鎖律 (chain rule)

$$\frac{du}{dt} = \sum_{j=1}^n \frac{\partial u}{\partial x_j}\frac{dx_j}{dt}$$

そのものである.

系 6.1.56. $\boldsymbol{\gamma}: I \to \mathbb{R}^n$ を $\mathbb{R}^n$ 内の正則な単純曲線とし, f を $\boldsymbol{\gamma}(I)$ を含む開集合上の C^1 級スカラー場とする. もし $f \circ \boldsymbol{\gamma}: I \to \mathbb{R}$ が定数関数なら, 任意の $t \in I$ に対

し $(\mathrm{grad}\, f)(\boldsymbol{\gamma}(t))$ は $\boldsymbol{\gamma}$ の t における接ベクトルと直交する．

U 上の C^1 級スカラー場 f と $\boldsymbol{a} \in \mathbb{R}^n$ および $\boldsymbol{p} \in U$ に対し

$$(\partial_{\boldsymbol{a}} f)(\boldsymbol{p}) = (\mathrm{grad}\, f)(\boldsymbol{p}) \cdot \boldsymbol{a}$$

とおき，これを f の点 $\boldsymbol{p}$ における $\boldsymbol{a}$ 方向の方向微分係数とよぶ．定理 6.1.55 より

$$(\partial_{\boldsymbol{a}} f)(\boldsymbol{p}) = \lim_{h \to 0} \frac{f(\boldsymbol{p} + h\boldsymbol{a}) - f(\boldsymbol{p})}{h}$$

である．

次の定理は微分積分学の基本定理から導かれる．

定理 6.1.57. $\boldsymbol{\gamma}: [a, b] \to \mathbb{R}^n$ を区分的に正則な曲線とすると，C を含む開集合 U 上の C^1 級スカラー場 f に対し

$$\int_{\boldsymbol{\gamma}} (\mathrm{grad}\, f) \cdot d\boldsymbol{x} = f(\boldsymbol{\gamma}(b)) - f(\boldsymbol{\gamma}(a))$$

が成り立つ．

6.1.9　平面ベクトル場の回転とグリーンの定理

ここでは平面 $\mathbb{R}^2$ の開集合 U 上のベクトル場とスカラー場を扱う．以下 l を正の整数または ∞ とし，$\boldsymbol{a} = (a_1, a_2), \boldsymbol{b} = (b_1, b_2) \in \mathbb{R}^2$ に対し

$$[\boldsymbol{a}, \boldsymbol{b}] = \begin{vmatrix} a_1 & a_2 \\ b_1 & b_2 \end{vmatrix} \in \mathbb{R}$$

とおく．

定義 6.1.58. U 上の C^l 級ベクトル場 $\boldsymbol{v} = (v_x, v_y)$ に対し U 上の C^{l-1} 級スカラー場 $[\nabla, \boldsymbol{v}]$ を

$$[\nabla, \boldsymbol{v}] = \partial_x v_y - \partial_y v_x$$

と定め，$\boldsymbol{v}$ の回転 (rotation) とよぶ．

命題 6.1.59. U 上の C^1 級スカラー場 f および U 上の C^1 級ベクトル場 $\boldsymbol{v}, \boldsymbol{w}$ に対し

$$[\nabla, \boldsymbol{v} + \boldsymbol{w}] = [\nabla, \boldsymbol{v}] + [\nabla, \boldsymbol{w}]$$
$$[\nabla, f\boldsymbol{v}] = f[\nabla, \boldsymbol{v}] + [\mathrm{grad}\, f, \boldsymbol{v}]$$

が成り立つ．

定理 6.1.60. U 上の C^2 級スカラー場 f に対し

$$[\nabla, \mathrm{grad}\, f] = 0$$

が成り立つ．

定理 6.1.60 より，$[\nabla, \boldsymbol{v}](\boldsymbol{p}) \neq 0$ ならば $\boldsymbol{v}$ は点 $\boldsymbol{p}$ の周りでスカラー場の勾配で表すことができない．したがって，$[\nabla, \boldsymbol{v}](\boldsymbol{p})$ は $\boldsymbol{v}$ を $\boldsymbol{p}$ の周りで局所的にスカラー場の勾配で表すための障害を与えている．

問 6.1.20. 次の $\mathbb{R}^2$ 上のベクトル場 $\boldsymbol{v}$ に対し，$[\nabla, \boldsymbol{v}]$ を求めよ．

(1)　$\boldsymbol{v}(x, y) = (-y, x)$

(2)　$\boldsymbol{v}(x, y) = (x, y)$

定義 6.1.61. 区分的に正則な曲線 $\boldsymbol{\gamma}: [a, b] \to \mathbb{R}^n$ が次の条件を満たすとき，区分的に正則な単純閉曲線 (**simple closed curve**) とよばれる．

(1)　$\boldsymbol{\gamma}(a) = \boldsymbol{\gamma}(b)$.

(2)　制限 $\boldsymbol{\gamma}|_{[a, b)}$ は単射である．

$\mathbb{R}^n$ の部分集合 S の 2 点 $\boldsymbol{p}, \boldsymbol{q}$ に対し，$\boldsymbol{\gamma}(0) = \boldsymbol{p}$, $\boldsymbol{\gamma}(1) = \boldsymbol{q}$ となる連続写像 $\boldsymbol{\gamma}: [0, 1] \to S$ を $\boldsymbol{p}$ から $\boldsymbol{q}$ への S 内の道 (**path**) とよぶ．

定義 6.1.62. $\mathbb{R}^n$ の空でない開集合 D は，任意の $\boldsymbol{p}, \boldsymbol{q} \in D$ に対し $\boldsymbol{p}$ から $\boldsymbol{q}$ への D 内の道が存在するとき $\mathbb{R}^n$ の領域 (**domain**) とよばれる．領域の閉包を閉領域 (**closed domain**) とよぶ．

定理 6.1.63 (ジョルダン (Jordan) の曲線定理). $\boldsymbol{\gamma}$ を $\mathbb{R}^2$ 内の区分的に正則な単純閉曲線とし，その像を C とすると，$\mathbb{R}^2$ の有界領域 D と非有界領域 D' で

$$C^c = D \cup D', \quad D \cap D' = \emptyset$$

を満たすものが一意的に存在し，さらに

$$\partial D = \partial D' = C$$

が成り立つ．

定義 6.1.64. $\mathbb{R}^2$ の有界領域 D は，∂D を像とする区分的に正則な単純閉曲線 $\boldsymbol{\gamma}$ が存在するとき区分的に滑らかな境界 (**piecewise smooth boundary**) をもつ，もしくは区分的に正則な単純閉曲線 $\boldsymbol{\gamma}$ によって囲まれるという．

定理 6.1.65. 区分的に滑らかな境界をもつ有界領域 D の閉包は面積確定である．すなわち重積分

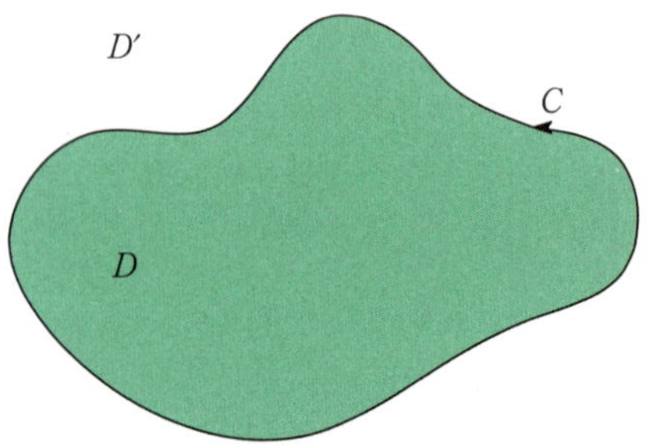

図 6.1.6　ジョルダンの曲線定理

$$\iint_{\overline{D}} dxdy$$

が存在する．

定理 6.1.66（グリーン (Green) の定理）． $D \subset \mathbb{R}^2$ を区分的に正則な単純閉曲線 $\boldsymbol{\gamma}$ によって囲まれる有界領域とし，点 $\boldsymbol{\gamma}(t)$ は t が増加するとき D を左手に見ながら進むものとする．このとき $\overline{D}$ を含む開集合上の C^1 級ベクトル場 $\boldsymbol{v}$ に対し

$$\iint_{\overline{D}} [\nabla, \boldsymbol{v}]\, dxdy = \int_{\boldsymbol{\gamma}} \boldsymbol{v} \cdot d\boldsymbol{x}$$

が成り立つ．

問 6.1.21. 定理 6.1.66 の状況で $\overline{D}$ の面積 S は

$$\int_{\gamma} x\, dy = -\int_{\gamma} y\, dx = \frac{1}{2}\int_{\gamma} (x\, dy - y\, dx)$$

で与えられることを示せ．

6.1.10 曲面片と面積分

定義 6.1.67. l を正の整数または ∞ とする．$\mathbb{R}^2$ の領域 D から $\mathbb{R}^n$ への C^l 級写像 $\boldsymbol{\sigma}\colon D \to \mathbb{R}^n$ を $\mathbb{R}^n$ 内の **C^l 曲面片 (C^l-surface patch)** とよぶ．その中でさらにベクトル $(\partial_u \boldsymbol{\sigma})(\mathbf{t})$, $(\partial_v \boldsymbol{\sigma})(\mathbf{t})$ がすべての $\mathbf{t} \in D$ で 1 次独立であるようなものは**正則 (regular)** であるという．

6.1 節では以後正則な C^1 曲面片を単に曲面片とよぶことにする．

例 6.1.15. $\mathbb{R}^2$ の領域 D 上の C^1 級関数 $f\colon D \to \mathbb{R}$ に対し，写像 $\boldsymbol{\sigma}\colon D \to \mathbb{R}^3$ を

$$\boldsymbol{\sigma}(u, v) = (u, v, f(u, v)) \quad ((u, v) \in D)$$

によって定めれば，$\boldsymbol{\sigma}$ は曲面片である．これを関数 f のグラフ曲面とよぶ．

定義 6.1.68. 曲面片 $\boldsymbol{\sigma}\colon D \to \mathbb{R}^n$ および $\mathbf{t}_0 \in D$ に対し，ベクトル $(\partial_u \boldsymbol{\sigma})(\mathbf{t}_0)$, $(\partial_v \boldsymbol{\sigma})(\mathbf{t}_0) \in \mathbb{R}^n$ の 1 次結合で表されるような $\mathbb{R}^n$ の元を $\boldsymbol{\sigma}$ の $\mathbf{t}_0$ における**接ベクトル**とよび，$\mathbb{R}^n$ の部分集合

$$\{\boldsymbol{\sigma}(\mathbf{t}_0) + \lambda(\partial_u \boldsymbol{\sigma})(\mathbf{t}_0) + \mu(\partial_v \boldsymbol{\sigma})(\mathbf{t}_0) \mid \lambda, \mu \in \mathbb{R}\}$$

を $\boldsymbol{\sigma}$ の $\mathbf{t}_0$ における**接平面 (tangent plane)** とよぶ．

定義 6.1.69. 曲面片 $\boldsymbol{\sigma}\colon D \to \mathbb{R}^n$ を D に含まれる面積確定の有界閉領域 K に制限して得られるような写像 $\boldsymbol{\tau} = \boldsymbol{\sigma}|_K\colon K \to \mathbb{R}^n$ を面積確定の**境界付き曲面片 (surface patch with boundary)** とよぶ．もし K が区分的に滑らかな境界をもつ場合は，$\boldsymbol{\tau}$ を**区分的に滑らかな境界をもつ曲面片**とよぶ．

$\mathbb{R}^3$ 内の曲面片 $\boldsymbol{\sigma}\colon D \to \mathbb{R}^3$ に対し，

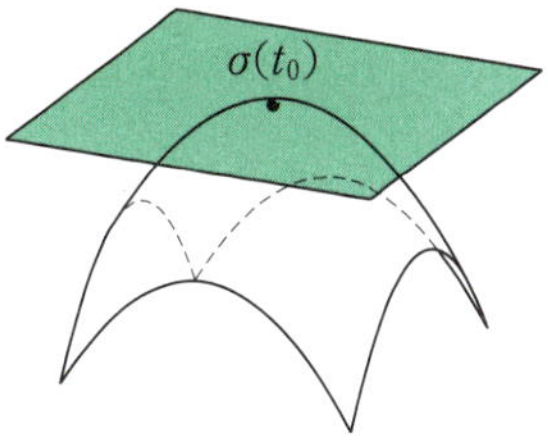

図 6.1.7　接平面

$$\boldsymbol{N}_{\boldsymbol{\sigma}}(\mathbf{t}) = \partial_u \boldsymbol{\sigma}(\mathbf{t}) \times \partial_v \boldsymbol{\sigma}(\mathbf{t}) \quad (\mathbf{t} \in D)$$

とおく．外積の性質から，$\boldsymbol{N}_{\boldsymbol{\sigma}}(\mathbf{t})$ は $\boldsymbol{\sigma}$ の $\boldsymbol{\sigma}(\mathbf{t})$ における接平面に直交するベクトルである．$\boldsymbol{\sigma}$ を面積確定有界閉領域 K に制限して得られる面積確定の境界付き曲面片 $\boldsymbol{\tau}$ に対しては，$\boldsymbol{N}_{\boldsymbol{\tau}} = \boldsymbol{N}_{\boldsymbol{\sigma}}|_K$ と定める．

定義 6.1.70. $\mathbb{R}^3$ 内の面積確定の境界付き曲面片 $\boldsymbol{\tau}\colon K \to \mathbb{R}^3$ と $\boldsymbol{\tau}(K)$ を含む開集合上の C^0 級スカラー場 f に対し

$$\iint_{\boldsymbol{\tau}} f\, dS = \iint_K f(\boldsymbol{\tau}(\mathbf{t}))\|\boldsymbol{N}_{\boldsymbol{\tau}}(\mathbf{t})\|\, dudv$$

と定め，f の $\boldsymbol{\tau}$ に沿った**面積分 (surface integral)** とよぶ．ここで記号 dS は

$$dS = \|\boldsymbol{N}_{\boldsymbol{\tau}}(\mathbf{t})\|\, dudv$$

と定義され，$\boldsymbol{\tau}$ の**面素 (surface element)** とよばれる．

定義 6.1.71. $\mathbb{R}^3$ 内の面積確定の境界付き曲面片 $\boldsymbol{\tau}\colon K \to \mathbb{R}^3$ に対し

$$\alpha(\tau) = \iint_{\tau} dS$$

と定め，$\boldsymbol{\tau}$ の**曲面積**とよぶ．

問 6.1.22. $\boldsymbol{\sigma}\colon D \to \mathbb{R}^3$ を例 6.1.15 で定めたグラフ曲面とする．$K \subset D$ が面積確定な有界閉領域であるとき，$\boldsymbol{\sigma}|_K$ の曲面積は

$$\iint_K \sqrt{1 + (\partial_u f)^2 + (\partial_v f)^2}\, dudv$$

で与えられることを示せ．

問 6.1.23. $T = \{(x, y, z) \in \mathbb{R}^3 \mid x + y + 2z = 4,\ x, y, z \geqq 0\}$ とおく．

(1) T を像とする境界付き曲面片 $\boldsymbol{\tau}\colon K \to \mathbb{R}^3$ を例示せよ．

(2) 面積分 $\iint_{\boldsymbol{\tau}} (x + y - 2z)\, dS$ を求めよ．

定義 6.1.72. $\mathbb{R}^3$ 内の面積確定の境界付き曲面片 $\boldsymbol{\tau}\colon K \to \mathbb{R}^3$ と $\boldsymbol{\tau}(K)$ を含む開集合上の C^0 級ベクトル場 $\boldsymbol{v}$ に対し

$$\iint_\tau \boldsymbol{v}\cdot d\boldsymbol{S} = \iint_K \boldsymbol{v}(\boldsymbol{\tau}(\mathbf{t}))\cdot \boldsymbol{N}_\tau(\mathbf{t})\,dudv$$

と定め，$\boldsymbol{v}$ の $\boldsymbol{\tau}$ に沿った面積分とよぶ．また記号 $d\boldsymbol{S}$ は

$$d\boldsymbol{S} = \boldsymbol{N}_\tau(\mathbf{t})\,dudv$$

と定義され，面素ベクトルとよばれる．

問 6.1.24. 写像 $\boldsymbol{\tau}: [-1, 1]\times[0, 2\pi] \to \mathbb{R}^3$ を

$$\boldsymbol{\tau}(u, v) = (u\cos v,\ u\sin v,\ v)$$

によって定める．$\boldsymbol{\tau}$ が境界付き曲面片であることを示し，$\mathbb{R}^3$ 上のベクトル場 $\boldsymbol{r}(x, y, z) = (x, y, z)$ の $\boldsymbol{\tau}$ に沿った面積分 $\iint_\tau \boldsymbol{r}\cdot d\boldsymbol{S}$ を求めよ．

定義 6.1.73. $\mathbb{R}^n$ の開集合 U, V の間の C^1 級写像 $\varphi: U \to V$ に対し，$\varphi = (\varphi_1, \varphi_2, \ldots, \varphi_n)$ と成分表示して

$$J_\varphi = \det\left[(\partial_i\varphi_j)_{i,j=1}^n\right]$$

と定め，φ のヤコビアン (**Jacobian**) とよぶ．

定義 6.1.74. l を正の整数または ∞ とし，U, V を $\mathbb{R}^n$ の開集合とする．全単射 $\varphi: U \to V$ で φ, φ^{-1} がともに C^l 級であるようなものを U から V への C^l 級微分同相写像 (C^l**-diffeomorphism**) とよぶ．

命題 6.1.75. $\mathbb{R}^3$ 内の曲面片 $\boldsymbol{\sigma}: D \to \mathbb{R}^3$ および C^1 級微分同相写像 $\varphi: E \to D$ に対し，$\boldsymbol{u} = \boldsymbol{\sigma}\circ\varphi$ とおくと

$$\boldsymbol{N}_\tau(\mathbf{s}) = \boldsymbol{N}_\sigma(\varphi(\mathbf{s}))J_\varphi(\mathbf{s}) \quad (\mathbf{s}\in E)$$

が成り立つ．

系 6.1.76. $\boldsymbol{\tau}: K \to \mathbb{R}^3$ を $\mathbb{R}^3$ 内の面積確定の境界付き曲面片，E を $\mathbb{R}^2$ の開集合，D を K を含む $\mathbb{R}^2$ の開集合とし，$\varphi: E \to D$ を微分同相写像とする．このとき $\boldsymbol{\tau}(K)$ を含む開集合上の C^0 級スカラー場 f に対し

$$\iint_{\tau\circ\varphi} f\,dS = \iint_\tau f\,dS$$

が成り立つ．

系 6.1.77. $\boldsymbol{\tau}: K \to \mathbb{R}^3$ を $\mathbb{R}^3$ 内の面積確定の境界付き曲面片，E を $\mathbb{R}^2$ の開集合，D を K を含む $\mathbb{R}^2$ の開集合とし，$\varphi: E \to D$ を微分同相写像で常に $J_\varphi > 0$ となるものとする．このとき $\boldsymbol{\tau}(K)$ を含む開集合上の C^0 級ベクトル場 $\boldsymbol{v}$ に対し

$$\iint_{\tau\circ\varphi} \boldsymbol{v}\cdot d\boldsymbol{S} = \iint_\tau \boldsymbol{v}\cdot d\boldsymbol{S}$$

が成り立つ．

6.1.11　空間ベクトル場の回転とストークスの定理

U を $\mathbb{R}^3$ の開集合とし，l を正の整数または ∞ とする．

定義 6.1.78. U 上の C^l 級ベクトル場 $\boldsymbol{v} = (v_x, v_y, v_z)$ に対し，U 上の C^{l-1} 級ベクトル場 $\mathrm{rot}\,\boldsymbol{v}$ を

$$\mathrm{rot}\,\boldsymbol{v} = (\partial_y v_z - \partial_z v_y,\ \partial_z v_x - \partial_x v_z,\ \partial_x v_y - \partial_y v_x)$$

と定め，$\boldsymbol{v}$ の回転とよぶ．

微分演算子ベクトル $\nabla = (\partial_x, \partial_y, \partial_z)$ を用いれば

$$\mathrm{rot}\,\boldsymbol{v} = \nabla\times\boldsymbol{v}$$

と形式的に表すことができる．

命題 6.1.79. U 上の C^1 級スカラー場 f および U 上の C^1 級ベクトル場 $\boldsymbol{v}, \boldsymbol{w}$ に対し

$$\mathrm{rot}(\boldsymbol{v}+\boldsymbol{w}) = \mathrm{rot}\,\boldsymbol{v} + \mathrm{rot}\,\boldsymbol{w}$$
$$\mathrm{rot}(f\boldsymbol{v}) = f\,\mathrm{rot}\,\boldsymbol{v} + (\mathrm{grad}\,f)\times\boldsymbol{v}$$

が成り立つ．

定理 6.1.80. U 上の C^2 級スカラー場 f に対し

$$\mathrm{rot}(\mathrm{grad}\,f) = \mathbf{0}$$

が成り立つ．

上の定理から，平面ベクトル場の回転と同じく空間ベクトル場の回転も，そのベクトル場を適当なスカラー場の勾配で表すための障害になっていることがわかる．

問 6.1.25. 次の $\mathbb{R}^2$ 上のベクトル場 $\boldsymbol{v}$ に対し，$\mathrm{rot}\,\boldsymbol{v}$ を求めよ．

(1) $\boldsymbol{v}(x, y, z) = (xyz,\ x+y+z,\ x^2)$

(2) $\boldsymbol{v}(x, y, z) = e^{x^2+y^2+z^2}(yz,\ zx,\ xy)$

定理 6.1.81 (ストークス (Stokes) の定理). $\boldsymbol{\tau}: K \to \mathbb{R}^3$ を $\mathbb{R}^3$ 内の区分的に滑らかな境界をもつ曲面片とし，境界 ∂K を像とする $\mathbb{R}^2$ 内の単純閉曲線 $\boldsymbol{\gamma}$ を，点 $\boldsymbol{\gamma}(t)$ が（t が増加するとき）K° を左手に見ながら進むようにとる．このとき

$$\iint_\tau (\mathrm{rot}\,\boldsymbol{v})\cdot d\boldsymbol{S} = \int_{\tau\circ\gamma} \boldsymbol{v}\cdot d\boldsymbol{x}$$

が成り立つ．

6.1.12　曲面片の貼り合わせと閉曲面

ここでは単純閉曲線の 2 次元版である閉曲面を導入する．

定義 6.1.82. $\boldsymbol{\sigma}_j: D_j \to \mathbb{R}^n$, $j = 1, 2, \ldots, N$ を曲面片

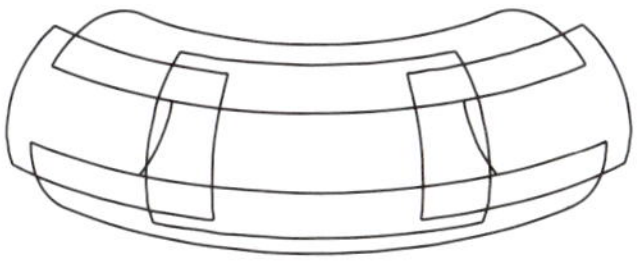

図 6.1.8 曲面片の貼り合わせ

とし，$S = \bigcup_{j=1}^{N} \boldsymbol{\sigma}_j(D_j)$ とおく．各 $j \in \{1, 2, \ldots, N\}$ に対し $\boldsymbol{\sigma}_j$ が単射で，さらに任意の $\boldsymbol{p} \in S_j$ に対し $\varepsilon > 0$ を十分小さくとれば

$$B_\varepsilon(\boldsymbol{p}) \cap S \subset \boldsymbol{\sigma}_j(D_j)$$

となるとき，$\boldsymbol{\sigma}_1, \boldsymbol{\sigma}_2 \ldots, \boldsymbol{\sigma}_N$ は**貼り合わせ可能 (compatible)** であるといい，組

$$\Sigma = (S; \boldsymbol{\sigma}_1, \boldsymbol{\sigma}_2 \ldots, \boldsymbol{\sigma}_N)$$

を $\boldsymbol{\sigma}_1, \boldsymbol{\sigma}_2 \ldots, \boldsymbol{\sigma}_N$ を貼り合わせて得られる**曲面 (surface)** とよぶ．

例 6.1.16. $D = \{(u, v) \mid u^2 + v^2 < \rho^2\}$ $(\rho > 0)$ とおき，写像 $\boldsymbol{\sigma}_j^{\pm}: D \to \mathbb{R}^3$ $(j = 1, 2, 3)$ を

$$\boldsymbol{\sigma}_1^{\pm}(u, v) = \left(\pm\sqrt{\rho^2 - u^2 - v^2}, \pm u, v\right)$$
$$\boldsymbol{\sigma}_2^{\pm}(u, v) = \left(v, \pm\sqrt{\rho^2 - u^2 - v^2}, \pm u\right)$$
$$\boldsymbol{\sigma}_3^{\pm}(u, v) = \left(\pm u, v, \pm\sqrt{\rho^2 - u^2 - v^2}\right)$$

と定めると，像 $S_j^{\pm} = \boldsymbol{\sigma}_j^{\pm}(D)$ $(j = 1, 2, 3)$ は半径 ρ の半球面であり，和集合 $S = \bigcup_{j=1}^{3}(S_j^{+} \cup S_j^{-})$ は半径 ρ の球面である．6 個の曲面片 $\boldsymbol{\sigma}_j^{\pm}$, $j = 1, 2, 3$ は貼り合わせ可能であり，組

$$\Sigma = (S; \boldsymbol{\sigma}_1^{+}, \boldsymbol{\sigma}_1^{-}, \boldsymbol{\sigma}_2^{+}, \boldsymbol{\sigma}_2^{-}, \boldsymbol{\sigma}_3^{+}, \boldsymbol{\sigma}_3^{-})$$

は曲面である．

例 6.1.17. 写像 $\boldsymbol{\sigma}_j: \mathbb{R}^2 \to \mathbb{R}^3$ $(j = 1, 2)$ を

$$\boldsymbol{\sigma}_1(u, v) = (0, u, v), \quad \boldsymbol{\sigma}_2(u, v) = (u, 0, v)$$

と定めると，像 $S_1 = \boldsymbol{\sigma}_1(\mathbb{R}^2)$ は yz 平面，$S_2 = \boldsymbol{\sigma}_2(\mathbb{R}^2)$ は xz 平面である．この二つの曲面片 $\boldsymbol{\sigma}_j$, $j = 1, 2$ は貼り合わせ可能でない．

命題 6.1.83. $\mathbb{R}^n$ 内の有限個の曲面片 $\boldsymbol{\sigma}_j: D_j \to \mathbb{R}^n$, $j = 1, 2, \ldots, N$ が貼り合わせ可能であるとする．このとき $i, j \in \{1, 2, \ldots, N\}$ および $\mathbf{s} \in D_i$, $\mathbf{t} \in D_j$ が $\boldsymbol{\sigma}_i(\mathbf{s}) = \boldsymbol{\sigma}_j(\mathbf{t})$ を満たすなら，$\boldsymbol{\sigma}_i$ の $\mathbf{s}$ における接平面と $\boldsymbol{\sigma}_j$ の $\mathbf{t}$ における接平面は $\mathbb{R}^n$ の部分集合として一致する．

特に $n = 3$ の場合，$\boldsymbol{\sigma}_i(\mathbf{s}) = \boldsymbol{\sigma}_j(\mathbf{t})$ を満たすような $i, j \in \{1, 2, \ldots, N\}$ および $\mathbf{s} \in D_i$, $\mathbf{t} \in D_j$ に対し

$$\frac{\boldsymbol{N}_{\boldsymbol{\sigma}_i}(\mathbf{s})}{\|\boldsymbol{N}_{\boldsymbol{\sigma}_i}(\mathbf{s})\|} = \pm\frac{\boldsymbol{N}_{\boldsymbol{\sigma}_j}(\mathbf{t})}{\|\boldsymbol{N}_{\boldsymbol{\sigma}_j}(\mathbf{t})\|}$$

が成立する．

定義 6.1.84. $\mathbb{R}^3$ 内の有限個の曲面片 $\boldsymbol{\sigma}_j: D_j \to \mathbb{R}^3$, $j = 1, 2, \ldots, N$ が貼り合わせ可能で，さらに $i, j \in \{1, 2, \ldots, N\}$ および $\mathbf{s} \in D_i$, $\mathbf{t} \in D_j$ に対し

$$\boldsymbol{\sigma}_i(\mathbf{s}) = \boldsymbol{\sigma}_j(\mathbf{t}) \Longrightarrow \frac{\boldsymbol{N}_{\boldsymbol{\sigma}_i}(\mathbf{s})}{\|\boldsymbol{N}_{\boldsymbol{\sigma}_i}(\mathbf{s})\|} = \frac{\boldsymbol{N}_{\boldsymbol{\sigma}_j}(\mathbf{t})}{\|\boldsymbol{N}_{\boldsymbol{\sigma}_j}(\mathbf{t})\|}$$

が成り立つとき，曲面 $\Sigma = (S; \boldsymbol{\sigma}_1, \boldsymbol{\sigma}_2, \ldots, \boldsymbol{\sigma}_N)$ は**向きをもつ**，または**有向 (oriented)** であるという．

定義 6.1.85. S が有界閉集合であるような曲面 $\Sigma = (S; \boldsymbol{\sigma}_1, \ldots, \boldsymbol{\sigma}_N)$ を**閉曲面 (closed surface)** とよぶ．

例 6.1.18. 例 6.1.16 の曲面 Σ は $\mathbb{R}^3$ 内の有向閉曲面である．

$\Sigma = (S; \boldsymbol{\sigma}_1, \boldsymbol{\sigma}_2, \ldots, \boldsymbol{\sigma}_N)$ を有向曲面とする．各 $\boldsymbol{x} \in S$ に対し，$\boldsymbol{x} = \boldsymbol{\sigma}_j(\mathbf{t})$ となる $j, \mathbf{t}$ をとって

$$\boldsymbol{n}(\boldsymbol{x}) = \frac{\boldsymbol{N}_{\boldsymbol{\sigma}_j}(\mathbf{t})}{\|\boldsymbol{N}_{\boldsymbol{\sigma}_j}(\mathbf{t})\|}$$

とおくと，これは $j, \mathbf{t}$ のとり方に依らない．ゆえに写像

$$\boldsymbol{n}: S \to \mathbb{R}^3; \quad \boldsymbol{x} \mapsto \boldsymbol{n}(\boldsymbol{x})$$

が定まる．

定義 6.1.86. $\boldsymbol{n}$ を有向曲面 $\Sigma = (S; \Sigma_1, \ldots, \Sigma_N)$ の**単位法ベクトル場 (unit normal vector field)** とよぶ．

問 6.1.26. 例 6.1.16 の有向閉曲面 Σ の単位法ベクトル場を求めよ．

定理 6.1.87. 閉曲面 $\Sigma = (S; \boldsymbol{\sigma}_1, \ldots, \boldsymbol{\sigma}_N)$ に対し，次の条件を満たす S の有限個の部分集合からなる族 $(T_\lambda)_{\lambda \in \Lambda}$ および写像 $j: \Lambda \to \{1, 2, \ldots, N\}$ が存在する．

(1) 各 $\boldsymbol{\sigma}_j$ の像を S_j とおくと，$T_\lambda \subset S_{j(\lambda)}$ $(\lambda \in \Lambda)$ かつ $\bigcup_{\lambda \in \Lambda} T_\lambda = S$ が成り立つ．

(2) 各 $\lambda \in \Lambda$ で $K_\lambda = \boldsymbol{\sigma}_{j(\lambda)}^{-1}(T_\lambda)$ とおくと，これは面積確定の有界閉領域である．

(3) $\boldsymbol{\sigma}_{j(\lambda)}^{-1}(T_\lambda \cap T_\mu) \subset \partial K_\lambda$ $(\lambda, \mu \in \Lambda)$ が成り立つ．

定理 6.1.87 において $\tau_\lambda = \boldsymbol{\sigma}_{j(\lambda)}|_{K_\lambda}$ とおくと，これは面積確定の境界付き曲面片である．

定義 6.1.88. $\mathbb{R}^3$ 内の閉曲面 $\boldsymbol{\sigma}$ と S を含む開集合上の C^0 級スカラー場 f に対し，定理 6.1.87 の部分集合族 $(T_\lambda)_{\lambda \in \Lambda}$ を用いて

$$\iint_\Sigma f\,dS = \sum_{\lambda \in \Lambda} \iint_{\tau_\lambda} f\,dS$$

と定め，これを f の Σ に沿った**面積分 (surface integral)** とよぶ．特に

$$\alpha(\Sigma) = \iint_\Sigma dS$$

をΣの曲面積とよぶ．

定義 6.1.89. $\mathbb{R}^3$ 内の有向閉曲面Σと S を含む開集合上の C^0 級ベクトル場 $\boldsymbol{v}$ に対し，定理 6.1.87 の部分集合族 $(T_\lambda)_{\lambda\in\Lambda}$ を用いて

$$\iint_\Sigma \boldsymbol{v}\cdot d\boldsymbol{S} = \sum_{\lambda\in\Lambda}\iint_{\tau_\lambda} \boldsymbol{v}\cdot d\boldsymbol{S}$$

と定め，これを $\boldsymbol{v}$ のΣに沿った面積分という．

単位法ベクトル場の定義から

$$\iint_\Sigma \boldsymbol{v}\cdot d\boldsymbol{S} = \iint_\Sigma (\boldsymbol{v}\cdot\boldsymbol{n})\,dS$$

が成り立つ．

問 6.1.27. 例 6.1.16 の曲面Σに対し

$$\iint_\Sigma \frac{\boldsymbol{r}}{r^3}\cdot d\boldsymbol{S}$$

を求めよ．ただし $\boldsymbol{r}, r$ は例 6.1.9 で定めたもの $(n=3)$ である．

6.1.13　ベクトル場の発散と発散定理

ここではベクトル場の発散を導入し，その性質について述べる．以下 l を正の整数または∞とする．

定義 6.1.90. $\mathbb{R}^n$ の開集合 U 上の C^l 級ベクトル場 $\boldsymbol{v}$ に対しベクトル値関数としての成分表示 $\boldsymbol{v}=(v_i)$ を用いて U 上の C^{l-1} 級スカラー場 $\operatorname{div}\boldsymbol{v}$ を

$$\operatorname{div}\boldsymbol{v} = \sum_{i=1}^n \partial_i v_i$$

と定め，$\boldsymbol{v}$ の**発散 (divergence)** とよぶ．

微分演算子ベクトル ∇ を用いれば

$$\operatorname{div}\boldsymbol{v} = \nabla\cdot\boldsymbol{v}$$

と形式的に表すことができる．

命題 6.1.91. $\mathbb{R}^n$ の開集合 U 上の C^1 級スカラー場 f および U 上の C^1 級ベクトル場 $\boldsymbol{v}, \boldsymbol{w}$ に対し

$$\operatorname{div}(\boldsymbol{v}+\boldsymbol{w}) = \operatorname{div}\boldsymbol{v} + \operatorname{div}\boldsymbol{w}$$
$$\operatorname{div}(f\boldsymbol{v}) = f\operatorname{div}\boldsymbol{v} + (\operatorname{grad} f)\cdot\boldsymbol{v}$$

が成り立つ．

問 6.1.28. $\mathbb{R}^3$ の開集合 U 上の C^1 級ベクトル場 $\boldsymbol{v}, \boldsymbol{w}$ に対し

$$\operatorname{div}(\boldsymbol{v}\times\boldsymbol{w}) = (\operatorname{rot}\boldsymbol{v})\cdot\boldsymbol{w} - \boldsymbol{v}\cdot(\operatorname{rot}\boldsymbol{w})$$

が成り立つことを示せ．

定理 6.1.92. $\mathbb{R}^3$ の開集合 U 上の C^2 級ベクトル場 $\boldsymbol{v}$ に対し

$$\operatorname{div}(\operatorname{rot}\boldsymbol{v}) = 0$$

が成り立つ．

上の定理から，空間ベクトル場の発散はそのベクトル場を適当なベクトル場の回転で表すための障害になっていることがわかる．

定理 6.1.93（ガウス (Gauss) の発散定理）. $\Sigma=(S;\boldsymbol{\sigma}_1,\ldots,\boldsymbol{\sigma}_N)$ を $\mathbb{R}^3$ 内の有向閉曲面とする．S が $\mathbb{R}^3$ の有界閉領域 V の境界であり，単位法ベクトル場 $\boldsymbol{n}$ が V の外側を向いているとすると，V を含む開集合上の C^1 級ベクトル場 $\boldsymbol{v}$ に対し

$$\iiint_V (\operatorname{div}\boldsymbol{v})\,dxdydz = \iint_\Sigma \boldsymbol{v}\cdot d\boldsymbol{S}$$

が成り立つ．

問 6.1.29. $\Sigma=(S;\boldsymbol{\sigma}_1,\ldots,\boldsymbol{\sigma}_N)$ を $\mathbb{R}^3$ 内の有向閉曲面とし，S が $\mathbb{R}^3$ の有界閉領域 V の境界で単位法ベクトル場 $\boldsymbol{n}$ が V の外側を向いているとする．もし $\boldsymbol{0}\notin V$ なら

$$\iint_\Sigma \frac{\boldsymbol{r}}{r^3}\cdot d\boldsymbol{S} = 0$$

が成り立つことを示せ．ただし $\boldsymbol{r}, r$ は例 6.1.9 で定めたもの $(n=3)$ である．

6.2　曲　線　論

この節において，基本的に $\mathbb{R}^n$ を点の集まり（これは正式には n 次元アフィン空間とよぶべき）とみなすが，状況によりベクトル空間とみなすことが多々ある．$\mathbb{R}^n$ の点 p に対し，$\mathbb{R}^n$ の原点 O を始点とし p を終点とするベクトルを $\overrightarrow{Op}$ と表すが，このベクトルは $\mathbb{R}^n$ をベクトル空間とみなしたときの p にすぎない．また，"C^r" の r は，0 以上の整数，∞ または ω を表す．

6.2.1　正則曲線の長さ・弧長パラメータ

定義 6.2.1. I を区間とし，$\boldsymbol{x}$ を I から $\mathbb{R}^n$ への写像とする．$\boldsymbol{x}(t)=(x_1(t),\cdots,x_n(t))$ として，各 $x_i(t)$ $(i=1,\cdots,n)$ が C^r 級であるとき，$\boldsymbol{x}$ を $\mathbb{R}^n$ 内の **C^r 曲線 (C^r-curve)** という．

定義 6.2.2. C^r 曲線 $\boldsymbol{x}: I\to\mathbb{R}^n$ $(\boldsymbol{x}(t)=(x_1(t),\cdots,x_n(t)))$ に対し，

$$\boldsymbol{x}'(t_0) := \lim_{h\to 0}\frac{\overrightarrow{O\boldsymbol{x}(t_0+h)}-\overrightarrow{O\boldsymbol{x}(t_0)}}{h}$$
$$(=(x_1'(t_0),\cdots,x_n'(t_0)))$$

を $\boldsymbol{x}$ の t_0 における**接ベクトル (tangent vector)** または**速度ベクトル (velocity vector)** という．各 t に対し，$\boldsymbol{x}'(t)$ を対応させることにより定義されるベクト

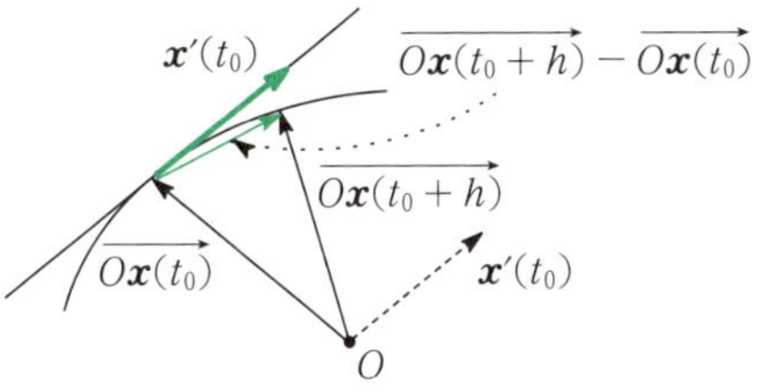

図 6.2.1　接ベクトル

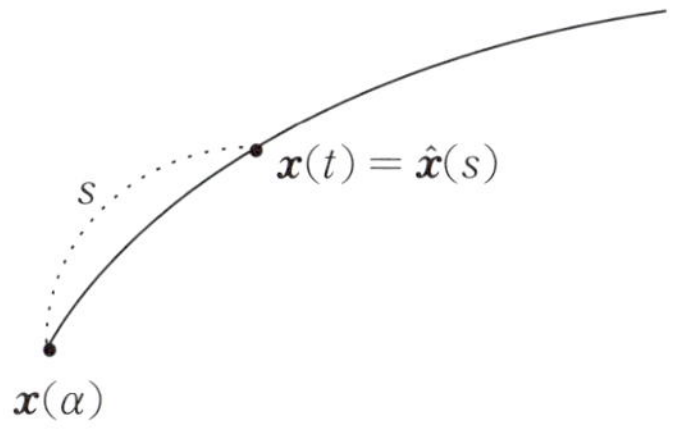

図 6.2.2　弧長パラメータ

ル値関数 $\boldsymbol{x}' : I \to \mathbb{R}^n$ を曲線 $\boldsymbol{x}$ の**接ベクトル場 (tangent vector field)** または**速度ベクトル場 (velocity vector field)** という．

定義 6.2.3. $\boldsymbol{x} : I \to \mathbb{R}^n$ を C^r 曲線とする．各 $t \in I$ に対し $\boldsymbol{x}'(t) \neq \boldsymbol{0}$ のとき，$\boldsymbol{x}$ および $\boldsymbol{x}(I)$ を **C^r 正則曲線 (C^r-regular curve)** という．

定義 6.2.4. $\int_\alpha^\beta ||\boldsymbol{x}'(t)||dt$ を C の**長さ (length)** といい，$L(C)$ と表す．

$C : \boldsymbol{x} = \boldsymbol{x}(t)$ $(\alpha \leq t \leq \beta)$ を C^∞ 正則曲線とする．

定義 6.2.5. $s = f(t) = \int_\alpha^t ||\boldsymbol{x}'(t)||dt$ とする．このとき，C の正則性より，$f(t)$ は単調増加になる．$\hat{\boldsymbol{x}}(s) := (\boldsymbol{x} \circ f^{-1})(s)$ $(0 \leq s \leq L(C))$ を，図 6.2.2 の意味で，**弧長によってパラメータ付けられた曲線 (curve parametrized by the arclength)** という．

事実 6.2.6. $||(\hat{\boldsymbol{x}})'(s)|| = 1$ であり，$\hat{\boldsymbol{x}}$ は C^∞ 正則曲線になる．

証明　$(\hat{\boldsymbol{x}})' = \dfrac{d\hat{\boldsymbol{x}}}{ds} = \dfrac{d\boldsymbol{x}}{dt}\dfrac{dt}{ds} = \boldsymbol{x}'(\dfrac{ds}{dt})^{-1} = \dfrac{\boldsymbol{x}'}{||\boldsymbol{x}'||}$ それゆえ，$||(\hat{\boldsymbol{x}})'|| = 1$ となる．

次に，$\hat{\boldsymbol{x}}$ が C^∞ 正則曲線であることを示す．f は C^∞ 級，かつ，$f'(t) \neq 0$ $(\forall t)$ なので，f^{-1} は C^∞ 級である．よって，$\hat{\boldsymbol{x}} = \boldsymbol{x} \circ f^{-1}$ は C^∞ 級である．□

例題 6.2.1.

$$C : \boldsymbol{x}(t) = (a_1\cos(b_1t), a_1\sin(b_1t), \cdots, a_n\cos(b_nt), a_n\sin(b_nt)) \ (-2\pi \leq t \leq 2\pi)$$

を弧長によってパラメータ付けせよ．ただし，a_i, b_i は正の定数とする．

解答

$$\hat{\boldsymbol{x}}(s) = \left(a_1\cos\left(b_1\left(\frac{s}{\sqrt{\sum_{i=1}^n a_i^2b_i^2}} - 2\pi\right)\right), a_1\sin\left(b_1\left(\frac{s}{\sqrt{\sum_{i=1}^n a_i^2b_i^2}} - 2\pi\right)\right), \cdots, a_n\cos\left(b_n\left(\frac{s}{\sqrt{\sum_{i=1}^n a_i^2b_i^2}} - 2\pi\right)\right), a_n\sin\left(b_n\left(\frac{s}{\sqrt{\sum_{i=1}^n a_i^2b_i^2}} - 2\pi\right)\right)\right)$$

□

例題 6.2.2.

$$C : \boldsymbol{x}(t) = (a_1\cos(b_1t), a_1\sin(b_1t), \cdots, a_n\cos(b_nt), a_n\sin(b_nt), kt) \ (-2\pi \leq t \leq 2\pi)$$

を弧長によってパラメータ付けせよ．ただし，a_i, b_i は正の定数とし，k は定数とする．

解答

$$\hat{\boldsymbol{x}}(s) = \left(a_1\cos\left(b_1\left(\frac{s}{\sqrt{\sum_{i=1}^n a_i^2b_i^2+k^2}} - 2\pi\right)\right), a_1\sin\left(b_1\left(\frac{s}{\sqrt{\sum_{i=1}^n a_i^2b_i^2+k^2}} - 2\pi\right)\right), \cdots, a_n\cos\left(b_n\left(\frac{s}{\sqrt{\sum_{i=1}^n a_i^2b_i^2+k^2}} - 2\pi\right)\right), a_n\sin\left(b_n\left(\frac{s}{\sqrt{\sum_{i=1}^n a_i^2b_i^2+k^2}} - 2\pi\right)\right), k\left(\frac{s}{\sqrt{\sum_{i=1}^n a_i^2b_i^2+k^2}} - 2\pi\right)\right)$$

□

6.2.2　曲線の曲率・捩率

$c : \boldsymbol{x} = \boldsymbol{x}(s)$ $(0 \leq s \leq l)$ を弧長でパラメータ付けられた曲線とする．

定義 6.2.7. c の s_0 における接ベクトル $\boldsymbol{x}'(s_0)$ は長さが 1 なので，c の s_0 における**単位接ベクトル (unit tangent vector)** とよばれる．以下，これを $\mathbf{t}(s_0)$ と表す．また，各 $s \in [0, l]$ に対し，$\mathbf{t}(s)$ を対応させる対応 $\mathbf{t}$ を c の**単位接ベクトル場 (unit tangent vector field)** という．また，$\boldsymbol{x}''(s_0)(= \mathbf{t}'(s_0))$ を c の s_0 における**曲率ベクトル (curvature vector)** といい，そのノルム $||\boldsymbol{x}''(s_0)||$ を c の s_0 における**曲率 (curvature)** といい，$\kappa(s_0)$ で表し，それが 0 でないとき，その逆

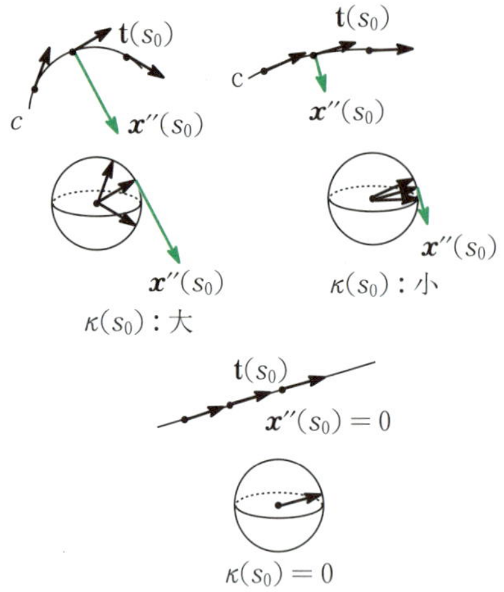

図 6.2.3　曲率

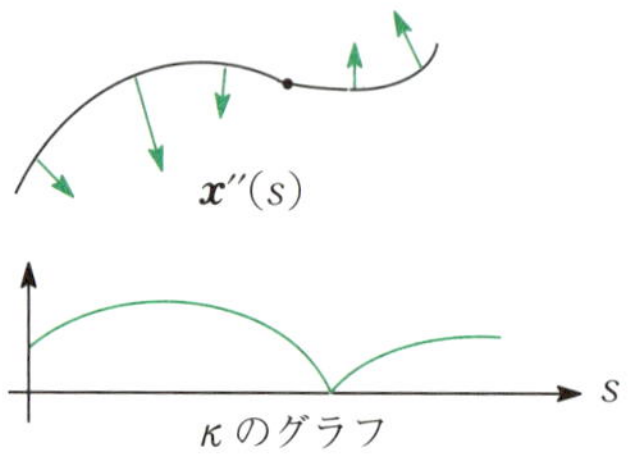

図 6.2.4　曲率関数

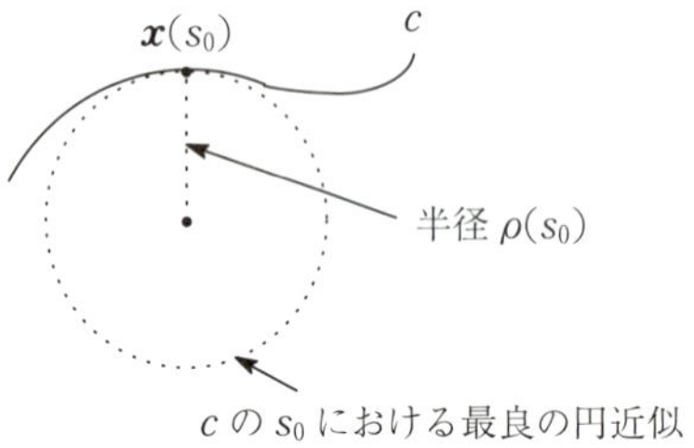

図 6.2.5　曲率半径

数を c の s_0 における**曲率半径 (radius of curvature)** といい，$\rho(s_0)$ と表す．また，各 $s \in [0, l]$ に対し，$\kappa(s)$ を対応させる対応 κ を c の**曲率 (curvature)** という．

定理 6.2.8. c が直線の一部であることと $\kappa \equiv 0$ であることは同値である．

証明　c が直線の一部であるとする．このとき，$\boldsymbol{x}(s)$ は $\boldsymbol{x}(s) = \boldsymbol{x}(0) + s\boldsymbol{x}'(0)$ と表される．よって，$\boldsymbol{x}''(s) = \boldsymbol{0}$，それゆえ，$\kappa(s) = 0$ を得る．

逆に，$\kappa \equiv 0$ とする．このとき，$\|\boldsymbol{x}''(s)\| = 0$，つまり，$\boldsymbol{x}''(s) = \boldsymbol{0}$ を得る．両辺を積分して，$\boldsymbol{x}'(s) - \boldsymbol{x}'(0) = \int_0^s \boldsymbol{x}''(s)ds = \boldsymbol{0}$，それゆえ，$\boldsymbol{x}'(s) = \boldsymbol{x}'(0)$ を得る．さらに，両辺を積分して，

$$\boldsymbol{x}(s) - \boldsymbol{x}(0) = \int_0^s \boldsymbol{x}'(s)ds = \int_0^s \boldsymbol{x}'(0)ds = s\boldsymbol{x}'(0).$$

それゆえ，$\boldsymbol{x}'(s) = \boldsymbol{x}(0) + s\boldsymbol{x}'(0)$ を得る．このように，c は直線の一部である．　□

以下，$n = 3$ とし，また，各 $s \in [0, l]$ に対し $\kappa(s) \neq 0$ とする．

定義 6.2.9. $\dfrac{\boldsymbol{x}''(s_0)}{\|\boldsymbol{x}''(s_0)\|}$ を c の s_0 における**主法線ベクトル (principal normal vector)** といい，$\boldsymbol{n}(s_0)$ と表す．また，$\boldsymbol{b}(s_0) := \mathbf{t}(s_0) \times \boldsymbol{n}(s_0)$ を c の s_0 における**従法線ベクトル (binormal vector)** という．$\tau(s_0) := \boldsymbol{n}'(s_0) \cdot \boldsymbol{b}(s_0)$ を c の s_0 における**捩率 (torsion)** という．各 $s \in [0, l]$ に対し，$\boldsymbol{n}(s)$ を対応させる対応 $\boldsymbol{n}$ を c の**主法線ベクトル場 (principal normal vectoe field)** といい，各 $s \in [0, l]$ に対し，$\boldsymbol{b}(s)$ を対応させる対応 $\boldsymbol{b}$ を c の**従法線ベクトル場 (binormal vector field)** といい，各 $s \in [0, l]$ に対し，$\tau(s)$ を対応させる対応 τ を c の**捩率 (torsion)** という．

$c : \boldsymbol{x} = \boldsymbol{x}(t)\ (\alpha \leq t \leq \beta)$ を一般パラメータでパラメータ付けられた曲線とし，$\hat{c} : \hat{\boldsymbol{x}} = \hat{\boldsymbol{x}}(s) = \boldsymbol{x}(f^{-1}(s))\ (0 \leq s \leq l)$ を c を弧長でパラメータ付けしたものとする．

定義 6.2.10. $\hat{\kappa}, \hat{\tau}$ を $\hat{c}$ の曲率，捩率として，$\kappa, \tau(: [\alpha, \beta] \to \mathbb{R})$ を $\kappa(t) := \hat{\kappa}(f(t))$, $\tau(t) := \hat{\tau}(f(t))$ によって定義する．κ, τ を c の**曲率 (curvature)**，**捩率 (torsion)** という．

例題 6.2.3. $c : \boldsymbol{x}(t) = (a\cos t, a\sin t, bt)\ (0 \leq t \leq 2\pi)$ の曲率，捩率を求めよ．ただし，a は正の定数，b は定数とする．

解答　$\kappa(t) = \dfrac{a}{a^2 + b^2}$，　$\tau(t) = \dfrac{b}{a^2 + b^2}$.　□

6.2.3　フルネの公式

以下，$n = 3$ とし，また，各 $s \in [0, l]$ に対し $\kappa(s) \neq 0$ とする．

命題 6.2.11. 各 $s \in [0, l]$ に対し，$\mathbf{t}(s), \boldsymbol{n}(s), \boldsymbol{b}(s)$ は $\mathbb{R}^3$ の正規直交基底である．

定義 6.2.12. $(\mathbf{t}, \boldsymbol{n}, \boldsymbol{b})$ を c の**フルネ標構 (Frenêt frame)** という．

定理 6.2.13. (フルネの公式)

$$\begin{cases} \mathbf{t}'(s) = \kappa(s)\boldsymbol{n}(s) \\ \boldsymbol{n}'(s) = -\kappa(s)\mathbf{t}(s) + \tau(s)\boldsymbol{b}(s) \\ \boldsymbol{b}'(s) = -\tau(s)\boldsymbol{n}(s) \end{cases}$$

注意 6.2.1. フルネの公式は次のように行列表示される：

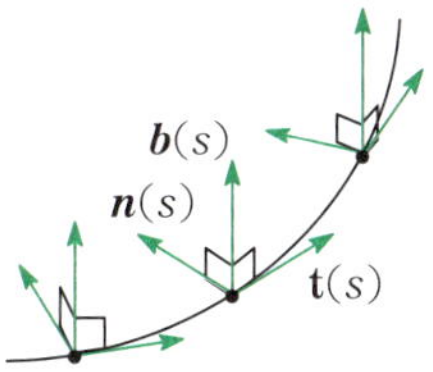

図 6.2.6 フルネ標構

$$\begin{pmatrix} \mathbf{t}(s) \\ \boldsymbol{n}(s) \\ \boldsymbol{b}(s) \end{pmatrix}' = \begin{pmatrix} 0 & \kappa(s) & 0 \\ -\kappa(s) & 0 & \tau(s) \\ 0 & -\tau(s) & 0 \end{pmatrix} \begin{pmatrix} \mathbf{t}(s) \\ \boldsymbol{n}(s) \\ \boldsymbol{b}(s) \end{pmatrix}$$

定理 6.2.14（ブーケ (Bouguet) の公式）**.** 各 $s_0 \in [0, l]$ に対し，次の関係式が成り立つ：

$$\begin{aligned} \boldsymbol{x}(s) = \boldsymbol{x}(s_0) &+ \left\{ (s - s_0) - \frac{\kappa(s_0)^2}{6}(s - s_0)^3 + o((s - s_0)^3) \right\} \mathbf{t}(s_0) \\ &+ \left\{ \frac{\kappa(s_0)^2}{2}(s - s_0)^2 + \frac{\kappa'(s_0)}{6}(s - s_0)^3 + o((s - s_0)^3) \right\} \boldsymbol{n}(s_0) \\ &+ \left\{ \frac{1}{6}\kappa(s_0)\tau(s_0)(s - s_0)^3 + o((s - s_0)^3) \right\} \boldsymbol{b}(s_0) \end{aligned}$$

6.2.4 平面曲線・定傾曲線・球面曲線

定義 6.2.15. $\mathbb{R}^3$ のある平面上にある曲線を**平面曲線 (planar curve)** という．

定理 6.2.16. 各 s に対し，$\kappa(s) \neq 0$ とする．このとき，

$$c：平面曲線 \Longleftrightarrow \tau = 0$$

定義 6.2.17. 各 s に対し，$\mathbf{t}(s)$ がある定単位ベクトルと一定の角をなすような曲線を**定傾曲線 (cylindrical helix)** という．

定理 6.2.18. 各 s に対し，$\kappa(s) \neq 0$ とする．このとき，

$$c：定傾曲線 \Longleftrightarrow \frac{\tau(s)}{\kappa(s)}：一定$$

定義 6.2.19. $\mathbb{R}^3$ のある球面上にある曲線を**球面曲線 (spherical curve)** という．

定理 6.2.20. 各 s に対し，$\kappa(s) \neq 0$，$\tau(s) \neq 0$ とする．このとき，

$$c：球面曲線 \Longleftrightarrow \rho\tau + \left(\frac{\rho'}{\tau}\right)' = 0 \quad \left(\rho = \frac{1}{\kappa}\right)$$

6.2.5 合同変換・自然方程式

定義 6.2.21. A を 3 次直交行列，$\boldsymbol{d}$ を $\mathbb{R}^3$ のベクトルとし，$\mathbb{R}^3$ の変換 T を $T(\boldsymbol{x}) := A\boldsymbol{x} + \boldsymbol{d}$ $(\boldsymbol{x} \in \mathbb{R}^3)$ によって定義する．このような変換を $\mathbb{R}^3$ の**合同変換 (motion)** といい，特に，$|A| = 1$ のとき，T を**向きを保つ合同変換 (orientation-preserving motion)** という．また，$|A| = -1$ のとき，T を**向きを逆にする合同変換 (orientation-reversing motion)** という．

注意 6.2.2. 正確には，$(T(\boldsymbol{x}))^T := A\boldsymbol{x}^T + \boldsymbol{d}^T$ と書かなければならないが，簡単のため，$\boldsymbol{x}$ と $\boldsymbol{x}^T$ を同一視することにより上述のように記述してしまう．

定理 6.2.22. 弧長によってパラメータ付けられた曲線

$$c : \boldsymbol{x} = \boldsymbol{x}(s)\ (0 \leq s \leq l)$$

と $\mathbb{R}^3$ の合同変換

$$T : \mathbb{R}^3 \to \mathbb{R}^3\ ;\ T(\boldsymbol{x}) := A\boldsymbol{x} + \boldsymbol{d}\ (\boldsymbol{x} \in \mathbb{R}^3)$$

に対し，曲線 $\bar{c}$: $\bar{\boldsymbol{x}} = \bar{\boldsymbol{x}}(s)$ $(0 \leq s \leq l)$ を $\bar{\boldsymbol{x}}(s) := T(\boldsymbol{x}(s))$ によって定義する．このとき，$\bar{c}$ も弧長によってパラメータ付けられた曲線であり，$\kappa, \tau, \mathbf{t}, \boldsymbol{n}, \boldsymbol{b}$ を c の曲率，捩率，単位接ベクトル，主法線ベクトル，従法線ベクトルとし，$\bar{\kappa}, \bar{\tau}, \bar{\mathbf{t}}, \bar{\boldsymbol{n}}, \bar{\boldsymbol{b}}$ を $\bar{c}$ のそれらの量とするとき，次の関係式が成り立つ：

$$\begin{aligned} &\bar{\kappa}(s) = \kappa(s),\ \bar{\tau}(s) = |A|\tau(s), \\ &\bar{\mathbf{t}}(s) = A\mathbf{t}(s),\ \bar{\boldsymbol{n}}(s) = A\boldsymbol{n}(s), \\ &\bar{\boldsymbol{b}}(s) = |A|A\boldsymbol{b}(s) \end{aligned}$$

定理 6.2.23（一般パラメータでパラメータ付けられた）**.** 正則曲線

$$c : \boldsymbol{x} = \boldsymbol{x}(t)\ (\alpha \leq t \leq \beta)$$

と $\mathbb{R}^3$ の合同変換

$$T : \mathbb{R}^3 \to \mathbb{R}^3\ ;\ T(\boldsymbol{x}) := A\boldsymbol{x} + \boldsymbol{d}\ (\boldsymbol{x} \in \mathbb{R}^3)$$

に対し，曲線 $\bar{c}$: $\bar{\boldsymbol{x}} = \bar{\boldsymbol{x}}(t)$ $(\alpha \leq t \leq \beta)$ を $\bar{\boldsymbol{x}}(t) := T(\boldsymbol{x}(t))$ によって定義する．このとき，$\bar{c}$ は正則曲線であり，$\kappa, \tau, \mathbf{t}, \boldsymbol{n}, \boldsymbol{b}$ を c の曲率，捩率，単位接ベクトル，主法線ベクトル，従法線ベクトルとし，$\bar{\kappa}, \bar{\tau}, \bar{\mathbf{t}}, \bar{\boldsymbol{n}}, \bar{\boldsymbol{b}}$ を $\bar{c}$ のそれらの量とするとき，次の関係式が成り立つ：

$$\begin{aligned} &\bar{\kappa}(t) = \kappa(t),\ \bar{\tau}(t) = |A|\tau(t), \\ &\bar{\mathbf{t}}(t) = A\mathbf{t}(t),\ \bar{\boldsymbol{n}}(t) = A\boldsymbol{n}(t), \\ &\bar{\boldsymbol{b}}(t) = |A|A\boldsymbol{b}(t) \end{aligned}$$

定理 6.2.24. 弧長によってパラメータ付けられた曲線 c_i ： $\boldsymbol{x}_i = \boldsymbol{x}_i(s)$ $(0 \leq s \leq l)$ $(i = 1, 2)$ の曲率と捩率を，各々，κ_i, τ_i とする．

(i) もし，$\kappa_1(s) = \kappa_2(s), \tau_1(s) = \tau_2(s)$ $(0 \leq s \leq l)$ ならば，$T(\boldsymbol{x}_1(s)) = \boldsymbol{x}_2(s)$ $(0 \leq s \leq l)$ となる向きを保つ合同変換 T が存在する．

(ii) もし，$\kappa_1(s) = \kappa_2(s), \tau_1(s) = -\tau_2(s)$ $(0 \leq s \leq l)$ ならば，$T(\boldsymbol{x}_1(s)) = \boldsymbol{x}_2(s)$ $(0 \leq s \leq l)$ となる向きを逆にする合同変換 T が存在する．

この定理は，定理 6.2.22 と次の補題を用いて示される．

補題 6.2.25. 正規型の連立常微分方程式

$$\begin{cases} y_1^{(m)} = f_1(s, y_1, \cdots, y_n, \cdots, y_1^{(m-1)}, \cdots, y_n^{(m-1)}) \\ \vdots \\ y_n^{(m)} = f_n(s, y_1, \cdots, y_n, \cdots, y_1^{(m-1)}, \cdots, y_n^{(m-1)}) \end{cases}$$

（$f_1, \cdots, f_n$ は，C^∞ 級の多変数関数）は，任意の定数 C_{ij} $(1 \leq i \leq n,\ 0 \leq j \leq m-1)$ に対し，初期条件 $y_i^{(j)}(s_0) = C_{ij}$ $(1 \leq i \leq n,\ 0 \leq j \leq m-1)$ を満たす（局所）解をただ1つもつ．

定理 6.2.26（一般パラメータでパラメータ付けられた）. 正則曲線 c_i ： $\boldsymbol{x}_i = \boldsymbol{x}_i(t)$ $(\alpha \leq t \leq \beta)$ $(i = 1, 2)$ の曲率と捩率を，各々，κ_i, τ_i とする．もし，$\kappa_1(t) = \kappa_2(t), \tau_1(t) = \tau_2(t)$ $(\alpha \leq t \leq \beta)$ ならば，$T(\boldsymbol{x}_1(t)) = \boldsymbol{x}_2(t)$ $(\alpha \leq s \leq \beta)$ となる向きを保つ合同変換 T が存在する．

例題 6.2.4. 正則曲線

$$\begin{aligned} c : \boldsymbol{x}(t) = (&a\cos t + d, \\ &a\cos\theta\sin t - bt\sin\theta, \\ &a\sin\theta\sin t + bt\cos\theta) \\ &(0 \leq t \leq 1) \end{aligned}$$

の曲率と捩率を求めよ．ただし，a, b は，正の定数とする．

解答　$\kappa = \dfrac{a}{a^2+b^2}$，$\tau = \dfrac{b}{a^2+b^2}$ となる．　□

例題 6.2.5. 正則曲線

$$\begin{aligned} c : \boldsymbol{x}(t) = \Bigg(&\sqrt{\frac{14}{3}}\cos t + \sin t + 5t, \\ &\sqrt{\frac{14}{3}}\cos t 2\sin t - 4t, \\ &\sqrt{\frac{14}{3}}\cos t - 3\sin t - t\Bigg) \\ &(0 \leq t \leq 1) \end{aligned}$$

の曲率と捩率を求めよ．

解答　$\kappa = \dfrac{\sqrt{14}}{56}$，$\tau = \dfrac{\sqrt{42}}{56}$ となる．　□

定理 6.2.27. ϕ を $[0, a)$ 上の C^∞ 正値関数とし，ϕ を $[0, a)$ 上の C^∞ 関数とする．このとき，ある $\varepsilon > 0$ に対し，$[0, \varepsilon)$ を定義域とする弧長でパラメータ付けられた曲線で，その曲率と捩率が，各々，$\phi|_{[0,\varepsilon)}$，$\phi|_{[0,\varepsilon)}$ と一致するようなものが存在する．

この定理は，上述の補題 6.2.25 を用いて示される．

6.3 曲 面 論

6.3.1 正則局所曲面（＝曲面片）

以下，$n \geq 3$ とする．

定義 6.3.1. D を $\mathbb{R}^2$ 内の領域とし，$\boldsymbol{x}$ を D から $\mathbb{R}^n$ への写像とする．

$$\boldsymbol{x}(u_1, u_2) = (x_1(u_1, u_2), \cdots, x_n(u_1, u_2))$$

として，各 $x_i(u_1, u_2)$ $(i = 1, \cdots, n)$ が C^r 級であるとき，$\boldsymbol{x}$ は $\mathbb{R}^n$ 内の **C^r 局所曲面（C^r-local surface）**とよばれる．特に，$\boldsymbol{x}$ のヤコビ行列

$$J\boldsymbol{x} = \begin{pmatrix} \dfrac{\partial x_1}{\partial u_1} & \cdots & \dfrac{\partial x_n}{\partial u_1} \\ \dfrac{\partial x_1}{\partial u_2} & \cdots & \dfrac{\partial x_n}{\partial u_2} \end{pmatrix}$$

の階数が D の各点で 2 であるとき，$\boldsymbol{x}$ および $\boldsymbol{x}(D)$ は，$\mathbb{R}^n$ 内の **C^r 正則局所曲面（C^r-regular local surface）**あるいは **C^r 曲面片（C^r-surface piece）**とよばれる．

注意 6.3.1. $\boldsymbol{x}$ は，$\mathbb{R}^n$ に値をとるベクトル値関数ともみなされる．

命題 6.3.2. S : 正則 $\Leftrightarrow$ $\dfrac{\partial \boldsymbol{x}}{\partial u_1}$，$\dfrac{\partial \boldsymbol{x}}{\partial u_2}$:1 次独立

問 6.3.1. $\boldsymbol{x}(u_1, u_2) = (u_1 + u_2, u_1 + u_2, 0)$，および，$\boldsymbol{x}(u_1, u_2) = (u_1, u_1, u_1)$ は正則でないことを示せ．

問 6.3.2.

$$\boldsymbol{x}(u_1, u_2) = (u_1, u_2, f(u_1, u_2))$$

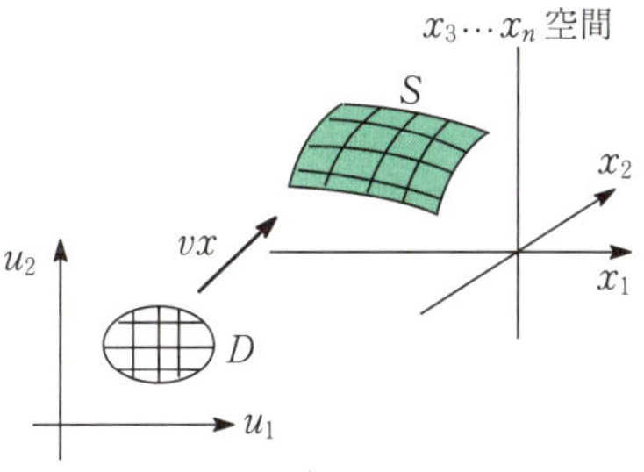

図 6.3.1 正則局所曲面

（$f : C^r$ 関数）は正則であることを示せ．（この C^r 正則局所曲面は f のグラフ曲面 (**surface graph**) とよばれる．）

問 6.3.3.

$$\boldsymbol{x}(u_1, u_2) = (f(u_1)\cos u_2,\ f(u_1)\sin u_2,\ u_1)$$

（f ：正値 C^r 関数）は正則であることを示せ（この C^r 正則局所曲面は $y = f(x)$ を母線とする回転面 (**surface of revolution**) とよばれる）．

6.3.2 座標・座標曲線・座標基底

以下，C^∞ 正則局所曲面 $\boldsymbol{x} : D \to \mathbb{R}^n$ は，すべて，単射であるとする．

定義 6.3.3. C^∞ 正則局所曲面 S ： $\boldsymbol{x} = \boldsymbol{x}(u_1, u_2)$ $((u_1, u_2) \in D)$ に対し，$\boldsymbol{x}^{-1} = (u_1, u_2) : S = \boldsymbol{x}(D) \to \mathbb{R}^2$ を S の座標 (**coordinate**) とよび，$S(= \boldsymbol{x}(D))$ 上の曲線 $u_1 \mapsto \boldsymbol{x}(u_1, a)$ （a ：定数）を u_1 曲線，曲線 $u_2 \mapsto \boldsymbol{x}(a, u_2)$ （a ：定数）を u_2 曲線とよび，これらをまとめて，S の座標曲線 (**coordinate curve**) とよぶ．また，S 上のベクトル場 $\boldsymbol{B}_i := \dfrac{\partial \boldsymbol{x}}{\partial u_i}\left(= \left(\dfrac{\partial x_1}{\partial u_i}, \cdots, \dfrac{\partial x_n}{\partial u_i}\right)\right)$ $(i = 1, 2)$ の順序対 $(\boldsymbol{B}_1, \boldsymbol{B}_2)$ は，S の座標基底 (**coordinate basis, coordinate-induced basis**) とよばれる．

注意 6.3.2. $p := \boldsymbol{x}(a, b)$ とするとき，$\dfrac{\partial \boldsymbol{x}}{\partial u_i}(a, b)$ を $(\boldsymbol{B}_i)_p$ と表す．

命題 6.3.4.

$$S : \boldsymbol{x} = \boldsymbol{x}(u_1, u_2)\ ((u_1, u_2) \in D)$$

を C^∞ 正則局所曲面とし，φ を $\mathbb{R}^2$ のある領域 D' から D への C^∞ 同型写像とする．このとき，$\boldsymbol{x} \circ \varphi : D' \to \mathbb{R}^n$ も C^∞ 正則局所曲面となる．

定義 6.3.5. 命題 6.3.2 において，$\bar{\boldsymbol{x}} := \boldsymbol{x} \circ \varphi$ とし，$\boldsymbol{x}^{-1} = (u_1, u_2)$，$\bar{\boldsymbol{x}}^{-1} = (\bar{u}_1, \bar{u}_2)$ とする．$\boldsymbol{x}^{-1} = (u_1, u_2)$ も $\bar{\boldsymbol{x}}^{-1} = (\bar{u}_1, \bar{u}_2)$ も $S = \boldsymbol{x}(D) = \bar{\boldsymbol{x}}(D')$ の座標である．この意味で，φ を座標変換 (**coordinate transformation**) という．

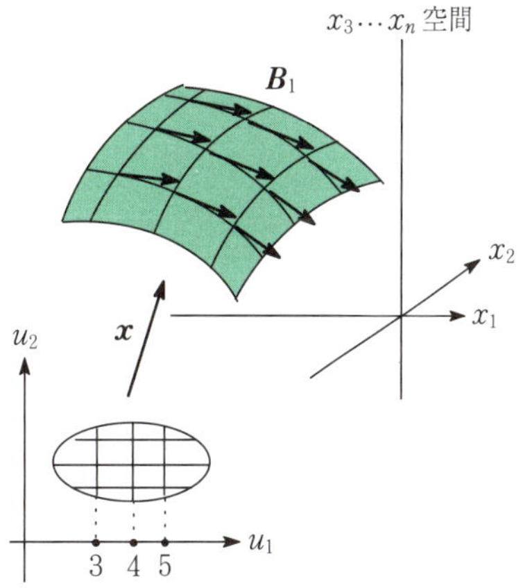

図 6.3.2 座標ベクトル場

命題 6.3.6. 上の記号の設定のもとで，$\bar{\boldsymbol{x}} := \boldsymbol{x} \circ \varphi$ とし，$\boldsymbol{B}_i := \dfrac{\partial \boldsymbol{x}}{\partial u_i}$，$\bar{\boldsymbol{B}}_i := \dfrac{\partial \bar{\boldsymbol{x}}}{\partial \bar{u}_i}$ とする．このとき，$\bar{\boldsymbol{B}}_i = \sum_{j=1}^{2} \dfrac{\partial u_j}{\partial \bar{u}_i} \boldsymbol{B}_j$ が成り立つ．

6.3.3 曲 面

定義 6.3.7. $\mathbb{R}^n$ の部分集合 S でいくつかの C^∞ 正則局所曲面 S_λ ： $\boldsymbol{x}_\lambda : D_\lambda \to \mathbb{R}^n$ $(\lambda \in \Lambda)$ の像 $\boldsymbol{x}_\lambda(D_\lambda)$ （これも S_λ と表す）$(\lambda \in \Lambda)$ らの和集合になっており，$S_\lambda \cap S_\mu \neq \emptyset$ ならば $\boldsymbol{x}_\lambda|_{\boldsymbol{x}_\lambda^{-1}(S_\lambda \cap S_\mu)}$，$\boldsymbol{x}_\mu|_{\boldsymbol{x}_\mu^{-1}(S_\lambda \cap S_\mu)}$ も C^∞ 正則局所曲面になっているようなものを，C^∞ 曲面 (**C^∞-surface**) とよぶ．各 λ に対し，S_λ を S の局所座標近傍 (**local coordinate neighborhood**) とよび，$\boldsymbol{x}_\lambda^{-1}$ を S の局所座標 (**local coordinate**) とよぶ．$S_\lambda \cap S_\mu \neq \emptyset$ のとき，$\boldsymbol{x}_\mu^{-1} \circ \boldsymbol{x}_\lambda : \boldsymbol{x}_\lambda^{-1}(S_\lambda \cap S_\mu) \to \boldsymbol{x}_\mu^{-1}(S_\lambda \cap S_\mu)$ は，C^∞ 同型写像になる．これを局所座標変換 (**local coordinate transformation**) とよぶ．

注意 6.3.3. 第 6.4.1 項で，n 次元 C^∞ 多様体という概念を定義するが，C^∞ 曲面は，2 次元 C^∞ 多様体の一例である．

例題 6.3.1. 半径 r の球面

$$S^2(r) := \{(x_1, x_2, x_3) \mid x_1^2 + x_2^2 + x_3^2 = r^2\}$$

は，$\mathbb{R}^3$ 内の C^∞ 曲面であることを示せ．

解答 $S_{\lambda,+} := \{(x_1, x_2, x_3) \in S^2(r) \mid x_\lambda > 0\}$，$S_{\lambda,-} := \{(x_1, x_2, x_3) \in S^2(r) \mid x_\lambda < 0\}$ $(\lambda = 1, 2, 3)$ とし，

$$\boldsymbol{x}_{1,+} : D^2(r) \to \mathbb{R}^3$$

$$;\boldsymbol{x}_{1,+}(u_1, u_2) := \left(\sqrt{r^2 - u_1^2 - u_2^2},\ u_1,\ u_2\right)$$

$$\boldsymbol{x}_{1,-} : D^2(r) \to \mathbb{R}^3$$

$$;\boldsymbol{x}_{1,-}(u_1, u_2) := \left(-\sqrt{r^2 - u_1^2 - u_2^2},\ u_1,\ u_2\right)$$

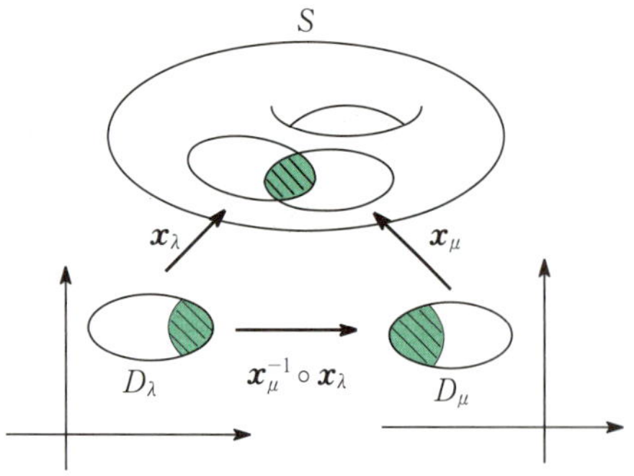

図 6.3.3　曲面

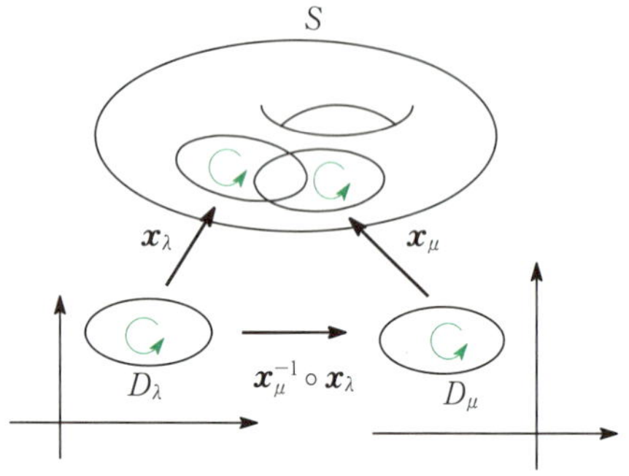

$\det J(\boldsymbol{x}_\mu^{-1}\circ\boldsymbol{x}_\lambda)>0$

図 6.3.4　向き付られた曲面

$$\boldsymbol{x}_{2,+}:D^2(r)\to\mathbb{R}^3$$
$$;\boldsymbol{x}_{2,+}(u_1,u_2):=\left(u_1,\sqrt{r^2-u_1^2-u_2^2},u_2\right)$$
$$\boldsymbol{x}_{2,-}:D^2(r)\to\mathbb{R}^3$$
$$;\boldsymbol{x}_{2,-}(u_1,u_2):=\left(u_1,-\sqrt{r^2-u_1^2-u_2^2},u_2\right)$$
$$\boldsymbol{x}_{3,+}:D^2(r)\to\mathbb{R}^3$$
$$;\boldsymbol{x}_{3,+}(u_1,u_2):=\left(u_1,u_2,\sqrt{r^2-u_1^2-u_2^2}\right)$$
$$\boldsymbol{x}_{3,-}:D^2(r)\to\mathbb{R}^3$$
$$;\boldsymbol{x}_{3,-}(u_1,u_2):=\left(u_1,u_2,-\sqrt{r^2-u_1^2-u_2^2}\right)$$

とする．このとき，明らかに，$\boldsymbol{x}_{\lambda,\pm}$ らは C^∞ 正則局所曲面であり，$\boldsymbol{x}_{\lambda,\pm}(D^2(r))=S_{\lambda,\pm}$ であり，$S^2(r)=(\cup_{\lambda=1}^3 S_{\lambda,+})\cup(\cup_{\lambda=1}^3 S_{\lambda,-})$ である．よって，$S^2(r)$ は，C^∞ 曲面である．　□

事実 6.3.8. より一般に，$\mathbb{R}^3$ の部分集合 S で，局所的に C^∞ 関数のグラフ曲面とみなせるものは，C^∞ 曲面である．

定義 6.3.9. C^∞ 曲面 $S=S_1\cup\cdots\cup S_k$ (S_λ : $\boldsymbol{x}_\lambda:D_\lambda\to\mathbb{R}^n$) で，$S_\lambda\cap S_\mu\neq\emptyset$ のとき，$\det(J(\boldsymbol{x}_\mu^{-1}\circ\boldsymbol{x}_\lambda))>0$ となるようなものを**向き付けられた C^∞ 曲面 (oriented C^∞-surface)** とよぶ．

6.3.4　曲面に沿うベクトル場

定義 6.3.10. S を C^∞ 正則局所曲面，または，C^∞ 曲面とする．S の各点 p に対し，ベクトル空間 $\mathbb{R}^n$ の元 $\boldsymbol{X}_p$ を対応させる対応 $\boldsymbol{X}$ を **S に沿うベクトル場 (vector field along S)** とよぶ．

注意 6.3.4. S に沿うベクトル場は，S 上の $\mathbb{R}^n$ に値をとるベクトル値関数にすぎない．

定義 6.3.11.
- f を C^∞ 正則局所曲面 S : $\boldsymbol{x}:D\to\mathbb{R}^n$ 上の関数（＝スカラー場）とする．$f\circ\boldsymbol{x}$ が C^r 級であるとき，**f は C^r 級である**という．
- $\boldsymbol{X}$ を C^∞ 正則局所曲面 S : $\boldsymbol{x}:D\to\mathbb{R}^n$ に沿うベクトル場とする．$\boldsymbol{X}\circ\boldsymbol{x}$ が C^r 級であるとき，**$\boldsymbol{X}$ は C^r 級である**という．

定義 6.3.12.
- f を C^∞ 曲面 $S=S_1\cup\cdots\cup S_k$ (S_λ : $\boldsymbol{x}_\lambda:D_\lambda\to\mathbb{R}^n$) 上の関数とする．各 $\lambda\in\{1,\cdots,k\}$ に対し，$f\circ\boldsymbol{x}_\lambda$ が C^r 級であるとき，**f は C^r 級である**という．
- $\boldsymbol{X}$ を C^∞ 曲面 $S=S_1\cup\cdots\cup S_k$ (S_λ : $\boldsymbol{x}_\lambda:D_\lambda\to\mathbb{R}^n$) に沿うベクトル場とする．各 $\lambda\in\{1,\cdots,k\}$ に対し，$\boldsymbol{X}\circ\boldsymbol{x}_\lambda$ が C^r 級であるとき，**$\boldsymbol{X}$ は C^r 級である**という．

定義 6.3.13. $\boldsymbol{X},\boldsymbol{Y}$ を C^∞ 曲面 S に沿うベクトル場とし，f を S 上の関数とする．和 $\boldsymbol{X}+\boldsymbol{Y}$，$\boldsymbol{X}$ の f 倍 $f\boldsymbol{X}$，および，$\boldsymbol{X}$ と $\boldsymbol{Y}$ の内積 $\boldsymbol{X}\cdot\boldsymbol{Y}$ が，各々，

$$(\boldsymbol{X}+\boldsymbol{Y})(p):=\boldsymbol{X}(p)+\boldsymbol{Y}(p)\ (p\in S)$$
$$(f\boldsymbol{X})(p):=f(p)\boldsymbol{X}(p)\ (p\in S)$$
$$(\boldsymbol{X}\cdot\boldsymbol{Y})(p):=\boldsymbol{X}(p)\cdot\boldsymbol{Y}(p)\ (p\in S)$$

によって定義される．

注意 6.3.5. 以下，必要のない限り，$f(p)$，$\boldsymbol{X}(p)$ は f_p，$\boldsymbol{X}_p$ と表す．

命題 6.3.14. $\boldsymbol{X},\boldsymbol{Y}$ を C^∞ 曲面 S に沿うベクトル場とし，f を S 上の関数とする．もし，$\boldsymbol{X},\boldsymbol{Y}$ が C^r 級ならば，$\boldsymbol{X}+\boldsymbol{Y}$，$f\boldsymbol{X}$，$\boldsymbol{X}\cdot\boldsymbol{Y}$ も C^r 級である．

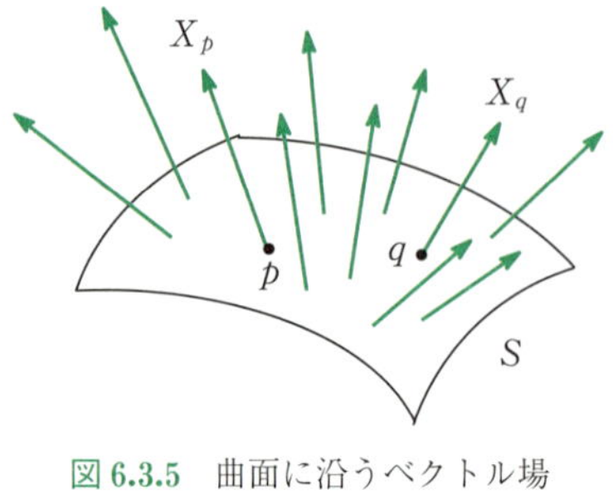

図 6.3.5　曲面に沿うベクトル場

6.3.5 接ベクトル・接ベクトル場

定義 6.3.15. C^∞ 正則局所曲面 $S : \boldsymbol{x} : D \to \mathbb{R}^n$ 上の点 $p = \boldsymbol{x}(a, b)$ に対し，$(\boldsymbol{B}_1)_p$，$(\boldsymbol{B}_2)_p$ によって張られる $\mathbb{R}^n$ の 2 次元部分ベクトル空間 $\mathrm{Span}\{(\boldsymbol{B}_1)_p, (\boldsymbol{B}_2)_p\}$ を S の点 p における**接ベクトル空間 (tangent vector space)** とよび，$T_p(S)$ と表す．また，$T_p(S)$ の元を S の点 p における**接ベクトル (tangent vector)** とよぶ．

定義 6.3.16. C^∞ 曲面 $S = S_1 \cup \cdots \cup S_k$ ($S_\lambda : \boldsymbol{x}_\lambda : D_\lambda \to \mathbb{R}^n$) 上の点 p に対し，$p \in S_\lambda$ として，$T_p(S_\lambda)$ を S の点 p における**接ベクトル空間 (tangent vector space)** とよび，$T_p(S)$ と表す．また，$T_p(S)$ の元を S の点 p における**接ベクトル (tangent vector)** とよぶ．

注意 6.3.6. $p \in S_\lambda \cap S_\mu$ のとき，$T_p(S_\lambda) = T_p(S_\mu)$ となる．それゆえ，この定義は well-defined である．

定義 6.3.17. S を C^∞ 正則局所曲面，または，C^∞ 曲面とする．S の各点 p に対し，$T_p(S)$ の元 $\boldsymbol{X}_p$ を対応させる対応 $\boldsymbol{X}$ を S 上の**接ベクトル場 (tangent vector field)** とよぶ．

注意 6.3.7. S 上の接ベクトル場は，S に沿うベクトル場である．

定義 6.3.18. $\boldsymbol{X}$ を C^∞ 正則局所曲面 $S : \boldsymbol{x} : D \to \mathbb{R}^n$ 上の接ベクトル場とし，$(\boldsymbol{B}_1, \boldsymbol{B}_2)$ を S の座標基底とする．$\boldsymbol{X}_p = \sum_{i=1}^2 X_i(p)(\boldsymbol{B}_i)_p$ ($p \in S$) によって定義される写像 $X_i : S \to \mathbb{R}$ に対し，$X_i \circ \boldsymbol{x} : D \to \mathbb{R}$ が C^r 級であるとき，**$\boldsymbol{X}$ は C^r 級である**という．

定義 6.3.19. $\boldsymbol{X}$ を C^∞ 曲面 $S = S_1 \cup \cdots \cup S_k$ ($S_\lambda : \boldsymbol{x}_\lambda : D_\lambda \to \mathbb{R}^n$) 上の接ベクトル場とする．各 $\lambda \in \{1, \cdots, k\}$ に対し，$\boldsymbol{X}|_{S_\lambda}$ が S_λ 上の接ベクトル場として C^r 級であるとき，**$\boldsymbol{X}$ は C^r 級である**という．

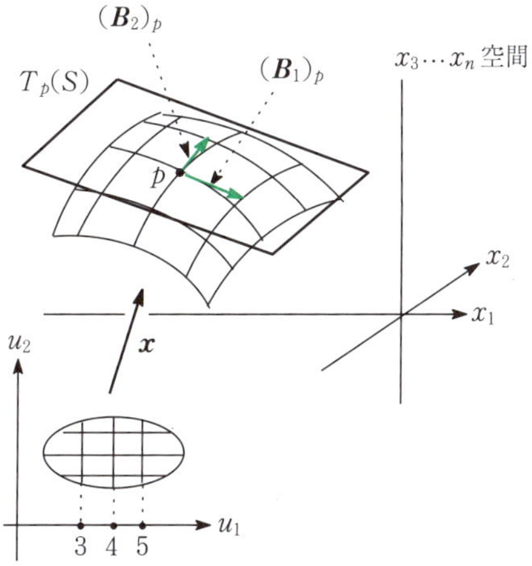

図 6.3.6 接ベクトル空間

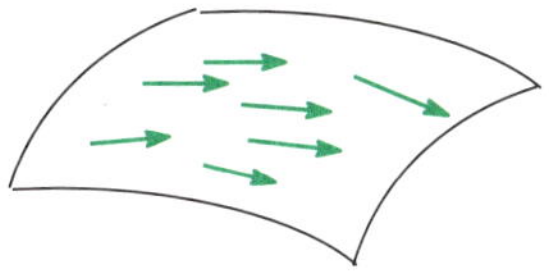

図 6.3.7 接ベクトル場

注意 6.3.8. S_λ の座標基底を $(\boldsymbol{B}_1, \boldsymbol{B}_2)$，$S_\mu$ の座標基底を $(\bar{\boldsymbol{B}}_1, \bar{\boldsymbol{B}}_2)$ とし，$\boldsymbol{x}_\lambda^{-1} = (u_1, u_2)$，$\boldsymbol{x}_\lambda^{-1} = (\bar{u}_1, \bar{u}_2)$ とする．$S_\lambda \cap S_\mu \neq \emptyset$ のとき，$\boldsymbol{X}|_{S_\lambda} = \sum_{i=1}^2 X_i \boldsymbol{B}_i$，$\boldsymbol{X}|_{S_\mu} = \sum_{i=1}^2 \bar{X}_i \bar{\boldsymbol{B}}_i$ として，$X_i \circ \boldsymbol{x}_\lambda : \boldsymbol{x}_\lambda^{-1}(S_\lambda \cap S_\mu) \to \mathbb{R}$ ($i = 1, 2$) が C^r 級であることと，$\bar{X}_i \circ \boldsymbol{x}_\mu : \boldsymbol{x}_\mu^{-1}(S_\lambda \cap S_\mu) \to \mathbb{R}$ ($i = 1, 2$) が C^r 級であることが同値であることが示される．

注意 6.3.9. $\boldsymbol{X}_1, \boldsymbol{X}_2$ は $\boldsymbol{X}$ の局所座標 $\boldsymbol{x}_\lambda^{-1} = (u_1, u_2)$ に関する成分とよばれる．$\bar{\boldsymbol{X}}_1, \bar{\boldsymbol{X}}_2$ についても同様である．

注意 6.3.10. $T(S) := \cup_{p \in S}(\{p\} \times T_p(S))$ には，C^∞ 構造 (C^∞ 多様体の構造) が自然に定義され，自然な射影 $\pi : T(S) \to S$ は S の接ベクトルバンドルとよばれる．S 上の接ベクトル場 $\boldsymbol{X}$ は，S から $T(S)$ への写像で $\pi \circ \boldsymbol{X} = \mathrm{id}$ となるものとして定義することもできる (接ベクトルバンドルの C^∞ 構造の定義については，6.4.8 項を参照のこと)．

命題 6.3.20. $\boldsymbol{X}$ を S 上の接ベクトル場とする．このとき，$\boldsymbol{X}$ が S 上の接ベクトル場として C^r 級であることと $\boldsymbol{X}$ が S に沿うベクトル場として C^r 級であることは，同値である．

6.3.6 法ベクトル場

定義 6.3.21. S を $\mathbb{R}^n$ 内の C^∞ 正則局所曲面または C^∞ 曲面とする．接空間 $T_p(S)$ の ($\mathbb{R}^n$ における) 直交補空間 $(T_p(S))^\perp$ を $T_p^\perp(S)$ と表し，S の点 p における**法空間 (normal space)** という．また，$T_p^\perp(S)$ に属する各ベクトルを S の点 p における**法ベクトル (normal vector)** という．

以下，この項では，$\mathbb{R}^n$ ($n \geq 3$) 内の C^∞ 曲面を取り扱う．

事実 6.3.22. $S : \boldsymbol{x} : D \to \mathbb{R}^3$ を C^∞ 正則局所曲面とし，$(\boldsymbol{B}_1, \boldsymbol{B}_2)$ をその座標基底とする．$\boldsymbol{N}_p := \dfrac{(\boldsymbol{B}_1)_p \times (\boldsymbol{B}_2)_p}{\|(\boldsymbol{B}_1)_p \times (\boldsymbol{B}_2)_p\|}$ は S の点 p における長さ 1 の法ベクトルになる．それゆえ，各点 p に対し，$\boldsymbol{N}_p$ を対応させることにより定義される S に沿うベクトル場 $\boldsymbol{N}$ は S の単位法ベクトル場になる．

定義 6.3.23. $S = S_1 \cup \cdots \cup S_k$ ($S_\lambda : \boldsymbol{x}_\lambda : D_\lambda \to \mathbb{R}^3$) を向き付けられた C^∞ 曲面とし，$\boldsymbol{N}_\lambda$ を S_λ の単位法ベク

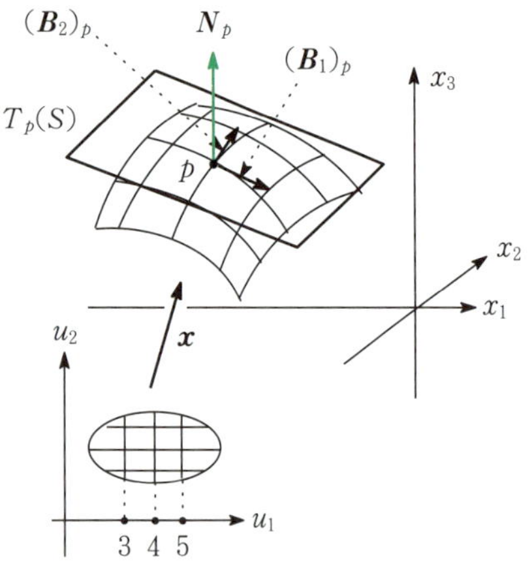

図 6.3.8　単位法ベクトル場

トル場とするとき，$S_\lambda \cap S_\mu \neq \emptyset$ ならば，$\boldsymbol{N}_\lambda$ と $\boldsymbol{N}_\mu$ は $S_\lambda \cap S_\mu$ 上で一致する．よって，これらを貼り合わせて S に沿うベクトル場が得られる．このベクトル場は S の単位法ベクトル場になる．

6.3.7　テンソル場

以下，S は C^∞ 正則局所曲面 $\boldsymbol{x}: D \to \mathbb{R}^n$，または，$C^\infty$ 曲面 $S_1 \cup \cdots \cup S_k$ $(S_\lambda : \boldsymbol{x}_\lambda : D_\lambda \to \mathbb{R}^n)$ とする．

定義 6.3.24. V を実ベクトル空間とする．$V \times \cdots \times V$ (k-times) から $\mathbb{R}$ への多重線形写像を V 上の **k 次共変テンソル (covariant tensor of degree k)** とよび，$V \times \cdots \times V$ (k-times) から V への多重線形写像を V 上の **(1, k) 次テンソル (tensor of type (1, k))** とよぶ．

注意 6.3.11.

$$
\begin{aligned}
&\Phi : V \times \cdots \times V \to \mathbb{R} \text{ or } V : \text{多重線形} \\
\underset{\text{def}}{\iff}\ &\Phi(x_1, \cdots, ax_i + by_i, \cdots, x_k) \\
&= a\Phi(x_1, \cdots, x_i, \cdots, x_k) \\
&\quad + b\Phi(x_1, \cdots, y_i, \cdots, x_k) \\
&\qquad \left(\begin{array}{l} \forall i \in \{1, \cdots, k\},\ \forall a, b \in \mathbb{R} \\ \forall x_1, \cdots, x_k, y_i \in V \end{array} \right)
\end{aligned}
$$

定義 6.3.25. S を C^∞ 正則局所曲面 $\boldsymbol{x} : D \to \mathbb{R}^n$ とし，$(\boldsymbol{B}_1, \boldsymbol{B}_2)$ をその座標基底とする．S の各点 p に対し，$T_p(S)$ 上の k 次共変テンソル Φ_p を対応させる対応 Φ を，S 上の **k 次共変テンソル場 (covariant tensor field of degree k)** という．$\Phi_{i_1, \cdots, i_k}(p) := \Phi_p((\boldsymbol{B}_{i_1})_p, \cdots, (\boldsymbol{B}_{i_k})_p)$ $(p \in S)$ によって定義される写像 $\Phi_{i_1, \cdots, i_k} : S \to \mathbb{R}$ たちに対し，$\Phi_{i_1, \cdots, i_k} \circ \boldsymbol{x} : D \to \mathbb{R}$ たちが C^r 級であるとき，**Φ は C^r 級である**という．

定義 6.3.26. S を C^∞ 正則局所曲面 $\boldsymbol{x} : D \to \mathbb{R}^n$ とし，$(\boldsymbol{B}_1, \boldsymbol{B}_2)$ をその座標基底とする．S の各点 p に対し，$T_p(S)$ 上の $(1, k)$ 次テンソル Φ_p を対応させる対応 Φ を，S 上の **(1, k) 次テンソル場 (tensor field of type (1, k))** という．$\Phi_p((\boldsymbol{B}_{i_1})_p, \cdots, (\boldsymbol{B}_{i_k})_p) = \sum_{j=1}^2 \Phi^j_{i_1, \cdots, i_k}(p)(\boldsymbol{B}_j)_p$ $(p \in S)$ によって定義される写像 $\Phi^j_{i_1, \cdots, i_k} : S \to \mathbb{R}$ たちに対し，$\Phi^j_{i_1, \cdots, i_k} \circ \boldsymbol{x} : D \to \mathbb{R}$ たちが C^r 級であるとき，**Φ は C^r 級である**という．

定義 6.3.27. S を C^∞ 曲面 $S_1 \cup \cdots \cup S_k$ $(S_\lambda : \boldsymbol{x}_\lambda : D_\lambda \to \mathbb{R}^n)$ とする．

S の各点 p に対し，$T_p(S)$ 上の k 次共変テンソル Φ_p を対応させる対応 Φ を，S 上の **k 次共変テンソル場 (covariant tensor field of degree k)** という．各 $\lambda \in \{1, \cdots, k\}$ に対し，$\Phi|_{S_\lambda}$ が S_λ 上の k 次共変テンソル場として C^r 級であるとき，Φ は C^r 級であるという．S_λ の座標基底を $(\boldsymbol{B}_1, \boldsymbol{B}_2)$ として，$\Phi_{i_1, \cdots, i_k}(p) := \Phi_p((\boldsymbol{B}_{i_1})_p, \cdots, (\boldsymbol{B}_{i_k})_p)$ $(p \in S_\lambda)$ によって定義される写像 $\Phi_{i_1, \cdots, i_k} : S_\lambda \to \mathbb{R}$ たちを **Φ の局所座標 $\boldsymbol{x}_\lambda^{-1}$ に関する成分 (the component of Φ with respect to a local coordinate $\boldsymbol{x}_\lambda^{-1}$)** という．

定義 6.3.28. S を C^∞ 曲面 $S_1 \cup \cdots \cup S_k$ $(S_\lambda : \boldsymbol{x}_\lambda : D_\lambda \to \mathbb{R}^n)$ とする．

S の各点 p に対し，$T_p(S)$ 上の $(1, k)$ 次テンソル Φ_p を対応させる対応 Φ を，S 上の **(1, k) 次テンソル場 (tensor field of type (1, k))** という．各 $\lambda \in \{1, \cdots, k\}$ に対し，$\Phi|_{S_\lambda}$ が S_λ 上の $(1, k)$ 次テンソル場として C^r 級であるとき，**Φ は C^r 級である**という．S_λ の座標基底を $(\boldsymbol{B}_1, \boldsymbol{B}_2)$ として，$\Phi_p((\boldsymbol{B}_{i_1})_p, \cdots, (\boldsymbol{B}_{i_k})_p) = \sum_{j=1}^2 \Phi^j_{i_1, \cdots, i_k}(p)(\boldsymbol{B}_j)_p$ $(p \in S_\lambda)$ によって定義される写像 $\Phi^j_{i_1, \cdots, i_k} : S_\lambda \to \mathbb{R}$ たちを **Φ の局所座標 $\boldsymbol{x}_\lambda^{-1}$ に関する成分 (the component of Φ with respect to a local coordinate $\boldsymbol{x}_\lambda^{-1}$)** という．

命題 6.3.29. S を C^∞ 曲面 $S_1 \cup \cdots \cup S_k$ $(S_\lambda : \boldsymbol{x}_\lambda : D_\lambda \to \mathbb{R}^n)$ とし，$S_\lambda \cap S_\mu \neq \emptyset$ とする．

Φ を，S 上の k 次共変テンソル場とし，$\Phi_{i_1, \cdots, i_k}$ を，Φ の局所座標 $\boldsymbol{x}_\lambda^{-1} = (u_1, u_2)$ に関する成分とし，$\bar{\Phi}_{i_1, \cdots, i_k}$ を，Φ の局所座標 $\boldsymbol{x}_\mu^{-1} = (\bar{u}_1, \bar{u}_2)$ に関する成分とするとき，

$$\bar{\Phi}_{i_1, \cdots, i_k} = \sum_{j_1=1}^2 \cdots \sum_{j_k=1}^2 \frac{\partial u_{j_1}}{\partial \bar{u}_{i_1}} \cdots \frac{\partial u_{j_k}}{\partial \bar{u}_{i_k}} \times \Phi_{j_1, \cdots, j_k}$$

が成り立つ．したがって，$\Phi_{i_1, \cdots, i_k}|_{S_\lambda \cap S_\mu}$ たちが C^r 級であることと $\bar{\Phi}_{i_1, \cdots, i_k}|_{S_\lambda \cap S_\mu}$ たちが C^r 級であることは同値である．

命題 6.3.30. S を C^∞ 曲面 $S_1 \cup \cdots \cup S_k$ $(S_\lambda : \boldsymbol{x}_\lambda : D_\lambda \to \mathbb{R}^n)$ とし，$S_\lambda \cap S_\mu \neq \emptyset$ とする．

Φ を，S 上の $(1, k)$ 次テンソル場とし，$\Phi^j_{i_1, \cdots, i_k}$ を Φ の局所座標 $\boldsymbol{x}_\lambda^{-1} = (u_1, u_2)$ に関する成分とし，$\bar{\Phi}^j_{i_1, \cdots, i_k}$ を Φ の局所座標 $\boldsymbol{x}_\mu^{-1} = (\bar{u}_1, \bar{u}_2)$ に関する成分とするとき，

$$\bar{\Phi}^{\alpha}_{i_1,\cdots,i_k} = \sum_{j_1=1}^{2}\cdots\sum_{j_k=1}^{2}\sum_{\beta=1}^{2}\frac{\partial u_{j_1}}{\partial \bar{u}_{i_1}}\cdots\frac{\partial u_{j_k}}{\partial \bar{u}_{i_k}}\frac{\partial \bar{u}_{\alpha}}{\partial u_{\beta}} \times\Phi^{\beta}_{j_1,\cdots,j_k}$$

が成り立つ．したがって，$\Phi^{j}_{i_1,\cdots,i_k}|_{S_\lambda\cap S_\mu}$ たちが C^r 級であることと $\bar{\Phi}^{j}_{i_1,\cdots,i_k}|_{S_\lambda\cap S_\mu}$ たちが C^r 級であることは同値である．

定義 6.3.31. S 上の k 次共変テンソル場 Φ と S 上のベクトル場 $\boldsymbol{X}_1, \cdots, \boldsymbol{X}_k$ に対し，S 上の関数 $\Phi(\boldsymbol{X}_1, \cdots, \boldsymbol{X}_k)$ を

$$\Phi(\boldsymbol{X}_1, \cdots, \boldsymbol{X}_k)(p) := \Phi_p((\boldsymbol{X}_1)_p, \cdots, (\boldsymbol{X}_k)_p) \quad (p \in T_p(S))$$

によって定義する．

同様に，S 上の $(1, k)$ 次テンソル場 Φ と S 上のベクトル場 $\boldsymbol{X}_1, \cdots, \boldsymbol{X}_k$ に対し，S 上の接ベクトル場 $\Phi(\boldsymbol{X}_1, \cdots, \boldsymbol{X}_k)$ を

$$\Phi(\boldsymbol{X}_1, \cdots, \boldsymbol{X}_k)(p) := \Phi_p((\boldsymbol{X}_1)_p, \cdots, (\boldsymbol{X}_k)_p) \quad (p \in T_p(S))$$

によって定義する．

命題 6.3.32. Φ を S 上の k 次共変テンソル場，または，$(1, k)$ 次テンソル場とする．Φ および $\boldsymbol{X}_1, \cdots, \boldsymbol{X}_k$ が C^∞ 級であるならば，$\Phi(\boldsymbol{X}_1, \cdots, \boldsymbol{X}_k)$ も C^∞ 級である．

6.3.8 第 I 基本形式

定義 6.3.33. S 上の C^r 級の 2 次共変テンソル場 g で，S の各点 p に対し g_p が $T_p(S)$ の内積を与えるもの，つまり，次の 2 条件を満たすものを S の **C^r 級リーマン計量 (Riemannian metric of class C^r)** という：

- $g_p(\boldsymbol{v}, \boldsymbol{w}) = g_p(\boldsymbol{w}, \boldsymbol{v})$ $(\forall \boldsymbol{v}, \forall \boldsymbol{w} \in T_p(S))$（対称性）
- $g_p(\boldsymbol{v}, \boldsymbol{v}) \geq 0$ $(\forall \boldsymbol{v} \in T_p(S))$，かつ，等号成立は $\boldsymbol{v} = \boldsymbol{0}$ のときのみ（正定値性）

定義 6.3.34. S の各点 p に対し，$g_p : T_p(S) \times T_p(S) \to \mathbb{R}$ を $g_p(\boldsymbol{v}, \boldsymbol{w}) := \boldsymbol{v} \cdot \boldsymbol{w}$ $(\boldsymbol{v}, \boldsymbol{w} \in T_pM)$ によって定義する．ただし，$\cdot$ は，$\mathbb{R}^n$ の内積を表す．g_p は，$T_p(S)$ の内積を与え，S の各点 p に対し，g_p を対応させる対応 g は，S 上の C^∞ 級の対称 2 次共変テンソル場になる．つまり，g は，S の C^∞ 級リーマン計量になる．このリーマン計量 g を S の **第 1 基本形式 (first fundamental form)**（または，**S 上の誘導リーマン計量 (induced Riemannian metric on S)**）という．

命題 6.3.35.

$$\begin{vmatrix} g_{11} & g_{12} \\ g_{21} & g_{22} \end{vmatrix} > 0$$

6.3.9 共変微分

定義 6.3.36. S を C^∞ 正則局所曲面 $\boldsymbol{x} : D \to \mathbb{R}^n$ とし，その座標基底を $(\boldsymbol{B}_1, \boldsymbol{B}_2)$ とする．S 上の C^r 関数 f と $\boldsymbol{v} \in T_p(S)$ に対し，$v(f)$ を次のように定義する：

$$\boldsymbol{v}(f) := \sum_{i=1}^{2} v_i \frac{\partial(f \circ \boldsymbol{x})}{\partial u_i}(a, b) \quad \left(\boldsymbol{v} = \sum_{i=1}^{2} v_i(\boldsymbol{B}_i)_p,\ \ p = \boldsymbol{x}(a, b)\right)$$

$\boldsymbol{v}(f)$ を f の $\boldsymbol{v}$ に関する**方向微分 (directional derivative)** という．

定義 6.3.37. S を C^∞ 曲面 $S = S_1 \cup \cdots \cup S_k$ $(S_\lambda : \boldsymbol{x}_\lambda : D_\lambda \to \mathbb{R}^n)$ とする．S 上の C^r 関数 f と $\boldsymbol{v} \in T_p(S)$ に対し，$\boldsymbol{v}(f)$ を次のように定義する：

$$\boldsymbol{v}(f) := \sum_{i=1}^{2} v_i \frac{\partial(f \circ \boldsymbol{x}_\lambda)}{\partial u_i}(a, b)$$

ここで，$p \in S_\lambda$ とし，S_λ の座標基底を $(\boldsymbol{B}_1, \boldsymbol{B}_2)$，$\boldsymbol{v} = \sum_{i=1}^{2} v_i(\boldsymbol{B}_i)_p$ とし，また，$p = \boldsymbol{x}_\lambda(a, b)$ とした．$\boldsymbol{v}(f)$ を f の $\boldsymbol{v}$ に関する**方向微分 (directional derivative)** という．

定義 6.3.38. S を C^∞ 正則局所曲面 $\boldsymbol{x} : D \to \mathbb{R}^n$ とし，その座標基底を $(\boldsymbol{B}_1, \boldsymbol{B}_2)$ とする．S に沿う C^r ベクトル場 $\boldsymbol{X}$ と $\boldsymbol{v} \in T_p(S)$ に対し，$D_{\boldsymbol{v}}\boldsymbol{X}$ を次のように定義する：

$$D_{\boldsymbol{v}}\boldsymbol{X} := \sum_{i=1}^{2} v_i \frac{\partial(\boldsymbol{X} \circ \boldsymbol{x})}{\partial u_i}(a, b) \quad \left(\boldsymbol{v} = \sum_{i=1}^{2} v_i(\boldsymbol{B}_i)_p,\ \ p = \boldsymbol{x}(a, b)\right)$$

$D_{\boldsymbol{v}}\boldsymbol{X}$ を $\boldsymbol{X}$ の $\boldsymbol{v}$ に関する**方向微分**という．

定義 6.3.39. S を C^∞ 曲面 $S = S_1 \cup \cdots \cup S_k$ $(S_\lambda : \boldsymbol{x}_\lambda : D_\lambda \to \mathbb{R}^n)$ とする．S に沿う C^r ベクトル場 $\boldsymbol{X}$ と $\boldsymbol{v} \in T_p(S)$ に対し，$D_{\boldsymbol{v}}\boldsymbol{X}$ を次のように定義する：

$$D_{\boldsymbol{v}}\boldsymbol{X} := \sum_{i=1}^{2} v_i \frac{\partial(\boldsymbol{X} \circ \boldsymbol{x})}{\partial u_i}(a, b) \quad \left(v = \sum_{i=1}^{2} v_i(\boldsymbol{B}_i)_p,\ \ p = \boldsymbol{x}(a, b)\right)$$

ここで，$p \in S_\lambda$ とし，S_λ の座標基底を $(\boldsymbol{B}_1, \boldsymbol{B}_2)$，$v = \sum_{i=1}^{2} v_i(\boldsymbol{B}_i)_p$ とし，また，$p = \boldsymbol{x}_\lambda(a, b)$ とした．$D_{\boldsymbol{v}}\boldsymbol{X}$ を $\boldsymbol{X}$ の v に関する**方向微分**という．

命題 6.3.40. S が C^∞ 曲面 $S = S_1 \cup \cdots \cup S_k$ $(S_\lambda : \boldsymbol{x}_\lambda : D_\lambda \to \mathbb{R}^n)$ のとき，$D_{\boldsymbol{v}}\boldsymbol{X}$ は well-defined である．

命題 6.3.41. $c : (-\varepsilon, \varepsilon) \to S$ を $c'(0) = v$ を満たす S

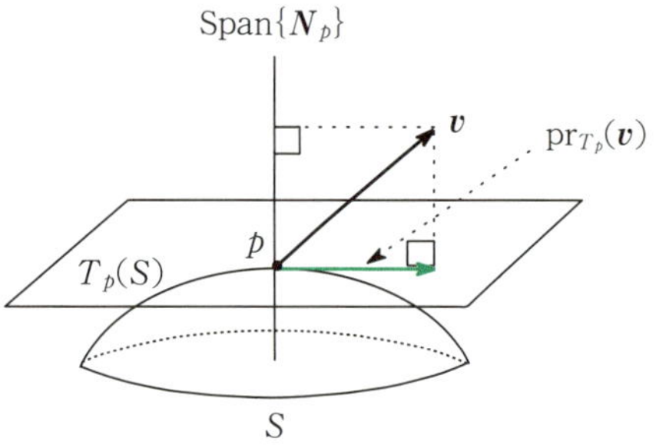

図 6.3.9　接空間への直交射影

上の C^1 曲線とするとき，$D_v X = \left.\dfrac{d(X\circ c)}{dt}\right|_{t=0}$ が成り立つ．

定義 6.3.42. S 上の接ベクトル場 X，S に沿う C^r ベクトル場 Y，S 上の C^r 関数 f に対し，S 上の接ベクトル場 $D_X Y$ と S 上の関数 $X(f)$ を，各々，

$$(D_X Y)_p := D_{X_p} Y\ (p \in M)$$
$$X(f)_p := X_p(f)\ (p \in M)$$

によって定義する $(r \geq 1)$．

命題 6.3.43. X を S 上の C^{r_1} 接ベクトル場，Y を S に沿う C^{r_2} ベクトル場，f を S 上の C^{r_2} 関数とする $(r_1 \geq 0,\ r_2 \geq 1)$．このとき，$D_X Y$ は S に沿う $C^r\ (r := \min\{r_1, r_2-1\})$ ベクトル場であり，$X(f)$ は S に沿う $C^r\ (r := \min\{r_1, r_2-1\})$ 関数である．

命題 6.3.44. X, Y を S 上の接ベクトル場，Z, Z_1, Z_2 を S に沿う C^r ベクトル場，f を S 上の C^r 関数とする $(r \geq 1)$．このとき，次式が成り立つ：

$$D_{X+Y}Z = D_X Z + D_Y Z$$
$$D_X(Z_1 + Z_2) = D_X Z_1 + D_X Z_2$$
$$D_{fX}Z = f D_X Z,$$
$$D_X(fZ) = X(f)Z + f D_X Z$$

命題 6.3.45. X を S 上の接ベクトル場，Y, Z を S に沿う C^r ベクトル場とする $(r \geq 1)$．このとき，$X(Y\cdot Z) = (D_X Y)\cdot Z + Y \cdot D_X Z$ が成り立つ．

定義 6.3.46. $v \in T_p(S)$ と S 上の C^r 接ベクトル場 Y $(r \geq 1)$ に対し，$T_p(S)$ の元 $\nabla_v Y$ を

$$\nabla_v Y = \mathrm{pr}_{T_p}(D_v Y)$$

によって定義する．ただし，pr_{T_p} は，$\mathbb{R}^n$ から $T_p(S)$ への直交射影を表す．$\nabla_v Y$ を，Y の v に関する共変微分 (covariant derivative) という．

また，S 上の接ベクトル場 X と S 上の C^r 接ベクトル場 Y $(r \geq 1)$ に対し，S 上の接ベクトル場 $\nabla_X Y$ を

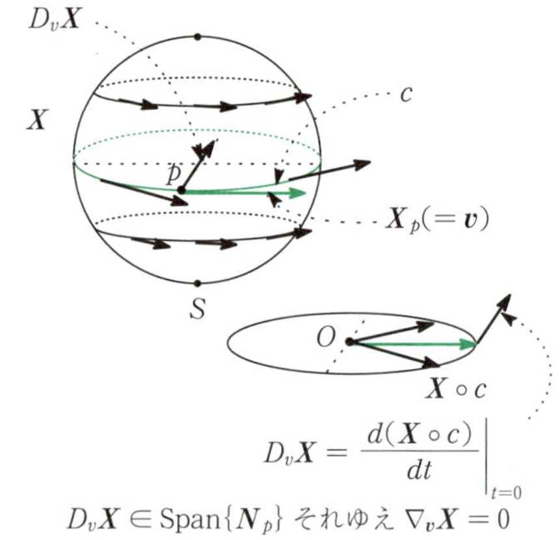

図 6.3.10　共変微分（例 1）

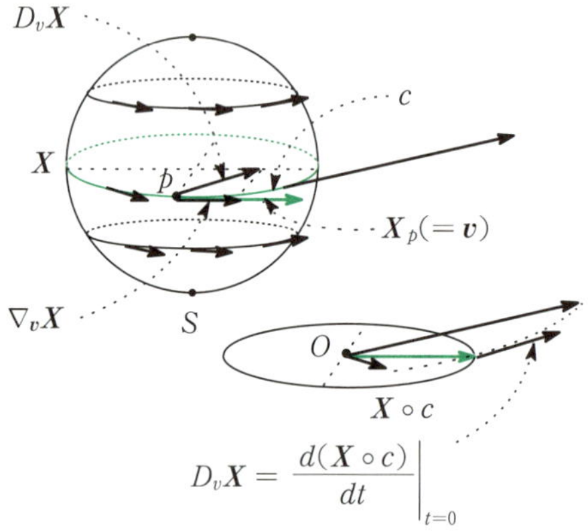

図 6.3.11　共変微分（例 2）

$$(\nabla_X Y)_p := \nabla_{X_p} Y\ (p \in S)$$

によって定義する．$\nabla_X Y$ を，Y の X に関する共変微分 (covariant derivative) という．

命題 6.3.47. X を S 上の C^{r_1} 接ベクトル場，Y を S 上の C^{r_2} 接ベクトル場とする $(r_1 \geq 0,\ r_2 \geq 1)$．このとき，$\nabla_X Y$ は，C^r 級 $(r := \min\{r_1, r_2-1\})$ の接ベクトル場である．

命題 6.3.48. X, Y, Z を S 上の C^r 接ベクトル場とし，f を S 上の C^r 関数とする $(r \geq 1)$．

このとき，次式が成り立つ：

$$\nabla_{X+Y}Z = \nabla_X Z + \nabla_Y Z,$$
$$\nabla_X(Y + Z) = \nabla_X Y + \nabla_X Z,$$
$$\nabla_{fX}Y = f\nabla_X Y,$$
$$\nabla_X(fY) = X(f)Y + f\nabla_X Y$$

6.3.10　形作用素・第 2 基本形式

この項において，$n = 3$ とし，S は C^∞ 正則局所曲面 $x : D \to \mathbb{R}^n$，または，向き付けられた C^∞ 曲面

$S_1 \cup \cdots \cup S_k$ (S_λ : $\boldsymbol{x}_\lambda : D_\lambda \to \mathbb{R}^n$) とする．

命題 6.3.49. $p \in S$ に対し，$A_p : T_p(S) \to \mathbb{R}^3$ を

$$A_p(\boldsymbol{v}) := -D_v \boldsymbol{N} \quad (v \in T_p(S))$$

によって定義する．ただし，$\boldsymbol{N}$ は，S の単位法線ベクトル場とする．このとき，次の事実が成り立つ：

(i) $A_p(\boldsymbol{v}) \in T_p(S)$.

(ii) A_p は $T_p(S)$ の線形変換，つまり，$T_p(S)$ 上の $(1, 1)$ 次テンソルである．

(iii) 各 $p \in S$ に対し，A_p を対応させる対応 A は，S 上の C^∞ 級 $(1, 1)$ 次テンソル場である．

定義 6.3.50. 上述のように定義される S 上の C^∞ 級 $(1, 1)$ 次テンソル場 A を S の**形作用素 (shape operator)** という．

命題 6.3.51. S 上の接ベクトル場 $\boldsymbol{X}$ に対し，

$$D_X \boldsymbol{N} = -A(\boldsymbol{X})$$

が成り立つ．この関係式は，**ワインガルテンの公式 (Weingarten formula)** とよばれる．

命題 6.3.52. $p \in S$ に対し，$h_p : T_p(S) \times T_p(S) \to \mathbb{R}$ を

$$h_p(\boldsymbol{v}, \boldsymbol{w}) := A(\boldsymbol{v}) \cdot \boldsymbol{w} \quad (\boldsymbol{v}, \boldsymbol{w} \in T_p(S))$$

によって定義する．このとき，次の事実が成り立つ：

(i) h_p は $T_p(S)$ 上の 2 次共変テンソルである．

(ii) 各 $p \in S$ に対し h_p を対応させる対応 h は，S 上の C^∞ 級 2 次共変テンソル場である．

定義 6.3.53. 上述のように定義される S 上の C^∞ 級 2 次共変テンソル場 h を **S の第 2 基本形式 (second fundamental form)** という．

命題 6.3.54. h は対称な 2 次共変テンソル場である．

命題 6.3.55. A_p : $(T_p(S), g_p) \to (T_p(S), g_p)$ は対称変換である（それゆえ，A_p の固有ベクトルからなる $(T_p(S), g_p)$ の正規直交基底が存在する）．

命題 6.3.56. S 上の接ベクトル場 $\boldsymbol{X}, \boldsymbol{Y}$ に対し，

$$D_X \boldsymbol{Y} = \nabla_X \boldsymbol{Y} + h(\boldsymbol{X}, \boldsymbol{Y})$$

が成り立つ．この関係式は，**ガウスの公式 (Gauss formula)** とよばれる．

6.3.11　主曲率・ガウス曲率・平均曲率

定義 6.3.57. S の点 p における単位接ベクトル v に対し，$h_p(\boldsymbol{v}, \boldsymbol{v})$ を $\boldsymbol{v}$ 方向の**法曲率 (normal curvature)** という．

定義 6.3.58. A_p の固有値（高々 2 つ）を，S の点 p における**主曲率 (principal curvature)** といい，A_p

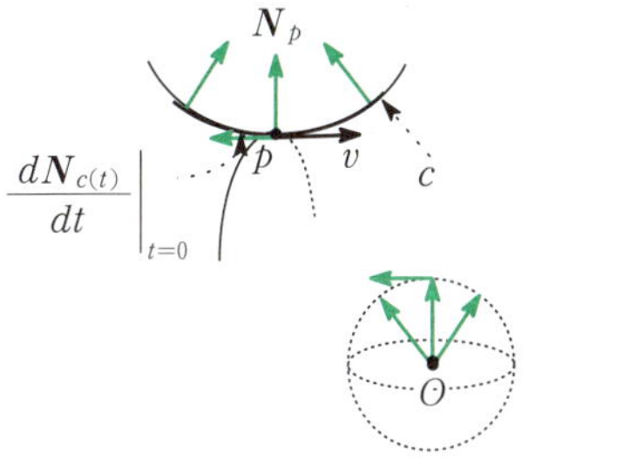

$$A_p(\boldsymbol{v}) = -\left.\frac{d\boldsymbol{N}_{c(t)}}{dt}\right|_{t=0} = \lambda \boldsymbol{v} (\lambda > 0)$$

図 6.3.12　主曲率・主方向（例 1）

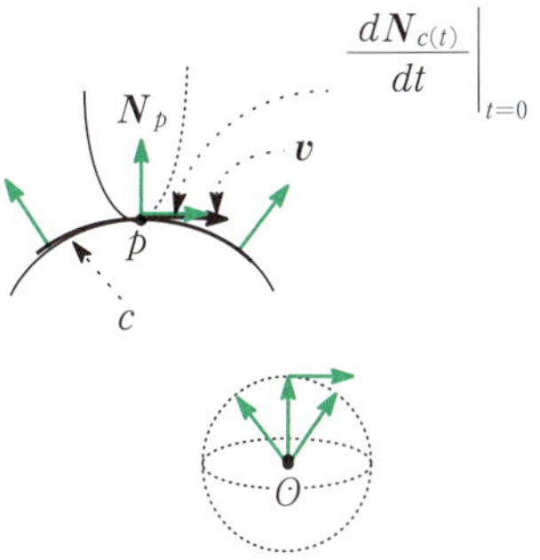

$$A_p(\boldsymbol{v}) = -\left.\frac{d\boldsymbol{N}_{c(t)}}{dt}\right|_{t=0} = \lambda \boldsymbol{v} (\lambda < 0)$$

図 6.3.13　主曲率・主方向（例 2）

の各単位固有ベクトルを S の点 p における**主方向 (principal direction)** といい，A_p の各固有空間を S の点 p における**主曲率空間 (principal curvature space)** という．また，$\det A_p$ を，S の点 p における**ガウス曲率 (Gaussian curvature)** といい，K_p と表す．また，$\frac{1}{2} \operatorname{Tr} A_p$ を，S の点 p における**平均曲率 (mean curvature)** といい，H_p と表す．また，各点 $p \in S$ に対し，K_p を対応させる対応 K は，S の**ガウス曲率 (Gaussian curvature)** とよばれ，各点 $p \in S$ に対し，H_p を対応させる対応 H は，S の**平均曲率 (mean curvature)** とよばれる．

命題 6.3.41 により，$\boldsymbol{v} = \left.\frac{dc}{dt}\right|_{t=0}$ として，$A_p(\boldsymbol{v}) = -\left.\frac{d(\boldsymbol{N} \circ c)}{dt}\right|_{t=0}$ となるので，たとえば，C^∞ 曲面 S が図 6.3.12, 6.3.13 のような場合，その主曲率，主方向は図 6.3.12, 6.3.13 のようになる．

定理 6.3.59. $\{\boldsymbol{e}_1, \boldsymbol{e}_2\}$ を A_p の主方向からなる正規直交基底とし，$A_p(\boldsymbol{e}_i) = \lambda_i \boldsymbol{e}_i$ $(i = 1, 2)$ とする．このとき，$\boldsymbol{v}_\theta = \cos\theta \boldsymbol{e}_1 + \sin\theta \boldsymbol{e}_2$ 方向の法曲率は，$h_p(\boldsymbol{v}_\theta, \boldsymbol{v}_\theta) = \lambda_1 \cos^2\theta + \lambda_2 \sin^2\theta$ となる．また，$\lambda_1 > \lambda_2$ ならば，$\lambda_2 \leq h(\boldsymbol{v}_\theta, \boldsymbol{v}_\theta) \leq \lambda_1$ となり，λ_1 が S の点 p における最大の法曲率，λ_2 が S の点 p における最小

の法曲率であることがわかる．

定義 6.3.60. 点 p における主曲率がただ 1 つであるとき，p を S の**臍点 (umbilic point)** という．ここで，λ をそのただ 1 つの主曲率とするとき，$A = \lambda \mathrm{id}$ ($\mathrm{id} : T_p(S)$ の恒等変換) となることを注意しておく．特に，点 p における主曲率が 0 のみであるとき，p を S の**測地的点 (geodesic point)** という．

命題 6.3.61. λ, μ を p における主曲率とする (p が臍点のときは，$\lambda = \mu$) とき，$K_p = \lambda\mu$，$H_p = \dfrac{\lambda+\mu}{2}$ が成り立つ．

定義 6.3.62. $K_p > 0$ となる点 p を，S の**楕円点 (elliptic point)** といい，$K_p < 0$ となる点 p を，S の**双曲点 (hyperbolic point)** といい，$K_p = 0$ となる点 p を，S の**放物点 (parabolic point)** といい，$H_p = 0$ となる点 p を，S の**極小点 (minimal point)** という．

例題 6.3.2. C^∞ 正則局所曲面

$$S : \boldsymbol{x}(u_1, u_2) = (u_1, u_2, au_1 + bu_2 + d) \quad ((u_1, u_2) \in \mathbb{R}^2)$$

の各点における主曲率，および，主曲率空間を求めよ．ただし，a, b, d は，定数とする．

解答　S の各点 p に対し，p における主曲率は 0 のみであり，0 に対する主曲率空間は $T_p(S)$ 全体となる． □

例題 6.3.3. C^∞ 正則局所曲面

$$S : \boldsymbol{x}(u_1, u_2) = (u_1, u_2, \sqrt{r^2 - u_1^2 - u_2^2}) \quad (u_1^2 + u_2^2 < r^2)$$

の各点における主曲率，および，主曲率空間を求めよ．ただし，r は正の定数とする．

解答　S の各点 p に対し，p における主曲率は $-\dfrac{1}{r}$ のみであり，$-\dfrac{1}{r}$ に対する主曲率空間は $T_p(S)$ 全体となる． □

例題 6.3.4. C^∞ 正則局所曲面

$$S : \boldsymbol{x}(u_1, u_2) = (u_1, u_2, \sqrt{r^2 - u_2^2}) \quad ((u_1, u_2) \in \mathbb{R} \times (-r, r))$$

の各点における主曲率，および，主曲率空間を求めよ．ただし，r は正の定数とする．

解答　S の各点 p に対し，p における主曲率は 0 と $-\dfrac{1}{r}$ であり，0 に対する主曲率空間は $\mathrm{Span}\{(\boldsymbol{B}_1)_p\}$ となり，$-\dfrac{1}{r}$ に対する主曲率空間は $\mathrm{Span}\{(\boldsymbol{B}_2)_p\}$ となる． □

例題 6.3.5. C^∞ 正則局所曲面

$$S : \boldsymbol{x}(u_1, u_2) = (r\cos u_2, r\sin u_2, u_1) \quad ((u_1, u_2) \in \mathbb{R} \times (0, 2\pi))$$

の各点における主曲率，および，主曲率空間を求めよ．ただし，r は正の定数とする．

解答　S の各点 p に対し，p における主曲率は 0 と $\dfrac{1}{r}$ であり，0 に対する主曲率空間は $\mathrm{Span}\{(\boldsymbol{B}_1)_p\}$ となり，$\dfrac{1}{r}$ に対する主曲率空間は $\mathrm{Span}\{(\boldsymbol{B}_2)_p\}$ となる． □

例題 6.3.6. C^∞ 正則局所曲面

$$S : \boldsymbol{x}(u_1, u_2) = ((b + a\cos u_1)\cos u_2, (b + a\cos u_1)\sin u_2, a\sin u_1) \quad ((u_1, u_2) \in [0, 2\pi) \times [0, 2\pi))$$

の各点における主曲率，および，主曲率空間を求めよ．ただし，a, b は $a < b$ となる正の定数とする．また，S のガウス曲率を求め，S を楕円点の集合，双曲点の集合，および，放物点の集合に類別せよ．

解答　S の点 $p = \boldsymbol{x}(u_1, u_2)$ における主曲率は $\dfrac{1}{a}$ と $\dfrac{\cos u_1}{b + a\cos u_1}$ であり，$\dfrac{1}{a}$ に対する主曲率空間は $\mathrm{Span}\{(\boldsymbol{B}_1)_p\}$ となり，$\dfrac{\cos u_1}{b + a\cos u_1}$ に対する主曲率空間は $\mathrm{Span}\{(\boldsymbol{B}_2)_p\}$ となる．また，S のガウス曲率は，$K = \dfrac{\cos u_1}{a(b + a\cos u_1)}$ となり，それゆえ，楕円点の集合は

$$\left\{\boldsymbol{x}(u_1, u_2) \,\middle|\, 0 \leq u_1 < \frac{\pi}{2},\ \frac{3\pi}{2} < u_1 < 2\pi\right\}$$

となり，双曲点の集合は

$$\left\{\boldsymbol{x}(u_1, u_2) \,\middle|\, \frac{\pi}{2} < u_1 < \frac{3\pi}{2}\right\}$$

となり，放物点の集合は

$$\left\{\boldsymbol{x}(u_1, u_2) \,\middle|\, u_1 = \frac{\pi}{2},\ \frac{3\pi}{2}\right\}$$

となる． □

例題 6.3.7. C^∞ 正則局所曲面

$$S : \boldsymbol{x}(u_1, u_2) = (u_1, u_2, u_1u_2) \quad ((u_1, u_2) \in \mathbb{R}^2)$$

の $p = \boldsymbol{x}(1, 1)$ における主曲率，および，主曲率空間を求めよ．

解答　S の点 $p = \boldsymbol{x}(1, 1)$ における主曲率は $-\dfrac{1}{\sqrt{3}}$ と $\dfrac{1}{3\sqrt{3}}$ であり，$-\dfrac{1}{\sqrt{3}}$ に対する主曲率空間は $\mathrm{Span}\{(\boldsymbol{B}_1)_p - (\boldsymbol{B}_2)_p)\}$ となり，$\dfrac{1}{3\sqrt{3}}$ に対する主曲率空間は $\mathrm{Span}\{(\boldsymbol{B}_1)_p + (\boldsymbol{B}_2)_p)\}$ となる． □

定義 6.3.63. S 上のすべての点が測地的点であるとき，S を**全測地的曲面 (totally geodesic surface)** という．

また，S 上のすべての点が臍点であるとき，S を**全臍的曲面 (totally umbilic surface)** という．

定理 6.3.64. (i) 全測地的曲面は，平面あるいは平面の一部である．

(ii) 全測地的でない全臍的曲面は，球面あるいは球面の一部である．

定理 6.3.65. C^∞ 正則局所曲面 S ： $\boldsymbol{x}: D \to \mathbb{R}^3$ において，$g_{ij} := g(\boldsymbol{B}_i, \boldsymbol{B}_j)$，$h_{ij} := h(\boldsymbol{B}_i, \boldsymbol{B}_j)$ とするとき，S のガウス曲率 K と平均曲率 H は，各々，次のように記述される：

$$K = \frac{h_{11}h_{22} - h_{12}^2}{g_{11}g_{22} - g_{12}^2}$$
$$H = \frac{g_{11}h_{22} - 2g_{12}h_{12} + g_{22}h_{11}}{2(g_{11}g_{22} - g_{12}^2)}$$

6.3.12 極 小 曲 面

定義 6.3.66. S 上のすべての点が極小点である（つまり，$H = 0$）とき，S を**極小曲面 (minimal surface)** という．

定義 6.3.67. 2 次共変テンソル場 ω で，S の各点 p に対し ω_p が交代的であるようなものを S 上の **2 次微分形式 (differential form of degree two)** という．

定義 6.3.68. C^∞ 正則局所曲面 $\boldsymbol{x}: D \to \mathbb{R}^3$ に対し，$((du_1)_p, (du_2)_p)$ を $((\boldsymbol{B}_1)_p, (\boldsymbol{B}_2)_p)$ の双対基底として，S 上の 2 次微分形式 $du_1 \wedge du_2$ を次式によって定義する：

$$(du_1 \wedge du_2)_p(v, w)$$
$$:= (du_1)_p(v)(du_2)_p(w) - (du_1)_p(w)(du_2)_p(v)$$
$$(p \in S,\ v, w \in T_p(S))$$

ここで，(u_1, u_2) は S の座標を表し，$(\boldsymbol{B}_1, \boldsymbol{B}_2)$ は S の座標基底を表す．$du_1 \wedge du_2$ は C^∞ 級 2 次微分形式になることが示される．

注意 6.3.12. $(du_i)_p$ は，関数 $u_i: S \to \mathbb{R}$ の p における微分とよばれる $T_p(S)$ 上の線形関数と一致する．

定義 6.3.69. C^∞ 正則局所曲面 $\boldsymbol{x}: D \to \mathbb{R}^3$ に対し，S 上の C^∞ 級 2 次微分形式 dA を次式によって定義する：

$$dA := \sqrt{\det(g_{ij})}du_1 \wedge du_2.$$

ここで，g_{ij} は g を S の第 1 基本形式として $g(\boldsymbol{B}_i, \boldsymbol{B}_j)$ を表す．この C^∞ 級 2 次微分形式 dA は，S の**面積要素 (area element)** とよばれる．

定義 6.3.70. C^∞ 正則局所曲面 S ： $\boldsymbol{x}: D \to \mathbb{R}^3$（$D$：有界閉領域（＝コンパクト閉領域））に対し，$\mathcal{A}(\boldsymbol{x})$ を次式によって定義する：

$$\mathcal{A}(\boldsymbol{x}) := \int\int_D \sqrt{\det(g_{ij})}du_1 du_2.$$

この値 $\mathcal{A}(\boldsymbol{x})$ を S の**面積 (area)** という．

注意 6.3.13. 一般に，コンパクトな C^∞ 正則局所曲面 S 上の C^∞ 級 2 次微分形式 ω に対し，ω の S 上の積分とよばれる量 $\int_S \omega$ が定義される．上述の定義式の右辺の量は，dA の S 上の積分 $\int_S dA$ を表す．

定義 6.3.71. D を有界閉領域（＝コンパクト閉領域）とし，C^∞ 正則局所曲面 $\hat{\boldsymbol{x}}: D \to \mathbb{R}^3$ を 1 つ固定する．集合 $\mathcal{S}_{\hat{x}}$ を次のように定義する：

$$\mathcal{S}_{\hat{x}} := \{\boldsymbol{x}: D \to \mathbb{R}^3 \mid \boldsymbol{x}: C^\infty \text{ 正則 } \boldsymbol{x}|_{\partial D} = \hat{\boldsymbol{x}}|_{\partial D}\}.$$

ここで，∂D は D の境界を表す．この集合は，フレシェ (Frêchet) 多様体とよばれる無限次元多様体の構造をもつ．

定義 6.3.72. $\mathcal{S}_{\hat{x}}$ 上の汎関数 $\mathcal{A}$ を $\mathcal{A}: \boldsymbol{x} \mapsto \mathcal{A}(\boldsymbol{x})$ ($\boldsymbol{x} \in \mathcal{S}_{\hat{x}}$) によって定義する．この汎関数を**面積汎関数 (area functional)** という．

定義 6.3.73. $\mathcal{S}_{\hat{x}}$ 上の曲線 $s \mapsto \boldsymbol{x}_s$ ($s \in (-\varepsilon, \varepsilon)$) で

$$\varphi: D \times (-\varepsilon, \varepsilon) \to \mathbb{R}^3$$
$$;\varphi((u_1, u_2), s) := \boldsymbol{x}_s(u_1, u_2)$$
$$((u_1, u_2) \in D,\ s \in (-\varepsilon, \varepsilon))$$

が C^∞ 級であるようなものを $\hat{\boldsymbol{x}}$ の **C^∞ 級変形 (C^∞-deformation)** という．

定理 6.3.74. $\hat{\boldsymbol{x}}$ が極小曲面であることと，$\hat{\boldsymbol{x}}$ の任意の C^∞ 級変形 $\boldsymbol{x}_s$ に対し $\left.\frac{d}{ds}\right|_{s=0} \mathcal{A}(\boldsymbol{x}_s) = 0$ が成り立つことは同値である．

6.3.13 測地線・平行移動

この項における議論は，局所理論なので，C^∞ 正則局所曲面 S ： $\boldsymbol{x}: D \to \mathbb{R}^3$ のみを取り扱う．

定義 6.3.75. $c(t) = \boldsymbol{x}(u_1(t), u_2(t))$ ($t \in I$) を S 上の C^∞ 曲線とする．ここで，I は開区間または閉区間を表す．各 $t \in I$ に対し，$T_{c(t)}(S)$ の元 $\boldsymbol{X}_t$ を対応させる対応 $\boldsymbol{X}$ を **c に沿う接ベクトル場 (tangent vector field along c)** という．$\boldsymbol{X}_t = \sum_{i=1}^2 X_i(t)(\boldsymbol{B}_i)_{c(t)}$ によって定義される関数 $X_i: I \to \mathbb{R}$ ($i = 1, 2$) が C^r 級であるとき，**$\boldsymbol{X}$ は C^r 級である**という．

定義 6.3.76. $c(t) = \boldsymbol{x}(u_1(t), u_2(t))$ ($t \in I$) を S 上の C^∞ 曲線とする．ここで，I は開区間または閉区間を表す．各 $t \in I$ に対し，$c'(t)$ を対応させる対応 c' を **c の速度ベクトル場 (velocity vector field of c)** という．$c'(t) \in T_{c(t)}(S)$ なので，c' は c に沿う接ベクト

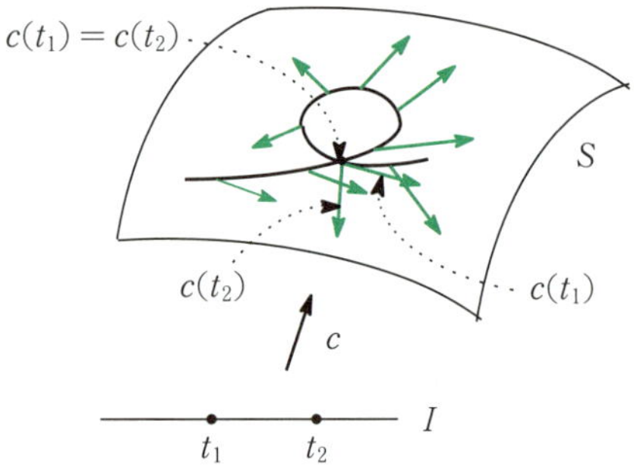

図 6.3.14　曲線に沿う接ベクトル場

ル場になる.

定理 6.3.77. S 上の C^∞ 曲線 c の速度ベクトル場 c' は, 曲線 c に沿う C^∞ 級接ベクトル場である.

定義 6.3.78. $r \geq 1$ とする. $\boldsymbol{X}$ を曲線 $c : I \to S$ に沿う C^r 級接ベクトル場とし, $t_0 \in I$ とする. このとき, $\nabla_{c'(t_0)}\boldsymbol{X}\,(\in T_{c(t_0)}(S))$ を

$$\nabla_{c'(t_0)}\boldsymbol{X} := \mathrm{pr}_{T_{c(t_0)}}\left(\left.\frac{d(\boldsymbol{X}\circ c)}{dt}\right|_{t=t_0}\right)$$

によって定義する. ただし, $\mathrm{pr}_{T_{c(t_0)}}$ は, $\mathbb{R}^3$ から $T_{c(t_0)}(S)$ への直交射影を表す. 各 $t \in I$ に $\nabla_{c'(t)}\boldsymbol{X}$ を対応させる対応を $\nabla_{c'}\boldsymbol{X}$ と表す. これは, c に沿う C^{r-1} 級接ベクトル場になり, $\boldsymbol{X}$ の**共変微分 (covariant derivative)** とよばれる.

定義 6.3.79. $\boldsymbol{X}, \boldsymbol{Y}$ を $c : I \to S$ に沿う接ベクトル場とし, f を I 上の関数とする. このとき, $\boldsymbol{X}+\boldsymbol{Y}$ と $f\boldsymbol{X}$ が, 各々,

$$(\boldsymbol{X}+\boldsymbol{Y})_t := \boldsymbol{X}_t + \boldsymbol{Y}_t \qquad (t \in I)$$
$$(f\boldsymbol{X})_t := f(t)\boldsymbol{X}_t \qquad (t \in I)$$

によって定義される. これらも c に沿う接ベクトル場である.

命題 6.3.80.
- $\boldsymbol{X}, \boldsymbol{Y}$ が C^r 級ならば, $\boldsymbol{X}+\boldsymbol{Y}$ も C^r 級である.
- $f, \boldsymbol{X}$ が C^r 級ならば, $f\boldsymbol{X}$ も C^r 級である.

命題 6.3.81. $\boldsymbol{X}, \boldsymbol{Y}$ を $c : I \to S$ に沿う C^r 級接ベクトル場とし, f を I 上の C^r 級関数とする. ただし, $r \geq 1$ とする. このとき, 次式が成り立つ:

$$\text{(i)}\ \nabla_{c'}(\boldsymbol{X}+\boldsymbol{Y}) = \nabla_{c'}\boldsymbol{X} + \nabla_{c'}\boldsymbol{Y}$$

$$\text{(ii)}\ \nabla_{c'}(f\boldsymbol{X}) = \frac{df}{dt}\boldsymbol{X} + f\nabla_{c'}\boldsymbol{X}$$

定義 6.3.82. C^∞ 曲線 $c : I \to S$ に対し, 各 $t \in I$ に $T_{c(t)}(S)$ の零ベクトル $0_{c(t)}$ を対応させる対応 0 は, c に沿う C^∞ 接ベクトル場である. これを **c に沿う零ベクトル場 (zero vector field along c)** という.

定義 6.3.83. $\boldsymbol{X}$ を $c : I \to S$ に沿う C^r 級接ベクトル場とする $(r \geq 1)$. $\nabla_{c'}\boldsymbol{X} = 0$ が成り立つとき, $\boldsymbol{X}$ を **c に沿う平行ベクトル場 (parallel vector field along c)** という.

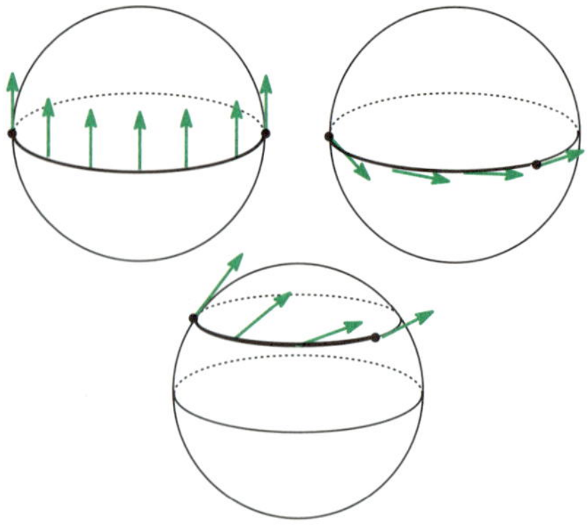

図 6.3.15　球面上の平行ベクトル場

定義 6.3.84. $\nabla_{c'}c' = 0$ が成り立つとき, c を **S 上の測地線 (geodesic in S)** という.

注意 6.3.14. $\nabla_{c'}c'$ は, c を S 上の運動と見なしたときの S に住む人が観測する加速度を意味する. それゆえ, S 上の測地線は, S 上の等速運動と解釈される.

命題 6.3.85. $c : I \to S$ が正則かつ自己交差していないとする (したがって, c は単射である). $\boldsymbol{X}$ を c に沿う c^r 級接ベクトル場 $(r \geq 1)$ とし, $\widetilde{\boldsymbol{X}}$ を S 上の C^r 級接ベクトル場で $\widetilde{\boldsymbol{X}}_{c(t)} = \boldsymbol{X}_t\ (\forall t \in I)$ となるようなものとする. このとき, 次の関係式が成り立つ:

$$\nabla_{c'(t)}\widetilde{\boldsymbol{X}} = (\nabla_{c'}\boldsymbol{X})_t\ (\forall t \in I)$$

定義 6.3.86. $(\boldsymbol{B}_1, \boldsymbol{B}_2)$ を $S : \boldsymbol{x} = \boldsymbol{x}(u_1, u_2)$ の座標基底とする. このとき,

$$\nabla_{\boldsymbol{B}_i}\boldsymbol{B}_j = \sum_{k=1}^{2}\Gamma_{ij}^k\boldsymbol{B}_k$$

によって定義される S 上の C^∞ 関数 Γ_{ij}^k $(1 \leq i, j, k \leq 2)$ を S の座標 (u_1, u_2) に関する**接続係数 (connection coefficient)** という.

定義 6.3.87. $g_{ij} := g(\boldsymbol{B}_i, \boldsymbol{B}_j)$, $(g^{ij}) := (g_{ij})^{-1}$ とする. このとき,

$$\begin{Bmatrix} k \\ ij \end{Bmatrix} = \frac{1}{2}\sum_{l=1}^{2} g^{kl}\left(\frac{\partial g_{lj}}{\partial u_i} + \frac{\partial g_{il}}{\partial u_j} - \frac{\partial g_{ij}}{\partial u_l}\right)$$

によって定義される S 上の C^∞ 関数 $\begin{Bmatrix} k \\ ij \end{Bmatrix}$ $(1 \leq i, j, k \leq 2)$ を S の座標 (u_1, u_2) に関する**クリストッフェルの記号 (Christoffel symbol)** という.

命題 6.3.88. $\Gamma_{ij}^k = \begin{Bmatrix} k \\ ij \end{Bmatrix}$ が成り立つ.

命題 6.3.89. $c = \boldsymbol{x}(u_1(t), u_2(t))$ とし, $\boldsymbol{X}_t =$

$\sum_{i=1}^{2} X_i(t)(\boldsymbol{B}_i)_{c(t)}$ とする．このとき，次の事実が成り立つ：

(i) $\boldsymbol{X}$ が平行ベクトル場であることと

$$\frac{dX_i}{dt} + \sum_{j=1}^{2}\sum_{k=1}^{2} \frac{du_j}{dt} \boldsymbol{X}_k \left\{ \begin{matrix} i \\ jk \end{matrix} \right\}_{c(t)} = 0 \quad (i = 1, 2)$$

が成り立つことは同値である．

(ii) c が測地線であることと

$$\frac{d^2u_i}{dt^2} + \sum_{j=1}^{2}\sum_{k=1}^{2} \frac{du_j}{dt}\frac{du_k}{dt} \left\{ \begin{matrix} i \\ jk \end{matrix} \right\}_{c(t)} = 0 \quad (i = 1, 2)$$

が成り立つことは同値である．

定理 6.3.90. $c : [a, b] \to S$ を C^r 曲線 $(r \geq 1)$ とする．各 $\boldsymbol{v} \in T_{c(a)}(S)$ に対し，c に沿う平行ベクトル場 $\boldsymbol{X}$ で，$\boldsymbol{X}_a = \boldsymbol{v}$ となるようなものが，ただ1つ存在する．

定理 6.3.91. 各 $\boldsymbol{v} \in T_p(S)$ と十分小さな正の数 ε に対し，S 上の測地線 $c : (-\varepsilon, \varepsilon) \to S$ で $c'(0) = \boldsymbol{v}$ となるようなものがただ1つ存在する．

定義 6.3.92. $c : [a, b] \to S$ に対し，$T_{c(a)}(S)$ から $T_{c(b)}(S)$ への写像 P_c を

$$P_c(\boldsymbol{v}) := \boldsymbol{X}_b \quad (\boldsymbol{v} \in T_{c(a)}(S))$$
$$(\boldsymbol{X} : c \text{ に沿う平行ベクトル場 s.t. } \boldsymbol{X}_a = \boldsymbol{v})$$

この写像 P_c は，**c に沿う平行移動 (parallel translation along c)** とよばれる．

定理 6.3.93. P_c は線形同型写像である．

例題 6.3.8.

$$S : \boldsymbol{x}(u_1, u_2) = (u_1, u_2, au_1 + bu_2 + d) \quad (a, b, d : \text{定数})$$

について，次の各問いに答えよ．

(1) S 上の曲線 $c : [0, 1] \to S$ と $\boldsymbol{v} (= \sum_{i=1}^{2} v_i(\boldsymbol{B}_i)_{c(0)}) \in T_{c(0)}(S)$ に対し，$P_c(\boldsymbol{v})$ を $(\boldsymbol{B}_1)_{c(1)}$ と $(\boldsymbol{B}_2)_{c(1)}$ の1次結合で表せ．

(2) S 上の測地線の一般形を求めよ．

解答　$P_c(\boldsymbol{v}) = \sum_{i=1}^{2} v_i(\boldsymbol{B}_i)_{c(1)}$．

S 上の測地線の一般形は，

$$c(t) = (\alpha_1 t + \beta_1, \alpha_2 t + \beta_2, a(\alpha_1 t + \beta_1) + b(\alpha_2 t + \beta_2) + d)$$

となる．□

例題 6.3.9.

$$S : \boldsymbol{x}(u_1, u_2) = (r\cos u_2, r\sin u_2, u_1) \quad (r : \text{正の定数})$$

について，次の各問いに答えよ．

(1) S 上の曲線 $c : [0, 1] \to S$ と $\boldsymbol{v} (= \sum_{i=1}^{2} v_i(\boldsymbol{B}_i)_{c(0)}) \in T_{c(0)}(S)$ に対し，$P_c(\boldsymbol{v})$ を $(\boldsymbol{B}_1)_{c(1)}$ と $(\boldsymbol{B}_2)_{c(1)}$ の1次結合で表せ．

(2) S 上の測地線の一般形を求めよ．

解答　$P_c(\boldsymbol{v}) = \sum_{i=1}^{2} v_i(\boldsymbol{B}_i)_{c(1)}$．

S 上の測地線の一般形は，

$$c(t) = (r\cos(\alpha_2 t + \beta_2), r\sin(\alpha_2 t + \beta_2), \alpha_1 t + \beta_1)$$

となる．□

例題 6.3.10.

$$S : \boldsymbol{x}(u_1, u_2) = \left(\sqrt{1 - u_1^2}\cos u_2, \sqrt{1 - u_1^2}\sin u_2, u_1\right)$$

について，次の各問いに答えよ．

(1) S 上の曲線

$$c_1(t) := (\cos t, \sin t, 0) \quad (0 \leq t \leq 2\pi)$$

は S 上の測地線であることを示せ．

(2) S 上の曲線

$$c_2(t) := \left(\frac{1}{\sqrt{2}}\cos t, \frac{1}{\sqrt{2}}\sin t, \frac{1}{\sqrt{2}}\right) \quad (0 \leq t \leq 2\pi)$$

は S 上の測地線でないことを示せ．

解答　(1) $\nabla_{c_1'} c_1' = \mathrm{pr}_{T_{c_1(t)}}\left(\frac{d^2 c_1}{dt^2}\right) = \mathrm{pr}_{T_{c_1(t)}}((-\cos t, -\sin t, 0))$

となる．ところで，$(-\cos t, -\sin t, 0)$ は，S の点 $c_1(t)$ における単位法ベクトルなので，$\mathrm{pr}_{T_{c_1(t)}}((-\cos t, -\sin t, 0)) = 0$ となる．よって，$\nabla_{c_1'} c_1' = 0$，つまり，c_1 は S 上の測地線である．

(2) $\nabla_{c_2'} c_2' = \mathrm{pr}_{T_{c_2(t)}}\left(\frac{d^2 c_2}{dt^2}\right) = \mathrm{pr}_{T_{c_2(t)}}\left((-\frac{1}{\sqrt{2}}\cos t, -\frac{1}{\sqrt{2}}\sin t, 0)\right)$

となる．ところで，S の点 $c_2(t)$ における単位法ベクトル $\boldsymbol{N}_{c_2(t)}$ は，$\left(\frac{1}{\sqrt{2}}\cos t, \frac{1}{\sqrt{2}}\sin t, \frac{1}{\sqrt{2}}\right)$ となり，これは，$\left(-\frac{1}{\sqrt{2}}\cos t, -\frac{1}{\sqrt{2}}\sin t, 0\right)$ と1次独立なので，

$$\mathrm{pr}_{T_{c_2(t)}}\left((-\frac{1}{\sqrt{2}}\cos t, -\frac{1}{\sqrt{2}}\sin t, 0)\right) \neq 0$$

つまり，$\nabla_{c_2'} c_2' \neq 0$ となる．したがって，c_2 は，S 上の測地線でない．□

6.3.14 ガウス-ボンネの定理

定義 6.3.94. 向き付けられた C^∞ 曲面 $S = S_1 \cup \cdots \cup S_l$ $(S_\lambda : \boldsymbol{x}_\lambda : D_\lambda \to \mathbb{R}^3)$ に対し，S_λ の面積要素を dA_λ とする．$S_{\lambda_1} \cap S_{\lambda_2} \neq \emptyset$ のとき，$\det J(\boldsymbol{x}_{\lambda_2}^{-1} \circ \boldsymbol{x}_{\lambda_1}) > 0$ という事実を用いて $S_{\lambda_1} \cap S_{\lambda_2}$ 上で $dA_{\lambda_1} = dA_{\lambda_2}$ が成り立つことが示される．よって，dA_λ $(\lambda \in \{1, \cdots, l\})$ らを貼り合わせて S 上の C^∞ 級の 2 次微分形式が得られる．この 2 次微分形式を **S の面積要素 (area element)** とよび，dA と表す．

定義 6.3.95. 向き付けられた C^∞ 曲面

$$S = S_1 \cup \cdots \cup S_l \, (S_\lambda : \boldsymbol{x}_\lambda : D_\lambda \to \mathbb{R}^3)$$

上の C^∞ 関数 f と S のコンパクト閉領域 E に対し，**f の E 上の面積要素に関する積分 (integral of f over E with respect to the area element)** $\int_E dS$ が次式によって定義される：

$$\int_E f\, dS := \sum_{\lambda=1}^{l} \int_{\boldsymbol{x}_\lambda^{-1}(E_\lambda)} (f \circ \boldsymbol{x}_\lambda) \times \sqrt{\det(g_{ij}^\lambda \circ \boldsymbol{x}_\lambda)}\, du_1 du_2$$

ここで，S の分割 $S = E_1 \cup \cdots \cup E_l$ で $E_\lambda \subset S_\lambda$ $(\lambda \in \{1, \cdots, l\})$ となるようなものをとっている．この定義は，well-defined，つまり，S の分割 $S = E_1 \cup \cdots \cup E_l$ のとり方によらずに定まる．S が向き付けられた C^∞ 閉曲面（つまり，コンパクト向き付けられた C^∞ 曲面）の場合，f の S 上の面積要素に関する積分 $\int_S f\, dS$ が定義される．

定義 6.3.96. 向き付けられた C^∞ 曲面

$$S = S_1 \cup \cdots \cup S_l$$
$$(S_\lambda : \boldsymbol{x}_\lambda : D_\lambda \to \mathbb{R}^3)$$

上の弧長によってパラメータ付けられた C^∞ 曲線 $c : I \to \mathbb{R}^3$ に対し，$T_{c(s)}(S)$ の単位ベクトル $\boldsymbol{n}_s$ を $\boldsymbol{n}_s \cdot c'(s) = 0$ および $(du_1 \wedge du_2)_{c(s)}(c'(s), \boldsymbol{n}_s) > 0$ を満たすものとして定義する（これは，一意に決まる）．ただし，(u_1, u_2) は，$c(s) \in S_\lambda$ となる S_λ の局所座標を表す．$(\nabla_{c'}c')_s$ は，$\boldsymbol{n}_s$ と 1 次従属であることが示されるので，$\nabla_{c'}c'$ はある関数 $\kappa_g : I \to \mathbb{R}$ を用いて $(\nabla_{c'}c')_s = \kappa_g(s)\boldsymbol{n}_s$ $(s \in I)$ と表される．この関数 κ_g を c の**測地的曲率 (geodesic curvature)** という．

定理 6.3.97（ガウス-ボンネの定理（局所版））． S を向き付けられた C^∞ 曲面とし，E を S 上の弧長によってパラメータ付けられた C^∞ 曲線 $c_i : [a_i, b_i] \to S$ $(i = 1, \cdots, m)$ によって囲まれた S のコンパクト閉領域とする $(c_i(b_i) = c_{i+1}(a_{i+1})$ $(i = 1, \cdots, m-1)$, $c_m(b_m) = c_1(a_1))$．また，K を S のガウス曲率，κ_i を c_i の測地的曲率，θ_i を E の頂点 $c_i(a_i)$ における内角とする．このとき，次の関係式が成り立つ：

$$\int_S K\, dS = 2\pi - \sum_{i=1}^{m} \int_{a_i}^{b_i} \kappa_i(s) ds - \sum_{i=1}^{m} (\pi - \theta_i)$$

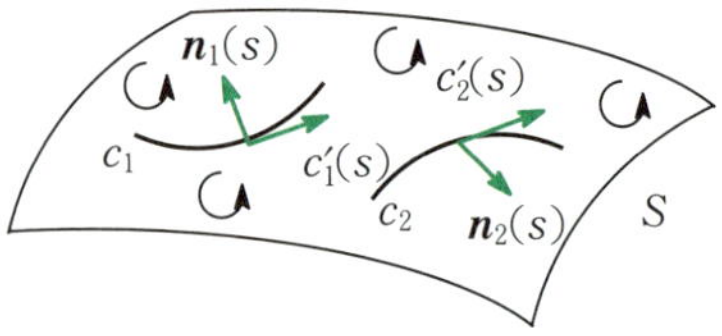

$\kappa_1(s) > 0$，$\kappa_2(s) < 0$

図 6.3.16　測地的曲率

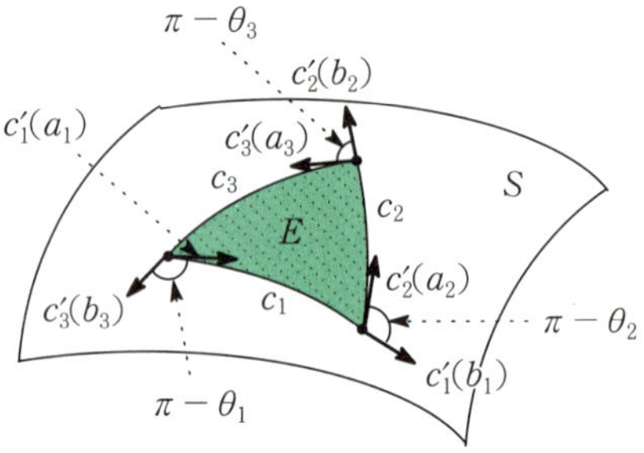

図 6.3.17　ガウス-ボンネの定理（局所版）

系 6.3.98. 定理 6.3.97 の設定のもとで，c_i らが S 上の測地線であるとき，

$$\sum_{i=1}^{m} \theta_i = \int_S K\, dS + (m-2)\pi$$

が成り立つ．

定義 6.3.99. 定理 6.3.97 におけるような有界閉領域 E で，c_i らが S 上の測地線であるようなものを，S 上の**測地 m 角形 (geodesic m-sided polygon)** という．

系 6.3.100. 平面上の測地 m 角形の内角の和は，$(m-2)\pi$ である．

証明　平面のガウス曲率は 0 なので，系 6.3.98 より，直接導かれる．□

系 6.3.101. 半径 r の球面上の測地 m 角形の内角の和は，$(m-2)\pi + \frac{1}{r^2} \times$ (S の曲面積) である．特に，単位球面上の測地 m 角形の内角の和は，$(m-2)\pi +$ (S の曲面積) である．

証明　半径 r の球面のガウス曲率は $\frac{1}{r^2}$ なので，系 6.3.98 より，直接導かれる．□

定義 6.3.102. 向き付けられた C^∞ 閉曲面 S は，三角形分割可能である（図解）．S の三角形分割において，

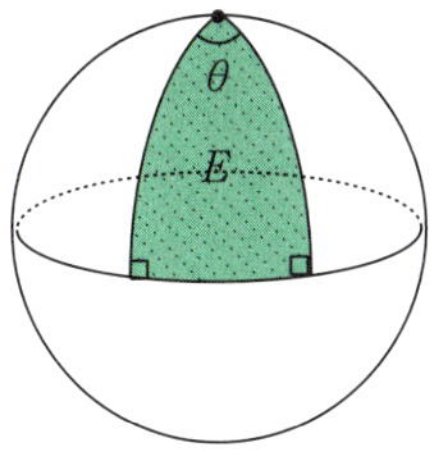

$S^2(1)$

$$\theta + \frac{\pi}{2} + \frac{\pi}{2} = \pi + \int_E dS$$

図 6.3.18　球面上の測地三角形の内角の和

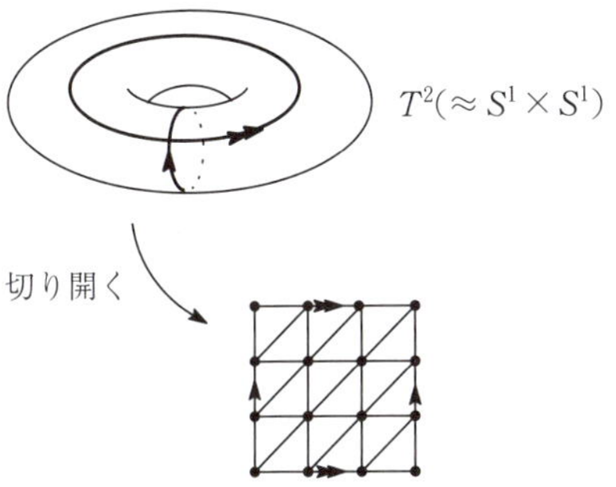

$n_v = 9$, $n_e = 27$, $n_f = 18$
$\chi(T^2) = 0$

図 6.3.19　トーラスのオイラー標数

頂点の個数を n_v，辺の個数を n_e，面の個数を n_f として，$n_v - n_e + n_f$ の値は，S の三角形分割のとり方に依らずに決まる．この値を S の**オイラー標数 (Euler characteristic)** とよび，$\chi(S)$ と表す．

例 6.3.1.（球面・トーラス・g 人乗りの浮き袋）

2 次元球面 S^2 と種数 g の向き付られた閉曲面 $\Sigma_g = T^2\#\cdots\#T^2$（トーラス $T^2 = S^1 \times S^1$ の g 連結和）のオイラー標数は，各々，次のようになる：

$$\chi(S^2) = 2,\ \chi(\Sigma_g) = 2 - 2g.$$

定理 6.3.103（ガウス-ボンネの定理（大域版））**.** S をコンパクト向き付けられた C^∞ 閉曲面（つまり，境界のないコンパクトな曲面）とし，K を S のガウス曲率とする．このとき，次式が成り立つ：

$$\int_S K\, dS = 2\pi\chi(S)$$

証明の概略

S の三角形分割を 1 つ固定する．その三角形分割における面の全体を $\{E_1, \cdots, E_{n_f}\}$ とし，辺の全体を $\{l_1, \cdots, l_{n_e}\}$ とし，頂点の全体を $\{p_1, \cdots, p_{n_v}\}$ とする．各 E_i に対し，E_i の 3 つの辺を $l_{i_1}, l_{i_2}, l_{i_3}$ とし，それらを図のようにパラメータ付けしたものを，$c_{i,j} : [a_{i,j}, b_{i,j}] \to S$ $(j = 1, 2, 3)$ とし，$c_{i,j}$ の測地的曲率を $\kappa_{i,j}$ とする．また，E_i の 3 つの内角を $\theta_{i,1}, \theta_{i,2}, \theta_{i,3}$ とする．このとき，定理 6.3.98 より，次式を得る：

(1)
$$\begin{aligned}
&\int_S K\, dS = \textstyle\sum_{i=1}^{n_f} \displaystyle\int_{E_i} K\, dS \\
&= \textstyle\sum_{i=1}^{n_f} \left(2\pi - \sum_{j=1}^{3} \displaystyle\int_{a_{i,j}}^{b_{i,j}} \kappa_{i,j}(s) ds - \textstyle\sum_{j=1}^{3} (\pi - \theta_{i,j})\right) \\
&= \pi(2n_v - n_f)
\end{aligned}$$

一方，三角形分割において，各面に対し，辺は 3 つあり，各辺は，2 つの面の辺になっているので，$n_e = \frac{3}{2} n_f$ を得る．これを (1) 式に代入して，

$$\int_S K\, dS = 2\pi(n_v - n_e + n_f) = 2\pi\chi(S)$$

を得る．　□

6.3.15　曲率テンソル（場）

定義 6.3.104. ∇ を C^∞ 曲面 S の共変微分とする．$R_p : T_p(S) \times T_p(S) \times T_p(S) \to T_p(S)$ を

$$\begin{aligned}
&R_p(\boldsymbol{v}_1, \boldsymbol{v}_2, \boldsymbol{v}_3) \\
&:= \left(\nabla_{\boldsymbol{X}_1}(\nabla_{\boldsymbol{X}_2} \boldsymbol{X}_3) - \nabla_{\boldsymbol{X}_2}(\nabla_{\boldsymbol{X}_1} \boldsymbol{X}_3) \right. \\
&\quad \left. - \nabla_{[\boldsymbol{X}_1, \boldsymbol{X}_2]} \boldsymbol{X}_3 \right)_p \quad (\boldsymbol{v}_1, \boldsymbol{v}_2, \boldsymbol{v}_3 \in T_p(S))
\end{aligned}$$

によって定義する．ここで，$\boldsymbol{X}_i$ $(i = 1, 2, 3)$ は $(\boldsymbol{X}_i)_p = v_i$ となる S 上の C^∞ 接ベクトル場である．この定義は，v_i の拡張 $\boldsymbol{X}_i$ のとり方に依らないことが示される．R_p は $T_p(S)$ 上の $(1, 3)$ 次テンソルであることが示され，各点 $p \in S$ に対し，R_p を対応させる対応 R は S 上の C^∞ 級 $(1, 3)$ 次テンソル場になることが示される．R を S の**曲率テンソル（場）(curvature tensor (field))** という．

以下，$R_p(u, v, w)$ を $R_p(u, v)w$ と表し，$R(\boldsymbol{X}, \boldsymbol{Y}, \boldsymbol{Z})$ を $R(\boldsymbol{X}, \boldsymbol{Y})\boldsymbol{Z}$ と表す．

定理 6.3.105. R について，次の関係式が成り立つ：

$$\begin{aligned}
&R(\boldsymbol{X}, \boldsymbol{Y})\boldsymbol{Z} = -R(\boldsymbol{Y}, \boldsymbol{X})\boldsymbol{Z} \\
&R(\boldsymbol{X}, \boldsymbol{Y})\boldsymbol{Z} + R(\boldsymbol{Y}, \boldsymbol{Z})\boldsymbol{X} + R(\boldsymbol{Z}, \boldsymbol{X})\boldsymbol{Y} = 0 \\
&\qquad\qquad\qquad\qquad \text{（第 1 ビアンキの恒等式）} \\
&g(R(\boldsymbol{X}, \boldsymbol{Y})\boldsymbol{Z}, \boldsymbol{W}) = -g(R(\boldsymbol{X}, \boldsymbol{Y})\boldsymbol{W}, \boldsymbol{Z}) \\
&g(R(\boldsymbol{X}, \boldsymbol{Y})\boldsymbol{Z}, \boldsymbol{W}) = g(R(\boldsymbol{Z}, \boldsymbol{W})\boldsymbol{X}, \boldsymbol{Y})
\end{aligned}$$

ここで，$\boldsymbol{X}, \boldsymbol{Y}, \boldsymbol{Z}, \boldsymbol{W}$ は，S 上の任意の接ベクトル場を表す．

定理 6.3.106（ガウスの驚異の定理）. g, h, R を C^∞ 曲面 S の第 1 基本形式，第 2 基本形式，曲率テンソルとする．これらの間に次の関係式が成り立つ：

$$g(R(\boldsymbol{X}, \boldsymbol{Y})\boldsymbol{Z}, \boldsymbol{W}) = h(\boldsymbol{X}, \boldsymbol{W})h(\boldsymbol{Y}, \boldsymbol{Z}) - h(\boldsymbol{X}, \boldsymbol{Z})h(\boldsymbol{Y}, \boldsymbol{W})$$

ここで，$\boldsymbol{X}, \boldsymbol{Y}, \boldsymbol{Z}, \boldsymbol{W}$ は，S 上の任意の接ベクトル場を表す．

注意 6.3.15. この関係式の左辺は S の内在的性質によって決まる量であり，一方，右辺は S の外在的性質によって決まる量であることから，このような関係式が成り立つことは予想されなかった．それゆえ，ガウスの驚異の定理とよばれている．

6.4 多様体論

この節において，“C^r” の r は 0 以上の整数，∞ または ω を表す．

6.4.1 多　様　体

M をハウスドルフ空間とする．

定義 6.4.1. 族 $\mathcal{D} := \{(U_\lambda, \varphi_\lambda) \mid \lambda \in \Lambda\}$ で次の 3 条件を満たすものを M の **C^r 構造（C^r-structure）** とよぶ．

(i) $\{U_\lambda \mid \lambda \in \Lambda\}$ は M の開被覆である．

(ii) 各 $\lambda \in \Lambda$ に対し，φ_λ は U_λ から $\mathbb{R}^n$ のある開集合への同相写像である．

(iii) $U_\lambda \cap U_\mu \neq \emptyset$ のとき，$\varphi_\mu \circ \varphi_\lambda^{-1} : \varphi_\lambda(U_\lambda \cap U_\mu) \to \varphi_\mu(U_\lambda \cap U_\mu)$ は C^r 同相写像である．

組 $(M, \mathcal{D})$ を **n 次元 C^r 多様体（n-dimensional C^r-manifold）** とよぶ．また，各 $(U_\lambda, \varphi_\lambda)$ を **局所チャート（local chart）**，各 U_λ を **局所座標近傍（local coordinate neighborhood）**，各 φ_λ を **局所座標（local coordinate）** とよぶ．

問 6.4.1. C^r 曲面は，2 次元 C^r 多様体であることを確認せよ．

問 6.4.2. n 次元アフィン空間 $\mathbb{R}^n$ は，$\mathcal{D} := \{(\mathbb{R}^n, \mathrm{id}_{\mathbb{R}^n})\}$ を C^ω 構造としてもつことを説明せよ．

定義 6.4.2. 多様体 $(M, \mathcal{D})$ $(\mathcal{D} = \{(U_\lambda, \varphi_\lambda) \mid \lambda \in \Lambda\})$ に対し，M の開集合 V と V から $\mathbb{R}^n$ のある開集合への同相写像 ϕ の組 (V, ϕ) で，$V \cap U_\lambda \neq \emptyset$ となる各 λ に対し，

$$\phi \circ \varphi_\lambda^{-1} : \varphi_\lambda(V \cap U_\lambda) \to \phi(V \cap U_\lambda)$$

が C^r 同型写像になるようなものを **$\mathcal{D}$ と両立する局所チャート（local chart compatible with $\mathcal{D}$）** とよぶ．$\mathcal{D}$ と両立する局所チャートの全体 $\widehat{\mathcal{D}}$ は，1 つの M の C^r 構造を与える．このような C^r 構造を **極大な C^r 構造（maximal C^r-structure）** とよぶ．

問 6.4.3.

$$S^n(r) := \left\{(x_1, \cdots, x_{n+1}) \,\middle|\, \sum_{i=1}^{n+1} x_i^2 = r^2\right\} \quad (r > 0)$$

は，$\mathbb{R}^{n+1}$ の部分位相空間としてハウスドルフ空間になる．$\mathcal{D}$ を次のように定義する：

$$\mathcal{D} := \{(U_i^+, \varphi_i^+) \mid i = 1, \cdots, n+1\} \cup \{(U_i^-, \varphi_i^-) \mid i = 1, \cdots, n+1\}$$

$$\left(\begin{array}{l} U_i^+ := \{(x_1, \cdots, x_{n+1}) \in S^n(r) \mid x_i > 0\} \\ U_i^- := \{(x_1, \cdots, x_{n+1}) \in S^n(r) \mid x_i < 0\} \\ \varphi_i^\pm \,;\, \varphi_i^\pm(x_1, \cdots, x_{n+1}) \\ \qquad := (x_1, \cdots, \widehat{x}_i, \cdots, x_{n+1}) \end{array}\right.$$

が，$S^n(r)$ の C^ω 構造であることを示せ．ただし，$\widehat{x}_i$ は，x_i を取り去ることを意味する．

問 6.4.4. $V := S^n(r) \backslash \{(0, \cdots, 0, r)\}$ とし，$\phi : V \to \mathbb{R}^n$ を次式によって定義する：

$$\phi(x_1, \cdots, x_{n+1}) := \frac{1}{r - x_{n+1}}(x_1, \cdots, x_n).$$

(V, ϕ) は，前問の C^ω 構造 $\mathcal{D}$ と両立する局所チャートであることを示せ．

問 6.4.5. $G_k(V)$ を n 次元実ベクトル空間 V の k 次元部分ベクトル空間全体のなす空間とする．ここで，k は 1 以上 $n-1$ 以下のある自然数とする．$G_k(V)$ の C^∞ 構造を構成せよ（自然な C^∞ を与えられた C^∞ 多様体 $G_k(V)$ は **グラスマン多様体（Grassmann manifold）** とよばれる）．

定義 6.4.3. $(M, \mathcal{D}_M)$ $(\mathcal{D}_M = \{(U_\lambda, \varphi_\lambda) \mid \lambda \in \Lambda\})$ を m 次元 C^r 多様体，$(N, \mathcal{D}_N)$ $(\mathcal{D}_N = \{(V_\mu, \phi_\mu) \mid \mu \in \mathcal{M}\})$ を n 次元 C^r 多様体とする．$\mathcal{D}_M \times \mathcal{D}_N$ を

$$\mathcal{D}_M \times \mathcal{D}_N := \{(U_\lambda \times V_\mu, \varphi_\lambda \times \phi_\mu) \mid (\lambda, \mu) \in \Lambda \times \mathcal{M}\}$$

によって定義する．これは，積位相空間 $M \times N$ の C^r 構造になる．$(M \times N, \mathcal{D}_M \times \mathcal{D}_N)$ を $(M, \mathcal{D}_M)$ と $(N, \mathcal{D}_N)$ の **積多様体（product manifold）** という．

定義 6.4.4. $(M, \mathcal{D})$ $(\mathcal{D} = \{= \{(U_\lambda, \varphi_\lambda) \mid \lambda \in \Lambda\})$ を n 次元 C^r 多様体とし，W を M の開集合とする．このとき，$\mathcal{D}|_W := \{(U_\lambda \cap W, \varphi_\lambda|_{U_\lambda \cap W}) \mid \lambda \in \Lambda \text{ s.t. } U_\lambda \cap W \neq \emptyset\}$ は，M の部分位相空間 W の C^r 構造になる．$(W, \mathcal{D}|_W)$ を M の **開部分多様体（open manifold）** という．

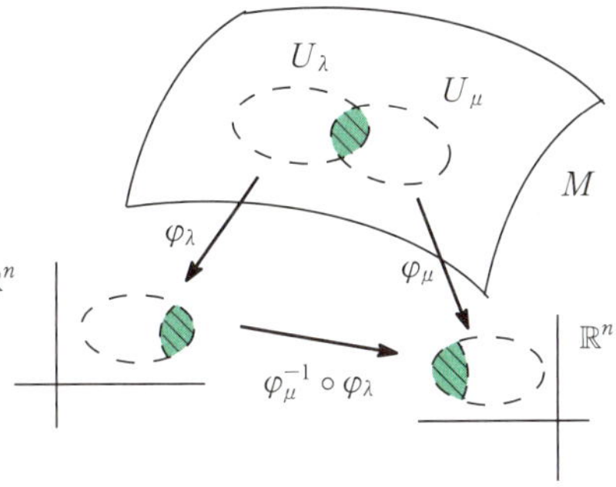

図 6.4.1 多様体

定義 6.4.5. M をハウスドルフ空間とする．

族 $\mathcal{D} := \{(U_\lambda, \varphi_\lambda) \mid \lambda \in \Lambda\}$ で次の 3 条件を満たすものを M の**正則構造 (holomorphic structure)** とよぶ．

(i) $\{U_\lambda \mid \lambda \in \Lambda\}$ は M の開被覆である．

(ii) 各 $\lambda \in \Lambda$ に対し，φ_λ は U_λ から $\mathbb{C}^n$ のある開集合への同相写像である．

(iii) $U_\lambda \cap U_\mu \neq \emptyset$ のとき，$\varphi_\mu \circ \varphi_\lambda^{-1} : \varphi_\lambda(U_\lambda \cap U_\mu) \to \varphi_\mu(U_\lambda \cap U_\mu)$ は正則同型写像である．

組 $(M, \mathcal{D})$ を **n 次元複素多様体 (n-dimensional complex manifold)** とよぶ．また，各 $(U_\lambda, \varphi_\lambda)$ を**局所チャート (local coordinate)**，各 U_λ を**局所座標近傍 (local coordinate neighborhood)**，各 φ_λ を**局所座標 (local coordinate)** とよぶ．

注意 6.4.1. 1 次元複素多様体は**リーマン面 (Riemann surface)** とよばれる．

[複素多様体と C^ω 多様体]

対応 $(z_1, \cdots, z_n) \leftrightarrow (x_1, y_1, \cdots, x_n, y_n)$（ただし，$z_i = x_i + \sqrt{-1}y_i$）の下に，$\mathbb{C}^n$ と $\mathbb{R}^{2n}$ を同一視することにより，上述の φ_λ たちを $\mathbb{R}^{2n}$ への写像とみなすと，$\varphi_\mu \circ \varphi_\lambda^{-1}$ は C^ω 同型写像になる．それゆえ，上述の $\mathcal{D}$ は C^ω 構造とみなされる．このように，n 次元複素多様体は，$2n$ 次元 C^ω 多様体とみなせるが，逆は成り立たない．

6.4.2 微分可能写像

M, N を C^∞ 多様体，f を M から N への写像とする．

定義 6.4.6. 点 $p(\in M)$ のまわりの (M の) 局所チャート (U, φ) と点 $f(p)$ のまわりの (N の) 局所チャート (V, ϕ) に対し，$\phi \circ f \circ \varphi^{-1} : \varphi(U \cap f^{-1}(V)) \to \phi(f(U) \cap V))$ が点 $\varphi(p)$ で C^r 級であるとき，**f は p で C^r 級である (f is of class C^r at p)** という．f が M の各点で C^r 級であるとき，f を **C^r 写像 (C^r-map)** という．

問 6.4.6. 上述の定義は well-defined である．つまり，点 $p(\in M)$ のまわりの (M の) ある局所チャート (U, φ) と点 $f(p)$ のまわりの (N の) ある局所チャート (V, ϕ) に対し，$\phi \circ f \circ \varphi^{-1}$ が点 $\varphi(p)$ で C^r 級であるならば，点 $p(\in M)$ のまわりの (M の) 他の局所チャート (U', φ') と点 $f(p)$ のまわりの (N の) ある局所チャート (V', ϕ') に対し，$\phi' \circ f \circ \varphi'^{-1}$ も点 $\varphi'(p)$ で C^r 級になることを示せ．

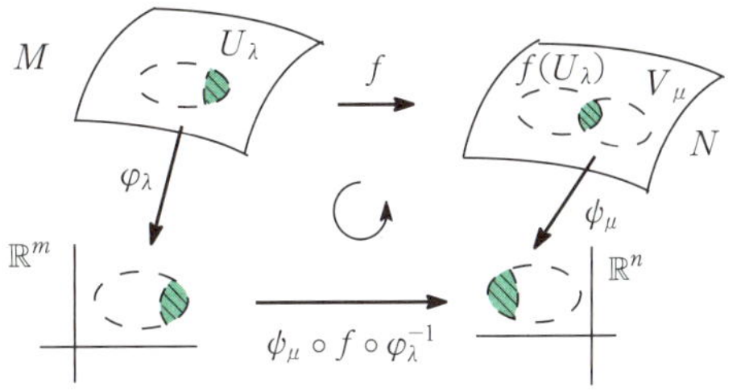

図 6.4.2 C^r 写像

問 6.4.7. (1) $f : S^1(1) \to S^1(1)$ を

$$f(\cos\theta, \sin\theta) := (\cos 2\theta, \sin 2\theta) \quad (\theta \in [0, 2\pi))$$

によって定義する．f は C^ω 写像であることを示せ．ただし，$S^1(1)$ には問 6.4.3 におけるような C^ω 構造を与える．

(2) 包含写像 $f : S^n(1) \to \mathbb{R}^{n+1}$ は C^ω 写像であることを示せ．ただし，$S^n(1)$, $\mathbb{R}^{n+1}$ には，各々，問 6.4.2，問 6.4.3 におけるような C^ω 構造を与える．

定義 6.4.7. M から N への全単射 f で，f, f^{-1} はともに C^r 写像であるようなものを M から N への **C^r 同型写像 (C^r-isomorphism)**，または，**C^r 同相写像 (C^r-diffeomorphism)** とよぶ．

6.4.3 リー群

定義 6.4.8. G をハウスドルフ空間とする．次の 4 条件が成り立つとき，3 組 $(G, \cdot, \mathcal{D})$ を **C^r リー群 (Lie group)** という．

(i) $(G, \cdot)$ は群である．

(ii) $(G, \mathcal{D})$ は C^r 多様体である．

(iii) 写像 $P : G \times G \to G$ を次式によって定義する：$P(g_1, g_2) := g_1 \cdot g_2$ $((g_1, g_2) \in G \times G)$．この写像 P は C^r 写像である．

(iv) 写像 I : $G \times G$ を次式によって定義する：$P(g) := g^{-1}$ $(g \in G)$．この写像 I は C^r 写像である．

問 6.4.8. $\mathfrak{gl}(n, \mathbb{R})$ を n 次（実）正方行列全体からなる n^2 次元ベクトル空間（これは $\mathbb{R}^{n^2}$ と同一視される）とし，$\mathrm{GL}(n, \mathbb{R})$ を n 次（実）正則行列全体からなる集合とする．$\mathrm{GL}(n, \mathbb{R})$ は，行列積（これを・と表す）に関して群となる．また，$\mathrm{GL}(n, \mathbb{R}) = \det^{-1}(\mathbb{R} \setminus \{0\})$

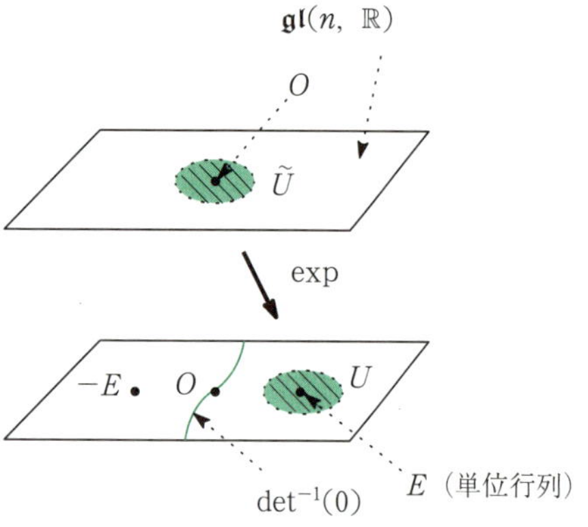

図 6.4.3　リー群の指数写像

なので，$\det : \mathfrak{gl}(n, \mathbb{R})(= \mathbb{R}^{n^2}) \to \mathbb{R}$ の連続性により，$\mathrm{GL}(n, \mathbb{R})$ は，$\mathfrak{gl}(n, \mathbb{R})(= \mathbb{R}^{n^2})$ の開集合である．$\mathrm{GL}(n, \mathbb{R})$ の $\mathfrak{gl}(n, \mathbb{R})(= \mathbb{R}^{n^2})$ の開部分多様体としての C^ω 構造を $\mathcal{D}$ とする．このとき，$(\mathrm{GL}(n, \mathbb{R}), \cdot, \mathcal{D})$ は，C^ω リー群になることを示せ．

定義 6.4.9. $A \in \mathfrak{gl}(n, \mathbb{R})$ に対し，$\exp A$ を $\exp A := \sum_{k=0}^{\infty} \dfrac{A^k}{k!}$ によって定義する．（注意：右辺の級数は収束することが示される．）

命題 6.4.10. (i) $\exp A$ は正則であり，$(\exp A)^{-1} = \exp(-A)$ が成り立つ．

(ii) $AB = BA$ のとき，$\exp(A+B) = \exp A \exp B$ が成り立つ．

(iii) $(\exp A)^T = \exp(A^T)$ が成り立つ．

(iv) $\det(\exp A) = e^{\mathrm{tr}\,A}$ が成り立つ．

定義 6.4.11. 各 $A \in \mathfrak{gl}(n, \mathbb{R})$ に対し，$\exp A (\in \mathrm{GL}(n, \mathbb{R}))$ を対応させることにより定義される $\mathfrak{gl}(n, \mathbb{R})$ から $\mathrm{GL}(n, \mathbb{R})$) への写像を**リー群 GL($n$, ℝ)) の指数写像 (exponential map of the Lie group $GL(n, \mathbb{R})$)** といい，exp と表す．

命題 6.4.12. n 次零行列 O の $\mathfrak{gl}(n, \mathbb{R})$ におけるある近傍 $\widetilde{U}$ に対し，$\exp(\widetilde{U})$ は $\mathrm{GL}(n, \mathbb{R})$ の開集合になり，$\exp|_{\widetilde{U}} : \widetilde{U} \to \exp(\widetilde{U})$ は C^∞ 同型写像になる．

定義 6.4.13. $A \in \mathrm{GL}(n, \mathbb{R})$ に対し，写像 $L_A : \mathrm{GL}(n, \mathbb{R}) \to \mathrm{GL}(n, \mathbb{R})$ を $L_A(\boldsymbol{X}) := A\boldsymbol{X}$ によって定義する．同様に，写像 $R_A : \mathrm{GL}(n, \mathbb{R}) \to \mathrm{GL}(n, \mathbb{R})$ を $R_A(\boldsymbol{X}) := \boldsymbol{X}A$ によって定義する．L_A, R_A を各々 **A による左移動，右移動 (left translation, right translation by A)** とよぶ．

命題 6.4.14. L_A, R_A は，C^ω 同型写像であり，$L_A^{-1} = L_{A^{-1}}$，$R_A^{-1} = R_{A^{-1}}$ である．

問 6.4.9. n 次直交群 $O(n) := \{A \in \mathrm{GL}(n, \mathbb{R}) \mid A^T A = E\}$ は，C^ω リー群になることを示せ．

定義 6.4.15. f を C^r リー群 G_1 から C^r リー群 G_2 への写像とする．f が次の 2 条件を満たすとき，f を **C^r 級リー群準同型写像 (C^r-Lie group homomorphism)** という：

(i) f は群準同型写像である．

(ii) f は C^r 写像である．

f が全単射で，f, f^{-1} はともにリー群準同型写像であるとき，f を **C^r 級リー群同型写像 (C^r-Lie group isomorphism)** という．

例 6.4.1. 下の表は，**古典リー群 (classical Lie group)** とよばれるリー群のリストである．

$$
\begin{aligned}
SL(n, \mathbb{R}) &:= \{A \in GL(n, \mathbb{R}) \mid \det A = 1\} \\
O(n) &:= \{A \in GL(n, \mathbb{R}) \mid A^T A = E\} \\
SL(n, \mathbb{C}) &:= \{A \in GL(n, \mathbb{C}) \mid \det A = 1\} \\
U(n) &:= \{A \in GL(n, \mathbb{C}) \mid A^* A = E\} \\
SL(n, \mathbb{H}) &:= \{A \in GL(n, \mathbb{H}) \mid \det A = 1\} \\
Sp(n) &:= \{A \in GL(n, \mathbb{H}) \mid A^* A = E\}
\end{aligned}
$$

ここで，$\mathbb{H}$ は 4 元数代数を表す．その他，リー群の標準的な例として，スピン群 $Spin(n)$，および，**例外リー群 (exceptional Lie group)** とよばれる E_6, E_7, E_8, F_4, G_2 などが挙げられる．

6.4.4　接ベクトル

定義 6.4.16. 開区間 (a, b)（または，閉区間 $[a, b]$）から C^∞ 多様体 M への C^r 写像を M 上の **C^r 曲線 (C^r-curve)** という．

注意 6.4.2. ここで，閉区間 $[a, b]$ から M への C^r 写像とは，$[a, b]$ を含むある開区間 $(a-\varepsilon, b+\varepsilon)$ から M への C^r 写像の $[a, b]$ への制限を意味する．

定義 6.4.17. $\mathcal{C} := \{(c, t_0) \mid c : M$ 上の C^1 曲線，$t_0 : c$ の定義域内の 1 点$\}$ における同値関係 $\sim$ を

$$
(c_1, t_1) \sim (c_2, t_2) \underset{\mathrm{def}}{\Leftrightarrow}
\begin{cases}
\bullet\ c_1(t_1) = c_2(t_2) \\
\bullet\ c_1(t_1) = c_2(t_2) \text{ のまわりの局所} \\
\quad \text{チャート } (U, \varphi = (x_1, \cdots, x_n)) \\
\quad \text{に対し，} \\
\quad \left.\dfrac{d(\varphi \circ c_1)}{dt}\right|_{t=t_1} = \left.\dfrac{d(\varphi \circ c_2)}{dt}\right|_{t=t_2}.
\end{cases}
$$

$\sim$ に関する (c, t_0) の属する同値類を $c'(t_0)$，$\left.\dfrac{dc}{dt}\right|_{t=t_0}$，または，$\left.\dfrac{d}{dt}\right|_{t=t_0} c(t)$ と表し，**c の t_0 における接ベクトル (tangent vector of c at t_0)**，または**速度ベクトル (velocity vector of c at t_0)** という．

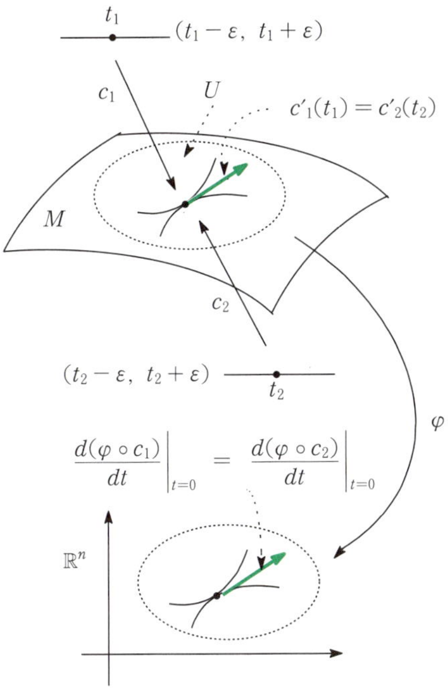

図 6.4.4 接ベクトル

注意 6.4.3.

$$\left.\frac{d(\varphi \circ c_1)}{dt}\right|_{t=t_1} = \left.\frac{d(\varphi \circ c_2)}{dt}\right|_{t=t_2}$$
$$\Longleftrightarrow \left.\frac{d(x_i \circ c_1)}{dt}\right|_{t=t_1} = \left.\frac{d(x_i \circ c_2)}{dt}\right|_{t=t_2}$$
$$(i = 1, \cdots, n)$$

事実 6.4.18. $c_1(t_1) = c_2(t_2)$ のまわりの 2 つの局所チャート $(U, \varphi = (x_1, \cdots, x_n))$ と $(V, \phi = (y_1, \cdots, y_n))$ に対し，

$$\left.\frac{d(\varphi \circ c_1)}{dt}\right|_{t=t_1} = \left.\frac{d(\varphi \circ c_2)}{dt}\right|_{t=t_2}$$
$$\Longleftrightarrow \left.\frac{d(\phi \circ c_1)}{dt}\right|_{t=t_1} = \left.\frac{d(\phi \circ c_2)}{dt}\right|_{t=t_2}$$

定義 6.4.19. $T_pM := \{c'(t_0) \mid (c, t_0) \in \mathcal{C} \text{ s.t. } c(t_0) = p\}$ を M の点 p における**接空間 (tangent space)** といい，この元を M の点 p における**接ベクトル (tangent vector)** という．T_pM における和，実数倍は次のように定義される．$(U, \varphi = (x_1, \cdots, x_n))$ を p のまわりの局所チャートで，$\varphi(p) = (0, \cdots, 0)$ となるものとする．

$\boldsymbol{v}_1, \boldsymbol{v}_2 \in T_pM$ に対し，和 $\boldsymbol{v}_1 + \boldsymbol{v}_2$ を，$\boldsymbol{v}_i = c_i'(0)$ $(i = 1, 2)$ として，

$$\boldsymbol{v}_1 + \boldsymbol{v}_2 := \bar{c}'(0)$$
$$(\bar{c}(t) := \varphi^{-1}(\varphi(c_1(t)) + \varphi(c_2(t))))$$

によって定義する．

また，$\boldsymbol{v} \in T_pM$ と $a \in \mathbb{R}$ に対し，$a\boldsymbol{v}$ を $\boldsymbol{v} = c'(0)$ として，

$$a\boldsymbol{v} := \hat{c}'(0)\ (\hat{c}(t) := \varphi^{-1}(a\varphi(c(t))))$$

によって定義する．

問 6.4.10. (1) この実数倍と和の定義は，(U, φ) のとり方に依らずに定まる，つまり，well-defined であることを示せ．

(2) この和と実数倍のもとに，T_pM はベクトル空間になることを示せ．

定義 6.4.20. M の局所チャート $(U, \varphi = (x_1, \cdots, x_n))$ に対し，

$$c_i(t) := \varphi^{-1}(x_1(p), \cdots, x_i(p) + t, \cdots, x_n(p))$$

として，$\left(\frac{\partial}{\partial x_i}\right)_p := c_i'(0)$ とする．このとき，$\left(\left(\frac{\partial}{\partial x_i}\right)_p, \cdots, \left(\frac{\partial}{\partial x_i}\right)_p\right)$ は，T_pM の基底になる．この基底を (U, φ) の**座標基底 (coordinate basis)** という．

命題 6.4.21. 次の関係式が成り立つ：

$$c'(t_0) = \sum_{i=1}^{n} \left.\frac{dx_i(c(t))}{dt}\right|_{t=t_0} \left(\frac{\partial}{\partial x_i}\right)_{c(t_0)}$$

命題 6.4.22. $(U, \varphi = (x_1, \cdots, x_n))$，$(V, \phi = (y_1, \cdots, y_n))$ を p のまわりの局所チャートとする．このとき，次の関係式が成り立つ：

$$\left(\frac{\partial}{\partial x_i}\right)_p = \sum_{j=1}^{n} \left.\frac{\partial(y_j \circ \varphi^{-1})}{\partial x_i}\right|_{\varphi(p)} \left(\frac{\partial}{\partial y_j}\right)_p$$

$C^\infty(p)$ を，p の近傍上の C^∞ 関数全体からなる集合とする．

定義 6.4.23. $\boldsymbol{v}(= c'(t_0)) \in T_pM$，$f \in C^\infty(p)$ とする．$\boldsymbol{v}(f)$ を $\boldsymbol{v}(f) := \left.\frac{df(c(t))}{dt}\right|_{t=t_0}$ によって定義する．この値 $\boldsymbol{v}(f)$ を f の $\boldsymbol{v}$ に関する**方向微分 (directional derivative)** という．

問 6.4.11. この定義が well-defined であることを証明せよ．

命題 6.4.24. 次の (i) ～ (iii) が成り立つ：

(i) f が p のある近傍で一定であるならば，$\boldsymbol{v}(f) = 0$ となる．

(ii) $\boldsymbol{v}(af_1 + bf_2) = a\boldsymbol{v}(f_1) + b\boldsymbol{v}(f_2)$
$(a, b \in \mathbb{R},\ f_1, f_2 \in C^\infty(p))$

(iii) $\boldsymbol{v}(f_1 f_2) = f_1(p)\boldsymbol{v}(f_2) + \boldsymbol{v}(f_1)f_2(p)$
$(f_1, f_2 \in C^\infty(p))$

定義 6.4.25. $C^\infty(p)$ から $\mathbb{R}$ への写像 $\hat{\boldsymbol{v}}$ で，命題 6.4.24 の (i) ～ (iii) を満たすようなものの全体を $\mathcal{T}_pM$ と表す．

命題 6.4.26. 各 $\boldsymbol{v}\in T_pM$ に対し，$\hat{\boldsymbol{v}}(f):=\boldsymbol{v}(f)$ $(f\in C^\infty(p))$ によって定義される $\hat{\boldsymbol{v}}\in\mathcal{T}_pM$ を対応させることにより，T_pM と $\mathcal{T}_pM$ の間の 1 対 1 対応が得られる．

注意 6.4.4. 本によっては，上述の 1 対 1 対応の下に，T_pM と $\mathcal{T}_pM$ を同一視することにより，$\mathcal{T}_pM$ の各元を M の点 p における接ベクトルとよび，$\mathcal{T}_pM$ を M の点 p における接空間とよんでいる．

問 6.4.12. $n(\geq 4)$ 次元単位球面 $S^n(1)$ 上の C^ω 曲線 c を

$$c(t)=\left(\frac{1}{2}\cos t,\ \frac{\sqrt{3}}{2}\cos t,\ 0,\ \cdots,\ 0,\ \frac{1}{\sqrt{2}}\sin t,\ \frac{1}{\sqrt{2}}\sin t\right)$$

によって定義し，$\boldsymbol{v}:=c'(0)$ とする．$(U_1^+,\varphi_1^+=(y_1,\cdots,y_n))$ を問 6.4.3 におけるような $S^n(1)$ の局所チャートとする．

(i) v を $\left(\frac{\partial}{\partial y_1}\right)_{c(0)},\cdots,\left(\frac{\partial}{\partial y_n}\right)_{c(0)}$ の 1 次結合で表せ．

(ii) $S^n(r)$ 上の C^ω 関数 f を $f(x_1,\cdots,x_{n+1})=(x_1+\cdots+x_n)x_{n+1}$ によって定義する．$\boldsymbol{v}(f)$ を求めよ．

6.4.5　写像の微分

定義 6.4.27. f を m 次元 C^∞ 多様体 M から n 次元 C^∞ 多様体 N への C^r 写像 $(r\geq 1)$ とする．$p\in M$ に対し，$df_p:T_pM\to T_{f(p)}N$ を

$$df_p(\boldsymbol{v}):=(f\circ c)'(t_0)\quad(\boldsymbol{v}=c'(t_0)\in T_pM)$$

によって定義する．df_p を **f の p における微分 (differential of f at p)** という．

問 6.4.13. この定義は well-defined であることを証明せよ．

命題 6.4.28. df_p は線形写像である．

命題 6.4.29. $(U,\varphi=(x_1,\cdots,x_m))$ を p のまわりの M の局所チャートとし，$(V,\phi=(y_1,\cdots,y_n))$ を $f(p)$ のまわりの N の局所チャートとする．このとき，次式が成り立つ：

$$df_p\left(\left(\frac{\partial}{\partial x_i}\right)_p\right)=\sum_{j=1}^n\frac{\partial(y_j\circ f\circ\varphi^{-1})}{\partial x_i}(\varphi(p))\left(\frac{\partial}{\partial y_j}\right)_{f(p)}$$

定義 6.4.30. 命題 6.4.29 によれば，df_p の基底 $\left(\frac{\partial}{\partial x_1}\right)_p,\cdots,\left(\frac{\partial}{\partial x_m}\right)_p$ と基底 $\left(\frac{\partial}{\partial y_1}\right)_{f(p)},\cdots,\left(\frac{\partial}{\partial y_n}\right)_{f(p)}$ に関する表現行列は，

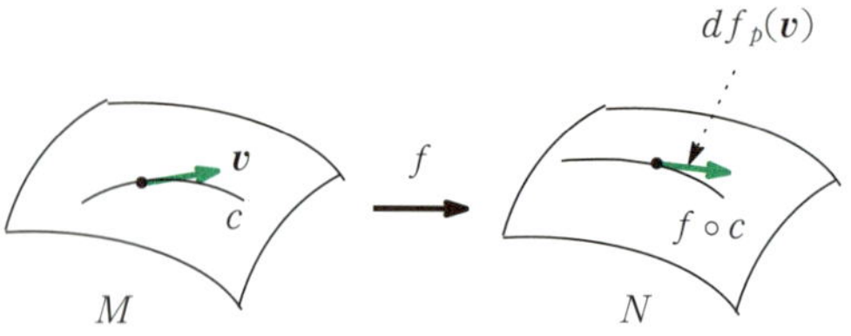

図 6.4.5　写像の微分

$$\left(\frac{\partial(y_j\circ f\circ\varphi^{-1})}{\partial x_i}(\varphi(p))\right)$$

となる．この表現行列を df_p の (U,φ) と (V,ϕ) に関する**ヤコビ行列 (Jacobi matrix)** といい，$Jf_p^{\varphi,\phi}$ と表す．

問 6.4.14. f を n 次元単位球面 $S^n(1)$ から $\mathbb{R}^{n+1}$ への包含写像とする．また，$(U_1^+,\varphi_1^+=(y_1,\cdots,y_n))$ を問 6.4.3 におけるような $S^n(1)$ の局所チャートとし，$\mathrm{id}_{\mathbb{R}^{n+1}}=(x_1,\cdots,x_{n+1})$ とする．$df_p\left(\left(\frac{\partial}{\partial y_i}\right)_p\right)$ を $\left(\frac{\partial}{\partial x_1}\right)_{f(p)},\cdots,\left(\frac{\partial}{\partial x_{n+1}}\right)_{f(p)}$ の 1 次結合で表し，df_p の (U_1^+,φ_1^+) と $(\mathbb{R}^{n+1},\mathrm{id}_{\mathbb{R}^{n+1}})$ に関するヤコビ行列を求めよ．

命題 6.4.31. π_M を積多様体 $(M\times N,\mathcal{D}_M\times\mathcal{D}_N)$ から $(M,\mathcal{D}_M)$ への自然な射影とし，π_N を積多様体 $(M\times N,\mathcal{D}_M\times\mathcal{D}_N)$ から $(N,\mathcal{D}_N)$ への自然な射影とし，Δ を $T_{(p,q)}(M\times N)$ の対角写像とする．$T_{(p,q)}(M\times N)$ から $T_pM\oplus T_qN$（T_pM と T_qN の（外）直和）への写像 Φ を $\Phi:=((d\pi_M)_{(p,q)}\times(d\pi_N)_{(p,q)})\circ\Delta$ によって定義する．この写像 Φ は線形同型写像であることを示せ（通常，Φ により $T_{(p,q)}(M\times N)$ と $T_pM\oplus T_qN$ を同一視する）．

V を n 次元実ベクトル空間とし，$(\boldsymbol{e}_1,\cdots,\boldsymbol{e}_n)$ を V の基底，$(\omega_1,\cdots,\omega_n)$ を $(\boldsymbol{e}_1,\cdots,\boldsymbol{e}_n)$ の双対基底とする．写像 $\varphi:V\to\mathbb{R}^n$ を $\varphi:=(\omega_1,\cdots,\omega_n)$ によって定義する．ここで，$\boldsymbol{v}=\sum_{i=1}^n v_i\boldsymbol{e}_i$ $(v_i\in\mathbb{R})$ とすると $\varphi(\boldsymbol{v})=(v_1,\cdots,v_n)$ となることを注意しておく．V に φ が同相写像になるように位相を与える．この位相は明らかにハウスドルフ位相である．明らかに，$\mathcal{D}:=\{(V,\varphi)\}$ はこのハウスドルフ空間 V の C^ω 構造になる．この C^ω 多様体 $(V,\mathcal{D})$ の点 $v\in V$ を任意にとる．各 $\boldsymbol{w}\in V$ に対し，$c_{\boldsymbol{w}}$ を $c_{\boldsymbol{w}}(t):=\boldsymbol{v}+t\boldsymbol{w}$ によって定義される V 上の C^ω 曲線として，$c'_{\boldsymbol{w}}(0)(\in T_{\boldsymbol{v}}V)$ を対応させる対応は，V から T_vV への線形同型写像になる．この対応により，各接空間 $T_{\boldsymbol{v}}V$ は V と同一視される．特に，$\mathbb{R}$ の各接空間 $T_t\mathbb{R}$ は $\mathbb{R}$ と同一視される．それゆえ，C^r 関数 $f:M\to\mathbb{R}$ $(r\geq 1)$ の $p(\in M)$ における微分 $df_p:T_pM\to T_{f(p)}\mathbb{R}$ は，

T_pM 上の線形関数，つまり，T_pM の双対空間 T_p^*M の元とみなされる．

命題 6.4.32. $((dx_1)_p, \cdots, (dx_n)_p)$ は $\left(\left(\frac{\partial}{\partial x_1}\right)_p, \cdots, \left(\frac{\partial}{\partial x_n}\right)_p\right)$ の双対基底である．

命題 6.4.33. C^r 関数 $f : M \to \mathbb{R}(r \geq 1)$ と p のまわりの局所チャート $(U, \varphi = (x_1, \cdots, x_n))$ に対し，$df_p = \sum_{i=1}^n \left(\frac{\partial(f \circ \varphi^{-1})}{\partial x_i}\right)(\varphi(p))(dx_i)_p$ が成り立つ．

命題 6.4.34. C^r 関数 $f : M \to \mathbb{R}(r \geq 1)$ と $\boldsymbol{v} \in T_pM$ に対し，$df_p(\boldsymbol{v}) = \boldsymbol{v}(f)$ が成り立つ．

6.4.6 臨界点・正則点・部分多様体

定義 6.4.35. $f : M \to N$ を C^r 写像 $(r \geq 1)$ とし，$p \in M$，$q \in N$ とする．df_p が全射でない（つまり，$\operatorname{rank} df_p < \dim N$）とき，$p$ を f の**臨界点 (critical point)** といい，df_p が全射であるとき，p を f の**正則点 (regular point)** という．また，$f^{-1}(q)$ が臨界点を含むとき，q を f の**臨界値 (critical value)** といい，$f^{-1}(q)$ が臨界点を含まないとき，q を f の**正則値** (regular value) という．

定理 6.4.36（サード (Sard) の定理）. $f : M \to N$ を C^r 写像 $(r \geq 1)$ とする．f の臨界値の全体は，測度 0 である．

注意 6.4.5. f の臨界値の全体が測度 0 であるとは，その全体を $\mathcal{C}$ として，N の各局所チャート (U, φ) に対し，$\varphi(U \cap \mathcal{C})$ が $\mathbb{R}^n$ の標準的測度に関して測度 0 になることを意味する．

定義 6.4.37. N を n 次元 C^∞ 多様体とし，M を N の部分集合とする．各 $p \in M$ に対し，p のまわりの N の局所チャート $(U, \varphi = (x_1, \cdots, x_n))$ で，$U \cap M = \{q \in U \mid x_{m+1}(q) = \cdots = x_n(q) = 0\}$ となるものが存在するとき，M を N の **m 次元正則部分多様体 (m-dimensional regular submanifold)** という．

命題 6.4.38. m 次元正則部分多様体は，それ自身 1 つの m 次元 C^∞ 多様体になる．

定義 6.4.39. $f : M \to N$ $(r \geq 1)$ を C^r 写像とする．M の各点 p に対し df_p が単射であるとき，f を **C^r はめ込み (C^r-immersion)** といい，さらに，f が単射で，f が M から N の部分位相空間 $f(M)$ への同相写像になっているとき，f を **C^r 埋め込み (C^r-embedding)** という．

定義 6.4.40. $f : M \to N$ $(r \geq 1)$ を C^r 写像とする．M の各点 p に対し df_p が全射であるとき，f を **C^r 沈めこみ (C^r-submersion)** という．

命題 6.4.41. N 内の正則部分多様体 M に対し，M から N への包含写像 ι は C^∞ 埋め込みになる．

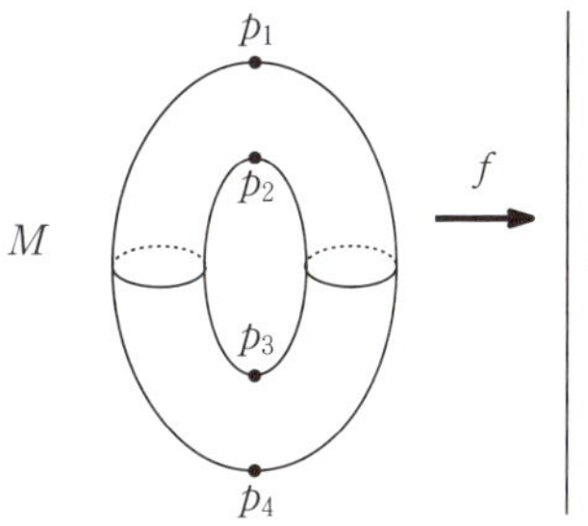

$\{p_1, \cdots, p_4\}$ が f の臨界点のすべて

図 6.4.6 臨界点

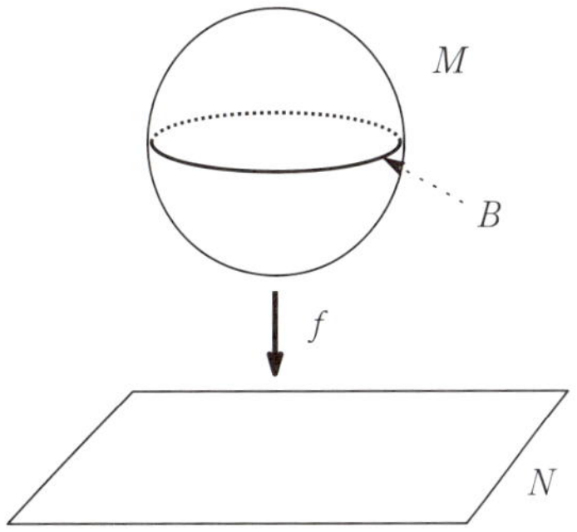

B が f の臨界点のすべて

図 6.4.7 臨界点

定義 6.4.42. 多様体 M が C^r はめ込み f によって多様体 N の中にはめ込められているとき，M を N 内の**はめ込まれた C^r 部分多様体 (immersed C^r-submanifold)** といい，特に，f が埋め込みであるとき，M を N 内の**埋め込まれた C^r 部分多様体 (embedded C^r-submanifold)** という．

注意 6.4.6. 命題 6.4.41 によれば，N 内の正則部分多様体 M は，N 内の埋め込まれた C^∞ 部分多様体である．

定理 6.4.43（陰関数定理—単射型）. $f : M \to N$ を C^r 写像 $(r \geq 1)$ とする．もし，df_p が単射であるならば，p のまわりの M の局所チャート (U, φ) と $f(p)$ のまわりの N の局所チャート (V, ϕ) で，$(\phi \circ f \circ \varphi^{-1})(x_1, \cdots, x_m) = (x_1, \cdots, x_m, 0, \cdots, 0)$ $(\forall (x_1, \cdots, x_m) \in U \cap f^{-1}(V))$ となるようなものが存在する．ここで，m, n は，各々，M, N の次元を表す $(m \leq n)$．

定理 6.4.44（陰関数定理—全射型）. $f : M \to N$ を C^r 写像 $(r \geq 1)$ とする．もし，df_p が全射（つまり，p が f の正則点）であるならば，p のまわりの M の局所チャー

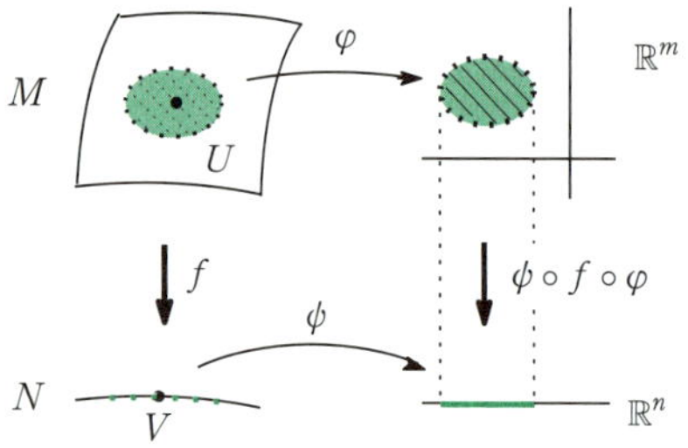

$(\psi \circ f \circ \varphi)(x_1, \cdots, x_m) = (x_1, \cdots, x_n)$

図 6.4.8　臨界点

ト (U, φ) と $f(p)$ のまわりの N の局所チャート (V, ψ) で，$(\psi \circ f \circ \varphi^{-1})(x_1, \cdots, x_m) = (x_1, \cdots, x_n)$ $(\forall (x_1, \cdots, x_m) \in U \cap f^{-1}(V))$ となるようなものが存在する．ここで，m, n は，各々，M, N の次元を表す $(m \geq n)$．

定理 6.4.45. M を m 次元 C^∞ 多様体，N を $n(<m)$ 次元 C^∞ 多様体とし，$f : M \to N$ を C^r 写像 $(r \geq 1)$ とする．このとき，f の正則値 q に対し，$L := f^{-1}(q)$ は，M の $(m-n)$ 次元正則部分多様体であり，$T_pL = \mathrm{Ker}\, df_p$ $(p \in L)$ が成り立つ．

6.4.7　モース理論

この項において，C^r 関数 $f : M \to \mathbb{R}$ $(r \geq 2)$ を取り扱う．

定義 6.4.46. p を f の臨界点とする．対称双線形形式 $Hf_p : T_pM \times T_pM \to \mathbb{R}$ を

$$(Hf)_p(v, w) := \sum_{i=1}^{n} \sum_{j=1}^{n} \left(\frac{\partial^2 (f \circ \varphi^{-1})}{\partial x_i \partial x_j} \right)(\varphi(p)) v_i w_j \quad (v, w \in T_pM)$$

によって定義する．ここで，v_i, w_j は，各々，v, w の p のまわりの局所チャート $(U, \varphi = (x_1, \cdots, x_n))$ の座標基底の 1 次結合で表したときの結合係数（つまり，$v = \sum_{i=1}^{n} v_i \left(\frac{\partial}{\partial x_i} \right)_p$，$w = \sum_{i=1}^{n} w_i \left(\frac{\partial}{\partial x_i} \right)_p$）である．この対称双線形形式 Hf_p を **f の p におけるヘシアン (Hessian)** という．

問 6.4.15. この $(Hf)_p$ の定義は，p のまわりの局所チャート $(U, \varphi = (x_1, \cdots, x_n))$ のとり方に依らないことを示せ．

定義 6.4.47. S をベクトル空間 V 上の対称双線形形式とする．このとき，シルベスタの慣性法則により，$(S(\boldsymbol{e}_i, \boldsymbol{e}_j))$ が

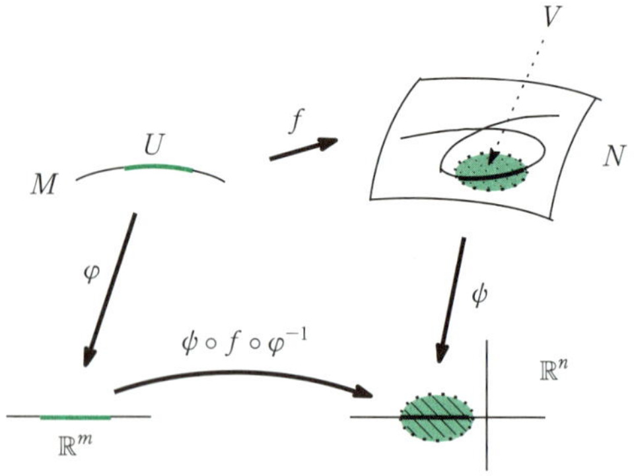

$(\psi \circ f \circ \varphi)(x_1, \cdots, x_m) = (x_1, \cdots, x_m, 0, \cdots, 0)$

図 6.4.9　臨界点

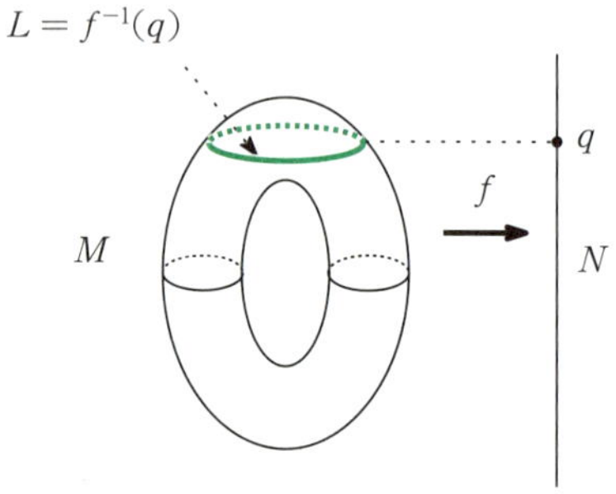

$L = f^{-1}(q)$ は M の正則部分多様体

図 6.4.10　正則値に対するレベル集合

$$\begin{pmatrix} -E_{k_1} & 0 & 0 \\ 0 & E_{k_2} & 0 \\ 0 & 0 & 0_{k_3} \end{pmatrix}$$

（E_{k_i} : k_i 次単位行列，0_{k_3} : k_3 次零行列）に等しくなるような V の基底 $(\boldsymbol{e}_1, \cdots, \boldsymbol{e}_n)$ が存在する．k_1, k_2, k_3 は，そのような基底 $(\boldsymbol{e}_1, \cdots, \boldsymbol{e}_n)$ のとり方に関係なく S のみによって決まり，k_1 は S の**指数 (index)** とよばれ，k_3 は S の**退化次数 (nullity)** とよばれる．退化次数が 0 であるとき，S は**非退化 (non-degenerate)** であるという．

定義 6.4.48. p を C^r 関数 $f : M \to \mathbb{R}$ $(r \geq 2)$ の臨界点とする．ヘシアン Hf_p が非退化であるとき，p を f の**非退化臨界点 (non-degenerate critical point)** という．また，Hf_p の指数を**臨界点 p の指数 (index of a critical point)** という．

定理 6.4.49（モース (Morse) の補題）. p を C^r 関数 $f : M \to \mathbb{R}$ $(r \geq 2)$ の指数 k の非退化臨界点とする．このとき，p のまわりの局所チャート (U, φ) で $\varphi(p) = (0, \cdots, 0)$ かつ

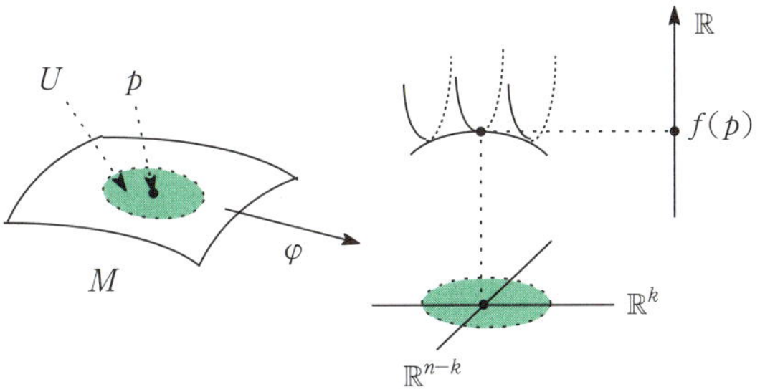

図 6.4.11 モースの補題

$(f\circ\varphi^{-1})(x_1, \cdots, x_n) = f(p) - \sum_{i=1}^{k} x_i^2 + \sum_{i=k+1}^{n} x_i^2$ となるようなものが存在する．

注意 6.4.7. この事実から非退化臨界点は孤立していることがわかる．

定義 6.4.50. C^r 関数 $f : M \to \mathbb{R}$ $(r \geq 2)$ の臨界点がすべて非退化であるとき，f を**モース関数 (Morse function)** という．

定義 6.4.51. 位相空間 $\boldsymbol{X}$ に対し，$\boldsymbol{X}$ における k 次（特異）サイクルらの生成する $\mathbb{Z}$ 加群 $Z_k(\boldsymbol{X}, \mathbb{Z})$ の $\boldsymbol{X}$ における k 次（特異）境界サイクルらの生成する $\mathbb{Z}$ 加群 $B_k(\boldsymbol{X}, \mathbb{Z})$ による商 $\mathbb{Z}$ 加群 $Z_k(\boldsymbol{X}, \mathbb{Z})/B_k(\boldsymbol{X}, \mathbb{Z})$ として，**k 次（特異）ホモロジー群 (k-th (singular) homology group)** $H_k(\boldsymbol{X}, \mathbb{Z})$ $(k = 0, 1, 2, \cdots)$ が定義される．各 $k \in \mathbb{N} \cup \{0\}$ に対し，$H_k(\boldsymbol{X}, \mathbb{Z})$ が有限生成であるとき，$H_k(\boldsymbol{X}, \mathbb{Z})$ の階数を $\boldsymbol{X}$ の**k 次ベッチ数 (k-th Betti number)** といい，$b_k(\boldsymbol{X})$ と表される．また，$\sum_{k\geq 0}(-1)^k b_k(\boldsymbol{X})$ を $\boldsymbol{X}$ の**オイラー標数 (Euler characteristic)** といい，$\chi(\boldsymbol{X})$ で表される．$b_k(\boldsymbol{X})$, $\chi(\boldsymbol{X})$ は，いずれも位相不変量である．

定義 6.4.52. 任意の加群 A に対し，テンソル積 $Z_k(\boldsymbol{X}, A) := Z_k(\boldsymbol{X}, \mathbb{Z}) \otimes A$ の $B_k(\boldsymbol{X}, A) := B_k(\boldsymbol{X}, \mathbb{Z}) \otimes A$ による商 A 加群 $Z_k(\boldsymbol{X}, A)/B_k(\boldsymbol{X}, A)$ として，**A を係数とする k 次（特異）ホモロジー群 (k-th (singular) homology group with coefficient A)** $H_k(\boldsymbol{X}, A)$ $(k = 0, 1, 2, \cdots)$ が定義される．また，$Z^k(\boldsymbol{X}, A) := \mathrm{Hom}_A(Z_k(\boldsymbol{X}, \mathbb{Z}), A)$ の $B^k(\boldsymbol{X}, A) := \mathrm{Hom}_A(B_k(\boldsymbol{X}, \mathbb{Z}), A)$ による商 A 加群として，**A を係数とする k 次（特異）コホモロジー群 (k-th (singular) cohomology group with coefficient A)** $H^k(\boldsymbol{X}, A)$ $(k = 0, 1, 2, \cdots)$ が定義される．

注意 6.4.8. （特異）ホモロジー群，（特異）コホモロジー群の定義については，第 6.4.15 節を参照のこと．

命題 6.4.53. 三角形分割可能なコンパクト位相空間 $\boldsymbol{X}$ のオイラー標数は，その三角形分割における面の個数を f，辺の個数を e，頂点の個数を v として，$v-e+f$ に等しい．

注意 6.4.9. コンパクト多様体はすべて三角形分割可能である．

問 6.4.16. 球面 S^2，2 次元トーラス $T^2 := S^1 \times S^1$ および $\Sigma_2 := T^2 \# T^2$ を三角形分割し，これらの位相空間のオイラー標数を求めよ．

定理 6.4.54（モースの等式，モースの不等式）． f を n 次元コンパクト多様体 M 上のモース関数とし，f の指数 k の臨界点の個数を $\beta_k(f)$ とする $(k = 0, 1, 2, \cdots, n)$．このとき，$\beta_k(f) \geq b_k(M)$ $(k = 0, 1, 2, \cdots, n)$ および $\sum_{k=0}^{n}(-1)^k \beta_k(f) = \chi(M)$ が成り立つ．

問 6.4.17. x_1x_2 平面上の円

$$\{(x_1, x_2, 0) \mid (x_1 - 2)^2 + x_2^2 = 1\}$$

を x_2 軸のまわりに回転して得られる（$\mathbb{R}^3$ 内の）回転面を S とする．S 上の C^ω 関数 f を

$$f(x_1, x_2, x_3) := x_3 \ \ ((x_1, x_2, x_3) \in S)$$

によって定義する．$\beta_k(f)$ $(k = 0, 1, 2)$ を求めよ．また，計算ではなく図を用いて，ベッチ数 $b_k(S)$ $(k = 0, 1, 2)$ を求め，モースの不等式が成立していることを確認せよ．

問 6.4.18. n 次元単位球面

$$S^n(1) := \left\{(x_1, \cdots, x_{n+1}) \,\middle|\, \sum_{i=1}^{n+1} x_i^2 = 1\right\}$$

上の C^∞ 関数 f を

$$f(x_1, \cdots, x_{n+1}) = x_1((x_1, \cdots, x_{n+1}) \in S^n(1))$$

によって定義する．計算により，f の臨界点をすべて求めよ．さらに，各臨界点の指数を求めよ．

6.4.8 ベクトル場と局所 1 パラメータ変換群

この項において，M は n 次元 C^∞ 多様体とする．

定義 6.4.55. M の各点 $p \in M$ に対し，T_pM の元 $\boldsymbol{X}_p$ を対応させる対応 $\boldsymbol{X}$ を M 上の **（接）ベクトル場 ((tangent) vector field)** という．各局所チャート $(U, \varphi = (x_1, \cdots, x_n))$ に対し，

$$\boldsymbol{X}_p = \sum_{i=1}^{n} X_i(p) \left(\frac{\partial}{\partial x_i}\right)_p \quad (p \in U)$$

によって定義される U 上の関数 X_i たちが C^r 級であるとき，$\boldsymbol{X}$ を **C^r ベクトル場 (C^r-vector field)** という．

定義 6.4.56. $TM := \cup_{p\in M} T_pM$ とし，$\pi : TM \to M$ を TM の各元 v に対し，$v \in T_pM$ となる p（これは，v に対しただ 1 つ存在する）を対応させることによ

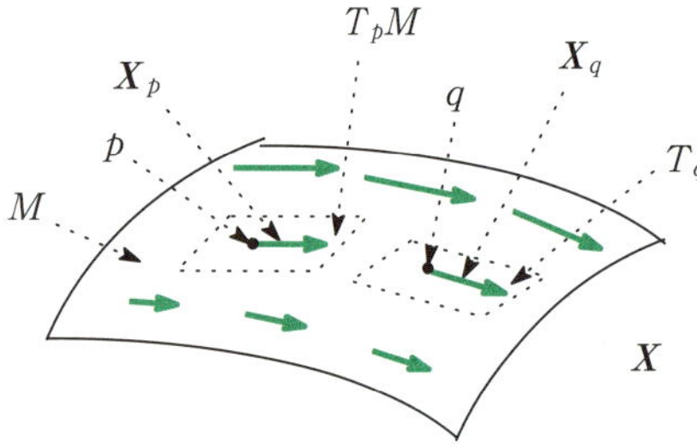

図 6.4.12　ベクトル場

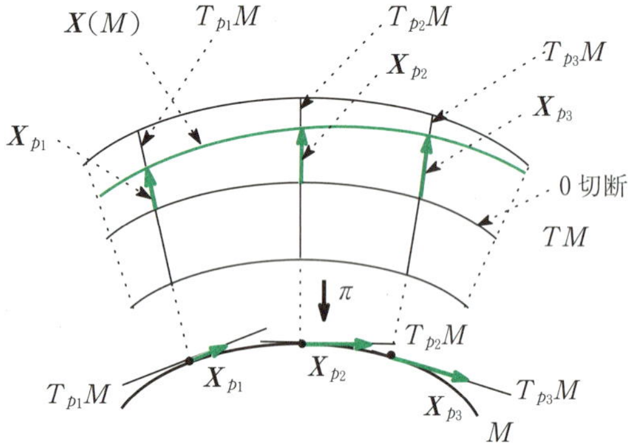

図 6.4.13　接ベクトルバンドルの切断としてのベクトル場

り定義する．M の C^∞ 構造を $\mathcal{D}$ とする．各 $(U, \varphi = (x_1, \cdots, x_n)) \in \mathcal{D}$ に対し，$\tilde{U} := \pi^{-1}(U)$ とし，また，$\tilde{\varphi} : \tilde{U} \to \mathbb{R}^{2n}$ を

$$\tilde{\varphi}(v) := (x_1(\pi(v)), \cdots, x_n(\pi(v)),$$
$$v_1, \cdots, v_n) \quad (v \in \tilde{U})$$
$$\left(v = \sum_{i=1}^{n} v_i \left(\frac{\partial}{\partial x_i} \right)_{\pi(v)} \right)$$

によって定義する．このとき，M に，$\tilde{U}$ たちを開集合とし $\tilde{\varphi}$ たちを同相写像とするような位相が一意的に決まり（この位相はハウスドルフ位相になる），$\tilde{\mathcal{D}} := \{(\tilde{U}, \tilde{\varphi}) \mid (U, \varphi) \in \mathcal{D}\}$ は，このハウスドルフ空間 M の C^∞ 構造になる．また，$\pi : (TM, \tilde{\mathcal{D}}) \to (M, \mathcal{D})$ は，C^∞ 写像になり，さらに，C^∞ 級ベクトルバンドルとよばれるものになっており，M の**接ベクトルバンドル (tangent vector bundle)** とよばれる．

C^r ベクトルバンドルという概念が次のように定義される．

定義 6.4.57. E, M を C^r 多様体とし，$\pi : E \to M$ を上への C^r 沈めこみ写像とする（$\pi^{-1}(p)$ $(p \in M)$ は E の部分多様体になる）．$\pi^{-1}(p)$ $(p \in M)$ にはベクトル空間の構造が与えられており，M の各点 p に対し，p の近傍 U と C^r 写像 $\varphi : \pi^{-1}(U) \to U \times \mathbb{R}^k$ で，$\mathrm{pr}_{\mathbb{R}^k} \circ \varphi = \pi$ となり，各点 $q \in U$ に対し，$\varphi|_{\pi^{-1}(q)} : \pi^{-1}(q) \to \{q\} \times \mathbb{R}^k$ が線形同型写像となるようなもの

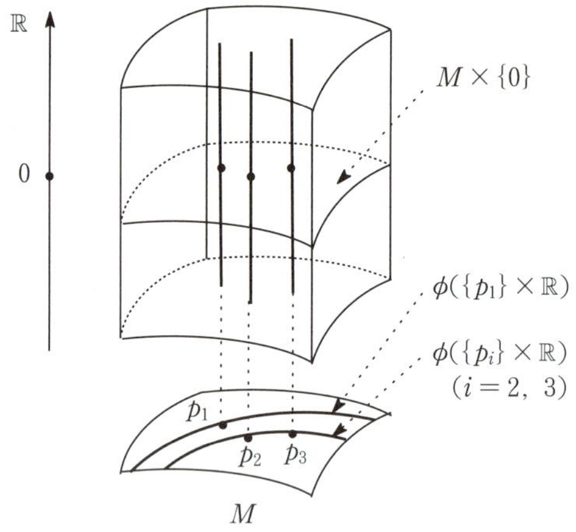

図 6.4.14　1 パラメータ変換群

が存在するとする．このとき，$\pi : E \to M$ を M 上の**階数 k の C^r ベクトルバンドル (C^r-vector bundle of rank k)** という．

命題 6.4.58. M 上のベクトル場 X は，M から TM への写像とみなされる．X が C^r ベクトル場ならば，$X : M \to TM$ は C^r 写像である．逆も成り立つ．

定義 6.4.59. M の C^r 同型写像の 1 パラメーター族 $\{\phi_t \mid t \in \mathbb{R}\}$ で，次の 2 条件を満たすものを M の **C^r 級の 1 パラメーター変換群 (one-parameter transformation group of class C^r)** という．

(i) 任意の $t_1, t_2 \in \mathbb{R}$ に対し，$\phi_{t_1} \circ \phi_{t_2} = \phi_{t_1+t_2}$ が成り立ち，また，$\phi_0 = \mathrm{id}_M$ である．

(ii) $\phi(p, t) := \phi_t(p)$ $((p, t) \in M \times \mathbb{R})$ によって定義される写像 $\phi : M \times \mathbb{R} \to M$ は C^r 級である．

定義 6.4.60. I を $\mathbb{R}$ のある開集合とする．各 $t \in I$ に対し，M の開集合 U_t から M のある開集合への C^r 同型写像 ϕ_t の 1 パラメーター族 $\{\phi_t \mid t \in I\}$ で次の 2 条件を満たすものを M の **C^r 級の局所 1 パラメーター変換群 (local one-parameter transformation group of class C^r)** という．

(i) 任意の $t_1, t_2 \in I$ s.t. $t_1 + t_2 \in I$ に対し，$\phi_{t_1} \circ \phi_{t_2} = \phi_{t_1+t_2}$ が両辺が定義される開集合上で成り立ち，また，$U_0 = M$ で $\phi_0 = \mathrm{id}_M$ である．

(ii) $\phi(p, t) := \phi_t(p)$ $((p, t) \in \cup_{t \in I}(\{t\} \times U_t))$ によって定義される写像 $\phi : \cup_{t \in I}(\{t\} \times U_t)) \to M$ は，多様体 $M \times \mathbb{R}$ の開部分多様体 $\cup_{t \in I}(\{t\} \times U_t)$ から多様体 M への写像として C^r 級である．

定義 6.4.61. $\{\phi_t \mid t \in I\}$ を M の C^r 級の局所 1 パラメータ変換群とする ($r \geq 1$)．M の各点 p に対し，$c_p(t) := \phi_t(p)$ とする．このとき，M 上のベクトル場 X が $X_p := c'_p(0)$ によって定義される．このベクトル場 X を，**$\{\phi_t \mid t \in I\}$ に付随するベクトル場 (vector**

field associated to $\{\phi_t \mid t \in I\}$) という．

命題 6.4.62. C^r 級の局所1パラメータ変換群に付随するベクトル場は，C^{r-1} ベクトル場である ($r \geq 1$)．

定義 6.4.63. C^r ベクトル場 X に対し，C^{r+1} 曲線 $c: I \to M$ で $c'(t) = X_{c(t)}$ ($t \in I$) となるようなものを X の**積分曲線 (integral curve)** という．

命題 6.4.64. X を M 上の C^r ベクトル場とする ($r \geq 1$)．このとき，各 $p \in M$ に対し，X の積分曲線 $c: (-\varepsilon, \varepsilon) \to M$ で $c(0) = p$ となるようなものがただ1つ存在する．ここで，ε は，十分小さな正の定数とする．

定義 6.4.65. X を M 上の C^r ベクトル場とする ($r \geq 1$)．$c_p: I_p \to M$ を，$c_p(0) = p$ となる X の最大の積分曲線とし，$U_t := \{p \in M \mid t \in I_p\}$，$I := \cup_{p \in M} I_p$ とする．各 $t \in I$ に対し，$\phi_t: U_t \to M$ を $\phi_t(p) := c_p(t)$ ($p \in U_t$) によって定義する．このとき，$\{\phi_t \mid t \in I\}$ は，C^{r+1} 級の局所1パラメータ変換群になる．これを**X に付随する局所1パラメータ変換群 (local one-parameter transformation group associated to X)** という．

問 6.4.19. C^r ベクトル場に付随する局所1パラメータ変換群は，C^{r+1} 級の局所1パラメータ変換群になることを示せ．

問 6.4.20. $\phi_t: \mathbb{R}^n \to \mathbb{R}^n$ ($t \in \mathbb{R}$) を

$$\phi_t(x_1, \cdots, x_n) := (x_1 + tv_1, \cdots, x_n + tv_n) \quad ((x_1, \cdots, x_n) \in \mathbb{R}^n)$$

によって定義する．ただし，$(v_1, \cdots, v_n)$ は，定ベクトルとする．

(i) $\{\phi_t \mid t \in \mathbb{R}\}$ は，$\mathbb{R}^n$ の C^∞ 級の1パラメータ変換群になることを示せ．

(ii) $\{\phi_t \mid t \in \mathbb{R}\}$ に付随するベクトル場を X とする．このとき，X を局所チャート $(\mathbb{R}^n, \mathrm{id}_{\mathbb{R}^n} = (x_1, \cdots, x_n))$ の自然基底 $\frac{\partial}{\partial x_1}, \cdots, \frac{\partial}{\partial x_n}$ の1次結合で表せ．

問 6.4.21. $\phi_t: \mathbb{R}^3 \to \mathbb{R}^3$ ($t \in \mathbb{R}$) を

$$\phi_t(x_1, x_2, x_3) := (x_1 \cos t - x_2 \sin t, \; x_1 \sin t + x_2 \cos t, \; x_3) \quad ((x_1, x_2, x_3) \in \mathbb{R}^3$$

によって定義する．

(i) $\{\phi_t \mid t \in \mathbb{R}\}$ は，$\mathbb{R}^3$ の C^∞ 級の1パラメータ変換群になることを示せ．

(ii) $\{\phi_t \mid t \in \mathbb{R}\}$ に付随するベクトル場を X とする．このとき，X を局所チャート $(\mathbb{R}^3, \mathrm{id}_{\mathbb{R}^3} = (x_1, x_2, x_3))$ の座標基底 $\frac{\partial}{\partial x_1}, \frac{\partial}{\partial x_2}, \frac{\partial}{\partial x_3}$ の1次結合で表せ．

定義 6.4.66. X, Y を M 上の C^∞ 級ベクトル場とし，$\{\phi_t \mid t \in I\}$ を X に付随する C^∞ 級の局所1パラメータ変換群とする．このとき，M 上の C^∞ 級ベクトル場 $\mathcal{L}_X Y$ を

$$(\mathcal{L}_X Y)_p := \lim_{t \to 0} \frac{1}{t}((d\phi_t)_p^{-1}(Y_{\phi_t(p)}) - Y_p) \quad (p \in M)$$

によって定義する．この C^∞ 級ベクトル場 $\mathcal{L}_X Y$ は，Y の X に関する**リー微分 (Lie derivative)** とよばれる．また，$\mathcal{L}_X Y$ は，$[X, Y]$ とも表され，X と Y の**ブラケット積 (bracket product)** ともよばれる．

6.4.9 テンソル場・微分形式

この節において，M は n 次元 C^∞ 多様体とする．

定義 6.4.67. M の各点 $p \in M$ に対し，T_pM 上の k 次共変テンソル S_p を対応させる対応 S を M 上の**k 次共変テンソル場 (covarint tensor field of degree k)** という．各局所チャート $(U, \varphi = (x_1, \cdots, x_n))$ に対し，

$$S_{i_1 \cdots i_k}(p) := S_p\left(\left(\frac{\partial}{\partial x_{i_1}}\right)_p, \cdots, \left(\frac{\partial}{\partial x_{i_k}}\right)_p\right) \quad (p \in U)$$

によって定義される U 上の関数 $S_{i_1 \cdots i_k}$ たちが C^r 級であるとき，**S は C^r 級である**という．

定義 6.4.68. M の各点 $p \in M$ に対し，T_pM 上の $(1, k)$ 次テンソル S_p を対応させる対応 S を M 上の**$(1, k)$ 次テンソル場 (tensor field of degree $(1, k)$)** という．各局所チャート $(U, \varphi = (x_1, \cdots, x_n))$ に対し，

$$S_p\left(\left(\frac{\partial}{\partial x_{i_1}}\right)_p, \cdots, \left(\frac{\partial}{\partial x_{i_k}}\right)_p\right) = \sum_{j=1}^{n} S_{i_1 \cdots i_k}{}^j(p)\left(\frac{\partial}{\partial x_j}\right)_p \quad (p \in U)$$

によって定義される U 上の関数 $S_{i_1 \cdots i_k}{}^j$ たちが C^r 級であるとき，**S は C^r 級である**という．

定義 6.4.69. ω を M 上の C^r 級 k 次共変テンソル場とする．各点 $p \in M$ に対し，ω_p が交代的であるとき，ω を M 上の**C^r 級 k 次微分形式 (C^r-differential form of degree k)** という．

6.4.10 リーマン計量

この項において，M を n 次元 C^∞ 多様体とする．

定義 6.4.70. M 上の対称な C^r 級の2次共変テンソル場 g で，次の条件を満たすものを M の**C^r 級リーマ**

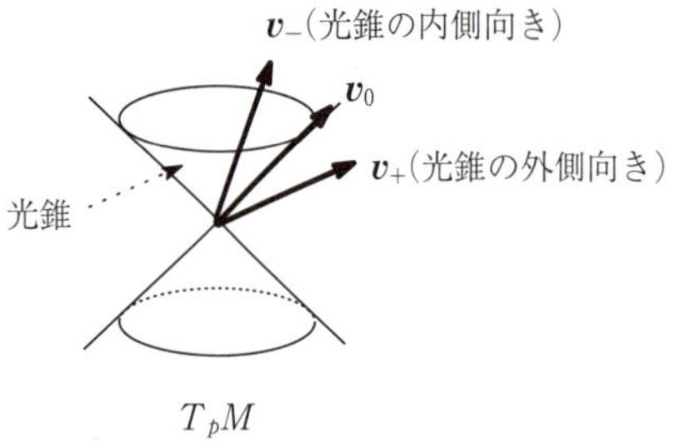

$g_p(\boldsymbol{v}_-,\ \boldsymbol{v}_-)<0,\ g_p(\boldsymbol{v}_0,\ \boldsymbol{v}_0)=0,\ g_p(\boldsymbol{v}_+,\ \boldsymbol{v}_+)>0$

図 6.4.15　ローレンツ計量

ン計量 (Riemannian metric of class C^r) という：
各 $p \in M$ に対し g_p は正定値である．つまり

$g_p(v, v) \geq 0\ (\forall v \in T_pM)$ であり，等号成立は $v = \boldsymbol{0}$ のときのみである．

定義 6.4.71. M 上の対称な C^r 級の 2 次共変テンソル場 g で，次の条件を満たすものを M の **C^r 級擬リーマン計量 (pseudo-Riemannian metric of C^r or semi-Riemannian metric of C^r)** という：
各 $p \in M$ に対し g_p は非退化である．つまり

$$g_p(v, w) = 0\ (\forall w \in T_pM) \Longrightarrow v = \boldsymbol{0}$$

注意 6.4.10. 明らかに，リーマン計量は擬リーマン計量である．

命題 6.4.72. V を n 次元実ベクトル空間とし，S を V 上の対称な 2 次共変テンソルとする．S が正定値であることと S の指数と退化次数がともに 0 であることは同値である．

定義 6.4.73. M が連結であるとする．このとき，M の C^r 級擬リーマン計量 g に対し，g_p の指数は，$p(\in M)$ に依らず一定であり，**g の指数 (the index of g)** とよばれる．特に，指数 1 の C^r 級擬リーマン計量は，**C^r 級ローレンツ計量 (Lorentzian metric of class C^r)** とよばれる．

注意 6.4.11. アインシュタインの一般相対性理論とは，「光の速さ不変の原理」と「等価原理」に基づいて作り上げた重力場理論である．この理論で取り扱われる時空は，4 次元ローレンツ多様体である．

定理 6.4.74. f を M から N への C^r はめ込みとし ($r \geq 1$)，g を N の C^r 級のリーマン計量とする．このとき，各点 $p \in M$ に対し，$(f^*g)_p : T_pM \times T_pM \to \mathbb{R}$ を

$$(f^*g)_p(v, w) := g_{f(p)}(df_p(v), df_p(w))(v, w \in T_pM)$$

によって定義する．このとき，各点 $p \in M$ に対し，$(f^*g)_p$ を対応させる対応 f^*g は，M の C^{r-1} 級のリーマン計量になる．

定義 6.4.75. 上述のリーマン計量 f^*g を，**g から f によって誘導されるリーマン計量 (the Riemannian metric induced from g by f)** といい，(M, f^*g) を，**f によってはめ込まれた (N, g) 内のリーマン部分多様体 (Riemannian submanifold immersed by f)** という．

例 6.4.2. S を $\mathbb{R}^n$ 内の C^∞ 曲面とし，ι を S から $\mathbb{R}^n$ への包含写像とする．また，$\tilde{g}$ を $\mathbb{R}^n$ のユークリッド計量，(つまり，$\tilde{g}\left(\dfrac{\partial}{\partial y_i}, \dfrac{\partial}{\partial y_j}\right) = \delta_{ij}$ ($(\mathrm{id}_{\mathbb{R}^n} = (y_1, \cdots, y_n))$) とする．このとき，$\iota$ は S から $\mathbb{R}^n$ への C^∞ 埋め込みとなり，$(S, \iota^*\tilde{g})$ は，ι によって埋め込まれた $(\mathbb{R}^n, \tilde{g})$ 内のリーマン部分多様体になる．ここで，$\iota^*\tilde{g}$ が S の第 1 基本形式と一致することを注意しておく．

定義 6.4.76. 連続曲線 $c : [a, b] \to M$ に対し，$[a, b]$ の分割 $a = t_0 < t_1 < t_2 < \cdots < t_k = b$ で，c の各 $[t_i, t_{i+1}]$ $(i = 0, \cdots, k-1)$ への制限 $c|_{[t_i, t_{i+1}]}$ が C^r 級であるとき，c を**区分的に C^r 級の曲線 (piecewise C^r-curve)** という．

定義 6.4.77. $c : [a, b] \to M$ を，リーマン多様体 (M, g) 上の区分的に C^r 級の曲線とする ($r \geq 1$)．分割 $a = t_0 < t_1 < t_2 < \cdots < t_k = b$ を c の各 $[t_i, t_{i+1}]$ $(i = 0, \cdots, k-1)$ への制限 $c|_{[t_i, t_{i+1}]}$ が C^r 級であるようなものとする．このとき，c の**長さ (length)** $L(c)$ が

$$L(c) := \sum_{i=0}^{k-1} \int_{t_i}^{t_{i+1}} \sqrt{g_{c(t)}(c'(t), c'(t))}\,dt$$

によって定義される．また，c の**エネルギー (energy)** $E(c)$ が

$$E(c) := \frac{1}{2} \sum_{i=0}^{k-1} \int_{t_i}^{t_{i+1}} g_{c(t)}(c'(t), c'(t))\,dt$$

によって定義される．

注意 6.4.12. c を質量 1 の物体の運動とみたとき，$\frac{1}{2} g_{c(t)}(c'(t), c'(t))$ は c の時刻 t における運動エネルギーを意味するので，$E(c)$ は，c の時刻 $t = a$ から $t = b$ までの全運動エネルギーと解釈される．

定義 6.4.78. リーマン多様体 (M, g) 上の 2 点 p, q に対し，$\mathcal{C}^r_{p,q}$ を次によって定義する：

$$\mathcal{C}^r_{p,q} := \{c : [0, 1] \to M \mid c : \text{区分的に } C^r \text{ 級の曲線 s.t. } c(0) = p,\ c(1) = q\}$$

$\mathcal{C}^\infty_{p,q}$ は，フレシェ (Fréchet) 多様体とよばれる無限次元多様体の構造をもつ．

定義 6.4.79. 写像 $d_g : M \times M \to \mathbb{R}$ を

$$d_g(p, q) := \inf_{c \in \mathcal{C}^1_{p,q}} L(c) \quad (p, q \in M)$$

によって定義する．このとき，d_g は，M の距離関数になる．この距離関数 d_g を (M, g) のリーマン距離関数 (**Riemannian distance function**) という．

6.4.11 多様体の向き

定義 6.4.80. V を n 次元実ベクトル空間とし，$\mathcal{F}(V)$ を V の枠（＝フレーム，つまり V の基底）の全体とする．$\mathcal{F}(V)$ における同値関係 $\sim$ を

$$(v_1, \cdots, v_n) \sim (w_1, \cdots, w_n) \underset{\text{def}}{\iff} v_i = \sum_{j=1}^{n} a_{ij} w_j \text{ として，} \det(a_{ij}) > 0$$

このとき，商集合 $\mathcal{F}(V)/\sim$ は，2 点集合になる．$\mathcal{F}(V)/\sim$ の各元を V の向き (**orientation of V**) という．V の一方の向きを O と表すとき，V のもう一方の向きは $-O$ と表され，O の逆の向き (**reverse orientation**) とよばれる．

例 6.4.3.

$$\mathcal{F}(\mathbb{R}^2)/\sim = \{[(1, 0), (0, 1))], [(1, 0), (0, 1))]\}$$

となり，$[(1, 0), (0, 1))]$ は反時計回りを表し，$[(1, 0), (0, 1))]$ は時計回りを表す．

$$\mathcal{F}(\mathbb{R}^3)/\sim = \{[(1, 0, 0), (0, 1, 0), (0, 0, 1)], [(1, 0, 0), (0, 0, 1), (0, 1, 0)]\}$$

となり，$[(1, 0, 0), (0, 1, 0), (0, 0, 1)]$ は右手系を表し，$[(0, 1, 0), (1, 0, 0), (0, 0, 1)]$ は左手系を表す．

定義 6.4.81. M を n 次元連結 C^∞ 多様体とする．各点 $p \in M$ に対し，$\mathcal{F}(T_pM)/\sim$ の元 O_p を対応させる対応 O で次の条件を満たすものを M の向き (**orientation of M**) とよぶ：

$$\begin{cases} \text{各点 } p_0 \in M \text{ に対し，} p_0 \text{ のまわりの} \\ \text{局所チャート } (U, \varphi = (x_1, \cdots, x_n)) \text{ で，} \\ \left[\left(\left(\dfrac{\partial}{\partial x_1}\right)_p, \cdots, \left(\dfrac{\partial}{\partial x_n}\right)_p\right)\right] = O_p = O_p \\ \qquad\qquad (\forall p \in U) \\ \text{となるものが存在する．} \end{cases}$$

定義 6.4.82. 一般に，M は向きをもつとは限らない．M が向きをもつとき，M は向き付け可能 (**orientable**) であるといい，M が向きをもたないとき，M は向き付け不可能 (**non-orientable**) であるという．M は向き付け可能であるとき，M と M の向き O の組 (M, O) を向き付けられた多様体 (**oriented manifold**) という．

定義 6.4.83. 向き付けられた多様体 (M, O) に対し，M の局所チャート $(U, \varphi = (x_1, \cdots, x_n))$ で

$$\left[\left(\left(\frac{\partial}{\partial x_1}\right)_p, \cdots, \left(\frac{\partial}{\partial x_n}\right)_p\right)\right] = O_p \quad (\forall p \in U)$$

となるようなものを，(M, O) の正の局所チャート (**positive local chart**) という．

定理 6.4.84. M を第 2 可算公理を満たす n 次元 C^∞ 多様体とする．このとき，M が向き付け可能であることと，M 上のいたるところ 0 でない（C^∞ 級の）n 次微分形式が存在することは，同値である．

定義 6.4.85. (M, g, O) を向き付けられた n 次元リーマン多様体とする．M の各正の局所チャート $(U, \varphi = (x_1, \cdots, x_n))$ に対し，U 上の C^∞ 級の n 次微分形式 $\omega_{(U,\varphi)}$ を

$$\omega_{(U,\varphi)} := \sqrt{\det(g_{ij})}\, dx_1 \wedge \cdots \wedge dx_n$$

によって定義する．ここで，g_{ij} は，$g\left(\dfrac{\partial}{\partial x_i}, \dfrac{\partial}{\partial x_j}\right)$ を表す．M の 2 つの正の局所チャート (U, φ) と (V, ϕ) に対し，$U \cap V \neq \emptyset$ のとき，$U \cap V$ 上で $\omega_{(U,\varphi)} = \omega_{(V,\phi)}$ が成り立つ．よって，$\omega_{(U,\varphi)}$ らを貼り合わせて M 上の C^∞ 級の n 次微分形式が得られる．これを dV_g と表し，g の体積要素 (**volume element**) とよぶ．

6.4.12 外微分作用素

M を n 次元 C^∞ 多様体とする．M 上の C^∞ 級の k 次微分形式の全体を $\Omega_k(M)$ と表す $(k = 1, \cdots, n)$．ここで，M 上の C^∞ 級の 0 次微分形式は，M 上の C^∞ 級関数を意味するので，その全体 $\Omega_0(M)$ は $C^\infty(M)$ にすぎない．

写像 $d_0 : \Omega_0(M) \to \Omega_1(M)$ を，$(d_0 f)_p = df_p$ $(p \in M)$ によって定義する．$1 \leq k \leq n$ とする．写像 $d_k : \Omega_0(M) \to \Omega_1(M)$ を，次のように定義する．$\omega \in \Omega_k(M)$ とする．各局所チャート $(U, \varphi = (x_1 \cdots, x_n))$ に対し，$\omega_{(U,\varphi)} \in \Omega_k(U)$ を $\omega = \sum_{1 \leq i_1 < \cdots < i_k \leq n} \omega_{i_1 \cdots i_k} dx_{i_1} \wedge \cdots \wedge dx_{i_k}$ として，

$$\omega_{(U,\varphi)} := \sum_{1 \leq i_1 < \cdots < i_k \leq n} d(\omega_{i_1 \cdots i_k}) \wedge dx_{i_1} \wedge \cdots \wedge dx_{i_k}$$

によって定義する．$U \cap V \neq \emptyset$ となる 2 つの局所チャート $(U, \varphi = (x_1 \cdots, x_n))$ と $(V, \phi = (y_1 \cdots, y_n))$ に対し，$\omega_{(U,\varphi)}$ と $\omega_{(V,\phi)}$ は，$U \cap V$ 上で一致する．よ

って，$\omega_{(U,\varphi)}$ $((U,\varphi)\in\mathcal{D})$ らを貼り合わせて M 上の C^∞ 級 $(k+1)$ 次微分形式が得られる．この C^∞ 級 $(k+1)$ 次微分形式を $d_k\omega$ と表す．各 C^∞ 級 k 次微分形式 ω に対し，この C^∞ 級 $(k+1)$ 次微分形式 $d_k\omega$ を対応させることにより定義される $\Omega_k(M)$ から $\Omega_{k+1}(M)$ への写像を d_k と表す．

定義 6.4.86. $d_k:\Omega_k(M)\to\Omega_{k+1}(M)$ $(k=0,\cdots,n)$ たちを**外微分作用素 (exterior differential operator)** という．以下，必要のない限り，簡単のため，d_k たちを d と略記する．また，$d_k\omega(=d\omega)$ を ω の**外微分 (exterior derivative)** という．

定義 6.4.87.

$$\{0\}\xrightarrow{0}\Omega^0(M)\xrightarrow{d_0}\Omega^1(M)\xrightarrow{d_1}\Omega^2(M)$$
$$\xrightarrow{d_2}\cdots\cdots\xrightarrow{d_{n-2}}\Omega^{n-1}(M)\xrightarrow{d_{n-1}}\Omega^n(M)\xrightarrow{0}\{0\}$$

は，コチェイン複体になる．つまり，$d_{k+1}\circ d_k=0$ $(k=0,\cdots,n-1)$ となる．このコチェイン複体の k 次コホモロジー群，つまり，$\mathrm{Ker}\,d_k/\mathrm{Im}\,d_{k-1}$ を M の ***k* 次ド・ラームコホモロジー群 (*k*-th de Rham cohomology group)** といい，$H^k_{DR}(M)$ と表す．

6.4.13　微分形式の積分

(M,O) を第 2 可算公理を満たす向き付けられた n 次元 C^∞ 多様体とする．

定義 6.4.88. ω を M 上の C^∞ 級の n 次微分形式で，

$$\mathrm{supp}\,\omega(:=\overline{\{p\in M\,|\,\omega_p\neq 0\}})$$

がコンパクトであるようなものとする．M の正の局所チャートからなる高々可算族

$$\{(U_\lambda,\varphi_\lambda=(x_1^\lambda,\cdots,x_n^\lambda))\,|\,\lambda\in\Lambda\}$$

で $\{U_\lambda\,|\,\lambda\in\Lambda\}$ が M の局所有限な開被覆であるようなものと，$\{U_\lambda\,|\,\lambda\in\Lambda\}$ に従属する単位分割 $\{\rho_\lambda\,|\,\lambda\in\Lambda\}$ をとる（これらの存在は，M が第 2 可算公理を満たすことより保障される）．これらを用いて，$\int_M\omega$ を

$$\int_M\omega:=\sum_{\lambda\in\Lambda}\int_{\varphi_\lambda(U_\lambda)}((\rho_\lambda\omega_\lambda)\circ\varphi_\lambda^{-1})dx_1\cdots dx_n$$

によって定義する．ただし，ω_λ は，$\omega|_{U_\lambda}=\omega_\lambda dx_1^\lambda\wedge\cdots\wedge dx_n^\lambda$ によって定義される U_λ 上の関数であり，右辺の積分は n 重積分を表す．この定義は，well-defined，つまり，定義式の右辺の値は，$\{(U_\lambda,\varphi_\lambda)\,|\,\lambda\in\Lambda\}$，および，$\{\rho_\lambda\,|\,\lambda\in\Lambda\}$ のとり方に依らない．

[上の定義が well-defined であることの証明について]

$(U,\varphi=(x_1,\cdots,x_n))$，$(V,\psi=(y_1,\cdots,y_n))$ を (M,O) の正の局所チャートとする．簡単のため，$U=V$ とする．$\omega=f\,dx_1\wedge\cdots\wedge dx_n=\bar{f}\,dy_1\wedge\cdots\wedge dy_n$ とする．このとき，

$$\begin{aligned}\omega&=\bar{f}\,dy_1\wedge\cdots\wedge dy_n\\&=\bar{f}\det\left(\frac{\partial(y_i\circ\varphi^{-1})}{\partial x_j}\right)dx_1\wedge\cdots\wedge dx_n\end{aligned}$$

となり，よって，

(1)　$$f=\bar{f}\det\left(\frac{\partial(y_i\circ\varphi^{-1})}{\partial x_j}\right)$$

となる．一方，重積分の変数変換の公式より，

(2)　$$\begin{aligned}&\int_{\psi(V)}(\bar{f}\circ\psi^{-1})(y_1,\cdots,y_n)dy_1\cdots dy_n\\&=\int_{\varphi(U)}(\bar{f}\circ\psi^{-1})((\psi\circ\varphi^{-1})(x_1,\cdots,x_n))\\&\qquad\left|\det\left(\frac{\partial(y_i\circ\varphi^{-1})}{\partial x_j}\right)\right|dx_1\cdots dx_n\\&=\int_{\varphi(U)}(\bar{f}\circ\varphi^{-1})(x_1,\cdots,x_n)\\&\qquad\det\left(\frac{\partial(y_i\circ\varphi^{-1})}{\partial x_j}\right)dx_1\cdots dx_n\end{aligned}$$

を得る．(1), (2) より，

$$\begin{aligned}&\int_{\psi(V)}(\bar{f}\circ\psi^{-1})(y_1,\cdots,y_n)dy_1\cdots dy_n\\&=\int_{\varphi(U)}(f\circ\varphi^{-1})(x_1,\cdots,x_n)dx_1\cdots dx_n\end{aligned}$$

を得る．この事実は，$\int_M\omega$ の定義が well-defined であることの証明においてキーとなる．

定義 6.4.89. (M,O) を第 2 可算公理を満たす向き付けられた n 次元 C^∞ 多様体，D を M のコンパクト閉領域とし，ω を M 上の C^∞ 級 n 次微分形式とする．$\{(U_\lambda,\varphi_\lambda=(x_1^\lambda,\cdots,x_n^\lambda))\,|\,\lambda\in\Lambda\}$ と $\{\rho_\lambda\,|\,\lambda\in\Lambda\}$ を定義 6.4.89 のようにとる．これらを用いて，$\int_D\omega$ を

$$\int_D\omega:=\sum_{\lambda\in\Lambda}\int_{\varphi_\lambda(U_\lambda\cap D)}((\rho_\lambda\omega_\lambda)\circ\varphi_\lambda^{-1})dx_1\cdots dx_n$$

によって定義する．ただし，ω_λ は，$\omega|_{U_\lambda}=\omega_\lambda dx_1^\lambda\wedge\cdots\wedge dx_n^\lambda$ によって定義される U_λ 上の関数である．

6.4.14　ストークスの定理

定義 6.4.90. (M,O) を第 2 可算公理を満たす向き付けられた n 次元 C^∞ 多様体とし，D を M のコンパクト閉領域で ∂D が M 内の C^∞ 部分多様体であるようなものとする．N_p を ∂D の外向きの $T_pM\setminus T_p(\partial D)$ に属するベクトルとし，$(\boldsymbol{e}_1,\cdots,\boldsymbol{e}_{n-1})$ を $T_p(\partial D)$ の基底で，$[(N_p,\boldsymbol{e}_1,\cdots,\boldsymbol{e}_{n-1})]=O_p$ となるようなものとして，$T_p(\partial D)$ の向き $\hat{O}_p$ を $\hat{O}_p:=[(\boldsymbol{e}_1,\cdots,\boldsymbol{e}_{n-1})]$ によって定義する．このとき，各 $p\in\partial D$ に対し，$\hat{O}_p$ を

対応させる対応 $\hat{O}$ は，∂D の向きを与える．この向きを，O から ∂D に誘導される向き (the orientation of ∂D induced from O) とよぶ．

定理 6.4.91（ストークス (Stokes) の定理）．(M, O) を第 2 可算公理を満たす向き付けられた n 次元 C^∞ 多様体とし，D を M のコンパクト閉領域で，∂D が M 内の C^∞ 部分多様体であるようなものとする．このとき，M 上の C^∞ 級 $(n-1)$ 次微分形式 ω に対し，次の関係式が成り立つ：

$$\int_D d\omega = \int_{\partial D} \iota^* \omega$$

ただし，ι は，∂D から M への包含写像を表し，$\iota^* \omega$ は，

$$(\iota^* \omega)_p (v_1, \cdots, v_{n-1})$$
$$:= \omega_{\iota(p)}(d\iota_p(v_1), \cdots, d\iota_p(v_{n-1})) \ (p \in \partial D)$$

によって定義される ∂D 上の C^∞ 級 $(n-1)$ 次微分形式を表す．また，∂D には，O から誘導される向きを与えている．

定義 6.4.92. n 次元 C^∞ リーマン多様体 (M, g) 上の C^∞ 級ベクトル場 X に対し，M 上の C^∞ 関数 div X を $(\mathrm{div}\, X)_p := \sum_{i=1}^n g_p(\nabla_{e_i} X, e_i)$ 次式によって定義する．ここで，∇ は g のリーマン接続（この定義については，6.4.16 項を参照）を表し，$(e_1, \cdots, e_n)$ は $(T_p M, g_p)$ の正規直交基底を表す．この関数 div X は，X の**発散 (divergence)** とよばれる．

定理 6.4.93（発散定理）．(M, g, O) を第 2 可算公理を満たす向き付けられた n 次元 C^∞ 多様体とし，D を M のコンパクト閉領域で，∂D が M 内の C^∞ 部分多様体であるようなものとする．このとき，M 上の C^∞ 級ベクトル場 X に対し，次の関係式が成り立つ：

$$\int_D \mathrm{div}\, X dV_g = \int_{\partial D} g(X, N) dV_{\iota^* g}$$

ただし，N は，∂D の外向きの単位法ベクトル場を表し，ι は，∂D から M への包含写像を表す．

注意 6.4.13. この関係式の両辺における積分量は，ともに X を速度ベクトル場としてもつ流体が単位時間あたりに領域 D から流出する量を表しているので，この関係式が成り立つことは予想される．

証明 この関係式は定理 6.4.92 から導出される．□

$g_{p_1}(X_{p_1}, N_{p_1}) > 0, \ g_{p_3}(X_{p_3}, N_{p_3}) < 0$
$g_{p_2}(X_{p_2}, N_{p_2}) = g_{p_4}(X_{p_4}, N_{p_4}) = 0$

$(\mathrm{div}\, X)_p > 0 \quad (\mathrm{div}\, X)_p < 0 \quad (\mathrm{div}\, X)_p = 0$

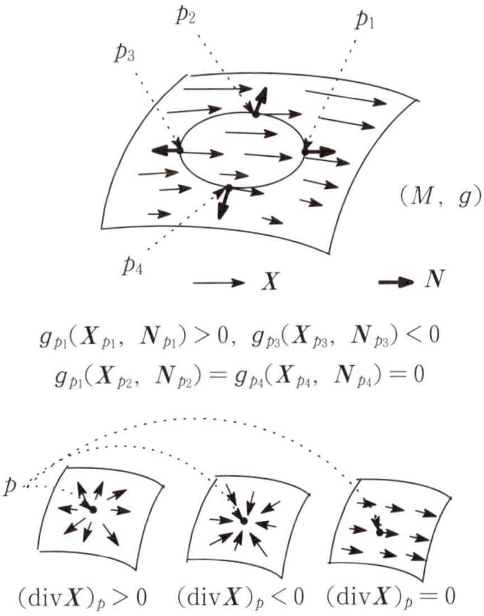

図 6.4.16 発散定理

6.4.15 ド・ラームの定理

X を位相空間とする．$D^k := \{(x_1, \cdots, x_k) \in \mathbb{R}^k \mid \sum_{i=1}^k x_i^2 \leq 1\}$ から X への連続写像 σ を，一般に X における**特異 k 単体**とよび，それらの実係数の形式的有限和 $c := \sum_{i=1}^r z_i \sigma_i$（$\sigma_i : X$ における特異 k 単体）を，一般に，X における**特異 k チェイン**とよぶ．X における特異 k チェインの全体のなすベクトル空間を $C_k(X, \mathbb{R})$ と表す．**境界作用素 (boundary operator)** $\partial_k : C_k(X, \mathbb{R}) \to C_{k-1}(X, \mathbb{R})$ を

$$\partial_k \left(\sum_{i=1}^r z_i \sigma_i \right) := \sum_{i=1}^r z_i \partial_k(\sigma_i)$$

によって定義する．ただし，$\partial_k(\sigma_i)$ は，

$$D_+^{k-1} := \left\{ (x_1, \cdots, x_k) \in \mathbb{R}^k \ \middle| \ \sum_{i=1}^k x_i^2 = 1, \ x_k \geq 0 \right\},$$
$$D_+^{k-1} := \left\{ (x_1, \cdots, x_k) \in \mathbb{R}^k \ \middle| \ \sum_{i=1}^k x_i^2 = 1, \ x_k \leq 0 \right\}$$

（D_+^{k-1}, D_-^{k-1} は，各々，対応

$$(x_1, \cdots, x_k) \leftrightarrow (x_1, \cdots, x_{k-1}),$$
$$(x_1, \cdots, x_k) \leftrightarrow (x_1, \cdots, -x_{k-1})$$

により，D^{k-1} と同一視される）として，

$$\partial_k(\sigma_i) := \sigma_i|_{D_+^{k-1}} + \sigma_i|_{D_-^{k-1}}$$

によって定義される．このとき，$\partial_{k+1} \circ \partial_k = 0$ が成り

立つ．

定義 6.4.94. 商ベクトル空間 $\mathrm{Ker}\,\partial_k/\mathrm{Im}\,\partial_{k+1}$ を $\boldsymbol{X}$ の**実係数の $\boldsymbol{k}$ 次（特異）ホモロジー群（$\boldsymbol{k}$-th (singular) homology group with real coefficient）**とよび，$H_k(\boldsymbol{X}, \mathbb{R})$ と表す．$C_k(\boldsymbol{X}, \mathbb{R})$ の双対空間 $C_k(\boldsymbol{X}, \mathbb{R})^*$ を $C^k(\boldsymbol{X}, \mathbb{R})$ と表す．**余境界作用素（coboundary operator）**$\delta_k : C^k(\boldsymbol{X}, \mathbb{R}) \to C^{k+1}(\boldsymbol{X}, \mathbb{R})$ を

$$\delta_k(f) := f \circ \partial_{k+1} \quad (f \in C^k(\boldsymbol{X}, \mathbb{R})$$

によって定義する．このとき，$\delta_{k+1} \circ \delta_k = 0$ が成り立つ．商ベクトル空間 $\mathrm{Ker}\,\delta_k/\mathrm{Im}\,\delta_{k-1}$ を $\boldsymbol{X}$ の**実係数の $\boldsymbol{k}$ 次（特異）コホモロジー群（$\boldsymbol{k}$-th (singular) cohomology group with real coefficient）**とよび，$H^k(\boldsymbol{X}, \mathbb{R})$ と表す．

定義 6.4.95. M を n 次元 C^∞ 多様体，$c = \sum_{i=1}^r \sigma_i$ を M における特異 k チェインとし，ω を M 上の C^∞ 級 k 次微分形式とする．このとき，$\int_c \omega$ を次式によって定義する：

$$\int_c \omega := \sum_{i=1}^r z_i \int_{D^k} \sigma_i^* \omega$$

ただし，$\int_{D^k} \sigma_i^* \omega$ は，向き付けられた（境界付き）多様体 D^k 上の k 次微分形式 $\sigma_i^* \omega$ の積分を表す（これは，既に定義済み）．この量 $\int_c \omega$ は，**$\boldsymbol{\omega}$ の $\boldsymbol{c}$ 上の積分（the integral of $\boldsymbol{\omega}$ over $\boldsymbol{c}$）**とよばれる．

定理 6.4.96（ド・ラーム（de Rham）の定理）． n 次元コンパクト C^∞ 多様体 M に対し，M の k 次ド・ラームコホモロジー群 $H^k_{\mathrm{DR}}(M)$ と M の k 次特異コホモロジー群 $H^k(M, \mathbb{R})$ は同型である（$k = 0, 1, \cdots, n$）．

証明　写像 $\Phi : H^k_{\mathrm{DR}}(M) \to H^k(M, \mathbb{R})$ を

$$\Phi([\omega]) := \left[\int_\bullet \omega\right] \quad ([\omega] \in H^k_{\mathrm{DR}}(M))$$

によって定義する．ただし，$\int_\bullet \omega$ は，

$$\int_\bullet \omega : c \mapsto \int_c \omega \quad (c \in C_k(M, \mathbb{R}))$$

によって定義される $C^k(M, \mathbb{R})$ の元を表す．まず，$\int_\bullet \omega \in \mathrm{Ker}\,\delta_k$ を示す．ストークスの定理（定理 6.4.92）を用いて

$$\delta_k\left(\int_\bullet \omega\right)(c) = \left(\int_\bullet \omega\right)(\partial_{k+1} c) \int_{\partial_{k+1} c} \omega = \int_c d\omega = 0 \quad (c \in C_{k+1}(M, \mathbb{R}))$$

を得る．よって，$\int_\bullet \omega \in \mathrm{Ker}\,\delta_k$ を得る．次に，Φ が well-defined であることを示す．$[\omega_1] = [\omega_2]$ として，$\left[\int_\bullet \omega_1\right] = \left[\int_\bullet \omega_2\right]$ を示せばよい．$[\omega_1] = [\omega_2]$ とする．

$$\begin{aligned}\delta_k\left(\int_\bullet \omega_1 - \int_\bullet \omega_2\right)(c) &= \left(\int_\bullet \omega_1 - \int_\bullet \omega_2\right)(\partial_{k+1} c) \\ &= \int_{\partial_{k+1} c} \omega_1 - \int_{\partial_{k+1} c} \omega_2 \\ &= \int_c d\omega_1 - \int_c d\omega_2 = \int_c d(\omega_1 - \omega_2) = 0\end{aligned}$$

よって，$\left[\int_\bullet \omega_1\right] = \left[\int_\bullet \omega_2\right]$ を得る．したがって，Φ は，well-defined である．Φ が線形同型写像であることの証明は省略する．□

6.4.16　アフィン接続

M 上の C^∞ 関数の全体を $C^\infty(M)$ と表し，M 上の C^∞ 級ベクトル場の全体を $\mathcal{X}(M)$ と表す．また，M 上の C^∞ 級の k 次共変テンソル場の全体を $T^0_k(M)$ と表し，M 上の C^∞ 級の $(1, k)$ 次テンソル場の全体を $T^1_k(M)$ と表す．

定義 6.4.97. 写像 $\nabla : \mathcal{X}(M) \times \mathcal{X}(M) \to \mathcal{X}(M)$ で，次の 4 条件を満たすものを M の**アフィン接続（affine connection）**という：

(i) $\nabla_{aX+bY} \boldsymbol{Z} = a\nabla_X \boldsymbol{Z} + b\nabla_Y \boldsymbol{Z}$
　$(\boldsymbol{X}, \boldsymbol{Y}, \boldsymbol{Z} \in \mathcal{X}(M),\ a, b \in \mathbb{R})$

(ii) $\nabla_X (a\boldsymbol{Y} + b\boldsymbol{Z}) = a\nabla_X \boldsymbol{Y} + b\nabla_X \boldsymbol{Z}$
　$(\boldsymbol{X}, \boldsymbol{Y}, \boldsymbol{Z} \in \mathcal{X}(M),\ a, b \in \mathbb{R})$

(iii) $\nabla_{fX} \boldsymbol{Y} = f\nabla_X \boldsymbol{Y}$
　$(\boldsymbol{X}, \boldsymbol{Y} \in \mathcal{X}(M),\ f \in C^\infty(M))$

(iv) $\nabla_X (f\boldsymbol{Y}) = \boldsymbol{X}(f)\boldsymbol{Y} + f\nabla_X \boldsymbol{Y}$
　$(\boldsymbol{X}, \boldsymbol{Y} \in \mathcal{X}(M),\ f \in C^\infty(M))$

ただし，$\nabla_X \boldsymbol{Y}$ は，$\nabla(\boldsymbol{X}, \boldsymbol{Y})$ を表す．$\nabla_X \boldsymbol{Y}$ は**$\boldsymbol{Y}$ の $\boldsymbol{X}$ に関する共変微分（the covariant derivative of $\boldsymbol{Y}$ with respect to $\boldsymbol{X}$）**とよばれる．

定義 6.4.98. ∇ を M のアフィン接続とする．$v \in T_p M$ と M 上のベクトル場 $\boldsymbol{Y}$ に対し，$\nabla_v \boldsymbol{Y} (\in T_p M)$ を $\nabla_v \boldsymbol{Y} := (\nabla_X \boldsymbol{Y})_p$（ただし，$\boldsymbol{X}$ は $\boldsymbol{X}_p = v$ となる M 上の C^∞ 級ベクトル場）によって定義する．（この定義は，v の拡張 $\boldsymbol{X}$ のとり方に依らずに定まることが示される．）

一般に，M にアフィン接続 ∇ が与えられているとき，M 上の C^∞ 級ベクトル場 $\boldsymbol{Y}$ に対し，M 上の C^∞ 級 $(1, 1)$ 次テンソル場 $\nabla \boldsymbol{Y}$ が次のように定義される：

$$(\nabla \boldsymbol{Y})_p(v) := (\nabla_X \boldsymbol{Y})_p \quad (p \in M,\ v \in T_p M)$$

ここで，$\boldsymbol{X}$ は $X_p = v$ となる C^∞ 級ベクトル場を表す．これは well-defined，つまり，v の拡張 $\boldsymbol{X}$ のとり方によらずに定まることを注意しておく．また，M 上の

C^∞ 級 k 次共変テンソル場 S と C^∞ 級 $(1, k)$ 次テンソル場 $\hat{S}$ に対し，C^∞ 級 $(k+1)$ 次共変テンソル場 ∇S と C^∞ 級 $(1, k+1)$ 次テンソル場 $\nabla\hat{S}$ が，各々，次のように定義される：

$$(\nabla S)_p(v, w_1, \cdots, w_k)$$
$$:= v(S(\boldsymbol{Y}_1, \cdots, \boldsymbol{Y}_k)) - \sum_{i=1}^{k} S_p(w_1, \cdots, \nabla_v \boldsymbol{Y}_i, \cdots, w_k),$$

$$(\nabla\hat{S})_p(v, w_1, \cdots, w_k)$$
$$:= \nabla_v(\hat{S}(\boldsymbol{Y}_1, \cdots, \boldsymbol{Y}_k)) - \sum_{i=1}^{k} \hat{S}_p(w_1, \cdots, \nabla_v \boldsymbol{Y}_i, \cdots, w_k)$$

$(p \in M,\ v, w_1, \cdots, w_k \in T_pM)$ によって定義する．ここで，$\boldsymbol{Y}_i$ は $(\boldsymbol{Y}_i)_p = w_i$ となる M 上の C^∞ 級ベクトル場を表す．これらは well-defined，つまり，$w_1, \cdots, w_k$ の拡張 $\boldsymbol{Y}_1, \cdots, \boldsymbol{Y}_k$ のとり方に依らずに定まることを注意しておく．

定義 6.4.99. 上述の $\nabla\boldsymbol{Y}$, ∇S, $\nabla\hat{S}$ を，各々，$\boldsymbol{Y}$, S, $\hat{S}$ の **∇ に関する共変微分 (the covariant derivative with respect to ∇)** という．

定義 6.4.100. g を C^∞ 多様体 M のリーマン計量とする．M のアフィン接続 ∇ で，次の 2 条件を満たすものをリーマン多様体 (M, g) の**リーマン接続 (Riemannian connection)** または**レビ–チビタ接続 (Levi-Civita connection)** という：

(i) $\nabla g = 0$ (つまり，$\boldsymbol{X}(g(\boldsymbol{Y}, \boldsymbol{Z})) - g(\nabla_{\boldsymbol{X}}\boldsymbol{Y}, \boldsymbol{Z})$
$-g(\boldsymbol{Y}, \nabla_{\boldsymbol{X}}\boldsymbol{Z}) = 0$ $(\boldsymbol{X}, \boldsymbol{Y}, \boldsymbol{Z} \in \mathcal{X}(M))$.

(ii) $\nabla_{\boldsymbol{X}}\boldsymbol{Y} - \nabla_{\boldsymbol{Y}}\boldsymbol{X} - [\boldsymbol{X}, \boldsymbol{Y}] = 0$
$(\boldsymbol{X}, \boldsymbol{Y}, \boldsymbol{Z} \in \mathcal{X}(M))$.

$\pi : E \to M$ を C^∞ 級ベクトルバンドルとする．M から E への C^r 写像 σ で $\pi\circ\sigma = \mathrm{id}_M$ となるようなものは，E の **C^r 切断 (C^r-section)** とよばれる．E の C^r 切断の全体を $\Gamma^r(E)$ と表す．これは自然な方法で無限次元ベクトル空間になる．ここで，$\Gamma^\infty(TM) = \mathcal{X}(M)$ であることを注意しておく．

定義 6.4.101. 写像 $\nabla : \Gamma^\infty(E) \times \Gamma^\infty(E) \to \Gamma^\infty(E)$ で，次の 4 条件を満たすものをベクトルバンドル E の**接続 (connection)** という：

(i) $\nabla_{a\boldsymbol{X}+b\boldsymbol{Y}}\sigma = a\nabla_{\boldsymbol{X}}\sigma + b\nabla_{\boldsymbol{Y}}\sigma$ $(\boldsymbol{X}, \boldsymbol{Y} \in \mathcal{X}(M),$
$a, b \in \mathbb{R},\ \sigma \in \Gamma^\infty(E))$.

(ii) $\nabla_{\boldsymbol{X}}(a\sigma_1 + b\sigma_2) = a\nabla_{\boldsymbol{X}}\sigma_1 + b\nabla_{\boldsymbol{X}}\sigma_2$
$(\boldsymbol{X} \in \mathcal{X}(M),\ a, b \in \mathbb{R},\ \sigma_1, \sigma_2 \in \Gamma^\infty(E))$.

(iii) $\nabla_{f\boldsymbol{X}}\sigma = f\nabla_{\boldsymbol{X}}\sigma$
$(\boldsymbol{X} \in \mathcal{X}(M),\ f \in C^\infty(M),\ \sigma \in \Gamma^\infty(E))$.

(iv) $\nabla_{\boldsymbol{X}}(f\sigma) = \boldsymbol{X}(f)\sigma + f\nabla_{\boldsymbol{X}}\sigma$
$(\boldsymbol{X} \in \mathcal{X}(M),\ f \in C^\infty(M),\ \sigma \in \Gamma^\infty(E))$.

ただし，$\nabla_{\boldsymbol{X}}\sigma$ は，$\nabla(\boldsymbol{X}, \sigma)$ を表す．

6.4.17 リー変換群

定義 6.4.102. G を C^∞ リー群，M を C^∞ 多様体とし，$\Phi : G \times M \to M$ を C^∞ 写像とする．以下，$\Phi(g, p)$ を $g\cdot p$ と表す．Φ が次の条件を満たすとする：

(i) $e\cdot p = p$ $(\forall p \in M)$ (e : G の単位元)

(ii) $(g_1\cdot g_2)\cdot p = g_1\cdot(g_2\cdot p)$ $(\forall g_1, g_2 \in G,\ p \in M)$

このような Φ が与えられているとき，**G は M に作用している (G acts on M)** といい，$G \curvearrowright M$ と表す．また，G を M の**リー変換群 (Lie transformation group)** とよぶ．

定義 6.4.103. G が M に作用しているとする．

- $p \in M$ に対し，$G_p := \{g \in G \mid g\cdot p = p\}$ を **p におけるイソトロピー部分群**という．
- $p \in M$ に対し，$G\cdot p := \{g\cdot p \mid g \in G\}$ を **p を通る G 軌道 (the G-orbit through p)** という．
- G 軌道全体のなす空間 $\{G\cdot p \mid p \in M\}$ を**軌道空間 (orbit space)** とよび，M/G と表す．

例 6.4.4. 1 次元コンパクトアーベル群 $S^1 = \{(\cos\theta, \sin\theta) \mid \theta \in [0, 2\pi)\}$ の $\mathbb{R}^2$ への作用 $S^1 \curvearrowright \mathbb{R}^2$ を次式によって定義する：

$$(\cos\theta, \sin\theta)\cdot(x, y)$$
$$:= (x\cos\theta - y\sin\theta,\ x\sin\theta + y\cos\theta)$$

この作用の軌道および軌道空間は図 6.4.17 ようになる．

定義 6.4.104.
- $G_p = \{e\}$ $(\forall p \in M)$ であるとき，**G は M に自由に作用している (G acts on M freely)** という．
- 任意の 2 点 $p, q \in M$ に対し，$g\cdot p = q$ となる $g \in G$ が存在するとき，つまり，M/G が 1 点集合であるとき，**G は M に推移的に作用している (G acts on M transitively)** という．

注意 6.4.14. G が M に推移的に作用しているとき，対応 $gG_p \mapsto g\cdot p$ により，G/G_p と M の間の 1 対 1 対応がえられる．G/G_p には商多様体とよばれる C^∞ 多様体の構造が与えられ，この 1 対 1 対応は，商多様体 G/G_p から M への C^∞ 同型写像を与える．

定義 6.4.105. $\Phi : G \times M \to M$ により，C^∞ リー群 G がリーマン多様体 (M, g) に作用していて，各 $x \in G$ に対し，

$$\rho(x) := \Phi(x, \cdot) : M \to M\ ;\ p \mapsto \Phi(x, p)\ (p \in M)$$

が等長変換（つまり，$\rho(x)^*g = g$）であるとき，**G は (M, g) に等長的に作用している (G acts on (M, g)**

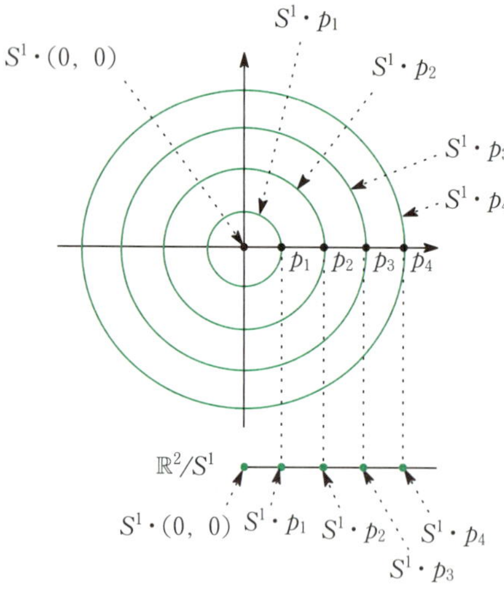

図 6.4.17　軌道空間

isometrically) という．

注意 6.4.15. C^∞ リー群 G がリーマン多様体 (M, g) に作用しているとき，その G 軌道たちは，(M, g) 内の興味深いリーマン部分多様体の族を与え，その全体は (M, g) 上の**特異リーマン葉層構造 (singular Riemannian foliation)** とよばれる構造を与える．

6.4.18　リー群とリー代数

定義 6.4.106. $\mathfrak{g}$ を体 $\mathbb{K}$ 上のベクトル空間とし，$[\ ,\ ]: \mathfrak{g}\times\mathfrak{g} \to \mathfrak{g}$ を ($\mathbb{K}$ 上) 双線形写像で次の条件を満たすものとする：

- $[v_1, v_2] = -[v_2, v_1]$
- $[[v_1, v_2], v_3] + [[v_2, v_3], v_1] + [[v_3, v_1], v_2] = 0$
  $(v_1, v_2, v_3 \in \mathfrak{g})$

このとき，$(\mathfrak{g}, [\ ,\ ])$ を **$\mathbb{K}$ 上のリー代数** (または，**リー環**) **(Lie algebra over $\mathbb{K}$)** という．特に，$\mathbb{K} = \mathbb{R}$ のとき，**実リー代数 (real Lie algebra)**，$\mathbb{K} = \mathbb{C}$ のとき，**複素リー代数 (complex Lie algebra)** とよばれる．

以下，リー代数は，すべて，実リー代数とする．

定義 6.4.107. G を C^∞ リー群とする．$\mathfrak{g} := T_eG$ とおき，$[\ ,\ ]: \mathfrak{g}\times\mathfrak{g} \to \mathfrak{g}$ を次のように定義する：

$$[\boldsymbol{v}_1, \boldsymbol{v}_2] := [\boldsymbol{X}^{v_1}, \boldsymbol{X}^{v_2}]_e \quad (\boldsymbol{v}_1, \boldsymbol{v}_2 \in \mathfrak{g})$$

ここで，$\boldsymbol{X}^{\boldsymbol{v}_i}$ は，$(\boldsymbol{X}^{\boldsymbol{v}_i})_e = \boldsymbol{v}_i$ となる G 上の左不変ベクトル場 (つまり，$(\boldsymbol{X}^{\boldsymbol{v}_i})_g := (dL_g)_e(\boldsymbol{v}_i)$ $(g \in G)$) を表す．このとき，$(\mathfrak{g}, [\ ,\ ])$ はリー代数になる．このリー代数を **G のリー代数 (the Lie algebra of G)** といい，$\mathrm{Lie}\,G$ と表す．

注意 6.4.16. $\mathrm{Lie}\,G$ は，G の e における 1 ジェットレベルの無限小化と解釈される．リー群 G 全体の構造は，ある程度，$\mathrm{Lie}\,G$ の構造によって支配されることが知られている．

定義 6.4.108. G を C^∞ リー群とし，$\mathfrak{g}$ を G のリー代数とする．各 $\boldsymbol{v} \in \mathfrak{g}$ に対し，G の 1 パラメータ部分群 $\{g(t)\,|\,t \in \mathbb{R}\}$ (つまり，$g(t_1)\cdot g(t_2) = g(t_1 + t_2)$ $(\forall t_1, t_2 \in \mathbb{R})$) で $g'(0) = \boldsymbol{v}$ となるようなものがただ 1 つ存在することが知られている．$g(1)$ は $\exp_G(\boldsymbol{v})$ と表され，各 $v \in \mathfrak{g}$ に $\exp_G(\boldsymbol{v})$ を対応されることにより定義される写像 $\exp_G: \mathfrak{g} \to G$ は**リー群 G の指数写像 (the exponential map of a Lie group G)** とよばれる．

注意 6.4.17. G の 1 パラメータ変換群 $\{R_{\exp_G(t\boldsymbol{v})}\,|\,t \in \mathbb{R}\}$ $(\boldsymbol{v} \in \mathrm{Lie}\,G)$ は，左不変ベクトル場 $\boldsymbol{X}^{\boldsymbol{v}}$ に付随する 1 パラメータ変換群になる．

ベクトル空間 V からそれ自身への線形同型写像の全体を $GL(V)$ と表し，V の線形変換の全体を $\mathfrak{gl}(V)$ と表す．$GL(n, \mathbb{R})$ と同様に $GL(V)$ は，C^ω リー群になる．$[\ ,\ ]: \mathfrak{gl}(V) \times \mathfrak{gl}(V) \to \mathfrak{gl}(V)$ を $[A, B] := A \circ B - B \circ A$ $(A, B \in \mathfrak{gl}(V))$ によって定義する．$(\mathfrak{gl}(V), [\ ,\ ])$ は，リー代数になる．

定義 6.4.109. G を C^∞ リー群とし，$\mathfrak{g}$ を G のリー代数とする．各 $g \in G$ に対し，写像 $I_g: G \to G$ を $I_g(x) = g\cdot x\cdot g^{-1}$ $(x \in G)$ によって定義する．この写像は C^∞ 級リー群同型写像であり，**g による内部自己同型写像 (inner automorphism by g)** とよばれる．また，$\mathrm{Ad}_G(g): \mathfrak{g} \to \mathfrak{g}$ を $\mathrm{Ad}_G(g) := dI(g)_e$ によって定義する．これは線形同型写像，つまり，$GL(\mathfrak{g})$ の元になり，写像 $\mathrm{Ad}_G: G \to GL(\mathfrak{g})$ はリー群準同型写像になる．Ad_G を **G の随伴表現 (the adjoint representation of G)** という．

定義 6.4.110. G を C^∞ リー群とし，$\mathfrak{g}$ を G のリー代数とする．各 $\boldsymbol{v} \in \mathfrak{g}$ に対し，$\mathfrak{g}$ の線形変換 $\mathrm{ad}_{\mathfrak{g}}(\boldsymbol{v})$ を $\mathrm{ad}_{\mathfrak{g}}(\boldsymbol{v}) := d(\mathrm{Ad}_G)_e(\boldsymbol{v})$ によって定義する．ここで，$d(\mathrm{Ad}_G)_e: T_eG(= \mathfrak{g}) \to T_{\mathrm{id}}GL(\mathfrak{g})$ (id : $\mathfrak{g}$ の恒等変換) は，同一視 $T_{\mathrm{id}}GL(\mathfrak{g}) = T_{\mathrm{id}}\mathfrak{gl}(\mathfrak{g}) = \mathfrak{gl}(\mathfrak{g})$ のもと，$\mathfrak{g}$ の線形変換とみなされることを注意しておく (最初の等号は $GL(\mathfrak{g})$ が $\mathfrak{gl}(\mathfrak{g})$ の開集合であることにより認められる同一視であり，次の等号は $\mathfrak{gl}(\mathfrak{g})$ がベクトル空間であることにより認められる同一視である)．各 $\boldsymbol{v} \in \mathfrak{g}$ に対し $\mathrm{ad}_{\mathfrak{g}}(\boldsymbol{v})$ を対応させることにより定義される写像 $\mathrm{ad}_{\mathfrak{g}}: \mathfrak{g} \to \mathfrak{gl}(\mathfrak{g})$ はリー環準同型写像になることが示される．$\mathrm{ad}_{\mathfrak{g}}$ を **$\mathfrak{g}$ の随伴表現 (the adjoint representation of $\mathfrak{g}$)** という．

実は，$\mathrm{ad}_{\mathfrak{g}}(\boldsymbol{v})(\boldsymbol{w}) = [\boldsymbol{v}, \boldsymbol{w}]$ $(\boldsymbol{v}, \boldsymbol{w} \in \mathfrak{g})$ が成り立つ．

一般のリー代数$\hat{\mathfrak{g}}$に対し，この式によって定義される写像$\mathrm{ad}_{\hat{\mathfrak{g}}}:\hat{\mathfrak{g}}\to\mathfrak{gl}(\hat{\mathfrak{g}})$は，$\hat{\mathfrak{g}}$の随伴表現とよばれる．

6.4.19 主バンドルの接続

定義 6.4.111. コンパクトC^∞リー群GがC^∞多様体Pに自由に作用しているとき，P/Gは（自然な方法で）C^∞多様体になり，写像$\pi:P\to P/G(;\ \pi(u):=G\cdot u\ (u\in P)$は$C^\infty$沈め込みになる．このとき，$\pi:P\to P/G$を**$G$を構造群にもつ主バンドル（principal bundle with the structure group G）**または単に**Gバンドル（G-bundle）**という．

定義 6.4.112. $\pi:P\to M$をGバンドルとし，Lie$G$を$\mathfrak{g}$と表す．P上の$\mathfrak{g}$に値をとる1次微分形式ωで次の3条件を満たすものを**Pの接続（connection of P）**という．

(i) $R_g^*\omega=\mathrm{Ad}_G(g^{-1})\circ\omega\quad(g\in G)$

(ii) $\omega(\boldsymbol{v}^*)=v\quad(\boldsymbol{v}\in\mathfrak{g})$

ただし，R_gは，gのPへの作用（つまり，$R_g(u)=g\cdot u\ (u\in P)$）を表し，また，$\boldsymbol{v}^*$は，$\boldsymbol{v}$に付随する基本ベクトル場，つまり，$P$の1パラメータ変換群$\{R_{\exp_G(t\boldsymbol{v})}\,|\,t\in\mathbb{R}\}$に付随する$P$上のベクトル場を表す．

定義 6.4.113. n次元多様体Mの点pに対し，T_pMの枠（＝フレーム，順序付けられた基底）の全体を$\mathcal{F}(T_pM)$と表し，$\mathcal{F}(M):=\cup_{p\in M}\mathcal{F}(T_pM)$とする．このとき，自然な射影$\pi:\mathcal{F}(M)\to M$は，$\mathrm{GL}(n,\mathbb{R})$バンドルになる．これを**$M$の枠バンドル（frame bundle）**という．

$\mathcal{F}(M)$の接続ωからMのアフィン接続∇が次のように構成される．まず，ωから水平分布$\mathcal{H}:=\mathrm{Ker}\,\omega$が定義され，次に，$M$上の任意の$C^\infty$曲線$c$に対し，$c$の$\mathcal{H}$に関する水平リフトたちを用いて$c$に沿う平行移動$P_c$が定義され，さらに，$P_c$を用いて$M$のアフィン接続$\nabla$が$(\nabla_X Y)_p:=\left.\dfrac{d(P_{c|_{[0,t]}})^{-1}(\boldsymbol{Y}_{c(t)})}{dt}\right|_{t=0}$ $(X,Y\in\mathcal{X}(M),\ p\in M)$によって定義される．ここで，$c$は$c'(0)=\boldsymbol{X}_p$となるような$C^\infty$曲線を表す．逆に，$M$のアフィン接続からその平行移動を用いて$\mathcal{F}(M)$上の水平分布を構成することができ，さらに，それを用いて，$\mathcal{F}(M)$の接続を定義することができる．このように，$\mathcal{F}(M)$の接続の全体とMのアフィン接続の全体が自然に1対1対応することがわかる．

6.4.20 平行ベクトル場・平行移動・測地線

定義 6.4.114. $c:[a,b]\to(M,\nabla)$を(M,∇)上のC^∞曲線とする．各$t\in[a,b]$に対し，$T_{c(t)}M$の元$\boldsymbol{X}_t$を対応させる対応$\boldsymbol{X}$を**cに沿うベクトル場（vector field along c）**という．$t_0\in[a,b]$を1つ固定する．$(U,\varphi=(x_1,\cdots,x_n))$を$c(t_0)$のまわりの局所チャートとし，$\boldsymbol{X}_t=\sum_{i=1}^n X_i(t)\left(\dfrac{\partial}{\partial x_i}\right)_{c(t)}$ $(t\in(-\varepsilon+t_0,t_0+\varepsilon)$（$\varepsilon$は十分小さな正の数）によって定義される関数$X_i$が$t_0$で$C^r$級であるとき，**$\boldsymbol{X}$は$t_0$で$C^r$級である**という．$\boldsymbol{X}$が各$t\in[a,b]$で$C^r$級であるとき，$\boldsymbol{X}$を**$c$に沿う$C^r$級ベクトル場（$C^r$-vector field along c）**という．

定義 6.4.115. $c:[a,b]\to(M,\nabla)$を(M,∇)上のC^∞級曲線とし，cに沿うC^∞級ベクトル場の全体を$\mathcal{X}_c(M)$と表す．写像$\nabla_{c'}:\mathcal{X}_c(M)\to\mathcal{X}_c(M)$で次の3条件を満たすようなものは，ただ1つ存在する：

(i) $\nabla_{c'}(\alpha\boldsymbol{X}+\beta\boldsymbol{Y})=\alpha\nabla_{c'}\boldsymbol{X}+\beta\nabla_{c'}\boldsymbol{Y}$
$((\boldsymbol{X},\boldsymbol{Y}\in\mathcal{X}_c(M),\ \alpha,\beta\in\mathbb{R})$.

(ii) $\nabla_{c'}(f\boldsymbol{X})=f'\boldsymbol{X}+f\nabla_{c'}\boldsymbol{X}$
$(\boldsymbol{X}\in\mathcal{X}_c(M),\ f\in C^\infty([a,b]))$.

(iii) $\boldsymbol{X}\in\mathcal{X}(M)$に対し，$\boldsymbol{X}_c\in\mathcal{X}_c(M)$を

$$(\boldsymbol{X}_c)_t:=\boldsymbol{X}_{c(t)}\ (a\leq t\leq b)$$

によって定義するとき，次式が成り立つ：

$$(\nabla_{c'}\boldsymbol{X}_c)_t=\nabla_{c'(t)}\boldsymbol{X}\ \ (a\leq t\leq b)$$

$\nabla_{c'}\boldsymbol{X}$を$c$に沿うベクトル場$\boldsymbol{X}$の共変微分（the covarint derivatrive of the vector field $\boldsymbol{X}$ along c）という．

定義 6.4.116. C^∞曲線$c:[a,b]\to M$に対し，各$t\in[a,b]$に$T_{c(t)}M$の零ベクトル$0_{c(t)}$を対応させる対応0は，cに沿うC^∞級ベクトル場である．これを**cに沿う零ベクトル場（the zero vector field along c）**という．

定義 6.4.117. $\nabla_{c'}\boldsymbol{X}=0$となる$\boldsymbol{X}\in\mathcal{X}_c(M)$を**$c$に沿う平行ベクトル場（parallel vector field along c）**という．

定義 6.4.118. (M,∇)上のC^∞曲線$c:[a,b]\to M$に対し，$c'\in\mathcal{X}_c(M)$を$c'_t:=c'(t)\ (a\leq t\leq b)$によって定義する．$\nabla_{c'}c'=0$となるとき，$c$を$(M,\nabla)$上の**測地線（geodesic）**という．

命題 6.4.119. ∇をリーマン多様体(M,g)のリーマン接続とする．(M,∇)上のC^∞曲線cに沿う平行ベクトル場$\boldsymbol{X}$に対し，$\|\boldsymbol{X}_t\|(=\sqrt{g_{c(t)}(\boldsymbol{X}_t,\boldsymbol{X}_t)})$は$t$に依らず一定である．特に，$c$が測地線であるとき，$\|c'(t)\|(=\sqrt{g_{c(t)}(c'(t),c'(t))})$は$t$に依らず一定である．

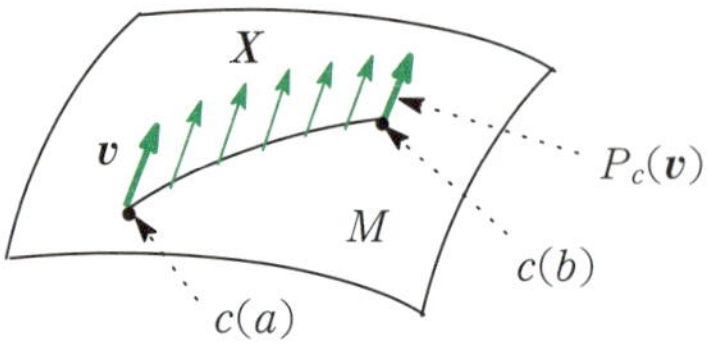

図 6.4.18　平行移動

定義 6.4.120. $\nabla_{c'}c'$ は，c を (M, g) 上の物体の運動とみた場合の加速度（ベクトル場）と解釈されるので，(M, g) 上の測地線は，(M, g) 上の等速運動の軌跡とみなされ，測地線上の隣接する 2 点間の部分はその 2 点を結ぶ最短線になっている．

定理 6.4.121. $c : [a, b] \to (M, \nabla)$ を C^∞ 曲線とする．各 $\boldsymbol{v} \in T_{c(a)}M$ に対し，c に沿う平行ベクトル場 $\boldsymbol{X}$ で，$\boldsymbol{X}_a = \boldsymbol{v}$ となるようなものが，ただ 1 つ存在する．

定理 6.4.122. 各 $\boldsymbol{v} \in T_pM$ と十分小さな正の数 ε に対し，(M, ∇) 上の測地線 $\boldsymbol{c} : (-\varepsilon, \varepsilon) \to M$ で $c'(0) = \boldsymbol{v}$ となるようなものがただ 1 つ存在する．

定義 6.4.123. C^∞ 曲線 $c : [a, b] \to M$ に対し，$T_{c(a)}M$ から $T_{c(b)}M$ への写像 P_c を

$$P_c(\boldsymbol{v}) := \boldsymbol{X}_b \qquad (\boldsymbol{v} \in T_{c(a)}M)$$

（$\boldsymbol{X} : \boldsymbol{X}_a = \boldsymbol{v}$ を満たす c に沿う平行ベクトル場）

によって定義する．この写像 P_c を **c に沿う平行移動 (the parallel translation along c)** という．

定理 6.4.124. (i) P_c は線形同型写像になる．

(ii) ∇ がリーマン多様体 (M, g) のリーマン接続であるとき，P_c は線形等長変換になる．つまり，次が成り立つ：

$$g_{c(b)}(P_c(\boldsymbol{v}), P_c(\boldsymbol{w})) = g_{c(a)}(\boldsymbol{v}, \boldsymbol{w}) \quad (\forall \boldsymbol{v}, \boldsymbol{w} \in T_{c(a)}M).$$

定義 6.4.125. (M, ∇) の点 p に対し，$\mathcal{W}_p := \{v \in T_pM \mid 1 \in \mathcal{D}(\gamma_v)\}$ とおく．ここで，γ_v は $\gamma_v'(0) = v$ となるような (M, ∇) 上の測地線でそれ以上延長不可能であるようなものを表し，$\mathcal{D}(\gamma_v)$ は γ_v の定義域を表す．写像 $\exp_p : \mathcal{W}_p \to M$ を

$$\exp_p(\boldsymbol{v}) := \gamma_v(1) \ (\boldsymbol{v} \in T_pM)$$

によって定義する．ただし，$\gamma_{\boldsymbol{v}}$ は，$(\gamma_{\boldsymbol{v}})'(0) = \boldsymbol{v}$ となる (M, ∇) 上の測地線とする．この写像 $\exp_p$ を (M, ∇) の p における**指数写像 (exponential map)** と

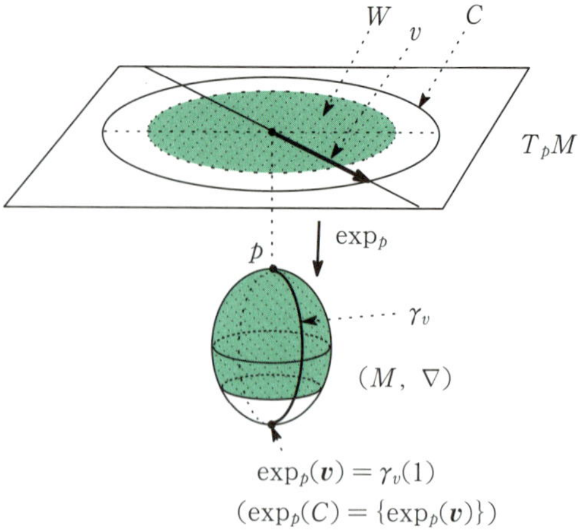

図 6.4.19　指数写像

いう．

注意 6.4.18. ∇ がリー群 G の両側不変計量とよばれるリーマン計量のリーマン接続であるとき，(G, ∇) の単位元 e における指数写像 $\exp_e$ は，リー群 G の指数写像 $\exp_G$ と一致する．

定理 6.4.126（逆写像定理）. M, N を C^∞ 多様体とし，$f : M \to N$ を C^∞ 写像とする．もし，df_p が線形同型写像であるならば，p のある近傍 U に対し，$f(U)$ は N のある開集合になり，$f|_U : U \to f(U)$ は C^∞ 同型写像になる．

定理 6.4.127. $0_p \in T_pM$ のある開近傍 W に対し，$\exp_p|_W$ は，M のある開集合への C^∞ 同型写像になる．

この事実は上述の逆写像定理を用いて示される．

定義 6.4.128. W を，$\exp_p|_W$ が M のある開集合への C^∞ 同型写像となるような 0_p の近傍とし，$(\boldsymbol{e}_1, \cdots, \boldsymbol{e}_n)$ を T_pM の基底とする．このとき，$U := \exp_p(W)$ とし，$\varphi : U \to \mathbb{R}^n$ を

$$\varphi(p) = (a_1, \cdots, a_n) \ (p \in U)$$
$$((\exp_p|_W)^{-1}(p) = \textstyle\sum_{i=1}^n a_i \boldsymbol{e}_i)$$

によって定義する．このとき，(U, φ) は，M の局所チャートになる．これを，M の p のまわりの**正規局所チャート** (normal local chart) という．

6.4.21　曲率テンソル・断面曲率

定義 6.4.129. アフィン接続多様体 (M, ∇) に対し，$R_p : T_pM \times T_pM \times T_pM \to T_pM$ を

$$R_p(\boldsymbol{v}_1, \boldsymbol{v}_2, \boldsymbol{v}_3) := \left(\nabla_{X_1}(\nabla_{X_2}\boldsymbol{X}_3) - \nabla_{X_2}(\nabla_{X_1}\boldsymbol{X}_3) - \nabla_{[X_1, X_2]}\boldsymbol{X}_3 \right)_p \quad (\boldsymbol{v}_1, \boldsymbol{v}_2, \boldsymbol{v}_3 \in T_pM)$$

によって定義する．ここで，$\boldsymbol{X}_i$ $(i = 1, 2, 3)$ は $(\boldsymbol{X}_i)_p = \boldsymbol{v}_i$ となる $\mathcal{X}(M)$ の元である．この定義は，$\boldsymbol{v}_i$ の拡張 $\boldsymbol{X}_i$ のとり方に依らないことが示される．R_p は T_pM 上の $(1, 3)$ 次テンソルであることが示され，各点 $p \in M$ に対し，R_p を対応させる対応 R は M 上の C^∞ 級 $(1, 3)$ 次テンソル場になることが示される．R を (M, ∇) の**曲率テンソル（場）(curvature tensor (field))** という．

以下，$R_p(\boldsymbol{u}, \boldsymbol{v}, \boldsymbol{w})$, $R(\boldsymbol{X}, \boldsymbol{Y}, \boldsymbol{Z})$ を $R_p(\boldsymbol{u}, \boldsymbol{v})\boldsymbol{w}$, $R(\boldsymbol{X}, \boldsymbol{Y})\boldsymbol{Z}$ と表す．

定理 6.4.130. R について，次の関係式が成り立つ：

$$R(\boldsymbol{X}, \boldsymbol{Y})\boldsymbol{Z} = -R(\boldsymbol{Y}, \boldsymbol{X})\boldsymbol{Z}$$
$$R(\boldsymbol{X}, \boldsymbol{Y})\boldsymbol{Z} + R(\boldsymbol{Y}, \boldsymbol{Z})\boldsymbol{X} + R(\boldsymbol{Z}, \boldsymbol{X})\boldsymbol{Y} = 0 \quad \text{(第1ビアンキの恒等式)} \quad (\boldsymbol{X}, \boldsymbol{Y}, \boldsymbol{Z} \in \mathcal{X}(M))$$

さらに，∇ がリーマン計量 g のリーマン接続であるとき，次の関係式が成り立つ：

$$g(R(\boldsymbol{X}, \boldsymbol{Y})\boldsymbol{Z}, \boldsymbol{W}) = -g(R(\boldsymbol{X}, \boldsymbol{Y})\boldsymbol{W}, \boldsymbol{Z})$$
$$g(R(\boldsymbol{X}, \boldsymbol{Y})\boldsymbol{Z}, \boldsymbol{W}) = g(R(\boldsymbol{Z}, \boldsymbol{W})\boldsymbol{X}, \boldsymbol{Y}) \quad (\boldsymbol{X}, \boldsymbol{Y}, \boldsymbol{Z}, \boldsymbol{W} \in \mathcal{X}(M))$$

定義 6.4.131. (M, g) を $n(\geq 2)$ 次元リーマン多様体とし，Π を T_pM の 2 次元部分ベクトル空間とする．$\mathrm{Sec}(\Pi)$ を $\mathrm{Sec}(\Pi) := g_p(R_p(\boldsymbol{e}_1, \boldsymbol{e}_2)\boldsymbol{e}_2, \boldsymbol{e}_1)$ によって定義する．ただし，$(\boldsymbol{e}_1, \boldsymbol{e}_2)$ は，Π の（g_p に関する）正規直交基底を表す．$\mathrm{Sec}(\Pi)$ を **(M, g) の Π に関する断面曲率 (the sectional curvature of (M, g) with respect to Π)** という．

定義 6.4.132. (M, g) を 2 次元リーマン多様体とする．M 上の関数 K を $K(p) := \mathrm{Sec}(T_pM)$ $(p \in M)$ によって定義する．この関数は M 上の C^∞ 関数になり，(M, g) の**ガウス曲率 (Gaussian curvature)** とよばれる．

注意 6.4.19. $\mathbb{R}^3$ 内の C^∞ 曲面 (S, g) は，2 次元リーマン多様体である．(S, g) のガウス曲率は，6.3.10 項で定義したガウス曲率と一致することが示される．

定義 6.4.133. $n(\geq 2)$ 次元リーマン多様体の任意の点 p と T_pM の任意の 2 次元部分ベクトル空間 Π に対し，断面曲率 $\mathrm{Sec}(\Pi)$ が一定値 c をとるとき，(M, g) を**一定の断面曲率 c をもつ定曲率空間 (space of constant (sectional) curvature c)** という．特に，一定の断面曲率 0 をもつ定曲率空間を，**平坦な空間 (flat space)** という．

例 6.4.5. $n(\geq 2)$ 次元ユークリッド空間 $(\mathbb{R}^n, g_0)$ は，完備かつ単連結な平坦な空間である．

例 6.4.6. 半径 r の $n(\geq 2)$ 次元球面 $(S^n(r), \iota^* g_0)$ は完備かつ単連結な一定の断面曲率 $\frac{1}{r^2}$ をもつ定曲率空間である．ただし，ι は $S^n(r)$ から $\mathbb{R}^{n+1}$ への包含写像を表し，g_0 は $\mathbb{R}^{n+1}$ のユークリッド計量を表す．

例 6.4.7. $H^n(r) := \{(x_1, \cdots, x_{n+1}) \in \mathbb{R}^{n+1} \mid -x_1^2 + \sum_{i=2}^{n+1} x_i^2 = -r^2\}$ とし，ι を $H^n(r)$ から $\mathbb{R}^{n+1}$ への包含写像とする．また，g_l を $\mathbb{R}^{n+1}$ のローレンツ計量とする（つまり，$g_l\left(\frac{\partial}{\partial x_1}, \frac{\partial}{\partial x_1}\right) = -1$, $g_l\left(\frac{\partial}{\partial x_i}, \frac{\partial}{\partial x_i}\right) = 1$ $(i = 2, \cdots, n+1)$, $g_l\left(\frac{\partial}{\partial x_i}, \frac{\partial}{\partial x_j}\right) = 0$ $(1 \leq i \neq j \leq n+1)$）．このとき，$(H^n(r), \iota^* g_l)$ は，完備かつ単連結なリーマン多様体であり，一定の断面曲率 $-\frac{1}{r^2}$ をもつ定曲率空間である．

6.4.22 部分多様体論

定義 6.4.134. $f : M \to (N, \nabla)$ を C^∞ 写像とする．各 $p \in M$ に対し，$T_{f(p)}N$ の元 $\boldsymbol{X}_p$ を対応させる対応 $\boldsymbol{X}$ を **f に沿うベクトル場 (vector field along f)** という．$p_0 \in M$ を 1 つ固定する．$(V, \varphi = (y_1, \cdots, y_n))$ を $f(p_0)$ のまわりの局所チャートとし，$\boldsymbol{X}_p = \sum_{i=1}^n X_i(p)\left(\frac{\partial}{\partial y_i}\right)_{f(p)}$ $(p \in f^{-1}(V))$ として，X_i が p_0 で C^r 級であるとき，$\boldsymbol{X}$ は p_0 で C^r 級であるという．$\boldsymbol{X}$ が各点で C^r 級であるとき，**$\boldsymbol{X}$ は C^r 級である**という．

注意 6.4.20. $\boldsymbol{X}$ の p_0 での C^r 級性の定義が well-defined であることは，曲線に沿うベクトル場の C^r 級性の定義の well-defined 性の証明を模倣して示される．

$f : M \to (N, \nabla)$ を C^∞ 写像とし，f に沿う C^∞ 級ベクトル場の全体を $\mathcal{X}_f(M, N)$ と表す．

定義 6.4.135. 写像 $\nabla^f : \mathcal{X}(M) \times \mathcal{X}_f(M, N) \to \mathcal{X}_f(M, N)$ で次の 3 条件を満たすようなものは，ただ 1 つ存在する：

(i) $\nabla^f_{\alpha X + \beta Y}\boldsymbol{Z} = \alpha\nabla^f_X\boldsymbol{Y} + \beta\nabla^f_Y\boldsymbol{Z}$
$(\boldsymbol{X}, \boldsymbol{Y} \in \mathcal{X}(M), \boldsymbol{Z} \in \mathcal{X}_f(M, N), \alpha, \beta \in \mathbb{R})$.

(ii) $\nabla^f_X(\alpha\boldsymbol{Y} + \beta\boldsymbol{Z}) = \alpha\nabla^f_X\boldsymbol{Y} + \beta\nabla^f_X\boldsymbol{Z}$
$(\boldsymbol{X} \in \mathcal{X}(M), \boldsymbol{Y}, \boldsymbol{Z} \in \mathcal{X}_f(M, N), \alpha, \beta \in \mathbb{R})$.

(iii) $\nabla^f_X(F\boldsymbol{Y}) = \boldsymbol{X}(F)\boldsymbol{Y} + F\nabla^f_X\boldsymbol{Y}$

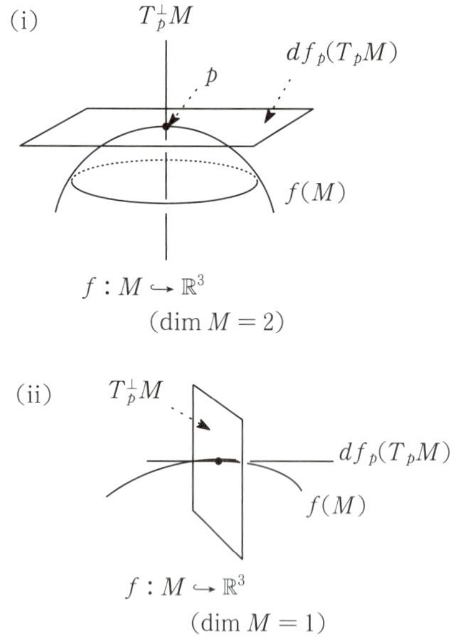

図 6.4.20　法空間

$(\boldsymbol{X} \in \mathcal{X}(M),\ \boldsymbol{Y} \in \mathcal{X}_f(M, N),\ F \in C^\infty(M))$.

(iv) $\boldsymbol{Y} \in \mathcal{X}(N)$ に対し，$\boldsymbol{Y}_f \in \mathcal{X}_f(M, N)$ を $(\boldsymbol{Y}_f)_p := \boldsymbol{Y}_{f(p)}$ $(p \in M)$ によって定義するとき，$(\nabla^f_{\boldsymbol{X}}\boldsymbol{Y}_f)_p = \nabla_{\boldsymbol{X}_p}\boldsymbol{Y}$ $(p \in M)$ が成り立つ．

∇^f を ∇ の f による引き戻し接続 **(the pull-back connection of ∇ by f)** または f に沿う共変微分 **(the covariant derivative along f)** という．

以下，(M, g) を，f によってはめ込まれた $(\widetilde{M}, \tilde{g})$ 内のリーマン部分多様体（つまり，$g = f^*\tilde{g}$）とし，$\nabla, \widetilde{\nabla}$ を，各々，$g, \tilde{g}$ のリーマン接続とする．

定義 6.4.136. $(T_{f(p)}\widetilde{M}, \tilde{g}_p)$ の部分ベクトル空間 $df_p(T_pM)$ の直交補空間 $df_p(T_pM)^\perp$ を，(M, g) の点 p における法空間 **(normal space)** といい，$T_p^\perp M$ と表す．また，$T_p^\perp M$ の各元を，(M, g) の点 p における法ベクトル **(normal vector)** という．

定義 6.4.137. $\xi \in \mathcal{X}_f(M, \widetilde{M})$ で，各点 $p \in M$ に対し $\xi_p \in T_p^\perp M$ となるものを，(M, g) の法ベクトル場 **(normal vector field)** という．(M, g) の C^∞ 法ベクトル場の全体を $\mathcal{X}^\perp(M)$ と表す．

定義 6.4.138. $T^\perp M := \cup_{p \in M} T_p^\perp M$ には，自然な方法で C^∞ 構造が定義され，自然な射影

$$\pi : T^\perp M \to M\ ;\ \pi(T_p^\perp M) = \{p\}\ (\forall\, p \in M)$$

は C^∞ ベクトルバンドルになる．この C^∞ ベクトルバンドルを M の法ベクトルバンドル **(normal bundle)** という．

注意 6.4.21. $\mathcal{X}^\perp(M)$ は $\Gamma^\infty(T^\perp M)$ に等しい．

定義 6.4.139. $h_p : T_pM \times T_pM \to T_{f(p)}\widetilde{M}$ を

$$h_p(\boldsymbol{v}_1, \boldsymbol{v}_2) := (\widetilde{\nabla}^f_{\boldsymbol{X}_1} df(\boldsymbol{X}_2) - df(\nabla_{\boldsymbol{X}_1}\boldsymbol{X}_2))_p \quad (\boldsymbol{v}_1, \boldsymbol{v}_2 \in T_pM)$$

によって定義する．ここで，$\boldsymbol{X}_i$ は $(\boldsymbol{X}_i)_p = \boldsymbol{v}_i$ となる $\mathcal{X}(M)$ の元であり，$df(\bullet)$ は，$df(\bullet)_p := df_p((\bullet)_p)$ $(p \in M)$ によって定義される $\mathcal{X}_f(M, \widetilde{M})$ の元である．この定義は，$\boldsymbol{v}_i$ の拡張 $\boldsymbol{X}_i$ のとり方に依らないことが示され，さらに，h_p は $T_p^\perp M$ に値をとる対称な双線形形式になり，各点 $p \in M$ に対し h_p を対応させる対応 h は，テンソル積バンドル

$$T^*M \otimes T^*M \otimes T^\perp M := \bigcup_{p \in M}((T_p^*M \otimes T_p^*M \otimes T_p^\perp M)$$

の C^∞ 切断を与えることが示される．ここで，$T^*M \otimes T^*M \otimes T^\perp M$ には，自然な方法で C^∞ 構造が与えられ，自然な射影 $\pi : T^*M \otimes T^*M \otimes T^\perp M \to M$ は C^∞ ベクトルバンドルになることを注意しておく．h をリーマン部分多様体 (M, g) の第 2 基本形式 **(second fundamental form)** という．

定理 6.4.140.

$$\widetilde{\nabla}^f_{\boldsymbol{X}} df(\boldsymbol{Y}) = df(\nabla_{\boldsymbol{X}}\boldsymbol{Y}) + h(\boldsymbol{X}, \boldsymbol{Y})\ (\boldsymbol{X}, \boldsymbol{Y} \in \mathcal{X}(M))$$

が成り立つ．この関係式をガウスの公式 **(Gauss formula)** という．

定義 6.4.141. $A_p : T_p^\perp M \times T_pM \to T_pM$ を

$$df_p(A_p(\xi, \boldsymbol{v})) := -\mathrm{pr}_{T_{f(p)}}((\widetilde{\nabla}^f_{\boldsymbol{X}}\tilde{\xi})_p) \quad (\xi \in T_p^\perp M,\ \boldsymbol{v} \in T_pM)$$

によって定義する．ここで，$\boldsymbol{X}$ は $\boldsymbol{X}_p = \boldsymbol{v}$ となる $\mathcal{X}(M)$ の元であり，$\tilde{\xi}$ は $\tilde{\xi}_p = \xi$ となる $\mathcal{X}^\perp(M)$ の元であり，$\mathrm{pr}_{T_{f(p)}}$ は，$T_{f(p)}\widetilde{M}$ から $df_p(T_pM)$ への直交射影を表す．この定義は，$\boldsymbol{v}, \xi$ の拡張 $\boldsymbol{X}_i, \tilde{\xi}$ のとり方に依らないことが示される．通常，$A_p(\xi, \boldsymbol{v})$ は，$(A_p)_\xi \boldsymbol{v}$ と表される．$(A_p)_\xi$ は (T_pM, g_p) の対称変換であることが示される．各点 $p \in M$ に対し A_p を対応させる対応 A は，C^∞ ベクトルバンドル $(T^\perp M)^* \otimes T^*M \otimes TM$ の C^∞ 切断を与える．A をリーマン部分多様体 (M, g) の形テンソル（場）**(shape tensor (field))** という．

定義 6.4.142. $\nabla^\perp : \mathcal{X}(M) \times \mathcal{X}^\perp(M) \to \mathcal{X}^\perp(M)$ を

$$(\nabla^\perp(\boldsymbol{X}, \xi))_p := \mathrm{pr}_{T^\perp_{f(p)}}((\widetilde{\nabla}^f_{\boldsymbol{X}}\xi)_p) \quad (\boldsymbol{X} \in \mathcal{X}(M), \xi \in \mathcal{X}^\perp(M))$$

によって定義する．ただし，$\mathrm{pr}_{T^\perp_{f(p)}}$ は，$T_{f(p)}\widetilde{M}$ から $T_p^\perp M$ への直交射影を表す．$\nabla^\perp$ は，法ベクトルバンドル $T^\perp M$ の接続になる．$\nabla^\perp$ を，リーマン部分多様体 (M, g) の法接続 **(normal connection)** という．通

常，$\nabla^{\perp}(\boldsymbol{X}, \xi)$ は，$\nabla^{\perp}_{\boldsymbol{X}}\xi$ と表される．

定理 6.4.143.

$$\widetilde{\nabla}^f_{\boldsymbol{X}}\xi = -df(A_\xi \boldsymbol{X}) + \nabla^{\perp}_{\boldsymbol{X}}\xi \quad (\boldsymbol{X} \in \mathcal{X}(M),\ \xi \in \mathcal{X}^{\perp}(M))$$

が成り立つ．この関係式をワインガルテンの公式 **(Weingarten formula)** という．

定理 6.4.144. 各 $\boldsymbol{v}, \boldsymbol{w} \in T_pM$，$\xi \in T^{\perp}_pM$ に対し，$\widetilde{g}_{f(p)}(h_p(\boldsymbol{v}, \boldsymbol{w}), \xi) = g_p((A_p)_\xi \boldsymbol{v}, \boldsymbol{w})$ が成り立つ．

定理 6.4.145（ガウスの方程式）. h，R を f によってはめ込まれた $(\widetilde{M}, \widetilde{g})$ 内のリーマン部分多様体 (M, g) の第 2 基本形式，曲率テンソルとし，$\widetilde{R}$ を $(\widetilde{M}, \widetilde{g})$ の曲率テンソルとする．これらの間に次の関係式が成り立つ：

$$\begin{aligned}&\widetilde{g}(\widetilde{R}(df(\boldsymbol{X}), df(\boldsymbol{Y}))df(\boldsymbol{Z}), df(\boldsymbol{W}))\\ &= g(R(\boldsymbol{X}, \boldsymbol{Y})\boldsymbol{Z}, \boldsymbol{W}) + \widetilde{g}(h(\boldsymbol{X}, \boldsymbol{Z}), h(\boldsymbol{Y}, \boldsymbol{W}))\\ &\quad -\widetilde{g}(h(\boldsymbol{X}, \boldsymbol{W}), h(\boldsymbol{Y}, \boldsymbol{Z}))\end{aligned}$$

ここで，$\boldsymbol{X}, \boldsymbol{Y}, \boldsymbol{Z}, \boldsymbol{W}$ は，M 上の任意の接ベクトル場を表す．この関係式は，**ガウスの方程式 (Gauss equation)** とよばれる．

定理 6.4.146（コダッチの方程式）. h を f によってはめ込まれた $(\widetilde{M}, \widetilde{g})$ 内のリーマン部分多様体 (M, g) の第 2 基本形式とし，$\widetilde{R}$ を $(\widetilde{M}, \widetilde{g})$ の曲率テンソルとする．これらの間に次の関係式が成り立つ：

$$\begin{aligned}&\widetilde{R}(df(\boldsymbol{X}), df(\boldsymbol{Y}))df(\boldsymbol{Z}), \widetilde{\xi})\\ &= \widetilde{g}((\overline{\nabla}_{\boldsymbol{X}}h)(\boldsymbol{Y}, \boldsymbol{Z}), \widetilde{\xi}) - \widetilde{g}((\overline{\nabla}_{\boldsymbol{Y}}h)(\boldsymbol{X}, \boldsymbol{Z}), \widetilde{\xi})\end{aligned}$$

ここで，$\boldsymbol{X}, \boldsymbol{Y}, \boldsymbol{Z}$ は M 上の任意の接ベクトル場，$\widetilde{\xi}$ は M 上の任意の法ベクトル場を表し，$(\overline{\nabla}_{\boldsymbol{X}}h)(\boldsymbol{Y}, \boldsymbol{Z})$ は次式によって定義される：

$$(\overline{\nabla}_{\boldsymbol{X}}h)(\boldsymbol{Y}, \boldsymbol{Z}) := \nabla^{\perp}_{\boldsymbol{X}}(h(\boldsymbol{Y}, \boldsymbol{Z})) - h(\nabla_{\boldsymbol{X}}\boldsymbol{Y}, \boldsymbol{Z}) - h(\boldsymbol{Y}, \nabla_{\boldsymbol{X}}\boldsymbol{Z})$$

この関係式は，**コダッチの方程式 (Codazzi equation)** とよばれる．

定義 6.4.147. 法接続 $\nabla^{\perp}$ を用いて，$R^{\perp}_p : T_pM \times T_pM \times T^{\perp}_pM \to T^{\perp}_pM$ を

$$\begin{aligned}&R^{\perp}_p(\boldsymbol{v}_1, \boldsymbol{v}_2, \xi)\\ &:= \Big(\nabla^{\perp}_{\boldsymbol{X}_1}(\nabla_{\boldsymbol{X}_2}\widetilde{\xi}) - \nabla_{\boldsymbol{X}_2}(\nabla_{\boldsymbol{X}_1}\widetilde{\xi})\\ &\quad -\nabla_{[\boldsymbol{X}_1, \boldsymbol{X}_2]}\widetilde{\xi}\Big)_p \quad (\boldsymbol{v}_1, \boldsymbol{v}_2 \in T_pM,\ \xi \in T^{\perp}_pM)\end{aligned}$$

によって定義する．ここで，$\boldsymbol{X}_i\ (i = 1, 2)$ は $(\boldsymbol{X}_i)_p = \boldsymbol{v}_i$ となる $\mathcal{X}(M)$ の元を表し，$\widetilde{\xi}$ は $(\widetilde{\xi})_p = \xi$ となる $\mathcal{X}^{\perp}(M)$ の元を表す．この定義は，拡張 $\boldsymbol{X}_1$，$\boldsymbol{X}_2$，$\widetilde{\xi}$ のとり方に依らないことが示される．$R^{\perp}_p$ は $T^*_pM \otimes T^*_pM \otimes (T^{\perp}_pM)^* \otimes T^{\perp}_pM$ の元であることが示され，各点 $p \in M$ に対し，$R^{\perp}_p$ を対応させる対応 $R^{\perp}$ はテンソル積バンドル $T^*M \otimes T^*M \otimes (T^{\perp}M)^* \otimes T^{\perp}M$ の C^{∞} 切断になることが示される．$R^{\perp}$ をリーマン部分多様体 (M, g) の法曲率テンソル（場）**(normal curvature tensor (field))** という．$R^{\perp} = 0$ であるとき，法接続 $\nabla^{\perp}$ は平坦 **(flat)** であるという．

以下，$R^{\perp}_p(\boldsymbol{v}, \boldsymbol{w}, \xi)$ を $R^{\perp}_p(\boldsymbol{v}, \boldsymbol{w})\xi$ と表し，$R^{\perp}(\boldsymbol{X}, \boldsymbol{Y}, \widetilde{\xi})$ を $R^{\perp}(\boldsymbol{X}, \boldsymbol{Y})\widetilde{\xi}$ と表す．

定理 6.4.148（リッチの方程式）. A，$R^{\perp}$ を f によってはめ込まれた $(\widetilde{M}, \widetilde{g})$ 内のリーマン部分多様体 (M, g) の形テンソル，法曲率テンソルとし，$\widetilde{R}$ を $(\widetilde{M}, \widetilde{g})$ の曲率テンソルとする．これらの間に次の関係式が成り立つ：

$$\begin{aligned}&\widetilde{g}(\widetilde{R}(df(\boldsymbol{X}), df(\boldsymbol{Y}))\widetilde{\xi}_1, \widetilde{\xi}_2)\\ &= \widetilde{g}(R^{\perp}(\boldsymbol{X}, \boldsymbol{Y})\widetilde{\xi}_1, \widetilde{\xi}_2)\\ &\quad + g([A_{\widetilde{\xi}_1}, A_{\widetilde{\xi}_2}](\boldsymbol{X}), \boldsymbol{Y})\end{aligned}$$

ここで，$\boldsymbol{X}, \boldsymbol{Y}$ は，M 上の任意の接ベクトル場を表し，$\widetilde{\xi}_1, \widetilde{\xi}_2$ は，M 上の任意の法ベクトル場を表す．また，$[A_{\widetilde{\xi}_1}, A_{\widetilde{\xi}_2}]$ は，交換子積 $A_{\widetilde{\xi}_1} \circ A_{\widetilde{\xi}_2} - A_{\widetilde{\xi}_2} \circ A_{\widetilde{\xi}_1}$ を表す．この関係式は，**リッチの方程式 (Ricci equation)** とよばれる．

定義 6.4.149. $(\widetilde{M}, \widetilde{g})$ 内のはめ込まれたリーマン部分多様体に対し，$\dim \widetilde{M} - \dim M$ は，その余次元 **(codimension)** とよばれる．余次元 1 のはめ込まれたリーマン部分多様体は，はめ込まれたリーマン超曲面 **(Immersed Riemannian hypersurface)** とよばれる．

定義 6.4.150. (M, g) を f によってはめ込まれた $(\widetilde{M}, \widetilde{g})$ 内の n 次元リーマン超曲面とし，A をその形テンソルとする．M と $\widetilde{M}$ がともに向き付けられているとして，各々の向きを O, $\widetilde{O}$ とする．このとき，M 上の（C^{∞} 級）単位法ベクトル場 N を次のように定めることができる：

$$[(df_p(v_1), \cdots, df_p(v_n), N_p)] = \widetilde{O}_p \quad (p \in M)$$
$$([(v_1, \cdots, v_n)] = O_p)$$

この単位法ベクトル場 N を用いて，M 上の $(1, 1)$ テンソル場 A_N を次式によって定義する：

$$(A_N)_p(v) := (A_p)_{N_p}(v) \quad (p \in M,\ v \in T_pM)$$

A_N は，リーマン超曲面 (M,g) の**形作用素 (shape operator)** とよばれる．また，$(A_N)_p$ の各固有値は，リーマン超曲面 (M,g) の点 p における**主曲率 (principal curvature)** とよばれ，$(A_N)_p$ の各固有ベクトルは，リーマン超曲面 (M,g) の点 p における**主曲率ベクトル (principal curvature vector)** とよばれる．

注意 6.4.22. $(A_N)_p$ は (T_pM,g_p) の対称変換になるので，それは (T_pM,g_p) の正規直交基底に関して対角化可能である，つまり，$(A_N)_p(e_i)=\lambda_ie_i$ $(i=1,\cdots,n)$ となる (T_pM,g_p) の正規直交基底 $(e_1,\cdots,e_n)$ が存在する．ここで，λ_i $(i=1,\cdots,n)$ は実数を表し，これらがリーマン超曲面 (M,g) の点 p における主曲率のすべてを与える．

注意 6.4.23. 6.3 節における $\mathbb{R}^3$ 内の向き付けられた C^∞ 曲面 S の単位法ベクトル場

$$N\,;\,N_p=\frac{(\boldsymbol{B}_1)_p\times(\boldsymbol{B}_2)_p}{\|(\boldsymbol{B}_1)_p\times(\boldsymbol{B}_2)_p\|}\quad(p\in S)$$

は，S の向き

$$O\,;\,O_p:=[((\boldsymbol{B}_1)_p,(\boldsymbol{B}_2)_p)]\quad(p\in S)$$

と $\mathbb{R}^3$ の向き

$$\widetilde{O}\,;\,\widetilde{O}_p:=\left[\left(\frac{\partial}{\partial x_1}\right)_p,\left(\frac{\partial}{\partial x_2}\right)_p,\left(\frac{\partial}{\partial x_3}\right)_p\right]\ (p\in\mathbb{R}^3)$$

に対し，上述のように定義される単位法ベクトル場と一致する．ここで，$\left(\frac{\partial}{\partial x_1},\frac{\partial}{\partial x_2},\frac{\partial}{\partial x_3}\right)$ は，$\mathbb{R}^3$ の座標系 $\mathrm{id}_{\mathbb{R}^3}=(x_1,x_2,x_3)$ の座標基底を表す．

定義 6.4.151. (M,g) を f によってはめ込まれた定曲率空間 $(\widetilde{M},\widetilde{g})$ 内の n 次元リーマン部分多様体でその法接続が平坦であるようなものとし，A をその形テンソルとする．このとき，リッチの方程式により，各点 $p\in M$ に対し，(T_pM,g_p) の対称変換の族 $\{A_v\,|\,v\in T_p^\perp M\}$ は可換族であることが示される．それゆえ，これらは，(T_pM,g_p) のある正規直交基底に関して同時対角化可能であることがわかる．つまり，T_pM の直交直和分解 $T_pM=V_1\oplus\cdots\oplus V_k$ で次の条件を満たすようなものが存在する：

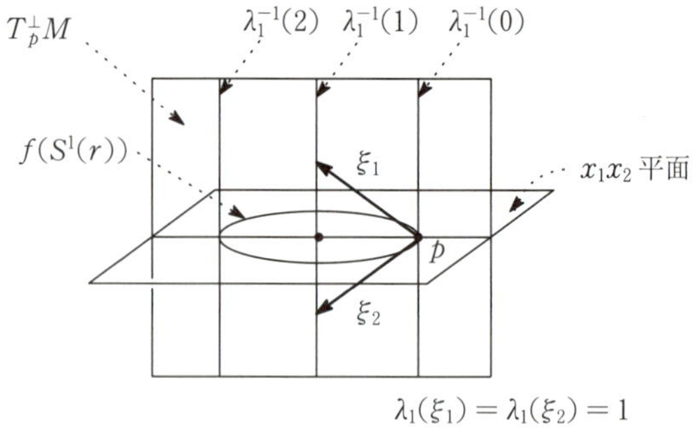

$f:S^1(r)\hookrightarrow\mathbb{R}^3$
$;f(r\cos\theta,\ r\sin\theta):=(r\cos\theta,\ r\sin\theta,\ 0)(r\in[0,\ 2\pi))$

図 6.4.21　主曲率

$$\exists\lambda_i:T_p^\perp M\to\mathbb{R}\ (i=1,\cdots,k)$$
$$\text{s.t. } A_v|_{V_i}=\lambda_i(v)\mathrm{id}\ \ (\forall v\in T_p^\perp M)$$

$T_p^\perp M$ 上の関数 λ_i^p $(i=1,\cdots,k)$ は，容易に線形関数になる，つまり，$(T_p^\perp M)^*$ の元であることが示される．ここで，上述の分解を可能な限り粗くとることにする．λ_i $(i=1,\cdots,k)$ を，リーマン部分多様体 (M,g) の点 p における**主曲率 (principal curvature)** とよぶ．

注意 6.4.24. 一般に，リーマン超曲面の法接続は平坦になることが $T_p^\perp M$ が 1 次元であることより示される．それゆえ，定曲率空間 $(\widetilde{M},\widetilde{g})$ 内のリーマン超曲面 (M,g) に対し，各点 $p\in M$ において，上述のように主曲率 $\lambda_i\in(T^\perp M)^*$ が定義される．一方，$(\widetilde{M},\widetilde{g})$ と (M,g) がともに向き付けられているとき，その向きによって定まる単位法ベクトル場を N として，$(A_N)_p(=A_{N_p})$ の固有値として，(M,g) の主曲率が定義されるが，これらは $\lambda_i(N_p)$ と一致する．

ベルンハルト・リーマン

Georg Friedrich Bernhard Riemann(1826-1866). ベルンハルト・リーマンは，1854 年の教授資格の講演「幾何学の基礎にある仮説について」において，初めて多様体の概念を導入し，リーマン幾何学の基礎を確立させた．その後，リーマン幾何学はアルベルト・アインシュタインによって一般相対性理論に応用された．また，リーマン面の研究を行い，複素解析の基礎を確立させた．

7. 確　率　論

7.1 確　率

7.1.1 標本空間と事象

本章で，確率の概念を扱っていくにあたり，確率に対する事象 (event) についてまずは直観的に考え，本節の後半にて現代確率論にのっとり，これらを数学的に定義をしていく．

定義 7.1.1（試行，標本空間）．
試行 (trial)　偶然的に起こる結果に対する実験や観測．
標本空間 (sample space)　起こりうるすべての試行からなる結果の集合 Ω.

注意 7.1.1. 起こりうるすべての結果とあるが，標本空間は空ではない集合を指すことにする．また事象とは「確率」が定義された標本空間 Ω の部分集合 $A \subset \Omega$ を指し，標本空間 Ω の要素 $\omega \in \Omega$（標本点 (sample point) とよぶ）に対し，集合 $\{\omega\}$ を根元事象 (elementary event) とよぶ．ここでは，確率という概念がまだ定義されていないことと，標本空間 Ω に対する事象の集まり（集合族）がどのような要件を満たす必要があるのかを整理していないため，事象の定義はここでは概念的なものにとどめる．本節においても事象という言葉を利用するが，単に標本空間の部分集合と考えても差支えがない．

例 7.1.1（有限標本空間）．サイコロを振ったときに，i の目が出る根元事象を $\{\omega_i\}$ $(\omega_i \in \Omega)$ とすると，起こり得るすべてのサイコロの目を表す集合 $\Omega = \{\omega_1, \omega_2, \omega_3, \omega_4, \omega_5, \omega_6\}$ が標本空間となり，1 の目が出る事象 A は $A = \{\omega_1\}$，偶数の目の出る事象 B は $B = \{\omega_2, \omega_4, \omega_6\}$ で与えられる．仮に i の目が出る根元事象を $\{i\}$ $(i \in \Omega)$ と書くことにすれば，$\Omega = \{1, 2, 3, 4, 5, 6\}$ と記述される．

例 7.1.2（無限標本空間）．コイン投げで初めて表が出るまでの回数 n の全体集合 $\mathbb{N} = \{1, 2, \ldots\}$ や時刻 t の全体集合 $[0, \infty)$ もそれぞれ可算無限集合，非可算無限集合の標本空間となる．

例 7.1.3（繰り返しの試行による標本空間）．Ω_0 を標本空間としたとき，Ω_0 で起こる試行の N 回の繰り返し，もしくは可算無限回の繰り返しによって得られる標本空間 Ω をそれぞれ Ω_0^N, $\Omega_0^{\mathbb{N}}$ で表す．

事象は，標本空間の部分集合として与えられるため，集合に関するいくつかの基本的な二項演算や記号を定義する．

集合 $A \subset \Omega$ の Ω における補集合 (complement set) A^c とは

$$A^c = \{\omega \in \Omega \mid \omega \notin A\}$$

で定義される．特に A を事象としたとき，A^c を余事象 (complement event) とよぶ．標本空間 Ω の補集合 Ω^c は空集合 (empty set) $\emptyset$ で表す．また，集合 $A, B \subset \Omega$ の和 (union) および積 (intersection, product) はそれぞれ

$$A \cup B = \{\omega \in \Omega \mid \omega \in A \text{ または } \omega \in B\},$$
$$A \cap B = \{\omega \in \Omega \mid \omega \in A \text{ かつ } \omega \in B\}$$

で定義される．特に $A \cap B = \emptyset$ のとき，A と B は排反 (exclusive) とよび，このときの A と B の和を $A + B$ もしくは非交和「$\sqcup$」を用いて，$A \sqcup B$ と表す．また，集合 B と A の集合の差 (difference, subtraction) を

$$B \setminus A = A^c \cap B \tag{7.1.1}$$

によって定義する．また対称差 (symmetric difference) を

$$A \triangle B = (A \setminus B) \sqcup (B \setminus A)$$

によって定義する．これは排他的論理和を意味する．

次に集合の無限和，無限積について考える．無限和，無限積はそれぞれ

$$\bigcup_{n=1}^{\infty} A_n = \{\omega \in \Omega \mid \text{ある } n \text{ について } \omega \in A_n\},$$

$$\bigcap_{n=1}^{\infty} A_n = \{\omega \in \Omega \mid \text{すべての } n \text{ について } \omega \in A_n\}$$

で定義される．論理記号で考えると，和はある集合

A_n に属すればよいので，ある n，すなわち「$\exists n$」で考え，積はすべての集合 A_n に属するため，すべての n，すなわち「$\forall n$」で考えると以下の lim sup, lim inf を使った集合が理解しやすい．

たとえば，例 7.1.3 の $\Omega_0^{\mathbb{N}}$ を標本空間 Ω として考える．コインを投げ続けるとき，各回の表裏を表すために Ω_0 をとり，k 回目に表が出ることを根元事象 $\{\omega_k\}$ により表すとき，Ω において k 回目に表が出るという事象 A_k は

$$A_k = \Omega_0^{k-1} \times \{\omega_k\} \times \Omega_0 \times \cdots \subset \Omega$$

と表される．ここである回数以降ずっと表が出る事象もしくは無限回表が出る事象を考えるために，**上極限集合 (limit superior of sets)** と **下極限集合 (limit inferior of sets)** をそれぞれ

$$\limsup_{n\to\infty} A_n = \bigcap_{k=1}^{\infty} \bigcup_{n=k}^{\infty} A_n,$$

$$\liminf_{n\to\infty} A_n = \bigcup_{k=1}^{\infty} \bigcap_{n=k}^{\infty} A_n$$

と定める．前者の場合を論理記号で考えると，$\forall k \geq 1, \exists n \in \{k, k+1, \ldots\}, \omega \in A_n$ となる．つまり，$\omega \in \limsup_n A_n$ ならば k を十分大きくしても，k 以上の n に対する集合 A_n に ω が属しているため，無限に多くの A_n に ω が属していることを意味する．また後者の場合は，論理記号で考えると，$\exists k \geq 1, \forall n \in \{k, k+1, \ldots\}, \omega \in A_n$ となる．つまり，$\omega \in \liminf_n A_n$ ならば，ある k を選べば k 以上のすべての n に対する集合 A_n に ω が属しているため，有限個を除くすべての n に対する A_n に ω が属していることを意味する．そのため明らかに，

$$\liminf_{n\to\infty} A_n \subset \limsup_{n\to\infty} A_n$$

が成立する．

定義 7.1.2. 集合の列 $\{A_n\}$ が

$$\liminf_{n\to\infty} A_n = \limsup_{n\to\infty} A_n$$

を満たすとき，この集合 A を集合 A_n の**集合の極限 (limit of sets)** とよび，

$$A = \lim_{n\to\infty} A_n$$

と表し，単に $A_n \to A$ と略記する．

$\liminf_n A_n$ や $\limsup_n A_n$ は必ずしも無限に試行を繰り返す場合に限り考えるものではなく，以下のようなときにも考えられる．

例 7.1.4. $\Omega = \mathbb{R}$ とし，$A_n = [1/n, 2]$ とする．このとき，

$$\liminf_{n\to\infty} A_n = \limsup_{n\to\infty} A_n = (0, 2]$$

である．

定義 7.1.3. 集合の列 $\{A_n\}$ が $A_1 \subset A_2 \subset \cdots$ を満たすとき，A_n は**増大列 (increasing series of sets)** とよび，$A_1 \supset A_2 \supset \cdots$ のとき**減少列 (decreasing series of sets)** とよぶ．

定理 7.1.4. $A_1, A_2, \ldots \subset \Omega$ とする．

1. $\{A_n\}$ が増大列のとき，
$$\liminf_{n\to\infty} A_n = \limsup_{n\to\infty} A_n = \bigcup_{n=1}^{\infty} A_n.$$
2. $\{A_n\}$ が減少列のとき，
$$\liminf_{n\to\infty} A_n = \limsup_{n\to\infty} A_n = \bigcap_{n=1}^{\infty} A_n.$$

証明　増大列のときのみを示す．$A = \bigcup_{n=1}^{\infty} A_n$ とする．すべての $k \geq 1$ に対して，$A = \bigcup_{n=k}^{\infty} A_n$ のため，$\limsup_n A_n = A$ である．また，$\bigcap_{n=k}^{\infty} A_n = A_k$ のため，$\liminf_n A_n = A$ である．□

上記の定理より，増大列の極限 $A = \lim_{n\to\infty} A_n$ は $\bigcup_{n=1}^{\infty} A_n$ である．このとき，$A_n \uparrow A$ によって表す．また，同様に減少列の極限 $A = \lim_{n\to\infty} A_n$ は $\bigcap_{n=1}^{\infty} A_n$ である．このとき，$A_n \downarrow A$ と表す．

最後に，集合の演算を円滑に議論するため，集合 $A \subset \Omega$ に対する**指示関数 (indicator function)** を

$$1_A(\omega) = \begin{cases} 1 & (\omega \in A) \\ 0 & (\omega \notin A) \end{cases} \qquad (7.1.2)$$

で定める．また

$$1_A(B) = \begin{cases} 1 & (A \subset B) \\ 0 & (A \not\subset B) \end{cases} \qquad (7.1.3)$$

として定める．

7.1.2　事象の集合族

次に，事象の集合族 $\mathcal{F}$ の満たすべき条件を整理するために，いくつかの集合族のクラスを定義していく．たとえば，A, B が事象であるとき，余事象 A^c，事象の和 $A \cup B$ や積 $A \cap B$ も確率を計算する対象となる事象であってほしい．つまり，たとえば $A, B \in \mathcal{F}$ のとき，$A \cup B \in \mathcal{F}$ であることなどが望まれる．このような要件の充足のため，以下でいくつかの集合族のクラス $\mathcal{F}$ を定義していく．

まず，集合 S のすべての部分集合を要素として集めた集合族を集合 S の**べき集合 (power set)** とよび，$\mathcal{P}(S)$ と書くことにする．ただし，S は空集合であってもよい．

定義 7.1.5 ($\boldsymbol{d}$-系，$\boldsymbol{\pi}$-系，単調族，集合体，$\boldsymbol{\sigma}$-集合体). 空ではない集合 Ω に対する部分集合族を以下で定義する．

$\boldsymbol{d}$-系，ディンキン族 ($\boldsymbol{d}$-system，Dynkin class)
$\mathcal{D} \subset \mathcal{P}(\Omega)$ が d-系とは，

1. $\Omega \in \mathcal{D}$,
2. $A, B \in \mathcal{D}$, $A \subset B \in \mathcal{D}$ ならば $B \setminus A \in \mathcal{D}$,
3. $A_1, A_2, \ldots \in \mathcal{D}$, $A_i \subset A_{i+1}$ $(\forall i \in \mathbb{N})$ ならば $\bigcup_{i=1}^{\infty} A_i \in \mathcal{D}$

を満たすことである．

$\boldsymbol{\pi}$-系，乗法族 ($\boldsymbol{\pi}$-system，multiplicative class)
$\mathcal{C} \subset \mathcal{P}(\Omega)$ が π-系とは，任意の有限個の $A_1, \ldots, A_n \in \mathcal{C}$ に対し $\bigcap_{i=1}^{n} A_i \in \mathcal{C}$ を満たすことである．

単調族 (monotone class)
$\mathcal{M} \subset \mathcal{P}(\Omega)$ が単調族とは，

1. $A_1, A_2, \ldots \in \mathcal{M}$, $A_i \subset A_{i+1}$ $(\forall i \in \mathbb{N})$ ならば $\bigcup_{i=1}^{\infty} A_i \in \mathcal{M}$,
2. $A_1, A_2, \ldots \in \mathcal{M}$, $A_i \supset A_{i+1}$ $(\forall i \in \mathbb{N})$ ならば $\bigcap_{i=1}^{\infty} A_i \in \mathcal{M}$ を満たすことである．

集合体 (field)
$\mathcal{S} \subset \mathcal{P}(\Omega)$ が集合体とは，

1. $A_1, A_2 \in \mathcal{S}$ ならば $A_1 \cup A_2 \in \mathcal{S}$,
2. $A \in \mathcal{S}$ ならば $A^c \in \mathcal{S}$,
3. $\emptyset \in \mathcal{S}$

を満たすことである．

$\boldsymbol{\sigma}$-集合体 ($\boldsymbol{\sigma}$-field)　$\mathcal{F} \subset \mathcal{P}(\Omega)$ が σ-集合体とは，$A_1, A_2, \ldots \in \mathcal{F}$ ならば $\bigcup_{i=1}^{\infty} A_i \in \mathcal{F}$ を満たす集合体のことである．

注意 7.1.2. 集合体は**有限加法族 (countably additive class)** ともよばれ，σ-集合体も有限加法族と比別して**完全加法族 (completely additive class)** とよぶこともある．

例 7.1.5. $\{\emptyset, \Omega\}$ および $\mathcal{P}(\Omega)$ は，標本空間 Ω の σ-集合体である．特に前者を**自明な $\boldsymbol{\sigma}$-集合体 (trivial $\boldsymbol{\sigma}$-field)** とよぶ．

以下で σ-集合体であるための必要十分条件を与える定理を 2 つ与える．

定理 7.1.6. 集合体 $\mathcal{F}$ が σ-集合体であるための必要十分条件は，$\mathcal{F}$ が単調族であることである．

証明　必要性：$A_1, A_2, \ldots \in \mathcal{F}$, $A_i \subset A_{i+1}$ のときは σ-集合体の定義より自明．$A_1, A_2, \ldots \in \mathcal{F}$, $A_i \supset A_{i+1}$ とする．$\bigcap_{i=1}^{\infty} A_i = \left(\bigcup_{i=1}^{\infty} A_i^c\right)^c \in \mathcal{F}$.

十分性：$A_1, A_2, \ldots \in \mathcal{F}$ とする．$B_i = \bigcup_{k=1}^{i} A_k \in \mathcal{F}$ とおけば，$B_i \subset B_{i+1}$ である．このとき，$\bigcup_{i=1}^{\infty} A_i = \bigcup_{i=1}^{\infty} B_i \in \mathcal{F}$.　□

定理 7.1.7. 集合族 $\mathcal{F}$ が σ-集合体であるための必要十分条件は，$\mathcal{F}$ が d-系かつ π-系であることである．

証明　必要性：d-系であることは，(7.1.1) より従う．π-系であることは $\emptyset \in \mathcal{F}$ に注意すれば前定理 7.1.6 の必要性の証明から従う．

十分性：まず $\mathcal{F}$ が集合体の定義における条件 2 および 3 を満たすことを確認する．$A \in \mathcal{F}$ のとき，$A^c = \Omega \setminus A \in \mathcal{F}$ である．よって，$\emptyset = \Omega^c \in \mathcal{F}$ となる．また $A_i \in \mathcal{F}$ $(i \in \mathbb{N})$ とする．また定理 7.1.6 の十分性の証明と同様に，$\bigcup_{i=1}^{\infty} A_i \in \mathcal{F}$ が従う．また集合体の定義における最初の条件は，$\emptyset \in \mathcal{F}$ のため，$A_3 = A_4 = \cdots = \emptyset$ とすれば $A_1 \cup A_2 \in \mathcal{F}$.　□

これから確率を常に考えるにあたり，たとえば A, B が事象のとき，$A \cup B$ が事象であってほしいというような当然の要求から，事象の集合族が σ-集合体であることは確率を考える上で必須の条件となる．しかしながら，与えられた標本空間 Ω に対して，σ-集合体としてべき集合 $\mathcal{P}(\Omega)$ を考えるのは少し過剰である．なぜなら，サイコロの目の偶奇に対する確率のみに関心があるときに，1 の目が出るという事象 A の確率を考える必要がないからである．よって，考えたい事象の部分集合族 $\mathcal{S}$ を含むような「最小」の σ-集合体を考えることは自然なことである．つまり，例 7.1.1 のようにサイコロの目を表す標本点の集まりを Ω とし，B を偶数の目が出る事象とすると，部分集合族 $\mathcal{S} = \{B\}$ を含む最小の集合体とは，

$$\{\emptyset, B, B^c, \Omega\}$$

となる．ここでは，$P(B)$ には関心あるが，$P(A)$ を定義する必要がないことになる．もちろん，$\mathcal{S}$ が σ-集合体であれば，$\mathcal{S}$ を含む最小の σ-集合体は $\mathcal{S}$ である．

定義 7.1.8. $\mathcal{S}$ を標本空間 Ω の部分集合族とする．このとき，$\mathcal{S}$ を含む最小の σ-集合体 を **$\mathcal{S}$ から生成される $\boldsymbol{\sigma}$-集合体 ($\boldsymbol{\sigma}$-field generated by $\mathcal{S}$)** とよび，$\sigma(\mathcal{S})$ と書く．すなわち，

1. $\sigma(\mathcal{S})$ は σ-集合体,
2. $\mathcal{S} \subset \sigma(\mathcal{S})$,
3. $\mathcal{T}$ が Ω 上の σ-集合体であり，$\mathcal{S} \subset \mathcal{T}$ ならば $\sigma(\mathcal{S}) \subset \mathcal{T}$.

同様に $\mathcal{S}$ を含む最小の d-系と単調族をそれぞれ $d(\mathcal{S})$, $\mathcal{MC}(\mathcal{S})$ と書くことにする．

例 7.1.6 (有限分割による $\boldsymbol{\sigma}$-集合体). Ω が互いに排反な空ではない集合 A_i $(1 \leq i \leq n)$ によって分割されていたとする．すなわち，$\Omega = A_1 \sqcup A_2 \sqcup \cdots \sqcup A_n$ とする．$\mathcal{S} = \{A_1, \ldots, A_n\}$ とおいたとき，$\mathcal{S}_1 = \mathcal{S} \cup \{\emptyset\}$ は

π-系であり，

$$\sigma(\mathcal{S}) = \sigma(\mathcal{S}_1) = \left\{\bigcup_I A_i \mid I \subset \{1, 2, \ldots, n\}\right\}. \quad (7.1.4)$$

上記の例は単純なものであったが，集合は包含関係の二項関係において全順序ではなく半順序であるため，極小元であっても最小元とは限らない．しかし，次の定理より $\sigma(\mathcal{S})$ の導入は理にかなうものである．

定理 7.1.9. $\mathcal{S}$ を標本空間 Ω の部分集合族とする．このとき，$\mathcal{S}$ を含む最小の σ-集合体が一意に存在する．

証明　Ω 上の $\mathcal{S}$ を含む σ-集合体の全体集合を $\{\mathcal{T}_\lambda \mid \lambda \in \Lambda\}$ とする．$\mathcal{P}(\mathcal{S})$ は $\mathcal{S}$ を含む σ-集合体のため，$\Lambda \neq \emptyset$ である．このとき，$\bigcap_{\lambda\in\Lambda}\mathcal{T}_\lambda$ が求める σ-集合体 $\sigma(\mathcal{S})$ となる．後は $\sigma(\mathcal{S})$ が条件を満たしていることを確認すればよい．また一意性は，$\mathcal{T}_0$ が $\mathcal{S}$ を含む最小の σ-集合体としたとき，互いの最小性より $\mathcal{T}_0 = \sigma(\mathcal{S})$ となる．　□

しばしば，与えられた部分集合族が σ-集合体であることを示す必要がある．その場合，下記の定理を利用することにより，より簡単に σ-集合体であることが確認できる．

定理 7.1.10（ディンキン (Dynkin) の定理）. Ω を標本空間とし，Ω の部分集合族 $\mathcal{S}$ が π-系であるとする．このとき，$d(\mathcal{S}) = \sigma(\mathcal{S})$.

証明　最初に，標本空間 Ω の部分集合族 $\mathcal{D}$ が d-系であるとき，部分集合族 $\mathcal{D}$ に属する $T \subset \Omega$ をどのように与えても，$\mathcal{D}(T) = \{E \subset \Omega \mid E \cap T \in \mathcal{D}\}$ は Ω の部分集合族として d-系であることに注意する．なぜなら，$T \in \mathcal{D}$ により定義 7.1.5 の d-系の条件 1 が成立することは明らかであり，定義 7.1.5 の d-系の条件 2, 3 における $A, B, A_1, A_2, \ldots$ のそれぞれは T との共通部分をとることにより $\mathcal{D}$ の要素であるならば，$A \setminus B$ も $\cup_{i=1}^{\infty} A_i$ も T との共通部分をとることにより $\mathcal{D}$ の要素となることに留意すればよいからである．ここで，Ω の部分集合族

$$\begin{aligned} d(\mathcal{C}) &= \cap\mathcal{D} \quad (\mathcal{C} \subset \mathcal{D} \text{ を満たす } d\text{-系の共通部分}) \\ &= \{D \subset \Omega \mid \mathcal{C} \subset \mathcal{D} \text{ を満たす任意の } d\text{-系 } \mathcal{D} \\ &\qquad \text{について } D \in \mathcal{D}\} \end{aligned}$$

とおくと，$d(\mathcal{C})$ が条件 1 ～ 3 を満たすこと，すなわち d-系であることの検証は容易であるので省略する．したがって，定理 7.1.7 より $d(\mathcal{C})$ が乗法族であることが示せれば良い．そのために Ω の部分集合族

$$\mathcal{D}(\mathcal{C}) = \{E \subset \Omega \mid \text{任意の } C \in \mathcal{C} \text{ について } E \cap C \in d(\mathcal{C})\}$$

を導入すると，$C \in \mathcal{C}$ ならば，どのような $E \in \mathcal{C}$ についても $E \cap C \in \mathcal{C} \subset d(\mathcal{C})$ となるため，$\mathcal{C} \subset \mathcal{D}(C)$ である．一方で，上述の記号を用いれば，$\mathcal{D}(\mathcal{C}) = \cap_{C\in\mathcal{C}}\mathcal{D}(C)$ となるが，$d(\mathcal{C})$ と同様に $\mathcal{D}(\mathcal{C})$ が d-集合族であることがわかる．また $d(\mathcal{C})$ の定義から $d(\mathcal{C}) \subset \mathcal{D}(\mathcal{C})$ となることを知るが，これはすなわち，

$$D \in d(\mathcal{C}) \text{ かつ } C \in \mathcal{C} \Rightarrow D \cap C \in d(\mathcal{C})$$

つまり，あらゆる $D \in d(\mathcal{C})$ について $C \in \mathcal{C}$ ならば $D \cap C \in d(\mathcal{C})$ となることを示している．これはさらに次の Ω の部分集合族

$$\mathcal{D}(d(\mathcal{C})) = \{F \subset \Omega \,|\, \text{任意の } D \in d(\mathcal{C}) \text{ について} \\ D \cap F \in d(\mathcal{C})\}$$

が $\mathcal{C}$ を含むように構成できることも示している．ここでも再び，$\mathcal{D}(d(\mathcal{C})) = \cap_{D\in d(\mathcal{C})}\mathcal{D}(D)$ より $\mathcal{D}(D)$ が d-系であることがわかり，また $d(\mathcal{C}) \subset \mathcal{D}(d(\mathcal{C}))$ となる．これはすなわち $d(\mathcal{C})$ が π-系であること，つまり

$$D \in d(\mathcal{C}) \text{ かつ } F \in d(\mathcal{C}) \Rightarrow D \cap F \in d(\mathcal{C})$$

を意味するため，証明が終わる．　□

系 7.1.11. Ω の部分集合族 $\mathcal{E}$ が σ-集合体であり，さらに π-系 $\mathcal{C}$ について $\mathcal{C} \subset \mathcal{E}$ が満たされるとき，$d(\mathcal{C}) \subset \mathcal{E}$ である．特に，$d(\mathcal{C})$ は $\mathcal{C}$ を含む最小の σ-集合体である．　□

定理 7.1.12（単調族定理）. Ω を標本空間とし，Ω の部分集合族 $\mathcal{S}$ が集合体であるとする．このとき，$\sigma(\mathcal{S}) = \mathcal{MC}(\mathcal{S})$.

証明　定理 7.1.6 より，$\mathcal{MC}(\mathcal{S})$ が集合体であることを示せば，既出の定理 7.1.9 と同様に互いの最小性より命題が従う．まず $\Omega \in \mathcal{S} \subset \mathcal{MC}(\mathcal{S})$ である．次に $\mathcal{MC}(\mathcal{S})$ が積について閉じていることを示す．

$$\mathcal{T} = \{A \in \mathcal{MC}(\mathcal{S}) \mid \text{任意の } B \in \mathcal{S} \text{ について} \\ A \cap B \in \mathcal{MC}(\mathcal{S})\}$$

とすれば，$\mathcal{S}$ の元は $\mathcal{S}$ が集合体のため明らかに $\mathcal{T}$ の元である．つまり

$$\mathcal{S} \subset \mathcal{T} \subset \mathcal{MC}(\mathcal{S})$$

である．$A_1, A_2, \ldots \in \mathcal{T}$, $A_i \subset A_{i+1}$ としたとき，$A_i \cap B \in \mathcal{MC}(\mathcal{S})$, $A_i \cap B \subset A_{i+1} \cap B$ $(B \in \mathcal{S})$ なので，

$$\left(\bigcup_{j=1}^{\infty} A_j\right) \cap B = \bigcup_{j=1}^{\infty}(A_j \cap B) \in \mathcal{MC}(\mathcal{S})$$

より，$\mathcal{T}$ は $\mathcal{S}$ を含む単調族である．よって，$\mathcal{MC}(\mathcal{S})$ の最小性より，$\mathcal{T} = \mathcal{MC}(\mathcal{S})$．つまり，$\mathcal{T}$ は $\mathcal{S}$ との積

において $\mathcal{MC}(\mathcal{S})$ に属するような集合族であったが，$\mathcal{T} = \mathcal{MC}(\mathcal{S})$ のため言い換えれば，$\mathcal{MC}(\mathcal{S})$ は $\mathcal{S}$ との積において常に $\mathcal{MC}(\mathcal{S})$ に属する．すると，$\mathcal{S}$ は

$$\mathcal{T}' = \{A \in \mathcal{MC}(\mathcal{S}) \mid \text{任意の } B \in \mathcal{MC}(\mathcal{S}) \text{ について } A \cap B \in \mathcal{MC}(\mathcal{S})\}$$

の部分集合であり，$\mathcal{T}'$ も $\mathcal{T}$ と同様に単調族なので $\mathcal{MC}(\mathcal{S})$ の最小性より $\mathcal{MC}(\mathcal{S}) = \mathcal{T}'$．これは $\mathcal{MC}(\mathcal{S})$ が $\mathcal{MC}(\mathcal{S})$ との積において閉じていることを意味する．

補集合について閉じていることは，

$$\mathcal{T}'' = \{A \in \mathcal{MC}(\mathcal{S}) \mid A^c \in \mathcal{MC}(\mathcal{S})\}$$

が単調族であるので，$\mathcal{MC}(\mathcal{S})$ の最小性より $\mathcal{MC}(\mathcal{S}) = \mathcal{T}''$ が従う． □

これら定理によって，もし $\mathcal{S}$ で成立するある性質 A を $\sigma(\mathcal{S})$ のすべての要素で性質 A を満たしていることを示したいとき，性質 A を満たす集合族を $\mathcal{T}$ とおいたとき，$\mathcal{S} \subset \mathcal{T}$ であるため，$\mathcal{T}$ が d-系（もしくは単調族）であることを示せば，$\sigma(\mathcal{S}) = d(\mathcal{S}) \subset \mathcal{T}$（もしくは $\sigma(\mathcal{S}) = \mathcal{MC}(\mathcal{S}) \subset \mathcal{T}$）となり，$\sigma(\mathcal{S})$ のすべての要素が性質 A を満たすことが示される．

上記で一般的な集合 $\mathcal{S}$ に対して，σ-集合体を考えたが，最も重要な $\Omega = \mathbb{R}$ 上の σ-集合体を考える．

定義 7.1.13（ボレル集合体）． d を $\mathbb{R}$ 上で定義された距離関数とし，距離関数 d によって定義される開集合系を $\mathcal{O} \subset \mathcal{P}(\mathbb{R})$ とする．このとき，$\sigma(\mathcal{O})$ を $\mathcal{B}(\mathbb{R})$ と書き，**ボレル集合体 (Borel field)** とよび，ボレル集合体の要素を**ボレル集合 (Borel set)** とよぶ．また，同様に $\mathbb{R}^n$ 上においてもボレル集合体を定義し，$\mathcal{B}(\mathbb{R}^n)$ と書く．

定理 7.1.14. 距離空間 $(\mathbb{R}, d)$ 上の開部分集合，閉部分集合，コンパクト部分集合，有限集合，可算集合はすべてボレル集合である．

証明 閉集合は，補集合が開集合となる集合のため，ボレル集合である．また $\mathbb{R}$ の位相において，有限集合，さらにより一般にコンパクト集合は有界閉集合のため，ボレル集合である．σ-集合体は可算和において閉じているため可算集合もボレル集合である． □

系 7.1.15. d を $\mathbb{R}$ 上の通常のユークリッド距離関数とする．このとき，$a < b$ を満たす任意の $a, b \in \mathbb{R}$ に対して，$\emptyset, \{a\}, (-\infty, \infty), (a, \infty), (-\infty, b), (a, b), (-\infty, b], (a, b], [a, \infty), [a, b), [a, b] \in \mathcal{B}(\mathbb{R})$．ここで

$$\mathcal{J} = \{(a, b] \mid -\infty \leq a \leq b \leq \infty\} \qquad (7.1.5)$$

としたとき（ただし，$b = \infty$ のときは，$(a, b] = (a, \infty)$ を指すことにする），系 7.1.15 は $\mathcal{J} \subset \mathcal{B}(\mathbb{R})$ を主張している．また $\mathcal{O}$ を $\mathbb{R}$ の開集合系としたとき，$\mathcal{O} \subset \sigma(\mathcal{J})$ となることが知られている．すると，$\mathcal{B}(\mathbb{R})$ の最小性より

$$\sigma(\mathcal{J}) = \mathcal{B}(\mathbb{R})$$

が従う．このことは $\mathbb{R}^n$ においても成立する．つまり

定理 7.1.16.

$$\sigma(\mathcal{J}^n) = \mathcal{B}(\mathbb{R}^n).$$

ただし $\mathcal{J}^n$ は $\mathcal{J}$ の m 次元直積空間とする．

より一般的には位相空間 X の開集合系 $\mathcal{O}$ に対する $\sigma(\mathcal{O})$ をボレル集合体とよぶが，本章では以後，上記の系のように通常の距離関数を考え，その場合の $\mathbb{R}^n$ 上のボレル集合体 $\mathcal{B}(\mathbb{R}^n)$ のみを考えることにする．

ここまでで，標本空間 Ω の事象の集合が満たすべき要件が整理できたため，次項で確率の概念を見ていく．

7.1.3 確率測度

定義 7.1.17（可測空間）． Ω を標本空間とし，$\mathcal{F}$ を Ω 上の σ-集合体とする．このとき，Ω と $\mathcal{F}$ の組 $(\Omega, \mathcal{F})$ を**可測空間 (measurable space)** とよぶ．

定義 7.1.18（確率測度）． 写像 P が可測空間 $(\Omega, \mathcal{F})$ 上の**確率測度 (probability measure)** であるとは，$P: \mathcal{F} \to \mathbb{R}$ であり，

1. 任意の $A \in \mathcal{F}$ に対し，$P(A) \geq 0$,
2. $P(\Omega) = 1$,
3. 互いに排反な事象 $A_1, A_2, \ldots \in \mathcal{F}$ に対し，

$$P\left(\bigcup_{k=1}^{\infty} A_k\right) = \sum_{k=1}^{\infty} P(A_k)$$

を満たすことである．また可測空間 $(\Omega, \mathcal{F})$ 上に定義された P との組 $(\Omega, \mathcal{F}, P)$ を**確率空間 (probability space)** とよぶ．

特に，定義 7.1.18 における条件 3 を**可算加法性（σ-加法性，σ-additivity）**とよぶ．また $P(A)$ $(A \in \mathcal{F})$ を A の**確率 (probability)** とよぶ．

例 7.1.7（有限分割における確率測度）． 例 7.1.6 のように Ω が互いに空ではない排反な集合 A_i $(1 \leq i \leq n)$ によって分割され，Ω 上の σ-集合体 $\mathcal{F}$ を (7.1.4) によって定める．このとき，$\sum_{i=1}^{n} p_i = 1$ を満たす正の数 $p_1, p_2, \ldots, p_n$ に対し，

$$P\left(\bigcup_{i \in I} A_i\right) = \sum_{i \in I} p_i \qquad (I \subset \{1, \ldots, n\})$$

とおくと，P は $p_i = P(A_i)$ $(1 \leq i \leq n)$ を満たす $(\Omega, \mathcal{F})$ 上の確率測度を定める．実際，次の定理 7.1.21 における $P(\emptyset) = 0$ や有限加法性をもつことを利用することで示すことができる．逆に $(\Omega, \mathcal{F})$ 上の確率測度は上記に限る．これは，後の定理 7.1.26 から従う．

7 章の冒頭で事象の定義を解釈しやすいように概念的に定義したが，数学的に事象を再度定義する．

定義 7.1.19（事象）． 確率空間 $(\Omega, \mathcal{F}, P)$ における σ-集合体 $\mathcal{F}$ の要素を Ω における**事象 (event)** とよぶ．

また，以下の用語を定義する．

定義 7.1.20. $P(A) = 1$ のとき，事象 A は**ほとんど確実 (almost sure)** であるとよび，$P(A) = 0$ のとき，事象 A は**零集合 (nullset)** とよぶ．

次に確率測度の基本的な性質を挙げる．

定理 7.1.21（確率測度の基本性質）． $(\Omega, \mathcal{F}, P)$ を確率空間とする．このとき，

1. $P(\emptyset) = 0$,
2. 互いに排反な事象 $A_1, A_2, \ldots, A_n \in \mathcal{F}$ に対し，
$$P\left(\bigcup_{k=1}^{n} A_k\right) = \sum_{k=1}^{n} P(A_k),$$
3. $P(A^c) = 1 - P(A)$,
4. もし $A \subset B$ ならば $P(A) \leq P(B)$,
5. $P(A \cup B) \leq P(A) + P(B)$,
6. $P(\bigcup_{k=1}^{\infty} A_k) \leq \sum_{k=1}^{\infty} P(A_k)$

が成立する．

定理 7.1.21 の 4 の性質を**単調性 (monotonic property)** とよぶ．また，2 を可算加法性に対して，**有限加法性 (finite additivity)** とよび，6 を**劣加法性 (subadditivity)** とよぶ．

証明　1. $\emptyset \cap \emptyset = \emptyset$ であり，$P(\emptyset) = P(\bigcup_{k=1}^{\infty} \emptyset) = \sum_{k=1}^{\infty} P(\emptyset)$ より $P(\emptyset) = 0$.

2. $A_k = \emptyset$ $(k = n+1, n+2, \ldots)$ とすれば 1 と可算加法性より従う．

3. 有限加法性より $1 = P(\Omega) = P(A) + P(A^c)$.

4. (7.1.1) より $B \setminus A \in \mathcal{F}$ に注意し，$B = (B \setminus A) \sqcup A$ とすれば，$P(B) = P(B \setminus A) + P(A) \geq P(A)$.

5. $A \cup B = A \sqcup (B \setminus A)$ より，$P(A \cup B) = P(A) + P(B \setminus A) \leq P(A) + P(B)$.

6. $B_1 = A_1$, $B_n = A_n \setminus \left(\bigcup_{k=1}^{n-1} A_k\right)$ $(n \geq 2)$ とおけば，B_k $(k \in \mathbb{N})$ は排反であり，$\bigcup_{k=1}^{\infty} A_k = \bigcup_{k=1}^{\infty} B_k$ なので
$$P\left(\bigcup_{k=1}^{\infty} A_k\right) = \sum_{k=1}^{\infty} P(B_k) \leq \sum_{k=1}^{\infty} P(A_k).$$
□

次は確率測度の極限に関する命題を以下で与え，確率測度の一意性に関する定理 7.1.26 を与える．

定理 7.1.22（単調連続性）． 可測空間 $(\Omega, \mathcal{F})$ における写像 P が $P : \mathcal{F} \to \mathbb{R}$ であり，任意の $A \in \mathcal{F}$ に対し，非負であり，有限加法的かつ $P(\Omega) = 1$ であるとする．このとき，以下は同値．

1. P が可算加法性もつ．
2. $A_n \uparrow A$ となる任意の $A, A_1, A_2, \ldots \in \mathcal{F}$ に対し，$P(A_n) \uparrow P(A)$.
3. $A_n \downarrow A$ となる任意の $A, A_1, A_2, \ldots \in \mathcal{F}$ に対し，$P(A_n) \downarrow P(A)$.
4. $A_n \downarrow \emptyset$ となる任意の $A_1, A_2, \ldots \in \mathcal{F}$ に対し，$P(A_n) \downarrow 0$.

定理 7.1.22 は，単に確率空間 $(\Omega, \mathcal{F}, P)$ の確率測度 P が単調連続性を満たす（2 から 4 を満たす）という主張であるのだが，後に可測空間 $(\Omega, \mathcal{F})$ 上のある与えられた写像が 2〜4 のどれかを満たすことを示すことでその写像が可算加法性を満たすことを示し，結果として，その写像が確率測度であることを主張するために上記のような記述をしている．

証明　1⇒2. $A = \bigcup_{i=1}^{\infty} A_i = \bigsqcup_{i=1}^{\infty} (A_i \setminus A_{i-1})$ とおく．ただし，$A_0 = \emptyset$ とする．このとき，
$$P(A) = \lim_{n\to\infty} \sum_{i=1}^{n} (P(A_i) - P(A_{i-1})) = \lim_{n\to\infty} P(A_n).$$

2⇒3. $A_n^c \uparrow A^c$ より $P(A_n^c) \uparrow P(A^c)$ である．よって，$P(A_n) \downarrow P(A)$.

3⇒4. 3 の特別の場合なので従う．

4⇒1. $A_1, A_2, \ldots$ を互いに排反とする．減少列 $B_n = \bigsqcup_{k=n}^{\infty} A_k$ とする．$\omega \in B_m$ ならば，ある $l \in \{m, m+1, \ldots\}$ が存在して，$\omega \in A_l$. A_i $(i \in \mathbb{N})$ が排反のため，$\omega \notin A_n$ $(n \in \{l+1, l+2, \ldots\})$，よって $\omega \notin B_n$ $(n > l)$. ゆえに $B_n \downarrow \emptyset$. すると，
$$\begin{aligned} P\left(\bigcup_{n=1}^{\infty} A_n\right) &= P\left(\left(\bigcup_{n=1}^{N} A_n\right) \cup B_{N+1}\right) \\ &= P\left(\bigcup_{n=1}^{N} A_n\right) + P(B_{N+1}) \\ &= \sum_{n=1}^{N} P(A_n) + P(B_{N+1}). \end{aligned}$$

$N \to \infty$ とすれば，1 が得られる．□

定理 7.1.23（ファトゥー (Fatou) の補題）． $(\Omega, \mathcal{F}, P)$ を確率空間とし，$A_1, A_2, \ldots \in \mathcal{F}$ とする．このとき，
$$P(\liminf_{n\to\infty} A_n) \leq \liminf_{n\to\infty} P(A_n),$$

$$\limsup_{n\to\infty} P(A_n) \leq P(\limsup_{n\to\infty} A_n).$$

証明 $B_n = \bigcap_{k=n}^{\infty} A_k$ とおけば，$k \geq n$ に対して $P(B_n) \leq P(A_k)$．また $B_n \uparrow B = \bigcup_{n=1}^{\infty} B_n$ なので定理 7.1.22 より

$$\begin{aligned} P(\liminf_{n\to\infty} A_n) &= P\left(\bigcup_{n=1}^{\infty}\bigcap_{k=n} A_k\right) \\ &= P\left(\bigcup_{n=1}^{\infty} B_n\right) \\ &= \lim_{n\to\infty} P(B_n) \\ &\leq \lim_{n\to\infty}\inf_{k\geq n} P(A_k). \end{aligned}$$

もう一方の不等式については $B_n = \bigcup_{k=n}^{\infty} A_k$ とおき，$k \geq n$ に対して $P(A_k) \leq P(B_n)$ に注意して示せばよい． □

系 7.1.24. $A_n \to A$ ならば $P(A_n) \to P(A)$.

証明 一般に

$$\liminf_{n\to\infty} P(A_n) \leq \limsup_{n\to\infty} P(A_n)$$

のため，はさみうちの原理より従う． □

定理 7.1.25（ボレル-カンテリ（Borel-Cantelli）の第一補題）.

$$\sum_{k=1}^{\infty} P(A_k) < \infty$$

ならば $P(\limsup_k A_k) = 0$.

証明 定理 7.1.22 と劣加法性より

$$\begin{aligned} P\left(\limsup_{k\to\infty} A_k\right) &= P\left(\bigcap_{n=1}^{\infty}\bigcup_{k=n}^{\infty} A_k\right) \\ &= \lim_{n\to\infty} P\left(\bigcup_{k=n}^{\infty} A_k\right) \\ &\leq \lim_{n\to\infty}\sum_{k=n}^{\infty} P(A_k) = 0. \end{aligned}$$

□

定理 7.1.26. Ω を標本空間とする．$\mathcal{C}$ を Ω 上の π-系とし，$\mathcal{F} = \sigma(\mathcal{C})$ とする．P, P' が $(\Omega, \mathcal{F})$ 上の確率測度であり，$\mathcal{C}$ 上 $P = P'$ ならば $\mathcal{F}$ 上 $P = P'$ である．

証明

$$\mathcal{T} = \{A \in \mathcal{F} \mid P(A) = P'(A)\}$$

とおく．定理 7.1.10 より，$\mathcal{F} = \sigma(\mathcal{C}) = d(\mathcal{C})$ のため，この $\mathcal{T}$ が d-系であることを示せば，$d(\mathcal{C})$ の最小性より $\mathcal{F} \subset \mathcal{T}$ となり定理が示せる．

P, P' はともに確率測度のため，$P(\Omega) = P'(\Omega) = 1$．よって，$\Omega \in \mathcal{T}$．また $A, B \in \mathcal{T}$, $A \subset B$ に対して，

$$\begin{aligned} P(B \setminus A) &= P(B) - P(A) = P'(B) - P'(A) \\ &= P'(B \setminus A) \end{aligned}$$

より $B \setminus A \in \mathcal{T}$．また，$A_n \uparrow A = \bigcup_{n=1}^{\infty} A_n$ ならば単調連続性（定理 7.1.22）より

$$P(A) = \lim_{n\to\infty} P(A_n) = \lim_{n\to\infty} P'(A_n) = P'(A).$$

よって，$\bigcup_{n=1}^{\infty} A_n \in \mathcal{T}$． □

定理 7.1.27. Ω を標本空間とする．$\mathcal{S}$ を Ω 上の集合体とし，$\mathcal{F} = \sigma(\mathcal{S})$ とする．P, P' が $(\Omega, \mathcal{F})$ 上の確率測度であり，$\mathcal{S}$ 上 $P = P'$ ならば $\mathcal{F}$ 上 $P = P'$ である．

証明 方針は前定理と同じである．

$$\mathcal{T} = \{A \in \mathcal{F} \mid P(A) = P'(A)\}$$

とおく．定理 7.1.12 より，$\mathcal{F} = \sigma(\mathcal{S}) = \mathcal{MC}(\mathcal{S})$ のため，この $\mathcal{T}$ が単調族であることを示せば，$\mathcal{MC}(\mathcal{S})$ の最小性より $\mathcal{F} \subset \mathcal{T}$ となり命題が示せる．

$A_n \uparrow A = \bigcup_{n=1}^{\infty} A_n$ の場合も $A_n \downarrow A = \bigcap_{n=1}^{\infty} A_n$ の場合も，単調連続性（定理 7.1.22）より

$$P(A) = \lim_{n\to\infty} P(A_n) = \lim_{n\to\infty} P'(A_n) = P'(A).$$

よって，$\bigcup_{n=1}^{\infty} A_n, \bigcap_{n=1}^{\infty} A_n \in \mathcal{T}$． □

7.1.4 確率測度から生成される分布関数

この項では，標本空間を $\Omega = \mathbb{R}$ としてとり，σ-集合体を $\mathcal{F} = \mathcal{B}(\mathbb{R})$ として選んだときに限って話をする．限定的な話に思われるが，最も重要なケースであり，後に，本質的にこの場合を考察すれば十分であることが伺える．もちろん，前項で行った一般的な可測空間上の議論も $\Omega = \mathbb{R}$ としてとり，$\mathcal{F} = \mathcal{B}(\mathbb{R})$ として選んだ場合でも有効であるため，たとえば定理 7.1.26 や定理 7.1.27 が特別な場合でも成立することを注意しておく．

定理 7.1.28. $(\mathbb{R}, \mathcal{B}(\mathbb{R}))$ 上で定義された 2 つの確率測度 P, P' が，すべての $(a, b]$ に対して同じ値をとるならば，$\mathcal{B}(\mathbb{R})$ のすべての元に対して一致する．

証明 条件より $(\mathbb{R}, \mathcal{B}(\mathbb{R}))$ 上で定義された二つの確率測度 P, P' が（7.1.5）で定義された $\mathcal{J}$ 上で一致している．ここで $\mathcal{J}$ の要素の有限和で表される集合全体を $\mathcal{S}$ とする．すると，$A_1, A_2 \in \mathcal{J}$ に対し $A_1^c \cap A_2^c \in \mathcal{S}$ が成り立つことから，$A \in \mathcal{S}$ に対し，$A^c \in \mathcal{S}$ が成立するので，$\mathcal{S}$ が集合体となる．有限加法性より，$\mathcal{S}$

の元 A に対して，$P(A) = P'(A)$ が成立する．定理 7.1.16 より $\mathcal{B}(\mathbb{R}) = \sigma(\mathcal{S})$ となることに注意して，定理 7.1.27 を用いると，$\mathcal{B}(\mathbb{R})$ 上で二つの確率測度 P, P' は一致する．□

定義 7.1.29（分布関数）． $(\mathbb{R}, \mathcal{B}(\mathbb{R}))$ 上の確率測度 P に対し，関数 $F_P : \mathbb{R} \to [0, 1]$ が

$$F_P(t) = P((-\infty, t])$$

を満たすとき**確率測度から生成される分布関数 (distribution function generated by probality measure)** もしくは単に**分布関数 (distribution function)** とよぶ．

7.2 節も含め，以後，3 種類の分布関数が現れるが，それらの構成は異なれど，同等の分布関数であることを後に見ていくため，ここで確率測度から生成される分布関数を単に分布関数とよんでも誤解を生まないことが確認できる．まず，確率測度から生成される分布関数の基本的な性質について述べる．

定理 7.1.30. $F_P = F_{P'}$ であることと $P = P'$ であることは必要十分である．

証明　十分性は明らかである．必要性を示す．(7.1.5) における $\mathcal{J}$ の要素 $(a, b]$ に対して，

$$(a, b] = (-\infty, b] \setminus (-\infty, a]$$

と書ける．このとき，

$$\begin{aligned} P((a, b]) &= P((-\infty, b]) - P((-\infty, a]) \\ &= F_P(b) - F_P(a) \\ &= F_{P'}(b) - F_{P'}(a) \\ &= P'((a, b]). \end{aligned}$$

よって定理 7.1.28 より $P = P'$．□

定理 7.1.31（分布関数の基本性質）．

1. F_P は広義単調増加関数である．
2. F_P は右連続関数である．
3. $\lim_{t\to-\infty} F_P(t) = 0,\ \lim_{t\to\infty} F_P(t) = 1$.

注意 7.1.3. 広義単調増加関数であるため，

$$F_P(t-) = \lim_{s\uparrow t} F_P(s)$$

および

$$F_P(t+) = \lim_{s\downarrow t} F_P(s)$$

が数列に関する単調収束定理より定義でき，$t \in \mathbb{R}$ に対して，

$$F_P(t-) \leq F_P(t) \leq F_P(t+)$$

が成立する．つまり 2 は，$t \in \mathbb{R}$ で $F_P(t+) = F_P(t)$ を意味している．

証明　1. P の単調性より従う．

2. $t_n \downarrow t$ のとき $(-\infty, t_n] \downarrow (-\infty, t]$ なので，P の単調連続性より従う．

3. 後者のみ見る．

$$\begin{aligned} 1 \geq \lim_{t\to\infty} F_P(t) &\geq \lim_{t\to\infty} F_P(\lfloor t \rfloor) \\ &= \lim_{\substack{n\to\infty \\ n\in\mathbb{N}}} F_P(n) \\ &= \lim_{\substack{n\to\infty \\ n\in\mathbb{N}}} P((-\infty, n]) \\ &= P\left(\bigcup_{n=1}^{\infty} (-\infty, n]\right) = P(\mathbb{R}) = 1. \end{aligned}$$ □

以上の定理は，分布関数の基本的性質であるが，上記の 3 つの性質を満たすような関数 F は，$(\mathbb{R}, \mathcal{B}(\mathbb{R}))$ 上の確率測度 P から生成される分布関数 F_P と一致することを以下の定理で示す．

定理 7.1.32. $F : \mathbb{R} \to \mathbb{R}$ を，広義単調増加，右連続，$\lim_{t\to-\infty} F(t) = 0$，$\lim_{t\to\infty} F(t) = 1$ を満たす写像とする．このとき，$(\mathbb{R}, \mathcal{B}(\mathbb{R}))$ 上の確率測度 P として，$F = F_P$ となるものが一意に存在する．

略証明

$$\mathcal{S} = \{(-\infty, b] \mid b \in \mathbb{R}\}$$

とする．このとき，$\mathcal{S}$ 上の関数 P を

$$P((-\infty, b]) = F(b)$$

によって定めることができる．このとき，$A \in \mathcal{S}$ に対し，$P(A) \geq 0$ や $\lim_{t\to\infty} F(t) = 1$ であることから $P(\mathbb{R}) = 1$ が確認できる．ここで F の右連続性などの性質を用いることによって，$\mathcal{S}$ 上の関数 P を単調連続性をもつように $\mathcal{B}(\mathbb{R})$ 上の関数へ拡張することができる（カラテオドリの拡張定理）．すると，定理 7.1.22 から P は可算加法性をもつことがいえる．よって，P は確率測度である．定義より明らかに $F_P = F$ である．また $F_{P'} = F$ となる確率測度 P' が存在したとすると，$F_P = F_{P'}$ となり，定理 7.1.30 より $P = P'$ となる．□

つまり，上記の定理から，上記の性質 1〜3 をすべて満たしている関数 F を単に分布関数 (distribution function) とよぶことができることがわかる．またもう一つの分布関数の性質として以下の性質がある．

定理 7.1.33. 分布関数 F の不連続点は高々可算無限個である．

証明 D を F の不連続点の全体集合とする．$F(t-)=\lim_{s\uparrow t}F(s)$ と定め，各 $n\in\mathbb{N}$ に対して

$$D_n=\left\{x\in D \mid F(x)-F(x-)\geq\frac{1}{n}\right\}\subset D$$

と定める．まず D_n は有限集合である（ここでの有限集合には空集合も含めることとする）ことを示す．D_n が空集合なら，D_n は有限集合であるため，D_n が空集合でないときを考える．ある自然数 k に対して，$x_1<x_2<\cdots<x_k$ となる集合 $C_{k,n}=\{x_1,\ldots,x_k\}\subset D_n$ をとる．このとき

$$\begin{aligned}\frac{k}{n}&\leq\sum_{x\in C_{k,n}}(F(x)-F(x-))\\&\leq F(x_k)-F(x_1-)\leq 1.\end{aligned}$$

よって，$k\leq n$ となる．つまり，D_n に属し得る点の個数 k は高々 n 個である．つまり，D_n は有限集合である．少なくとも $x\in D$ は $F(x)-F(x-)>0$ であるため，$x\in D_n$ となる $n\in\mathbb{N}$ が存在する．よって，$D=\bigcup_{n=1}^{\infty}D_n$ となり，D_n は有限集合で可算和を考えているので，D は高々可算集合である． □

定義 7.1.34. $(\mathbb{R},\mathcal{B}(\mathbb{R}))$ 上の確率測度 P が**離散型 (discrete type)** であるとは，可算無限集合 C が存在し，$P(C)=1$ となることである．また，$(\mathbb{R},\mathcal{B}(\mathbb{R}))$ 上の確率測度 P が**連続型 (continuous type)** もしくは**絶対連続 (absolutely continuous)** であるとは，$\mathbb{R}$ 上の非負の関数 $f_P(t)$ が存在し，任意の左半開区間 $(a,b]$ に対し，

$$P((a,b])=\int_a^b f_P(s)ds$$

を満たすことである．ここで，この f_P を確率測度 P の**確率密度関数 (density function)** とよぶ．

確率密度関数は $(\mathbb{R}^d,\mathcal{B}(\mathbb{R}^d))$ 上にも拡張できる．たとえば二次元であれば $(\mathbb{R}^2,\mathcal{B}(\mathbb{R}^2))$ 上の絶対連続な確率測度 Q の確率密度関数 f_Q として

$$Q((a,b]\times(c,d])=\int_c^d\int_a^b f_Q(s,t)dsdt$$

となるものが考えられる．このように 2 次元の確率密度関数 f_Q を Q の**同時確率密度関数 (joint density function)** とよび，$c\to-\infty$, $d\to\infty$ によって得られる

$$P_X((a,b])=\int_a^b f_X(s)ds$$

における f_X を**周辺確率密度関数 (marginal density function)** とよぶ．同様に f_Y を与えることができる．ここで，

$$f_X(x)=\int_{-\infty}^{\infty}f_Q(x,y)dy,$$
$$f_Y(y)=\int_{-\infty}^{\infty}f_Q(x,y)dx$$

である．

定理 7.1.35. $(\mathbb{R},\mathcal{B}(\mathbb{R}))$ 上の確率測度 P に対して以下は同値．

1. P が離散型．
2. 異なる値をとる実数列 $\{t_i\}_{i\in\mathbb{N}}$ と非負値のみをとる実数列 p_i が存在し，$\sum_{i=1}^{\infty}p_i=1$ かつ $P=\sum_{i=1}^{\infty}p_i 1_{\{t_i\}}$．ただし，$1_{\{t_i\}}$ は (7.1.3) によって定まるものとする．
3. 異なる値をとる実数列 $\{t_i\}_{i\in\mathbb{N}}$ と非負値のみをとる実数列 p_i が存在し，$\sum_{i=1}^{\infty}p_i=1$ かつ $F_P(t)=\sum_{i=1}^{\infty}p_i 1_{\{s\in\mathbb{R}|t_i\leq s\}}(t)$． ただし，$1_{\{s\in\mathbb{R}|t_i\leq s\}}(t)$ は (7.1.2) によって定まるものとする．

例 7.1.8. $C=\{1,2,\ldots\}=\mathbb{N}$ とする．このとき，$P(\{i\})=1/6\ (i=1,2,\ldots,6)$ とし，$P(\{i\})=0\ (i\geq 6)$ によって定めると，1 から 6 の目が出るサイコロを表す確率測度 P を定めることができる．

証明 1⇒2. 可算無限集合を $C=\{t_i \mid i\in\mathbb{N}\}\subset\mathbb{R}$ とする．このとき，任意の $A\in\mathcal{B}(\mathbb{R})$ に対して確率 $P(A)$ を与える確率測度 P が構成でき，それが定理における P の形をしていることを示せばよい．$P(\{t_i\})=p_i$ と定める．ここで

$$\begin{aligned}0&\leq P(A)-P(A\cap C)=P(A\cup C)-P(C)\\&\leq P(\Omega)-1.\end{aligned}$$

よって $P(A)=P(A\cap C)$ であるため，

$$\begin{aligned}P(A)&-P\left(A\cap\bigcup_{i=1}^{\infty}\{t_i\}\right)\\&=\sum_{i=1}^{\infty}P(A\cap\{t_i\})\\&=\sum_{i=1}^{\infty}P(\{t_i\})1_{\{t_i\}}(A).\end{aligned}$$

2⇒3. $1_{\{t_i\}}((-\infty,t])=1_{\{s\in\mathbb{R}|t_i\leq s\}}(t)$ である．

3⇒1. 3 で与えられている $\{t_i\}$ に対し，$\bigcup_i\{t_i\}=C$ とおく．また F_P によって定められる確率測度 P の存在は定理 7.1.32 によって担保され，

$$\begin{aligned}P(C)&=\sum_{i=1}^{\infty}P(\{t_i\})\\&=\sum_{i=1}^{\infty}(F_P(t_i)-F_P(t_i-))\\&=\sum_{i=1}^{\infty}p_i=1.\end{aligned}$$

□

定理 7.1.36. $(\mathbb{R},\mathcal{B}(\mathbb{R}))$ 上の確率測度 P が絶対連続で

あるための必要十分条件は，$\mathbb{R}$ 上のある非負値の関数 f が $\int_{-\infty}^{\infty} f(s)ds = 1$ かつ

$$F_P(t) = \int_{-\infty}^{t} f(s)ds \qquad (t \in \mathbb{R})$$

を満たすようにとれることである．

証明　もし，P が絶対連続であれば，$f_P(t)$ が存在し，

$$P((a, b]) = \int_a^b f_P(s)ds$$

を満たす．すると，P は確率測度のため，単調連続であるから

$$F_P(b) = \lim_{a \to -\infty} P((a, b]) = \int_{-\infty}^{b} f_P(s)ds$$

であり，$b \to \infty$ とすれば，$\int_{-\infty}^{\infty} f_P(s)ds = 1$ を満たす．

逆に $f(s)$ が定理の条件を満たすように与えられるならば，

$$P((a, b]) = F_P(b) - F_P(a) = \int_t^b f(s)ds.$$

□

定義 7.1.37（条件付確率測度）． A, B を事象とする．$P(B) > 0$ のとき，***B* が与えられたもとでの *A* の条件付確率（conditional probability of *A* given *B*）** を

$$P(A|B) = \frac{P(A \cap B)}{P(B)} \qquad (7.1.6)$$

によって定義する．$P(B) = 0$ のときは，便宜上，$P(A|B) = P(A)$ によって定義する．

ここで2つの事象が**独立（independent）**とは，

$$P(A \cap B) = P(A)P(B)$$

が成立することである．$P(B) > 0$ ならば，この等式は $P(A \mid B) = P(A)$ と書くことができる．より一般に，事象の族 $\{A_\lambda\}_{\lambda \in \Lambda}$ が独立とは，任意の有限部分集合 $\Lambda_0 \subset \Lambda$ に対して

$$P\left(\bigcup_{\lambda \in \Lambda_0} A_\lambda\right) = \prod_{\lambda \in \Lambda_0} P(A_\lambda)$$

が成立することである．

さて，(7.1.6) において A, B の役割を代えれば明らかに

$$P(B|A) = \frac{P(A \cap B)}{P(A)}. \qquad (7.1.7)$$

定理 7.1.38（全確率の法則）． Ω が互いに排反な空ではない集合 $A_1, A_2, \ldots$ によって分割されているとする．すなわち，$\Omega = \bigsqcup_{i=1}^{\infty} A_i$ とする．このとき，事象 B に対し，

$$P(B) = \sum_{i=1}^{\infty} P(B|A_i)P(A_i). \qquad (7.1.8)$$

証明

$$B = \Omega \cap B = \left(\bigcup_{i=1}^{\infty} A_i\right) \cap B = \bigcup_{i=1}^{\infty} (A_i \cap B)$$

であり，$A_i \cap B$ $(i \in \mathbb{N})$ が排反のため，可算加法性および (7.1.7) より従う．□

定理 7.1.39（ベイズの定理（Bayes' Theorem））． Ω が互いに排反な集合 $A_1, A_2, \ldots$ によって分割されているとする．すなわち，$\Omega = \bigsqcup_{i=1}^{\infty} A_i$ とする．このとき，$P(B) > 0$ となる事象 B とすべての j に対して，

$$P(A_j|B) = \frac{P(B|A_j)P(A_j)}{\sum_{i=1}^{\infty} P(B|A_i)P(A_i)}.$$

証明　(7.1.6) の分母を (7.1.8) によって置き換え，分子を (7.1.7) で置き換えればよい．□

アンドレイ・コルモゴロフ

Andrey Nikolaevich Kolmogorov (1903–1987)．1800年代にラプラスによって母関数の解析的な見地から築き上げられた確率論を，測度論に基づく現代の確率論である公理的確率として築き上げたロシアの数学者である．

7.2　確率変数

7.2.1　可測関数

本節では，特に実数値をとる実確率変数 X を扱っていく．まずは可測関数という概念を定義するが，確率変数とよぶことと大差はない．

定義 7.2.1（可測関数）． $(\Omega, \mathcal{F})$ を可測空間とし，$X : \Omega \to \mathbb{R}$ を写像とする．任意の $B \in \mathcal{B}(\mathbb{R})$ に対し，

$$X^{-1}(B) = \{\omega \in \Omega \mid X(\omega) \in B\} \in \mathcal{F}$$

を満たすとき，X を可測空間 $(\Omega, \mathcal{F})$ 上の**（実）可測関数（(real-valued) measurable function）**とよぶ．

特に断りなければ，実数値をとる可測関数のみを扱い，実可測関数を可測関数とよぶことにする．つま

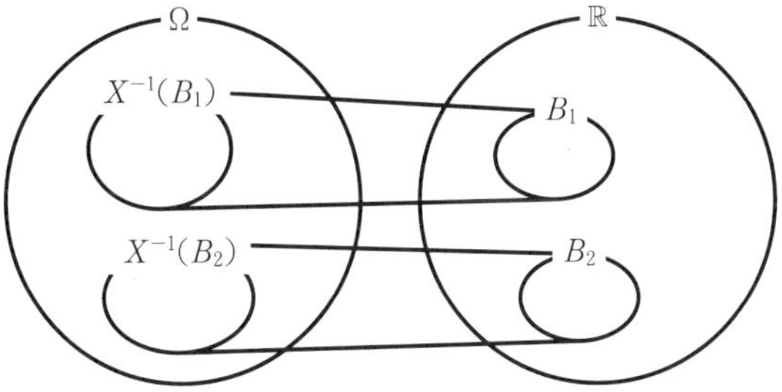

図 7.2.1 可測関数による σ-集合体

り，∞ や $-\infty$ を値にもつ可測関数は通常は扱わないことも意味する．

$\mathcal{F}$ を特定する必要がある場合には $\mathcal{F}$-可測関数とよぶことにする．

例 7.2.1. $\Omega = \{\omega_1, \omega_2, \omega_3\}$ とし，$\mathcal{F} = \mathcal{P}(\Omega) = \{\emptyset, \{\omega_1\}, \{\omega_2\}, \{\omega_3\}, \{\omega_1, \omega_2\}, \{\omega_1, \omega_3\}, \{\omega_2, \omega_3\}, \Omega\}$ とする．定められた可測空間 $(\Omega, \mathcal{F})$ に対して，

$$X(\omega) = \begin{cases} 1 & (\omega \in \{\omega_1, \omega_2\}) \\ 0 & (\omega = \omega_3) \end{cases}$$

と定める．このとき，$B_0 = \emptyset, B_1 = \{0\}$，$B_2 = \{1\}$，$B_3 = \{2\}$, $B_4 = \{0, 1\}$ とすると，

$$\begin{aligned} X^{-1}(B_0) &= \emptyset \in \mathcal{F}, \\ X^{-1}(B_1) &= \{\omega_3\} \in \mathcal{F}, \\ X^{-1}(B_2) &= \{\omega_1, \omega_2\} \in \mathcal{F}, \\ X^{-1}(B_3) &= \emptyset \in \mathcal{F}, \\ X^{-1}(B_4) &= \{\omega_1, \omega_2, \omega_3\} = \Omega \in \mathcal{F}. \end{aligned}$$

補題 7.2.2. X を Ω から $\mathbb{R}$ への写像とする．B, B', B_λ $(\lambda \in \Lambda) \in \mathcal{P}(\mathbb{R})$ とする．ただし，Λ は添え字の集合とし，必ずしも可算集合である必要はない．このとき，以下が成立．

1. $X^{-1}(\emptyset) = \emptyset$.
2. $B \subset B'$ ならば $X^{-1}(B) \subset X^{-1}(B')$.
3. $X^{-1}(B^c) = (X^{-1}(B))^c$.
4. $B \cap B' = \emptyset$ ならば $X^{-1}(B) \cap X^{-1}(B') = \emptyset$.
5. $X^{-1}(\bigcup_{\lambda\in\Lambda} B_\lambda) = \bigcup_{\lambda\in\Lambda} X^{-1}(B_\lambda)$.

証明 1. 明らかに $X^{-1}(\emptyset) \supset \emptyset$. もし $\omega \in X^{-1}(\emptyset)$ ならば，$X(\omega) = \emptyset$ となり $\mathbb{R}$ に値をとっていないことになり矛盾．よって，$X^{-1}(\emptyset)$ は要素をもたない．
2. $\omega \in X^{-1}(B)$ とする．このとき，$X(\omega) \in B \subset B'$.
3. 両方の包含関係を示せばよいが片方のみ確認する．$\omega \in X^{-1}(B^c)$ とする．このとき，$X(\omega) \in B^c$ となり，$X(\omega) \notin B$. もし，$\omega \in X^{-1}(B)$ ならば矛盾するため，$\omega \notin X^{-1}(B)$. ゆえに $\omega \in (X^{-1}(B))^c$. つまり，$X^{-1}(B^c) \subset (X^{-1}(B))^c$.
4. $\omega \in X^{-1}(B) \cap X^{-1}(B')$ が存在すると仮定する．このとき，$X(\omega) \in B$ かつ $X(\omega) \in B'$ となるが，X は関数であるため，共通部分が存在しないと多価となり，矛盾する．
5. 両方の包含関係を示せばよいが片方のみ確認する．$\omega \in X^{-1}(\bigcup_{\lambda\in\Lambda} B_\lambda)$ とする．このとき，$X(\omega) \in \bigcup_{\lambda\in\Lambda} B_\lambda$ となるため，ある $\lambda_0 \in \Lambda$ が存在し，$X(\omega) \in B_{\lambda_0}$. よって $\omega \in X^{-1}(B_{\lambda_0}) \subset \bigcup_{\lambda\in\Lambda} X^{-1}(B_\lambda)$. □

実際，すべての $B \in \mathcal{B}(\mathbb{R})$ において，その逆像が $\mathcal{F}$ に入ることを確認するのが困難であるが，以下の定理 7.2.4 ように確認することもできる．

補題 7.2.3. $\mathcal{F}$ を Ω の σ-集合体とし，X を Ω 上の $\mathbb{R}$ への写像とする．このとき

$$\mathcal{B} = \{B \in \mathcal{B}(\mathbb{R}) \mid X^{-1}(B) \in \mathcal{F}\} \tag{7.2.1}$$

は $\mathbb{R}$ 上の σ-集合体である．

証明 $B \in \mathcal{B}$ とする．$B \in \mathcal{B} \subset \mathcal{B}(\mathbb{R})$ より $B^c \in \mathcal{B}(\mathbb{R})$. $\mathcal{F}$ が σ-集合体であるから，補題 7.2.2 より $X^{-1}(B^c) \in \mathcal{F}$. ゆえに $B^c \in \mathcal{B}$. 同様に $\emptyset \in \mathcal{B}$ であり，$B_i \in \mathcal{B}$ に対して $\bigcup_{i=1}^{\infty} B_i \in \mathcal{B}$. □

定理 7.2.4. $(\Omega, \mathcal{F})$ を可測空間とする．$X : \Omega \to \mathbb{R}$ が可測関数であることと任意の $t \in \mathbb{R}$ に対して，

$$\{\omega \in \Omega \mid X(\omega) \leq t\} \in \mathcal{F}$$

であることは必要十分である．

証明 X を可測関数とする．$B = (-\infty, t]$ とすると，$B \in \mathcal{B}(\mathbb{R})$ である．このとき，

$$\begin{aligned} A &= \{\omega \in \Omega \mid X(\omega) \leq t\} \\ &= \{\omega \in \Omega \mid X(\omega) \in (-\infty, t]\} \\ &= \{\omega \in \Omega \mid X(\omega) \in B\} \\ &= X^{-1}(B) \in \mathcal{F}. \end{aligned}$$

逆を考える．

$$\mathcal{T} = \{(-\infty, t] \mid t \in \mathbb{R}\}$$

とする．$B = (-\infty, a] \in \mathcal{T}$ をとる．$A = \{\omega \in \Omega \mid X(\omega) \leq a\}$ とすれば，条件より $A \in \mathcal{F}$. よって $X^{-1}(B) = A \in \mathcal{F}$. ゆえに，(7.2.1) の $\mathcal{B}$ に対して，$\mathcal{T} \subset \mathcal{B}$. 定理 7.1.16 および補題 7.2.3 より

$$\mathcal{B}(\mathbb{R}) = \sigma(\mathcal{T}) \subset \sigma(\mathcal{B}) = \mathcal{B}.$$

つまり，任意の $B \in \mathcal{B}(\mathbb{R})$ に対し，$X^{-1}(B) \in \mathcal{F}$. よって X は可測関数. □

系 7.2.5. $\mathcal{T}$ を $\mathbb{R}$ の部分集合族とし，$\sigma(\mathcal{T}) = \mathcal{B}(\mathbb{R})$ を満たすとする．このとき，

$$X^{-1}(\mathcal{T}) = \{X^{-1}(B) \mid B \in \mathcal{T}\} \subset \mathcal{F}$$

であることは X が可測関数であるための必要十分条件となる．

定理 7.2.4 の条件に示されている事象は，$\{\omega \in \Omega \mid X(\omega) \geq t\}$, $\{\omega \in \Omega \mid X(\omega) > t\}$, $\{\omega \in \Omega \mid X(\omega) < t\}$ などによっても置き換えることができる．

定理 7.2.6（写像から生成される σ-集合体）． X を Ω 上の $\mathbb{R}$ への写像とする．このとき，

$$\sigma(X) = \{X^{-1}(B) \in \mathcal{P}(\Omega) \mid B \in \mathcal{B}(\mathbb{R})\}$$

は Ω 上の σ-集合体である．また写像 X が可測空間 $(\Omega, \mathcal{F})$ 上の可測関数であることの必要十分条件は $\sigma(X) \subset \mathcal{F}$ であることである．

証明　系 7.2.5 から明らかであるか証明を与える．明らかに $\Omega = X^{-1}(\mathbb{R}) \in \sigma(X)$．また $X^{-1}(B) \in \sigma(X)$ $(B \in \mathcal{B}(\mathbb{R}))$ に対し，$B^c \in \mathcal{B}(\mathbb{R})$ であるため，補題 7.2.2 より，$(X^{-1}(B))^c = X^{-1}(B^c) \in \sigma(X)$．さらに $X^{-1}(B_1), X^{-1}(B_2) \in \sigma(X)$ $(B_1, B_2 \in \mathcal{B}(\mathbb{R}))$ に対し，$B_1 \cup B_2 \in \mathcal{B}(\mathbb{R})$ であるため，補題 7.2.2 より，$(X^{-1}(B_1)) \bigcup (X^{-1}(B_2)) = X^{-1}(B_1 \cup B_2) \in \sigma(X)$．

必要十分条件について考える．X が可測関数ならば定義より任意の $B \in \mathcal{B}(\mathbb{R})$ に対して $X^{-1}(B) \in \mathcal{F}$ のため $\sigma(X) \subset \mathcal{F}$．また $\sigma(X) \subset \mathcal{F}$ ならば $X^{-1}(B) \in \mathcal{F}$ となり，$(\Omega, \mathcal{F})$ 上の可測関数となる．　□

定理における $\sigma(X)$ を **X によって生成される σ-集合体（σ-field generated by X）** とよぶ．

例 7.2.2. $A \in \mathcal{F}$ とする．このとき，

$$\sigma(1_A) = \{\emptyset, A, A^c, \Omega\}.$$

例 7.2.3. X を可測関数とする．Ω の部分集合族

$$\pi(X) = \{X^{-1}((-\infty, a]) \mid a \in \mathbb{R}\}$$

は π-系である．なぜならば，$\pi(X)$ に属する 2 つの事象を，実数 a, b を用いて $X^{-1}((-\infty, a])$, $X^{-1}((-\infty, b])$ と表すとき，$c = \min\{a, b\}$ と定めれば，

$$X^{-1}((-\infty, a]), X^{-1}((-\infty, b]) = X^{-1}((-\infty, c])$$

となり，左辺の積事象が再び $\pi(X)$ の要素となることがわかる．

定義 7.2.7（可測関数から生成される π-系）． 上記例における $\pi(X)$ を，可測関数 X から生成される π-系という．

ここで，$(\Omega, \mathcal{F})$ 上の可測関数 X と $B \in \mathcal{B}(\mathbb{R})$ に対して，

$$\{X \in B\} = \{\omega \in \Omega \mid X(\omega) \in B\} \tag{7.2.2}$$

と略記することにする．すると，$\{X \in B\}$ は Ω 上の事象となり，$\{X \in B\} \in \mathcal{F}$ となる．

また，$A \in \mathcal{F}$ に対して，(7.1.2) の指示関数 $1_A(\omega)$ は可測関数となり，$1_A(\omega)$ を用いて以下の階段関数を構成できる．

例 7.2.4（階段関数（step function）による可測関数）． a_i, A_i $(1 \leq i \leq n)$ をそれぞれ有限個の実数および事象とする．このとき，

$$X(\omega) = \sum_{i=1}^{n} a_i 1_{A_i}(\omega).$$

は可測関数である．略記するときは，単に $X = \sum_{i=1}^{n} a_i 1_{A_i}$ と書くことにする．

以下で，上記を確認するため，可測関数に関するいくつかの基本的な定理を与える．

定理 7.2.8（可測関数の四則演算）． X, Y を可測関数とする．このとき，以下が成立．

1. $a, b \in \mathbb{R}$ に対して，$aX + bY$ は可測関数．
2. XY は可測関数．
3. $\omega \in \Omega$ に対して，$Y(\omega) \neq 0$ ならば X/Y は可測関数．

証明　1. $X + Y$ および aX が可測関数であることを示せば十分である．すべての $t \in \mathbb{R}$ に対し，

$$\begin{aligned}
&\{X + Y \leq t\} \\
&= \{\omega \in \Omega \mid X(\omega) + Y(\omega) \leq t\} \\
&= \bigcup_{r \in \mathbb{Q}} \{\omega \in \Omega \mid X(\omega) \leq r, Y(\omega) \leq t - r\} \\
&= \bigcup_{r \in \mathbb{Q}} \left(\{\omega \in \Omega \mid X(\omega) \leq r\} \cap \{\omega \in \Omega \mid Y(\omega) \leq t - r\}\right).
\end{aligned}$$

X および Y はともに確率変数のため，$\{\omega \in \Omega \mid X(\omega) \leq r\}$, $\{\omega \in \Omega \mid Y(\omega) \leq t - r\} \in \mathcal{F}$．また $\mathbb{Q}$ は可算集合であるため $\{X + Y \leq t\} \in \mathcal{F}$．定理 7.2.4 より $X + Y$ は可測関数となる．

aX については，$a = 0$ のときは自明である．$a > 0$ のときは，$\{aX \leq t\} = \{X \leq t/a\}$ であり，他方 $a < 0$ のときは，$\{aX \leq t\} = \{X \geq t/a\}$ であるが，ともに右辺は $\mathcal{F}$ の元である．

2. $Y = X$ のとき，つまり X^2 が確率変数であることを確認する．$t \geq 0$ に対し，

$$\begin{aligned}
\{X^2 \leq t\} &= \{-\sqrt{t} \leq X \leq \sqrt{t}\} \\
&= \{X \leq \sqrt{t}\} \setminus \{X < -\sqrt{t}\} \in \mathcal{F}.
\end{aligned}$$

ゆえに，$XY = ((X + Y)^2 - X^2 - Y^2)/2$ も確率変数となる．

3. $1/Y$ が確率変数であることを示せば十分である．$t>0$ のとき，$\{1/Y\le t\}=\{Y\ge 1/t\}\cup\{Y<0\}$ であり，$t=0$ のとき，$\{1/Y\le t\}=\{Y<0\}$ であり，$t<0$ のとき，$\{1/Y\le t\}=\{Y\le 1/t\}$ である． □

定理 7.2.9. X, Y を可測関数とする．このとき，$\max\{X, Y\}$，$\min\{X, Y\}$ は可測関数．また X^+, X^- を Ω 上で

$$X^+(\omega)=\max\{X(\omega), 0\},\ X^-(\omega)=\max\{-X(\omega), 0\}$$

によって定めたとき，X^+, X^- は可測関数となり，

$$X=X^+-X^- \tag{7.2.3}$$

を満たす．さらに $|X|=X^++X^-$ であり，$|X|$ も可測関数．

証明

$$\{\omega\in\Omega\mid \max\{X(\omega), Y(\omega)\}\le t\}=\{X\le t\}\cap\{Y\le t\}$$

および

$$\{\omega\in\Omega\mid \min\{X(\omega), Y(\omega)\}\le t\}=\{X\le t\}\cup\{Y\le t\}$$

と表せることから定理 7.2.4 より可測関数となる． □

ここで，$\mathcal{M}(\mathcal{F})$ を $(\Omega, \mathcal{F})$ 上の可測関数全体を表す記号とし，$\mathcal{M}^+(\mathcal{F})$ を $(\Omega, \mathcal{F})$ 上の非負値の可測関数全体を表す記号とする．省略のため，Ω は省いた形で記号を定義している．上記の X, X^+, X^- は，$X\in\mathcal{M}(\mathcal{F}), X^+, X^-\in\mathcal{M}^+(\mathcal{F})$ となる．

ここでいったん，以下でボレル可測関数とよばれるものを定義するが，後の定理 7.2.16 や変数変換を伴う箇所で考えるため，ここでは深く考えず定義をする．

定義 7.2.10（ボレル可測関数）． 可測空間 $(\Omega, \mathcal{F})$ において，Ω を $\mathbb{R}$ にとり，$\mathcal{F}$ をボレル集合体 $\mathcal{B}(\mathbb{R})$ にとったとき，可測空間 $(\Omega, \mathcal{F})$ 上の可測関数 X を特に**ボレル可測関数（Borel measurable function）**とよぶ．また，Ω を $\mathbb{R}^d$ にとり，$\mathcal{F}$ をボレル集合体 $\mathcal{B}(\mathbb{R}^d)$ にとったとき，可測空間 $(\Omega, \mathcal{F})$ 上の可測関数 X を d 次元ボレル可測関数とよぶ．

注意 7.2.1. 可測関数は $\mathbb{R}$ を値域にもつ関数として考えているため，d 次元ボレル可測関数は $\mathbb{R}^d$ から $\mathbb{R}$ への写像である．d 次元を省略して可測関数ということもある．

定理 7.2.11. f を $\mathbb{R}^d$ 上の実数値連続関数とする．また，

$$\sigma(f)=\{f^{-1}(B)\in\mathcal{P}(\mathbb{R}^d)\mid B\in\mathcal{B}(\mathbb{R})\}$$

としたとき，$\sigma(f)$ は σ-集合体で

$$\sigma(f)\subset\mathcal{B}(\mathbb{R}^d).$$

証明 $\sigma(f)$ が σ-集合体であることは定理 7.2.6 より従う．また，

$$\mathcal{T}=\{B\in\mathcal{P}(\mathbb{R})\mid f^{-1}(B)\in\mathcal{B}(\mathbb{R}^d)\}$$

としたとき，補題 7.2.2 より $\mathcal{T}$ は $\mathbb{R}$ 上の σ-集合体である．また $\mathcal{O}$ を $\mathbb{R}$ の開集合系とし，$O\in\mathcal{O}$ に対し，f は連続であるため，f の逆像 $f^{-1}(O)$ は $\mathbb{R}^d$ の開集合．つまり，$f^{-1}(O)\in\mathcal{B}(\mathbb{R}^d)$ となり，$O\in\mathcal{T}$．ゆえに $\mathcal{O}\subset\mathcal{T}$．ここで $\mathcal{T}$ が $\mathcal{O}$ を含む σ-集合体であり，$\mathcal{B}(\mathbb{R})$ の最小性より，$\mathcal{B}(\mathbb{R})\subset\mathcal{T}$．つまり，任意の $B\in\mathcal{B}(\mathbb{R})$ に対し，$f^{-1}(B)\in\mathcal{B}(\mathbb{R}^d)$．よって，$\sigma(f)\subset\mathcal{B}(\mathbb{R}^d)$．

□

系 7.2.12. 連続関数はボレル可測関数．

証明 定理 7.2.6 と定理 7.2.11 より f は可測関数．

□

$[x]$ を x を超えない最大整数を表す関数としたとき，この関数は連続関数ではないが区分的に連続な関数のため，X が確率変数ならば $[X]$ もボレル可測関数であることが容易にわかる．

定理 7.2.13（可測関数の変数変換）． $X_1, \ldots, X_d$ を $(\Omega, \mathcal{F})$ 上の可測関数とし，g を $\mathbb{R}^d$ から $\mathbb{R}$ へのボレル可測関数とする．このとき，$Y=g(X_1, \ldots, X_d)$ は $(\Omega, \mathcal{F})$ 上の可測関数である．

証明 Y が $(\Omega, \mathcal{F})$ 上の可測関数であることを示すために，任意の $A\in\mathcal{B}(\mathbb{R})$ に対し，

$$\begin{aligned}Y^{-1}(A)&=\{\omega\in\Omega\mid Y(\omega)\in A\}\\&=\{\omega\in\Omega\mid g(X_1(\omega), \ldots, X_d(\omega))\in A\}\in\mathcal{F}\end{aligned}$$

を示せばよい．まず，$J=J_1\times\cdots\times J_d\in\mathcal{J}^d\ (J_i\in\mathcal{J})$ に対し，

$$\begin{aligned}\boldsymbol{X}^{-1}(J)&=\{\omega\in\Omega\mid (X_1(\omega), \ldots, X_d(\omega))\in J\}\\&=\{\omega\in\Omega\mid X_1(\omega)\in J_1, \ldots, X_d(\omega)\in J_d\}\\&=\bigcap_{i=1}^{d}\{\omega\in\Omega\mid X_i(\omega)\in J_i\}\\&=\bigcap_{i=1}^{d}X_i^{-1}(J_i).\end{aligned}$$

各 X_i は可測関数のため，$\boldsymbol{X}^{-1}(J)\in F$．ここで補題 7.2.3 のように

$$\mathcal{B}^d=\left\{B\in\mathcal{B}(\mathbb{R}^d)\mid \boldsymbol{X}^{-1}(B)\in\mathcal{F}\right\}\subset\mathcal{B}(\mathbb{R}^d)$$

とすれば，$\mathcal{B}^d$ は σ-集合体で $\mathcal{J}^d\subset\mathcal{B}^d$．すると定理

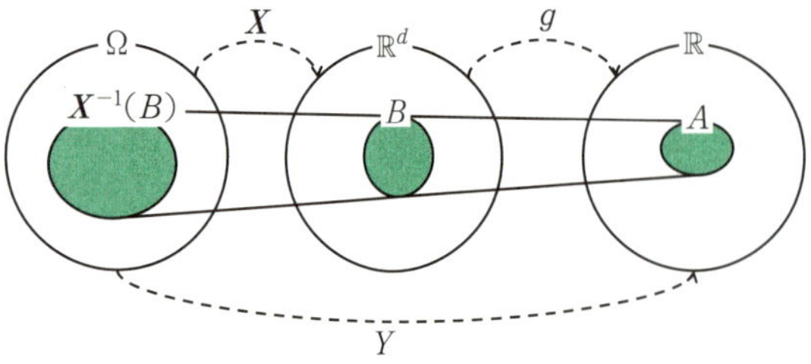

図 7.2.2　ボレル可測関数による変換

7.1.16 より $\mathcal{B}^d = \mathcal{B}(\mathbb{R}^d)$ が従う．つまり任意の $B \in \mathcal{B}(\mathbb{R}^d)$ に対し

$$X^{-1}(J) \in \mathcal{F} \tag{7.2.4}$$

である．また，g はボレル可測関数のため，

$$\{(x_1, \ldots, x_d) \in \mathbb{R}^d \mid g(x_1, \ldots, x_d) \in A\} \\ = g^{-1}(A) \in \mathcal{B}(\mathbb{R}^d).$$

$B = g^{-1}(A)$ とすれば，(7.2.4) より

$$X^{-1} \circ g^{-1}(A) \in \mathcal{F}.$$

つまり，

$$\begin{aligned} Y^{-1}(A) &= \{\omega \in \Omega \mid g(X_1(\omega), \ldots, X_d(\omega)) \in A\} \\ &= \{\omega \in \Omega \mid (X_1(\omega), \ldots, X_d(\omega)) \in g^{-1}(A)\} \\ &= X^{-1} \circ g^{-1}(A) \in \mathcal{F}. \end{aligned}$$

□

系 7.2.14. $X_1, \ldots, X_d$ を $(\Omega, \mathcal{F})$ 上の可測関数とし，g を $\mathbb{R}^d$ から $\mathbb{R}$ への連続関数とする．このとき，$Y = g(X_1, \ldots, X_d)$ は $(\Omega, \mathcal{F})$ 上の可測関数である．

証明　系 7.2.12 より従う．□

7.2.2　確率変数と基本的な性質

以下で確率変数を定義する．

定義 7.2.15 (確率変数). 可測空間 $(\Omega, \mathcal{F})$ 上に確率測度 P が定義され，確率空間 $(\Omega, \mathcal{F}, P)$ をなすとする．このとき，可測空間 $(\Omega, \mathcal{F})$ 上の可測関数 X を確率空間 $(\Omega, \mathcal{F}, P)$ 上の**確率変数 (random variable)** とよぶ．

すると，(7.2.2) で考えた事象 $\{X \in B\} \in \mathcal{F}$ に対する確率測度を以下のように定義することができる．

$$P(\{X \in B\}) = P(X^{-1}(B)). \tag{7.2.5}$$

ただし，$P(\{X \in B\})$ を略記し $P(X \in B)$ と書くことにする．また $B = \{a\}$ $(a \in \mathbb{R})$ などの一点集合の場合，単にこれを $P(X = a)$ と書いたり，$B = [a, b]$ $(a, b \in \mathbb{R})$ などの区間である場合は，$P(a \leq X \leq b)$ と略記することにする．

定義より $P : \mathcal{F} \to \mathbb{R}$ であることに注意しつつ，以下について考える．一般に，確率空間 $(\Omega, \mathcal{F}, P)$ 上の確率変数 X を可測空間 $(\Omega, \mathcal{F})$ 上の可測関数として定義したが，本質的には $(\Omega, \mathcal{F})$ を意識しなくても確率変数の特性を捉えられることがわかる．すなわち，確率空間 $(\Omega, \mathcal{F}, P)$ 上の確率変数 X によって，新たな確率空間 $(\mathbb{R}, \mathcal{B}(\mathbb{R}), P_X)$ を構成ができることが次の定理からわかる．

定理 7.2.16. X を確率空間 $(\Omega, \mathcal{F}, P)$ 上の確率変数とする．$B \in \mathcal{B}(\mathbb{R})$ に対し，

$$P_X(B) = P(X^{-1}(B))$$

と定めると，P_X は確率測度であり，$(\mathbb{R}, \mathcal{B}(\mathbb{R}), P_X)$ は確率空間．

証明　P は確率測度のため，任意の $B \in \mathcal{B}(\mathbb{R})$ に対し，$P_X(B) = P(X^{-1}(B)) \geq 0$. また

$$P_X(\mathbb{R}) = P(\{\omega \in \Omega \mid X(\omega) \in \mathbb{R}\}) = P(\Omega) = 1$$

が成立する．さらに $B_1, B_2, \ldots \in \mathcal{B}(\mathbb{R})$ が排反な集合としたとき，補題 7.2.2 より $X^{-1}(B_i) \in \mathcal{F}$ $(i \in \mathbb{N})$ は排反な事象となる．よって補題 7.2.2 の事実を用いれば，P は確率測度なので

$$\begin{aligned} P_X\left(\bigcup_{i \in \mathbb{N}} B_i\right) &= P\left(X^{-1}\left(\bigcup_{i \in \mathbb{N}} B_i\right)\right) \\ &= P\left(\bigcup_{i \in \mathbb{N}} X^{-1}(B_i)\right) \\ &= \sum_{i=1}^{\infty} P\left(X^{-1}(B_i)\right) \\ &= \sum_{i=1}^{\infty} P_X(B_i). \end{aligned}$$

□

定義から見てわかるように，(7.2.5) の P と P_X の右辺の値は同じであり，P は $P : \mathcal{F} \to \mathbb{R}$ であり，P_X は $P_X : \mathcal{B}(\mathbb{R}) \to \mathbb{R}$ であるだけで，どの上の測度であるかという違いだけである．

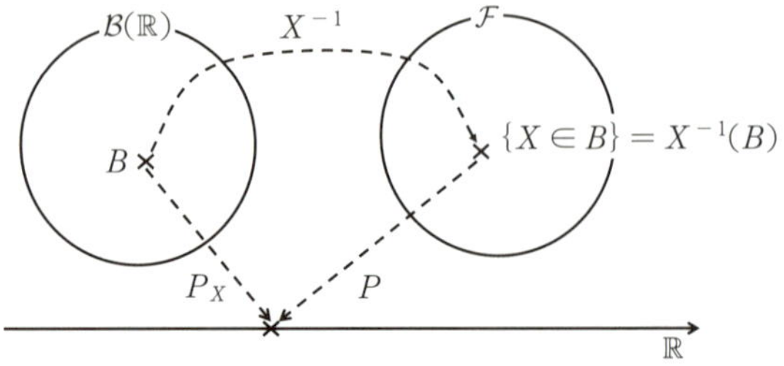

以上によって，X がどの可測空間で定義された確率変数なのかをさほど意識する必要がないことがわかる．よって，特に必要のない場合，確率変数 X が定

義される可測空間を特に明記せず，単に確率変数と略記することもある．

定義 7.2.17（確率変数から生成される分布）**.** X を確率変数とする．

1. P_X を X の分布 (**distribution of X**) とよぶ．
2. X の分布関数 (**distribution function of X**)F_X を

$$\begin{aligned}F_X(t) &= P_X((-\infty, t]) \\ &= P(X \in (-\infty, t]) \\ &= P(\{\omega \in \Omega \mid X(\omega) \in (-\infty, t]\}) \\ &= P(X \leq t)\end{aligned}$$

で定める．

前に確率測度 P から生成される分布関数 F_P を定義したが，上記の確率変数から生成される分布関数 F_X との関係を以下で整理することができる．

定理 7.2.18. F を分布関数とする．このとき，確率空間 $(\Omega, \mathcal{F}, P)$ とその確率空間上の確率変数 X が存在し，$F_X = F_P = F$.

ここで X が**離散型確率変数 (discrete randome variable)** である，もしくは**連続型確率変数 (continuous random variable)** であるとは，P_X が離散型である，もしくは連続型であることである．また P_X の確率密度関数が存在するならば，その確率密度関数を **X の確率密度関数 (density function of X)** とよび f_X と表すことにする．

定義 7.2.19（同分布性）**.** 確率変数 X と Y が**同分布性 (identically distributed)** であるとは，$F_X = F_Y$ を満たすことである．このとき，$X \overset{d}{=} Y$ と記述することにする．

仮に，$Y = -X$ とし，X が対称な連続型の確率変数とする．ここで対称であるとは，確率密度関数が対称な関係 $f_X(x) = f_X(-x)$ をもつことであるとする．このとき，$F_X(t) = P(X \leq t) = \int_{-\infty}^{t} f_X(u)du = \int_{-t}^{\infty} f_X(v)dv = P(-t < X) = P(Y \leq t) = F_Y(t)$ となり，$P(X = Y) = 0$ であっても，$X \overset{d}{=} Y$ が成立することがあることに注意する．特に $P(X = Y) = 1$ のときには，$X \overset{a.s.}{=} Y$ と書き，X と Y は**ほとんど確実 (almost surely)** に等しいという．

以下，具体的な確率変数を紹介する．ここで，確率変数 X によって確率測度 $P = P_X$ が定義でき，定理 7.1.35 もしくは定理 7.1.36 によって，確率測度 P に対応する分布 F_P が与えられることに注意する．

以下，さまざまな確率変数から得られる確率測度 P を紹介するが，確率変数を定めるための実数が必要とされ，その変数を確率変数の**パラメータ（もしくは母数）(parameter)** とよぶ．

例 7.2.5（さまざまな離散型確率変数）**.**

ベルヌーイ分布 (Bernoulli distribution)　確率変数 X がパラメータ $p \in [0, 1]$ のベルヌーイ分布に従うとは，確率測度 P_X が

$$P_X(X = 1) = p, \quad P_X(X = 0) = 1 - p$$

により与えられることである．

二項分布 (binomial distribution)　確率変数 X がパラメータ $p \in [0, 1]$ と $n \in \mathbb{N}$ の二項分布に従うとは，各 $k = 0, 1, \ldots, n$ に対して，確率測度 P_X が

$$P_X(X = k) = \binom{n}{k} p^k (1 - p)^{n-k}$$

により与えられることである．

多項分布 (multinomial distribution)　k を 2 以上の自然数とする．k 次元の確率変数ベクトル $\boldsymbol{X} = (X_1, \ldots, X_k)$ がパラメータ $(p_1, \ldots, p_k)$ $(0 \leq p_i \leq 1, 1 \leq i \leq k)$ と $n \in \mathbb{N}$ の多項分布に従うとは，各 $\boldsymbol{x} = (x_1, \ldots, x_k)$ $(0 \leq x_i \leq n, x_i \in \mathbb{Z}, 1 \leq i \leq k)$ に対して，確率測度 $P_{\boldsymbol{X}}$ が

$$P_{\boldsymbol{X}}(\boldsymbol{X} = \boldsymbol{x}) = \frac{n!}{x_1! \cdots x_k!} p_1^{x_1} p_2^{x_2} \cdots p_{k-1}^{x_{k-1}} p_k^{x_k}$$

により与えられることである．ただし，$n = x_1 + \cdots + x_k, 1 = p_1 + \cdots + p_k$ とする．

幾何分布 (geometric distribution)　確率変数 X がパラメータ $p \in (0, 1)$ の幾何分布に従うとは，各 $k = 0, 1, 2, \ldots$ に対して，確率測度 P_X が

$$P_X(X = k) = p(1 - p)^{k-1}$$

により与えられることである．これは，ある試行において成功が起こる確率を p としたとき，その試行が独立に何回も行われるとき初めて成功するまでに要する試行の回数 k を確率変数 X の値としたものである．初めて成功するまでに要した失敗の回数を表す確率変数 $Y = X - 1$ を幾何分布とよぶこともある．

負の二項分布 (negative binomial distribution)　確率変数 X がパラメータ $p \in (0, 1)$ と $n \in \mathbb{N}$ の負の二項分布に従うとは，確率測度 P_X が各 $k = 0, 1, 2, \ldots$ に対して，

$$P_X(X=k)=\binom{n+k-1}{k}p^n(1-p)^k$$

により与えられることである．これは失敗の回数を表す幾何分布の一般形であり，n 回目の成功を得られるまでの失敗の回数を表したものになる．

ポアソン分布 (Poisson distribution)　確率変数 X がパラメータ $\lambda \in (0, \infty)$ のポアソン分布に従うとは，確率測度 P_X が各 $k=0, 1, 2, \ldots$ に対して，

$$P_X(X=k)=\frac{e^{-\lambda}\lambda^k}{k!}$$

により与えられることである．

例 7.2.6（さまざまな連続型確率確率変数）．

正規分布 (normal distribution)　確率変数 X がパラメータ $\mu \in \mathbb{R}, \sigma^2>0$ の正規分布に従うとは，X の確率密度関数 $f_X(x)$ が各 $x \in \mathbb{R}$ に対し，

$$f_X(x)=\frac{1}{\sqrt{2\pi\sigma^2}}e^{-\frac{(x-\mu)^2}{2\sigma^2}}$$

により与えられることである．特に $\mu=0, \sigma^2=1$ のとき，確率変数 X は**標準正規分布 (standard normal distribution)** に従うという．

また n を 2 以上の自然数としたとき，確率変数ベクトル $\boldsymbol{X}=(X_1, \ldots, X_n)^{\mathrm{T}}$ が $\boldsymbol{\mu}=(\mu_1, \ldots, \mu_n)^{\mathrm{T}} \in \mathbb{R}^n$ と n 次正定値行列 Σ のパラメータとしてもつ n 次元**多変量正規分布 (multivariate normal distribution)** に従うとは，$\boldsymbol{X}$ の確率密度関数 $f_{\boldsymbol{X}}(\boldsymbol{x})$ が各 $\boldsymbol{x}=(x_1, \ldots, x_n)^{\mathrm{T}} \in \mathbb{R}^n$ に対して，

$$f_{\boldsymbol{X}}(\boldsymbol{x})=\frac{1}{(\sqrt{2\pi})^n}\frac{1}{|\Sigma|^{n/2}}e^{-\frac{1}{2}(\boldsymbol{x}-\boldsymbol{\mu})^{\mathrm{T}}\Sigma^{-1}(\boldsymbol{x}-\boldsymbol{\mu})}$$

により与えられることである．ただし，T は転置を表す記号とする．

指数分布 (exponential distribution)　確率変数 X がパラメータ $\lambda>0$ をもつ指数分布に従うとは，X の確率密度関数 $f_X(x)$ が

$$f_X(x)=\lambda e^{-\lambda x} \quad (x \geq 0),$$

および $f_X(x)=0\ (x<0)$ により与えられることである．

ガンマ分布 (gamma distribution)　確率変数 X がパラメータ $\alpha>0, \lambda>0$ をもつガンマ分布に従うとは，X の確率密度関数 $f_X(x)$ が

$$f_X(x)=\frac{\lambda^\alpha}{\Gamma(\alpha)}x^{\alpha-1}e^{-\lambda x} \quad (x \geq 0),$$

および $f_X(x)=0\ (x<0)$ により与えられることである．ただし，Γ はガンマ関数である．文献によっては，$\lambda=1/\beta$ とし，パラメータ $\alpha>0, \beta>0$ をもつガンマ分布を

$$f_X(x)=\frac{1}{\Gamma(\alpha)\beta^\alpha}x^{\alpha-1}e^{-x/\beta} \quad (x \geq 0),$$

および $f_X(x)=0\ (x<0)$ を確率密度関数とするものとして記述することもある．特に $\alpha=1$ のとき，指数分布である．また $\alpha=n/2\ (n \in \mathbb{N})$，$\lambda=1/2$ のとき，パラメータ n の **χ^2（カイ）二乗分布 (chi-squared distribution)** に従うという．

ベータ分布 (beta distribution)　確率変数 X がパラメータ $\alpha>0, \beta>0$ をもつベータ分布に従うとは，X の確率密度関数 $f_X(x)$ が

$$f_X(x)\frac{1}{B(\alpha, \beta)}x^{\alpha-1}(1-x)^{1-\beta} \quad (0<x<1),$$

および $f_X(x)=0\ (x \notin (0, 1))$ により与えられることである．ただし，B はベータ関数であり，$B(\alpha, \beta)=\Gamma(\alpha)\Gamma(\beta)/\Gamma(\alpha+\beta)$ で定義される．

ワイブル分布 (Weibul distribution)　確率変数 X がパラメータ $a>0, b>0$ をもつワイブル分布に従うとは，X の確率密度関数 $f_X(x)$ が

$$f_X(x)=\frac{bx^{b-1}}{a^b}e^{-(x/a)^b} \quad (x \geq 0),$$

および $f_X(x)=0\ (x<0)$ により与えられることである．

t 分布 (t distribution)　確率変数 X がパラメータ $n \in \mathbb{N}$ をもつ t 分布に従うとは，X の確率密度関数 $f_X(x)$ が各 $x \in \mathbb{R}$ に対して

$$f_X(x)=\frac{\Gamma((n+1)/2)}{\sqrt{n\pi}}\left(1+x^2/n\right)^{-(n+1)/2}$$

により与えられることである．ただし，Γ はガンマ関数である．

F 分布 (F distribution)　確率変数 X がパラメータ $(n, m) \in \mathbb{N}^2$ をもつ F 分布に従うとは，X の確率密度関数 $f_X(x)$ が各 $x \geq 0$ に対して，

$$f_X(x)=\frac{1}{K}\left(\frac{nx}{nx+m}\right)^{n/2}\left(1-\frac{nx}{nx+m}\right)^{m/2}x^{-1},$$

および $f_X(x)=0\ (x<0)$ により与えられることである．ただし，$K=B(n/2, m/2)$ であり，B はベータ関数である．

定理 7.2.20（変数変換による分布関数）． X を確率変数とする．g を $\mathbb{R}$ から $\mathbb{R}$ への連続で狭義単調増加関数とし，$Y=g(X)$ で定める．このとき，Y は確率変数であり，

$$F_Y(t)=F_X(h(t)),$$

ただし h は g の逆関数とする．

証明　系 7.2.14 より Y は確率変数である．$t \in \mathbb{R}$ に

表 7.2.1 1次元の確率変数とそのパラメータ

	確率分布	パラメータ
離散型	ベルヌーイ分布	$p \in [0, 1]$
	二項分布	$n \in \mathbb{N}, p \in [0, 1]$
	幾何分布	$p \in (0, 1)$
	負の二項分布	$n \in \mathbb{N}, p \in (0, 1)$
	ポアソン分布	$\lambda \in (0, \infty)$
連続型	正規分布	$\mu \in \mathbb{R}, \sigma^2 \in (0, \infty)$
	指数分布	$\lambda \in (0, \infty)$
	ガンマ分布	$\alpha, \lambda \in (0, \infty)$
	カイ二乗分布	$n \in \mathbb{N}$
	ベータ分布	$\alpha > 0, \beta > 0$
	ワイブル分布	$a > 0, b > 0$
	t 分布	$n \in \mathbb{N}$
	F 分布	$(n, m) \in \mathbb{N}^2$

対して,

$$F_Y(t) = P(Y \leq t) = P(g(X) \leq t)$$
$$= P(X \leq h(t)) = F_X(h(t)).$$

□

定理 7.2.21 (変数変換による確率密度関数). X, Y, g, h を定理 7.2.20 のものとする. ここで X は確率密度関数 f_X をもつ連続型確率変数であり, $\mathbb{R}$ の開集合 I として, $P(X \in I) = 1$ で g が I で連続的微分可能であるものが存在すると仮定する. このとき, Y は連続型確率変数で

$$f_Y(y) = f_X(h(y))h'(y) \quad (y \in g(I)).$$

証明 狭義単調増加のため $g'(s) \neq 0$ $(s \in I)$ に注意すれば, 逆関数定理より h' は連続であり,

$$h'(y) = \frac{1}{g'(h(y))} > 0 \quad (y \in g(I))$$

で与えられる. $t \in g(I)$ としたとき, $h(t) \in I$ である. このとき,

$$F_Y(t) = F_X(h(t)) = \int_{-\infty}^{h(t)} f_X(s)ds$$
$$= \int_{-\infty}^{t} f_X(h(u))h'(u)du.$$

また,

$$P(Y \in g(I)) = P(g^{-1}(Y) \in I)$$
$$= P(h(Y) \in I) = P(X \in I) = 1$$

が従う. □

注意 7.2.2. g が狭義単調減少関数の場合も併せて考えれば

$$f_Y(y) = f_X(h(y))|h'(y)| \quad (y \in g(I)).$$

とできる.

7.2.3 確率変数の独立性

定理 7.2.22. X, Y を確率変数とする. 任意の実数の組 a, b について

$$P(X \leq a, Y \leq b) = P(X \leq a)P(Y \leq b)$$

が満たされるならば, 任意のボレル集合の組 E, F について

$$P(X \in E, Y \in F) = P(X \in E)P(Y \in F)$$

となる.

証明 [第1段階] 最初に任意の実数の組 a と任意のボレル集合 F に対して,

$$P(X \leq a, Y \in F) = P(X \leq a)P(Y \in F)$$

であることを示す. $P(X \leq a) = 0$ ならば, この等式は自明だから, $P(X \leq a) > 0$ としてよい. このとき確率測度 Q を $Q(A) = P(\{\omega \mid X(\omega) \leq a\} \cap A)/P(X \leq a)$ により定めると, 仮定から任意の実数 b に対して $P(Y \leq b) = Q(Y \leq b)$ であることがわかる. これは, $\pi(Y)$ に属する任意の C に対して $P(C) = Q(C)$ であることを意味するから, 定理 7.1.27 より任意の $A \in \sigma(\pi(Y))$ に対して $P(A) = Q(A)$ となる. ディンキンの定理 (定理 7.1.10) 定理 7.2.8 より $\sigma(\pi(Y)) \subset \sigma(Y)$ であるから, 任意の実数の組 a と任意のボレル集合 F に対して,

$$P(Y \in F) = P(X \leq a, Y \in F)/P(X \leq a)$$

であることがわかり, 証明の第1段階は示された.

[第2段階] 次に, 任意のボレル集合の組 E, F について

$$P(X \in E, Y \in F) = P(X \in E)P(Y \in F)$$

であることを示す. $P(Y \in F) = 0$ ならば, この等式は自明だから, $P(Y \in F) > 0$ としてよい. このとき確率測度 Q を $R(A) = P(\{\omega \mid Y(\omega) \in F\} \cap A)/P(Y \in F)$ により定めると, [第1段階] から任意の実数 a に対して $P(X \leq a) = R(X \leq a)$ であることがわかる. これは, $\pi(X)$ に属する任意の D に対して $P(D) = R(D)$ であることを意味するから, 定理 7.1.27 より任意の $A \in \sigma(\pi(X))$ に対して $P(A) = R(A)$ となる. 定理 7.2.6 より $\sigma(\pi(X)) = \sigma(X)$ であ

るから，任意のボレル集合の組 E, F について，

$$P(X \in E) = P(X \in E, Y \in F)/P(Y \in F)$$

であることがわかり，証明の第2段階も示された．□

定理 7.2.23. 確率変数を各成分にもつ2次元確率ベクトル $\begin{pmatrix} X \\ Y \end{pmatrix}$ が，同時分布の確率密度関数をもち，（このとき X, Y は，それぞれの周辺分布の確率密度関数をもつことは定義 7.1.34 の次に示されている）さらに X, Y が独立であるならば，同時分布の確率密度関数 $h(x, y)$ は，X, Y それぞれの周辺分布の確率密度関数 $f(x), g(y)$ により，

$$h(x, y) = f(x)g(y)$$

と表される．

証明　独立であれば同時分布関数 $H(x, y) = \int_{-\infty}^{x}\int_{-\infty}^{y} h(s, t)dsdt$ が，X, Y の分布関数 $F(x) = \int_{-\infty}^{x} f(s)ds, G(x) = \int_{-\infty}^{x} g(t)dt$ により，$H(x, y) = F(x)G(y)$ のように表せる．このときさらに，$a < b, c < d$ を満たす実数の2つの組 a, b および c, d について

$$\begin{aligned} &H(b, d) - H(b, c) - H(a, d) + H(a, c) \\ &= P(a < X \leq b, c < Y \leq d) \\ &= P(a < X \leq b)P(c < Y \leq d) \\ &= (F(b) - F(a))(F(d) - F(c)) \end{aligned}$$

である．このことは，

$$\begin{aligned} \int_a^b \int_c^d h(s, t)dsdt &= \int_a^b f(s)ds \int_c^d g(t)dt \\ &= \int_a^b \int_c^d f(s)g(t)dsdt \end{aligned}$$

を含意する．同時分布についても確率密度関数の一意性がいえることから，$h(x, y) = f(x)g(y)$ が導ける．

□

定理 7.2.24. 独立確率変数 X, Y のそれぞれの確率密度関数が $f(x), g(y)$ であり，α, β はともに正の実数であるとする．このとき確率変数 $Z = \dfrac{\alpha X}{\beta Y}$ の確率密度関数 $h(z)$ は

$$h(z) = \int_{-\infty}^{\infty} f\left(\frac{\beta z y}{\alpha}\right) g(y) \frac{\beta y}{\alpha} dz$$

である．

これらの議論は，以下の定義から例題までの一連の議論の形に一般化することができる．

定義 7.2.25（確率変数の独立性）. $X_1, \ldots, X_n$ を確率変数とする．任意の $A_1 \in \pi(X_1), \ldots, A_n \in \pi(X_n)$ について

$$P(A_1 \cap \cdots \cap A_n) = P(A_1) \cdots P(A_n)$$

が成立するとき，すなわち任意の n 個の実数の組 $a_1, \ldots, a_n$ について

$$\begin{aligned} P(X_1 \leq a_1, \ldots, X_n \leq a_n) = P(X_1 \leq a_1) \\ \cdots P(X_n \leq a_n) \end{aligned}$$

であるとき，確率変数 $X_1, \ldots, X_n$ は独立であるという．

定理 7.2.26. いくつかの π-系 $\mathcal{C}_1, \ldots, \mathcal{C}_n$ が与えられたとき，それらのうちの異なる π-系 $\mathcal{C}'_1, \ldots, \mathcal{C}'_k$（各 $\mathcal{C}'_i$ は $\mathcal{C}_1, \ldots, \mathcal{C}_n$ のうちのいずれかであり，k は $2 \leq k \leq n$ なる整数）の任意の組み合わせについて，

$$\begin{aligned} &C'_1 \in \mathcal{C}'_1, \ldots, C'_k \in \mathcal{C}'_k \\ &\Rightarrow P(C'_1 \cap \cdots \cap C'_k) = P(C'_1) \cdots P(C'_k) \end{aligned}$$

が満たされるとき，

$$\begin{aligned} &A_1 \in \sigma(\mathcal{C}_1), \ldots, A_n \in \sigma(\mathcal{C}_n) \\ &\Rightarrow P(A_1 \cap \cdots \cap A_n) = P(A_1) \cdots P(A_n) \end{aligned}$$

が成立する．

まず，この定理が，しばしば演習問題としても見受けられる以下の主張を示すためにも適用可能であることを見てみよう．

例題 7.2.1. 事象 A, B が $P(A \cap B) = P(A)P(B)$ を満たすという意味で独立であるとき，事象 A^c, B^c も同様な意味で独立であることを示せ．

解答　$\mathcal{C}_1 = \{A\}, \mathcal{C}_2 = \{B\}$ とおくと，$\mathcal{C}_1, \mathcal{C}_2$ はともに π-系である．また事象 A, B の独立性から，

$$A \in \mathcal{C}_1, B \in \mathcal{C}_2 \text{ に対し } P(A \cap B) = P(A)P(B)$$

である．また，A, B は $\emptyset$ でも Ω でもないとしてよい．

一方，$\sigma((\mathcal{C}_1) = \{\emptyset, A, A^c, \Omega\}$，$\sigma(\mathcal{C}_2) = \{\emptyset, B, B^c, \Omega\}$ であることもディンキンの定理（定理 7.1.10）により容易に検証され，特に $A^c \in \sigma(\mathcal{C}_1), B^c \in \sigma(\mathcal{C}_2)$ である．よって，上記定理の適用により

$$P(A^c \cap B^c) = P(A^c)P(B^c)$$

であると結論づけられる．□

確率変数の独立性の定義から，より強い主張を導けることが一般的に示せることも見ておこう．

例題 7.2.2. $X_1, \ldots, X_n$ を確率変数とする．任意の n 個の実数の組 $a_1, \ldots, a_n$ に対して，

$$P(X_1 \leq a_1, \ldots, X_n \leq a_n) = P(X_1 \leq a_1) \cdots P(X_n \leq a_n)$$

が満たされるとき，すなわち $X_1, \ldots, X_n$ が独立であるとき．任意の n 個のボレル集合の組 $B_1, \ldots, B_n$ に対して，

$$P(X_1 \in B_1, \ldots, X_n \in B_n) = P(X_1 \in B_1) \cdots P(X_n \in B_n)$$

が成立することを示せ．

解答 $X_1, \ldots, X_n$ のうちの異なる確率変数 $X'_1, \ldots, X'_k$（各 X'_i は $X_1, \ldots, X_n$ のうちのいずれかであり，k は $2 \leq k \leq n$ なる整数）の組み合わせを任意にとる．このとき，$a'_1, \ldots, a'_k$ のいずれとも異なる各 a_j に対して，$a_j \to \infty$ なる極限操作を行うことにより，

$$C'_1 \in \pi(X'_1), \ldots, C'_k \in \pi(X'_k) \Rightarrow P(C'_1 \cap \cdots \cap C'_k) = P(C'_1) \cdots P(C'_k)$$

が成立することがわかる．よって定理 7.2.26 を適用することにより，

$$A_1 \in \sigma(X_1), \ldots, A_n \in \sigma(X_n) \Rightarrow P(A_1 \cap \cdots \cap A_n) = P(A_1) \cdots P(A_n)$$

を導くことができるからである． □

定理 7.2.27. 確率変数を各成分としてもつ n 次元確率ベクトル $\begin{pmatrix} X_1 \\ \vdots \\ X_n \end{pmatrix}$ が，同時分布の確率密度関数をもち，さらに $X_1, \ldots, X_n$ が独立であるならば，同時分布の確率密度関数 $h(x_1, \ldots, x_n)$ は，$X_1, \ldots, X_n$ それぞれの周辺分布の確率密度関数 $f_1(x_1), \ldots, f_n(x_n)$ により，

$$h(x_1, \ldots, x_n) = f(x_1) \cdots f_n(x_n)$$

と表される．

このように一般化された独立性に関する議論は，以下のような若干複雑さの伴う独立性の体系的な扱いが要求される場面においても，発展的に適用させることができるのである．

例 7.2.7. 有限個の確率変数からなる族 $\mathcal{X} = \{X_1, \ldots, X_n\}$ に対し，同じ個数からなる実数の組 $a_1, \ldots, a_n$ をとることにより $\{\omega \mid X_1(\omega) \leq a_1, \ldots, X_n(\omega) \leq a_n\}$ と表せる事象の全体を $\pi(\mathcal{X})$ とおくとき，$\pi(\mathcal{X})$ は π-系である．実際，$\{\omega \mid X_1(\omega) \leq a_1, \ldots, X_n(\omega) \leq a_n\}$ と $\{\omega \mid X_1(\omega) \leq b_1, \ldots, X_n(\omega) \leq b_n\}$ の積事象は，各 i に対して $c_i = \min\{a_i, b_i\}$ と定めることにより，$\{\omega \mid X_1(\omega) \leq c_1, \ldots, X_n(\omega) \leq c_n\}$ と表され，再び $\pi(\mathcal{X})$ に属する事象となっているからである．

例 7.2.8. $\mathcal{X}$ を確率変数の族であり，無限個の確率変数からなるものとする．$\mathcal{X}$ からいくつかの確率変数 $\{X_1, \ldots, X_n\}$ を選び，さらに同じ個数からなる実数 $a_1, \ldots, a_n$ をとることにより

$$\{\omega \mid X_1(\omega) \leq a_1, \ldots, X_n(\omega) \leq a_n\} \cdots\cdots (*)$$

の形に表せる事象の全体を $\pi(\mathcal{X})$ とおくことにする．すなわち，

$$\pi(\mathcal{X}) = \bigcup_{\substack{\mathcal{Z} \subset \mathcal{X} \\ \#\mathcal{Z} < \infty}} \pi(\mathcal{Z})$$

とおくと $\pi(\mathcal{X})$ は π-系である．なぜならば，$\mathcal{X}$ の部分族 $\mathcal{Z} = \{X_1, \ldots, X_n\}$ と $\mathcal{Z}' = \{X'_1, \ldots, X'_m\}$ が与えられ，$\pi(\mathcal{Z})$ および $\pi(\mathcal{Z}')$ のそれぞれに属する事象の積事象を考えるとき，$\{X_1, \ldots, X_n\}$ と $\{X'_1, \ldots, X'_m\}$ のいずれにも属する確率変数がある場合，積事象を $(*)$ の形の単一の事象として表せることを示すために，例 7.2.7 における手順を踏むことができるからである．

定義 7.2.28（確率変数の族から生成される π-系）. 上記の 2 つの例における $\pi(\mathcal{X})$ を，確率変数の族 $\mathcal{X}$ から生成される π-系とよぶ．特に $\mathcal{X}$ が $\mathcal{X} = \{X_1, \ldots, X_n\}$ のように有限個の確率変数からなっている場合は，$\pi(\mathcal{X})$ を $\pi(X_1, \ldots, X_n)$ のように書いてもよいことにする．

定義 7.2.29（確率変数の族の独立性）. $\mathcal{X}_1, \ldots, \mathcal{X}_n$ を確率変数の族とする．任意の $A_1 \in \pi(\mathcal{X}_1), \ldots, A_n \in \pi(\mathcal{X}_n)$ について

$$P(A_1 \cap \cdots \cap A_n) = P(A_1) \cdots P(A_n)$$

が成立するとき，確率変数の族 $\mathcal{X}_1, \ldots, \mathcal{X}_n$ は独立であるという．

$\mathcal{X} = \{X_1, \ldots, X_n\}, \mathcal{Y} = \{Y_1, \ldots, Y_m\}$ が独立な確率変数の族であるとき，π-系 $\pi(\mathcal{X}_1, \ldots, \mathcal{X}_n)$, $\pi(\mathcal{Y}_1, \ldots, \mathcal{Y}_m)$ のそれぞれが生成する σ-集合体を $\sigma(\mathcal{X}_1, \ldots, \mathcal{X}_n), \sigma(\mathcal{Y}_1, \ldots, \mathcal{Y}_m)$ とおくとき，$(X_1, \ldots,$

$X_n)^{\mathrm{T}}$ は可測空間 $(\Omega, \sigma(\mathcal{X}_1, \ldots, \mathcal{X}_n))$ 上の確率ベクトルであり，$(Y_1, \ldots, Y_m)^{\mathrm{T}}$ は可測空間 $(\Omega, \sigma(\mathcal{Y}_1, \ldots, \mathcal{Y}_m))$ 上の確率ベクトルである．ここでもし，関数 $f : \mathbb{R}^n \to \mathbb{R}$ および $g : \mathbb{R}^m \to \mathbb{R}$ が可測関数として与えられているならば，任意のボレル集合の組 B_1, B_2 に対して定まる事象 $E_1 = \{\omega \mid f(X_1(\omega), \ldots, X_n(\omega)) \in B_1\}, E_2 = \{\omega \mid g(Y_1(\omega), \ldots, Y_m(\omega)) \in B_2\}$ は $\{\omega \mid (X_1(\omega), \ldots, X_n(\omega)) \in f^{-1}(B_1)\}, \{\omega \mid (Y_1(\omega), \ldots, Y_m(\omega)) \in g^{-1}(B_2)\}$ にそれぞれ一致している．ここで，$f^{-1}(B_1)$ は $\mathbb{R}^n$ のボレル集合であり，$g^{-1}(B_2)$ は $\mathbb{R}^n$ のボレル集合であるため，$E_1 \in \sigma(\mathcal{X}_1, \ldots, \mathcal{X}_n), E_2 = \sigma(\mathcal{Y}_1, \ldots, \mathcal{Y}_m)$ について，$P(E_1 \cap E_2) = P(E_1)P(E_2)$ が成立するため，$f(X_1(\omega), \ldots, X_n(\omega))$ と $g(Y_1(\omega), \ldots, Y_m(\omega))$ の独立性が示される．これを定理としてまとめると以下のようになる．

定理 7.2.30. 関数 $f : \mathbb{R}^n \to \mathbb{R}$ および $g : \mathbb{R}^m \to \mathbb{R}$ が可測関数であり，$\mathcal{X} = \{X_1, \ldots, X_n\}, \mathcal{Y} = \{Y_1, \ldots, Y_m\}$ が独立な確率変数の族であるならば，確率変数 $f(X_1, \ldots, X_n)$ と $g(Y_1, \ldots, Y_m)$ は独立である．

系 7.2.31. 関数の族 $f_1, \ldots, f_{n'} : \mathbb{R}^n \to \mathbb{R}$ および $g_1, \ldots, g_{m'} : \mathbb{R}^m \to \mathbb{R}$ がすべて連続であり，$\mathcal{X}$ と $\mathcal{Y}$ が独立な確率変数の族であるならば，確率変数の族 $\mathcal{X}' = \{f_1(X_1, \ldots, X_n), \ldots, f_{n'}(X_1, \ldots, X_n)\}$ と $\mathcal{Y}' = \{g_1(Y_1, \ldots, Y_m), \ldots, g_{m'}(Y_1, \ldots, Y_m)\}$ は独立である．ただし，$\{X_1, \ldots, X_n\} \subset \mathcal{X}, \{Y_1, \ldots, Y_m\} \subset \mathcal{Y}$ である．

7.3　確率変数の収束

本節では，$X, X_1, X_2, \ldots$ を同一の確率空間 $(\Omega, \mathcal{F}, P)$ 上の確率変数とする．ここでまず，4 種の確率変数の収束について紹介および同値な命題を紹介し，それぞれの間の関係性について述べていく．7.4 節で異なる収束（平均二乗収束や法則収束）について述べるため，本節では述べないことにする．

7.3.1　各点収束と概収束

定理 7.3.1（確率変数の収束値の可測性）． $\{X_n\}$ を確率変数列とする．このとき，

$$\inf_n X_n(\omega), \quad \sup_n X_n(\omega), \quad \liminf_{n\to\infty} X_n(\omega), \quad \limsup_{n\to\infty} X_n(\omega)$$

がすべての $\omega \in \Omega$ に対して実数として定まるならばこれらは確率変数である．

証明

$$\{\omega \in \Omega \mid \sup_n X_n(\omega) \le t\} = \bigcap_{n=1}^{\infty} \{\omega \in \Omega \mid X_n(\omega) \le t\}$$

であり，各 X_n が確率変数のため，定理 7.2.4 より，$\{\omega \in \Omega \mid X_n(\omega) \le t\} \in \mathcal{F}$ であり，$\mathcal{F}$ が σ-集合体のため，その積集合は $\mathcal{F}$ の要素である．再び，定理 7.2.4 を用いれば，$\sup_n X_n$ が確率変数となる．$\inf_n X_n$ についても同様であり，$\limsup_n X_n = \inf_n \sup_{k\ge n} X_k, \liminf_n X_n = \sup_n \inf_{k\ge n} X_k$ と書けるため確率変数となる． □

定義 7.3.2. すべての $\omega \in \Omega$ に対して $X_n(\omega)$ が収束するとき，この値を単に $\lim_{n\to\infty} X_n$ もしくは $\lim_n X_n$ と書くことにし，確率変数は**収束する (convergent)** とよぶ．

注意 7.3.1. $X_n(\omega)$ が収束するならば，少なくとも $\limsup_n X_n, \liminf_n X_n$ の値は一致しており，有限の実数値をとることになる．また，定理 7.3.1 より $\lim_{n\to\infty} X_n$ は確率変数となる．また，両辺が ∞ となること，または $-\infty$ となることを許して，すべての $\omega \in \Omega$ に対して，

$$\liminf_{n\to\infty} X_n(\omega) = \limsup_{n\to\infty} X_n(\omega)$$

を満たすとき，これを $\lim_n X_n$ と書くことにすれば，$\lim_n X_n$ は拡大実数空間 $\overline{\mathbb{R}} = \mathbb{R} \cup \{-\infty, \infty\}$ を値域にもつ確率変数となる．

すべての $\omega \in \Omega$ に対して $X_n(\omega)$ が収束するとき，それぞれの $\omega \in \Omega$ に対する $X_n(\omega)$ の極限値を $X(\omega)$ で定めることにすると，

$$\lim_{n\to\infty} X_n = X$$

と記述でき，単に $X_n \to X$ と書くことにする．このとき，X_n は X に**各点収束 (pointwise convergence)** もしくは**確実収束 (sure convergence)** するという．ここで，$X(\omega)$ と $X_n(\omega)$ の距離 $|X_n(\omega) - X(\omega)|$ と比較する $\varepsilon > 0$ を，自然数 $m \in \mathbb{N}$ を用いて，$\varepsilon = 1/m$ としてもよい．すると，$X_n \to X$ とは，任意の $m \in \mathbb{N}$ に対して，ある $N \in \mathbb{N}$ が存在して，$N \le n$ となるすべての n に対して，

$$|X_n(\omega) - X(\omega)| < \frac{1}{m} \tag{7.3.1}$$

を満たすことである．これを集合で記述すれば，

$$\bigcap_{m=1}^{\infty} \bigcup_{N=1}^{\infty} \bigcap_{n=N}^{\infty} \left\{\omega \in \Omega \mid |X_n(\omega) - X(\omega)| < \frac{1}{m}\right\} \tag{7.3.2}$$

となり，この集合を A と定めれば $\mathcal{F}$ が σ-集合体であ

るため，$A \in \mathcal{F}$ である．(7.3.1) は全ての $\omega \in \Omega$ で成立するということなので，特に $A = \Omega$ であることに注意する．

実は，確率論においては上記の収束はあまり扱う必要性がない．なぜなら，$A = \Omega$ ではなく，$P(A) = 1$ となる収束を定義すれば十分であるからである．それが以下の定義である．

定義 7.3.3（概収束）． 確率変数列 $\{X_n\}$ が確率変数 X に対して，

$$P\left(\{\omega \in \Omega \mid \lim_{n\to\infty} X_n(\omega) = X(\omega)\}\right) = 1$$

を満たすとき，確率変数列 $\{X_n\}$ は確率変数 X に**概収束（almost surely convergence）**するとよび，$X_n \overset{a.s.}{\to} X$ と表す．

定義における条件式の表記を略記すれば，

$$P\left(\lim_{n\to\infty} X_n = X\right) = 1$$

である．本章では混乱のない範囲において略記をすることにする．また，この概収束は以下のような必要十分条件が存在する．

定理 7.3.4. $X_n \overset{a.s.}{\to} X$ であるための必要十分条件は，任意の $\varepsilon > 0$ に対して，

$$\lim_{n\to\infty} P\left(\sup_{k\geq n} |X_k - X| > \varepsilon\right) = 0$$

を満たすことである．

証明　まず，

$$A_n(\varepsilon) = \{\omega \in \Omega \mid |X_n(\omega) - X(\omega)| > \varepsilon\} \tag{7.3.3}$$

とおく．確率測度の単調連続性より

$$\begin{aligned} P\left(\limsup_{n\to\infty} A_n(\varepsilon)\right) &= P\left(\bigcap_{n=1}^{\infty}\bigcup_{k=n}^{\infty} A_k(\varepsilon)\right) \\ &= \lim_{n\to\infty} P\left(\bigcup_{k=n}^{\infty} A_k(\varepsilon)\right) \\ &= \lim_{n\to\infty} P\left(\sup_{k\geq n} |X_k - X| > \varepsilon\right) \end{aligned} \tag{7.3.4}$$

が成立する．ここで，$X_n \overset{a.s.}{\to} X$ とする．すると，すべての $\varepsilon > 0$ に対して，上式左辺が 0 となる．よって必要性が示された．逆に，右辺が 0 とする．このとき，(7.3.2) より，

$$\begin{aligned} P\left(\lim_{n\to\infty} X_n \not\to X\right) &= P\left(\bigcup_{m=1}^{\infty} \limsup_{n\to\infty} A_n(1/m)\right) \\ &\leq \sum_{m=1}^{\infty} P\left(\limsup_{n\to\infty} A_n(1/m)\right) = 0. \end{aligned}$$

ゆえに，$P(\lim_{n\to\infty} X_n \to X) = 1$.　□

上記を確率変数列のコーシー列として考えると，下記が得られる．

定理 7.3.5. $\{X_n\}$ がある確率変数 X に概収束するための必要十分条件は，任意の $\varepsilon > 0$ に対して，

$$\lim_{n\to\infty} P\left(\sup_{k,l\geq n} |X_k - X_l| > \varepsilon\right) = 0$$

を満たすことである．

さらに，概収束する十分条件として下記が与えられる．これによって，確率変数列 X_n が確率変数 X に概収束していることを確認することができる．

定理 7.3.6. 各 $\varepsilon > 0$ に対して，

$$\sum_{n=1}^{\infty} P(|X_n - X| > \varepsilon) < \infty$$

ならば $X_n \overset{a.s.}{\to} X$.

証明　定理 7.1.25 によって，各 $\varepsilon > 0$ に対して，$P(\limsup_n A_n(\varepsilon)) = 0$．(7.3.4) により，定理 7.3.4 の条件が満たされる．　□

7.3.2　確率収束

次に，概収束とは異なる収束を定義する．

定義 7.3.7（確率収束）． $\varepsilon > 0$ を任意の正の実数とする．確率変数列 $\{X_n\}$ がある確率変数 X に対して，

$$\lim_{n\to\infty} P(|X_n - X| > \varepsilon) = 0$$

を満たすとき，確率変数列 $\{X_n\}$ は確率変数 X に**確率収束（convergence in probability）**するとよび，$X_n \overset{p}{\to} X$ と表す．

$X_n(\omega)$ と $X(\omega)$ との距離が ε より離れているような ω の集合，つまり，(7.3.3) によって定義される $A_n(\varepsilon)$ の確率 $P(A_n(\varepsilon))$ が n を十分大きくすると，値が 0 に収束することを意味している．

概収束のときと同様に，確率変数列のコーシー列として考えると，以下の必要十分条件を得ることができる．

定理 7.3.8. $\varepsilon > 0$ を任意の正の実数とする．確率変数列 $\{X_n\}$ がある確率変数 X に確率収束するための必要十分条件は

$$\lim_{n,m\to\infty} P(|X_n - X_m| > \varepsilon) = 0$$

を満たすことである．

この確率収束は既出の概収束より弱い収束となって

いる．実際，以下の定理が成立する．

定理 7.3.9. $X_n \xrightarrow{a.s.} X$ ならば $X_n \xrightarrow{p} X$.

証明

$$\lim_{n\to\infty} P(A_n(\varepsilon)) \le \lim_{n\to\infty} P\left(\bigcup_{k=n} A_k(\varepsilon)\right) = P\left(\limsup_{n\to\infty} A_n(\varepsilon)\right) = 0.$$

□

この逆は一般的には成立しない．しかし，以下は成立する．

定理 7.3.10. $X_n \xrightarrow{p} X$ ならば，$X_{n_k} \xrightarrow{a.s.} X$ となる部分列 $\{X_{n_k}\}$ が存在する．

証明　$\sum_{k=1}^{\infty} a_k < \infty$ となる正数列 a_k を考える．X_n は確率収束するため，任意の a_k に対して，

$$P(|X_{n_k} - X| > a_k) < a_k$$

を満たす n_k を選ぶことができる．このとき，

$$\sum_{k=0}^{\infty} P(|X_{n_k} - X| > a_k) < \sum_{k=0}^{\infty} a_k < \infty.$$

よってボレル-カンテリの第一補題（定理 7.1.25）より

$$P\left(\limsup_{k\to\infty}\{\omega \in \Omega \mid |X_{n_k}(\omega) - X(\omega)| > a_k\}\right) = 0.$$

ゆえに定理 7.3.4 より $X_{n_k} \xrightarrow{a.s.} X$.　□

前定理を用いることでまた異なる必要十分条件が得られる．

定理 7.3.11. $X_n \xrightarrow{p} X$ であるための必要十分条件は $\{X_n\}$ の任意の部分列 $\{X_{n_k}\}$ が $\{X_{m_k}\} \xrightarrow{a.s.} X$ となる部分列 $\{X_{m_k}\}$ を含むことである．

証明　必要性は前定理より従う．十分性をみる．部分列が概収束をする部分列を含むということは確率収束する部分列を含むことになる．つまり $\varepsilon > 0$ に対して，$\{X_n\}$ のすべての部分列 $\{X_{m_k}\}$ に対し，その対応する $P(|X_{m_k} - X| > \varepsilon)$ が 0 に収束することになる．よって $P(|X_n - X| > \varepsilon) \to 0$.　□

7.3.3 法則収束

この節の最後の収束を以下で与える．

定義 7.3.12（法則収束，分布収束，弱収束）. x を確率変数 X の分布関数 $F_X(x)$ の連続点とする．もし，

$$\lim_{n\to\infty} F_{X_n}(x) = F_X(x)$$

を満たすならば，確率変数列 $\{X_n\}$ は確率変数 X に**法則収束 (convergence in law)** するとよび，$X_n \xrightarrow{d} X$ と表す．

このように連続点のみ扱う理由として，$\lim_{n\to\infty} F_{X_n}(x)$ が必ずしも分布関数になるとは限らないからである．たとえば，

$$X_n(\omega) = 1/n \qquad (\omega \in \Omega)$$

を考えたとき，この分布関数は

$$F_{X_n}(x) = \begin{cases} 1 & (x \ge 1/n) \\ 0 & (x < 1/n) \end{cases}$$

ではあるが，$x > 0$ に対して n を十分大きくすれば $F_{X_n}(x) = 1$ となり，$x \le 0$ に対して n の値に依らず $F_{X_n}(x) = 0$ となる．つまり

$$\lim_{n\to\infty} F_{X_n}(x) = \begin{cases} 1 & (x > 0) \\ 0 & (x \le 0) \end{cases}$$

となる．するとこの関数は右連続な関数ではなく，分布関数とはならない．ただ，$x = 0$ の値を 1 とおきなおした関数は分布関数であり，$X(\omega) = 0\ (\omega \in \Omega)$ の分布関数 $F_X(x)$ と一致する．つまり，$X_n \xrightarrow{d} X$ となる．

定理 7.3.13（ヘリー-ブレイ (Helly-Bray) の定理）. $\{X_n\}$ を確率変数列とし，対応する分布関数列を $\{F_n\}$ とする．このとき，$0 \le F \le 1$ で右連続かつ広義単調増加な $\mathbb{R}$ 上の関数 F が存在し，すべての F の連続点 x で

$$F_{n_i}(x) = F(x)$$

を満たす部分列 F_{n_i} が存在する．

なお，定理における F が

$$\lim_{x\to-\infty} F(x) = 0, \quad \lim_{x\to\infty} F(x) = 1$$

を満たすならば F は分布関数となる（定理 7.1.32）．証明は [5] を参照せよ．

法則収束は先程挙げた確率収束よりも弱い収束となる．それを述べた定理が以下である．

定理 7.3.14. $X_n \xrightarrow{p} X$ ならば $X_n \xrightarrow{d} X$.

証明　x を $F_X(x)$ の連続点とする．任意の $\varepsilon > 0$ に対して，

$$
\begin{aligned}
F_{X_n}(x) &= P(X_n \le x) \\
&= P(X_n \le t, |X_n - X| \le \varepsilon) \\
&\quad + P(X_n \le t, |X_n - X| > \varepsilon) \\
&\le P(X \le t + \varepsilon) + P(|X_n - X| > \varepsilon) \\
&\le F_X(t + \varepsilon) + P(|X_n - X| > \varepsilon).
\end{aligned}
$$

ここで，左辺は必ずしも極限が存在するとは限らないため，lim sup を考えると，

$$\limsup_{n\to\infty} F_{X_n}(t) \le F_X(t+\varepsilon).$$

同様に考えると，同一の $\varepsilon > 0$ に対して

$$F_X(t-\varepsilon) \le \liminf_{n\to\infty} F_{X_n}(t).$$

ここで，一般に $\liminf_n F_{X_n}(t) \le \limsup_n F_{X_n}(t)$ であり，この値は ε に依存しないため，$\varepsilon \downarrow 0$ とすれば，t が $F_X(t)$ の連続点であることから，

$$\lim_{\varepsilon\downarrow 0} F_X(t+\varepsilon) = \lim_{\varepsilon\downarrow 0} F_X(t-\varepsilon) = F_X(t)$$

となり，$\liminf_n F_{X_n}(t) = \limsup_n F_{X_n}(t)$ となることから，$\lim_n F_{X_n}(t)$ が存在し，

$$F_X(t) = \lim_{n\to\infty} F_{X_n}(t). \qquad \square$$

一般には，この定理の逆は成立しないが，実数値確率変数に法則収束するとき，以下が成立する．

定理 7.3.15. $X_n \xrightarrow{d} c \in \mathbb{R}$ ならば $X_n \xrightarrow{p} c$.

証明

$$
\begin{aligned}
P(|X_n - c| > \varepsilon) &= P(X_n < c - \varepsilon) + P(X_n > c + \varepsilon) \\
&\le F_{X_n}(c-\varepsilon) + 1 - F_{X_n}(c+\varepsilon).
\end{aligned}
$$

ここでは，点 c を確率変数としてみたとき，$F_c(t)$ は $t \ge c$ で 1 をとり，$t < c$ で 0 をとる分布関数である．よって $F_c(t)$ は $t \ne c$ で連続であるため，

$$
\begin{aligned}
\lim_{n\to\infty} F_{X_n}(c-\varepsilon) &= F_c(c-\varepsilon) = 0, \\
\lim_{n\to\infty} F_{X_n}(c+\varepsilon) &= F_c(c+\varepsilon) = 1.
\end{aligned}
$$

ゆえに

$$\lim_{n\to\infty} P(|X_n - c| > \varepsilon) = 0. \qquad \square$$

7.3.4 確率有界

たとえば，$a_n = n^2 + n$ と $b_n = 3n^2$ という二つの数列に対し，十分大きな n に対する 2 つの数列の関係について考える．十分大きな n に対し，n^2 は n に比べ十分大きいため，おおよそ a_n は n^2 程度の大きさをもつ数列と考えられ，b_n の 1/3 程度の値をもつ数列と考えることができる．このようなときは，

$$a_n = O(b_n) \qquad (n \to \infty) \tag{7.3.5}$$

と書くのであった．この概念を 2 つの確率変数列 $\{X_n\}$ と $\{Y_n\}$ に導入する．(7.3.5) は $|a_n/b_n|$ が有界という定義である．そのため，まず確率変数に対しても**確率有界 (bounded in probability)** という有界の概念を導入する．しかし，たとえば正規分布のような確率変数 X は，確率は十分小さいが $|X| > 3$ をとる確率が存在する．つまり，この意味で確率変数 X は有界ではない．しかし，十分小さい確率 $\varepsilon > 0$ を除けば，

$$P(|X| \le 3) \ge 1 - \varepsilon$$

となる．逆に，その除きたい確率 $\varepsilon > 0$ に応じて $C = C(\varepsilon)$ を適当に選べば

$$P(|X| \le C) \ge 1 - \varepsilon \tag{7.3.6}$$

を満たす．このような意味で確率変数 X は有界である．これは固定された確率変数 X が確率有界といっているのだが，数列の概念で考えれば固定された確率変数 X は定数に該当する（数列の世界で定数は有界である）．そのため固定された確率変数ではなく，確率変数列に対して確率有界という概念を導入する．

定義 7.3.16（確率有界）. 確率変数列 $\{X_n\}$ が確率有界であるとは，任意の $\varepsilon > 0$ に対して，ある定数 $C = C(\varepsilon) > 0$ と整数 $N = N(\varepsilon) \ge 1$ が存在し，$n \ge N$ ならば $P(|X_n| \le C) \ge 1 - \varepsilon$ を満たすことである．

ここで，$n \to \infty$ において

$$Y_n = O_P(X_n)$$

であるとは，Y_n/X_n が確率有界であることである．ただし，$X_n(\omega) \ne 0\ (\omega \in \Omega)$ とする．同様に，

$$Y_n = o_P(X_n)$$

であるとは，$Y_n/X_n \xrightarrow{p} 0$ であることである．

この確率有界という概念は，意味合いからもわかるとおり収束の概念より弱い概念となる．実際，以下が従う．

定理 7.3.17. $X_n \xrightarrow{d} X$ ならば X_n は確率有界.

証明 与えられた $\varepsilon > 0$ に対して，(7.3.6) を満たすように $C = C(\varepsilon) > 0$ を選べるが，さらに F_X は分布関数のため，定理 7.1.33 より高々可算個の不連続点し

か存在しないため，点 C として，$F_X(C)$ と $F_X(-C)$ がともに F_X の連続点となるように選べる．この C に対して，

$$P(|X_n| \le C) = P(X_n \le C) - P(X_n < -C)$$
$$\ge F_{X_n}(C) - F_{X_n}(-C).$$

ゆえに，

$$\lim_{n\to\infty} P(|X_n| \le C) \ge F_X(C) - F_X(-C)$$
$$\ge P(|X| \le C) \ge 1 - \varepsilon. \qquad \square$$

例 7.3.1. $k \ge 1$ に対し，

$$F_{X_k}(t) = \begin{cases} 1 & (t \ge (-1)^k) \\ 0 & (t < (-1)^k) \end{cases}$$

で与えられる $\{X_n\}_{n\ge1}$ は確率有界であるが，法則収束しない．つまり定理 7.3.17 の逆は成立しない．

7.3.5 概収束と確率収束の四則演算

本章では特に概収束と確率収束の収束の四則演算について述べる．法則収束に関する収束については後の定理 7.4.33 にて述べる．

定理 7.3.18. $g : \mathbb{R} \to \mathbb{R}$ を連続関数とする．
1. $X_n \xrightarrow{a.s.} X$ ならば $g(X_n) \xrightarrow{a.s.} g(X)$.
2. $X_n \xrightarrow{p} X$ ならば $g(X_n) \xrightarrow{p} g(X)$.

証明　1. まず g は連続関数であるため，定理 7.2.13 より少なくとも $g(X_n)$, $g(X)$ は確率変数であることに注意する．ここで

$$\Omega_1 = \{\omega \in \Omega \mid \lim_{n\to\infty} X_n(\omega) = X(\omega)\},$$
$$\Omega_2 = \{\omega \in \Omega \mid \lim_{n\to\infty} g(X_n(\omega)) = g(X(\omega))\}$$

としたとき，$\omega \in \Omega_1$ に対して，$a_n = X_n(\omega)$, $a = X(\omega)$ とおけば，$\lim_{n\to\infty} a_n = a$ である．g が連続であるため $\lim_{n\to\infty} g(X_n(\omega)) = \lim_{n\to\infty} g(a_n) = g(\lim_{n\to\infty} a_n) = g(a) = g(X(\omega))$. つまり，$\Omega_1 \subset \Omega_2$. ゆえに

$$1 = P(\Omega_1) \le P(\Omega_2).$$

2. 定理 7.3.11 より $X_n \xrightarrow{p} X$ なので，任意の部分列 $\{X_{n_k}\}$ に対し，その部分列 $\{X_{m_k}\}$ が存在し，$X_{m_k} \xrightarrow{a.s.} X$ が成立する．すると 1 より $g(X_{m_k}) \xrightarrow{a.s.} g(X)$. よって定理 7.3.10 より $g(X_n) \xrightarrow{p} g(X)$. $\square$

収束する確率変数の代数的な演算について以下が成立する．

定理 7.3.19.
1. $X_n \xrightarrow{a.s} X, Y_n \xrightarrow{a.s} Y$ ならば $X_n + Y_n \xrightarrow{a.s} X + Y$.
2. $X_n \xrightarrow{a.s} X, Y_n \xrightarrow{a.s} Y$ ならば $X_nY_n \xrightarrow{a.s} XY$.
3. $X_n \xrightarrow{p} X, Y_n \xrightarrow{p} Y$ ならば $X_n + Y_n \xrightarrow{p} X + Y$
4. $X_n \xrightarrow{p} X, Y_n \xrightarrow{p} Y$ ならば $X_nY_n \xrightarrow{p} XY$.

証明　$\Omega_1 = \{\omega \in \Omega \mid \lim_{n\to\infty} X_n(\omega) = X(\omega)\}$,

$$\Omega_2 = \{\omega \in \Omega \mid \lim_{n\to\infty} Y_n(\omega) = Y(\omega)\},$$
$$\Omega_3 = \{\omega \in \Omega \mid \lim_{n\to\infty}(X_n(\omega) + Y_n(\omega)) = X(\omega) + Y(\omega)\}$$

とする．このとき，
1. $\omega \in \Omega_1 \cap \Omega_2$ に対して，

$$\lim_{n\to\infty}(X_n(\omega) + Y_n(\omega)) = X(\omega) + Y(\omega).$$

つまり，$\Omega_1 \cap \Omega_2 \subset \Omega_3$. また，$P(\Omega_1 \cup \Omega_2) \le 1$ であることから，

$$1 \le P(\Omega_1) + P(\Omega_2) - P(\Omega_1 \cup \Omega_2)$$
$$= P(\Omega_1 \cap \Omega_2) \le P(\Omega_3).$$

2. 積が収束する集合を Ω_4 とすれば，$\Omega_1 \cap \Omega_2 \subset \Omega_4$ となり同様に従う．
3. $\varepsilon > 0$ に対して，$|X_n - X| \le \varepsilon/2$ かつ $|Y_n - Y| \le \varepsilon/2$ であれば，

$$|X_n + Y_n - X - Y| \le |X_n - X| + |Y_n - Y| \le \varepsilon$$

より，

$$P(|X_n + Y_n - (X+Y)| > \varepsilon)$$
$$\le P(|X_n - X| > \varepsilon/2) + P(|Y_n - Y| > \varepsilon/2).$$

両辺の n に関する極限を取ると右辺は 0 に収束する．
4.

$$X_nY_n = \frac{1}{2}X_n^2 + \frac{1}{2}Y_n^2 - \frac{1}{2}(X_n - Y_n)^2$$

と表され，定理 7.3.18 と本定理の 3 より従う． $\square$

7.3.6 0-1 法則

各非負整数あるいは自然数に対し，確率変数が，与えられ，各確率変数が，$X_0, X_1, \ldots$ あるいは $X_1, X_2, \ldots$ のように与えられた全体の一般項としてみなせるとき，これらを確率変数の列という．これを $\{X_i\}_{i=0}^{\infty}$ あるいは $\{X_i\}_{i=1}^{\infty}$ のように表してよいとする．

定義 7.3.20（独立確率変数の列）. $X_1, \ldots$ を確率変数の列とする．2 以上の各自然数 n について，$X_1, \ldots, X_n$ が独立であるとき，確率変数の列 $X_1, \ldots$ は独立であるという．確率変数の列 $X_1, X_2, \ldots$ に対しても，同様に独立性を定める．

定義 7.3.21 (確率変数の列に付随する末尾事象). $X_1, X_2, \ldots$ を確率変数の列とする．各非負整数 n に対し，確率変数の族 $\mathcal{X}_n = \{X_{n+1}, X_{n+2}, \ldots\}$ が定める σ-集合族 $\mathcal{T}_n$ を，π-系 $\pi(\mathcal{X}_n)$ が生成する σ-集合体として定め，さらに $\mathcal{T} = \bigcap_{n=0}^{\infty}\mathcal{T}_n$ とおく．このとき Ω の部分集合として $\mathcal{T}$ に属する事象を末尾事象という．

定理 7.3.22. 確率変数の列 $X_1, X_n, \ldots$ が独立であるとき，任意の末尾事象 A について，$P(A) = 0$ または $P(A) = 1$ である．

証明 ［第 1 段階］ 最初に，確率変数の族 $\mathcal{X}_n = \{X_1, X_2, \ldots, X_n\}$ に対し，$\mathcal{F}_n$ を π-系 $\pi(\mathcal{X}_n)$ が生成する σ-集合体とすると，$E \in \mathcal{F}_n$ かつ $F \in \mathcal{T}_n \Rightarrow P(E \cap F) = P(E)P(F)$ となることを示す．

確率変数の列 $X_1, X_2, \ldots$ は独立であるから，確率変数の族 $\mathcal{X} = \{X_n \mid n \in \{1, 2, \ldots\}\}$ に定理を適用することにより，確率変数の族 $\mathcal{X}_n = \{X_1, X_2, \ldots, X_n\}$ と $\mathcal{Y}_n = \{X_{n+1}, X_{n+2}, \ldots\}$ は独立であることがわかる．これは，$E \in \mathcal{F}_n$ かつ $F \in \mathcal{T}_n$ ならば $P(E \cap F) = P(E)P(F)$ が成り立つことを意味する．

［第 2 段階］ 次に，$E \in \mathcal{T}_0$ かつ $F \in \mathcal{T} \Rightarrow P(E \cap F) = P(E)P(F)$ であることを示す．そのために，$i_1 < \cdots < i_k$ を満たす自然数列 $i_1, \ldots, i_k$ により与えられる $C_{i_1} \in \pi(X_{i_1}), \ldots, C_{i_k} \in \pi(X_{i_k})$ に対して，$F \in \mathcal{T}$ をどのようにとっても，$i_k \leq n$ を満たすある自然数 n について $F \in \mathcal{T}_n$ となることに注意する．これらの事象について，$C_{i_1} \cap \cdots \cap C_{i_k} \in \mathcal{F}_n$ であり，また $F \in \mathcal{T}_n$ である．よって，［第 1 段階］で得られた結論より，

$$P(C_{i_1} \cap \cdots \cap C_{i_k} \cap F) = P(C_{i_1} \cap \cdots \cap C_{i_k})P(F)$$

が導かれる．この式から $\mathcal{T}_0$ と $\mathcal{T}$ の独立性が従う．

［第 3 段階］ 最後に，$E \in \mathcal{T}$ かつ $F \in \mathcal{T} \Rightarrow P(E \cap F) = P(E)P(F)$ が導けることを確認しよう．この式は $E \in \mathcal{T}$ であれば $E \in \mathcal{T}_0$ となるため，［第 2 段階］で得られた結論により導かれることである．また，この式において F が E に等しいとおくことにより $P(E) = P(E \cap E) = P(E)P(E)$ が得られるが，この式は $P(E) = 0$ または $P(E) = 1$ 以外の可能性がないことを示している． □

この定理は次の例のような適用をもつ．独立確率変数の列 $X_1, X_2, \ldots$ について，$\lim_{n\to\infty} X_n(\omega)$ が収束する確率は把握困難であると思われるところである．しかし，実はなんら計算を要さず，その確率がもつ特徴的事実を浮き彫りにできるのである．

例題 7.3.1. 確率変数の列 $X_1, X_2, \ldots$ が独立であるとき，$A = \{\omega \mid \lim_{n\to\infty} X_n(\omega)$ が実数として定まる $\}$ は末尾事象であり，特に $P(A) = 0$ または $P(A) = 1$ であることを示せ．

解答 事象 A は事象 $\{\omega \mid$ 数列 $X_1(\omega), X_2(\omega), \ldots$ がコーシー列である $\}$ と一致した事象である．このことから

$$A = \bigcap_{n=1}^{\infty} \bigcup_{N=1}^{\infty} \bigcap_{k,\,\ell \geq N} \left\{\omega \in \Omega \mid |X_k(\omega) - X_\ell(\omega)| < \frac{1}{n}\right\} \in \mathcal{T}_0$$

である．事象 A は事象 $\{\omega \mid$ 数列 $X_2(\omega), X_3(\omega), \ldots$ がコーシー列である $\}$ と一致した事象でもある．このことから

$$A = \bigcap_{n=1}^{\infty} \bigcup_{N=2}^{\infty} \bigcap_{k,\,\ell \geq N} \left\{\omega \in \Omega \mid |X_k(\omega) - X_\ell(\omega)| < \frac{1}{n}\right\} \in \mathcal{T}_1$$

であることもわかる．このようにして任意の非負整数数 n に対して $A \in \mathcal{T}_n$ であることが示される． □

7.4 期 待 値

7.4.1 基本的な期待値とその性質

よく接することの多い確率変数として，定理 7.2.17 の直後に示した離散型確率変数として捉えられるものがある．それを再度確認すると，確率変数 X に対し $C = \{x \in \mathbb{R} \mid P(X = x) > 0\}$ とおくとき，C の各要素 x に対して与えられる確率 $P(X = x)$ により，X の確率分布が決定される場合といえる．より正確には，上記の C が $\mathbb{R}$ の有限部分集合，あるいは整数の無限部分集合に代表されるような可算部分集合となり，さらに $P(X \in C) = \sum_{x \in C} P(X = x) = 1$ を満たす場合，X は離散型確率変数とよばれる．

定義 7.4.1. 確率空間 $(\Omega, \mathcal{F}, P)$ における確率変数 X に対し，$\sum_{x \in C} xP(X = x)$ を X の**期待値 (expectation)** という．ただし，$\sum_{x \in C} |x|P(X = x) < \infty$ が満たされるときに限って X の期待値を定めることにする．

事象 B の確率 $P(B)$ が正である場合，事象 B が起こる条件のもとでの事象 A の確率 $P(A \mid B)$ は $\dfrac{P(A \cap B)}{P(B)}$ によって与えられる．これを事象 $A = \{\omega \mid X(\omega) = x\}$ に対して適用すれば，条件付確率

$P(\{\omega \mid X(\omega)=x\} \mid B)$ が定まる．確率 $P(X=x)$ をこの条件付確率に置き換えることにより，**条件付期待値 (conditional expectation)** が与えられる．表記の簡単化のため，$P(\{\omega \mid X(\omega)=x\} \mid B)$ を $P(X=x \mid B)$ と記すことにする．

定義 7.4.2. $P(B) > 0$ を満たす事象 B があるとき，離散型確率変数 X に対して定まる $\sum_{x\in C} xP(X=x \mid B)$ を事象 B のもとでの X の条件付期待値といい $E(X \mid B)$ によって表す．ただし，$\sum_{x\in C} |x|P(X=x \mid B) < \infty$ である場合に限って定めることにする．

条件付確率に基づく全確率の法則も条件付期待値に即した類似の公式に記述し直せる．このことは次の定理により確認できる．

定理 7.4.3. 互いに排反な有限個の事象 $B_1, B_2, \ldots, B_n$ について，$\bigcup_{k=1}^n B_k = \Omega$ が満たされるとする．各 B_k について $P(B_k) > 0$ であるとき，期待値をもつ離散型確率変数 X に対して

$$E(X) = \sum_{k=1}^{n} E(X \mid B_k)P(B_k)$$

である．

証明　期待値の定義と定理により

$$\begin{aligned} E(X) &= \sum_{x\in C} xP(\{\omega\in\Omega \mid X(\omega)=x\}) \\ &= \sum_{x\in C} x \sum_{k=1}^{n} P(\{\omega\in\Omega \mid X(\omega)=x\} \mid B_k)P(B_k) \end{aligned}$$

が示される．ところで X の期待値が定まることから，C が可算無限集合である場合においては，

$$\begin{aligned} &\sum_{x\in C} |x|P(\{\omega\in\Omega \mid X(\omega)=x\}) \\ &= \sum_{x\in C} |x| \sum_{k=1}^{n} P(\{\omega\in\Omega \mid X(\omega)=x \mid B_k\})P(B_k) \end{aligned}$$

の右辺の収束がわかる．$E(X)$ を求める上式において和をとる順序に依らずに級数和が定ることに注目し，

$$\begin{aligned} E(X) &= \sum_{s\in C} xP(\{\omega\in\Omega \mid X(\omega)=x\}) \\ &= \sum_{k=1}^{n} \Bigl(\sum_{s\in C} xP(\{\omega\in\Omega \mid X(\omega)=x \mid B_k\}) \Bigr) P(B_k) \\ &= \sum_{k=1}^{n} E(X \mid B_k)P(B_k) \end{aligned}$$

が導かれる．□

注意 7.4.1. 上記定理の条件に示された互いに排反な事象列 $B_1, B_2, \ldots, B_n$ は，有限個の事象からなる必要はなく，$\bigcup_{k=1}^\infty B_k = \Omega$ を満たす互いに排反な事象列 $B_1, B_2, \ldots, B_n, \ldots$ に置き換えてもよい．実際このとき，各 B_k について $P(B_k) > 0$ であれば，期待値をもつ離散型確率変数 X に対して，

$$E(X) = \sum_{k=1}^{\infty} E(X \mid B_k)P(B_k)$$

であることが同様に示される．

注意 7.4.2. 上述の定理，および上記注意において $P(B_k) = 0$ なる B_k がある場合であっても，$P(B_k) = 0$ となる B_k について便宜的に $E(X \mid B_k) = E(X)$ と定めれば，それぞれの結論にある等式は正当化可能である．実際，このような B_k についてはこの約束のもとで $E(X \mid B_k)P(B_k) = 0$ となるため，これが右辺の和に加算されないことに注意しつつ同様な証明が可能である．したがって，互いに排反な事象列 $B_1, B_2, \ldots, B_n$ について，$\bigcup_{k=1}^n B_k = \Omega$ が満たされるとは限らない場合でも，$\sum_{k=1}^n P(B_k) = 1$ である場合ならば，上記定理の結論が正しいことがわかる．

例 7.4.1. 表が出る確率が p のコインを何度も続けて投げて初めて表が出るまでに投げる回数を X とする．確率変数 X が期待値をもち，その期待値が $\dfrac{1}{p}$ であることを導け．

解答　最初に，X がパラメータ p の幾何分布に従うことに注意する．$\sum_{k=1}^\infty kp(1-p)^{k-1} < \infty$ でわるから，X は期待値をもつことがわかる．最初に表が出る事象を H，最初に裏が出る事象を T とおくと，これらは互いに排反であり，$H \cup T = \Omega$ が満たされる．上述の定理と $P(H) = p$，$P(T) = 1-p$ により

$$\begin{aligned} E(X) &= E(X|H)P(H) + E(X|T)P(T) \\ &= E(X|H)p + E(X|T)(1-p) \end{aligned}$$

であるが，事象 H が起きた場合は $X=1$ となることから $E(X|H) = 1$ である．事象 T が起きるという条件のもとでは，表が出るまでに投げる回数が強制的に 1 回加算されることと現象としては同等であるから $E(X|T) = E(X) + 1$ がわかる．よって，上式は

$$E(X) = p + (E(X)+1)(1-p)$$

とも書き換えられ，これより $E(X) = \dfrac{1}{p}$ が導ける．

さて，サイコロを何度も投げる試行において，さいころの出た目をすべて記録する場合を考えよう．n 回までに出た目の最大値を X_n とするとき，n 回投げて少なくとも一回は 6 の目が出る確率は $1-\left(\frac{5}{6}\right)^n$ である．このことから，$6 \geq E(X_n) \geq 6\left(1-\left(\frac{5}{6}\right)^n\right)$ により $\lim_{n\to\infty} E(X_n) = 6$ が導ける．ところでここで得られる X_n は n に関して非減少であり，十分大きい n に対して $X_n = 6$ となるため，$\lim_{n\to\infty} X_n = 6$ である．

このことは，定理 7.1.22 で示した確率測度に関する単調連続性と同様に，確率変数の列 $X_1, X_2, \ldots$ に単調性が備わっている場合には，似たような単調連続性が期待値についてもいえることを示唆しているのではないだろうか．実際，次の定理が成立する．

定理 7.4.4. 非負値確率変数の列 $X_1, X_2, \ldots, X_n, \ldots$ において，各 X_n について，その像 $X_n(\Omega) = \{X_n(\omega) \mid \omega \in \Omega\}$ が $\mathbb{R}$ の有限部分集合であり，かつ各 $\omega \in \Omega$ に対し，$X_1(\omega) \leq X_2(\omega) \leq \cdots$ を満たすように与えられているとする．さらにある離散型確率変数 X について，$P(\lim_{n\to\infty} X_n = X) = 1$ であるとき，

$$\lim_{n\to\infty} E(X_n) = E(X)$$

である．

証明 確率変数 X に対して本節の最初に定めた集合 C が有限集合であり $C = \{x_1, x_2, \ldots, x_n\}$ として与えられる場合を考えよう．定理 7.4.3 により

$$E(X_n) = \sum_{k=1}^{n} E(X_n \mid X = x_k)P(X = x_k)$$

である．仮定により $X = x_k$ の条件のもとでは $X_n \leq x_k$ であるため，$E(X_n \mid X = x_k) \leq x_k$ となるが，$\lim_{n\to\infty} E(X_n \mid X = x_k) = x_k$ がいえれば結論が導けることに気づく．

さてここで，確率測度 $Q(A) = P(A \mid X = x_k)$ を導入し，この確率測度に基づく X_n の期待値 $E(X_n \mid X = x_k)$ を $E^Q(X_n)$ によって表す．すでに注意したように $x_k \geq E^Q(X_n)$ であるが，再び定理 7.4.3 と注意 7.4.2 により，任意の正数 ε について，

$$\begin{aligned} E^Q(X_n) &= E^Q(X_n \mid X_n \geq x_k - \varepsilon)Q(X_n \geq x_k - \varepsilon) \\ &\quad + E^Q(X_n \mid X_n < x_k - \varepsilon)Q(X_n < x_k - \varepsilon) \\ &= E^Q(X_n \mid X_n \geq x_k - \varepsilon)Q(X_n \geq x_k - \varepsilon) \\ &\geq (x_k - \varepsilon)Q(X_n \geq x_k - \varepsilon) \end{aligned}$$

が導かれる．ここで $Q(\lim_{n\to\infty} X_n = x_k) = 1$ であるため，$\lim_{n\to\infty} E^Q(X_n) = x_k$ であること，すなわち $\lim_{n\to\infty} E(X_n \mid X = x_k) = x_k$ が証明された．注意 7.4.1 により，C が可算集合である場合も同様に証明することができる．□

7.4.2 期待値の定義とその性質

$\mathcal{S}^+(\mathcal{F})$ により有限個の非負実数のみに値をとる確率変数の全体を表すことにする．必ずしも離散型でない確率変数 X の期待値 $E(X)$ を定めよう．最初に $\mathcal{M}^+(\mathcal{F})$ により非負実数のみに値をとる確率変数の全体を表すことにする．まず $X \in \mathcal{M}^+(\mathcal{F})$ に対して，

$$E(X) = \sup_{Y \in \mathcal{S}^+(\mathcal{F}),\, \Omega \text{ 上 } Y \leq X} E(Y)$$

により定める．ここで，「$\sup_{Y \in \mathcal{S}^+(\mathcal{F}),\, \Omega \text{ 上 } Y \leq X}$」は，$\mathcal{S}^+(\mathcal{F})$ に属し，標本空間 Ω 上で $Y \leq X$ を満たすような Y に渡る上限をとることを表す．

この定め方から明らかなように，X が $\mathcal{S}^+(\mathcal{F})$ に属する場合は，上記条件を満たす Y として X それ自身をとることができるため，ここで定めた期待値は，離散型確率変数としての X の期待値 $\sum_{x\in C} xP(X = x)$ と一致していることがわかる．また，非負実数のみに値をとる確率変数 X, X' について，標本空間 Ω 上で $X \leq X'$ が満たされるならば，$E(X) \leq E(X')$ となることも明らかである．

具体的に確率変数の列 $X_1, X_2, \ldots$ を与えて，期待値 $E(X_n)$ が $E(X)$ に限りなく近づくようにできるかどうか考察しよう．予備的な考察として，たとえば最初に $3.14159265\cdots$ に対し，10 倍して整数部分だけをとり出し，さらに 10 で割ると，3.1 が得られ，100 倍して整数部分だけをとり出し，さらに 100 で割ると，3.14 が得られる．このことから，任意の非負実数 x は $x_n = [10^n x]/10^n$ とおくことによって得られる増加数列 $\{x_n\}$ の極限値として表されることがわかる．確率変数 X に対しても，$X_n = [10^n X]/10^n$ とおくことによって得られる増加する確率変数の列 $\{X_n\}$ の極限値として X が表せることがわかる．これらを $\mathcal{S}^+(\mathcal{F})$ に属する確率変数とするために，必要なら $\min\{[10^n X]/10^n, n\}$ を改めて X_n とおきなおすことにより，以下の補題が示される．

補題 7.4.5. $\mathcal{M}^+(\mathcal{F})$ に属する確率変数 X に対し，標本空間 Ω 上で

$$X_1 \leq X_2 \leq \cdots \leq X_n \leq \cdots$$

かつ $\lim_{n\to\infty} X_n = X$ を満たすように $\mathcal{S}^+(\mathcal{F})$ に属する確率変数の列 $X_1, X_2, \ldots$ をとることができる．

命題 7.4.6. $\mathcal{S}^+(\mathcal{F})$ に属する確率変数の列 $X_1, X_2, \ldots$ が標本空間 Ω 上で

$$X_1 \leq X_2 \leq \cdots \leq X_n \leq \cdots$$

であり，ある確率変数 X に対し $\lim_{n\to\infty} X_n = X$ となるとき，$\lim_{n\to\infty} E(X_n) = E(X)$ である．

証明 Ω 上で $Y \leq X$ であるような $Y \in \mathcal{S}^+(\mathcal{F})$ を任意にとり，さらに $Y_n \in \mathcal{S}^+(\mathcal{F})$ を，各 $\omega \in \Omega$ について $Y_n(\omega) = \min\{X_n(\omega), Y(\omega)\}$ とおくことで定める．

このとき，Ω 上で $Y_n \leq X_n$ であり，よって各非負整数 n に対して，

$$E(Y_n) \leq E(X_n) \leq E(X)$$

である．また，各 $\omega \in \Omega$ について $Y_1(\omega) \leq Y_2(\omega) \leq \cdots \leq Y_n(\omega) \leq \cdots$ であり，かつ $\lim_{n\to\infty} Y_n(\omega) = Y(\omega)$ となる．このことと定理 7.4.4 より，$E(Y) = \lim_{n\to\infty} E(Y_n)$ が導かれる．また，不等式 $\lim_{n\to\infty} E(Y_n) \leq \lim_{n\to\infty} E(X_n)$ と期待値の定義から，

$$E(X) = \sup_{Y\in\mathcal{S}^+(\mathcal{F})} E(Y) \leq \lim_{n\to\infty} E(X_n) \leq E(X)$$

が示される．以上により，$\lim_{n\to\infty} E(X_n) = E(X)$ が導ける．□

定理 7.4.7（単調収束定理）． $\mathcal{M}^+(\mathcal{F})$ に属する確率変数の列 $X_1, X_2, \ldots$ が標本空間 Ω 上で

$$X_1 \leq X_2 \leq \cdots \leq X_n \leq \cdots$$

であり，ある確率変数 X に対し

$$\lim_{n\to\infty} X_n = X$$

となるとき，$\lim_{n\to\infty} E(X_n) = E(X)$ である．

証明　X の期待値 $E(X)$ が正の値をもつとして示せばよい．$E(X)$ の定義から，どのような正数 ε に対しても，Ω 上で $Y \leq X$ であるような，ある $Y \in \mathcal{S}^+(\mathcal{F})$ をとることにより，$E(Y) \geq E(X) - \frac{\varepsilon}{2}$ とできる．有限個の値だけをとる確率変数 Y の最大値を M によって表す．十分大きな n について $E(X_n) \geq E(Y) - \frac{\varepsilon}{2}$ が示されれば，十分大なる n について $E(X_n) \geq E(Y) - \frac{\varepsilon}{2} \geq E(X) - \varepsilon$ となり，ここで正数 ε はどのように与えられていてもよいことと，自明な不等式 $E(X) \geq E(X_n)$ から結論が導ける．

さて，$X_n \uparrow X$ であるから $A_n = \{\omega \in \Omega \mid X_n(\omega) < \left(1 - \frac{\varepsilon}{4M}\right) Y(\omega)\}$ は事象の減少列 $A_1, A_2, \ldots$ を定め $\lim_{n\to\infty} A_n = \emptyset$ となるが，確率測度の単調連続性（定理 7.1.10）により，十分大きい n について $P(A_n) < \frac{\varepsilon}{4M}$ が満たされる．明らかに $0 \leq E(Y) \leq M$ であるから，n がこのように十分な大きさをもつ限り，$E(X_n) \geq \left(1 - \frac{\varepsilon}{4M}\right) E(Y) - MP(A_n) \geq E(Y) - \frac{\varepsilon}{2}$ が成り立っていることがわかる．□

以下の補題は，X, Y のそれぞれに対して，補題 7.4.5 により与えられる確率変数の列 $\{X_n\}, \{Y_n\}$ を用いることにより示すことができる．実際，$aX_n \uparrow aX$，$X_n + Y_n \uparrow X + Y$，$X_n Y_n \uparrow XY$ であり，特に X, Y が独立であるとき，定理 7.2.30 と補題 7.4.5 における具体的な構成の仕方より，各自然数 n に対し X_n, Y_n も独立であるようにとれる．なぜならば，各自然数 n に対し，$f_n(x) = \min\{\lfloor 10^n x \rfloor / 10^n, n\}$ は可測であるからである．

補題 7.4.8. $\mathcal{M}^+(\mathcal{F})$ に属する確率変数 X, Y および正の実数 a について

1. $E(aX) = aE(X)$，
2. $E(X+Y) = E(X) + E(Y)$，
3. さらに X, Y が独立であれば
   $E(XY) = E(X)E(Y)$

である．

定義 7.4.9. 定義　$X \in \mathcal{M}(\mathcal{F})$ に対し，$X^+, X^- \in M^+(\mathcal{F})$ を定理 7.2.9 で定めたものとする．これらについて $E(X^+) < \infty, E(X^-) < \infty$ が満たされるとき，確率変数 X の**期待値 (expectation)** $E(X)$ を $E(X) = E(X^+) - E(X^-)$ により定める（式 (7.2.3) 参照）．

期待値をもつ確率変数の全体を $L^1(\Omega, \mathcal{F}, P)$ あるいは単に L^1 により表す．すなわち，

$$L^1(\Omega, \mathcal{F}, P) = \{X \in \mathcal{M}(\mathcal{F}) \mid E(|X|) = E(X^+) + E(X^-) < \infty\}$$

である．

定理 7.4.10. 互いに排反な事象列 $B_1, B_2, \cdots, B_n$ について，$\bigcup_{k=1}^n B_k = \Omega$ が満たされるとする．各 B_k について $P(B_k) > 0$ であるとき，任意の確率変数 $X \in L^1(\Omega, \mathcal{F}, P)$ に対し，

$$E(X) = \sum_{k=1}^n E(X \mid B_k) P(B_k)$$

である．

証明　すでに示した定理 7.4.3 により，任意の確率変数 $Y \in \mathcal{S}^+(\mathcal{F})$ について，

$$E(Y) = \sum_{k=1}^n E(Y \mid B_k) P(B_k)$$

である．したがって，X^+ に対し，補題 7.4.5 の条件を満たす $X_1, X_2, \ldots$ について，

$$\begin{aligned} E(X^+) &= \lim_{n\to\infty} E(X_n) \\ &= \lim_{n\to\infty} \sum_{k=1}^n E(X_n \mid B_k) P(B_k) \\ &= \sum_{k=1}^n \lim_{n\to\infty} E(X_n \mid B_k) P(B_k) \\ &= \sum_{k=1}^n E(X^+ \mid B_k) P(B_k) \end{aligned}$$

が示される．同様に

$$E(X^-) = \sum_{k=1}^{n} E(X^- \mid B_k) P(B_k)$$

も示されるから，

$$E(X) = \sum_{k=1}^{n} E(X \mid B_k) P(B_k)$$

が導ける． □

注意 7.4.3. 離散型確率変数の場合と同様に，$P(B_k) = 0$ であるような B_k がある場合であっても，$P(B_k) = 0$ となる B_k について便宜的に $E(X \mid B_k) = E(X)$ と定めれば，上記の等式は成立する．

以下の定理は，補題 7.4.8 を適用することによって示される．ここでは，2 についてのみ証明を与える．

定理 7.4.11. $L^1(\Omega, \mathcal{F}, P)$ に属する確率変数 X, Y，および実数 a について

1. $E(aX) = aE(X)$,
2. $E(X+Y) = E(X) + E(Y)$,
3. さらに X, Y が独立であれば

$E(XY) = E(X)E(Y)$

である．

2 の証明　X と Y がともに $L^1(\Omega, \mathcal{F}, P)$ に属するとき，X に対し X^+ と X^- をとったのと同様に，Y に対し Y^+ と Y^- をとり，$X+Y$ に対し $(X+Y)^+$ と $(X+Y)^-$ をとる．このとき確率変数 $X+Y$ は

$$X + Y = (X+Y)^+ - (X+Y)^-$$

の右辺のように表せると同時に，

$$X + Y = X^+ - X^- + Y^+ - Y^-$$

の右辺のようにも表せる．右辺どうしを等号で結ぶことにより，

$$(X+Y)^+ - (X+Y)^- = X^+ - X^- + Y^+ - Y^-$$

すなわち，

$$(X+Y)^+ + X^- + Y^- = (X+Y)^+ + X^+ + Y^+$$

が得られるが，ここで両辺の期待値をとる際に補題 7.4.8 を適用することにより，

$$E((X+Y)^+) + E(X^-) + E(Y^-)$$
$$= E((X+Y)^-) + E(X^+) + E(Y^+)$$

が示される．この式を変形することにより，2 の等式を導くことができる． □

L^1 を一般化した空間

$$L^p(\Omega, \mathcal{F}, P) = \{X \in \mathcal{M}(\mathcal{F}) \mid E(|X|^p) < \infty\}$$

を $p \geq 1$ なる実数に対して導入し，$X \in L^p(\Omega, \mathcal{F}, P)$ に対し，$\|X\|_p = E(|X|^p)^{1/p}$ とおき，これを X の **L^p ノルム (L^p-norm)** とよぶ．$L^p(\Omega, \mathcal{F}, P)$ は $(\Omega, \mathcal{F}, P)$ を特定しなくて良い場合などにおいては，単に L^p と記される．さて，容易にわかるとおり，実数 a と $X \in L^p(\Omega, \mathcal{F}, P)$ に対し $aX \in L^p(\Omega, \mathcal{F}, P)$ である．また任意の実数の組 x, y に対し $|x+y|^p \leq 2^p \max\{|x|, |y|\}^p \leq 2^p(|x|^p + |y|^p)$ となることから，$E(|X+Y|^p) \leq 2^p(E(|X|^p) + E(|Y|^p))$ が導かれ，$L^p(\Omega, \mathcal{F}, P)$ はベクトル空間であることが検証される．

任意の実数 x に対し，$|x| \leq \max\{|x|, 1\} \leq x^2 + 1$ であるから，確率変数 X が与えられているとき，x に X を代入して両辺の期待値をとることによって得られる不等式 $E(|X|) \leq E(|X|^2) + 1$ より，$L^2(\Omega, \mathcal{F}, P) \subset L^1(\Omega, \mathcal{F}, P)$ であることを知る．これは，次のような一般化を伴う．

定理 7.4.12. 実数 p, q が $q > p \geq 1$ を満たすとき，

$$L^q(\Omega, \mathcal{F}, P) \subset L^p(\Omega, \mathcal{F}, P)$$

である．特に，$X \in L^q(\Omega, \mathcal{F}, P)$ に対し，$\|X\|_p \leq \|X\|_q$ である．

この定理の証明は，次の**イエンセンの不等式 (Jensen's inequality)** による：

定理 7.4.13 (イエンセン (Jensen) の不等式). ある区間上で定義された凸関数 φ に対し，$L^1(\Omega, \mathcal{F}, P)$ に属し，かつその区間に値をとる確率変数 X が $\varphi(X) \in L^1(\Omega, \mathcal{F}, P)$ を満たすとき，

$$E(\varphi(X)) \geq \varphi(E(X))$$

である．ただし，区間は開区間，閉区間あるいは半開区間，特に $(-\infty, a), (-\infty, a], [a, \infty), (a, \infty)$ の形のものであってもよい．

次の**チェビシェフの不等式 (Chebyshev's inequality)** もよく使われる不等式の一つである：

定理 7.4.14 (チェビシェフ (Chebyshev) の不等式). $L^p(\Omega, \mathcal{F}, P)$ に属する確率変数 X が与えられているとき，任意の正の実数 a に対し，

$$P(|X| \geq a) \leq \frac{\|X\|_p^p}{a^p}$$

である．

定理 7.4.15.　確率変数 X が離散型であり，関数 $g:\mathbb{R}\to\mathbb{R}$ に対して，$\sum_{x\in C}|g(x)|P(X=x)<\infty$ が満たされるとき，

$$E(g(X))=\sum_{x\in C}g(x)P(X=x).$$

ただし，C は本節の最初に定めたものとする．

定理 7.4.16. 確率変数 X が確率密度関数 f をもち，可測関数 $g:\mathbb{R}\to\mathbb{R}$ に対して，$\int_{\infty}^{\infty}|g(x)|f(x)dx<\infty$ が満たされるとき，

$$E(g(X))=\int_{-\infty}^{\infty}g(x)f(x)dx.$$

さて，$X\in L^2(\Omega,\mathcal{F},P)$ に対しては，$X\in L^1(\Omega,\mathcal{F},P)$ より $\mu=E(X)$ が実数として定まり，さらに $(X-\mu)^2\leq 2X^2+2\mu^2$ であることに注意すれば，左辺の期待値が実数として定まることがわかる．この考察により $X\in L^2(\Omega,\mathcal{F},P)$ に対し分散が実数として定義される．

定義 7.4.17. 確率変数 $X\in L^2(\Omega,\mathcal{F},P)$ に対し，X の**分散 (variance)** $V(X)$ を

$$V(X)=E((X-E(X))^2)$$

により定義する．

定理 7.4.18（ヘルダー (Hölder) の不等式）． 正の実数 p,q が，$1/p+1/q=1$ を満たすとする．このとき任意の $X\in L^p(\Omega,\mathcal{F},P)$ および $Y\in L^q(\Omega,\mathcal{F},P)$ に対し，

$$\|XY\|_1\leq\|X\|_p\|Y\|_q$$

である．特に，$p=q=\dfrac{1}{2}$ の場合，すなわち $X,Y\in L^2(\Omega,\mathcal{F},P)$ に対する不等式

$$\|XY\|_1\leq\|X\|_2\|Y\|_2$$

を，コーシー-シュワルツの不等式という．

定義 7.4.19. 確率変数 $X,Y\in L^2(\Omega,\mathcal{F},P)$ に対し，X と Y の**共分散 (covariance)** $\mathrm{Cov}(X,Y)$ を

$$\mathrm{Cov}(X,Y)=E((X-E(X))(Y-E(Y))$$

により定義する．

以下の命題は，共分散の定義と定理 7.4.11，および $V(X)=\mathrm{Cov}(X,X)$ から容易に示される．

命題 7.4.20. 確率変数 $X,Y\in L^2(\Omega,\mathcal{F},P)$ に対し，

$$\mathrm{Cov}(X,Y)=E(XY)-E(X)E(Y)$$

である．特に X と Y が独立なら $\mathrm{Cov}(X,Y)=0$ である．また，$X\in L^2(\Omega,\mathcal{F},P)$ に対し，

$$V(X)=E(X^2)-E(X)^2$$

である．

定義 7.4.21. 確率変数 $X,Y\in L^2(\Omega,\mathcal{F},P)$ に対し，X,Y の分散 $V(X),V(Y)$ がともに正の実数として定まるとき，X と Y の**相関係数 (correlation coefficient)** $\rho(X,Y)$ を

$$\rho(X,Y)=\frac{\mathrm{Cov}(X,Y)}{\sqrt{V(X),V(Y)}}$$

により定義する．

定理 7.4.22（ミンコフスキー (Minkowski) の不等式）． 実数 p が，$p\geq 1$ を満たすとする．このとき任意の $X,Y\in L^p(\Omega,\mathcal{F},P)$ に対し，

$$\|X+Y\|_p\leq\|X\|_p+\|Y\|_p$$

である．

定理 7.4.23. 実数 p が $p\geq 1$ を満たすとき，任意の $X\in L^p(\Omega,\mathcal{F},P)$ および任意の正の実数 α に対し，

$$P(|X|\geq\alpha)\leq\frac{\|X\|_p^p}{\alpha^p}$$

である．とくに，$X\in L^p(\Omega,\mathcal{F},P)$ について $\|X\|_p=0$ であることと $P(X=0)=1$ が満たされることは同値である．

以後ある $p\geq 1$ について $X,X'\in L^p(\Omega,\mathcal{F},P)$ について，$P(X=X')=1$ が満たされるとき，X と X' を $L^p(\Omega,\mathcal{F},P)$ において同一の要素とみなすことにする．この同一視のもとでは，$X,Y\in L^p(\Omega,\mathcal{F},P)$ について $d(X,Y)=\|X-Y\|_p$ と定めると．$d(X,Y)$ は距離の公理を満たすことが，上述のミンコフスキーの不等式などより確かめられる．

一般に，コーシー列が収束列となることを完備性という．空間 $L^p(\Omega,\mathcal{F},P)$ がこの意味での完備性をもつことが示される．

定理 7.4.24（L^p-空間の完備性）． $p\geq 1$ を満たす

実数 p に対し，任意の $L^p(\Omega, \mathcal{F}, P)$ に属する確率変数の列 $X_1, X_2, \ldots$ がコーシー列である．すなわち

$$\lim_{n\to\infty} \sup_{k,\ell\geq n} \|X_k - X_\ell\|_p = 0$$

であるとする．このとき，ある $X \in L^p(\Omega, \mathcal{F}, P)$ について $\lim_{n\to\infty} \|X_n - X\|_p = 0$ となる．

証明 自然数列のある部分列 $n_1, n_2, \ldots$ を

$$\sup_{n,k\geq n_m} \|X_n - X_k\|_p^p \leq 1/2^m$$

が満たされるようにとることができる．このとき

$$\sum_{k=1}^{\infty} \|X_{n_{k+1}} - X_{n_k}\|_p^p < \infty$$

であるから，確率 1 で $\sum_{k=1}^{\infty}(X_{n_{k+1}} - X_{n_k})$ は絶対収束する．よって，$X_{n_l} = X_{n_1} + \sum_{k=1}^{l-1}(X_{n_{k+1}} - X_{n_k})$ も確率 1 のある事象 A において収束することから，確率変数 X を

$$X(\omega) = \begin{cases} \lim_{l\to\infty} X_{n_l}(\omega) & (\omega \in A) \\ 0 & (\omega \notin A) \end{cases}$$

のように定めると，この定理とは独立に証明される次項の定理 7.4.27（ファトゥーの補題）1 より，

$$n \geq n_m \Rightarrow \|X_n - X\|_p^p \leq 1/2^m$$

であることが示され，これより，

$$\lim_{n\to\infty} \|X_n - X\|_p = 0$$

であることが導ける． □

7.4.3 特別な L^p 収束

この項では距離空間 $L^p(\Omega, \mathcal{F}, P)$ のうち，特に p が 1 または 2 の場合においての収束について考え，その関係性について考える．

定義 7.4.25（平均収束）． $X, X_1, X_2, \ldots \in L^1(\Omega, \mathcal{F}, P)$ とする．確率変数列 $\{X_n\}$ がある確率変数 X に対して，

$$\lim_{n\to\infty} E(|X_n - X|) = 0$$

を満たすとき，確率変数列 $\{X_n\}$ は確率変数 X に**平均収束する（mean convergence, convergence in mean）**とよび，$X_n \xrightarrow{L^1} X$ と表す．

定義 7.4.26（平均二乗収束）． $X, X_1, X_2, \ldots \in L^2(\Omega, \mathcal{F}, P)$ とする．確率変数列 $\{X_n\}$ がある確率変数 X に対して，

$$\lim_{n\to\infty} E((X_n - X)^2) = 0$$

を満たすとき，確率変数列 $\{X_n\}$ は確率変数 X に**平均二乗収束（mean-square convergence, convergence in mean-square）**するとよび，$X_n \xrightarrow{q.m.} X$ もしくは $X_n \xrightarrow{L^2} X$ と表す．

定理 7.4.27（ファトゥー（Fatou）の補題）． 確率変数の列 $X_1, X_2, \ldots \in \mathcal{M}(\mathcal{F})$ が与えられているとする．

1. 各自然数 n に対し $X_n \in \mathcal{M}^+(\mathcal{F})$ ならば $E(\liminf_{n\to\infty} X_n) \leq \liminf_{n\to\infty} E(X_n)$，
2. ある非負値確率変数 $Y \in L^1(\Omega, \mathcal{F}, P)$ について，Ω 上で各 n に対し $X_n \leq Y$ となるならば，$E(\limsup_{n\to\infty} X_n) \geq \limsup_{n\to\infty} E(X_n)$．

証明 1. $Y_n = \inf_{k\geq n} X_k$ とおく．このとき，

$$0 \leq Y_1 \leq Y_2 \leq \cdots$$

となる．すると単調収束定理 7.4.7 より，

$$\begin{aligned} E(\liminf_{n\to\infty} X_k) &= E(\lim_{n\to\infty} Y_n) \\ &= \lim_{n\to\infty} E(Y_n) \\ &= \liminf_{n\to\infty} E(Y_n) \leq \liminf_{n\to\infty} E(X_n). \end{aligned}$$

2. 条件より $Y - X_n \geq 0$ である．$Y \in L^1(\Omega, \mathcal{F}, P)$ より $E(\liminf X_n), E(\limsup X_n) < \infty$ に注意する．ここで 1 より

$$\begin{aligned} E(Y - \limsup_{n\to\infty} X_n) &= E(\liminf_{n\to\infty}(Y - X_n)) \\ &\geq \liminf_{n\to\infty} E(Y - X_n) \\ &= E(Y) + \liminf_{n\to\infty}(-E(X_n)) \\ &= E(Y) - \limsup_{n\to\infty} E(X_n) \end{aligned}$$

が従う．$E(Y) < \infty$ であることから，定理 7.4.11 より両辺から $E(Y)$ を引くことができ，命題が従う． □

確率変数の列の極限が確率変数として与えられる場合は，以下の定理を示すことができる．

定理 7.4.28（優収束定理（dominated convergence theorem））． 確率変数の列 $X_1, X_2, \ldots \in \mathcal{M}(\mathcal{F})$ について，各 $\omega \in \Omega$ に対し，$X(\omega) = \lim_{n\to\infty} X_n(\omega)$ が実数として定まるとする．またある非負値確率変数 $Y \in L^1(\Omega, \mathcal{F}, P)$ について，

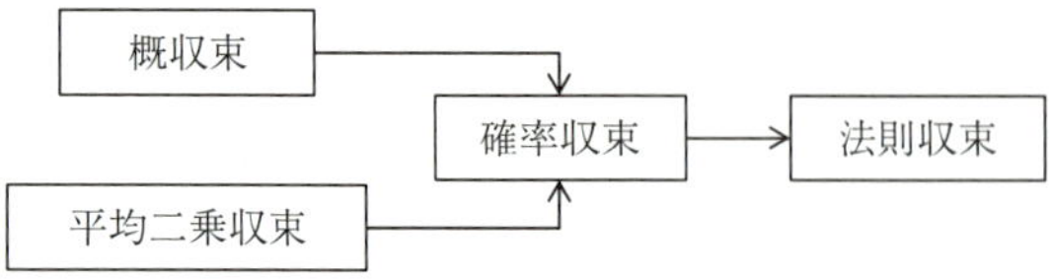

図 7.4.1　収束の関係

Ω上で各自然数 n に対し $|X_n| \leq Y$ となるならば，$E(\lim_{n\to\infty} X_n) = \lim_{n\to\infty} E(X_n)$.

証明　$Z_n = |X_n - X| \geq 0$ とすれば，$Z_n \leq 2Y$ である．ファトゥーの補題（定理 7.4.27）より，

$$0 \leq \limsup_{n\to\infty} E(Z_n) \leq E(\limsup_{n\to\infty} Z_n) = E(0) = 0.$$

□

定理 7.4.29. $X_1, X_2, \ldots \in L^2(\Omega, \mathcal{F}, P)$ とする．このとき

$$X_n \overset{q.m.}{\to} X \text{ ならば } X_n \overset{L^1}{\to} X.$$

証明　定理 7.4.18 のコーシー-シュワルツの不等式において，$Y = 1$, $X = X_n - X$ とすれば，

$$E(|X_n - X|) \leq \sqrt{E((X_n - X)^2)}.$$

□

定理 7.4.30. $X_1, X_2, \ldots \in L^2(\Omega, \mathcal{F}, P)$ とする．このとき

$$X_n \overset{L^1}{\to} X \text{ ならば } X_n \overset{p}{\to} X.$$

証明　定理 7.4.14 のチェビシェフの不等式を用いれば，$\varepsilon > 0$ に対して

$$P(|X_n - X| > \varepsilon) \leq \frac{1}{\varepsilon} E(|X_n - X|).$$

□

上記および，定理 7.3.9，定理 7.3.14 から以下の図 7.4.1 に挙げる収束の関係が得られる．

さらに，定理 7.3.19 と同様に以下の四則演算が成立するが，最後の積は，同じ $L^2(\Omega, \mathcal{F}, P)$ における収束には必ずしもならないので注意が必要である．

定理 7.4.31.

1. $X_n \overset{q.m}{\to} X$, $Y_n \overset{q.m}{\to} Y$ ならば $X_n + Y_n \overset{q.m}{\to} X + Y$.
2. $X_n \overset{L^1}{\to} X$, $Y_n \overset{L^1}{\to} Y$ ならば $X_n + Y_n \overset{L^1}{\to} X + Y$
3. $X_n \overset{q.m}{\to} X$, $Y_n \overset{q.m}{\to} Y$ ならば $X_n Y_n \overset{L^1}{\to} XY$.

証明　1. ミンコフスキーの不等式（定理 7.4.22）を用いれば，

$$E((X_n + Y_n) - (X + Y)) \leq E(|X_n - X|) + E(|Y_n - Y|).$$

2. これもミンコフスキーの不等式を用いれば，

$$\sqrt{E(((X_n + Y_n) - (X + Y))^2)} \leq \sqrt{E((X_n - X)^2)} + \sqrt{E((Y_n - Y)^2)}.$$

3. ミンコフスキーの不等式およびコーシー-シュワルツの不等式（定理 7.4.18）より

$$\begin{aligned} &E(|X_n Y_n - XY|) \\ &\leq E(|X_n Y_n - X_n Y|) + E(|X_n Y - XY|) \\ &\leq \sqrt{E(X_n^2) E((Y_n - Y)^2)} + \sqrt{E((X_n - X)^2) E(Y^2)} \end{aligned}$$

を得る．$E(X_n^2) \to E(X^2) < \infty$ より，$n \to \infty$ において右辺は 0 に収束する．□

7.4.4　法則収束の四則演算

期待値に関する収束の概念を利用して法則収束に関するスラツキーの定理（定理 7.4.33）について考える．

補題 7.4.32. $X_n \overset{d}{\to} X$ であるための必要十分条件は

$$E(f(X_n)) \to E(f(X)) \qquad (7.4.1)$$

が任意の有界な $\mathbb{R}$ から $\mathbb{R}$ への一様に k 回連続微分可能な写像 f に対して成立することである．

証明は [3, Corollary 5.9] を参照せよ．もし，有界な連続写像 f に対して (7.4.1) を示すことができるならば，少なくとも一様に k 回連続的微分可能な写像 f に対して (7.4.1) が成立する．よって，$X_n \overset{d}{\to} X$ が従う．しばしば，弱い形になるが有界な連続写像 f に対する上記補題が述べられることがある．

定理 7.4.33（スラツキー（スルツキー）の定理 (Slutsky's theorem)）. g を連続関数とする．

1. $X_n \overset{d}{\to} X$ ならば $g(X_n) \overset{d}{\to} g(X)$.
2. $X_n \overset{d}{\to} X$, $Y_n \overset{d}{\to} c \in \mathbb{R}$ ならば $X_n + Y_n \overset{d}{\to} X + c$.
3. $X_n \overset{d}{\to} X$, $Y_n \overset{d}{\to} c \in \mathbb{R}$ ならば $X_n Y_n \overset{d}{\to} cX$.

証明　1. f を有界な $\mathbb{R}$ から $\mathbb{R}$ への連続写像とする．このとき，連続写像の合成は連続のため，$f \circ g$ は連続な $\mathbb{R}$ から $\mathbb{R}$ への写像であり，f の有界性から $f \circ g$ も有界である．よって，$E((f \circ g)(X_n)) \to E((f \circ g)(X))$. すなわち，

$$E(f(g(X_n))) \to E(f(g(X))).$$

f は任意のため，補題 7.4.32 より従う．

2.

まず，3 つの命題が同値であることを確認する．

[A] $X_n \xrightarrow{d} X, Y_n \xrightarrow{d} c \in \mathbb{R} \Rightarrow X_n + Y_n \xrightarrow{d} X + c$

[B] $X_n \xrightarrow{d} X, Y_n \xrightarrow{d} 0 \Rightarrow X_n + Y_n \xrightarrow{d} X$

[C] $X_n - Y_n \xrightarrow{d} 0, Y_n \xrightarrow{d} X \Rightarrow X_n \xrightarrow{d} X$

[A] ⇒ [B] は自明である．[B] ⇒ [C] は $X_n = Y_n + (X_n - Y_n)$ とすれば従う．[C] ⇒ [A] は明らかに $X_n + c \xrightarrow{d} X + c$ であり，$Y_n - c \xrightarrow{d} 0$ であることに注意し，$X_n + Y_n - (X_n + c) = Y_n - c \xrightarrow{d} 0$ であることから従う．つまり，[C] を示せばよいことがわかる．

F, F_n, G_n をそれぞれ X, X_n, Y_n の分布関数とする．ここで，x を F の連続点とする．定理 7.1.33 より $\eta > 0$ に対して $x \pm \eta$ も F の連続点になるように選ぶことができる．ここで，

$$\begin{aligned} F_n(x) &= P(X_n \leq x) \\ &= P(X_n \leq x, |X_n - Y_n| \leq \eta) \\ &\quad + P(X_n \leq x, |X_n - Y_n| > \eta) \\ &\leq P(Y_n \leq x + \eta) + P(|X_n - Y_n| > \eta) \\ &= G_n(x + \eta) + P(|X_n - Y_n| > \eta) \end{aligned}$$

が従う．$1 - F_n(x) = P(X_n > x)$ についても同様に考えれば，F_n の下からの評価が得られ，

$$G_n(x - \eta) - P(|X_n - Y_n| > \eta) \leq F_n(x)$$

が従う．ここで，定理 7.3.15 より $X_n - Y_n \xrightarrow{p} 0$ であることに注意する．

$x \pm \eta$ は F の連続点であるため，

$$\begin{aligned} F(x - \eta) &\leq \liminf_{n \to \infty} F_n(x) \leq \limsup_{n \to \infty} F_n(x) \\ &\leq F(x + \eta). \end{aligned}$$

定理 7.1.33 より，$\eta \to 0$ となる無限列を選ぶことができるため，

$$\lim_{n \to \infty} F_n(x) = F(x).$$

3. まず $c = 0$ のときを確認する．$\varepsilon > 0$ に対して，

$$\begin{aligned} &P(|X_n Y_n| > \varepsilon) \\ &= P(|X_n Y_n| > \varepsilon, |Y_n| < \varepsilon/k) \\ &\quad + P(|X_n Y_n| > \varepsilon, |Y_n| \geq \varepsilon/k) \\ &\leq P(|X_n| > k) + P(|Y_n| \geq \varepsilon/k) \\ &\leq P(X_n \leq -k) + 1 - P(X_n \leq k) + P(|Y_n| \geq \varepsilon/k). \end{aligned}$$

定理 7.3.15 より $Y_n \xrightarrow{p} 0$ であることに注意し，$\pm k$ を F の連続点として選べば

$$\limsup_{n \to \infty} P(|X_n Y_n| > \varepsilon) \leq F(-k) + 1 - F(k).$$

左辺は k に依存しないため，k を十分大きくとれば，$\limsup_{n \to \infty} P(|X_n Y_n| > \varepsilon) = 0$．つまり $\lim_{n \to \infty} P(|X_n Y_n| > \varepsilon) = 0$．$c \neq 0$ のときは，$c = 0$ の結果を用いれば，$X_n Y_n - cX_n = X_n(Y_n - c) \xrightarrow{d} 0$ である．すると，明らかに $cX_n \xrightarrow{d} cX$ であることに注意し，上記の [C] の結果を用いれば，$X_n Y_n \xrightarrow{d} cX$．□

7.4.5 独立変数列の和の収束定理

同一の分布に従う独立な確率変数列の和に関する収束定理について述べる．確率変数列 $\{X_n\}$ が**独立同分布 (independent identically distributed)** とは，同一の分布に従う独立な確率変数列であることである．略して，確率変数列 $\{X_n\}$ が i.i.d. であるという．本項で注目するのは，i.i.d. の確率変数列 $\{X_n\}$ の

$$\overline{X}_n = \frac{1}{n} \sum_{i=1}^{n} X_i = \frac{1}{n} S_n$$

の収束に関するものである．

定理 7.4.34 (大数の弱法則). $\{X_n\}$ を i.i.d. の確率変数列とし，$E(X_1^2) < \infty$ とする．このとき，

$$\overline{X}_n \xrightarrow{q.m.} E(X_1).$$

証明 $\mu = E(X_1)$ とおく．このとき，$X_1, \ldots, X_n$ が独立なので，$V(S_n) = nV(X_1)$ が成立することに注意すると，

$$\begin{aligned} E((\overline{X}_n - \mu)^2) &= \frac{E((S_n - n\mu)^2)}{n^2} = \frac{V(S_n)}{n^2} \\ &= \frac{V(X_1)}{n}. \end{aligned}$$

□

定理 7.4.35 (大数の強法則). $\{X_n\}$ を i.i.d. の確率変数列とし，$E(X_1^4) < \infty$ とする．このとき，

$$\overline{X}_n \xrightarrow{a.s.} E(X_1).$$

証明 $\varepsilon > 0$ に対して，

$$P(|\overline{X}_n - \mu| > \varepsilon) = P(|S_n - n\mu| > n\varepsilon).$$

ここで $E(X_1^4) < \infty$ のため，$V(S_n) < \infty$ のため，チェビシェフの不等式（定理 7.4.14）より，

$$P(|S_n - n\mu| > n\varepsilon) \leq \frac{E((S_n - n\mu)^2)}{n^2\varepsilon^2} = \frac{V(S_n)}{n^2\varepsilon^2}.$$

□

この大数の法則に関するさまざまなものが存在し，定理の条件をもっと緩い条件に置き換えることができる．

大数の法則は，ある数に平均二乗収束ないし概収束をすることを主張する命題であったが，次の定理は中心極限定理とよばれる定理の特殊形であり，$\overline{X}_n$ の法則収束に関するものである．$\{X_n\}$ がより一般的な条件のもとで成立する命題が存在するが，ここでは確率変数列 $\{X_n\}$ として，二項分布に限った定理を紹介する．

証明は [3, Theorem 5.8] を参照せよ．

定理 7.4.36（ド・モアブル–ラプラスの定理）． $\{X_n\}$ を独立なパラメータ p $(0 < p < 1)$ のベルヌーイ分布に従う確率変数列とし，その和を $S_n = \sum_{i=1}^n X_i$ とする．このとき，

$$\frac{S_n - np}{\sqrt{np(1-p)}} \xrightarrow{d} Z,$$

ただし，Z は標準正規分布に従う確率変数とする．

7.4.6　一様可積分性

定義 7.4.37. 確率変数の族 $\mathcal{X}$ が**一様可積分 (uniformly integrable)** であるとは，

$$\lim_{a\to\infty} \sup_{X\in\mathcal{X}} E(|X|1_{\{|X|\geq a\}}) = 0$$

が満たされることである．確率変数列 $\{X_n\}$ が一様可積分とは，確率変数の族 $\mathcal{X} = \{X_n \mid n = 1, 2, \ldots\}$ が一様可積分であることである．

定理 7.4.38. 一様可積分な確率変数列 $\{X_n\}$ および確率変数 X について，$X_n \xrightarrow{a.s.} X$ であるとき，$X_n \xrightarrow{L_1} X$ となる．

次に，一様可積分性の判定法の一つを述べる．

定理 7.4.39. $[0, \infty)$ 上で定義された非負値関数 ϕ で $\lim_{x\to\infty} \phi(x)/x = \infty$ であるものについて，確率変数の族 $\mathcal{X}$ が

$$\sup_{X\in\mathcal{X}} E(\phi(|X|)) < \infty$$

を満たすならば，確率変数の族 $\mathcal{X}$ は一様可積分となる．特に，$\mathcal{X}$ が

$$\sup_{X\in\mathcal{X}} \|X\|_2 < \infty$$

を満たすならば，一様可積分となる．

証明　$M = \sup_{X\in\mathcal{X}} E(\phi(|X|))$ とし，$\varphi(x) = \phi(x)/x$ とおく．不等式

$$\begin{aligned}\sup_{X\in\mathcal{X}} E(|X|1_{\{|X|\geq a\}}) &\leq \sup_{X\in\mathcal{X}} E(\phi(|X|)/\varphi(|X|)1_{\{|X|\geq a\}}) \\ &\leq M/\inf\{\varphi(b) \mid b \geq a\}\end{aligned}$$

において，$a \to \infty$ とするとき，右辺は 0 に収束する．このことから，$\mathcal{X}$ の一様可積分性がわかる．後半は，$\phi(x)$ が $\phi(x) = x^2$ ととることで前半により直ちに導ける．　□

7.4.7　積率母関数と特性関数

確率変数 X ついては，これまで扱ってきた $E(|X|^p)$ に関連する事項として積率がある．これは正の整数 k に対し，期待値 $E(X^k)$ が定まるときこれを X の k 次の積率とよぶのである．積率を計算するために有効な方法として，**積率母関数 (moment generating fucnction)** を導入する方法がある．

定義 7.4.40. 確率空間 $(\Omega, \mathcal{F}, P)$ で定義された確率変数 X に対し，

$$M_X(t) = E(e^{tX})$$

により定義される関数 $M_X : \mathbb{R} \to [0, \infty]$ を X の**積率母関数**という．

命題 7.4.41. 確率変数 X の積率母関数 M_X が原点を含むある開区間で実数値をとるとき，積率母関数 M_X はその開区間で無限開微分可能であり，各非負整数 k について $\frac{d^k}{dt^k} M_X(0) = E(X^k)$ である．このとき特に X は期待値，分散をもち，それらはそれぞれ

$$\begin{aligned}E(X) &= M'_X(0)\\ V(X) &= M''_X(0) - (M'_X(0))^2.\end{aligned}$$

と表される．

命題 7.4.42. 確率変数 X, Y が独立であるとき，各実数 t に対し

$$M_{X+Y}(t) = M_X(t)M_X(t).$$

である．

この積率母関数は，次の定理にあるように確率分布を特徴付ける関数でもある．

定理 7.4.43. $\alpha < 0 < \beta$ を満たす実数 α, β により定まる複素平面の領域 $D = \{z \mid \alpha < \mathrm{Re}(z) < \beta\}$ 上の正則関数に確率変数 X, Y の積率母関数 M_X, M_Y は拡張され，$\alpha < t < \beta$ を満たす各実数 t について $M_X(t) = M_Y(t)$ であるならば $F_X = F_Y$ である．ここで，F_X, F_Y はそれぞれ X, Y の分布関数である．

以下の表に，定理 7.4.15 と定理 7.4.16 により計算される積率母関数，およびそれから求められる平均，分散の計算結果を与えておく．ただし，パラメータは表 7.1 のものを用いている．

確率分布	積率母関数	平均	分散
二項分布	$(1-p+pe^t)^n$	np	$np(1-p)$
幾何分布	$pe^t/(1-(1-p)e^t)$	$\frac{1-p}{p}$	$\frac{1-p}{p^2}$
負の二項分布	$(pe^t/(1-(1-p)e^t))^n$	n/p	n/p^2
ポアソン分布	$e^{\lambda(e^t-1)}$	λ	λ
正規分布	$e^{\mu t+\sigma^2t^2/2}$	μ	σ^2
指数分布	$\lambda/(\lambda-t)$	$1/\lambda$	$1/\lambda^2$
ガンマ分布	$(\lambda/(\lambda-t))^\alpha$	α/λ	α/λ^2
カイ二乗分布	$(1-2t)^{-n/2}$	n	$2n$

法則収束を扱う場合には，極限分布の存在を比較的容易に示すことができる**特性関数 (characteristic function)** を扱う方が一般的である．まず特性関数の定義を与える．以下の記述に関しては [10] などに詳述されているので，定理などの証明については省略する．

定義 7.4.44. 確率空間 $(\Omega, \mathcal{F}, P)$ で定義された確率変数 X に対し，

$$\varphi_X(t) = E(e^{itX})$$

により定義される関数 $\varphi_X : \mathbb{R} \to \mathbb{C}$ を X の特性関数という．ただし，i は虚数単位である．

定理 7.4.45. 特性関数 φ_X について，$\varphi_X(0) = 1$ であり，各実数 t に対し，$|\varphi_X(t)| \leq 1$ となる．さらに φ_X は一様連続関数であり，次のような正定値性をもつ：

任意有限個の実数 $t_1, \ldots, t_n$ に対して $(\varphi_X(t_i - t_j))$ を i, j 成分とする正方行列はエルミート行列であり，任意の n 個の複素数 $\xi_1, \ldots, \xi_n$ に対し，

$$\sum_{i,j=1}^{n} \varphi_X(t_i - t_j)\xi_i\bar{\xi}_j \geq 0$$

である．

定理 7.4.46 (ボホナー (Bochner)). 関数 $\phi : \mathbb{R} \to \mathbb{C}$ が原点において連続かつ $\phi(0) = 1$ を満たし，上記定理の正定値性を満たすとする．このときある確率空間 $(\mathbb{R}, \mathcal{F}, P))$ 上に $\phi = \varphi_X$ を満たす確率変数 X が存在する．

定理 7.4.47 (レヴィ (Lévy) の反転公式). 確率変数 X の分布関数 F_X の連続点 a, b の組に対し

$$\begin{aligned} &P(a < X < b) \\ &= \lim_{T\to\infty} \frac{1}{2\pi} \int_{-T}^{T} \frac{e^{-ita} - e^{-itb}}{it} \varphi_X(t)dt. \end{aligned}$$

である．ただし，i は虚数単位である．

注意 7.4.4. 多次元の場合にも，特性関数の概念は自然に拡張され，レヴィの反転公式も成立することが知られている．詳しくは [10] などを参照のこと．

積率母関数と異なり，特性関数は期待値 $E(X^k)$ が定まっていることが別の方法によって確認できた場合に限り，k 次の積率を特性関数からも求めることができることになる．

命題 7.4.48. ある正の整数 m について $E(|X|^m) < \infty$ が満たされる確率変数 X について，m 以下の非負整数 k に対し，k 次の積率は $E(X^k) = (-i)^k \dfrac{d^k}{dt^k} \varphi_X(0)$ により与えられる．このとき特に X は期待値，分散をもち，それらはそれぞれ

$$\begin{aligned} E(X) &= -i\varphi_X'(0) \\ V(X) &= -\varphi_X''(0) + (\varphi_X'(0))^2 \end{aligned}$$

と表される．ただし，i は虚数単位である．

定理 7.4.49. 確率変数 X, Y の特性関数が一致するならば，X, Y は同一の確率分布に従う．すなわち，各実数 t について $\varphi_X(t) = \varphi_Y(t)$ であるならば $F_X = F_Y$ である．ここで，F_X, F_Y はそれぞれ X, Y の分布関数である．

命題 7.4.50. 確率変数 X, Y が独立であるとき，各実数 t に対し

$$\varphi_{X+Y}(t) = \varphi_X(t)\varphi_X(t).$$

である．

例 7.4.2. 多次元正規分布に従う確率ベクトル $X = \begin{pmatrix} X_1 \\ \vdots \\ X_n \end{pmatrix}$ が与えられているとする．このとき，X_i と X_j が独立であることの必要十分条件は，$\mathrm{Cor}(X_i, X_j) = 0$ となることである．X_i と X_j が独立であれば，$\mathrm{Cor}(X_i, X_j) = 0$ となることは，命題 7.4.20 ですでに示した．これは，$2 \times n$ 行列 B を，第 1 行は第 i 成分のみが 1 であり，第 2 行は第 j 成分のみが 1 であり，他の成分はすべて 0 であるように，$B = \begin{pmatrix} 0\ldots010\ldots000\ldots0 \\ 0\ldots000\ldots010\ldots0 \end{pmatrix}$ などのようにとる．確率ベクトル $\begin{pmatrix} X_i \\ X_j \end{pmatrix} = BX$ は 2 次元正規分布に従うことがわかる．（このことは，定理 7.4.47 の直後の注意 7.4.4 に言及した反転公式を適用して示される場合が多いが，本章の範囲を超えて多次元の場合に深入りすることになるので，詳細は省略する．詳しくは [10] などを参照されたい．）$\mathrm{Cor}(X_i, X_j) = 0$ を用いて，$\begin{pmatrix} X_i \\ X_j \end{pmatrix}$ の確率密度関数を書き下す際に，定理 7.2.27 が適用でき，X_i と X_j が独立であることが分る．

定理 7.4.51. 確率変数の列 $X_1, X_2, \ldots$ について，$g(t) = \lim_{n\to\infty} \varphi_{X_n}(t)$ が各実数 t に対して定まり，これにより与えられる関数 g が原点で連続であるとき，ある確率変数 X に対し $g = \varphi_X$ となる．さらにこのとき $X_1, X_2, \ldots$ は X に法則収束する．

定理 7.3.13，およびその直後に言及した関数 F が分布関数となるための十分条件を用いて，この定理の証明を与えることができる．

系 7.4.52. 確率変数 X および確率変数の列 $X_1, X_2, \ldots$ について，$X_1, X_2, \ldots$ が X に法則収束するとき，またそのときに限り，各実数 t に対し $\lim_{n\to\infty} \varphi_{X_n}(t) = \varphi_X(t)$ が成立する．

以下に，個々の確率分布に対し，定理 7.4.16 により計算される特性関数を示す表を与える．ただし，パラメータは表 7.1 のものを用いている．

確率分布	特性関数
二項分布	$(1-p+pe^{it})^n$
幾何分布	$pe^{it}/(1-(1-p)e^{it})$
負の二項分布	$(pe^{it}/(1-(1-p)e^{it}))^n$
ポアソン分布	$e^{\lambda(e^{it}-1)}$
正規分布	$e^{-\mu it-\sigma^2t^2/2}$
指数分布	$\lambda/(\lambda-it)$
ガンマ分布	$(\lambda/(\lambda-it))^\alpha$
カイ二乗分布	$(1-2it)^{-n/2}$

7.4.8　異なる確率分布の関係

例 7.4.3. λ が正の実数であり，確率変数 X がパラメータ λ の指数分布に従うならば，$[X]+1$ は $p = e^{-\lambda}$ をパラメータとする幾何分布に従う確率変数である．ただし，実数 x に対し $[x]$ は x を超えない最大の整数である．このことは，

$$\begin{aligned} P([X] \geq n) &= P([X] = n) + P([X] = n+1) + \cdots \\ &= P(n \leq X < n+1) \\ &\quad + P(n+1 \leq X < n+2) + \cdots \\ &= P(X \geq n) \\ &= \int_n^\infty \lambda e^{-\lambda x} dx \\ &= e^{-\lambda n} \end{aligned}$$

であり，よって，

$$\begin{aligned} P([X] = n) &= P([X] \geq n) - P(Y \geq n+1) \\ &= e^{-\lambda n} - e^{-\lambda(n+1)} \\ &= e^{-\lambda n}(1-e^{-\lambda}) \\ &= (e^{-\lambda})^n(1-e^{-\lambda}) \end{aligned}$$

が得られることからわかる．

例題 7.4.1. 同一の幾何分布に従う独立な分布確率変数の列 $X_1, \ldots, X_n$ に対し，$\sum_{k=1}^n X_k$ は負の二項分布に従う．

解答　幾何分布に従う確率変数 Z について，特性関数を，定理 7.4.15 により計算すると，$pe^{it}/(1-(1-p)e^{it})$ となる．ここで i は虚数単位である．命題 7.4.50 を適用することにより，$\sum_{k=1}^n X_k$ の特性関数が，$(pe^{it}/(1-(1-p)e^{it}))^n$ であることがわかる．結論を導くために定理 7.4.49 が適用できる．□

例 7.4.4. 標準正規分布に従う独立な確率変数 $Z_1, \ldots, Z_n$ に対し，$\sum_{k=1}^n Z_k^2$ は自由度 n のカイ二乗分布に従う．なぜならば，標準正規分布に従う確

率変数 Z について，Z^2 の特性関数を，標準正規分布の確率密度関数と定理 7.4.16 により計算すると，$(1-2it)^{-1/2}$ となる．ここで i は虚数単位である．命題 7.4.50 を適用することにより，$\sum_{k=1}^{n} Z_k^2$ の特性関数が，$(1-2it)^{-n/2}$ であることがわかる．結論を導くために定理 7.4.49 が適用できるからである．

注意 7.4.5. 指数分布，カイ二乗分布の他にアーラン分布を包含する確率分布の族としてガンマ分布がある．

例 7.4.5. 独立でパラメータ λ の指数分布に従う確率変数 $X_1, \ldots, X_n$ に対し，$\sum_{k=1}^{n} X_k^2$ はアーラン分布に従う．なぜならば，パラメータ λ の指数分布に従う各確率変数 X_i の特性関数は，$\dfrac{\lambda}{\lambda - it}$ となる．ここで i は虚数単位である．命題 7.4.50 を適用することにより，$\sum_{k=1}^{n} X_k$ の特性関数が，$\left(\dfrac{\lambda}{\lambda - it}\right)^n$ であることがわかる．これはパラメータ $n, 1/\lambda$ のガンマ分布の特性関数でもある．結論を導くために，パラメータ $n, 1/\lambda$ のガンマ分布はアーラン分布とよばれていることに注意し，定理 7.4.49 が適用できるからである．

例 7.4.6. 独立でガンマ分布に従う確率変数 X_1, X_2 が，パラメータがそれぞれ $\alpha, 1$ および $\beta, 1$ とするように与えられているとき，$\dfrac{X_1}{X_1 + X_2}$ はパラメータ α, β のベータ分布に従う．なぜならば，結論を導くために定理 7.2.24 と類似の公式が適用できるからである．

例 7.4.7. 独立でパラメータをそれぞれ λ_1, λ_2 とするポアソン分布に従う確率変数 X_1, X_2 に対し，$X_1 + X_2$ はポアソン分布に従う．なぜならば，パラメータ λ_k のポアソン分布に従う確率変数 X_i の特性関数は，$e^{\lambda_k(e^{it}-1)}$ となる．ここで i は虚数単位である．命題 7.4.50 を適用することにより，$X_1 + X_2$ の特性関数が，$e^{(\lambda_1+\lambda_2)(e^{it}-1)}$ であることがわかる．これはパラメータ $\lambda_1 + \lambda_2$ のポアソン分布の特性関数でもある．結論を導くために定理 7.4.49 が適用できるからである．

例題 7.4.2. 独立でパラメータをそれぞれ λ_1, λ_2 とするポアソン分布に従う確率変数 X_1, X_2 が与えられているとき，パラメータ $\lambda_1 + \lambda_2$ のポアソン分布に従う確率変数 $Y = X_1 + X_2$ について，$Y = n$ の条件下での条件付確率に関し，X_1 はパラメータ $\dfrac{\lambda_1}{\lambda_1 + \lambda_2}, n$ の二項分布に従う．

解答　条件付確率 $P(X_1 = k \mid Y = n)$ を次のように求めることができる．

$$
\begin{aligned}
P(X_1 = k \mid Y = n) &= \frac{P(X_1 = k)P(X_2 = n-k)}{P(Y = n)} \\
&= \frac{\lambda_1^k e^{-\lambda_1}}{k!} \cdot \frac{\lambda_2^{n-k} e^{-\lambda_2}}{(n-k)!} \\
&\quad \times \frac{n!}{(\lambda_1 + \lambda_2)^n e^{-(\lambda_1+\lambda_2)}} \\
&= \binom{n}{k} \left(\frac{\lambda_1}{\lambda_1 + \lambda_2}\right)^k \left(\frac{\lambda_2}{\lambda_1 + \lambda_2}\right)^{n-k}
\end{aligned}
$$

$k = 0, 1, \ldots, n$ は任意であるから，X_1 はパラメータ $\dfrac{\lambda_1}{\lambda_1 + \lambda_2}, n$ の二項分布に従っていることがわかる．□

注意 7.4.6. 上記の事実は以下の一般化を伴う．独立でパラメータをそれぞれ $\lambda_1, \lambda_2, \ldots, \lambda_k$ とするポアソン分布に従う確率変数 $X_1, X_2, \ldots, X_k$ が与えられているとき，確率変数 $Y = X_1 + X_2 + \cdots + X_k$ はパラメータ $\lambda = \lambda_1 + \lambda_2 + \cdots + \lambda_k$ のポアソン分布に従う．$Y = n$ の条件下での条件付確率に関し，$(X_1, \ldots, X_k)$ はパラメータ $\dfrac{\lambda_1}{\lambda}, \ldots, \dfrac{\lambda_k}{\lambda}, n$ の多項分布に従う．

例 7.4.8. 自由度 n のカイ二乗分布に従う確率変数 Y_1 と，自由度 m のカイ二乗分布に従う確率変数 Y_2 があり，これらが独立であるとき，$\dfrac{Y_1/n}{Y_2/m}$ は自由度 n, m の F 分布に従う．なぜならば，定理 7.2.24 を，自由度 n, m のカイ二乗分布の確率密度関数 f_n, f_m に対して適用することにより，$\dfrac{Y_1/n}{Y_2/m}$ の確率密度関数が特定できることから示される．ここで，ガンマ関数とベータ関数の基本的な関係式 $\dfrac{\Gamma(n/2)\Gamma(m/2)}{\Gamma((n+m)/2)} = B(n/2, m/2)$ を用いている．

例題 7.4.3. 標準正規分布に従う確率変数 Z と自由度 n のカイ二乗分布に従う確率変数 Y があり，これらが独立であるとき，$\dfrac{Z}{\sqrt{Y/n}}$ は自由度 n の t 分布に従う．

解答　定理 7.2.6 の証明の中で示された考察に基づき，$\sqrt{Y}$ の確率密度関数を求めることができる．この結論を導くために定理 7.2.24 が適用できる．□

例題 7.4.4. λ が正の実数であり，パラメータ $\lambda/n, n$ の二項分布に従う確率変数 X_n があるとする．確率変数の列 $\{X_n\}$ において $n \to \infty$ とすると，X_n はパラメータ λ のポアソン分布に法則収束する．

解答　i を虚数単位とするとパラメータ $\lambda/n, n$ の二項分布の特性関数は $(1 - \lambda/n + \lambda/ne^{it})^n = (1 + \lambda(e^{it} - 1)/n)^n$ で与えられる．$n \to \infty$ とするとこの関数は $e^{\lambda(e^{it}-1)}$ に収束するため，X_n はパラメータ λ のポアソン分布に法則収束することが系 7.4.52 により示される．□

例題 7.4.5. $(X_1, \ldots, X_k)$ がパラメータ $p_1, \ldots, p_k, k$ の多項分布に従うとする．ここで，$p_1, \ldots, p_k$ はすべて正の実数であり，$p_1 + \cdots + p_k = 1$ を満たするとす

る．このとき $\sum_{i=1}^{k}\dfrac{(X_i-np_i)^2}{np_i}$ は $n\to\infty$ とすると，自由度 $k-1$ のカイ二乗分布に法則収束する．

解答　k が 3 以上の場合は研究室に委ね，ここでは $k=2$ の場合を扱う．

$$\sum_{j=1}^{2}\frac{(X_j-np_j)^2}{np_j}=\frac{(X_1-np_1)^2}{np_1}+\frac{(X_2-np_2)^2}{np_2}$$

は，$p_2=1-p_1$, $X_2=n-X_1$ であるから，

$$\frac{(X_1-np_1)^2}{np_1}+\frac{(-X_1+np_1)^2}{n(1-p_1)}=\frac{(X_1-np_1)^2}{np_1(1-p_1)}$$

に等しい．右辺は $Z=\dfrac{(X_1-np_1)}{\sqrt{np_1(1-p_1)}}$ の二乗であるが，Z はド・モアブル-ラプラスの定理（定理 7.4.23）から，により，n が十分大きいとき標準正規分布に従うと考えてよいことがわかる．例題 7.4.1 により結論が導かれる．□

注意 7.4.7. 二項分布と F 分布の関係について，自由度 n_1, n_2 の F 分布に従う確率変数を X とすると，

$$\sum_{i=k}^{n}\binom{n}{i}p^i(1-p)^{n-i}=P\left(X\geq\frac{n_2(1-p)}{n_1p}\right)$$

であることが知られている．ただし，$n_1=2(n-k+1)$, $n_2=2k$ である．また，$n_1=2(k+1)$, $n_2=2(n-k)$ の場合には，自由度 n_1, n_2 の F 分布に従う確率変数 Y について，

$$\sum_{i=0}^{k}\binom{n}{i}p^i(1-p)^{n-i}=P\left(X\geq\frac{n_2p}{n_1(1-p)}\right)$$

であることも知られている．

確率分布	平均	分散
ガンマ分布	α/λ	α/λ^2
ベータ分布	$\dfrac{\alpha}{\alpha+\beta}$	$\dfrac{\alpha\beta}{(\alpha+\beta)^2(\alpha+\beta+1)}$
ワイブル分布	$\frac{a}{b}\Gamma\left(\frac{1}{b}\right)$	$a^2\left\{\frac{2}{b}\Gamma\left(\frac{2}{b}\right)-\left(\frac{1}{b}\Gamma\left(\frac{1}{b}\right)\right)^2\right\}$
t 分布	0	$\dfrac{n}{n-2}$

ただし，パラメータは表 7.1 のとおりとする．

参考

例題 7.4.5 の $k=3$ の場合の扱い方を以下に述べる．この方法は，k が 4 以上の場合にも適用される．(X_1, X_2, X_3) について以下のことが確認される：

(i) $E(X_1)=np_1$, $E(X_2)=np_2$, $E(X_3)=np_3$,

(ii) $\mathrm{V}(X_1)=np_1(1-p_1)$, $\mathrm{V}(X_2)=np_2(1-p_2)$, $\mathrm{V}(X_3)=np_3(1-p_3)$,

(iii) $\mathrm{Cov}(X_1,X_2)=-np_1p_2$, $\mathrm{Cov}(X_2,X_3)=-np_2p_3$, $\mathrm{Cov}(X_1, X_3)=-np_1p_3$.

実際，二項分布についての期待値・分散に関する公式が適用される．また，共分散については，X_1+X_2 がパラメータ p_1+p_2, n の二項分布に従っていることと，容易に示される公式

$$\mathrm{Cov}(X_1, X_2)=\frac{1}{2}(\mathrm{V}(X_1+X_2)-\mathrm{V}(X_1)-\mathrm{V}(X_2))$$

により，

$$\begin{aligned}\mathrm{Cov}(X_1, X_2)&=\frac{1}{2}(n(p_1+p_2)(1-(p_1+p_2))\\&\qquad-np_1(1-p_1)-np_2(1-p_2))\\&=-np_1p_2\end{aligned}$$

のように導くことができる．さて，ここで

$$\hat{X}_1=X_1-np_1$$
$$\hat{X}_2=X_2-np_2$$
$$\hat{X}_3=X_3-np_3$$

さらに

$$Y=(p_2+p_3)\hat{X}_1-p_2\hat{X}_2-p_2\hat{X}_3$$
$$Z=p_3\hat{X}_2-p_2\hat{X}_3$$

とおくと，これらの左辺の確率変数の期待値はすべて 0 であり，

$$\begin{aligned}Y&=(1-p_1)\hat{X}_1-p_1\hat{X}_2-p_1\hat{X}_3\\&=\hat{X}_1-p_1(X_1+X_2+X_3-n(p_1+p_2+p_3))\\&=\hat{X}_1\end{aligned}$$

である．これらについて以下が示される：

$$\mathrm{V}(Y)=np_1(1-p_1),$$
$$\mathrm{Cov}(Y, Z)=0,$$
$$\mathrm{V}(Z)=np_2p_3(p_2+p_3).$$

最初の等式はすでに示した．次の等式は，

$$\begin{aligned}\mathrm{Cov}(Y, Z)&=\mathrm{Cov}(\hat{X}_1,\ p_3\hat{X}_2-p_2\hat{X}_3)\\&=E\left(\hat{X}_1(p_3\hat{X}_2-p_2\hat{X}_3)\right)\\&=\mathrm{Cov}\left(X_1,\ p_3X_2-p_2X_3\right)\\&=-np_3p_1p_2+np_2p_1p_3\\&=0\end{aligned}$$

のように示される．最後の等式は，

$$
\begin{aligned}
\mathrm{V}(Z) &= p_3^2\mathrm{V}(\hat{X}_2) + p_2^2\mathrm{V}(\hat{X}_3) - 2p_2p_3\mathrm{Cov}(\hat{X}_2,\, \hat{X}_3)\\
&= p_3^2E(\hat{X}_2^2) + p_2^2E(\hat{X}_3^2) - 2p_3p_2E(\hat{X}_2\hat{X}_3)\\
&= p_3^2\mathrm{V}(X_2) + p_2^2\mathrm{V}(X_3) - 2p_3p_2\mathrm{Cov}(X_2,\, X_3)\\
&= np_3^2p_2(1-p_2) + np_2^2p_3(1-p_3) - 2np_3^2p_2^2\\
&= np_2p_3(p_2+p_3)
\end{aligned}
$$

により検証される．

これらを用いてわかるのは，以下の確率変数が自由度 2 のカイ二乗分布に従うことである：

$$
\underline{\frac{(X_1-np_1)^2}{np_1} + \frac{(X_2-np_2)^2}{np_2} + \frac{(X_3-np_3)^2}{np_3}}.
$$

ド・モアブル–ラプラスの定理（定理 7.4.23）から，$\dfrac{Y}{\sqrt{np_1(1-p_1)}}$ と $\dfrac{Z}{\sqrt{np_2p_3(p_2+p_3)}}$ は標準正規分布に従うと考えてよい．また，$\mathrm{Cov}(Y, Z) = 0$ であることから，例 7.4.2 に述べたとおりこれらは独立である．よって，例題 7.4.4 より $\dfrac{Y^2}{np_1(1-p_1)} + \dfrac{Z^2}{np_2p_3(p_2+p_3)}$ は自由度 2 のカイ二乗分布に従うと考えてよいことがわかる．以下の式変形により，この確率変数は上記下線部分と一致することがわかる．

$$
\begin{aligned}
&\frac{\hat{X}_1^2}{np_1(1-p_1)} + \frac{(p_3\hat{X}_2 - p_2\hat{X}_3)^2}{np_2p_3(p_2+p_3)}\\
&= \frac{\hat{X}_1^2}{np_1} + \frac{\hat{X}_1^2}{n(1-p_1)} + \frac{(p_3\hat{X}_2 - p_2\hat{X}_3)^2}{np_2p_3(p_2+p_3)}\\
&= \frac{\hat{X}_1^2}{np_1} + \frac{(\hat{X}_2+\hat{X}_3)^2}{n(1-p_1)}\\
&\quad + \frac{p_3^2\hat{X}_2^2}{np_2p_3(p_2+p_3)} + \frac{p_2^2\hat{X}_3^2}{np_2p_3(p_2+p_3)}\\
&\quad - \frac{2p_2p_3\hat{X}_2\hat{X}_3}{np_2p_3(p_2+p_3)}\\
&= \frac{\hat{X}_1^2}{np_1} + \frac{\hat{X}_2^2}{n(1-p_1)} + \frac{\hat{X}_3^2}{n(1-p_1)} + \frac{2\hat{X}_2\hat{X}_3}{n(1-p_1)}\\
&\quad + \frac{p_3^2\hat{X}_2^2}{np_2p_3(p_2+p_3)} + \frac{p_2^2\hat{X}_3^2}{np_2p_3(p_2+p_3)}\\
&\quad - \frac{2\hat{X}_2\hat{X}_3}{n(p_2+p_3)}\\
&= \frac{\hat{X}_1^2}{np_1} + \frac{\hat{X}_2^2}{n(1-p_1)} + \frac{\hat{X}_3^2}{n(1-p_1)}\\
&\quad + \frac{p_3^2\hat{X}_2^2}{np_2p_3(p_2+p_3)} + \frac{p_2^2\hat{X}_3^2}{np_2p_3(p_2+p_3)}\\
&= \frac{\hat{X}_1^2}{np_1} + \frac{\hat{X}_2^2}{np_2} + \frac{\hat{X}_3^2}{np_3}.
\end{aligned}
$$

最後の式変形で，$\dfrac{1}{1-p_1} + \dfrac{p_3^2}{p_2p_3(p_2+p_3)} = \dfrac{1}{1-p_1}\cdot\dfrac{p_2+p_3}{p_2} = \dfrac{1}{p_2}$ を用いた．

7.5　条件付期待値

7.5.1　条件付期待値と同時確率分布

確率変数 $X \in L^2(\Omega, \mathcal{F}, P)$ と，排反な正の確率をもつ事象 E, F で $E \cup F = \Omega$ を満たすものがあるとする．すなわち，例 7.1.6 の意味での Ω の有限分割 E, F が与えられているとする．事象 E 上で定数 u, 事象 F 上で定数 v をとるような確率変数 Y のうち，$\|X-Y\|_2$ が最小となるように，Y すなわち u, v を定めることを考える．E 上，F 上でそれぞれ定数をとるどのような確率変数 Y' に対しても，

$$
\begin{aligned}
&E((X - E(X \mid E))Y' \mid E)\\
&= E((X - E(X \mid F))Y' \mid F) = 0 \qquad (7.5.1)
\end{aligned}
$$

となるから，E 上で $E(X \mid E) - u$，F 上で $E(X \mid F) - v$ となるような Y' についてもこの等式が成立することから，

$$
\begin{aligned}
E((X-Y)^2) &= E((X-Y)^2 \mid E)P(E)\\
&\quad + E((X-Y)^2 \mid F)P(F)\\
&= E((X-u)^2 \mid E)P(E)\\
&\quad + E((X-v)^2 \mid F)P(F)\\
&= E((X - E(X \mid E))^2\\
&\quad + (E(X \mid E) - u)^2 \mid E)P(E)\\
&\quad + E((X - E(X \mid F))^2\\
&\quad + (E(X \mid F) - v)^2 \mid F)P(F)\\
&= E((X - E(X \mid E))^2 \mid E)P(E)\\
&\quad + (E(X \mid E) - u)^2P(E)\\
&\quad + E((X - E(X \mid F))^2 \mid F)P(F)\\
&\quad + (E(X \mid F) - v)^2P(F)
\end{aligned}
$$

となることが導ける．これは，$u = E(X \mid E), v = E(X \mid F)$ である場合に $\|X-Y\|_2$ が最小となることを意味する．さらにこのとき，Y は，例 7.1.6 の意味での Ω の有限分割 E, F が定める σ-集合体に関して可測である．また，(7.5.1) の特別な場合として，

$$
E(X1_E) = E(Y1_E),\ E(X1_F) = E(Y1_F)
$$

が示されたことになる．これは，図のような有限分割 E, F をさらに細分することによる一般化を伴う．

確率変数 $X \in L^2(\Omega, \mathcal{F}, P)$ と，排反な正の確率をもつ事象 $A_1, \ldots, A_n$ で $\cup_{k=1}^n A_k = \Omega$ を満たすものがあるとする．すなわち，$A_1, \ldots, A_n$ が例 7.1.6 の意味

での Ω の有限分割であるとする．このような場合，各事象 A_i 上で定数 a_i をとるような確率変数 Y のうち，$\|X-Y\|_2$ が最小となるように，Y すなわち $a_1, \ldots, a_n$ を定めるには，各 $k \in \{1, \ldots, n\}$ に対し $a_k = E(X \mid A_k)$ と定めればよいことが，

$$E((X-Y)^2) = \sum_{k=1}^{n} E((X - E(X \mid A_k))^2 \mid A_k)P(A_k) + \sum_{k=1}^{n} (E(X \mid F) - a_k)^2 P(A_k)$$

から先の議論と同様にわかり，さらにこのとき，

$$E(X1_{A_k}) = E(Y1_{A_k}) \quad (k = 1, 2, \ldots, n)$$

が成立する．またこの Y は，例 7.1.6 の意味での Ω の有限分割 $A_1, \ldots, A_n$ が定める σ-集合体に関して可測である．これは，Y がより一般化された定式化の中で条件付期待値とみなし得るものであることを示している．さらにいくつかの方向に発展の余地があることを示唆する事実ともみなせる．

最初に，条件付分散の与え方を示唆するものとしてこの考察を捉えられることを見よう．上記の議論で $a_1 = \cdots = a_n = E(X)$ とおくことによって得られる下記の式は X の分散を与えるものである：

$$\begin{aligned} &E((X - E(X))^2) \\ &= \sum_{k=1}^{n} E((X - E(X \mid A_k))^2 \mid A_k)P(A_k) \\ &+ \sum_{k=1}^{n} (E(X \mid F) - E(X))^2 P(A_k) \end{aligned}$$

ここで，各 $k \in \{1, \ldots, n\}$ に対し E_k 上で $Z = E((X - E(X \mid A_k))^2 \mid A_k)$ とおくことで定まる確率変数 Z は X の条件付分散とよんでよいもののはずである．実際，

$$V(X) = V(Y) + E(Z)$$

が成立することから，Z を条件付分散，それを定めるために必要である Y を条件付期待値と，それぞれよぶことの合理性が確認される．

次に，本項の最初の考察のように事象 E, F が与えられたとして X に対して得られた Y を改めて Y_0 と記すことにする．すなわち，

$$Y_0 = E(X \mid E)1_E + E(X \mid F)1_F$$

とおく．それに続く考察により，事象 $A_1, \ldots, A_n$ が与えられたとして，X から得られた Y を改めて Y_1 と記すことにする．すなわち，

$$Y_1 = E(X \mid A_1)1_{A_1} + \cdots + E(X \mid A_n)1_{A_n}$$

とおく．

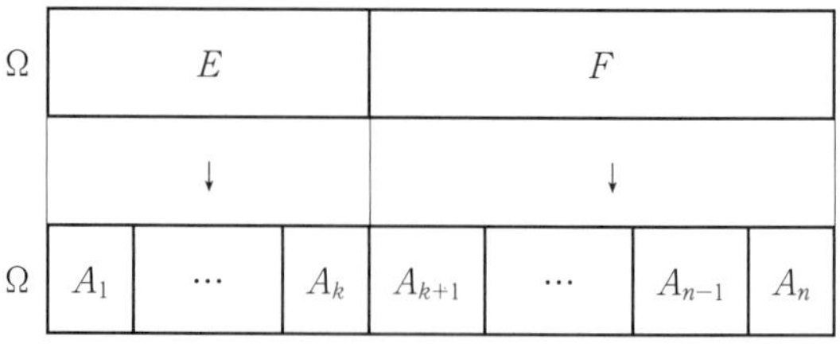
Ω
E
F
↓
↓
Ω
A_1
⋯
A_k
A_{k+1}
⋯
A_{n-1}
A_n

ここで $1 < k < n$ を満たすある k について，$E = A_1 \cup \cdots \cup A_k, F = A_{k+1} \cup \cdots \cup A_n$ である場合の Y_0 と Y_1 の関係を見ると，事象 E, F が与えられたとして，X から得られた Y_0 は，事象 E, F が与えられたとして，Y_1 から得られた Y_0，すなわち

$$E(Y_1 \mid E)1_E + E(Y_1 \mid F)1_F$$

に一致していることがわかる．この意味で，条件付期待値を求める操作は整合的である．実際，この等式の成立の検証により，ここに示唆された整合性を確認するためには，$E = A_1 \cup \cdots \cup A_k$ と $F = A_{k+1} \cup \cdots \cup A_n$ から，

$$E(Y_1 \mid E) = E(X \mid E),\ E(Y_1 \mid F) = E(X \mid F)$$

を導けることが示されればよいが，これは，

$$\begin{aligned} &E\left(\frac{E(X1_{A_1})}{P(A_1)}1_{A_1} + \cdots + \frac{E(X1_{A_k})}{P(A_k)}1_{A_k} \mid E\right) \\ &= E(X \mid E) \end{aligned}$$

$$\begin{aligned} &E\left(\frac{E(X1_{A_{k+1}})}{P(A_{k+1})}1_{A_{k+1}} + \cdots + \frac{E(X1_{A_n})}{P(A_n)}1_{A_n} \mid F\right) \\ &= E(X \mid F) \end{aligned}$$

から確められる．

さらに，$\{E, F\}$ や $\{A_1, \ldots, A_n\}$ が事象の族として与えられた場合ばかりでなく，確率変数 Z のとる値が z として指定された条件のもとでの条件付期待値の定式化にも進むことができる．その概略を形式的に述べると以下のようになる．

同時確率密度関数 $f(x, z)$ をもつ 2 次元確率ベクトル (X, Z) が与えられているとき，Z の周辺分布の確率密度関数 f_Z は $f_Z(z) = \int_{-\infty}^{\infty} f(x, z)dx$ により与えられる．正数 h, k に対し，Z の値が区間 $[z, z+h)$ にあるという条件のもとで，X の値が区間 $[x, x+k)$ にある条件付確率は，

$$\frac{\displaystyle\int_x^{x+h}\int_z^{z+k} f(s,t)dsdt}{\displaystyle\int_z^{z+k} f_Z(z)dz}$$

として与えられる．したがって Z の値が z であるという条件のもとでの，X の条件付確率密度関数 $f(x \mid z)$ は，この値を h で割って $h \to 0, k \to 0$ とすることによって得られるはずであるから，

$$\lim_{h\to 0, k\to 0} \frac{\displaystyle\int_x^{x+h}\int_z^{z+k} f(s,t)dsdt \Big/ hk}{\displaystyle\int_z^{z+k} f_Z(z)dz \Big/ k}$$

$$= \frac{f(x,z)}{f_Z(z)} = \frac{f(x,z)}{\displaystyle\int_{-\infty}^{\infty} f(x,z)dx}$$

として定めればよい．これを Z の値が与えられたときの X の条件付確率密度関数という．この公式は次のように一般化される．

定義 7.5.1. 確率空間 $(\Omega, \mathcal{F}, P)$ で定義された $n+1$ 次元確率ベクトル $(X, Z_1, \ldots, Z_n)^{\mathrm{T}}$ が同時確率密度関数 $f(x, z_1, \ldots, z_n)$ をもつとき，$Z_1, \ldots, Z_n$ の各値が与えられたときの X の**条件付確率密度関数 (conditional probability density function)** を

$$f(x \mid z_1, \ldots, z_n) = \frac{f(x, z_1, \ldots, z_n)}{\displaystyle\int_{-\infty}^{\infty} f(x, z_1, \ldots, z_n)dx}$$

により定める．

以下，$f(x \mid z)$ あるいは $f(x \mid z_1, \ldots, z_n)$ の記号を用いるときは，$f_Z(z) = \int_{-\infty}^{\infty} f(x,z)dx$ あるいは $(Z_1, \ldots, Z_n)$ の確率密度関数 $f_{Z_1,\ldots,Z_n}(z_1, \ldots, z_n) = \int_{-\infty}^{\infty} f(x, z_1, \ldots, z_n)dx$ が各点で正であることを仮定しているものとする．

さて，同時確率密度関数 $f(x, y)$ をもつ 2 次元確率ベクトル (X, Z) が与えられているとき，Z が与えられたときの X の条件付確率密度関数 $f(x \mid z) = \dfrac{f(x,z)}{f_Z(z)} = \dfrac{f(x,z)}{\int_{-\infty}^{\infty} f(x,z)dx}$ が定まるが，これを通常の確率密度関関数とみなすことによって得られる期待値は，$g(z) = \int_{-\infty}^{\infty} xf(x \mid z)dx$ のように z に依存している．この z に確率変数 Z を代入して得られる $g(Z)$ は，形式的な計算により任意のボレル集合 E について

$$E(X1_{\{Z\in E\}}) = E(g(Z)1_{\{Z\in E\}})$$

を満たすことことがわかる．実際，

$$\begin{aligned} E(X1_{\{Z\in E\}}) &= \int_B \left(\int_{-\infty}^{\infty} xf(x,z)dx\right)dz \\ &= \int_B f_Z(z)\left(\int_{-\infty}^{\infty} x\frac{f(x,z)}{f_Z(z)}dx\right)dz \\ &= \int_B f_Z(z)\left(\int_{-\infty}^{\infty} xf(x \mid z)dx\right)dz \\ &= \int_{-\infty}^{\infty} g(z)1_B(z)f_Z(z)dz \\ &= E(g(Z)1_{\{Z\in E\}}) \end{aligned}$$

である．この等式は以下のように一般化される．

命題 7.5.2. 確率空間 $(\Omega, \mathcal{F}, P)$ で定義された $n+1$ 次元確率ベクトル $(X, Z_1, \ldots, Z_n)^{\mathrm{T}}$ が同時確率密度関数 $f(x, z_1, \ldots, z_n)$ をもつとき，$Z_1, \ldots, Z_n$ が与えられたときの X の条件付確率密度関数 $f(x \mid z_1, \ldots, z_n)$ により，関数

$$g_n(z_1, \ldots, z_n) = \int_{-\infty}^{\infty} xf(x \mid z_1, \ldots, z_n)dx$$

を定める．確率変数 X が期待値をもつならば，

$$\begin{aligned} &E(X1_{\{(Z_1,\ldots,Z_n)\in E_n\}}) \\ &= E(g_n(Z_1, \ldots, Z_n)1_{\{(Z_1,\ldots,Z_n)\in E_n\}}) \end{aligned}$$

である．ただし，E_n は n 次元ボレル集合である．

7.5.2 σ-集合体に基づく条件付期待値

これまで，条件付期待値に関する予備的な考察をいくつか行ってきたが，これらを統合的に包含する概念として，いわば σ-集合体に基づく条件付期待値というべき概念が構築できるのである，これからそれを述べていくことにする．以下では確率変数が $\mathcal{F}$-可測関数であることを単に $\mathcal{F}$-可測ということがある．

これまでに得られた関数 g_n の変数 $z_1, \ldots, z_n$ に確率変数 $Z_1, \ldots, Z_n$ を代入することによって新たに得られる確率変数 $g_n(Z_1, \ldots Z_n)$ を Y と表すと，

$$E((X-Y)1_{\{(Z_1,\ldots,Z_n)\in E_n\}}) = 0,$$

すなわち，$X-Y$ が $\sigma(Z_1, \ldots, Z_n)$-可測な確率変数とのある種の直交性をもつように Y が定まっている．そこで，X が $L^2(\Omega, \mathcal{F}, P)$ の要素であるときは，σ-集合体 $\mathcal{G}$ が $\mathcal{G} \subset \mathcal{F}$ を満たすように与えられたとき（以下このような $\mathcal{G}$ を $\mathcal{F}$ の部分 σ-集合体という），X の $L^2(\Omega, \mathcal{F}, P)$ から $L^2(\Omega, \mathcal{G}, P)$ への直交射影となるように，Y が定められることを明らかにすることから始めよう．

定理 7.5.3. 確率空間 $(\Omega, \mathcal{F}, P)$ において $\mathcal{F}$ の部分 σ-集合体 $\mathcal{G}$ が与えられているとき，任意の $X \in L^2(\Omega, \mathcal{F}, P)$ に対し，ある $Y \in L^2(\Omega, \mathcal{G}, P)$ を次の性質 1,2 を満たすように定めることができる．

1. $\|X - Y\|_2 = \inf_{Y' \in \in L^2(\Omega, \mathcal{G}, P)} \|X - Y'\|_2$,
2. $Y' \in L^2(\Omega, \mathcal{G}, P)$ ならば $E((X - Y)Y') = 0$.

ここで得られた Y を X の $L^2(\Omega, \mathcal{F}, P)$ から $L^2(\Omega, \mathcal{G}, P)$ への直交射影という．

例 7.5.1. 本節の最初の考察において，$A_1, \ldots, A_n$ のうちのいくつかの事象の和事象として表せる事象の全体 ($\emptyset, \Omega$ を含む) を $\mathcal{G}$ とおくものとする．X が $L^2(\Omega, \mathcal{F}, P)$ に属するとき，X に対し上記定理により得られる Y は Y_1 に他ならない．したがって Y_1 が X の $L^2(\Omega, \mathcal{F}, P)$ から $L^2(\Omega, \mathcal{G}, P)$ への直交射影であることが明らかとなった．

離散型確率変数 Z が与えられているとき，Z のとる値ごとに，X の 7.4 節の意味での条件付期待値を値としてとる確率変数 Y を適切に構成すれば，Y が X の $L^2(\Omega, \mathcal{F}, P)$ から $L^2(\Omega, \mathcal{G}, P)$ への直交射影が得られることも以下のようにわかる．

例 7.5.2. $L^2(\Omega, \mathcal{F}, P)$ に属する確率変数 X と有限個の実数 $c_1, c_2, \ldots$ に値をとる確率変数 Z が与えられているとき，X の $L^2(\Omega, \sigma(Z), P)$ への射影 Y は，期待値 $E(|X - \sum_{i=1}^{\infty} \gamma_i 1_{\{Z=c_i\}}|^2)$ が最小化されるように，実数 $\gamma_1, \gamma_2, \ldots,$ を $\gamma_1 = E(X \mid Z = c_1), \gamma_2 = E(X \mid Z = c_2), \ldots$ と定めることにより得られる確率変数 $\sum_{i=1}^{\infty} E(X \mid Z = c_i) 1_{\{Z=c_i\}}$ に他ならない．

容易にわかるとおり，例 7.5.1，例 7.5.2 においては，上記定理の直交性のみを満たせばよいのであれば，X が $L^2(\Omega, \mathcal{F}, P)$ に属する必要はなく，単に X が $L^1(\Omega, \mathcal{F}, P)$ に属していさえすれば，$\mathcal{G}$ に属する事象の指示関数と $X - Y$ との直交性が成立するように Y が構成できる．ここからは，X が $L^2(\Omega, \mathcal{F}, P)$ に属することを仮定しない定式化を中心に見ていこう．以下の内容については，[7] に詳述されている．ここでは，証明などは省略し，定理の主張のみを述べる．

定理 7.5.4. 確率空間 $(\Omega, \mathcal{F}, P)$ において $\mathcal{F}$ の部分 σ-集合体 $\mathcal{G}$ が与えられているとき，任意の $X \in L^1(\Omega, \mathcal{F}, P)$ に対し，ある $Y \in L^1(\Omega, \mathcal{G}, P)$ を次の性質，

1. Y は $\mathcal{G}$-可測である，
2. Y は期待値をもつ，
3. $G \in \mathcal{G}$ ならば $E(X 1_G) = E(Y 1_G)$ となる，

を満たすように定めることができる．

定義 7.5.5. 確率空間 $(\Omega, \mathcal{F}, P)$ において $\mathcal{F}$ の部分 σ-集合体 $\mathcal{G}$ が与えられているとき，任意の $X \in L^1(\Omega, \mathcal{F}, P)$ に対し，前定理の性質 1,2,3 を満たすような $Y \in L^1(\Omega, \mathcal{G}, P)$ を X の $\mathcal{G}$ のもとでの条件付期待値といい，これを $E(X \mid \mathcal{G})$ によって表す．

上記の例 7.5.1 において，$E(X) = E(Y)$ が成立し，さらに確率 1 で $X \geq 0$ ならば確率 1 で $Y \geq 0$ となることは明らかである．これは次の定理の 1,2 として一般化される．また，例 7.5.2 において，X と Z が独立ならば，すなわち 7.2 節の意味で $\sigma(X)$ と $\mathcal{G} = \sigma(Z)$ が独立な場合，$Y = E(X)$ となる．これは次の定理の 3 のように一般化される．また，この節の最初に示したように，条件付期待値をとる対象を確率変数 X から確率変数 Y_1 に置き換えても同じ Y_0 が得られることがわかった．例 7.5.1 では $Y_1 = E(X \mid \mathcal{G})$ であり，$\mathcal{H} = \{\emptyset, E, F, \Omega\}$ とおけば $Y_0 = E(X \mid \mathcal{H})$ であるため，これら二者の条件付期待値の間の関係づけはこの意味で明らかである．このことは次の定理の 4 ように一般化することができる．

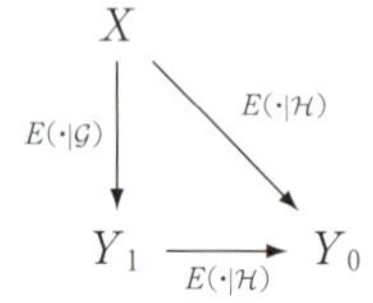

なお，本項のこれ以降においては，条件付期待値をとる対象となる確率変数は，必ず期待値をもつものとする．すなわち $X, X_1, X_2, \ldots$ はすべて $L^1(\Omega, \mathcal{F}, P)$ に属する確率変数であるとする．

定理 7.5.6.　確率空間 $(\Omega, \mathcal{F}, P)$ 上の確率変数 X および $\mathcal{F}$ の部分 σ-集合体 $\mathcal{G}$ が与えられているとき，以下が正しい．

1. $E(E(X \mid \mathcal{G})) = E(X)$.
2. $X \geq 0$ a.s. ならば $E(X \mid \mathcal{G}) \geq 0$ a.s.
3. X と確率変数の族 $\{1_G | G \in \mathcal{G}\}$ が独立ならば $E(X \mid \mathcal{G}) = E(X)$.
4. $\mathcal{H}$ が $\mathcal{G}$ の部分 σ-集合体であれば，

$$E(E(X \mid \mathcal{G}) \mid \mathcal{H}) = E(X \mid \mathcal{H}).$$

条件付期待値が期待値と同様な性質をもつことが以下のように示される．前節の定理 7.4.11 の 1 においては，定数倍のみを扱うことができたが，有界な確率変

数 Z が $\mathcal{G}$-可測を掛け合わせる演算に対しても，期待値における定数倍の場合と同様な扱いができることが次の定理の3で示される．なお，確率変数 Z が有界とは，ある正定数 M に対して $|Z| \leq M$ a.s. が満たされることである．

定理 7.5.7. 確率空間 $(\Omega, \mathcal{F}, P)$ における $\mathcal{F}$ の部分 σ-集合体 $\mathcal{G}$ が与えられているとき，以下が正しい．

1. 任意の $a_1, a_2 \in \mathbf{R}$ に対し

$$E(a_1X_1 + a_2X_2 \mid \mathcal{G}) = a_1E(X_1 \mid \mathcal{G}) + a_2E(X_2 \mid \mathcal{G}).$$

2. X が $\mathcal{G}$-可測ならば

$$E(X \mid \mathcal{G}) = X.$$

3. 有界な確率変数 Z が $\mathcal{G}$-可測であれば，

$$E(ZX \mid \mathcal{G}) = ZE(X \mid \mathcal{G}).$$

前節では，期待値が極限演算とある種の親和性をもつことを述べた．条件付期待値も極限演算と同種の親和性をもつことが，以下のように確認される．次の定理の1における区間は，開区間，閉区間あるいは半開区間，特に $(-\infty, a)$, $(-\infty, a]$, $[a, \infty)$, (a, ∞) の形のものであってもよい．

定理 7.5.8. 確率空間 $(\Omega, \mathcal{F}, P)$ における $\mathcal{F}$ の部分 σ-集合体 $\mathcal{G}$ が与えられているとき，以下が正しい．

1. ϕ がある区間で定義された凸関数ならば，ϕ の定義域に値をとる確率変数 X について，$E(\phi(X) \mid \mathcal{G}) \geq \phi(E(X \mid \mathcal{G}))$.
2. 非負確率変数の列 $X_1.X_2, \ldots$ がある確率変数 X に対し，確率1で $X_n \uparrow X$ を満たすとき，

$$\lim_{n\to\infty} E(X_n \mid \mathcal{G}) = E(X \mid \mathcal{G}).$$

3. 非負確率変数の列 $X_1, X_2, \ldots$ について，

$$E(\liminf_{n\to\infty} X_n \mid \mathcal{G}) \leq \liminf_{n\to\infty} E(X_n \mid \mathcal{G}).$$

4. 確率変数の列 $X_1, X_2, \ldots$ に対し，確率1で $\sup_n X_n \leq W$ を満たし，かつ期待値をもつ非負確率変数 W が存在するならば，

$$E(\limsup_{n\to\infty} X_n \mid \mathcal{G}) \geq \limsup_{n\to\infty} E(X_n \mid \mathcal{G}).$$

5. 確率変数の列 $X_1, X_2, \ldots$ が確率1で $\lim_{n\to\infty} X_n = X$ を満たすとする．さらに確率1で $\sup_n |X_n| \leq W$ であり，かつ期待値をもつ非負確率変数 W が存在するならば，

$$E(\lim_{n\to\infty} X_n \mid \mathcal{G}) = \lim_{n\to\infty} E(X_n \mid \mathcal{G}).$$

7.5.3 σ-集合体に基づく条件付確率

条件付期待値をとる対象となる確率変数を，事象の指示関数にだけに限ることにより，指示関数を定める事象に対する条件付確率の概念が定式化される．これはマルコフ過程などの確率過程を論じる際に重要な概念であるが，やはりこの概念についても，[7] に詳述されているので，定義と定理などの主張のみを示し，証明などは省略することにする．

定義 7.5.9. 確率空間 $(\Omega, \mathcal{F}, P)$ において $\mathcal{F}$ の部分 σ-集合体 $\mathcal{G}$ が与えられているとき，任意の事象 $A \in \mathcal{F}$ に対し，定理 7.5.4 の条件 1,2 および

3′. $G \in \mathcal{G}$ ならば $E(1_{A\cap G}) = E(Y1_G)$ となる，

を満たすような $Y \in L^1(\Omega, \mathcal{G}, P)$ を，A の $\mathcal{G}$ のもとでの条件付確率といい，これを $P(A \mid \mathcal{G})$ によって表す．

以下の3つの定理を述べるが，これらはいずれも既に述べた σ-集合体に基づく条件付期待値の性質から容易に導ける．

定理 7.5.10. 確率空間 $(\Omega, \mathcal{F}, P)$ に事象 $A \in \mathcal{F}$ および $\mathcal{F}$ の部分 σ-集合体 $\mathcal{G}$ が与えられているとき，以下が正しい．

1. $1 \geq P(A \mid \mathcal{G}) \geq 0$ a.s.
2. $E(P(A \mid \mathcal{G})) = P(A)$.
3. A が $\mathcal{G}$ に属する任意の事象と独立ならば，$P(A \mid \mathcal{G}) = P(A)$.
4. $\mathcal{H}$ が $\mathcal{G}$ の部分 σ-集合体であれば，

$$E(P(A \mid \mathcal{G}) \mid \mathcal{H}) = P(A \mid \mathcal{H}).$$

定理 7.5.11. 確率空間 $(\Omega, \mathcal{F}, P)$ における $\mathcal{F}$ の部分 σ-集合体 $\mathcal{G}$ が与えられているとき，以下が正しい．

1. $A \in \mathcal{G}$ ならば

$$P(A \mid \mathcal{G}) = 1_A.$$

2. $B \in \mathcal{G}$ であれば，任意の事象 $A \in \mathcal{F}$ に対

し,

$$P(A \cap B \mid \mathcal{G}) = 1_B P(A \mid \mathcal{G}).$$

定理 7.5.12. 確率空間 $(\Omega, \mathcal{F}, P)$ における $\mathcal{F}$ の部分 σ-集合体 $\mathcal{G}$ が与えられているとき, 以下が正しい.

1. 事象の列 $A_1.A_2, \ldots$ および事象 A が, $A_n \uparrow A$ あるいは $A_n \downarrow A$ を満たすとき,
$$\lim_{n\to\infty} P(A_n \mid \mathcal{G}) = P(A \mid \mathcal{G}).$$
2. 事象の列 $A_1, A_2, \ldots$ について,
$$P(\liminf_{n\to\infty} A_n \mid \mathcal{G}) \leq \liminf_{n\to\infty} P(A_n \mid \mathcal{G}).$$
$$P(\limsup_{n\to\infty} A_n \mid \mathcal{G}) \geq \limsup_{n\to\infty} P(A_n \mid \mathcal{G}).$$
3. 事象の列 $A_1, A_2, \ldots$ が, 事象 A に対し $\lim_{n\to\infty} A_n = A$ を満たすならば,
$$P(\lim_{n\to\infty} A_n \mid \mathcal{G}) = \lim_{n\to\infty} E(A_n \mid \mathcal{G}).$$

7.5.4 条件付期待値の応用

次節で扱うマルティンゲールあるいはマルコフ過程などの確率過程を論じる際には, 条件付期待値, 条件付確率は欠かせない概念となるが, それに該当しない場面でも条件付期待値などを有効に適用できる場合をここでは紹介する.

例題 7.5.1. ある昆虫が1回に産卵する卵の数は, パラメータ λ のポアソン分布に従っているとしてよい. 各卵から幼虫が生まれる確率が p であるとする. 1回の産卵により生まれる幼虫の数はどのような確率分布に従うかを調べよ.

解答　1回で産卵する卵の数を X, 1回の産卵により生まれる幼虫の数を Y とする. $X = n$ なる条件のもとで Y はパラメータ n, p の二項分布に従うから,

$$E(e^{ltY} \mid X = n) = (1 - p + pe^{it})^n$$

である. ここで i は虚数単位である. このことは

$$E(e^{ltY} \mid X) = (1 - p + pe^{it})^X$$

であることを意味する. 定理 7.5.6 の 1 から,

$$E(e^{ltY}) = E(E(e^{ltY} \mid X)) = E((1 - p + pe^{it})^X)$$

より,

$$\begin{aligned} E(e^{ltY}) &= \sum_{n=0}^{\infty} e^{-\lambda}(\lambda^n/n!)(pe^{it} + (1-p))^n \\ &= \sum_{n=0}^{\infty} e^{-\lambda}((\lambda(pe^{it} + (1-p)))^n/n!) \\ &= e^{-\lambda}e^{\lambda(pe^{it}+(1-p))} \\ &= e^{p\lambda(e^{it}-1)}. \end{aligned}$$

以上と特性関数の性質に関する定理 7.4.49 より, 1回の産卵により生まれる幼虫の数 Y はパラメータ $p\lambda$ のポアソン分布に従うことがわかる. □

次に, 条件付分散の概念を定式化し, それが活用される場面をみてみよう.

定義 7.5.13 (条件付分散, 条件付共分散). 確率空間 $(\Omega, \mathcal{F}, P)$ において $\mathcal{F}$ の部分 σ-集合体 $\mathcal{G}$ が与えられているとき, $X \in L^2(\Omega, \mathcal{F}, P)$ に対し, X の条件付分散 $V(X \mid \mathcal{G})$ を

$$V(X \mid \mathcal{G}) = E((X - E(X \mid \mathcal{G}))^2 \mid \mathcal{G})$$

により定める. また, $X, Y \in L^2(\Omega, \mathcal{F}, P)$ に対し, X と Y の条件付共分散 $\mathrm{Cov}(X, Y \mid \mathcal{G})$ を

$$\begin{aligned} &\mathrm{Cov}(X, Y \mid \mathcal{G}) \\ &= E((X - E(X \mid \mathcal{G}))(Y - E(Y \mid \mathcal{G})) \mid \mathcal{G}) \end{aligned}$$

により定める.

定理 7.5.14. 確率空間 $(\Omega, \mathcal{F}, P)$ において $\mathcal{F}$ の部分 σ-集合体 $\mathcal{G}$ が与えられているとき, $X \in L^2(\Omega, \mathcal{F}, P)$ に対し,

$$V(X \mid \mathcal{G}) = V(E(X \mid \mathcal{G})) + E(V(X \mid \mathcal{G}))$$

である. また, $X, Y \in L^2(\Omega, \mathcal{F}, P)$ に対し,

$$\begin{aligned} \mathrm{Cov}(X, Y) = &\mathrm{Cov}(E(X \mid \mathcal{G}), E(Y \mid \mathcal{G})) \\ &+ E(\mathrm{Cov}(X, Y \mid \mathcal{G})) \end{aligned}$$

である.

例題 7.5.2. 以下の分割表において,

	α	β	小計	a, b 別標本比率	a, b 別母比率
a	$S_{a,\alpha}$	$S_{a,\beta}$	N_a	$\hat{p}_a$	p_a
b	$S_{b,\alpha}$	$S_{b,\beta}$	N_b	$\hat{p}_b$	p_b
小計	M_α	M_β			
α, β 別標本比率	$\hat{p}_\alpha$	$\hat{p}_\beta$			
α, β 別母比率	p_α	p_β			

$S_{a,\alpha} - n\hat{p}_a\hat{p}_\beta$ の分散は,

$$V(S_{a,\alpha}-n\hat{p}_a\hat{p}_\beta)=(n-1)p_ap_bp_\alpha p_\beta$$

で与えられることを示せ．ただし，$n=N_a+N_b=M_\alpha+M_\beta$ である．

注意 7.5.1. 上記のことが示されれば，

$$\begin{aligned}(S_{a,\alpha}-n\hat{p}_a\hat{p}_\alpha)^2&=(N_a-S_{a,\alpha}-N_a-n\hat{p}_a\hat{p}_\alpha)^2\\&=(S_{a,\beta}-n\hat{p}_a\hat{p}_\beta)^2\end{aligned}$$

であることと，ド・モアブル-ラプラスの定理（定理 7.4.36）により，

$$\begin{aligned}&\frac{(S_{a,\alpha}-n\hat{p}_a\hat{p}_\beta)^2}{(n-1)p_ap_bp_\alpha p_\beta}\\&=\frac{(S_{a,\alpha}-n\hat{p}_a\hat{p}_\beta)^2}{n-1}\\&\times\left(\frac{1}{p_ap_\alpha}+\frac{1}{p_bp_\alpha}+\frac{1}{p_ap_\beta}+\frac{1}{p_bp_\beta}\right)\\&=\frac{(S_{a,\alpha}-n\hat{p}_a\hat{p}_\alpha)^2}{(n-1)p_ap_\alpha}+\frac{(S_{a,\beta}-n\hat{p}_a\hat{p}_\beta)^2}{(n-1)p_ap_\beta}\\&+\frac{(S_{b,\alpha}-n\hat{p}_b\hat{p}_\alpha)^2}{(n-1)p_bp_\alpha}+\frac{(S_{b,\beta}-n\hat{p}_b\hat{p}_\beta)^2}{(n-1)p_bp_\beta}\end{aligned}$$

は自由度 1 のカイ二乗分布に従っていることがわかる．

解答 $S_{a,\alpha}$ を S によって表し，$n\hat{p}_a\hat{p}_\alpha$ を T によって表すことにする．

$$V(S-T)=V(E(S-T|N_a))+E(V(S-T|N_a))$$

であるが，第 1 標本から第 N_a 標本までで，α に分類される標本の数を M'_α とし，第 N_a+1 標本から第 n 標本までで，α に分類される標本の数を M''_α とおき，$P'_\alpha=M'_\alpha/N_a, P''_\alpha=M''_\alpha/(n-N_a)$ と定めると，

$$S=n\cdot\frac{N_a}{n}\cdot P'_\alpha=n\cdot\frac{N_a}{n}\cdot\frac{N_aP'_\alpha+(n-N_u)P'_\alpha}{n}$$

$$T=n\cdot\frac{N_a}{n}\cdot\frac{M_\alpha}{n}=n\cdot\frac{N_a}{n}\cdot\frac{N_aP'_\alpha+(n-N_a)P''_\alpha}{n}$$

よって，

$$\begin{aligned}S-T&=n\cdot\frac{N_a}{n}\cdot\frac{(n-N_a)(P'_\alpha-P''_\alpha)}{n}\\&=\frac{N_a(n-N_a)}{n}\cdot\left(\frac{M'_\alpha}{N_a}-\frac{M''_\alpha}{n-N_a}\right)\\&=\frac{(n-N_a)M'_\alpha}{n}-\frac{N_aM''_\alpha}{n}\\&=\hat{p}_bM'_\alpha-\hat{p}_aM''_\alpha\end{aligned}$$

である．

これらを用いて，

$$\begin{aligned}&E(S-T|N_a=n_a)\\&=E\left(\frac{n_a(n-n_a)}{n}\cdot\left(\frac{M'_\alpha}{n_a}-\frac{M''_\alpha}{n-n_a}\right)\right)\\&=\frac{n_a(n-n_a)}{n}\left(E\left(\frac{M'_\alpha}{n_a}\right)-\left(\frac{M''_\alpha}{n-n_a}\right)\right)=0\end{aligned}$$

が得られ，$E(S-T|N_a)=0$ である．さらに M'_α と M''_α は独立だから，

$$\begin{aligned}&V(S-T|N_a=n_a)\\&=V\left(\frac{n_a(n-n_a)}{n}\cdot\left(\frac{M'_\alpha}{n_a}-\frac{M''_\alpha}{n-n_a}\right)\right)\\&=\left(\frac{n_a(n-n_a)}{n}\right)^2V\left(\frac{M'_\alpha}{n_a}-\frac{M''_\alpha}{n-n_a}\right)\\&=\left(\frac{n_a(n-n_a)}{n}\right)^2\left(V\left(\frac{M'_\alpha}{n_a}\right)+V\left(\frac{M''_\alpha}{n-n_a}\right)\right)\\&=\left(\frac{n_a(n-n_a)}{n}\right)^2\left(\frac{1}{n_a^2}V(M'_\alpha)+\frac{1}{(n-n_a)^2}V(M''_\alpha)\right)\\&=\left(\frac{n_a(n-n_a)}{n}\right)^2\cdot\frac{n}{n_a(n-n_a)}\cdot p_\alpha(1-p_\alpha)\\&=\frac{n_a(n-n_a)}{n}\cdot p_\alpha p_\beta\end{aligned}$$

が得られ，$V(S-T|N_a)=\dfrac{N_a(n-N_a)}{n}\cdot p_\alpha p_\beta$ である．最終的に，

$$\begin{aligned}V(S-T)&=V(E(S-T|N_a))+E(V(S-T|N_a))\\&=E\left(\frac{N_a(n-N_a)}{n}\cdot p_\alpha p_\beta\right)\\&=(n-1)p_a(1-p_a)p_\alpha p_\beta\\&=(n-1)p_ap_bp_\alpha p_\beta\end{aligned}$$

が検証された． □

7.5.5 条件付期待値と一様可積分性

補題 7.5.15. 確率変数 $X\in L^1(\Omega,\mathcal{F},P)$ に対し，$[0,\infty)$ 上で定義された非負値凸関数 ϕ を $\lim_{x\to\infty}\phi(x)/x=\infty$ かつ $E(\phi(|X|)<\infty$ を満たすようにとれる．

証明 期待値 $E(|X|)$ は

$$\begin{aligned}E\left(\int_0^{|X|}dx\right)&=E\left(\int_0^\infty 1_{\{|X|\geq x\}}dx\right)\\&=\left(\int_0^\infty P(|X|\geq x)dx\right.\end{aligned}$$

とも表されるが，ここで非負非減少関数 $\alpha(x)$ を $\lim_{x\to\infty}\alpha(x)=\infty$ かつ

$$\int_0^\infty\alpha(x)P(|X|\geq x)dx<\infty$$

を満たすものとしてとることができる．実際，$0<$

$\gamma < 1$ を満たすように実数 γ をとり，$\alpha(x) = \left(\int_x^\infty P(|X| \geq y)dy\right)^{-\gamma}$ とおけばよい．これを用い $\phi(x) = \int_0^x \alpha(t)dt$ とおくことにより，

$$E(\phi(|X|)) = E\left(\int_0^{|X|} \alpha(x)dx\right)$$
$$= E\left(\int_0^\infty \alpha(x)1_{\{|X| \geq x\}}dx\right)$$
$$= \int_0^\infty \alpha(x)P(|X| \geq x)dx < \infty$$

となる．ロピタルの定理を用いて，$\phi(x)$ が補題の条件を満たす関数であることがわかる．□

命題 7.5.16. 確率変数 $X \in L^1(\Omega, \mathcal{F}, P)$ により得られる確率変数の族 $\{E(X \mid \mathcal{G}) \mid \mathcal{G}$ は $\mathcal{G} \subset \mathcal{F}$ を満たす σ 集合体$\}$ は一様可積分である．

証明　X に対し，前記補題の ϕ をとると，条件付期待値に対するイエンセンの不等式（定理 7.5.8 の 1）と定理 7.5.6 の 1 から

$$E(\phi(|E(X \mid \mathcal{G})|)) \leq E(E(\phi(|X|) \mid \mathcal{G}))$$
$$= E(\phi(|X|)) < \infty$$

が導ける．定理 7.4.39 より命題が示される．□

7.6　確 率 過 程

7.6.1　確率過程とその例

この節では，時刻変数に依存する確率変数を考察する．この目的のため時刻変数がとり得る範囲を T で表すことにし，さらにここでは，$T = \{0, 1, \ldots\}$ または $T = [0, \infty)$ のいずれかの場合を扱うことにする．

定義 7.6.1. 時刻変数 $t \in T$ に依存する確率変数 X_t，すなわち各 t に対して確率変数 X_t が与えられているとき，これを**確率過程 (stochastic process)** といい $\{X_t\}_{t \in T}$ により表す．$\{X_t\}_{t \in T}$ が確率過程であるとき，標本空間の各点 $\omega \in \Omega$ から定まる T を定義域とする関数 $t \mapsto X_t(\omega)$ を**標本路 (sample path)** という．

時刻変数の範囲が $T = \{0, 1, \ldots\}$ である場合の確率過程を $\{X_n\}_{n=0}^\infty$ などのように表したり，$T = [0, \infty)$ である場合の確率過程を $\{X_t\}_{t \geq 0}$ などのように表す場合もある．

定義 7.6.2. 確率過程 $\{S_n\}_{n=0}^\infty$ が，ある整数 m について標本空間 Ω 上で $S_0 = m$ が満たされ，かつ各自然数 i について $P(X_i = 1) = \frac{1}{2}$, $P(X_i = -1) = \frac{1}{2}$ を満たすような独立な確率変数の列 $X_1, X_2, \ldots$ により，

$$S_n = X_1 + \cdots + X_n \quad (n = 1, 2, \ldots)$$

と表されるとき，$\{S_n\}_{n=0}^\infty$ を m を出発点とする**ランダムウォーク (random walk)** という．

定義 7.6.3. 実数 x に対し，確率過程 $\{B_t\}_{t \geq 0}$ が以下の 1～4 の条件を満たすとき，x を出発点とする**標準ブラウン運動 (standard Brownian motion)** といわれる．

1. すべての標本路 $t \mapsto B_t(\omega)$ は実数 x を出発点とする，すなわち標本空間 Ω 上で $B_0 = x$ である，
2. 増大する時刻の列，すなわち $0 \leq t_1 \leq \cdots \leq t_k$ を満たす有限列 $t_1, \ldots, t_k$ に対し，$B_{t_2} - B_{t_1}, \ldots, B_{t_k} - B_{t_{k-1}}$ は独立である，
3. 2 つの時刻 t, s が $t > s$ を満たすとき，$B_t - B_s$ は平均 0, 分散 $t - s$ の正規分布に従う，
4. 各標本路 $t \mapsto B_t(\omega)$ は t について連続である．

標準ブラウン運動の性質については，歴史的に色々な性質が調べられてきており，たとえば [7] にも詳述されている．ここでは，証明などは省略し，代表的な事実を二つほど述べる．

定理 7.6.4. $\{B_t\}_{t \geq 0}$ が x を出発点とする標準ブラウン運動であれば，

1. $\lim_{t \to 0} tB_{1/t} = 0$,
2. $P(\{\omega \mid B_t(\omega)$ が微分可能であるような点からなる集合はルベーグ測度 0 である$\}) = 1$.

原点を出発点とする標準ブラウン運動 $\{B_t\}_{t \geq 0}$ からつくられるいくつかの確率過程が，再び標準ブラウン運動となることが分る．上記 1 により，以下に掲げる $\{B_t^{(4)}\}_{t \geq 0}$ が，原点を出発点としてもつものとしてみなせることに注意する．

定理 7.6.5. 原点を出発点とする標準ブラウン運動 $\{B_t\}_{t \geq 0}$ から得られる以下の 4 つの確率過程 $\{B_t^{(1)}\}_{t \geq 0}, \ldots, \{B_t^{(4)}\}_{t \geq 0}$ はいずれも $x = 0$ とした上記定義の 1 および 2～4 の条件を満たす．すなわち，いずれも原点を出発点とする標準ブラウン運動である．

$$B_t^{(1)} = B_{t+s} - B_s,$$
$$B_t^{(2)} = B_{at}/\sqrt{a},$$
$$B_t^{(3)} = -B_t,$$
$$B_t^{(4)} = \begin{cases} tB_{1/t} & (t > 0), \\ 0 & (t = 0). \end{cases}$$

ただし，s, a は正定数である．

確率過程 $\{X_t\}_{t \geq 0}$ の各標本路 $t \mapsto X_t$ が連続であるものの代表的な例として，標準ブラウン運動を挙げたが，各標本路における変位が跳躍のみからなる確率過程の代表的な例として，ポアソン過程を挙げることにする．

定義 7.6.6. 非負整数 m に対し，確率過程 $\{N_t\}_{t \geq 0}$ が，ある正の実数 λ に対し以下の 1~4 の条件を満たすとき，m を出発点とするパラメータ λ の**ポアソン過程 (Poisoon process)** といわれる．

1. すべての標本路 $t \mapsto N_t(\omega)$ は整数 m を出発点とする，すなわち標本空間 Ω 上で $N_0 = m$ である，
2. 増大する時刻の列，すなわち $0 \leq t_1 \leq \cdots \leq t_k$ を満たす有限列 $t_1, \ldots, t_k$ に対し，$N_{t_2} - N_{t_1}, \ldots, N_{t_k} - N_{t_{k-1}}$ は独立である，
3. 2 つの時刻 t, s が $t > s$ を満たすとき，$N_t - N_s$ は平均 $\lambda(t-s)$ のポアソン分布に従う，
4. 各標本路 $t \mapsto N_t(\omega)$ は t について右連続である．

時刻の有限列とそれぞれの時刻に対応したボレル集合が与えられているとする．すなわち時刻 $t_1, \ldots, t_k$ およびボレル集合 $E_1, \ldots, E_k$ が与えられているとする．確率過程 $\{X_t\}_{t \in T}$ が与えられているとき，時刻の有限列における各時刻を t 以下にとることで得られる事象 $\{\omega \in \Omega \mid X_{t_1} \in E_1, \ldots, X_{t_k} \in E_k\}$ の族が生成する σ-集合体を $\mathcal{F}_t$ によって表すとする．このとき，各 $t \in T$ に対して X_t は $\mathcal{F}_t$-可測である．本節の以下では，特に断らない限り，$\mathcal{F}_t$ はここに定めたものをとることにする．特に確率過程 $\{X_n\}_{n=0}^{\infty}$ が与えられている場合にあっては，t を n で置き換え，$\mathcal{F}_n$ と記す場合がある．確率過程について解説する．確率過程の学習のためには，これまで示した結果の多様な適用を要する場合がある．しかし，議論の流れを明らかにするために，必要になる事項を網羅的に示すことはせず，重要なポイントに絞って関連事項を示していくことにする．

7.6.2 マルコフ過程

時刻の有限列とそれぞれの時刻に対応したボレル集合が，$t_1, \ldots, t_k$ および $E_1, \ldots, E_k$ として与えられているときの，確率過程 $\{X_t\}_{t \in T}$ に対する $P(X_{t_1} \in E_1, \ldots, X_{t_k} \in E_k \mid X_0 = x)$ を $P_x(X_{t_1} \in E_1, \ldots, X_{t_k} \in E_k)$ によって表すことにする．特に確率過程 $\{X_n\}_{n=0}^{\infty}$ が与えられている場合にあっては，t を n で置き換え，$P_x(X_{n_1} \in E_1, \ldots, X_{n_k} \in E_k)$ などによって記す場合がある．しかし，記述の重複を避けるため，以下の定義においては，確率過程 $\{X_n\}_{n=0}^{\infty}$ に対しても時刻変数を $t \in T$ などによって表すこととする．

定義 7.6.7. $\{X_t\}_{t \in T}$ が確率過程であるとする．任意に与えられた正の時刻変数列 $s_1, \ldots, s_l$，t 以下の時刻変数列 $t_1, \ldots, t_k$，およびボレル集合 $E_1, \ldots, E_l, F_1, \ldots, F_k$ に対し，確率測度 P_x のもとで，

$$P_x(X_{t+s_1} \in E_1, \ldots, X_{t+s_l} \in E_l \mid X_{t_1} \in F_1, \ldots, X_{t_k} \in F_k) = P_{X_t}(X_{s_1} \in E_1, \ldots, X_{s_l} \in E_l)$$

が満たされる場合，すなわち確率測度 P_x のもとで，

$$P_x(X_{t+s_1} \in E_1, \ldots, X_{t+s_l} \in E_l \mid \mathcal{F}_t) = P_{X_t}(X_{s_1} \in E_1, \ldots, X_{s_l} \in E_l)$$

が満たされるとき，$\{X_t\}_{t \in T}$ を**マルコフ過程 (Markov process)** という．

$\{X_t\}_{t \in T}$ がマルコフ過程であるとする．各実数 x，時刻変数 s およびボレル集合 B に対し，$P_s(x, B) = P_x(X_s \in B)$ とおくと．上述の定義における式が，確率測度 P_x のもとで成立することに留意し，$k = 1, s = s_1, \ell = 1$ とすることにより，次式が得られる．これをチャップマン-コルモゴロフの方程式 (Chapman-Kolmogorov equation) という．

定理 7.6.8. 任意の実数 x，時刻変数 t, s およびボレル集合 B に対し，

$$P_{t+s}(x, B) = \int_{-\infty}^{\infty} P_s(y, B) P_t(x, dy)$$

である．

S が有限集合または可算集合であり，S をすべての一点集合が開集合となるような離散位相空間であるとみなす．このとき，確率空間 $(\Omega, \mathcal{F}, P)$ におけ

る写像 $X:\Omega \to S$ が，S 値確率変数であるとは，各 $i \in S$ に対し，$\{\omega \mid X(\omega)=i\} \in \mathcal{F}$ となることである．各 t に対して S 値確率変数 X_t が与えられているとき，$\{X_t\}_{t\in T}$ を S 値確率過程という．マルコフ過程の概念は，S 値確率過程にも広げることができる．実際，正の時刻変数列 $s_1, \ldots, s_l$，t 以下の時刻変数列 $t_1, \ldots, t_k$，および $i_1, \ldots, i_l, j_1, \ldots, j_k \in S$ に対し，各 $j \in S$ により与えられる確率測度 P_j のもとで，

$$P_j(X_{t+s_1}=i_1, \ldots, X_{t+s_l}=i_l \mid X_{t_1}=j_1, \ldots, X_{t_k}=j_k) = P_{X_t}(X_{s_1}=i_1, \ldots, X_{s_l}=i_l)$$

が満たされる場合，すなわち，各 $j \in S$ により与えられる確率測度 P_j のもとで，

$$P_j(X_{t+s_1}=i_1, \ldots, X_{t+s_l}=i_l \mid \mathcal{F}_t) = P_{X_t}(X_{s_1}=i_1, \ldots, X_{s_l}=i_l)$$

が満たされるとき，$\{X_t\}_{t\in T}$ を S 値マルコフ過程という．ただし，$\mathcal{F}_t$ は t 以下の時刻からなる有限列とそれぞれの時刻に対応した S の要素を，任意の自然数 k により，$t_1, \ldots, t_k$ および $i_1, \ldots, i_k$ のように与えることで得られる事象 $\{\omega \in \Omega \mid X_{t_1}=i_1, \ldots, X_{t_k}=i_k\}$ の族が生成する σ-集合体である．

S が有限集合または可算集合であり，$T=\{0, 1, 2, \ldots\}$ である場合のマルコフ過程を，**マルコフ連鎖 (Markov chain)** とよぶことがある．特に S が有限集合である場合，$P_1(i, j)$ を (i, j) 成分とする正方行列を推移確率行列という．

S 値マルコフ過程に対するチャップマン-コルモゴロフの方程式は次のようになることが容易に示される．

定理 7.6.9. 任意の $i \in S$，時刻変数 t, s および S の部分集合 B に対し，

$$P_{t+s}(i, B) = \sum_{j\in S} P_t(i, j)P_s(j, B)$$

である．ただし，$P_s(k, B) = P_k(X_s \in B)$ である．

S が $\mathbb{R}$ の有限部分集合或いは $\mathbb{R}$ の可算部分集合であるとき，S 値マルコフ過程は，上述の実数値確率変数の族からなるマルコフ過程でもある．このことは，

$$P_j(X_{t+s_1} \in E_1, \ldots, X_{t+s_\ell} \in E_\ell \mid \mathcal{F}_t) = P_{X_t}(X_{s_1} \in E_1, \ldots, X_{s_\ell} \in E_\ell)$$

が，時刻の有限列 $s_1, \ldots, s_\ell$ と S の要素 $i_1, \ldots, i_\ell$ をとる場合に定義が与える等式

$$P_j(X_{t+s_1}=i_1, \ldots, X_{t+s_\ell}=i_\ell \mid \mathcal{F}_t) = P_{X_t}(X_{s_1}=i_1, \ldots, X_{s_\ell}=i_\ell)$$

において，$i_1 \in E_1, \ldots, i_\ell \in E_\ell$ に関する和をとることにより示される．

例 7.6.1. ランダムウォーク $\{S_n\}_{n=0}^{\infty}$ はマルコフ過程である．なぜならば，$S=\mathbb{Z}$ の場合であるから，上記の考察により，任意の非負整数 n に対し，

$$P_j(S_{n+s_1}=i_1, \ldots, S_{n+s_\ell}=i_\ell \mid \mathcal{F}_n) = P_{S_n}(X_{s_1}=i_1, \ldots, S_{s_\ell}=i_\ell)$$

が各確率測度 P_j のもとで示されればよいが，これは

$$\begin{aligned}
&E_j(P_{S_n}(S_{s_1}=i_1, \ldots, S_{s_\ell}=i_\ell)\times 1_{\{S_{t_1}=j_1, \ldots, S_{t_k}=j_k, S_n=i\}})\\
&= P_{s_\ell-s_{\ell-1}}(i_{\ell-1}, i_\ell)P_{s_{\ell-1}-s_{\ell-2}}(i_{\ell-2}, i_{\ell-1})\\
&\quad \cdots\\
&\quad \times P_{s_2-s_1}(i_1, i_2)P_{s_1-n}(i, i_1)P_{n-t_j}(j_k, i)\\
&\quad \cdots\\
&\quad \times P_{t_2-t_1}(j_1, j_2)P_{t_1}(j, j_1)\\
&= E_j(1_{\{S_{n+s_1}=i_1, \ldots, S_{n+s_\ell}=i_l\}}\\
&\quad \times 1_{\{S_{t_1}=j_1, \ldots, S_{t_k}=j_k, S_n=i\}})
\end{aligned}$$

から容易に導けるからである．

例題 7.6.1. ポアソン過程も標準ブラウン運動もマルコフ過程である．

解答　ポアソン過程がマルコフ過程であることは上記の例と同様に示すことができるので，標準ブラウン運動がマルコフ過程であることのみを示せばよい．このためには，任意の有限個の正の時刻およびボレル集合の列 $s_1, \ldots, s_l, E_1, \ldots, E_l$ に対して，

$$P_x(X_{t+s_1} \in E_1, \ldots, X_{t+s_\ell} \in E_\ell \mid \mathcal{F}_t) = P_{X_t}(X_{s_1} \in E_1, \ldots, X_{s_\ell} \in E_\ell)$$

が各確率測度 P_x のもとで示されればよいが，これは平均，分散をそれぞれ y, s とする正規分布の確率密度関数を変数 z とし，任意の有限個の t 以下の時刻の列 $t_1, \ldots, t_k$ とボレル集合の列 $F_1, \ldots, F_k$ およびボレル集合 $E_1, \ldots, E_l$ に対し，$p_s(y, z) = \frac{1}{\sqrt{2\pi s}}\exp\left(\frac{|y-z|^2}{2s}\right)$ であることを用いることで，

$$
\begin{aligned}
&E_x(P_{X_t}(X_{s_1} \in E_1, \ldots, X_{s_\ell} \in E_l) \\
&\quad \times 1_{\{X_{t_1} \in F_1, \ldots, X_{t_k} \in F_k, X_t \in E\}}) \\
&= \int_{E_{\ell-1}} P_{s_\ell - s_{\ell-1}}(x_{\ell-1}, E_\ell) dx_{\ell-1} \\
&\quad \times \int_{E_{\ell-2}} p_{s_{\ell-1} - s_{\ell-2}}(x_{\ell-2}, x_{\ell-1}) dx_{\ell-2} \\
&\quad \cdots \\
&\quad \times \int_{E_1} p_{s_2 - s_1}(x_1, x_2) dx_1 \int_E p_{s_1 - t}(x, x_1) dx \\
&\quad \times \int_{F_j} p_{t - t_j}(y_k, x) dy_k \\
&\quad \cdots \\
&\quad \times \int_{F_k} p_{t_2 - t_1}(y_1, y_2) p_{t_1}(x, y_1) dy_1 \\
&= E_x(1_{\{X_{n+s_1} \in E_1, \ldots, X_{n+s_\ell} \in E_\ell\}} \\
&\quad \times 1_{\{X_{t_1} \in F_1, \ldots, X_{t_k} \in F_k, X_t \in E\}})
\end{aligned}
$$

を導くことにより示すことができる. □

定理 7.6.10. 任意の異なる $i, j \in S$ の組について, $a(i, j) = P'_0(i, j)$ が非負実数として定まり, $\sum_{j \neq i} a(i, j)$ も実数であるときこれを $a(i, i)$ とおくと, 定理 7.6.9 における等式の右辺の級数が, それぞれ s および t について項別微分可能であれば,

$$P'_t(i, j) = \sum_{k \in S} P_t(i, k) a(k, j)$$

および

$$P'_t(i, j) = \sum_{j \in S} a(i, j) P_t(j, k)$$

が成立する. ただし, $P'_t(i, j)$ は $t = 0$ の場合は右微分係数を表すとする.

前者をコルモゴロフの前進方程式 (**Kolmogorov forward equation**), 後者をコルモゴロフの後退方程式 (**Kolmogorov backward equation**) という.

確率過程 $\{X_t\}_{t \in T}$ に現れる確率変数が, 時刻変数 t によらず同一の確率空間で定義される必要がある. $T = [0, \infty)$ の場合, S 値マルコフ過程の存在が, 次の定理を適用することにより示される場合がある.

定理 7.6.11. 任意の $i, j \in S$ の組について, $a_t(i, j)$ が t について連続関数であり, $i \neq j$ ならば $a_t(i, j) \geq 0$ が満たされ,

各 $i \in S$ に対し $a_t(i, j) \leq 0$ および $\sum_{j \in S} a_t(i, j) \leq 0$

も満たされるとき, $i, j \in S$ からなる各組について, $P_t(i, j)$ が連続な微分係数をもつ非負値連続関数であり

$$
\begin{aligned}
P_0(i, j) &= \delta_{ij}, \\
P_{t+s}(i, j) &= \sum_{k \in S} P_t(i, k) P_s(k, j), \\
P'_t(i, j) &= \sum_{k \in S} P_t(i, k) a_t(k, j), \\
P'_t(i, j) &= \sum_{k \in S} a_t(i, k) P_t(k, j),
\end{aligned}
$$

を満たし, かつ各 $i \in S$ に対し $\sum_{j \in S} P_t(i, j) \leq 1$ であるような $P_t(i, j)$ が存在する. さらに各 $i \in S$ に対して $\sum_{j \in S} P_t(i, j) = 1$ ならば $P_t(i, j)$ は一意的に定まる. ただし, $P_t(i, j)$ は $t = 0$ に対しては右微分係数のみをもつとする.

この定理を適用する事により, コルモゴロフの方程式を解くことにより, マルコフ過程が構成できる場合がある. 代表的な例としてポアソン過程がある.

例 7.6.2. S が非負の整数全体からなる集合であるとき,

$$
a(i, j) = \begin{cases} -\lambda & (j = i), \\ \lambda & (j = i + 1), \\ 0 & (j \neq i \text{ または } i \neq i + 1) \end{cases}
$$

である場合を考えよう. このとき, $j - i$ が非負整数であるときこれを k と表し,

$$f_k(t) = e^{\lambda t} P_t(i, j)$$

と定めると,

$$
\begin{cases} f'_0(0) = 0 \\ f'_k(t) = \lambda f_{k-1}(t) \quad (k = 1, 2, \ldots) \end{cases}
$$

である. 出発点を原点 0 とすると $f_0(0) = 1$ および $f_k(0) = 0 \quad (k = 0, 1, 2, \ldots)$ が満たされることから,

$$
P_t(i, j) = \begin{cases} e^{-\lambda t} \dfrac{(\lambda t)^k}{k!} & (k = j - i \geq 0) \\ 0 & (j < i) \end{cases}
$$

が得られる. これより $P_{t+s}(i, j) = \sum_{k \in S} P_t(i, k) P_s(k, j)$ および $\sum_{j=1}^{\infty} P_t(i, j) = 1$ が導ける.

定義 7.6.12. S 上で定義された関数 $p(i) : S \to [0, 1]$ が $\sum_{i \in S} p(i) = 1$ を満たすとき, p を S 上の確率分布という.

定義 7.6.13. S 上の確率分布 p^* が各 $j \in S$ および各 $t \in T$ について $p^*(j) = \sum_{i \in S} p^*(i) P_t(i, j)$ を満たすとき, p^* を定常分布 (**stationary distri-**

bution) という．

S が有限集合のとき，すなわち，一般性を損なわずに $S=\{1, 2, \ldots, n\}$ とおけるとき，定常分布は行列

$$\begin{pmatrix} P_1(1, 1) & \ldots & P_1(1, n) \\ & \ldots & \\ P_1(n, 1) & \ldots & P_1(1, n) \end{pmatrix}$$

の固有値 1 に対する固有ベクトルとみなすことができる．

上記の行列は固有値として 1 を許容するか，固有ベクトルが確率分布とみなせるものであるか，さらに一意性が保証されるかなどの疑問に答えを与える定理として，ペロン-フロベニウスの定理がある．ここでは，上記の行列に適用しやすい形にまとめなおした定理を紹介しておく．ペロン-フロベニウスの定理とそのマルコフ連鎖への適用については，[6] を参照のこと．

定理 7.6.14. 推移確率行列 Q に対してある自然数 n を $Q^n_{i,j}$ がすべての i, j の組に対して正であるようにとれるとする．

1. Q は固有値 1 をもつ，
2. Q の固有値 1 に対する固有ベクトルとしてすべての成分を正の実数もつものがとれる，
3. Q の固有値 1 に対する固有空間は 1 次元である，
4. Q の任意の固有値の絶対値は 1 以下である，
5. Q の 1 以外の固有値に属する固有ベクトルはすべての成分を 1 にもつベクトルと直交する，
6. Q の絶対値が 1 の固有値は 1 に限られる．

ただし，$Q^n_{i,j}$ は行列 Q を n 乗して得られる行列の (i, j) 成分である．

この定理により，$T=[0, \infty)$ の場合も含めて一般に次のことが示される．

定理 7.6.15. S が有限集合であるとする．ある正数 $t \in T$ について，異なる $i, j \in S$ のいかなる組に対しても $P_t(i, j)>0$ が満たされるような S 値マルコフ過程は定常分布をもち，定常分布は一意的に定まる．

$T=[0, \infty)$ の場合に，コルモゴロフの前進方程式を解くことにより，推移確率が特定され，かつ定常分布も求まる例を挙げる．

例 7.6.3. $S=\{0, 1\}$ である場合に，正の実数 μ, λ に対し $a(0, 0)=-\mu$, $a(0, 1)=\mu$, $a(1, 0)=\lambda$, $a(1, 1)=-\lambda$ とおき，コルモゴロフの前進方程式は容易に解くことができ，

$$\begin{cases} P_t(0, 1) = \dfrac{\lambda}{\lambda+\mu}(1-e^{-(\lambda+\mu)t}), \\ P_t(1, 0) = \dfrac{\mu}{\lambda+\mu}(1-e^{-(\lambda+\mu)t}), \\ P_t(0, 0) = \dfrac{1}{\lambda+\mu}(\mu+\lambda e^{-(\lambda+\mu)t}), \\ P_t(1, 1) = \dfrac{1}{\lambda+\mu}(\lambda+\mu e^{-(\lambda+\mu)t}) \end{cases}$$

となることがわかる．このことから，定常分布 p^* は，たとえばベクトル値関数 $\begin{pmatrix} P_t(0, 0) \\ P_t(0, 1) \end{pmatrix}$ において $t \to \infty$ とすることにより，得られる

$$\begin{pmatrix} p^*(0) \\ p^*(1) \end{pmatrix} = \begin{pmatrix} \dfrac{\mu}{\lambda+\mu} \\ \dfrac{\lambda}{\lambda+\mu} \end{pmatrix}$$

により与えられることが示される．

7.6.3 マルティンゲール

定義 7.6.16. $\{X_t\}_{t\in T}$ が実数値確率過程であるとする．各 X_t が $\mathcal{F}_t$ 可測であり，期待値をもち，$t>s$ を満たす任意の時刻変数の組 $s, t \in T$ に対し，$E(X_t \mid \mathcal{F}_s)=X_s$ が満たされるとき，$\{X_t\}_{t\in T}$ をマルティンゲール (**martingale**) という．

例 7.6.4. ランダムウォークはマルティンゲールである．なぜならば，条件付期待値についての性質（定理 7.5.7）により，

$$\begin{aligned} E(S_{n+1} \mid \mathcal{F}_n) &= E(S_n + X_{n+1} \mid \mathcal{F}_n) \\ &= E(S_n \mid \mathcal{F}_n) + E(X_{n+1} \mid \mathcal{F}_n) \\ &= S_n \end{aligned}$$

が導かれるからである．最後の式変形において，X_{n+1} は $\{X_k \mid k \leq n\}$ と独立であることと，定理 7.5.6 を適用した．

例題 7.6.2. 標準ブラウン運動 $\{B_t\}_{t\geq 0}$ はマルティンゲールである．

解答　ランダムウォークの場合と同様に，条件付期待値についての性質（定理 7.5.7）を適用し，$t>s$ ならば

$$\begin{aligned} E(B_t \mid \mathcal{F}_s) &= E(B_s + (B_t - B_s) \mid \mathcal{F}_n) \\ &= E(B_s \mid \mathcal{F}_s) + E(B_t - B_s \mid \mathcal{F}_s) \\ &= B_s \end{aligned}$$

が得られるため，$\{B_t\}_{t\geq 0}$ はマルティンゲールであることがわかる．最後の式変形で，$B_t - B_s$ は確率変数

の族 $\{1_A \mid A \in \mathcal{F}\}$ と独立であることと，定理 7.5.6 を用いた． □

例題 7.6.3. ランダムウォーク $\{S_n\}_{n=0}^{\infty}$ に対し，$\{S_n^2 - n\}_{n=0}^{\infty}$ はマルティンゲールである．

解答 条件付期待値についての性質（定理 7.5.7）を適用することにより，

$$\begin{aligned} &E(S_{n+1}^2 - (n+1) \mid \mathcal{F}_n) \\ &= E(S_n^2 - 2X_{n+1}S_n + X_{n+1}^2 - (n+1) \mid \mathcal{F}_n) \\ &= S_n^2 - n - 2S_n E(X_{n+1} \mid \mathcal{F}_n) + E(X_{n+1}^2 \mid \mathcal{F}_n) - 1 \end{aligned}$$

と変形されるが，X_{n+1} は $\{X_k \mid k \leq n\}$ と独立であるため定理 7.5.6 より，$E(X_{n+1} \mid \mathcal{F}_n) = E(X_{n+1}) = 0$ および $E(X_{n+1}^2 \mid \mathcal{F}_n) = E(X_{n+1}^2) = 1$ である．これより $E(S_{n+1}^2 - (n+1) \mid \mathcal{F}_n) = S_n^2 - n$ が導かれ，$\{S_n^2 - n\}_{n=0}^{\infty}$ がマルティンゲールであることがわかる． □

定義 7.6.17. $T \cup \{\infty\}$ に値をとる確率変数 τ が**停止時刻 (stopping time)** であるとは，任意の時刻 $t \in T$ に対し，

$$\{\omega \mid \tau(\omega) \leq t\} \in \mathcal{F}_t$$

となることである．特に T に値をとる確率変数 τ が停止時刻であるとき，確率過程 $\{X_t\}_{t\in T}$ に対し確率変数 X_τ を

$$X_\tau = X_t \quad (\tau = t \text{ のとき})$$

と定める．

定義 7.6.18. $\{A_n\}_{n=1}^{\infty}$ が**可予測過程 (non-anticipating process)** であるとは，任意の自然数 n に対し，確率変数 A_n が $\mathcal{F}_{n-1}$-可測となることである．

例 7.6.5. τ が停止時刻であるとき，$A_n = 1_{\{\tau \geq n\}}$ により与えられる確率過程 $\{A_n\}_{n=1}^{\infty}$ は可予測過程である．なぜならば，

$$1_{\{\tau \geq n\}} = 1 - 1_{\{\tau \leq n-1\}}$$

により右辺が $\mathcal{F}_{n-1}$-可測であることが導けるからである．

定義 7.6.19. $\{A_n\}_{n=1}^{\infty}$ が可予測過程であり，$\{M_n\}_{n=0}^{\infty}$ が確率過程であるとき，$\{A_n\}_{n=0}^{\infty}$ による $\{M_n\}_{n=1}^{\infty}$ の**マルティンゲール変換 (martingale transform)** $\{\tilde{M}_n\}_{n=0}^{\infty}$ を

$$\tilde{M}_n = \begin{cases} M_0 & (n = 0) \\ M_0 + \sum_{k=1}^{n} A_k (M_k - M_{k-1}) & (n \geq 1) \end{cases}$$

と定める．

例 7.6.6. τ が停止時刻であるとき，例 7.6.5 で与えた可予測過程 $\{A_n\}_{n=1}^{\infty}$ による，$\{M_n\}_{n=0}^{\infty}$ のマルティンゲール変換は $\{M_{\tau\wedge n}\}_{n=0}^{\infty}$ である．なぜならば，

$$\begin{aligned} &M_0 + \sum_{k=1}^{n} 1_{\{\tau \geq k\}} (M_k - M_{k-1}) \\ &= 1_{\{\tau \geq n\}} (M_n - M_{n-1}) \\ &\quad + 1_{\{\tau \geq n-1\}} (M_{n-1} - M_{n-2}) \\ &\quad \cdots \\ &\quad + 1_{\{\tau \geq 1\}} (M_1 - M_0) \\ &\quad + M_0 \\ &= 1_{\{\tau \geq n\}} M_n + 1_{\{\tau \leq n-1\}} M_\tau \\ &= M_{\tau \wedge n} \end{aligned}$$

となるからである．

定理 7.6.20. マルティンゲール $\{M_n\}_{n=0}^{\infty}$ の可予測過程 $\{A_n\}_{n=1}^{\infty}$ によるマルティンゲール変換 $\{\tilde{M}_n\}_{n=0}^{\infty}$ は，再びマルティンゲールとなる．

定理 7.6.21（任意抽出定理 (optional sampling theorem)）． $\{0, 1, \ldots\}$ に値をとる確率変数 τ が停止時刻であり，$\{M_n\}_{n=0}^{\infty}$ がマルティンゲールであるとき，確率過程 $\{M_{\tau\wedge n}\}_{n=0}^{\infty}$ は再びマルティンゲールとなる．ただし，実数 s, t に対し $s \wedge t = \min\{s, t\}$ である．

例 7.6.7. 確率過程 $\{S_n\}_{n=0}^{\infty}$ がランダムウォークならば，$-L < m < K$ を満たす自然数 K, L に対し，$\tau = \inf\{n \mid S_n \geq K$ または $S_n \leq -L\}$ により定めるとき，確率変数 τ は $E(\tau) < \infty$ を満たす停止時刻である．なぜならば，定義 7.6.2 の $X_1, X_2, \ldots$ について，$\{\tau \leq n\} \in \sigma(X_1, \ldots, X_n) \subset \mathcal{F}_n$ であるから，τ は停止時刻である．事象に関する包含関係 $\{X_1 = X_2 = \cdots = X_{K+L-1} = 1\} \subset \{\tau \leq K + L - 1\}$ は，両辺の余事象の確率についての不等式

$$P(\tau \geq K + L) \leq 1 - (1/2)^{K+L-1}$$

を含意する．事象 $\{X_{K+L} = X_{K+L+1} = \cdots = X_{2(K+L)-1}\}$ の余事象の確率が $1 - (1/2)^{K+L-1}$ であることから，

$$P(\tau \geq 2(K+L) \mid \tau \geq K+L) = 1-(1/2)^{K+L-1}$$

である．定理 7.1.38 の証明中の (7.1.6) を用いた議論から，$P(\tau \geq 2(K+L)) \leq \left(1-(1/2)^{K+L-1}\right)^2$ となるが，この議論の反復により同様に，$P(\tau \geq k(K+L)) \leq \left(1-(1/2)^{K+L-1}\right)^k$ が得られる．ここで得られたことから $E(\tau) < \infty$ が導ける．

例 7.6.8. 確率過程 $\{S_n\}_{n=0}^{\infty}$ がランダムウォークならば，上記例題の停止時刻 τ について，

$$P(S_\tau = K) = \frac{m+L}{K+L}$$

である．なぜならば，任意抽出定理（定理 7.6.21）から，$E(S_{\tau\wedge n}) = E(E(S_{\tau\wedge n} \mid \mathcal{F}_n)) = E(S_{\tau\wedge(n-1)})$ が得られるため．$E(S_{\tau\wedge n}) = E(S_{\tau\wedge(n-1)}) = \cdots = E(S_{\tau\wedge 0}) = E(S_0) = m$ が示される．ここで $n \to \infty$ とすると，定理 7.4.28 から

$$E(S_\tau) = \lim_{n\to\infty} E(S_{\tau\wedge n}) = m$$

であることがわかるが，左辺は $KP(S_\tau = K) - L(1 - P(S_\tau = K))$ であるため，確率 $P(S_\tau = K)$ は $\dfrac{m+L}{K+L}$ に他ならないからである．

例題 7.6.4. 確率過程 $\{S_n\}_{n=0}^{\infty}$ がランダムウォークならば，上記例題の停止時刻 τ について，

$$E(\tau) = -m^2 + (K-L)m + KL$$

である．

解答　例題 7.6.3 より，$\{S_n^2 - n\}_{n=0}^{\infty}$ はマルティンゲールである．ここで，

$$\begin{aligned}|S_{\tau\wedge n}^2 - \tau\wedge n| &\leq |S_\tau|^2 + \tau\wedge n \\ &\leq \max\{K^2, L^2\} + \tau,\end{aligned}$$

において，$E(\tau) < \infty$ であるから，確率変数の列 $S_{\tau\wedge 1}^2 - \tau\wedge 1, S_{\tau\wedge 2}^2 - \tau\wedge 2, \ldots$ に定理 7.4.28 を適用することができるため，

$$E(S_\tau^2 - \tau) = \lim_{n\to\infty} E(S_{\tau\wedge n}^2 - \tau\wedge n)$$

となる．これと，任意抽出定理（定理 7.6.21）から得られる

$$\begin{aligned}E(S_{\tau\wedge n}^2 - \tau\wedge n) &= E(S_{\tau\wedge(n-1)}^2 - \tau\wedge(n-1)) \\ &= \cdots \\ &= E(S_{\tau\wedge 1}^2 - \tau\wedge 1) \\ &= E(S_0^2) \\ &= m^2\end{aligned}$$

とを合わせることにより，

$$E(\tau) = E(S_\tau^2) = K^2 P(S_\tau = K) + L^2 P(S_\tau = -L)$$

が導かれる．これと例 7.6.8 の結果から，導きたい式が示される．

これらの 2 つの例および例題については，ランダムウォークがマルコフ過程であることを用いた解法を与えることもできる．それについては本節末の「参考」で扱うことにする．

定義 7.6.22. 定義　$\{X_t\}_{t\in T}$ が確率過程であるとする．各 X_t が期待値をもち，$t > s$ を満たす任意の時刻変数の組 $s, t \in T$ に対し，$E(X_t \mid \mathcal{F}_s) \leq X_s$ が満たされるとき，$\{X_t\}_{t\in T}$ を**優マルティンゲール (super-martingale)** という．

定義 7.6.23. 定義　$\{X_t\}_{t\in T}$ が確率過程であるとする．各 X_t が期待値をもち，$t > s$ を満たす任意の時刻変数の組 $s, t \in T$ に対し，$E(X_t \mid \mathcal{F}_s) \geq X_s$ が満たされるとき，$\{X_t\}_{t\in T}$ を**劣マルティンゲール (sub-martingale)** という．

定義 7.6.24. $\{X_t\}_{t\in T}$ が確率過程であるとする．$t \in T$ に対し，$X_t^* = \sup_{s\in[0,t]\cap T} X_s$ とおくことによって定まる確率過程 $\{X_t^*\}_{t\in T}$ を $\{X_t\}_{t\in T}$ の**最大値過程 (maximal process)** という．

定理 7.6.25. 劣マルティンゲール $\{M_n\}_{n=0}^{\infty}$ の各 M_n が非負確率変数であるとき，正の実数 λ に対し，停止時刻 τ を

$$\tau = \min\{n \mid M_n \geq \lambda\}$$

とおくとき，

$$\lambda P(M_n^* \geq \lambda) \leq E(M_n 1_{\{M_n^* \geq \lambda\}}) \leq E(M_n)$$

である．

定理 7.6.26. X と Y が非負確率変数であり，ある $p > 1$ を満たす実数 p に対し $Y \in L^p$ であるとする．任意の非負実数 λ に対し，

$$\lambda P(X \geq \lambda) \leq E(Y 1_{\{X \geq \lambda\}})$$

であるならば，

$$\|X\|_p \leq \frac{p}{p-1} \|Y\|_p$$

である．

定理 7.6.27. 劣マルティンゲール $\{M_n\}_{n=0}^{\infty}$ の各 M_n が非負確率変数であるとき，$p>1$ なる実数 p について，

$$\|M_n^*\|_p \leq \frac{p}{p-1}\|M_n\|_p$$

である．

参考　Ξにより $\mathbb{R}$ または S のいずれかを表すことにする．また，Ξのボレル集合とは，ここでは $\mathbb{R}$ のボレル集合もしくは S の部分集合全体（離散位相による位相的ボレル集合とも位置づけられる）のことであるとする．T からΞへの写像全体を

$$W=\{w:T\to\Xi\}$$

によって表すことにする．また，W の π-系 $\mathcal{C}(W)$ を

$$\mathcal{C}(W)=\Big\{\{w\in W\mid w(t_1)\in E_1,\ \dots,\ w(t_k)\in E_k\}\ \ \text{ここで}\ t_1,\dots,t_k,\ E_1,\dots,E_k\ \text{はそれぞれ任意有限個の時刻およびΞのボレル集合の列である}\Big\}$$

によって定め，$\mathcal{B}(W)$ を π-系 $\mathcal{C}(W)$ を含む最小の σ-集合体として定める．T は加法について半群である．よって正の時刻 $t\in T$ に対し，W からそれ自身への写像 θ_t を

$$\theta_t : W\ni w(\cdot)\mapsto w(\cdot+t)\in W$$

によって定めることができる．この写像は，確率過程 $\{X_t\}_{t\in T}$ は確率空間上で定義された W に値をとる写像ともみなされるが，一方で，任意有限個の時刻およびボレル集合の列 $t_1,\dots,t_k,E_1,\dots,E_k$ について

$$\begin{aligned}&\{w\mid \theta_t(w)(t_1)\in E_1,\ \dots,\ \theta_t(w)(t_k)\in E_k\}\\&=\{w\mid w(t+t_1)\in E_1,\ \dots,\ w(t+t_k)\in E_k\}\end{aligned}$$

であるため，確率過程 $\{X_t\}_{t\in T}$ に関する事象に対して

$$\begin{aligned}&\theta_t^{-1}(\{X(t_1)\in E_1,\ \dots,\ X(t_k)\in E_k\})\\&=\{X(t+t_1)\in E_1,\ \dots,\ X(t+t_k)\in E_k\}\end{aligned}$$

を満たすような写像が誘導されることがわかる．

以上の考察により，確率測度 P_x のもとで，

$$\begin{aligned}&P_x(X_{t+t_1}\in E_1,\ \dots,\ X_{t+t_k}\in E_k\mid \mathcal{F}_t)\\&=P_{X_t}(X_{t_1}\in E_1,\ \dots,\ X_{t_k}\in E_k)\end{aligned}$$

が成立することをもって，$\{X_t\}_{t\in T}$ をマルコフ過程とよぶことにしたが，事象 $\{X(t+t_1)\in E_1,\ \dots,\ X(t+t_k)\in E_k\}$ は $\mathcal{B}(W)$ の要素 $\{w\mid w(t+t_1)\in E_1,\ \dots,\ w(t+t_k)\in E_k\}$ と同一視できるため，上記等式から，任意の $\Lambda\in\mathcal{B}(W)$ について

$$P_x(\theta_t^{-1}\Lambda\mid\mathcal{F}_t)=P_{X_t}(\Lambda)$$

の成立を導くことができる．

例 7.6.7 の別解

事象 $\{S_\tau=K\}$ は，$\{S_0=K\}\cup\{S_0\neq K,\ S_1=K\}\cup\{S_0\neq K,\ S_1\neq K,\ S_2=K\}\cup\cdots$ とも表されるが，$\sigma(S(0),S(1),\dots)\subset\sigma(X(1),\dots)$ に留意することにより，$\mathcal{B}(W)$ の要素であることもわかる．$\Lambda=\{S_\tau=K\}$ および $t=1$ とおき，上式を適用することができることから，

$$\begin{aligned}P_m(S_\tau=K)&=E_m(P_m(\theta_1^{-1}\{S_\tau=K\}\mid\mathcal{F}_1))\\&=E_m(P_{X_1}(S_\tau=K))\\&=\frac{1}{2}P_{m+1}(S_\tau=K)+\frac{1}{2}P_{m-1}(S_\tau=K)\end{aligned}$$

が得られる．$a(m)=P_m(S_\tau=K)$ とおくと数列 $\{a(m)\}_{m=-L}^{K}$ は

$$\begin{cases}a(m)=\frac{1}{2}a(m-1)+\frac{1}{2}a(m+1)\\a(K)=1\\a(-L)=0\end{cases}$$

を満たすことがわかるため，

$$P_m(S_\tau=K)=\frac{m+L}{K+L}$$

であることが確められる．

任意の $\Lambda\in\mathcal{B}(W)$ について

$$P_x(\theta_t^{-1}\Lambda\mid\mathcal{F}_t)=P_{X_t}(\Lambda)$$

の成立は，$\sup_{x\in\Xi}E_x(F)<\infty$ を満たす $\mathcal{B}(W)$-可測関数 F についての等式，

$$E_x(\theta_t^{-1}F\mid\mathcal{F}_t)=E_{X_t}(F)$$

を含意する．

例題 7.6.4 の別解　前別解と同様に

$$\begin{aligned}E_m(\tau)&=E_m(E_m(\tau\mid\mathcal{F}_1))\\&=E_m(E_{X_1}(\tau)+1)\\&=\frac{1}{2}E_{m+1}(\tau)+\frac{1}{2}E_{m-1}(\tau)+1\end{aligned}$$

が得られる．明らかに，$E_K(\tau)=E_{-L}(\tau)-0$ であるから，$b(m)=E_m(\tau)$ とおくと数列 $\{b(m)\}_{m=-L}^{K}$ について

$$
\begin{cases}
b(m) = \frac{1}{2}b(m-1) + \frac{1}{2}b(m+1) + 1 \\
b(K) = 0 \\
b(-L) = 0
\end{cases}
$$

が満たされる．この式から $E_m(\tau) = b(m) = -m^2 + (K-L)m + KL$ が従う．

本章の執筆にあたり，以下の参考書の証明を参考にした．本章の和書の参考書としては，[7], [8], [9], [10], また洋書の [1], [2], [3], [4], [5], [6] である．

参考文献

[1] Chung, K. L.: *A Course in Probability Theory*, Elsevier, 3rd ed., 2001.

[2] Hogg, R., McKean, J. W., Craig, A. T.: *Introduction to Mathematical Statistics*, Prentice Hall, 7th ed., 2012.

[3] Karr, A. F.: *Probability*, Springer-Verlag, 1993.

[4] Tucker, H. G.: *A graduate course in probability*, Academic Press, New York, 1967.

[5] Williams, D.: *Probability with Martingales*, Cambridge University, 1911.

[6] Woess, W.: *Denumerable Markov Chains, Generating Functions Boundary Theory, Random Walks on Trees*, European Mathematical Society, 2009.

[7] 伊藤清：確率論（岩波基礎数学選書），岩波書店（1991）.

[8] 佐藤坦：はじめての確率論 測度から確率へ，共立出版（1994）.

[9] 髙橋敏：確率論，共立出版（2015）.

[10] 西尾真紀子：確率論，実教出版（1978）.

伊藤　清

Kiyosi Itô (1915–2008)．伊藤の確率解析として世界的に高い評価を受けている拡散過程の見本関数の微積分学を展開した．とりわけ重要な位置付けを占めるものとして伊藤の公式がある．これにより拡散過程の見本関数が確率微分方程式の解として与えられる．それらは今日数理ファイナンスを始め，幅広い分野にも応用されている．

8. 統計解析

8.1 多変量分布と記法

数理統計学では，大文字の記号は確率変数を表し，多変量解析では，大文字の記号は行列を表すことから，大文字の細字を確率変数とし，大文字の太字を行列，あるいは確率ベクトルとして表すことにする．たとえば，$p\times 1$ の確率ベクトル $\boldsymbol{X}$ はその成分が確率変数であり，$\boldsymbol{X}=(X_1, X_2, \dots, X_p)^T$ と表す．また，$p\times 1$ の平均ベクトルを $\boldsymbol{\mu}=(\mu_1, \mu_2, \dots, \mu_p)^T$ で表し，$p\times p$ の分散共分散行列を

$$\boldsymbol{\Sigma}=\begin{bmatrix} \sigma_{11} & \sigma_{12} & \cdots & \sigma_{1p} \\ \sigma_{21} & \sigma_{22} & \cdots & \sigma_{2p} \\ \vdots & \vdots & \vdots & \vdots \\ \sigma_{p1} & \sigma_{p2} & \cdots & \sigma_{pp} \end{bmatrix} \qquad (8.1.1)$$

で表す．ここに，$\sigma_{ii}(=\sigma_i^2)$ は第 i 成分の確率変数の分散を表し，$\sigma_{ij}(i\neq j)$ は第 i 成分と第 j 成分の確率変数の共分散を表す．

8.2 多変量正規分布

$\boldsymbol{X}=(X_1, X_2, \dots, X_p)'$ を p 次元の確率ベクトルとする．$\boldsymbol{X}$ が次のような確率密度関数をもつとき，$\boldsymbol{X}$ の分布を平均ベクトル $\boldsymbol{\mu}$，分散共分散行列 $\boldsymbol{\Sigma}$ の多変量正規分布 (**multivariate normal distribution**) とよぶ．

$$f(\boldsymbol{x})=\frac{1}{(2\pi)^{\frac{p}{2}}|\boldsymbol{\Sigma}|^{\frac{1}{2}}} \times\exp\left\{-\frac{1}{2}(\boldsymbol{x}-\boldsymbol{\mu})'\boldsymbol{\Sigma}^{-1}(\boldsymbol{x}-\boldsymbol{\mu})\right\}. \quad (8.2.1)$$

特に，$\boldsymbol{X}$ が p 次元であることから，p 次元正規分布，あるいは，p 変量正規分布とよぶ．$\boldsymbol{X}$ がこのような p 変量正規分布をもつとき $\boldsymbol{X}\sim N_p(\boldsymbol{\mu}, \boldsymbol{\Sigma})$ と書く．ただし $\boldsymbol{\Sigma}$ は正定値とする．

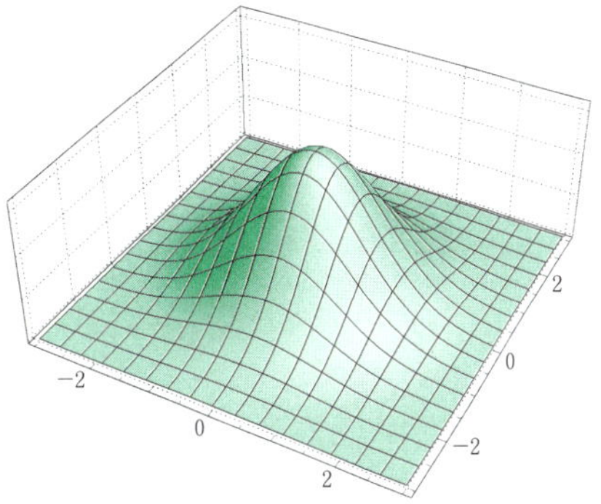

図 8.2.1　2 変量標準正規分布の確率密度関数

8.2.1 多変量標準正規分布

$Z\sim N(0, 1)$ のとき，Z は平均 0，分散 1 の正規分布に従うといい，特に標準正規分布 (**standard normal distribution**) とよぶ．このとき，Z の確率密度関数は

$$\phi(z)=\frac{1}{\sqrt{2\pi}}\exp\left(-\frac{1}{2}z^2\right) \quad -\infty<z<\infty \quad (8.2.2)$$

である．さらに確率ベクトル $\boldsymbol{Z}=(Z_1, Z_2, \dots, Z_p)^T$ とし，Z_i, $i=1, 2, \dots, p$ は互いに独立に $N(0, 1)$ に従っているとする．このとき，$\boldsymbol{Z}$ の (同時) 確率密度関数は

$$f(\boldsymbol{Z})=\prod_{i=1}^{p}\phi(z_i)=(2\pi)^{-\frac{p}{2}}\exp\left(-\frac{1}{2}\boldsymbol{Z}^T\boldsymbol{Z}\right)$$

となる．この $\boldsymbol{Z}$ は $N_p(\boldsymbol{0}, \boldsymbol{I}_p)$ に従う確率ベクトルであり，この $\boldsymbol{Z}$ を多変量標準正規分布 (図 8.2.1 参照) に従うという．ここに，$\boldsymbol{I}_p$ は $p\times p$ の単位行列である．つまり，$E(\boldsymbol{Z})=\boldsymbol{0}$, $\mathrm{Var}(\boldsymbol{Z})=\boldsymbol{I}_p$ である．また，$\boldsymbol{Z}$ の特性関数は

$$\begin{aligned} &\mathrm{E}[\exp(i\boldsymbol{t}^T\boldsymbol{Z})] \\ &=\mathrm{E}[\exp(it_1Z_1+it_2Z_2+\cdots+it_pZ_p)] \\ &=\prod_{j=1}^{p}\mathrm{E}[\exp(it_jZ_j)] \\ &=\exp\left(-\frac{1}{2}\boldsymbol{t}^T\boldsymbol{t}\right) \end{aligned} \qquad (8.2.3)$$

となる．ただし，$i=\sqrt{-1}$，$\boldsymbol{t}=(t_1, t_2, \dots, t_p)^T$ である．

8.2.2 2変量正規分布

確率変数 (X_1, X_2) が次の同時確率密度関数をもつとき，(X_1, X_2) はパラメータ $\mu_1, \mu_2, \sigma_1^2, \sigma_2^2, \rho$ の2変量正規分布 (bivariate normal distribution) に従うという．

$$f_{X_1,X_2}(x_1, x_2) = \frac{1}{2\pi\sigma_1\sigma_2\sqrt{1-\rho^2}} \times \exp\left\{-\frac{1}{2(1-\rho^2)}Q(x_1, x_2)\right\}, \tag{8.2.4}$$

ここで

$$Q(x_1, x_2) = \frac{(x_1-\mu_1)^2}{\sigma_1^2} - 2\rho\frac{(x_1-\mu_1)(x_2-\mu_2)}{\sigma_1\sigma_2} + \frac{(x_2-\mu_2)^2}{\sigma_2^2}$$
$$-\infty < x_1 < \infty, -\infty < x_2 < \infty.$$

ここに，$E(X_1) = \mu_1$，$E(X_2) = \mu_2$，$\mathrm{Var}(X_1) = \sigma_1^2$，$\mathrm{Var}(X_2) = \sigma_2^2$ であり，ρ は X_1 と X_2 の相関係数である．

問 8.2.1. $\boldsymbol{X} \sim N_p(\boldsymbol{\mu}, \boldsymbol{\Sigma})$ に対して，$p = 2$ とすると (8.2.1) は，(8.2.4) の形になることを示せ．

8.2.3 多変量正規分布とその性質

$\boldsymbol{X} \sim N_p(\boldsymbol{\mu}, \boldsymbol{\Sigma})$ とする．このとき，$E[\boldsymbol{X}] = \boldsymbol{\mu}$，$\mathrm{Var}[\boldsymbol{X}] = \boldsymbol{\Sigma}$ である．

定理 8.2.1. $\boldsymbol{X} \sim N_p(\boldsymbol{\mu}, \boldsymbol{\Sigma})$ とし，$\boldsymbol{A}$ は rank k の $k \times p$ $(k \leq p)$ の定数行列で，$\boldsymbol{b}$ は $k \times 1$ の定数ベクトルとする．このとき

$$\boldsymbol{Y} = \boldsymbol{AX} + \boldsymbol{b} \sim N_k(\boldsymbol{A\mu} + \boldsymbol{b}, \boldsymbol{A\Sigma A}^T)$$

である．

系 8.2.2. $\boldsymbol{X} \sim N_p(\boldsymbol{\mu}, \boldsymbol{\Sigma})$ ならば

$$\boldsymbol{Z} = \boldsymbol{C}^{-1}(\boldsymbol{X} - \boldsymbol{\mu}) \sim N_p(\boldsymbol{0}, \boldsymbol{I}_p)$$

ただし，$\boldsymbol{C}$ は $\boldsymbol{\Sigma} = \boldsymbol{CC}'$ を満たす正則行列である．

系 8.2.3. $\boldsymbol{X} \sim N_p(\boldsymbol{\mu}, \boldsymbol{\Sigma})$ とする．このとき

$$\boldsymbol{a}^T\boldsymbol{X} \sim N(\boldsymbol{a}^T\boldsymbol{\mu}, \boldsymbol{a}^T\boldsymbol{\Sigma a})$$

である．ただし $\boldsymbol{a}$ $(\neq \boldsymbol{0})$ は定数ベクトルである．

さらに，$\boldsymbol{X} \sim N_p(\boldsymbol{\mu}, \boldsymbol{\Sigma})$ のとき，$\boldsymbol{X}$ の特性関数 (characteristic function) は，系 8.2.2 より，$\boldsymbol{u} = \boldsymbol{C}'\boldsymbol{t}$ とおくと

$$E[\exp(i\boldsymbol{t}^T\boldsymbol{X})] = E[\exp(i\boldsymbol{t}^T(\boldsymbol{CZ} + \boldsymbol{\mu})] = \exp(i\boldsymbol{t}^T\boldsymbol{\mu})E[\exp(i\boldsymbol{u}^T\boldsymbol{Z})]$$

と書くことができる．また，$\boldsymbol{Z} \sim N_p(\boldsymbol{0}, \boldsymbol{I}_p)$ より

$$E[\exp(i\boldsymbol{t}'\boldsymbol{X})] = \exp\left(i\boldsymbol{t}^T\boldsymbol{\mu} - \frac{1}{2}\boldsymbol{u}^T\boldsymbol{u}\right) = \exp\left(i\boldsymbol{t}^T\boldsymbol{\mu} - \frac{1}{2}\boldsymbol{t}^T(\boldsymbol{CC}^T)\boldsymbol{t}\right) = \exp\left(i\boldsymbol{t}^T\boldsymbol{\mu} - \frac{1}{2}\boldsymbol{t}^T\boldsymbol{\Sigma t}\right)$$

を得る．

定理 8.2.4. $\boldsymbol{X} = \begin{bmatrix} \boldsymbol{X}_1 \\ \boldsymbol{X}_2 \end{bmatrix} \sim N_p(\boldsymbol{\mu}, \boldsymbol{\Sigma})$

ただし，$\boldsymbol{X}_1$ は r 次ベクトル，$\boldsymbol{X}_2$ は $s(= p - r)$ 次ベクトルとする．

また，対応する $\boldsymbol{\mu}$ と $\boldsymbol{\Sigma}$ の分割を

$$\boldsymbol{\mu} = \begin{bmatrix} \boldsymbol{\mu}_1 \\ \boldsymbol{\mu}_2 \end{bmatrix}, \qquad \boldsymbol{\Sigma} = \begin{bmatrix} \boldsymbol{\Sigma}_{11} & \boldsymbol{\Sigma}_{12} \\ \boldsymbol{\Sigma}_{21} & \boldsymbol{\Sigma}_{22} \end{bmatrix}$$

とする．このとき，「$\boldsymbol{X}_1$ と $\boldsymbol{X}_2$ が独立である」ための必要十分条件は，「$\boldsymbol{\Sigma}_{12} = O$」であり

$$\boldsymbol{X}_1 \sim N_r(\boldsymbol{\mu}_1, \boldsymbol{\Sigma}_{11}), \quad \boldsymbol{X}_2 \sim N_s(\boldsymbol{\mu}_2, \boldsymbol{\Sigma}_{22})$$

である．

定理 8.2.4 と同じ記号と仮定のもとで，次の正則変換

$$\boldsymbol{Y} = \begin{bmatrix} \boldsymbol{Y}_1 \\ \boldsymbol{Y}_2 \end{bmatrix} = \begin{bmatrix} \boldsymbol{I}_r & O \\ -\boldsymbol{\Sigma}_{21}\boldsymbol{\Sigma}_{11}^{-1} & \boldsymbol{I}_s \end{bmatrix}\begin{bmatrix} \boldsymbol{X}_1 \\ \boldsymbol{X}_2 \end{bmatrix}$$

を考えると，$\boldsymbol{y}_1 = \boldsymbol{x}_1$, $\boldsymbol{y}_2 = \boldsymbol{x}_{2\cdot 1}$ であり

$$\mathrm{E}[\boldsymbol{Y}] = \begin{bmatrix} \boldsymbol{\mu}_1 \\ \boldsymbol{\mu}_{2\cdot 1} \end{bmatrix}, \quad \mathrm{Cov}[\boldsymbol{Y}] = \begin{bmatrix} \boldsymbol{\Sigma}_{11} & O \\ O & \boldsymbol{\Sigma}_{22\cdot 1} \end{bmatrix}$$

となる．ここに

$$\boldsymbol{X}_{2\cdot 1} = \boldsymbol{X}_2 - \boldsymbol{\Sigma}_{21}\boldsymbol{\Sigma}_{11}^{-1}\boldsymbol{X}_1,$$
$$\boldsymbol{\mu}_{2\cdot 1} = \boldsymbol{\mu}_2 - \boldsymbol{\Sigma}_{21}\boldsymbol{\Sigma}_{11}^{-1}\boldsymbol{\mu}_1,$$
$$\boldsymbol{\Sigma}_{22\cdot 1} = \boldsymbol{\Sigma}_{22} - \boldsymbol{\Sigma}_{21}\boldsymbol{\Sigma}_{11}^{-1}\boldsymbol{\Sigma}_{12}$$

である．

よって，定理 8.2.1 より，$\boldsymbol{Y}$ は上記の平均ベクトルと分散共分散行列をもつ正規分布に従うことから

$$\boldsymbol{X}_1 \sim N_r(\boldsymbol{\mu}_1, \boldsymbol{\Sigma}_{11}), \qquad \boldsymbol{X}_{2\cdot 1} \sim N_s(\boldsymbol{\mu}_{2\cdot 1}, \boldsymbol{\Sigma}_{22\cdot 1})$$

であり，$\boldsymbol{X}_1$ と $\boldsymbol{X}_{2\cdot 1} \equiv \boldsymbol{X}_2 - \boldsymbol{\Sigma}_{21}\boldsymbol{\Sigma}_{11}^{-1}\boldsymbol{X}_1$ は独立であることがわかる．

また，$\boldsymbol{X}_1 = \boldsymbol{x}_1$ が与えられたもとでの $\boldsymbol{X}_2$ の条件付分布について，$\boldsymbol{X}_2 = \boldsymbol{X}_{2\cdot 1} + \boldsymbol{\Sigma}_{21}\boldsymbol{\Sigma}_{11}^{-1}\boldsymbol{x}_1$ と書けるので，条件付のもとでは，$\boldsymbol{x}_1$ は固定していることから，$\boldsymbol{\Sigma}_{21}\boldsymbol{\Sigma}_{11}^{-1}\boldsymbol{x}_1$ は定数となり

$$\begin{aligned} \mathrm{E}[\boldsymbol{X}_2|\boldsymbol{x}_1] &= \mathrm{E}[\boldsymbol{X}_{2\cdot 1}] + \boldsymbol{\Sigma}_{21}\boldsymbol{\Sigma}_{11}^{-1}\boldsymbol{x}_1 \\ &= \boldsymbol{\mu}_{2\cdot 1} + \boldsymbol{\Sigma}_{21}\boldsymbol{\Sigma}_{11}^{-1}\boldsymbol{x}_1 \end{aligned}$$

となる．よって，$\boldsymbol{X}_1 = \boldsymbol{x}_1$ が与えられたもとでの $\boldsymbol{X}_2$ の条件付分布は，平均ベクトルが

$$E[\boldsymbol{X}_2|\boldsymbol{x}_1] = \boldsymbol{\mu}_2 + \boldsymbol{\Sigma}_{21}\boldsymbol{\Sigma}_{11}^{-1}(\boldsymbol{x}_1 - \boldsymbol{\mu}_1)$$

で，分散共分散行列が $\boldsymbol{\Sigma}_{22\cdot 1}$ の s 次元正規分布であることがわかる．

定理 8.2.5. $\boldsymbol{X} \sim N_p(\boldsymbol{\mu}, \boldsymbol{\Sigma})$ とする．このとき 3 次の中心モーメントはすべて 0 であり，4 次の中心モーメントは

$$\begin{aligned} &E[(X_i - \mu_i)(X_j - \mu_j)(X_k - \mu_k)(X_\ell - \mu_\ell)] \\ &\qquad = \sigma_{ij}\sigma_{k\ell} + \sigma_{ik}\sigma_{j\ell} + \sigma_{i\ell}\sigma_{jk} \end{aligned}$$

である．ただし

$$\boldsymbol{X} = (X_1, X_2, \ldots, X_p)^T,$$

$$\boldsymbol{\mu} = (\mu_1, \mu_2, \ldots, \mu_p)^T,$$

$$\boldsymbol{\Sigma} = (\sigma_{ij})$$

である．

問 8.2.2. 定理 8.2.5 を用いて，次を示せ．

$$\begin{aligned} &E[(X_i - \mu_i)^2(X_j - \mu_j)(X_k - \mu_k)] \\ &\qquad = \sigma_{ii}\sigma_{jk} + \sigma_{ij}\sigma_{jk}, \end{aligned}$$

$$E[(X_i - \mu_i)^2(X_j - \mu_j)^2] = \sigma_{ii}\sigma_{jj} + 2\sigma_{ij}^2$$

$$E[(X_i - \mu)^4] = 3\sigma_{ii}^2.$$

定理 8.2.6. $\boldsymbol{X}_1, \boldsymbol{X}_2, \ldots, \boldsymbol{X}_N$ を大きさ N の $N_p(\boldsymbol{\mu}, \boldsymbol{\Sigma})$ からのランダムベクトルとする．このとき，$\boldsymbol{\mu}$ と $\boldsymbol{\Sigma}$ の**最尤推定量 (maximum likelihood estimator)** は

$$\overline{\boldsymbol{X}} = \frac{1}{N}\sum_{i=1}^{N}\boldsymbol{X}_i,$$

$$\boldsymbol{S} = \frac{1}{N}\sum_{i=1}^{N}(\boldsymbol{X}_i - \overline{\boldsymbol{X}})(\boldsymbol{X}_i - \overline{\boldsymbol{X}})^T$$

である．

補足　$\boldsymbol{U} = \frac{1}{N-1}\sum_{i=1}^{N}(\boldsymbol{X}_i - \overline{\boldsymbol{X}})(\boldsymbol{X}_i - \overline{\boldsymbol{X}})^T$ は $\boldsymbol{\Sigma}$ の不偏推定量 (unbiased estimator) であり，不偏標本分散共分散行列とよばれる．

8.3 ウィッシャート分布

定義 8.3.1.

$$\boldsymbol{Y}_1, \boldsymbol{Y}_2, \ldots, \boldsymbol{Y}_n \sim N_p(\boldsymbol{0}, \boldsymbol{\Sigma})$$

とし

$$\boldsymbol{V} = \boldsymbol{Y}\boldsymbol{Y}^T = \sum_{i=1}^{n}\boldsymbol{Y}_i\boldsymbol{Y}_i^T$$

とおく．ただし，$\boldsymbol{Y} = [\boldsymbol{Y}_1, \boldsymbol{Y}_2, \cdots, \boldsymbol{Y}_n]$ である．このとき，$\boldsymbol{V}$ を自由度 n，分散共分散行列 $\boldsymbol{\Sigma}$ の**ウィッシャート (Wishart) 分布**とよび，$\boldsymbol{V} \sim W_p(n, \boldsymbol{\Sigma})$ あるいは，$\boldsymbol{V} \sim W_p(\boldsymbol{\Sigma}, n)$ と書く．また，$\boldsymbol{V}$ の確率密度関数は

$$\begin{aligned} h(\boldsymbol{V}) &= \frac{1}{2^{\frac{np}{2}}\Gamma_p\left(\frac{n}{2}\right)|\boldsymbol{\Sigma}|^{\frac{n}{2}}}|\boldsymbol{V}|^{\frac{1}{2}(n-p-1)} \\ &\quad \times \exp\left\{-\frac{1}{2}\mathrm{tr}(\boldsymbol{\Sigma}^{-1}\boldsymbol{V})\right\} \end{aligned}$$

で与えられる．ただし

$$\Gamma_p\left(\frac{n}{2}\right) = \pi^{\frac{1}{4}p(p-1)}\prod_{i=1}^{p}\Gamma\left(\frac{n}{2} - \frac{i-1}{2}\right)$$

であり，$\Gamma_p(a)$ を**一般化ガンマ関数**（あるいは，多変量ガンマ関数）とよぶ．

定理 8.3.2. $\boldsymbol{V} \sim W_p(n, \boldsymbol{\Sigma})$ とする．このとき，$\boldsymbol{V}$ の特性関数は

$$\phi(C) = |\boldsymbol{I}_p - 2i\boldsymbol{\Sigma}\boldsymbol{C}|^{-\frac{n}{2}}$$

である．ただし，$\boldsymbol{C} = ((1 + \delta_{ij})c_{ij}/2)$ は，$p \times p$ の対称行列であり，δ_{ij} はクロネッカーのデルタである．

例題 8.3.1. $\boldsymbol{V}_1 \sim W_p(n_1, \boldsymbol{\Sigma})$,$\boldsymbol{V}_2 \sim W_p(n_2, \boldsymbol{\Sigma})$ とし，$\boldsymbol{V}_1$ と $\boldsymbol{V}_2$ は独立とする．このとき

$$\boldsymbol{V}_1 + \boldsymbol{V}_2 \sim W_p(n_1 + n_2, \boldsymbol{\Sigma})$$

となることを示せ．

解答　定義 8.3.1 より

$$\boldsymbol{V}_1 = \sum_{j=1}^{n_1}\boldsymbol{Y}_j\boldsymbol{Y}_j^T, \quad \boldsymbol{V}_2 = \sum_{i=n_1+1}^{n_1+n_2}\boldsymbol{Y}_j\boldsymbol{Y}_j^T$$

と書くことができる．ただし

$$\boldsymbol{Y}_1, \boldsymbol{Y}_2, \ldots, \boldsymbol{Y}_{n_1+n_2} \overset{i.i.d.}{\sim} N_p(\boldsymbol{0}, \boldsymbol{\Sigma})$$

である．よって

$$\boldsymbol{V}_1 + \boldsymbol{V}_2 = \sum_{j=1}^{n_1+n_2}\boldsymbol{Y}_j\boldsymbol{Y}_j^T$$

となるので，$\boldsymbol{V}_1 + \boldsymbol{V}_2 \sim W_p(n_1 + n_2, \boldsymbol{\Sigma})$ が成り立つ．

□

定理 8.3.3. $\boldsymbol{V} \sim W_p(n, \boldsymbol{\Sigma})$ とし，行列 $\boldsymbol{A}$ の型は $q \times p$ で $q \leq p$ とする．ただし，$\mathrm{rank}\boldsymbol{A} = q$ である．このとき

$$\boldsymbol{A}\boldsymbol{V}\boldsymbol{A}^T \sim W_q(n, \boldsymbol{A}\boldsymbol{\Sigma}\boldsymbol{A}^T)$$

が成り立つ．

例題 8.3.2. $\boldsymbol{V} \sim W_p(n, \boldsymbol{\Sigma})$ とする．このとき

$$\boldsymbol{\Sigma}^{-\frac{1}{2}}\boldsymbol{V}\boldsymbol{\Sigma}^{-\frac{1}{2}} \sim W_p(n, \boldsymbol{I}_p)$$

となることを示せ．

解答　定理 8.3.3 より $\boldsymbol{A}=\boldsymbol{\Sigma}^{-\frac{1}{2}}$ とおくと

$$\boldsymbol{\Sigma}^{-\frac{1}{2}}\boldsymbol{V}\boldsymbol{\Sigma}^{-\frac{1}{2}} \sim W_p(n, \boldsymbol{\Sigma}^{-\frac{1}{2}}\boldsymbol{\Sigma}\boldsymbol{\Sigma}^{-\frac{1}{2}})$$

となり，$\boldsymbol{\Sigma}^{-\frac{1}{2}}\boldsymbol{\Sigma}\boldsymbol{\Sigma}^{-\frac{1}{2}} = \boldsymbol{I}_p$．よって，$\boldsymbol{\Sigma}^{-\frac{1}{2}}\boldsymbol{V}\boldsymbol{\Sigma}^{-\frac{1}{2}} \sim W_p(n, \boldsymbol{I}_p)$ □

例題 8.3.3. $\boldsymbol{V} \sim W_p(n, \boldsymbol{\Sigma})$ とする．$\boldsymbol{a}$ を $\boldsymbol{0}$ でない p 次ベクトルとするとき

$$\frac{\boldsymbol{a}^T\boldsymbol{V}\boldsymbol{a}}{\boldsymbol{a}^T\boldsymbol{\Sigma}\boldsymbol{a}} \sim \chi_n^2, \qquad \boldsymbol{a}^T\boldsymbol{\Sigma}\boldsymbol{a} \neq 0$$

となることを示せ．ただし，χ_n^2 は自由度 n のカイ二乗分布である．

解答　定理 8.3.3 より $\boldsymbol{A}=\boldsymbol{a}^T$ とおくと，$\boldsymbol{a}^T\boldsymbol{V}\boldsymbol{a} \sim W_1(n, \boldsymbol{a}^T\boldsymbol{\Sigma}\boldsymbol{a})$．よって，$\boldsymbol{a}^T\boldsymbol{V}\boldsymbol{a}/(\boldsymbol{a}^T\boldsymbol{\Sigma}\boldsymbol{a}) \sim W_1(n, 1)$．ここで，$W_1(n, 1)$ は，定義より，自由度 n のカイ二乗分布のことであるので，$\boldsymbol{a}^T\boldsymbol{V}\boldsymbol{a}/(\boldsymbol{a}'\boldsymbol{\Sigma}\boldsymbol{a}) \sim \chi_n^2$．

補足　確率密度関数 X が次のような確率密度関数をもつとき

$$f_X(x) = \begin{cases} \dfrac{1}{\Gamma\left(\dfrac{n}{2}\right)2^{\frac{n}{2}}} x^{\frac{n}{2}-1}e^{-\frac{1}{2}x} & x > 0 \\ 0 & \text{その他} \end{cases}$$

X は**自由度 n のカイ二乗分布**に従うという．

系 8.3.4. $\boldsymbol{W} \sim W_p(n, \boldsymbol{I}_p)$ とし，$\boldsymbol{A}$ を $\boldsymbol{A}\boldsymbol{A}^T = \boldsymbol{I}_q$ を満たす $q \times p$ $(q \leq p)$ の定数行列とする．このとき

$$\boldsymbol{A}\boldsymbol{W}\boldsymbol{A}^T \sim W_q(n, \boldsymbol{I}_q)$$

が成り立つ．

定理 8.3.5. $\boldsymbol{V} \sim W_p(n, \boldsymbol{\Sigma})$ とし，以下のような分割を考える．

$$\boldsymbol{V} = \left[\begin{array}{c|c} \boldsymbol{V}_{11} & \boldsymbol{V}_{12} \\ \hline \boldsymbol{V}_{21} & \boldsymbol{V}_{22} \end{array}\right],\ \boldsymbol{\Sigma} = \left[\begin{array}{c|c} \boldsymbol{\Sigma}_{11} & \boldsymbol{\Sigma}_{12} \\ \hline \boldsymbol{\Sigma}_{21} & \boldsymbol{\Sigma}_{22} \end{array}\right].$$

ただし，$\boldsymbol{V}_{11}, \boldsymbol{\Sigma}_{11}$ は $r \times r$ 行列である．このとき

$$\boldsymbol{V}_{11\cdot 2} = \boldsymbol{V}_{11} - \boldsymbol{V}_{12}\boldsymbol{V}_{22}^{-1}\boldsymbol{V}_{21} \sim W_r(n-(p-r), \boldsymbol{\Sigma}_{11\cdot 2})$$

が成り立つ．ただし

$$\boldsymbol{\Sigma}_{11\cdot 2} = \boldsymbol{\Sigma}_{11} - \boldsymbol{\Sigma}_{12}\boldsymbol{\Sigma}_{22}^{-1}\boldsymbol{\Sigma}_{21}$$

である．

定理 8.3.6. $\boldsymbol{W} \sim W_p(n, \boldsymbol{I}_p), n \geq p$ とし，$\boldsymbol{W} = \boldsymbol{T}\boldsymbol{T}^T$ とする．ただし，$\boldsymbol{T}$ は，$p \times p$ 行列で，対角線分 $t_{ii} > 0$ の下三角行列とする．このとき，$\boldsymbol{T}$ の成分は互いに独立であり

(1) $t_{ij} \sim N(0, 1),\ i > j$

(2) $t_{ii}^2 \sim \chi_{n-i+1}^2,\ i = 1, 2, \ldots, p$

が成り立つ．

定理 8.3.7. $\boldsymbol{X}_1, \boldsymbol{X}_2, \ldots, \boldsymbol{X}_N \overset{i.i.d.}{\sim} N_p(\boldsymbol{\mu}, \boldsymbol{\Sigma})$ とする．

このとき以下のことが成り立つ．

(1) $\overline{\boldsymbol{X}} \sim N_p(\boldsymbol{\mu}, \frac{1}{N}\boldsymbol{\Sigma})$

(2) $\boldsymbol{V} = n\boldsymbol{S} \sim W_p(n, \boldsymbol{\Sigma})$

(3) $\overline{\boldsymbol{X}}$ と $\boldsymbol{S}$ は独立である

ただし，$n = N-1$ である．

定義 8.3.8（補足）. $\boldsymbol{\Sigma}$ をある多変量分布の共分散行列とする．このとき，$|\boldsymbol{\Sigma}|$ をその分布の**一般化分散 (generalized variance)** とよぶ．また，その標本版として，$|\boldsymbol{S}|$ を $\boldsymbol{X} = (\boldsymbol{x}_1, \boldsymbol{x}_2, \cdots, \boldsymbol{x}_n)$ に対する**一般化標本分散**とよぶ．ただし，$\boldsymbol{S}$ は $\boldsymbol{\Sigma}$ の不偏推定量である．

8.3.1　ホテリングの T^2 統計量

$\boldsymbol{Z} \sim N_p(\boldsymbol{\nu}, \boldsymbol{\Sigma})$ とし，$\boldsymbol{W} \sim W_p(n, \boldsymbol{\Sigma})$ とする．また，$\boldsymbol{Z}$ と $\boldsymbol{W}$ は独立とする．このとき，$T^2 = n\boldsymbol{Z}^T\boldsymbol{W}^{-1}\boldsymbol{Z}$ とおくと，$\dfrac{n-p+1}{np}T^2$ は，自由度 $p, n-p+1$ で，非心度が $\boldsymbol{\mu}^T\boldsymbol{\Sigma}^{-1}\boldsymbol{\mu}$ の非心 F 分布に従う．

問 8.3.1. $\boldsymbol{X}_1, \boldsymbol{X}_2, \ldots, \boldsymbol{X}_N \sim N_p(\boldsymbol{0}, \boldsymbol{\Sigma})$ とし，標本平均ベクトルを $\overline{\boldsymbol{X}}$，標本分散共分散行列を $\boldsymbol{S}$ とする．このとき，$T^2 = N\overline{\boldsymbol{X}}^T\boldsymbol{S}^{-1}\overline{\boldsymbol{X}}$ とおくと

$$\frac{N-p}{(N-1)p}T^2 \sim F_{p, N-p}$$

となることを示せ．ただし，$F_{p,N-p}$ は，自由度 p, $N-p$ の F 分布（中心 F 分布）である．

また，この T^2 はホテリングの **T^2 統計量**とよばれ，平均ベクトルの検定統計量として用いられる．

補足　確率変数 X が自由度 m, n の F 分布に従うとき，その確率密度関数は

$$f_X(x) = \begin{cases} \dfrac{\Gamma\left(\dfrac{m+n}{2}\right)m^{\frac{m}{2}}n^{\frac{n}{2}}}{\Gamma\left(\dfrac{m}{2}\right)\Gamma\left(\dfrac{n}{2}\right)} \dfrac{x^{\frac{m}{2}-1}}{(mx+n)^{\frac{m+n}{2}}} & x > 0 \\ 0 & \text{その他} \end{cases}$$

であり，また

$$E(X) = \frac{n}{n-2}, \quad n > 2,$$

$$\mathrm{Var}(X) = \frac{2n^2(m+n-2)}{m(n-2)^2(n-4)}, \quad n > 4$$

である．

8.4　線形回帰モデル

8.4.1　統計モデル

$\boldsymbol{Y}=(Y_1, Y_2, ..., Y_n)$ を確率ベクトルとし，その実現値 $\boldsymbol{y}=(y_1, y_2, ..., y_n)$ をその観測値，つまり，観測データとする．確率ベクトルの可能な確率分布の集合を

$$\mathcal{P}=\{P_\theta : \theta \in \Theta\}$$

とする．ここで，P_θ は（未知）パラメータ θ で特徴づけられた確率分布であり，Θ をパラメータ空間という．このとき，$\mathcal{P}$ を統計モデルという．$\Theta \subset R^m$ のとき，パラメータは有限次元であるといい，**パラメトリックモデル**とよぶ．すべての $\theta_1, \theta_2 \in \Theta$ に対して，$P_{\theta_1}=P_{\theta_2}$ ならば，$\theta_1=\theta_2$ が成り立つとき，**認定可能 (idetifiable)** という．

$\boldsymbol{Y}=(Y_1, Y_2, \ldots, Y_n)$ が確率分布 P_θ に従っているとき，P_θ を**母集団分布 (population distribution)** とよび，$\boldsymbol{Y}$ をその分布からの**標本 (sample)** ということがある．標本のみの関数 $T(\boldsymbol{Y})$ を統計量といい，パラメータの推定に用いられる統計量を**推定量 (estimator)**，その実現値を**推定値 (estimate)** という．パラメータの値自体を推定することを**点推定 (point estimate)** という．

$\hat{\theta}$ をパラメータ θ の推定量とする．

$$\mathrm{bias}(\hat{\theta})=E(\hat{\theta})-\theta$$

を推定量の**偏り (bias)** という．

$$E(\hat{\theta})=\theta$$

が成り立つとき，$\hat{\theta}$ をパラメータ θ の**不偏推定量 (unbiased estimator)** という．

$0<\alpha<1$ とし，

$$P(\theta \in C) \geq 1-\alpha$$

となる集合 C を $100(1-\alpha)$ % **信頼集合 (confidence set)** という．特に，C が区間 (a, b) のとき，**信頼区間 (confidence interval)** という．

問 8.4.1. $\theta \in R$ とし，$\hat{\theta}$ を θ の推定量とする．平均二乗誤差 (mean squared error, MSE) を

$$\mathrm{MSE}=E[(\hat{\theta}-\theta)^2]$$

と定義する．次を示せ．

$$\mathrm{MSE}=\mathrm{bias}(\hat{\theta})^2+\mathrm{Var}(\hat{\theta})$$

8.4.2　単回帰モデル

変数 Y と変数 x の間に次のような関係を仮定したものを単回帰モデル (simple linear regression model) という．

$$Y=\beta_0+\beta_1 x+\varepsilon$$

ここで，Y を**応答変数 (responce variable)**，結果変数 (outcome variable)，または，従属変数 (dependent variable) などとよび，x を**説明変数 (explanatory variable)**，共変量 (covariate)，予測変数 (predictor)，または，独立変数 (independent variable) などという．パラメータ β_0 を切片 (intercept)，パラメータ β_1 を傾き (slope) とか，まとめて，回帰係数 (regression coefficient) という．また，ε は誤差項 (error term) とよばれる確率変数である．

Y_i $(i=1, 2, \ldots, n)$ を，i 番目の応答変数で，x_i を対応する i 番目の説明変数とし，ε_i を対応する誤差項とする．ここで，誤差項に対して，次を仮定する．

- 期待値 $E(\varepsilon_i)=0,\ i=1, 2, \ldots, n$
- 分散 $\mathrm{Var}(\varepsilon_i)=\sigma^2,\ i=1, 2, \ldots, n$
- $\varepsilon_1, \varepsilon_2, \ldots, \varepsilon_n$ は互いに独立

また，説明変数 $x=x^*$ のときの Y の（条件付）期待値（平均）と（条件付）分散を

$$\mu_{Y\cdot x^*}=E(Y|x=x^*)$$
$$\sigma^2_{Y\cdot x^*}=\mathrm{Var}(Y|x=x^*)$$

とおくと，

- （条件付）期待値

$$\begin{aligned}\mu_{Y\cdot x^*}&=E(\beta_0+\beta_1 x^*+\varepsilon)\\&=\beta_0+\beta_1 x^*+E(\varepsilon)\\&=\beta_0+\beta_1 x^*\end{aligned}$$

- （条件付）分散

$$\begin{aligned}\sigma^2_{Y\cdot x^*}&=\mathrm{Var}(\beta_0+\beta_1 x^*+\varepsilon)\\&=\mathrm{Var}(\beta_0+\beta_1 x^*)+\mathrm{Var}(\varepsilon)\\&=0+\sigma^2=\sigma^2\end{aligned}$$

- $Y_1, Y_2, \ldots, Y_n$ は互いに独立である．

今後，添え字の Y などは省略することがある．

8.4.3　最小二乗推定

n 個の各観測点 $(x_1, y_1), (x_2, y_2), \ldots, (x_n, y_n)$ と直線 $y=b_0+b_1 x$ 上の各 x_i に対応する点との垂直な距離の二乗和である残差平方和 (residual sum of squares, RSS，または，error sum of squares, SSE)

$$S(b_0, b_1) = \sum_{i=1}^{n}[y_i - (b_0 + b_1 x_i)]^2$$

を最小とする $\hat{\beta}_0$ と $\hat{\beta}_1$ を回帰係数 β_0 と β_1 の**最小二乗推定値 (least squares estimate)** という．また，

$$\hat{y} = \hat{\beta}_0 + \hat{\beta}_1 x$$

を推定された**回帰直線 (estimated regression line)**，当てはめた回帰直線 (fitted regression line) などといい，$\hat{y}_i$ を x_i に対応する**予測値 (predictede value)** あるいは**当てはめ値 (fitted value)** という．このとき，$e_i = y_i - \hat{y}_i$ を残差 (residual) という．

最小二乗推定値は $S(b_0, b_1)$ を b_0，b_1 に関して偏微分をとり，それぞれを 0 とおいた次の正規方程式 (normal equations) を解くことにより求めることができる．少なくとも 2 つの x の値が異なっていれば，解が存在し，最小とすることがわかる．

$$\frac{\partial S(b_0, b_1)}{\partial b_0} = \sum 2(y_i - b_0 - b_1 x_i)(-1) = 0$$
$$\frac{\partial S(b_0, b_1)}{\partial b_1} = \sum 2(y_i - b_0 - b_1 x_i)(-x_i) = 0$$

または，

$$nb_0 + \left(\sum x_i\right) b_1 = \sum y_i$$
$$\left(\sum x_i\right) b_0 + \left(\sum x_i^2\right) b_1 = \sum x_i y_i$$

傾き β_0 の最小二乗推定値は

$$b_1 = \hat{\beta}_1 = \frac{\sum(x_i - \overline{x})(y_i - \overline{y})}{\sum(x_i - \overline{x})^2} = \frac{S_{xy}}{S_{xx}}$$

ここで，$\overline{x} = \dfrac{\sum x_i}{n}$，$\overline{y} = \dfrac{\sum y_i}{n}$，

$$S_{xy} = \sum x_i y_i - \frac{\left(\sum x_i\right)\left(\sum y_i\right)}{n},\ S_{xx} = \sum x_i^2 - \frac{\left(\sum x_i\right)^2}{n}$$

また，切片 β_0 の最小二乗推定値は

$$b_0 = \hat{\beta}_0 = \frac{\sum y_i - \hat{\beta}_1 \sum x_i}{n} = \bar{y} - \hat{\beta}_1 \bar{x}$$

このように，パラメータの値自体を推定することを点推定という．

注意 8.4.1.

(1) $\hat{\beta}_0 + \hat{\beta}_1 \bar{x} = \bar{y} - \hat{\beta}_1 \bar{x} + \hat{\beta}_1 \bar{x} = \bar{y}$ より，推定された回帰直線はそれぞれの標本平均の点 $(\overline{x}, \overline{y})$ を通る．

(2) 和の範囲が省略されているときは，$i = 1$ から n までのすべてである．

(3) 場合によっては，確率変数とその実現値を大文字小文字を区別しないで表すこともある．

問 8.4.2. 最小二乗推定値が残差平方和を最小とすることを示せ．

問 8.4.3.

$$Y = \beta_0 + \varepsilon$$

のモデルに対して，β_0 の最小二乗推定値は $\overline{y}$ であることを示せ．

問 8.4.4.

$$Y_i = \beta_0 + \beta_1 x_i + \varepsilon$$

ただし，

$$x_i = \begin{cases} 0 & i = 1, \ldots, n_1 \\ 1 & i = n_1 + 1, \ldots, n \end{cases}$$

のモデルに対して $(0 < n_1 < n)$，β_0 と β_1 のの最小二乗推定値を求めよ．

このように，0 と 1 の 2 つの値をとり，カテゴリ変数のカテゴリを表すのに用いる変数を特にダミー変数 (dummy variable) とか指示変数 (indicator variable) ということがある．

8.4.4 最小二乗推定量の性質

ここでは，最小二乗推定量の性質を見ていく．

応答変数 $Y_1, Y_2, \ldots, Y_n$ は独立な確率変数で，説明変数 $x_1, x_2, \ldots, x_n$ は固定されているとする．

また，

$$\mu_x = E(Y|x) = \beta_0 + \beta_1 x$$
$$\sigma_x^2 = \mathrm{Var}(Y|x) = \sigma^2$$

以下，x は定数とするので条件付の記号は省略する．

(1) 傾き β_1 に関して：

最小二乗推定量は，

$$\begin{aligned}\hat{\beta}_1 = \frac{S_{xY}}{S_{xx}} &= \frac{\sum(x_i - \overline{x})(Y_i - \overline{Y})}{\sum(x_i - \overline{x})^2} \\ &= \frac{1}{S_{xx}}\left[\sum(x_i - \overline{x})Y_i - \overline{Y}\sum(x_i - \overline{x})\right] \\ &= \frac{1}{S_{xx}}\left[\sum(x_i - \overline{x})Y_i\right]\end{aligned}$$

となる．なぜなら，$\sum(x_i - \overline{x}) = 0$．

また，$S_{xY} = \sum(x_i - \overline{x})(Y_i - \overline{Y})$，

$S_{xx} = \sum(x_i - \overline{x})^2 = \sum(x_i - \overline{x})x_i$ である．

ここで，

$$c_i = \frac{(x_i - \overline{x})}{S_{xx}}$$

とおいて，書き換えると

$$\hat{\beta}_1 = \sum c_i Y_i$$

つまり，この推定量は $Y_1, Y_2, \ldots, Y_n$ の線形結合とな

っていることから，線形推定量 (lineaer estimator) とよばれる．また，

$$\sum_{i=1}^{n} c_i = \frac{\sum(x_i - \overline{x})}{S_{xx}} = 0$$

$$\sum_{i=1}^{n} c_i x_i = \frac{\sum x_i(x_i - \overline{x})}{S_{xx}} = 1$$

$$\sum_{i=1}^{n} c_i^2 = \frac{\sum(x_i - \overline{x})^2}{S_{xx}^2} = \frac{1}{S_{xx}}$$

$\hat{\beta}_1$ の期待値は，

$$\begin{aligned} E(\hat{\beta}_1) &= E(\sum c_i Y_i) = \sum c_i E(Y_i) \\ &= \sum c_i(\beta_0 + \beta_1 x) \\ &= \beta_0 \sum c_i + \beta_1 \sum c_i x_i \\ &= \beta_1 \end{aligned}$$

推定量の期待値が推定するパラメータの値に等しいとき，不偏推定量 (unbiased estimator) という．すなわち，$\hat{\beta}_1$ は β_1 の不偏推定量である．

また，$\hat{\beta}_1$ の分散は，

$$\begin{aligned} \mathrm{Var}(\hat{\beta}_1) &= \mathrm{Var}(\sum c_i Y_i) \\ &= \sum c_i^2 \mathrm{Var}(Y_i) \\ &= \sigma^2 \sum c_i^2 = \sigma^2 \frac{\sum(x_i - \bar{x})^2}{S_{xx}} \\ &= \frac{\sigma^2}{S_{xx}} \end{aligned}$$

さらに，このパラメータ β_1 の最小二乗推定量は線形不偏推定量の中で一番小さい分散をもつことが示せる．つまり，$\hat{\beta}_1$ は，パラメータ β_1 の最良線形不偏推定量 (Best Linear Unbiased Estimator， BLUE) である．これは，ガウス-マルコフ定理といい，一般的な場合を次節で証明する．

(2) 切片 β_0 に関して：

切片の最小二乗推定量 $\hat{\beta}_0$ は，

$$\begin{aligned} \hat{\beta}_0 &= \bar{Y} - \hat{\beta}_1 \bar{x} \\ &= \frac{\sum Y_i}{n} - \bar{x} \sum c_i Y_i \\ &= \sum d_i Y_i \end{aligned}$$

ここで，$d_i = \dfrac{1}{n} - \bar{x} c_i$.

すなわち，切片の最小二乗推定量 $\hat{\beta}_0$ は，線形推定量であり，

$$\begin{aligned} E(\hat{\beta}_0) &= E(\bar{Y}) - E(\hat{\beta}_1)\bar{x} \\ &= \beta_0 + \beta_1 \bar{x} - \beta_1 \bar{x} = \beta_0 \end{aligned}$$

より，$\hat{\beta}_0$ は β_0 の不偏推定量である．

次に，$\hat{\beta}_0$ の分散を求める．

$$\begin{aligned} \mathrm{Var}(\hat{\beta}_0) &= \mathrm{Var}(\bar{Y} - \hat{\beta}_1 \bar{x}) \\ &= \mathrm{Var}(\bar{Y}) + \bar{x}^2 \mathrm{Var}(\hat{\beta}_1) - 2\bar{x}\mathrm{Cov}(\bar{Y}, \hat{\beta}_1) \\ &= \frac{\sigma^2}{n} + \bar{x}^2 \frac{\sigma^2}{S_{xx}} \\ &= \sigma^2 \left(\frac{1}{n} + \frac{\bar{x}^2}{S_{xx}} \right) \end{aligned}$$

ここで，共分散は，

$$\begin{aligned} &\mathrm{Cov}(\bar{Y}, \hat{\beta}_1) \\ &= \sum \left(\frac{c_i}{n} \right) \mathrm{Var}(Y_i) + \sum_{i \neq j} \sum \left(\frac{c_i}{n} \right) \mathrm{Cov}(Y_i, Y_j) \end{aligned}$$

よって，$\mathrm{Cov}(Y_i, Y_j) = 0\ (i \neq j)$ と $\dfrac{\sigma^2}{n} \sum c_i = 0$ より，共分散 $\mathrm{Cov}(\bar{Y}, \hat{\beta}_1) = 0$

このパラメータ β_0 の最小二乗推定量もまた線形不偏推定量の中で一番小さい分散をもつことが示せる．つまり，$\hat{\beta}_0$ は，パラメータ β_0 の最良線形不偏推定量 (BLUE) である．

注意 8.4.2.

$$\begin{aligned} E(\hat{\beta}_0) &= E(\sum d_i Y_i) = \sum d_i E(Y_i) \\ &= \sum d_i(\beta_0 + \beta_1 x_i) = \beta_0 \end{aligned}$$

$$\sum d_i^2 = \frac{1}{n} + \frac{\bar{x}^2}{S_{xx}}$$

より，

$$\begin{aligned} \mathrm{Var}(\hat{\beta}_0) &= \mathrm{Var}(\sum d_i Y_i) \\ &= \sum d_i^2 \mathrm{Var}(Y_i) \\ &= \sigma^2 \sum d_i^2 \\ &= \sigma^2 \left(\frac{1}{n} + \frac{\bar{x}^2}{S_{xx}} \right) \end{aligned}$$

問 8.4.5. 次を示せ．

$$\sum d_i = 1,\ \sum d_i x_i = 0,\ \sum d_i^2 = \frac{1}{n} + \frac{\bar{x}^2}{S_{xx}}$$

(3) $\hat{\beta}_0$ と $\hat{\beta}_1$ の共分散:

$\hat{\beta}_0$ と $\hat{\beta}_1$ の共分散は，

$$\begin{aligned} \mathrm{Cov}(\hat{\beta}_0, \hat{\beta}_1) &= \mathrm{Cov}(\bar{Y} - \hat{\beta}_1 \bar{x}, \hat{\beta}_1) \\ &= \mathrm{Cov}(\bar{Y}, \hat{\beta}_1) - \bar{x}\mathrm{Cov}(\hat{\beta}_1, \hat{\beta}_1) \\ &= -\bar{x}\mathrm{Var}(\hat{\beta}_1) = \frac{-\bar{x}\sigma^2}{S_{xx}} \end{aligned}$$

(4) 特定の説明変数の値 x_0 における期待値 $\mu_0 = \beta_0 + \beta_1 x_0$ に関して：

$\mu_0 = \beta_0 + \beta_1 x_0$ の最小二乗推定量は，

$$\hat{\mu}_0 = \hat{\beta}_0 + \hat{\beta}_1 x_0$$

これを書き換えると，

$$\hat{\mu}_0 = \hat{\beta}_0 + \hat{\beta}_1 x_0$$
$$= \bar{Y} - \hat{\beta}_1 \bar{x} + \hat{\beta}_1 x_0$$
$$= \bar{Y} + \hat{\beta}_1 (x_0 - \bar{x})$$
$$= \sum \left(\frac{Y_i}{n} + (x_0 - \bar{x}) c_i Y_i \right)$$
$$= \sum \left(\frac{1_i}{n} + (x_0 - \bar{x}) c_i \right) Y_i$$
$$= \sum k_i Y_i$$

ここで，$k_i = \left(\frac{1}{n} + (x_0 - \bar{x}) c_i \right)$.
$\hat{\mu}_0$ は線形推定量である．
この推定量の期待値は，

$$E(\hat{\mu}_0) = E(\hat{\beta}_0 + \hat{\beta}_1 x_0)$$
$$= E(\hat{\beta}_0) + E(\hat{\beta}_1) x_0$$
$$= \beta_0 + \beta_1 x_0 = \mu_0$$

つまり，$\hat{\mu}_0$ は μ_0 の不偏推定量である．
$\hat{\mu}_0$ の分散は，

$$\mathrm{Var}(\hat{\mu}_0) = \mathrm{Var}(\sum k_i Y_i)$$
$$= \sum k_i^2 \mathrm{Var}(Y_i)$$
$$= \sigma^2 \sum k_i^2 = \sigma^2 \left(\frac{1}{n} + \frac{(x_0 - \bar{x})^2}{S_{xx}} \right)$$

ここで，$\sum k_i^2 = \left(\frac{1}{n} + \frac{(x_0 - \bar{x})^2}{S_{xx}} \right)$.

8.4.5 残　差

$$\hat{y}_i = \hat{\beta}_0 + \hat{\beta}_1 x_i$$

を x_i に対応する予測値とすると，

$$e_i = y_i - \hat{y}_i$$

を残差という．
正規方程式の最初の式より，

$$\sum (y_i - \hat{y}_i) = \sum y_i - \sum \hat{y}_i = \sum e_i = 0$$

つまり，

$$\sum y_i = \sum \hat{y}_i$$

また，正規方程式の 2 番目の式より，

$$\sum x_i e_i = 0$$

$$\sum \hat{y}_i e_i = \sum (\hat{\beta}_0 + \hat{\beta}_1 x_i) e_i$$
$$= \hat{\beta}_0 \sum e_i + \hat{\beta}_1 \sum x_i e_i = 0$$

つまり，

$$\sum \hat{y}_i e_i = 0$$

次より，i 番目の残差の期待値は 0 である．

$$E(e_i) = E(Y_i - \hat{Y}_i) = E(Y_i) - E(\hat{\beta}_0 + \hat{\beta}_1 x_i)$$
$$= \beta_0 + \beta_1 x_i - (\beta_0 + \beta_1 x_i) = 0$$

また，i 番目の残差の分散は，

$$\mathrm{Var}(e_i) = \mathrm{Var}(Y_i - \hat{Y}_i) = \sigma^2 \left[1 - \frac{1}{n} - \frac{(x_i - \overline{x})^2}{S_{xx}} \right]$$

また，

$$e_i^* = \frac{y_i - \hat{y}_i}{s\sqrt{1 - \frac{1}{n} - \frac{(x_i - \overline{x})^2}{S_{xx}}}} \quad i = 1, \cdots, n$$

を**標準化残差（stabdardized residual）**という．ここで s^2 は次項で示す σ^2 の不偏推定量を表す．

8.4.6 σ^2 の不偏推定量

ここでは，

$$\hat{\sigma}^2 = s^2 = \frac{\mathrm{SSE}}{n-2} = \frac{\sum (Y_i - \hat{Y}_i)^2}{n-2}$$

は σ^2 の不偏推定量であることを示す．

$$E(\sum e_i^2) = E(\sum (Y_i - \hat{Y}_i)^2)$$
$$= E[\sum (Y_i - \hat{\beta}_0 - \hat{\beta}_1 x_i)^2]$$
$$= E[\sum (Y_i - \bar{Y} + \hat{\beta}_1 \bar{x} - \hat{\beta}_1 x_i)^2]$$
$$= E[\sum [(Y_i - \bar{Y}) - \hat{\beta}_1 (x_i - \bar{x})]^2]$$
$$= E[\sum [(Y_i - \bar{Y})^2 + \hat{\beta}_1{}^2 (x_i - \bar{x})^2$$
$$-2\hat{\beta}_1 \sum (x_i - \bar{x})(Y_i - \bar{Y})]$$
$$= E[\sum Y_i^2 - n\bar{Y}^2 - \hat{\beta}_1{}^2 S_{xx}]$$

ここで，$\sum (x_i - \bar{x})(Y_i - \bar{Y}) = \sum (x_i - \bar{x})^2 \hat{\beta}_1 = \hat{\beta}_1 S_{xx}$，$\sum (Y_i - \bar{Y})^2 = \sum Y_i^2 - n\bar{Y}^2$.
よって，

$$E(\sum (Y_i - \hat{Y}_i)^2) = E[\sum Y_i^2 - n\bar{Y}^2 - \hat{\beta}_1{}^2 S_{xx}]$$
$$= \sum [\mathrm{Var}(Y_i) + [E(Y_i)]^2]$$
$$-n[\mathrm{Var}(\bar{Y}) + [E(\bar{Y})]^2]$$
$$-S_{xx}[\mathrm{Var}[\hat{\beta}_1] + [E(\hat{\beta}_1)]^2]$$
$$= n\sigma^2 + \sum (\beta_0 + \beta_1 x_i)^2$$
$$-n[\frac{\sigma^2}{n} + (\beta_0 + \beta_1 \bar{x})^2]$$
$$-S_{xx}[\frac{\sigma^2}{S_{xx}} + \beta_1^2]$$
$$= (n-2)\sigma^2$$

つまり，

$$E(\hat{\sigma}^2) = E\left(\frac{\Sigma(Y_i - \hat{Y}_i)^2}{n-2}\right) = \sigma^2$$

であるので，$\hat{\sigma}^2$ は σ^2 の不偏推定量である．

8.4.7 決定係数

$$\text{SST} = S_{yy} = \Sigma(y_i - \overline{y})^2 = \Sigma y_i^2 - (\Sigma y_i)^2/n$$

を全（総）平方和 (**total sum of squares, SST**) という．これは，応答変数 y に関する変動を表している．すべての応答変数 y がすべて同じ値ならば，SST=0 となり，y の値の変動が大きければ，SST も大きくなる．y の（不偏）標本分散は，

$$s_y^2 = \frac{1}{n-1}\Sigma(y_i - \overline{y})^2$$

ここで，偏差 (**deviation**) は次のように書くことができる．

$$y_i - \overline{y} = (y_i - \hat{y}_i) - (\hat{y}_i - \overline{y})$$

ここで，$\hat{y}_i = \hat{\beta}_0 + \hat{\beta}_1 x_i$ は i 番目の当てはめ値である．また，

$$\begin{aligned}\text{SST} &= \Sigma(y_i - \overline{y})^2 = \Sigma(y_i - \hat{y}_i)^2 + \Sigma(\hat{y}_i - \overline{y})^2 \\ &\quad +2\Sigma(y_i - \hat{y}_i)(\hat{y}_i - \overline{y}) \\ &= \Sigma(y_i - \hat{y}_i)^2 + \Sigma(\hat{y}_i - \overline{y})^2\end{aligned}$$

最初の項を残差（誤差）平方和 (**residual(error) sum of squares), RSS, SSE)** といい，

$$\text{SSE} = \Sigma(y_i - \hat{y}_i)^2 = \Sigma[y_i - (\hat{\beta}_0 + \hat{\beta}_1 x_i)]^2$$

2 番目の項を回帰平方和 (**regression sum of squares), SSR)** といい，

$$\text{SSR} = \Sigma(\hat{y}_i - \overline{y})^2$$

つまり，

$$\text{SST} = \text{SSE} + \text{SSR}$$

また，次が成り立つ．

$$\begin{aligned}\text{SSR} &= \Sigma(\hat{y}_i - \overline{y})^2 \\ &= \Sigma(\hat{\beta}_0 - \hat{\beta}_1 x_i - \overline{y})^2 \\ &= \Sigma(\overline{y} - \hat{\beta}_1\overline{x} + \hat{\beta}_1 x_i - \overline{y})^2 \\ &= \hat{\beta}_1^2\Sigma(x_i - \overline{x})^2\end{aligned}$$

$$\text{SSE} = \Sigma y_i^2 - \hat{\beta}_0\Sigma y_i - \hat{\beta}_1\Sigma x_i y_i$$

$$\text{SST} = S_{yy} = \Sigma(y_i - \overline{y})^2 = \Sigma y_i^2 - (\Sigma y_i)^2/n$$

$$r^2 = \frac{\text{SSR}}{\text{SST}} = 1 - \frac{\text{SSE}}{\text{SST}}$$

を決定係数 (**coeffieient of determination**) という．$0 \leq r^2 \leq 1$ であり，$r^2 = 0$ ならば，y の変動は回帰モデルによって，まったく説明されていない．つまり，SST=SSE．$r^2 = 1$ ならば，y の変動は回帰モデルによって，完全に説明されている．つまり，SST=SSR．r^2 は総変動のうち，回帰モデルで説明された変動の割合を表していると解釈できる．

8.4.8 正規モデル

ここまでは，誤差項の期待値と分散については仮定したが，その分布は特定していなかったが，ここで，誤差項は正規分布に従っているという仮定を加える．すなわち，誤差項は，独立で，同じ期待値 0，分散 σ^2 の正規分布に従う．これを

$$\varepsilon_i \overset{i.i.d.}{\sim} N(0, \sigma^2),\ i = 1, 2, \ldots, n$$

と表す．ここで，$i.i.d.$ は独立で同一の分布 (independent and identically distributed) に従っていることを表す．すなわち，i 番目の応答変数 Y_i $(i = 1, 2, \ldots, n)$ は，互いに独立で，

$$Y_i \sim N(\beta_0 + \beta_1 x_i, \sigma^2),\ i = 1, 2, \ldots, n$$

$Y_1, Y_2, \ldots, Y_n$ の結合確率密度関数は，

$$\begin{aligned}&f(y_1, y_2, \ldots, y_n; \beta_0, \beta_1) \\ &= \frac{1}{(\sigma\sqrt{2\pi})^n}\exp\left(-\frac{1}{2\sigma^2}\Sigma(y_i - \beta_0 - \beta_1 x_i)^2\right)\end{aligned}$$

これを観測値 $\boldsymbol{y} = (y_1, y_2, \ldots, y_n)$ が与えられたときの．パラメータ $\beta_0, \beta_1, \sigma^2$ の関数とみなした $L(\beta_0, \beta_1, \sigma^2|\boldsymbol{y})$ を尤度関数 (**likelihood function**) という．尤度関数を最大にする $\hat{\beta}_0, \hat{\beta}_1, \hat{\sigma^2}$ を最大推定値 (maximum likelihood estimate, MLE) といい，推定量を最尤推定量 (maximum likelihood estimator, MLE) という．実際には，尤度関数の対数をとった対数尤度関数を最大にすることによって，最尤推定値を求めることができる．つまり，対数尤度関数

$$\begin{aligned}&l(\beta_0, \beta_1, \sigma^2|\boldsymbol{y}) = \log L(\beta_0, \beta_1, \sigma^2|\boldsymbol{y}) \\ &= K - \frac{2}{n}\log\sigma^2 - \frac{1}{2\sigma^2}\Sigma(y_i - \beta_0 - \beta_1 x_i)^2\end{aligned}$$

ここで，$K = -\frac{n}{2}\log(2\pi)$．$\sigma^2$ を固定しておいて，対数尤度関数を最大にするには，

$$\Sigma(y_i - \beta_0 - \beta_1 x_i)^2$$

を最小にすることと同値なので，パラメータ β_0, β_1 の最尤推定値は最小二乗推定値と同じものである．それら推定値 $\hat{\beta}_0, \hat{\beta}_1$ を代入し，σ^2 に関して最大にすると，

$$\hat{\sigma}^2_{\mathrm{MLE}} = \frac{1}{n}\Sigma(y_i - \hat{\beta}_0 - \hat{\beta}_1 x_i)^2$$

が σ^2 の最尤推定値である．

$$E(\hat{\sigma}^2_{\mathrm{MLE}}) = \frac{n-2}{n}\sigma^2$$

なので σ^2 の最尤推定量は不偏ではない．

8.4.9 推　測

ここでも，i 番目の応答変数 Y_i $(i = 1, 2, \ldots, n)$ は，互いに独立で

$$Y_i \sim N(\beta_0 + \beta_1 x_i, \sigma^2), \ i = 1, 2, \ldots, n$$

とする．

$$\hat{\beta}_1 = \frac{\Sigma(x_i - \bar{x})Y_i}{S_{xx}} = \Sigma c_i Y_i$$

ここで，$c_i = (x_i - \bar{x})/S_{xx}$ であり，独立な正規確率変数の線形結合なので正規分布に従う．

$$\mathrm{Var}(\hat{\beta}_1) = \sigma^2_{\hat{\beta}_1} = \frac{\sigma^2}{S_{xx}} \quad \sigma_{\hat{\beta}_1} = \frac{\sigma}{\sqrt{S_{xx}}}$$

つまり，

$$\hat{\beta}_1 \sim N\left(\beta_1, \frac{\sigma^2}{S_{xx}}\right)$$

σ^2 が未知の場合は，その不偏推定値 s^2 で置き換えて

$$s_{\hat{\beta}_1} = \frac{s}{\sqrt{S_{xx}}}$$

同様に，

$$\hat{\beta}_0 \sim N\left(\beta_0, \sigma^2\left(\frac{1}{n} + \frac{\bar{x}^2}{S_{xx}}\right)\right)$$

σ^2 が未知の場合は，その不偏推定値 s^2 で置き換えて

$$s_{\hat{\beta}_0} = s\sqrt{\frac{1}{n} + \frac{\bar{x}^2}{S_{xx}}}$$

したがって，

$$\frac{\hat{\beta}_1 - \beta_1}{\sigma/\sqrt{S_{xx}}} \sim N(0, 1)$$

$$\frac{\hat{\beta}_0 - \beta_0}{\sigma\sqrt{1/n + \bar{x}^2/S_{xx}}} \sim N(0, 1)$$

で与えられる．

次の節で一般の場合を示すが，次が成り立つことが示せる．

- $\dfrac{(n-2)s^2}{\sigma^2}$ は自由度 $n-2$ のカイ二乗分布に従う．
- s^2 と $\hat{\beta}_1$ は独立である．
- s^2 と $\hat{\beta}_0$ は独立である．

これらより，

$$T = \frac{\hat{\beta}_1 - \beta_1}{s/\sqrt{S_{xx}}} = \frac{\hat{\beta}_1 - \beta_1}{s_{\hat{\beta}_1}}$$

は，次のように変形できるので自由度 $n-2$ の t 分布に従う．

$$T = \frac{\hat{\beta}_1 - \beta_1}{s/\sqrt{S_{xx}}} = \frac{\dfrac{\hat{\beta}_1 - \beta_1}{\sigma/\sqrt{S_{xx}}}}{\sqrt{\dfrac{(n-2)s^2/\sigma^2}{(n-2)}}}$$

(1)　信頼区間

$$P\left(-t_{\alpha/2, n-2} < \frac{\hat{\beta}_1 - \beta_1}{s_{\hat{\beta}_1}} < t_{\alpha/2, n-2}\right) = 1 - \alpha$$

ここで，$t_{\alpha/2, n-2}$ は自由度 $n-2$ の t 分布の上側 $\alpha/2$ 点．すなわち，β_1 に関する $100(1-\alpha)$ % 信頼区間は，

$$\hat{\beta}_1 \pm t_{\alpha/2, n-2} \cdot s_{\hat{\beta}_1}$$

同様に，β_0 に関する $100(1-\alpha)$ % 信頼区間は，

$$\hat{\beta}_0 \pm t_{\alpha/2, n-2} \cdot s_{\hat{\beta}_0}$$

$\alpha = 0.05$ ならば，95 % 信頼区間である．

(2)　仮説検定

傾き β_1 が β_{10} に等しいという帰無仮説

$$H_0 : \beta_1 = \beta_{10}$$

に関して，検定統計量

$$T = \frac{\hat{\beta}_1 - \beta_{10}}{s_{\hat{\beta}_1}}$$

は帰無仮説のもとで自由度 $n-2$ の t 分布 (t_{n-2}) に従うことを用いて検定を行う．t_{obs} を観測された検定統計量の値とすると，両側 p 値は，

$$p = 2P(t_{n-2} \geq |t_{\mathrm{obs}}|)$$

p 値が小さければ，帰無仮説を棄却する．たとえば，p 値が有意水準 α より小さければ，帰無仮説を棄却する．通常，$\alpha = 0.05$ とか 0.01 が用いられる．

切片 β_0 に関しても同様．

(3) x^* の平均に関する推測

x^* の平均 $\mu_{x^*} = \beta_0 + \beta_1 x^*$ の推定量は

$$\hat{Y}_* = \hat{\beta}_0 + \hat{\beta}_1 x^*$$
$$= \sum_{i=1}^{n}\left[\frac{1}{n} + \frac{(x^* - \overline{x})^2}{\Sigma(x_j - \overline{x})^2}\right] Y_i = \sum_{i=1}^{n} k_i Y_i$$

と書けるので，やはり，正規分布に従っている．ここで $k_i = 1/n + (x^* - \overline{x})^2/\Sigma(x_j - \overline{x})^2$.

$$E(\hat{Y}_*) = E(\hat{\beta}_0 + \hat{\beta}_1 x^*) = \beta_0 + \beta_1 x^*$$

$$\mathrm{Var}(\hat{Y}_*) = \sigma^2_{\hat{Y}_*}$$
$$= \sigma^2\left[\frac{1}{n} + \frac{(x^* - \overline{x})^2}{\Sigma x_i^2 - (\Sigma x_i)^2/n}\right]$$
$$= \sigma^2\left[\frac{1}{n} + \frac{(x^* - \overline{x})^2}{S_{xx}}\right]$$

これは，次で推定される．

$$s_{\hat{Y}_*} = s_{\hat{\beta}_0 + \hat{\beta}_1 x^*} = s\sqrt{\frac{1}{n} + \frac{(x^* - \overline{x})^2}{S_{xx}}}$$

また，前と同様に，

$$T = \frac{\hat{\beta}_0 + \hat{\beta}_1 x^* - (\beta_0 + \beta_1 x^*)}{s_{\hat{\beta}_0 + \hat{\beta}_1}} = \frac{\hat{Y}_* - (\beta_0 + \beta_1 x^*)}{s_{\hat{Y}_*}}$$

は自由度 $n-2$ の t 分布に従う．

x^* の平均 $\mu_{x^*} = \beta_0 + \beta_1 x^*$ の $100(1-\alpha)$ % 信頼区間は，

$$\hat{y}_* \pm t_{\alpha/2,\, n-2} \cdot s_{\hat{Y}_*}$$

8.4.10 予 測

新たな説明変数 x_p に対する応答変数の値に関する予測を考える．平均 $\mu_{x_p} = \beta_0 + \beta_1 x_p$ ではなく応答変数．

$$Y_P = \beta_0 + \beta_1 x_p + \varepsilon_p$$

つまり，確率変数の値に関してなので予測といわれる．

予測量は，

$$\hat{Y}_p = \hat{\beta}_0 + \hat{\beta}_1 x^*$$

つまり，平均の推定量と同じである．また，

$$E(Y_p - \hat{Y}_p) = 0$$

予測誤差 (predictin error) は次で与えられる．

$$\mathrm{Var}[Y_p - (\hat{\beta}_0 + \hat{\beta}_1 x_p)] = \mathrm{Var}(Y_p) + \mathrm{Var}(\hat{\beta}_0 + \hat{\beta}_1 x_p)$$
$$= \sigma^2 + \sigma^2\left[\frac{1}{n} + \frac{(x_p - \overline{x})^2}{S_{xx}}\right]$$
$$= \sigma^2\left[1 + \frac{1}{n} + \frac{(x_p - \overline{x})^2}{S_{xx}}\right]$$

したがって，

$$T = \frac{Y_p - (\hat{\beta}_0 + \hat{\beta}_1 x_p)}{s\sqrt{1 + \frac{1}{n} + \frac{(x_p - \overline{x})^2}{S_{xx}}}}$$

は自由度 $n-2$ の t 分布に従う．

$$\hat{\beta}_0 + \hat{\beta}_1 x_p \pm t_{\alpha/2,\, n-2} \cdot s\sqrt{1 + \frac{1}{n} + \frac{(x_p - \overline{x})^2}{S_{xx}}}$$

を説明変数 x_p に対する応答変数の $100(1-\alpha)$ % **予測区間 (prediction interval)** とよばれる．

8.4.11 相 関 解 析

ここでは，n 組の観測値 $(x_1, y_1), (x_2, y_2), \ldots, (x_n, y_n)$ は 2 変量正規分布からランダム標本の観測値とする．すなわち，$(X_1, Y_1), (X_2, Y_2), \ldots, (X_n, Y_n)$ は独立でパラメータ $(\mu_X, \mu_Y, \sigma_x^2, \sigma_Y^2, \rho)$ の 2 変量正規分布に従う．

標本相関係数 (sample correlation coefficient) を次で定義する．

$$r = \frac{S_{xy}}{\sqrt{\Sigma(x_i - \overline{x})^2}\sqrt{\Sigma(y_i - \overline{y})^2}} = \frac{S_{xy}}{\sqrt{S_{xx}}\sqrt{S_{yy}}}$$

ここで，

$$S_{xy} = \sum_{i=1}^{n}(x_i - \overline{x})(y_i - \overline{y})$$
$$= \sum_{i=1}^{n} x_i y_i - \frac{\left(\sum_{i=1}^{n} x_i\right)\left(\sum_{i=1}^{n} y_i\right)}{n}$$

$\hat{y}_i - \overline{y} = \hat{\beta}_1(x_i - \overline{x})$ より，

$$\mathrm{SSR} = \Sigma(\hat{y}_i - \overline{y})^2 = \hat{\beta}_1^2 \Sigma(x_i - \overline{x})^2$$
$$= \left[\frac{\Sigma(x_i - \overline{x})(y_i - \overline{y})}{\Sigma(x_i - \overline{x})^2}\right]^2 \Sigma(x_i - \overline{x})^2$$
$$= \frac{[\Sigma(x_i - \overline{x})(y_i - \overline{y})]^2}{\Sigma(x_i - \overline{x})^2 \Sigma(y_i - \overline{y})^2} \Sigma(y_i - \overline{y})^2$$
$$= r^2 \mathrm{SST}$$

$$r^2 = \mathrm{SSR}/\mathrm{SST} = R^2$$

よって，$-1 \leq r \leq 1$.

一般に，2つの確率変数 X, Y の相関係数は

$$\rho = \rho(X, Y) = \frac{\mathrm{Cov}(X, Y)}{\sigma_X \sigma_Y}$$

と定義される．ここで，Cov(X, Y) は X と Y の共分散で，

$$\mathrm{Cov}(X, Y) = \mathrm{E}[(X - \mathrm{E}(X))(Y - \mathrm{E}(Y))]$$

母集団が2変量正規分布の場合は，

$$r = \hat{\rho} = \frac{\Sigma(X_i - \overline{X})(Y_i - \overline{Y})}{\sqrt{\Sigma(X_i - \overline{X})^2}\sqrt{\Sigma(Y_i - \overline{Y})^2}}$$

が母相関係数の最尤推定量であることが示せる．

帰無仮説 $H_0 : \rho = 0$ のもとで，

$$T = \frac{R\sqrt{n-2}}{\sqrt{1-R^2}}$$

は自由度 $n-1$ の t 分布に従うことを示すことができる．また，

$$V = \frac{1}{2}\log\frac{1+R}{1-R}$$

は期待値 $\mu_V = \dfrac{1}{2}\log\left(\dfrac{1+\rho}{1-\rho}\right)$ と分散 $\sigma_V^2 = \dfrac{1}{n-3}$ をもつ正規分布に近似的に従う．

帰無仮説 $H_0 : \rho = \rho_0$ のもとで，

$$Z = \frac{V - \frac{1}{2}\ln[(1+\rho_0)/(1-\rho_0)]}{1/\sqrt{n-3}}$$

の分布は n が大きいときに標準正規分布で近似できる．

$\mu_v = \dfrac{1}{2}\log[(1+\rho)/(1-\rho)]$ に関する $100(1-\alpha)$ % 信頼区間は，

$$\left(v - \frac{z_{\alpha/2}}{\sqrt{n-3}},\ v + \frac{z_{\alpha/2}}{\sqrt{n-3}}\right)$$

ここで，$v = \dfrac{1}{2}\log\dfrac{1+r}{1-r}$．よって，$\rho$ に関する $100(1-\alpha)$ % 信頼区間は，

$$\left(\frac{\mathrm{e}^{2c_1}-1}{\mathrm{e}^{2c_1}+1},\ \frac{\mathrm{e}^{2c_2}-1}{\mathrm{e}^{2c_2}+1}\right)$$

ここで，c_1, c_2 はそれぞれの左端点と右端点である．

8.5 重回帰モデル

単回帰モデルの一般的なモデルの拡張として，応答変数 Y と k 個の説明変数 $x_1, x_2, \ldots, x_k$ に次のような関係があるとき，

$$Y = \beta_0 + \beta_1 x_1 + \beta_2 x_2 + \cdots + \beta_k x_k + \varepsilon$$

このモデルを**重回帰モデル (multiple regression model)** という．ここで，ε は**誤差項 (error term)** で期待値 $E(\varepsilon) = 0$ で分散 $\mathrm{Var}(\varepsilon) = \sigma^2$ と仮定する．

n 個の応答変数 $Y_1, Y_2, \ldots, Y_n$ に対して，

$$Y_i = \beta_0 + \beta_1 x_{i1} + \beta_2 x_{i2} + \cdots + \beta_k x_{ik} + \varepsilon_i$$

ここで，x_{ij} は i 番目の観測値の j 番目の説明変数，誤差項 ε_i は独立であるとする ($i = 1, 2, \ldots, n,\ j = 1, 2, \ldots, k$)．

$x_1^*, x_2^*, \ldots, x_k^*$ を特定の説明変数の値とすると，

$$\mu_{Y \cdot x_1^*, x_2^*, \ldots, x_k^*} = \beta_0 + \beta_1 x_1^* + \cdots + \beta_k x_k^*$$

は（条件付）期待値で，回帰関数とよばれる．

パラメータ $\beta_0, \beta_1, \beta_2, \ldots, \beta_k$ は未知の回帰係数で，次の残差平方和を最小にする値を回帰係数の最小推定値という．

$$S(b_0, b_1, \ldots, b_k) = \sum_{i=1}^{n}\left[y_i - (b_0 + b_1 x_{i1} + \cdots + b_k x_{ik})\right]^2$$

各係数に関して偏微分をし，0とおくことにより次の正規方程式を得る．

$$\begin{aligned}
\Sigma\left[y_i - (b_0 + x_{i1}b_1 + x_{i2}b_2 + \cdots + x_{ik}b_k)\right] &= 0 \\
\Sigma x_{i1}\left[y_i - (b_0 + x_{i1}b_1 + x_{i2}b_2 + \cdots + x_{ik}b_k)\right] &= 0 \\
&\vdots \\
\Sigma x_{ik}\left[y_i - (b_0 + x_{i1}b_1 + x_{i2}b_2 + \cdots + x_{ik}b_k)\right] &= 0
\end{aligned}$$

重回帰モデルを行列を用いて表すと，n 個の応答変数 $Y_1, Y_2, \ldots, Y_n$ に対して，

$$\begin{bmatrix} Y_1 \\ \vdots \\ Y_n \end{bmatrix} = \begin{bmatrix} \beta_0 + \beta_1 x_{11} + \beta_2 x_{12} + \cdots + \beta_k x_{1k} + \varepsilon_1 \\ \vdots \\ \beta_0 + \beta_1 x_{n1} + \beta_2 x_{n2} + \cdots + \beta_k x_{nk} + \varepsilon_n \end{bmatrix}$$

ここで，$\boldsymbol{Y}$ を応答変数の $n \times 1$ ベクトル，$\boldsymbol{\beta}$ を係数パラメータの $(k+1) \times 1$ ベクトル，$\boldsymbol{\varepsilon}$ を $n \times 1$ 誤差ベクトル，$\boldsymbol{X}$ を $n \times (k+1)$ の1と説明変数からなる行列とする．$\boldsymbol{X}$ をデザイン行列ということもある．

$\boldsymbol{Y}, \boldsymbol{\beta}, \boldsymbol{\varepsilon}$ を

$$\boldsymbol{Y} = \begin{bmatrix} Y_1 \\ \vdots \\ Y_n \end{bmatrix}, \quad \boldsymbol{\beta} = \begin{bmatrix} \beta_0 \\ \beta_1 \\ \vdots \\ \beta_k \end{bmatrix}, \quad \boldsymbol{\varepsilon} = \begin{bmatrix} \varepsilon_1 \\ \vdots \\ \varepsilon_n \end{bmatrix}$$

とし，デザイン行列 $\boldsymbol{X}$ とすると，

$$\boldsymbol{X} = \begin{bmatrix} 1 & x_{11} & \cdots & x_{1k} \\ \vdots & \vdots & & \vdots \\ 1 & x_{n1} & \cdots & x_{nk} \end{bmatrix}$$

多変量回帰モデルは，

$$\begin{bmatrix} Y_1 \\ \vdots \\ Y_n \end{bmatrix} = \begin{bmatrix} 1 & x_{11} & \cdots & x_{1k} \\ \vdots & \vdots & & \vdots \\ 1 & x_{n1} & \cdots & x_{nk} \end{bmatrix} \begin{bmatrix} \beta_0 \\ \beta_1 \\ \vdots \\ \beta_k \end{bmatrix} + \begin{bmatrix} \varepsilon_1 \\ \vdots \\ \varepsilon_n \end{bmatrix}$$
$$= \boldsymbol{Y} = \boldsymbol{X\beta} + \boldsymbol{\varepsilon}$$

と表すことができる．

ここで，誤差項 ε_i $(i = 1, 2, \ldots, n)$ は，期待値 0，分散 σ^2 の互いに独立な確率変数とする．

- 期待値ベクトル $E(\boldsymbol{\varepsilon}) = \boldsymbol{0}$
- 分散共分散行列 $\mathrm{Var}(\boldsymbol{\varepsilon}) = \sigma^2 \boldsymbol{I}_n$

が成り立つと仮定する．すなわち，

- 期待値ベクトル $E(\boldsymbol{Y}) = \boldsymbol{X\beta}$
- 分散共分散行列 $\mathrm{Var}(\boldsymbol{Y}) = \sigma^2 \boldsymbol{I}_n$

が成り立つ．ここで，$\boldsymbol{0}$ は $n \times 1$ の 0 ベクトル，$\boldsymbol{I}_n$ は n 次の単位行列を表す．

n 個の観測値 $(y_1, \boldsymbol{x}_1), \ldots, (y_n, \boldsymbol{x}_n)$ が与えられたとき，次の残差平方和 $S(\boldsymbol{b})$ を最小とする $\hat{\boldsymbol{\beta}} = (\hat{\beta}_0, \hat{\beta}_1, \ldots, \hat{\beta}_k)$ を係数パラメータ $\boldsymbol{\beta}$ の最小二乗推定値という．$\boldsymbol{x}_i = (x_{i1}, x_{i2}, \ldots, x_{ik})$ $(i = 1, 2, \ldots, n)$ は i 番目の説明変数ベクトル．残差平方和は，

$$S(\boldsymbol{b}) = \sum_{i=1}^{n} \left[y_i - (b_0 + b_1 x_{i1} + b_2 x_{i2} + \cdots + b_k x_{ik}) \right]^2$$
$$= (\boldsymbol{y} - \boldsymbol{Xb})^T (\boldsymbol{y} - \boldsymbol{Xb}) = ||\boldsymbol{y} - \boldsymbol{Xb}||^2$$
$$= \boldsymbol{y}^T \boldsymbol{y} - 2\boldsymbol{b}^T \boldsymbol{X}^T \boldsymbol{y} + \boldsymbol{b}^T \boldsymbol{X}^T \boldsymbol{Xb}$$

ここで，$||\cdot||$ はユークリッドの距離．各 $b_0, b_1, \ldots, b_k$ に関して偏微分し，0 とおくと，次の正規方程式を得る．

$$b_0 \sum_{i=1}^{n} 1 + b_1 \sum_{i=1}^{n} x_{i1} + \cdots + b_k \sum_{i=1}^{n} x_{ik} = \sum_{i=1}^{n} y_i$$
$$b_0 \sum_{i=1}^{n} x_{i1} + b_1 \sum_{i=1}^{n} x_{i1} x_{i1} + \cdots + b_k \sum_{i=1}^{n} x_{i1} x_{ik} = \sum_{i=1}^{n} x_{i1} y_i$$
$$\vdots$$
$$b_0 \sum_{i=1}^{n} x_{ik} + b_1 \sum_{i=1}^{n} x_{i1} x_{i1} + \cdots + b_k \sum_{i=1}^{n} x_{ik} x_{ik} = \sum_{i=1}^{n} x_{ik} y_i$$

これは次のように書くことができる．

$$\begin{bmatrix} \sum_{i=1}^{n} 1 & \sum_{i=1}^{n} x_{i1} & \cdots & \sum_{i=1}^{n} x_{ik} \\ \sum_{i=1}^{n} x_{i1} & \sum_{i=1}^{n} x_{i1} x_{i1} & \cdots & \sum_{i=1}^{n} x_{i1} x_{ik} \\ & \vdots & & \\ \sum_{i=1}^{n} x_{ik} & \sum_{i=1}^{n} x_{ik} x_{i1} & \cdots & \sum_{i=1}^{n} x_{ik} x_{ik} \end{bmatrix} \begin{bmatrix} b_0 \\ b_1 \\ \vdots \\ b_k \end{bmatrix} = \begin{bmatrix} \sum_{i=1}^{n} y_i \\ \sum_{i=1}^{n} x_{i1} y_i \\ \vdots \\ \sum_{i=1}^{n} x_{ik} y_i \end{bmatrix}$$

形式的に，行列を用いて次のように表すこともある．

$$\frac{\partial S(\boldsymbol{b})}{\partial \boldsymbol{b}} = -2\boldsymbol{X}^T \boldsymbol{y} + 2\boldsymbol{X}^T \boldsymbol{Xb} = \boldsymbol{0}$$

したがって，正規方程式は，

$$\boldsymbol{X}^T \boldsymbol{X} \hat{\boldsymbol{\beta}} = \boldsymbol{X}^T \boldsymbol{y}$$

$\boldsymbol{X}$ がフルランクの場合，すなわち，$\boldsymbol{X}$ の各列が線形独立であるときは，$(\boldsymbol{X}^T \boldsymbol{X})^{-1}$ が存在する．正規方程式の解が一意に存在し，

$$\hat{\boldsymbol{\beta}} = (\boldsymbol{X}^T \boldsymbol{X})^{-1} \boldsymbol{X}^T \boldsymbol{y}$$

が $\boldsymbol{\beta}$ の最小二乗推定値である．このとき，当てはめ値（予測値）は，

$$\begin{bmatrix} \hat{y}_1 \\ \vdots \\ \hat{y}_n \end{bmatrix} = \hat{\boldsymbol{y}} = \boldsymbol{X} \hat{\boldsymbol{\beta}} = \boldsymbol{X} [\boldsymbol{X}^T \boldsymbol{X}]^{-1} \boldsymbol{X}^T \boldsymbol{y}$$
$$= \boldsymbol{Hy}$$

ここで，$n \times n$ 行列 $\boldsymbol{H} = \boldsymbol{X} [\boldsymbol{X}^T \boldsymbol{X}]^{-1} \boldsymbol{X}^T$ をハット行列という．

定理 8.5.1.

(i) $\boldsymbol{H}$ と $\boldsymbol{I}_n - \boldsymbol{H}$ は対称でべき等行列である．

(ii) $\mathrm{rank}(\boldsymbol{I}_n - \boldsymbol{H}) = \mathrm{tr}(\boldsymbol{I}_n - \boldsymbol{H}) = n - (k+1)$.

(iii) $\boldsymbol{HX} = \boldsymbol{X}$.

ここで，$\boldsymbol{I}_n$ は n 次の単位行列．

証明

$$\boldsymbol{H}^T = (\boldsymbol{X}(\boldsymbol{X}^T \boldsymbol{X})^{-1} \boldsymbol{X}^T)^T = \boldsymbol{X}(\boldsymbol{X}^T \boldsymbol{X})^{-1} \boldsymbol{X}^T = \boldsymbol{H}$$

また，

$$H^2 = X(X^TX)^{-1}X^TX(X^TX)^{-1}X^T$$
$$= XI_{k+1}(X^TX)^{-1}X^T = H,$$

$$\mathrm{rank}(I_n - H) = \mathrm{tr}(I_n - H)$$
$$= n - \mathrm{tr}(H),$$
$$\mathrm{tr}(H) = \mathrm{tr}[X(X^TX)^{-1}X^T]$$
$$= \mathrm{tr}[XX(X^TX)^{-1}])$$
$$= \mathrm{tr}(I_{k+1}) = k+1.$$

$$HX = X(X^TX)^{-1}X^TX = X. \qquad \square$$

残差ベクトルは，

$$e = y - \hat{y} = y - Hy = (I_n - H)y$$

正規方程式を書き直すと，

$$0 = X^Ty - X^TX\hat{\beta}$$
$$= X^T(y - X\hat{\beta}) = X^T(y - \hat{y}) = X^Te$$

また，残差平方和は

$$e^Te = \left(Y - X\hat{\beta}\right)^T\left(Y - X\hat{\beta}\right)$$
$$= Y^TY - 2\hat{\beta}^TX^TY + \hat{\beta}^TX^TX\hat{\beta}$$
$$= Y^TY - \hat{\beta}^TX^TY + \hat{\beta}^T\left[X^TX\hat{\beta} - X^TY\right]$$
$$= Y^TY - \hat{\beta}^TX^TY$$
$$= Y^TY - \hat{\beta}^TX^TX\hat{\beta},$$

残差ベクトルの期待値は，

$$E(e) = (I_n - H)E(Y) = (I_n - H)X\beta = 0$$

残差ベクトルの分散共分散行列は，

$$\mathrm{Var}(e) = (I_n - H)\mathrm{Var}(Y)(I_n - H)^T$$
$$= \sigma^2(I_n - H)$$

最小二乗推定量と残差は共分散が $\mathbf{0}$ である．

$$\mathrm{Cov}[\hat{\beta}, Y - X\hat{\beta}] = \mathrm{Cov}[(X^TX)^{-1}X^TY, (I_n - H)Y]$$
$$= (X^TX)^{-1}X^T\mathrm{Var}[Y](I_n - H)^T$$
$$= \sigma^2(X^TX)^{-1}X^T(I_n - H)$$
$$= 0$$

問 8.5.1. 前節の単回帰モデルを行列を用いて表し，結果を確かめよ．

8.5.1 決定係数

残差平方和 (RSS, SSE) は，

$$\mathrm{SSE} = (y - \hat{y})^T(y - \hat{y}) = ||y - \hat{y}||^2$$

ここで，$||\cdot||$ はユークリッドの距離．

総平方和 (SST) は次のように残差平方和と回帰平方和 (SSR) に分解できる．

$$\mathrm{SST} = ||y - \overline{y}||^2$$
$$= \left[(y - \hat{y}) + (\hat{y} - \overline{y})\right]^T\left[(y - \hat{y}) + (\hat{y} - \overline{y})\right]$$
$$= ||y - \hat{y}||^2 + ||\hat{y} - \overline{y}||^2$$
$$= \mathrm{SSE} + \mathrm{SSR}.$$

すなわち，

$$\mathrm{SST} = \mathrm{SSE} + \mathrm{SSR}$$

これから，決定係数 (coefficient of determination) は，

$$R^2 = \frac{\mathrm{SSR}}{\mathrm{SST}} = \frac{\mathrm{SST} - \mathrm{SSE}}{\mathrm{SST}} = 1 - \frac{\mathrm{SSE}}{\mathrm{SST}}$$

次のように変数の数を考慮した調整済み (adjusted) 決定係数を定義する．

$$R_a^2 = 1 - \frac{\mathrm{MSE}}{\mathrm{MST}} = 1 - \frac{\mathrm{SSE}/[n-(k+1)]}{\mathrm{SST}/(n-1)}$$
$$= 1 - \frac{n-1}{n-(k+1)}\frac{\mathrm{SSE}}{\mathrm{SST}} \qquad (8.5.1)$$

単回帰モデルのときと同様に，決定係数が 1 に近ければ，モデルの当てはまりが良く，決定係数が 0 に近ければ，回帰モデルの当てはまりは良くないと解釈できる．変数が増えれば，決定係数が大きくなることが示せることから，変数の個数を考慮して当てはまりを見るために，調整済み決定係数を用いる．

8.5.2 最小二乗推定量の性質

次の仮定が成り立っているとする．

- $E(Y) = X\beta$
- $\mathrm{Var}(Y) = \sigma^2 I_n$

ここで，I_n は n 次の単位行列．X はフルランクとする．

β の最小二乗推定量

$$\hat{\beta} = (X^TX)^{-1}X^TY$$

は線形推定量である．その期待値は，

$$E[\hat{\beta}] = (X^TX)^{-1}X^TE[Y]$$
$$= (X^TX)^{-1}X^TX\beta$$
$$= \beta,$$

つまり，最小二乗推定量 $\hat{\beta}$ は β の不偏推定量であ

る．

最小二乗推定量 $\hat{\boldsymbol{\beta}}$ の分散共分散行列は，

$$\begin{aligned}\mathrm{Var}[\hat{\boldsymbol{\beta}}] &= \mathrm{Var}[(\boldsymbol{X}^T\boldsymbol{X})^{-1}\boldsymbol{X}^T\boldsymbol{Y})] \\ &= (\boldsymbol{X}^T\boldsymbol{X})^{-1}\boldsymbol{X}^T\mathrm{Var}[\boldsymbol{Y}]\boldsymbol{X}(\boldsymbol{X}^T\boldsymbol{X})^{-1} \\ &= \sigma^2(\boldsymbol{X}^T\boldsymbol{X})^{-1}(\boldsymbol{X}^T\boldsymbol{X})(\boldsymbol{X}^T\boldsymbol{X})^{-1} \\ &= \sigma^2(\boldsymbol{X}^T\boldsymbol{X})^{-1}.\end{aligned}$$

定理 8.5.2 (ガウス-マルコフ定理)**．** $\boldsymbol{\theta} = \boldsymbol{X\beta}$ とし，$\hat{\boldsymbol{\theta}} = \boldsymbol{X}\hat{\boldsymbol{\beta}}$ をその最小二乗推定量とする．$\boldsymbol{c}$ を定数ベクトルとする．$\boldsymbol{c}^T\hat{\boldsymbol{\theta}}$ は $\boldsymbol{c}^T\boldsymbol{\theta}$ のほかのどの線形不偏推定量 $\boldsymbol{d}^T\boldsymbol{Y}$ に対して，

$$\mathrm{Var}[\boldsymbol{c}^T\hat{\boldsymbol{\theta}}] \leq \mathrm{Var}[\boldsymbol{d}^T\boldsymbol{Y}]$$

最小二乗推定量 $\boldsymbol{c}^T\hat{\boldsymbol{\theta}}$ は $\boldsymbol{c}^T\boldsymbol{\theta}$ の最良線形不偏推定量 (BLUE) であるという．

証明

$\hat{\boldsymbol{\theta}} = \boldsymbol{X}\hat{\boldsymbol{\beta}} = \boldsymbol{HY}$ であり，

$$E(\boldsymbol{c}^T\hat{\theta}) = E(\boldsymbol{c}^T\boldsymbol{HY}) = \boldsymbol{H}E(\boldsymbol{Y}) = \boldsymbol{c}^T\boldsymbol{HX\beta} = \boldsymbol{c}^T\boldsymbol{X\beta}$$

$\boldsymbol{d}^T\boldsymbol{Y}$ をほかの線形不偏推定量とすると，

$$\boldsymbol{c}^T\boldsymbol{X\beta} = E(\boldsymbol{d}^T\boldsymbol{Y}) = \boldsymbol{d}^T\boldsymbol{X\beta}$$

ゆえに，$\boldsymbol{H}(\boldsymbol{c}-\boldsymbol{d}) = \boldsymbol{0}$.

$$\begin{aligned}\mathrm{Var}[\boldsymbol{c}^T\hat{\boldsymbol{\theta}}] &= \mathrm{Var}[(\boldsymbol{Hc})^T\boldsymbol{Y}] \\ &= \mathrm{Var}[(\boldsymbol{Hd})^T\boldsymbol{Y}] \\ &= \sigma^2\boldsymbol{d}^T\boldsymbol{H}^T\boldsymbol{Hd} \\ &= \sigma^2\boldsymbol{d}^T\boldsymbol{H}^2\boldsymbol{d} \\ &- \sigma^2\boldsymbol{d}^T\boldsymbol{Hd}\end{aligned}$$

これより，

$$\begin{aligned}\mathrm{Var}[\boldsymbol{d}^T\boldsymbol{Y}] - \mathrm{Var}[\boldsymbol{c}^T\hat{\boldsymbol{\theta}}] &= \mathrm{Var}[\boldsymbol{d}^T\boldsymbol{Y}] - \mathrm{Var}[(\boldsymbol{Hd})^T\boldsymbol{Y}] \\ &= \sigma^2(\boldsymbol{d}^T\boldsymbol{d} - \boldsymbol{d}^T\boldsymbol{Hd}) \\ &= \sigma^2\boldsymbol{d}^T(\boldsymbol{I}_n - \boldsymbol{H})\boldsymbol{d} \\ &= \sigma^2\boldsymbol{d}^T(\boldsymbol{I}_n - \boldsymbol{H})^T(\boldsymbol{I}_n - \boldsymbol{H})\boldsymbol{d} \\ &= \sigma^2\boldsymbol{d}_1^T\boldsymbol{d}_1 \geq 0,\end{aligned}$$

ただし $\boldsymbol{d}_1 = (\boldsymbol{I}_n - \boldsymbol{H})\boldsymbol{d}$ とする．　□

また，当てはめ値 $\hat{\boldsymbol{Y}}$ は，

$$\hat{\boldsymbol{Y}} = \boldsymbol{X}\hat{\boldsymbol{\beta}} = \boldsymbol{X}(\boldsymbol{X}^T\boldsymbol{X})^{-1}\boldsymbol{X}^T\boldsymbol{Y} = \boldsymbol{HY}$$

ここで，$\boldsymbol{H} = \boldsymbol{X}[\boldsymbol{X}^T\boldsymbol{X}]^{-1}\boldsymbol{X}^T$ はハット行列である．

$\hat{\boldsymbol{Y}}$ の期待値は

$$E(\hat{\boldsymbol{Y}}) = \boldsymbol{X\beta}$$

であり，$\hat{\boldsymbol{Y}}$ の分散共分散は，

$$\begin{aligned}\mathrm{Var}(\hat{\boldsymbol{Y}}) &= \boldsymbol{H}\mathrm{Var}(\boldsymbol{Y})\boldsymbol{H}^T \\ &= \boldsymbol{X}[\boldsymbol{X}^T\boldsymbol{X}]^{-1}\boldsymbol{X}^T[\sigma^2\boldsymbol{I}]\boldsymbol{X}[\boldsymbol{X}^T\boldsymbol{X}]^{-1}\boldsymbol{X}^T \\ &= \sigma^2\boldsymbol{X}[\boldsymbol{X}^T\boldsymbol{X}]^{-1}\boldsymbol{X}^T = \sigma^2\boldsymbol{H}.\end{aligned}$$

8.5.3　σ^2 の不偏推定量

誤差分散 σ^2 の推定は，通常次の残差平均平方 (Mean Square Error, MSE) を用いる．

$$\hat{\sigma}^2 = s^2 = \frac{\mathrm{SSE}}{n-(k+1)} = \mathrm{MSE},$$

また，

$$s = \sqrt{s^2} = \sqrt{\mathrm{MSE}}$$

を平均二乗平方根誤差，ルート平均二乗誤差 (**Root MSE，RMSE**) などとよぶ．

次に，平均二乗誤差は σ^2 の不偏推定量であることを示す．

$$s^2 = \frac{\mathrm{SSE}}{n-(k+1)} = \frac{(\boldsymbol{Y}-\hat{\boldsymbol{Y}})^T(\boldsymbol{Y}-\hat{\boldsymbol{Y}})}{n-(k+1)}$$

ここで，$\hat{\boldsymbol{Y}} = \boldsymbol{X}\hat{\boldsymbol{\beta}}$. このとき，

$$E(s^2) = \sigma^2$$

$$\boldsymbol{Y} - \hat{\boldsymbol{Y}} = (\boldsymbol{I}_n - \boldsymbol{H})\boldsymbol{Y},$$

$$\begin{aligned}(n-(k+1))s^2 &= \boldsymbol{Y}^T(\boldsymbol{I}_n - \boldsymbol{H})^T(\boldsymbol{I}_n - \boldsymbol{H})\boldsymbol{Y} \\ &= \boldsymbol{Y}^T(\boldsymbol{I}_n - \boldsymbol{H})^2\boldsymbol{Y} \\ &= \boldsymbol{Y}^T(\boldsymbol{I}_n - \boldsymbol{H})\boldsymbol{Y}.\end{aligned}$$

$$\begin{aligned}E[\boldsymbol{Y}^T(\boldsymbol{I}_n - \boldsymbol{H})\boldsymbol{Y}] &= \sigma^2\mathrm{tr}(\boldsymbol{I}_n - \boldsymbol{H}) \\ &\quad + \boldsymbol{\beta}^T\boldsymbol{X}^T(\boldsymbol{I}_n - \boldsymbol{H})\boldsymbol{X\beta} \\ &= \sigma^2(n-(k+1)),\end{aligned}$$

したがって，s^2 は σ^2 の不偏推定量である．

8.5.4　正規モデル

ここからは，誤差項が正規分布に従っているという仮定を加える．すなわち，

$$\boldsymbol{e} \sim N_n(\boldsymbol{0}, \sigma^2\boldsymbol{I}_n)$$

すなわち，

$$\boldsymbol{Y} \sim N_n(\boldsymbol{X\beta}, \sigma^2\boldsymbol{I}_n)$$

尤度関数は，

$$L(\boldsymbol{\beta}, \sigma^2) = (2\pi\sigma^2)^{-n/2} \exp\left\{-\frac{1}{2\sigma^2}||\boldsymbol{y} - \boldsymbol{X\beta})||^2\right\}.$$

$v = \sigma^2$ とし，$l(\boldsymbol{\beta}, v) = \log L(\boldsymbol{\beta}, \sigma^2)$ とおくと対数尤度関数は，

$$l(\boldsymbol{\beta}, v) = \boldsymbol{K} - \frac{n}{2}\log v - \frac{1}{2v}||\boldsymbol{y} - \boldsymbol{X\beta}||^2,$$

$$\frac{\partial l}{\partial \boldsymbol{\beta}} = -\frac{1}{2v}(-2\boldsymbol{X}^T\boldsymbol{y} + \boldsymbol{2X}^T\boldsymbol{X\beta})$$
$$\frac{\partial l}{\partial v} = -\frac{n}{2v} + \frac{1}{2v^2}||\boldsymbol{y} - \boldsymbol{X\beta}||^2.$$

$\frac{\partial l}{\partial \boldsymbol{\beta}} = \boldsymbol{0}$ から，$\boldsymbol{\beta}$ の最小二乗推定量を得る．
$\boldsymbol{X}$ はフルランクとすると，

$$\hat{\boldsymbol{\beta}} = (\boldsymbol{X}^T\boldsymbol{X})^{-1}\boldsymbol{X}^T\boldsymbol{Y}$$

すなわち，すべての $v > 0$ に対して，

$$l(\boldsymbol{\beta}, v) \leq l(\hat{\boldsymbol{\beta}}, v)$$

$\frac{\partial l}{\partial v} = 0$ から，$\hat{v} = SSE/n$ を得る．すると，

$$l(\hat{\boldsymbol{\beta}}, \hat{v}) - l(\hat{\boldsymbol{\beta}}, v) \geq \boldsymbol{0},$$

まとめると，$\boldsymbol{\beta}$ と σ^2 の最尤推定量は，それぞれ，

$$\hat{\boldsymbol{\beta}} = (\boldsymbol{X}^T\boldsymbol{X})^{-1}\boldsymbol{X}^T\boldsymbol{Y}$$

$$\hat{\sigma}^2_{MLE} = \frac{\mathrm{SSE}}{n} = \frac{(\boldsymbol{Y} - \hat{\boldsymbol{Y}})^T(\boldsymbol{Y} - \hat{\boldsymbol{Y}})}{n}$$

8.5.5 標 本 分 布

ここでも正規線形モデルを考える．

定理 8.5.3.

(i) $\hat{\boldsymbol{\beta}} \sim N_{k+1}(\boldsymbol{\beta}, \sigma^2(\boldsymbol{X}^T\boldsymbol{X})^{-1})$.
(ii) $(\hat{\boldsymbol{\beta}} - \boldsymbol{\beta})^T\boldsymbol{X}^T\boldsymbol{X}(\hat{\boldsymbol{\beta}} - \boldsymbol{\beta})/\sigma^2 \sim \chi^2_{k+1}$.
(iii) s^2 と $\hat{\boldsymbol{\beta}}$ は独立である．
(iv) $\mathrm{SSE}/\sigma^2 = (n - (k+1))s^2/\sigma^2 \sim \chi^2_{n-(k+1)}$.
ただし，$\boldsymbol{X}$ はフルランクとする．

証明

(i)

$$\hat{\boldsymbol{\beta}} = (\boldsymbol{X}^T\boldsymbol{X})^{-1}\boldsymbol{X}^T\boldsymbol{Y}$$

より，多変量正規分布に従っている．

$$\hat{\boldsymbol{\beta}} \sim N_{k+1}(\boldsymbol{\beta}, \sigma^2(\boldsymbol{X}^T\boldsymbol{X})^{-1})$$

(ii)

$$(\hat{\boldsymbol{\beta}} - \boldsymbol{\beta})^T\boldsymbol{X}^T\boldsymbol{X}(\hat{\boldsymbol{\beta}} - \boldsymbol{\beta})/\sigma^2$$
$$= (\hat{\boldsymbol{\beta}} - \boldsymbol{\beta})^T\mathrm{Var}(\hat{\boldsymbol{\beta}})^{-1}(\hat{\boldsymbol{\beta}} - \boldsymbol{\beta})$$

は自由度 $k+1$ のカイ二乗分布に従う．

(iii)

$$\begin{aligned}\mathrm{Cov}[\hat{\boldsymbol{\beta}}, \boldsymbol{Y} - \boldsymbol{X}\hat{\boldsymbol{\beta}}] &= \mathrm{Cov}[(\boldsymbol{X}^T\boldsymbol{X})^{-1}\boldsymbol{X}^T\boldsymbol{Y}, (\boldsymbol{I}_n - \boldsymbol{H})\boldsymbol{Y}]\\ &= (\boldsymbol{X}^T\boldsymbol{X})^{-1}\boldsymbol{X}^T)\mathrm{Var}[\boldsymbol{Y}](\boldsymbol{I}_n - \boldsymbol{H})^T\\ &= \sigma^2(\boldsymbol{X}^T\boldsymbol{X})^{-1}\boldsymbol{X}^T(\boldsymbol{I}_n - \boldsymbol{H})\\ &= \boldsymbol{0}\end{aligned}$$

$\hat{\boldsymbol{\beta}}$ と $||\boldsymbol{Y} - \boldsymbol{X}\hat{\boldsymbol{\beta}}||^2$ は独立である．

(iv)

$$\begin{aligned}\mathrm{SSE} &= \boldsymbol{Y}^T(\boldsymbol{I}_n - \boldsymbol{H})\boldsymbol{Y}\\ &= (\boldsymbol{Y} - \boldsymbol{X\beta})^T(\boldsymbol{I}_n - \boldsymbol{H})(\boldsymbol{Y} - \boldsymbol{X\beta})\\ &= \boldsymbol{\varepsilon}^T(\boldsymbol{I}_n - \boldsymbol{H})\boldsymbol{\varepsilon},\end{aligned}$$

よって，$\mathrm{SSE}/\sigma^2 = (n - (k+1))s^2/\sigma^2 \sim \chi^2_{n-(k+1)}$ □

8.5.6 推 測

帰無仮説 H_0 : $\beta_1 = \cdots = \beta_k = 0$ の仮説検定を考える．この仮説は説明変数が応答変数にまったく影響を与えていないことを表している．

$$\frac{\mathrm{SST}}{\sigma^2} = \frac{\mathrm{SSE}}{\sigma^2} + \frac{\mathrm{SSR}}{\sigma^2}$$

において SST と SSR は独立で，帰無仮説のもとで，$\mathrm{SST} \sim \chi^2_{n-1}$，また，$\mathrm{SSE} \sim \chi^2_{n(k+-)1}$，$\mathrm{SSR} \sim \chi^2_k$ を示すことができる．従って，

$$\frac{\frac{\mathrm{SSR}}{\sigma^2 k}}{\frac{\mathrm{SSE}}{\sigma^2[n-(k+1)]}} = \frac{\frac{\mathrm{SSR}}{k}}{\frac{\mathrm{SSE}}{n-(k+1)}} = \frac{\mathrm{MSR}}{\mathrm{MSE}} \sim F_{k,n-(k+1)}$$

ここで，$F_{k,n-(k+1)}$ は自由度 k, $n-(k+1)$ の F 分布を表す．また，$\mathrm{MSR} = \mathrm{SSR}/k$，$\mathrm{MSe} = \mathrm{SSE}/(n-(k+1))$．観測された F_{obs} が大きければ，帰無仮説を棄却する．p 値は，

$$P(F_{k,n-(k+1)} > F_{\mathrm{obs}})$$

で得られ，p 値が小さいと帰無仮説を棄却する．たとえば，α を有意水準とすると，p 値 $< \alpha$ ならば，帰無仮説 H_0 を棄却する．

決定係数

$$R^2 = \frac{\mathrm{SSR}}{\mathrm{SST}} = \frac{\mathrm{SST} - \mathrm{SSE}}{\mathrm{SST}} = 1 - \frac{\mathrm{SSE}}{\mathrm{SST}}$$

を用いると

$$F = \frac{R^2/k}{(1 - R^2)/[n - (k+1)]}$$

を示すことができる．

問 8.5.2. 上の R^2 と F の関係を示せ．

ここで，$\hat{\beta}_i$ の（推定）標準偏差（標準誤差）を $s_{\hat{\beta}_i}$ で表す．また，$s_{\hat{\beta}_i} = s\sqrt{c_{ii}}$ で，c_{ii} は $(\boldsymbol{X}'\boldsymbol{X})^{-1}$ の i 番目の要素を表す．

また，$\hat{Y}$ の（推定）標準誤差は $s_{\hat{Y}}$ は $s^2\boldsymbol{H}$ の対角要素の平方根である．

・仮説検定

帰無仮説 H_0： $\beta_i = \beta_{i0}$ の検定は，検定統計量

$$T = \frac{\hat{\beta}_i - \beta_{i0}}{s_{\hat{\beta}_i}}$$

が帰無仮説のもとで，自由度 $n-(k+1)$ の t 分布に従うことを用いて，観測された検定統計量を t_{obs} とすると，次の p 値が小さいならば，帰無仮説を棄却する．

$$P(t_{n-(k+1)} > |t_{\mathrm{obs}}|)$$

たとえば，α を有意水準とすると，p 値 $< \alpha$ ならば，帰無仮説 H_0 を棄却する．

・β_i に関する $100(1-\alpha)$ % 信頼区間

$$\hat{\beta}_i \pm t_{\alpha/2, n-(k+1)} \cdot s_{\hat{\beta}_i}$$

・説明変数 $x_1^*, x_2^*, \dots, x_k^*$ に対する平均に関する $100(1-\alpha)$ % 信頼区間

$$\hat{\mu}_{Y \cdot x_1^*, x_2^*, \dots, x_k^*} \pm t_{\alpha/2, n-(k+1)} \cdot s_{\hat{Y}}$$

・新たな説明変数 $x_1^*, x_2^*, \dots, x_k^*$ に対する平均に関する $100(1-\alpha)$ % 予測区間

$$\hat{\mu}_{Y \cdot x_1^*, x_2^*, \dots, x_k^*} \pm t_{\alpha/2, n-(k+1)} \cdot \sqrt{s^2 + s_{\hat{Y}}^2}$$

次に，$\boldsymbol{a}$ を定数ベクトルとし，線形結合 $\boldsymbol{a}'\boldsymbol{\beta}$ に関する推測を考える．$\boldsymbol{a}'\hat{\boldsymbol{\beta}}$ は最良線形推定量である．

・仮説検定

帰無仮説 H_0： $\boldsymbol{a}'\boldsymbol{\beta} = \boldsymbol{a}'\boldsymbol{\beta}_0$ の検定は，検定統計量

$$T = \frac{\boldsymbol{a}'\hat{\boldsymbol{\beta}} - \boldsymbol{a}'\boldsymbol{\beta}_0}{s\sqrt{\boldsymbol{a}'(\boldsymbol{X}'\boldsymbol{X})^{-1}\boldsymbol{a}}}$$

が帰無仮説のもとで，自由度 $n-(k+1)$ の t 分布に従うことを用いて，観測された検定統計量を t_{obs} とすると，次の p 値が小さいならば，帰無仮説を棄却する．

$$P(t_{n-(k+1)} > |t_{\mathrm{obs}}|)$$

たとえば，α を有意水準とすると，p 値 $< \alpha$ ならば，帰無仮説 H_0 を棄却する．

・$\boldsymbol{a}'\boldsymbol{\beta}$ に関する $100(1-\alpha)$ % 信頼区間

$$\boldsymbol{a}'\hat{\boldsymbol{\beta}} \pm t_{\alpha/2, n-(k+1)} \cdot s\sqrt{\boldsymbol{a}'(\boldsymbol{X}'\boldsymbol{X})^{-1}\boldsymbol{a}}$$

8.5.7 線形仮説

残差平方和（SSE または RSS）は

$$\mathrm{SSE} = \|\boldsymbol{Y} - \boldsymbol{X}\hat{\boldsymbol{\beta}}\|^2 = \|\boldsymbol{Y} - \hat{\boldsymbol{Y}}\|^2$$
$$[= (n-(k+1))s^2]$$

次の**線形仮説（linear hypothesis）**を考える．

$$H : \boldsymbol{A\beta} = \boldsymbol{c}$$

$\boldsymbol{A}$ は $q \times (k+1)$ の既知の行列で $\mathrm{rank}(\boldsymbol{A}) = q$．この帰無仮説のもとの残差平方和を，

$$\mathrm{SSE}_H = \|\boldsymbol{Y} - \boldsymbol{X}\hat{\boldsymbol{\beta}}_H\|^2 = \|\boldsymbol{Y} - \hat{\boldsymbol{Y}}_H\|^2,$$

とおく．仮説 H のもとでの推定量は，

$$\hat{\boldsymbol{\beta}}_H = \hat{\boldsymbol{\beta}} + (\boldsymbol{X}^T\boldsymbol{X})^{-1}\boldsymbol{A}^T[\boldsymbol{A}(\boldsymbol{X}^T\boldsymbol{X})^{-1}\boldsymbol{A}^T]^{-1}(\boldsymbol{c} - \boldsymbol{A}\hat{\boldsymbol{\beta}})$$

とすると，

$$\begin{aligned}\mathrm{SSE}_H - \mathrm{SSE} &= \|\hat{\boldsymbol{Y}} - \hat{\boldsymbol{Y}}_H\| \\ &= (\hat{\boldsymbol{\beta}} - \hat{\boldsymbol{\beta}}_H)^T\boldsymbol{X}^T\boldsymbol{X}(\hat{\boldsymbol{\beta}} - \hat{\boldsymbol{\beta}}_H) \\ &= (\boldsymbol{A}\hat{\boldsymbol{\beta}} - \boldsymbol{c})^T[\boldsymbol{A}(\boldsymbol{X}^T\boldsymbol{X})^{-1}\boldsymbol{A}^T]^{-1}(\boldsymbol{A}\hat{\boldsymbol{\beta}} - \boldsymbol{c}).\end{aligned}$$

ここで，$\hat{\boldsymbol{Y}}_H = \boldsymbol{X}\hat{\boldsymbol{\beta}}_H$，

$$\hat{\boldsymbol{\beta}} \sim N(\boldsymbol{\beta}, \sigma^2(\boldsymbol{X}^T\boldsymbol{X})^{-1})$$

より，

$$\boldsymbol{A}\hat{\boldsymbol{\beta}} \sim N(\boldsymbol{A\beta}, \sigma^2\boldsymbol{A}(\boldsymbol{X}^T\boldsymbol{X})^{-1}\boldsymbol{A}^T)$$

$\boldsymbol{Z} = \boldsymbol{A}\hat{\boldsymbol{\beta}} - \boldsymbol{c}$ とおくと，

$$\mathrm{Var}[\boldsymbol{Z}] = \mathrm{Var}[\boldsymbol{A}\hat{\boldsymbol{\beta}}] = \sigma^2\boldsymbol{B}.$$

ここで，$\boldsymbol{B} = \boldsymbol{A}(\boldsymbol{X}^T\boldsymbol{X})^{-1}\boldsymbol{A}^T$．

$$\begin{aligned}E[\mathrm{SSE}_H - \mathrm{SSE}] &= E[\boldsymbol{Z}^T\boldsymbol{B}^{-1}\boldsymbol{Z}] \\ &= \mathrm{tr}(\sigma^2\boldsymbol{B}^{-1}\boldsymbol{B}) + (\boldsymbol{A\beta} - \boldsymbol{c})^T\boldsymbol{B}^{-1}(\boldsymbol{A\beta} - \boldsymbol{c}) \\ &= \mathrm{tr}(\sigma^2\boldsymbol{I}_q) + (\boldsymbol{A\beta} - \boldsymbol{c})^T\boldsymbol{B}^{-1}(\boldsymbol{A\beta} - \boldsymbol{c}) \\ &= \sigma^2 q + (\boldsymbol{A\beta} - \boldsymbol{c})^T\boldsymbol{B}^{-1}(\boldsymbol{A\beta} - \boldsymbol{c}).\end{aligned}$$

よって，仮説 H のもとで，

$$\frac{\mathrm{SSE}_H - \mathrm{SSE}}{\sigma^2} = (\boldsymbol{A}\hat{\boldsymbol{\beta}} - \boldsymbol{c})^T(\mathrm{Var}[\boldsymbol{A}\hat{\boldsymbol{\beta}}])^{-1}(\boldsymbol{A}\hat{\boldsymbol{\beta}} - \boldsymbol{c})$$

は自由度 q のカイ二乗分布に従う．SSE/σ^2 は自由度 $n-(k+1)$ のカイ二乗分布に従う．

よって，仮説 H のもとでは，

$$F = \frac{(\mathrm{SSE}_H - \mathrm{SSE})/q}{\mathrm{SSE}/(n-(k+1))} = \frac{(\boldsymbol{A}\hat{\boldsymbol{\beta}} - \boldsymbol{c})^T[\boldsymbol{A}(\boldsymbol{X}^T\boldsymbol{X})^{-1}\boldsymbol{A}^T]^{-1}(\boldsymbol{A}\hat{\boldsymbol{\beta}} - \boldsymbol{c})}{qs^2}$$

は自由度 $q, n-(k+1)$ の F 分布に従う．

観測された検定統計値 F_{obs} が大きければ，線形仮説を棄却する．p 値は，

$$P(F_{q,n-(k+1)} > F_{\mathrm{obs}})$$

で得られ，p 値が小さいならば，線形仮説を棄却する．ここで $F_{q,n-(k+1)}$ は自由度 q，$n-(k+1)$ の F 分布である．たとえば，α を有意水準とすると，p 値 $< \alpha$ ならば，線形仮説 H を棄却する．

8.5.8　尤度比検定

同じく次の線形仮説を考える．

$$H : \boldsymbol{A}\boldsymbol{\beta} = \boldsymbol{c}$$

$\boldsymbol{A}$ は $q \times (k+1)$ の既知の行列で $\mathrm{rank}(\boldsymbol{A}) = q$．

尤度関数は，

$$L(\boldsymbol{\beta}, \sigma^2) = (2\pi\sigma^2)^{-n/2}\exp\left[-\frac{1}{2\sigma^2}\|\mathbf{y} - \mathbf{X}\boldsymbol{\beta}\|^2\right].$$

で，尤度関数の最大値は次で得られる．

$$L(\hat{\boldsymbol{\beta}}, \hat{\sigma}^2) = (2\pi\hat{\sigma}^2)^{-n/2}e^{-n/2}.$$

次に線形仮説 H のもとでの最大を求める．ラグランジュの未定乗数法により，

$$\log L(\boldsymbol{\beta}, \sigma^2) + (\boldsymbol{\beta}^T\mathbf{A}^T - \mathbf{c}^T)\boldsymbol{\lambda}$$
$$= \text{定数} - \frac{n}{2}\sigma^2 - \frac{1}{2\sigma^2}\|\mathbf{y} - \mathbf{X}\boldsymbol{\beta}\|^2 + (\boldsymbol{\beta}^T\mathbf{A}^T - \mathbf{c}^T)\boldsymbol{\lambda}.$$

より，線形仮説 H のもとでの最尤推定量 $\hat{\boldsymbol{\beta}}_H$ と $\hat{\sigma}_H$ から，H のもとでの最大尤度は，

$$L(\hat{\boldsymbol{\beta}}_H, \hat{\sigma}_H^2) = (2\pi\hat{\sigma}_H^2)^{-n/2}e^{-n/2}.$$

線形仮説 H の尤度比検定統計量は

$$\Lambda = \frac{L(\hat{\boldsymbol{\beta}}_H, \hat{\sigma}_H^2)}{L(\hat{\boldsymbol{\beta}}, \hat{\sigma}^2)} = \left(\frac{\hat{\sigma}^2}{\hat{\sigma}_H^2}\right)^{n/2},$$

Λ が小さいときに，線形仮説 H を棄却するが，Λ の正確な分布は複雑である．

$\hat{\sigma}_H^2 = \mathrm{SSE}_H/n$ と $\hat{\sigma}^2 = \mathrm{SSE}/n$ から，

$$F = \frac{n-(k+1)}{q} \cdot \frac{\hat{\sigma}_H^2 - \hat{\sigma}^2}{\hat{\sigma}^2} = \frac{n-(k+1)}{q}\left(\frac{\hat{\sigma}_H^2}{\hat{\sigma}^2} - 1\right) = \frac{n-(k+1)}{q}(\Lambda^{-2/n} - 1),$$

が H のもとでは自由度 $q, n-(k+1)$ の F 分布に従うことを用いて検定を行う．つまり，観測された F_{obs} が大きければ，帰無仮説 H を棄却する．

8.5.9　X がフルランクでない場合

デザイン行列 $\boldsymbol{X}$ がフルランクでない場合は，$(\boldsymbol{X}^T\boldsymbol{X})$ が特異行列で，逆行列が存在しない．正規方程式

$$\boldsymbol{X}^T\boldsymbol{X}\hat{\boldsymbol{\beta}} = \boldsymbol{X}^T y$$

において，$(\boldsymbol{X}^T\boldsymbol{X})$ の一般化逆行列 $(\boldsymbol{X}^T\boldsymbol{X})^-$ を用いて

$$\hat{\boldsymbol{\beta}} = (\boldsymbol{X}^T\boldsymbol{X})^-\boldsymbol{X}^T y$$

を最小二乗推定量とする．ただし，用いた一般化逆行列に依存するので一意ではない．

$\boldsymbol{q}$ を定数ベクトルとする．$\boldsymbol{q}^T\boldsymbol{\beta} = \boldsymbol{t}^T E(\boldsymbol{Y})$ となるベクトル $\boldsymbol{t}$ が存在するとき，$\boldsymbol{q}^T\boldsymbol{\beta}$ は**推定可能 (estimable)** であるという．

$$\boldsymbol{q}^T\boldsymbol{\beta} = \boldsymbol{t}^T E(\boldsymbol{Y}) = \boldsymbol{t}^T\boldsymbol{X}\boldsymbol{\beta}$$

がすべての $\boldsymbol{\beta}$ で成り立つことから，推定可能性は

$$\boldsymbol{q}^T = \boldsymbol{t}^T\boldsymbol{X}$$

となる $\boldsymbol{t}$ が存在することである．

デザイン行列 $\boldsymbol{X}$ がフルランクでない場合で，一つの一般化行列を用いた解を $\boldsymbol{b}$ とする．

$\boldsymbol{q}^T\boldsymbol{\beta}$ は推定可能であるとすると，

$$\boldsymbol{q}^T\boldsymbol{b} = \boldsymbol{t}^T\boldsymbol{X}\boldsymbol{b} = \boldsymbol{t}^T\boldsymbol{X}(\boldsymbol{X}^T\boldsymbol{X})^-\boldsymbol{X}\boldsymbol{y}$$

$\boldsymbol{X}(\boldsymbol{X}^T\boldsymbol{X})^-\boldsymbol{X}$ は一般化逆行列に対して不変であることから，推定可能であれば，どの一般化逆行列を用いても値は同じである．また，その推定量は最良線形不偏推定量 (BLUE) である．また，予測量，残差，SSE は，一般化逆行列に関して不変であることが示せる．

参考文献

[1] Casella, G., Berger, R.: *Statistical Inference*, Duxbury Press, Pacific Grove, CA, 2001.

[2] Devore, J. L., Berk, K, H.: *Modern Mathematical Statistics with Application*, Springer, 2012.

[3] Dobson, A.: *An Introduction to Generalized Linear Models*, Chapman and Hall, London, 1990.

[4] Draper, N. R., Smith, H.: *Applied Regression Analysis*, *3rd ed.*, Wiley, New York, 1998.

[5] Fox, J. and Weisberg, S.: *An R Companion to Applied Regression*, *2nd ed.*, Sage, Thousand Oaks, CA, 2011.

[6] Hastie, T., Tibshirani, R., Friedman, J. H.: *The Elements of Statistical Learning*, *2nd ed.*, Springer, New York, 2009.

[7] McCulloch, C., Searle, S., Neuhaus, J.: *Generalized Linear Mixed Models*, *2nd ed.*, Wiley, Hoboken, NJ, 2008.

[8] Montgomery, D. C., Peck, E, A., Vining, G.: *Introduction to Linear Regression Analysis*, *3rd ed.*, Wiley, New York, 2001.

[9] Rao, C. R.: *Linear Statistical Inference and Its Application*, *2nd ed.*, Wiley, New York, 1973.

[10] Schott, J.: *Matrix Analysis for Statistics*, Wiley, Hoboken, NJ, 2005.

[11] Searle, S. R., Gruber, M. J.: *Linear Models*, *2nd ed.*, Wiley, New York, 2016.

[12] Searle, S. R., Khuri, A. I.: *Matrix Algebra Useful for Statistics*, *2nd ed.*, Wiley, New York, 2017.

[13] Seber, G. A. F., Lee, A. J.:*Linear Regression Analysis*, *2nd ed.*, Wiley, New York, 2003.

ロナルド・エイルマー・フィッシャー

Ronald Aylmer Fisher (1890–1962). イギリスの統計学者.「現代統計学の父」とよばれるほど, 統計学的十分性, 分散分析や最尤法などの現在使われている統計概念, 理論, 手法の多くに関わっている. ロザムステッドの農場試験場で, 統計学の研究を本格的に行った. また遺伝学者, 進化生物学者としても多くの業績がある. ただし, その激しい性格から多くの論争をよび, 敵も多かったといわれている. 1952 年にはナイトの称号を受ける.

9. 計算数学

9.1 数値計算の基礎

シミュレーションとは本物以外のもので同じような現象を観測すること，いわば疑似体験のことである．さまざまな自然現象を再現するには莫大な費用がかかり，ときには危険が伴うこともある．たとえば，飛行機の操縦訓練に使われるフライトシミュレータでは本物の飛行機で空を飛ぶかわりに，飛行機と飛行環境を模倣する装置を用いて訓練を行う．

実際に装置を作らずにコンピュータ上で数値的に疑似体験することを数値シミュレーションという．数値シミュレーションは，解明したい現象をまず微分方程式などの数理モデルに表し，離散化などを経て，近似方程式などに置き換える．さらに，適切な数値計算法を選択して用いることにより，妥当な数値計算結果を導き，現象の理解や予測につなげることができる．昨今，天気予報や天体の軌道計算，サーチエンジンの検索など，規模はさまざまであるが，数値計算は多くの場面で利用されている．

ところで，無理数のような無限に続く数を数学では表現するのが簡単だが，実際に値を知りたいときはどうしたらよいだろうか？コンピュータ内では有限桁で打ち切って表現せざるを得ない．そのため，得られた計算結果は真の値と必ずしも等しくなるとは限らない．ここに，真の値と計算結果との差（誤差）が生じることになる．コンピュータを利用して数値計算を行う場合には，この現象は避けようがない．しかしながら，誤差をできるだけ最小限に押さえる工夫はできる．そのために，まず，数値計算の基礎となるコンピュータ内の数表現や誤差，各種の問題に対する計算アルゴリズムをここで勉強しよう．

9.1.1 誤　差

一般に誤差 (error) とは，真の値（厳密解）を x，近似値（計算解）を $\tilde{x}$ とするとき，

$$\text{誤差} := \text{近似値（計算解）}\ \tilde{x} - \text{真の値（厳密解）}\ x$$

と表される．特に，$|\tilde{x}-x|$ を絶対誤差 (absolute error)，また，真の値 $(x \neq 0)$ に対する誤差の割合を表す次の値を相対誤差 (relative error) という．

$$\text{相対誤差} := \frac{\text{誤差}}{\text{真の値}} = \frac{\tilde{x}-x}{x}.$$

通常，誤差は非常に小さい値を示すので，評価する際には対数尺度を用いることが多い．絶対誤差を 10^{-d} とするとき，

$$d = -\log_{10}|\,\text{誤差}\,|$$

は近似値 $\tilde{x}$ の小数第 d 位までが正しいことを意味する．また，$|\,\text{相対誤差}\,|$ を 10^{-l} とするとき，

$$l = -\log_{10}|\,\text{相対誤差}\,|$$

は近似値 $\tilde{x}$ の正しい桁数を示す有効桁数を表す．これは最初の 0 でない桁から数えて l 番目の桁に誤差があることを意味する．

注意 9.1.1. 真の値と近似値を両方とも α 倍してみると，

$$\text{絶対誤差：}\quad |\alpha\tilde{x}-\alpha x| = |\alpha||\tilde{x}-x|$$

$$\text{相対誤差：}\quad \frac{|\alpha\tilde{x}-\alpha x|}{|\alpha x|} = \frac{|\tilde{x}-x|}{|x|}$$

となり，絶対誤差は誤差のスケールに依存するが，相対誤差は不変であることがわかる．

例 9.1.1. 真の値を 2718.282182...，近似解を $\underline{2718.281}818\ldots$ としよう．このとき，絶対誤差は 0.000364... となり，相対誤差の絶対値は $1.339\ldots \times 10^{-7}$ となる．それぞれ対数をとると，

$$d = 3.438\ldots, \quad l = 6.873\ldots$$

となるので，この近似解は真の値と小数点以下の約 3 桁まで正しく，有効桁数は約 7 桁といえる．

一方，真の値が 0.0098765432...，近似解が $\underline{0.0098764}921\ldots$ の場合は，絶対誤差が 0.0000000511... で，相対誤差の絶対値は 0.00000517... となる．対数をとると，

$$d = 7.291\ldots, \quad l = 5.286\ldots$$

となるので，こちらの近似解は小数点以下の約7桁までが正しく，有効桁数は約5桁となる．絶対誤差の値はこちらのほうが小さいが，有効桁数が少ないので，近似値の正しさとしては良いとはいえない．

注意 9.1.2. 実際に数値計算を行うと，厳密解に対してどの程度の結果まで許されるのかということも自分で判断する必要がある．ここで，

$$|\tilde{x} - x| \leq \varepsilon(\tilde{x})$$

を満たす $\varepsilon(\tilde{x})$ を**許容誤差 (error tolerance)**，または**誤差限界**という．得られた計算解と厳密解が許容誤差以内で得られれば，その計算結果は許容できる，または，正しいといえる．逆に，厳密解が一定の範囲内にあるという保証区間を与えることになる．

丸め誤差と打ち切り誤差

9.1.4 項で述べるように，コンピュータ内部で実数は有限桁で表現される．そのため，与えられた値や計算結果が，無理数や循環小数のように長く桁数が続くような数だったとしても，一定の有限桁で表現せざるを得ない．ここで，ある桁数にする操作を**丸める (rounding)** といい，丸めのときに生じる誤差を**丸め誤差 (round-off error)** という．

浮動小数点演算では，丸め誤差が避けられず，数学で成り立つ結合則や分配則は成り立たない．簡単のため，たとえば，$x = 0.635$，$y = 0.512$，$z = 0.247$ に対し，10進3桁切り捨て演算で行うことを考えると，$(x+y)+z = 1.38$，$x+(y+z) = 1.39$ となり，計算の順序によって結果が異なる．これを四捨五入にすると，それぞれ 1.40 と 1.39 のように変わる．双方の結果はやはり異なるが，真の値は 1.394 となるので，この中では，後者の計算順序のほうが影響は少ないように見える．3桁は極端な話だが，後述の標準的に使われる倍精度浮動小数点演算の環境でも，計算の順序や丸め方などによって誤差の現れ方は変化する．通常の PC 環境で利用するのはやや難しいが，丸め誤差の影響は，桁数を多くとる（たとえば，倍精度を4倍精度や8倍精度に変えるなど，詳しくは 9.1.4 項参照）ことによって，大幅に回避できることが多い．

ところで，ネピア (Napier) の数 e の値を具体的に求めたいときはどうすればよいだろうか？ 微積分の教科書に出てくる e^x についてのマクローリン展開に $x = 1$ を代入すれば求めることはできるが，コンピュータで無限に計算を続けることはできない．そこで，ある n で計算をやめることになる．このとき，真の値と計算結果には

$$\left(1 + 1 + \frac{1}{2!} + \frac{1}{3!} + \cdots + \frac{1}{n!}\right) - e$$

という誤差が生じる．

このように，数学では厳密に与えられる関数や級数の値を，有限回の四則演算や反復式で近似した場合に生じる誤差を**打ち切り誤差 (truncation error)** という．

桁落ちと情報落ち

大きさが同等の2つの値の減算を行うとき，コンピュータ内では有限桁の数字を扱うために，有効桁数が減ってしまう現象が起きる．これを**桁落ち (loss of significant; cancellation)** という．

次の例のように，計算の手順を変えると桁落ちが起こりにくくなる．

例 9.1.2. $x^2 - 10^7 x + 1 = 0$ の解は，解の公式を用いると

$$x = \frac{10^7 \pm \sqrt{10^{14} - 4}}{2}$$

と求まる．たとえば，有効数字10桁で計算すると，分子は同程度の大きさの引き算なので

$$x_1 = 10^7, \quad x_2 = 0$$

となり，有効数字10桁まで正しい正解 $x_1 = 9999999.999$，$x_2 = 0.0000001000$ とは違いが出る．

$ax^2 + bx + c = 0$ の2つの解

$$x_1 = \frac{-b + \sqrt{b^2 - 4ac}}{2a}, \quad x_2 = \frac{-b - \sqrt{b^2 - 4ac}}{2a}$$

に対し，$b > 0$ のとき，桁落ちを防ぐには x_1 を

$$x_1 = \frac{-2c}{b + \sqrt{b^2 - 4ac}} \quad \text{または} \quad x_1 = \frac{c}{ax_2}$$

とし，$b < 0$ のときは x_2 を次のように直せばよい．

$$x_2 = \frac{2c}{-b + \sqrt{b^2 - 4ac}} \quad \text{または} \quad x_2 = \frac{c}{ax_1}.$$

一方で，桁落ちとは違って，絶対値の大きさが著しく異なる2つの数の加減算では，有効桁数の制約により，小さい方の値が結果にまったく寄与しないことがある．このような現象を**情報落ち (loss of information)** という．

桁落ちや情報落ちは計算手順を工夫して避けられることもあるので，計算方法や計算手順（アルゴリズム）の選び方がとても大切になる．

問 9.1.1. 以下の S_1, S_2 は理論的には同じ値だが，数値計算では n が大きくなると，S_1 の計算結果が一定の値になる．実際に値が変化しなくなる n を見つけ，この現象が起きる理由を述べよ．

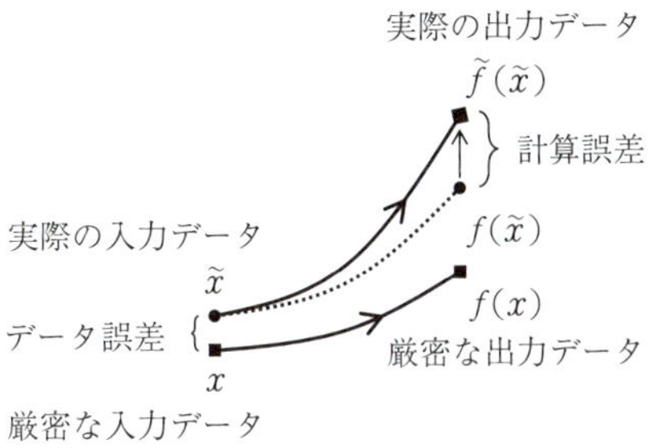

図 9.1.1 データ誤差と計算誤差の関係

$$S_1 = \sum_{k=1}^{n} \frac{1}{k^2} = 1 + \frac{1}{4} + \frac{1}{9} + \cdots + \frac{1}{(n-1)^2} + \frac{1}{n^2},$$

$$S_2 = \sum_{k=n}^{1} \frac{1}{k^2} = \frac{1}{n^2} + \frac{1}{(n-1)^2} + \cdots + \frac{1}{9} + \frac{1}{4} + 1.$$

誤差の原因としては図 9.1.1 のように**データ誤差**と**計算誤差**がある．データ誤差は数値計算を始める前の測定やそれ以前の計算の際にも起こるし，不適当なモデル化などによっても生じるものである．よって，ここでは議論しない．一方の計算誤差は数値計算を実行する過程で生じるものである．これには上記の丸め誤差や打ち切り誤差が含まれる．

数値解析 (numerical analysis) は，数値計算アルゴリズムを設計したり，評価・解析するための数学の一分野といえる．代数的な方法で解くことができない問題も数値計算によって近似的に解くことができる．このとき，上記のような計算誤差が生じるため，それを評価する誤差解析 (error analysis) が重要となる．

9.1.2 アルゴリズムと計算量

数値計算を行う手順は必ずしも一通りだけとは限らない．具体的に例を見てみよう．

例 9.1.3. 次の多項式 $p(x)$ の値を求めるとしよう．

$$p(x) = a_n x^n + a_{n-1} x^{n-1} + \cdots + a_1 x + a_0.$$

(ア) まず，$x^2, x^3, \ldots, x^n$ を計算し，次に $a_1 x, a_2 x^2, \ldots, a_n x^n$ を計算してから，最終的に和を求める．この手順では，1 つの項 $a_k x^k (k = 1, 2, \ldots, n)$ の計算に k 回の乗算が必要なので，乗算回数の合計は

$$\sum_{k=1}^{n} k = \frac{n(n+1)}{2}$$

となる．これ以外にも n 回の加算が必要である．意外と手間がかかるので，別の計算手順も考えてみよう．

(イ) まず，$y_1 = a_n x + a_{n-1}$ を計算し，次のような手順で計算してみよう．求めたい $p(x)$ の値が次の手順によると y_n として得られる．

ホーナー (Horner) 法のアルゴリズム

1. Set $y_0 = a_n$.
2. For $k = 0, 1, 2, \ldots, n-1$, do:
3. $\quad y_{k+1} = y_k x + a_{n-k-1}$
4. End for

$$\begin{aligned}
y_1 &= a_n x + a_{n-1}, \\
y_2 &= (a_n x + a_{n-1})x + a_{n-2} \\
&= y_1 x + a_{n-2}, \\
y_3 &= ((a_n x + a_{n-1})x + a_{n-2})x + a_{n-3} \\
&= y_2 x + a_{n-3}, \\
&\ \vdots \\
y_n &= (\cdots((a_n x + a_{n-1})x + a_{n-2})x + \cdots + a_1)x + a_0 \\
&= y_{n-1} x + a_0.
\end{aligned}$$

この場合，各 y_i では乗算と加算が 1 回ずつで，全部で n 回の乗算と n 回の加算ですべての計算が済む．よって (イ) のほうが演算回数は少ない．n が大きくなると，回数の差は広がる．

例 9.1.3 (イ) の計算手順は**ホーナー (Horner) 法**とよばれ，多項式の値を求めるときに利用される．

このように同じ値を求めるときでも，いろいろな計算手順がある．四則演算の計算時間はほぼ変わらないとすれば，演算回数が少ないほど，より早く計算が終わることは明らかである．

注意 9.1.3. コンピュータで一秒間に行える浮動小数点演算の回数を **flops (floating-point operations per second)** といい，どのような環境でどれだけの計算効率かを測るときの尺度として用いられている．

数値計算を行うための一連の手順を**アルゴリズム** (algorithm) とよぶ．数値計算を効率よく行うためには良いアルゴリズムを選択することが重要であり，それには次のようなポイントが挙げられる．

- わかり易い (手順の間違いをなくすことができる)
- 効率が良い (演算量や使用メモリ，計算時間を削減できる)
- 安定である (問題に大きく依存しない)
- 精度が高い (誤差をできるだけ小さくできる)

数値計算では，特定の問題を解くことではなく，一般の問題を解決するためのアルゴリズムを作ったり，そのために重要な基本原理を見つけ出すことが大きな目標になる．上記の項目を意識しながら，アルゴリズムを選択したり改良することは大切である．

9.1.3 数表現（整数）

私たちが普段使っている数はほとんどが10進（decimal）数であるが，コンピュータ内部では主に2進（binary）数が扱われ（8進数（octal number），16進（hexa-decimal）数などもある），データ形式としては整数型（integer）と浮動小数点型（float, double）に分けられる．

整数は，m桁のr進数（rは基数）として，

$$(a_m a_{m-1} \cdots a_2 a_1)_r = (-1)a_m r^{m-1} + \sum_{k=1}^{m-1} a_k r^{k-1},$$
$$a_i \in \{0, 1, \ldots, r-1\}$$

と書けて，全部でr^m個の値を表現できる．たとえば，16ビット2進数で整数を表す場合，a_i，$i = 1, 2, \ldots, 16$には0か1が入り，$2^{16} = 65536$個の値を表現できる．符号が正だけでない場合は，最上位ビット（most significant bit: MSB）a_mで符号を表し，正が0，負が1となる．mビットの2進数であれば，以下で示す2の補数表現を用いることで-2^{m-1}〜$2^{m-1}-1$の値が扱えることになる．これは具体的に，8ビットであれば-128〜127，32ビットであれば$-2, 147, 483, 648$〜$2, 147, 483, 647$の範囲となる．

注意 9.1.4. コンピュータ内では整数を表す標準の桁数が決まっており，p桁と仮定すると，p桁の2つの整数x, yを加えて，p桁の整数を求める加算装置が用意されていることになる．x, yの加算結果がp桁を越えてしまうと，越えた桁は桁あふれといって切り捨てられ，他の計算では使用できない．

n進数表現された数に加算すると，1つ桁が上がって$(100\ldots0)_n$となる値をnの補数という．特に，$n-1$の補数に1を加算するとnの補数になる．2進数には1の補数と2の補数がある．2進数で加えて1になる数は，0には1，1には0である．そこで，1の補数は各桁の数の0と1を反転した値になる．2の補数は，加えて2になる，つまり，1つ桁が上がって$(10)_2$となる値である．たとえば，$(11)_2 + (01)_2 = (100)_2$となるので，$(11)_2$の2の補数は$(01)_2$といえる．2の補数を求める計算には，1の補数を求めてから，1を加えると簡単である．この場合は1の補数$(00)_2$に1を加えて$(01)_2$を得る．

9.1.4 浮動小数点数の内部表現

数値計算を行うとき，標準的に**浮動小数点数（floating point number）**が利用されている．

パソコンやワークステーションでは，2進浮動小数点数の演算規格IEEE754(IEEE Task 754)*1が採用されており，IEEE754で定めた浮動小数点数には4つのタイプ：規格化2進浮動小数点数，0（零），非規格化2進浮動小数点数，NaN（非数）がある．

表 9.1.1　浮動小数点数の桁数とバイアス

精度	符号部	指数部	仮数部	バイアス
単精度	1	8	23	127
倍精度	1	11	52	1023
拡張倍精度	1	15	64	16383
4倍精度	1	15	112	16383

表 9.1.2　単精度・倍精度で表現できる数の範囲

単精度	$x_{\min} = 1.0 \times 2^{-126} \approx 1.18 \times 10^{-38}$ $x_{\max} = (2 - 2^{-23}) \times 2^{127} \approx 3.40 \times 10^{38}$
倍精度	$x_{\min} = 1.0 \times 2^{-1022} \approx 2.22 \times 10^{-308}$ $x_{\max} = (2 - 2^{-52}) \times 2^{1023} \approx 1.79 \times 10^{308}$

符号部1bit，指数部11bits，仮数部52bits

+0

0	0000 000 000	0000 0000 …… 0000 0000

+∞

0	1111 1111 111	0000 0000 …… 0000 0000

NaN（非数）

0	1111 1111 111	**** **** …… **** ****

$+\min = 1.0 \times 2^{-1022}$

0	0000 0000 001	0000 0000 …… 0000 0000

$+\max = (2 - 2^{-52}) \times 2^{1023}$

0	1111 1111 110	1111 1111 …… 1111 1111

図 9.1.2　倍精度浮動小数点数での特別な数表現

β進t桁の浮動小数点数を次のように表す．2進演算では，$\beta = 2$，$d_i = \{0か1\}$である．

$$x = \pm\left(d_0 + \frac{d_1}{\beta} + \frac{d_2}{\beta^2} + \cdots + \frac{d_n}{\beta^n}\right) \times \beta^p,$$
$$d_i \in \{0, 1, \ldots, \beta - 1\}.$$

浮動小数点数を2進数で表現する際には，

1bit：符号部（sign）$(s)_2$,

$m$bits：指数部（biased exponent）$e = (e_1 e_2 \ldots e_m)_2$,

$n$bits：仮数部（mantissa）$d = (d_1 d_2 \ldots d_n)_2$

に分けられる．各桁数に応じて計算精度が異なり，単精度（single precision），倍精度（double precision），

*1 IEEE は Institute of Electrical and Electronics Engineers（アメリカ電気電子技術者協会）の略.

拡張倍精度，4 倍精度などがある．現在は倍精度が標準的に利用されている．

符号部では，0 は +，1 は − を表す．指数部では，負の数を扱うため，あらかじめ適当な値を加えたバイアス表現が用いられる．たとえば，単精度と倍精度のバイアスはそれぞれ 127, 1023 であり，次のようになる．

単精度：$m = 8$，$e = p + 127$，$-126 \leq p \leq 127$,

倍精度：$m = 11$，$e = p + 1023$，$-1022 \leq p \leq 1023$.

仮数部では，有効桁数をなるべく多く保持するために，先頭ビットは 1 とする ($d_0 = 1$)．これを**正規化**といい，これにより浮動小数点表示は一意に決まる．また，先頭ビットが常に 1 なので，この桁を明示的に保持しておく必要はない（隠れビット）．そこで，仮数部は n 桁であるが，先頭ビットを除外して考えることで，実際には $n+1$ 桁分の情報をもつことができる（ケチ表現などといわれる）．

各精度に対する桁数やバイアスを表 9.1.1 に示す．また，単精度と倍精度で表現できる最小値 $x_{\min}$ と最大値 $x_{\max}$ は表 9.1.2 のようになる．$x_{\min}$ より小さい数になる場合を**アンダーフロー (underflow)**，逆に $x_{\max}$ を超える場合を**オーバーフロー (overflow)** という．

この他の特別な数表現として，図 9.1.2 のように**符号付き 0（零）**と**無限大 (infinity)** がある．限界という意味の無限大に対応する数は，倍精度では $e = 2047$，$d = 0$ で定義される．この数の導入により，オーバーフローが起きても処理が続けられたり，ある部分が無限大と評価されても，最終的な評価は浮動小数点数になる場合がある．

この他に 0/0，$\sqrt{-1}$ など，その演算結果が数でなくなる状況のときに生成される，**非数 (Not a Number)** とよばれる特殊な数があり，**NaN** と表示される．倍精度では $e = 2047$，$d \neq 0$ で定義される（図 9.1.2 の * は 0 か 1 を意味する）．NaN が発生する不当な演算は，$0/0$，$0 \times \infty$，$\infty + (-\infty)$，∞/∞，$\sqrt{x}$ ($x < 0$) などがあり，またオーバーフローの結果としても得られる．ある部分で一度 NaN と評価されると，それ以降の評価はすべて NaN として評価されることになる．

IEEE754 では正規化された最小数よりも小さい数を表現するために，仮数部の先頭ビットを 1 とするのをやめて，0 としていいことにする．この数を**非規格化数 (denormalized number)** といい，$x_{\min}$ から 2^{-1073} の範囲では，仮数部の情報を犠牲にして大きさだけを表す．この非規格化数を用いることを漸近アンダーフ

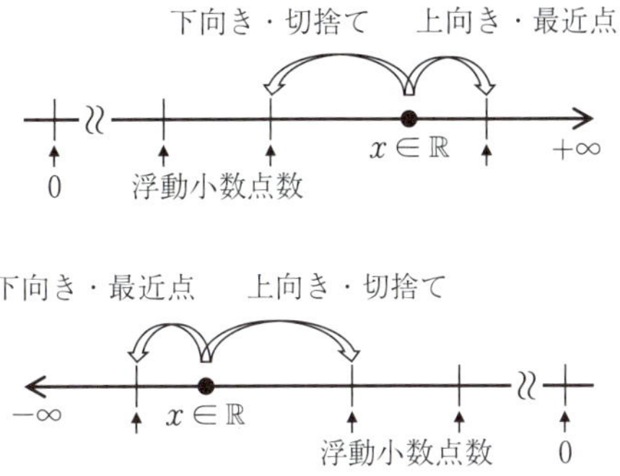

図 9.1.3 丸めモード

ローといい，これ以下の数になる場合がアンダーフローである．

$x \in \mathbb{R}$ に対し，IEEE754 で定められている丸めモードは次の通りである（図 9.1.3 参照）．この丸めモードによって，計算結果は異なる．詳細は [1] などを参照．

(1) **上向きの丸め** (round upward)：x 以上の浮動小数点数の中で最も小さい数に丸める．

(2) **下向きの丸め** (round downward)：x 以下の浮動小数点数の中で最も大きい数に丸める．

(3) **最近点への丸め** (round to nearest)：x に最も近い浮動小数点数に丸める．2 点ある場合は，仮数部の最終ビットが偶数である浮動小数点数に丸める（**偶数への丸め**）．

(4) **切捨て** (round toward 0)：絶対値が x 以下の浮動小数点数の中で最も x に近い数に丸める．

9.1.5 マシンイプシロン

倍精度で表現できる数の範囲内での演算にもかかわらず，ある値よりも小さい数 ε に対して，コンピュータ上では x と $(1+\varepsilon)x$ が区別できなくなる．

実数 x が $x_{\min} \leq |x| \leq x_{\max}$ の範囲にあるとき，浮動小数点体系と丸めの方式で決まる $\mathbf{u}$ によって，浮動小数点数 $\bar{x}$ は

$$\bar{x} = x(1 + \varepsilon_x), \quad |\varepsilon_x| \leq \mathbf{u}$$

と表される．ここで，$\mathbf{u}$ は浮動小数点数表示の相対誤差限界を表す重要な指標で丸めの単位 (unit round off) とよばれる．丸めモードが最近点への丸めで浮動小数点数が倍精度型のとき，$\mathbf{u} = \frac{1}{2}2^{-52} = 2^{-53}$ となる．

これより，$\varepsilon_M = 2^{-52} \approx 2.2 \times 10^{-16}$ を**マシンイプシロン (machine epsilon)** とよぶ．マシンイプシロンは $1 + \varepsilon_M > 1$ を満たす最小の正数である．

この大きさは誤差評価や収束判定条件を決めるため

に大切な目安として利用される．自分が使っているコンピュータのマシンイプシロンを調べておくとよい．

マシンイプシロンを求めるアルゴリズム

1. Set $\varepsilon = 1.0$.
2. While $1.0 + \varepsilon > 1.0$, do:
3. 　$\varepsilon = \varepsilon/2.0$
4. End while
5. $\varepsilon = 2.0 * \varepsilon$

注意 9.1.5. IEEE754 に準拠したコンピュータで計算した場合，倍精度では

$$1 + 2^{-53} = \left(\frac{1}{2} + \frac{0}{2^2} + \cdots + \frac{0}{2^{53}}\right) \times 2 + \left(\frac{1}{2} + \frac{0}{2^2} + \cdots + \frac{0}{2^{53}}\right) \times 2^{-52} = \left(\frac{1}{2} + \frac{0}{2^2} + \cdots + \frac{0}{2^{53}} + \frac{1}{2^{54}}\right) \times 2.$$

$t = 53$ 扱いで，丸めモードは最近点への丸めになっているとき，偶数の丸めにより，$1/2^{54}$ は切り捨てられるので，$1 + \mathbf{u} = 1$ となる．

注意 9.1.6. 数値計算での有効桁数は倍精度で $\log_{10} 2^{53} \approx 15.95\ldots$ より約 16 桁，単精度では $\log_{10} 2^{24} \approx 7.22\ldots$ で約 7 桁とわかる．

注意 9.1.7. 解を含む区間を特定する区間演算は非常に手間がかかるが，現在は**精度保証付き数値計算（validating method）**の計算コストが大幅に減り，有効に利用しやすくなっている．詳細は [2] などを参照．

9.1.6 誤差伝播

誤差を含む値に対して演算を行ったとき，その誤差が拡大されたり，結果にも大きな影響を及ぼすことがある．このような現象を誤差伝播という．

1) 関数の誤差伝播

関数の入力に誤差が混入すると，その影響で出力結果が変動する．

1 変数関数 $y = f(x)$ に対し，真値 x に入力誤差 Δx が入ったとし，$f(x)$ のテイラー展開を 2 次で打ち切った結果を見てみよう．

$$f(x + \Delta x) = f(x) + f'(x)\Delta x + O(\Delta x^2).$$

入力誤差 Δx に対する出力誤差 Δy は Δx が十分小さいとき，

$$\begin{aligned}\Delta y &= f(x + \Delta x) - f(x)\\ &= f(x) + f'(x)\Delta x + O(\Delta x^2) - f(x)\\ &= f'(x)\Delta x + O(\Delta x^2)\\ &\approx f'(x)\Delta x\end{aligned}$$

となる．$x, y \neq 0$ のとき，相対誤差を表すと

$$\frac{\Delta y}{y} = \frac{f'(x)\Delta x + O(\Delta x^2)}{f(x)} \approx \frac{x f'(x)}{f(x)} \frac{\Delta x}{x}.$$

2) 四則演算の誤差伝播

真の値 x, y に対する近似値を $\tilde{x}, \tilde{y}$ とするとき，十分小さい誤差 $\Delta x = \tilde{x} - x$, $\Delta y = \tilde{y} - y$ が含まれているとしよう．四則演算ではどう変化するだろうか．

i) 加減算

$$\begin{aligned}\tilde{z} = \tilde{x} \pm \tilde{y} &= (x + \Delta x) \pm (y + \Delta y)\\ &= (x \pm y) + (\Delta x \pm \Delta y).\end{aligned}$$

相対誤差は

$$\frac{\Delta z}{z} = \frac{\Delta x \pm \Delta y}{z} = \frac{\Delta x}{z} \pm \frac{\Delta y}{z} = \frac{x}{z}\frac{\Delta x}{x} \pm \frac{y}{z}\frac{\Delta y}{y}$$

となる．x, y の絶対値に比べて，z の絶対値の大きさが小さいとき，拡大率 $\frac{x}{z}$, $\frac{y}{z}$ が大きくなり，$\tilde{z}$ の相対精度は劣化する．これが桁落ちなどに関与する．

ii) 乗算

$z = xy$ を考えると誤差 $\Delta z = \tilde{z} - z$ は

$$\Delta z = (x + \Delta x)(y + \Delta y) - xy \approx x\Delta y + y\Delta x.$$

相対誤差は

$$\frac{\Delta z}{z} \approx \frac{y\Delta x + x\Delta y}{z} = \frac{y}{z}\Delta x + \frac{x}{z}\Delta y = \frac{\Delta x}{x} + \frac{\Delta y}{y}$$

となる．

iii) 除算

$z = x/y$ を考えると誤差 $\Delta z = \tilde{z} - z$ は

$$\Delta z = \frac{x + \Delta x}{y + \Delta y} - \frac{x}{y} \approx \frac{\Delta x}{y} - \frac{x\Delta y}{y^2}.$$

相対誤差は

$$\frac{\Delta z}{z} \approx \frac{\dfrac{\Delta x}{y} - \dfrac{x\Delta y}{y^2}}{z} = \frac{\Delta x}{yz} + \frac{x\Delta y}{zy^2} = \frac{\Delta x}{x} - \frac{\Delta y}{y}$$

となる．

乗除算での出力相対誤差は入力相対誤差の加減算によって決まるため，激しい劣化は起きないといえる．乗除算よりも加減算に気を付ける必要がある．

9.2 非線形方程式に対する数値解法

$f(x)$ を次の n 次多項式とするとき，$f(x)=0$ となる方程式を **n 次代数方程式 (algebraic equation)** という．

$$f(x)=a_nx^n+a_{n-1}x^{n-1}+\cdots+a_1x+a_0,\quad a_n\neq 0$$

“n 次代数方程式が複素数の範囲でちょうど n 個（重複度を考慮に入れて）の解をもつ” ということは，代数学の基本定理として与えられている．“方程式 $f(x)=0$ を満たす解 x を求めよ” という問題が与えられたとき，$f(x)$ が 4 次以下の多項式ならば，次のような解の公式を用いて，解の計算ができる．

1 次： $ax+b=0,\ a\neq 0,$
解 $x=-b/a.$

2 次： $ax^2+bx+c=0,\ a\neq 0,$
解の公式 $x=\dfrac{-b\pm\sqrt{b^2-4ac}}{2a}.$

3 次： $ax^3+bx^2+cx+d=0,\ a\neq 0,$
カルダノ (Cardano) の公式 [3, 4].

4 次： $ax^4+bx^3+cx^2+dx+e=0,\ a\neq 0,$
フェラリ (Ferrari) の公式 [3].

ところが，“5 次以上の代数方程式は一般に代数的には解けない” ことが代数学で証明されている．また，$f(x)=e^x-\sin x-1=0$ の無限個の解の中で $x=0$ に近い解や，$f(x)=re^x-1=0$ の最小の正の解を求める問題などに関する公式も存在しない．超越方程式 (transcendental equation) や 2 次以上の代数方程式を**非線形方程式 (nonlinear equation)** という．

ここで，非線形方程式の近似解を数値計算を利用して求めよう．関数 $f(x)$ が与えられているので，ある点 x での $f(x)$ の符号や微分係数などの情報は得られる．そこで，これらの情報を利用して，計算解を真の解に少しずつ近づけていく方法を考える．このような方法を**反復法 (iterative method)** という．

非線形方程式に対する反復法は次のように分類される．

単独反復法（$f(x)=0$ の 1 つの解だけを求める）
・ニュートン (Newton) 法
・セカント (Secant；割線) 法
・フォン・ミーゼ (von Mises) 法
・2 分法（区間縮小法）

同時反復法（$f(x)=0$ のすべての解を同時に求める）
・デュラン-ケルナー (Durand-Kerner, DK) 法
・減次法（各処理は単独反復法）[3]

9.2.1 縮小写像の原理

方程式 $f(x)=0$ が与えられたとき，求める解の 1 つを α とする．α を含むある閉区間 I 上で解 α に近い点 x_0 を I 内にとり，

$$x_1=g(x_0),\quad x_2=g(x_1),\quad \ldots$$

と順次 $x_1, x_2, \ldots, x_n, \ldots$ を計算する．この反復計算が成り立つには，$x_n\in I$ ならば，$x_{n+1}\in I$ を仮定する必要がある．この数列 $\{x_n\}$ が解 α に収束するとき，反復法は有効といえる．

方程式

$$x=g(x) \tag{9.2.1}$$

を満たす解を写像 g の**不動点 (fixed point)** という．(9.2.1) に対する反復

$$x_{n+1}=g(x_n),\quad n=0,1,2,\ldots \tag{9.2.2}$$

の収束に関して，次の定理（縮小写像の原理）が基礎になる．証明は [5, 6] を参照．

定理 9.2.1. 有界閉区間 I 上で定義された関数 $g(x)$ が次の 3 つの条件
(i) $x\in I$ ならば，$g(x)\in I$,
(ii) $x, y\in I$ ならば，

$$|g(x)-g(y)|\le L|x-y|, \tag{9.2.3}$$

(iii) L は定数で $0\le L<1$,
を満たすならば，(9.2.1) の解 α は I 内において唯一つ存在し，反復列 (9.2.2) の極限として得られる．

定理 9.2.1 の条件 (i)-(iii) を満たす関数 $g(x)$ を**縮小写像 (contraction mapping)** という．また，不等式 (9.2.3) を**リプシッツ (Lipschitz) 条件**といい，非負の定数 L を**リプシッツ定数**とよぶ．

補題 9.2.2. 関数 $g(x)$ が有界閉区間 I 上で微分可能で，$|g'(x)|\le L$, $x\in I$ を満たすならば，$g(x)$ はリプシッツ条件 (9.2.3) を満たす．

系 9.2.3. $\alpha=g(\alpha)$ とし，区間 $I=[\alpha-d,\alpha+d]$, $d>0$ とする．$g(x)$ が I において C^1 級で

$$\max_{x\in I}|g'(x)|\le L<1$$

ならば，(9.2.1) の解 α は I において唯一つ存在し，反復列 (9.2.2) の極限として得られる．

以上のことから，“$\alpha=g(\alpha)$ となる α の近くで g が縮小写像ならば，反復法が収束する” といえる．

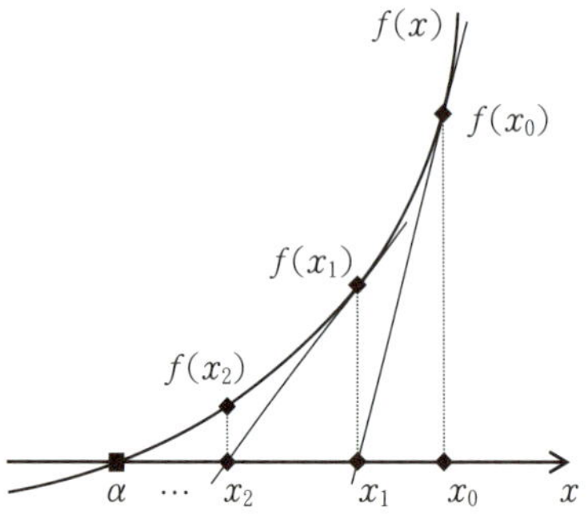

図 9.2.1　ニュートン法の計算過程

定理 9.2.1 の仮定のもとで反復 (9.2.2) を行う．$\varepsilon_k = |x_{k+1} - x_k|$ とおき，α を (9.2.1) の解とすると，次の関係が成り立つことが知られている．証明は [7] を参照．

$$\frac{\varepsilon_k}{1+L} \leq |x_k - \alpha| \leq \frac{\varepsilon_k}{1-L} \leq \frac{L^k \varepsilon_0}{1-L}, \quad k \geq 1.$$

9.2.2　ニュートン法

非線形方程式の解を求める方法として，最もよく知られた反復法が**ニュートン (Newton) 法**である．関数 $f(x)$ が与えられ，$f(\alpha) = 0$ となる解 α を求めるとき，ニュートン法の過程は図 9.2.1 のようになる．

ある点 x_0 をとり，$f(x)$ のグラフ上の点 $(x_0, f(x_0))$ で曲線 $y = f(x)$ に対する接線を引く．この接線の方程式は

$$y = f(x_0) + f'(x_0)(x - x_0)$$

であり，$y = 0$ となる点は

$$x = x_0 - \frac{f(x_0)}{f'(x_0)}$$

である．この x が解 α であれば，解が求められたことになるが，そうでないときは同じ計算を繰り返す必要がある．x を新たに近似値 x_1 とおき，x_1 に対し，今までと同じ過程を繰り返すと，ニュートン法は次の反復式で表せる．ここで，計算が破綻しないよう，$f'(x_k) \neq 0$ とする．

$$x_{k+1} = x_k - \frac{f(x_k)}{f'(x_k)}, \quad k = 0, 1, 2, \ldots. \tag{9.2.4}$$

数値計算では，$f(x_k) = 0$ となることは期待できない．そこで，反復法の収束は，非常に小さい値 $\varepsilon > 0$ を用いて，次の条件で判定する．

ア）誤差：$|x_k - x_{k-1}| < \varepsilon$
イ）相対誤差：$\left|\dfrac{x_k - x_{k-1}}{x_k}\right| < \varepsilon$
ウ）残差：$|f(x_k)| < \varepsilon$

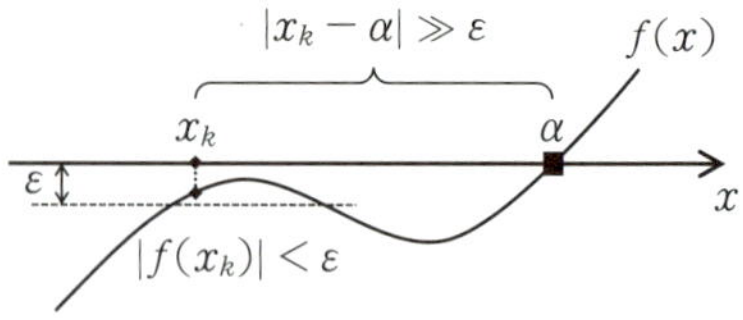

図 9.2.2　残差と誤差

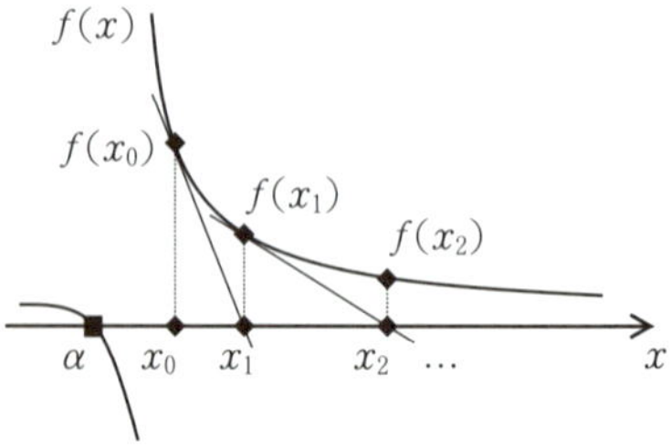

図 9.2.3　ニュートン法が収束しない例 1

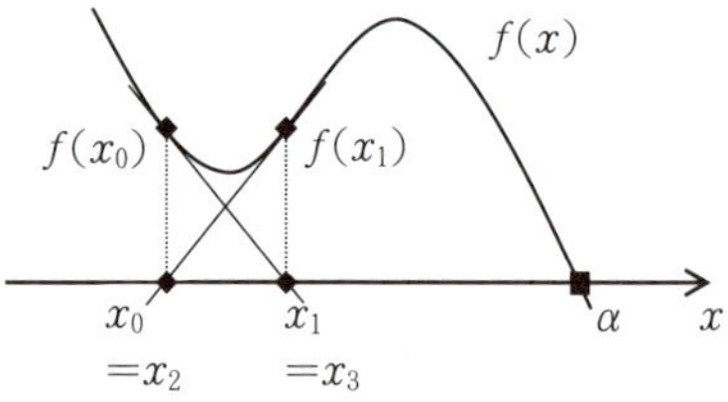

図 9.2.4　ニュートン法が収束しない例 2

残差を利用することが汎用的であるが，問題により解でない点に収束する場合もある（図 9.2.2 参照）．理論的な収束次数の評価には誤差を用いる．

ニュートン (Newton) 法のアルゴリズム

1. Select an initial guess x_0.
2. For $k = 0, 1, 2, \ldots$, until convergence do:
3. 　$x_{k+1} = x_k - \dfrac{f(x_k)}{f'(x_k)}$
4. End for

補足 9.2.4. $f(x) = 0$ の解 α を含む適当な区間 I において，$f'(x) \neq 0$ とすれば，(9.2.4) のニュートン法の反復は (9.2.1) の反復関数 $g(x)$ を

$$g(x) = x - \frac{f(x)}{f'(x)}$$

と選んだものとわかる．これより，

$$g'(x) = 1 - \frac{(f'(x))^2 - f(x)f''(x)}{(f'(x))^2} = \frac{f(x)f''(x)}{(f'(x))^2}$$

が得られる．このとき，$f(\alpha) = 0$ より，$g'(\alpha) = 0$ となるが，これは条件 $|g'(x)| \leq L$ を満たす区間 I が存在することを意味する．よって，I において，ニュートン反復列が α に収束することがわかる．これは逆に，初期値を解 α の近くにとらないと収束しない可能

性があることを示唆している．

注意 9.2.1. $f'(x)$ が 0 に近くなる場合，ニュートン法の分母が 0 に近づくため，なかなか収束せず，非常に多くの反復回数が必要になったり，発散することもある．また，初期値によっても収束しないことがあるので，初期値の選び方には注意が必要である（図 9.2.3, 9.2.4 参照）．逆に，初期値を選ぶ区間が適切でさえあれば，[8] にあるように，収束しないように思われる問題でもニュートン法で解が求まることがある．

収束の速さ

一般に $\{x_k\}$ が α に収束し，適当な $p \geq 1$，$C > 0$ に対して，

$$\lim_{k\to\infty} \frac{|x_{k+1}-\alpha|}{|x_k-\alpha|^p} = C$$

となるとき，p を収束次数 (order of convergence) という．この実用面での解釈は，

$$|x_{k+1}-\alpha| \leq C|x_k-\alpha|^p, \quad p>1, \quad C>0 \quad (9.2.5)$$

が成り立つことである．このとき，$\{x_k\}$ は **p 次収束**であるという．特に，

$$\lim_{k\to\infty} \frac{|x_{k+1}-\alpha|}{|x_k-\alpha|} = 0$$

のとき，超 1 次収束 (superlinear convergence) という．ここで，(9.2.5) の対数をとると，

$$-\log_{10}|x_{k+1}-\alpha| \approx -p\log_{10}|x_k-\alpha| + (-\log_{10}C)$$

となる．$\log_{10}C$ はあまり大きくない定数と考えて無視すると，$k+1$ 回目の誤差の小数点以下に現れる 0 の桁数は，k 回目の誤差のそれよりも約 p 倍大きくなっていることがわかる（図 9.2.6 参照）．

定理 9.2.5. 閉区間 I に対し，初期値 $x_0 \in I$ をとる反復 (9.2.2) の解を α とする．$g(x)$ が区間 I で C^m 級で，

$$g'(\alpha) = g''(\alpha) = \cdots = g^{(m-1)}(\alpha) = 0,$$
$$g^{(m)}(\alpha) \neq 0$$

とする．このとき，$\{x_k\}$ は α に m 次収束する．

ニュートン法を利用して $f(x)=0$ の解 α を求めるとき，$f(x)=0$ が重解をもたず，$f'(\alpha)\neq 0$ ならば，$e_k = x_k - \alpha$ に対し，テイラー展開を利用して，

$$\begin{aligned} 0 &= f(\alpha) \\ &= f(x_k) + f'(x_k)(\alpha - x_k) + \frac{f''(\xi)}{2!}(\alpha-x_k)^2 \\ &= f(x_k) - f'(x_k)e_k + \frac{f''(\xi)}{2!}e_k^2 \end{aligned}$$

となる．ただし，ξ は x_k と α との間に存在する値である．一方で，ニュートン法の反復式より，

$$\begin{aligned} x_{k+1} - \alpha &= (x_k - \alpha) - \frac{f(x_k)}{f'(x_k)} \\ &= -\frac{f(x_k) - f'(x_k)e_k}{f'(x_k)} \end{aligned}$$

と表せるので，

$$|e_{k+1}| = \left|\frac{f''(\xi)}{2f'(x_k)}\right| e_k^2 = Ce_k^2$$

を得る．これは (9.2.5) 式の $p=2$ のときに対応する．よって，x_0 を解 α の近傍に選べば，ニュートン法で生成される $\{x_k\}$ は，解 α に 2 次収束するとわかる．

ただし，収束の速さは関数 $f(x)$ の性質に大きく依存する．たとえば，$f(x)=0$ の解が m 重解 $(m>1)$ をもつとき，ニュートン法は 1 次収束となる．特に m が大きいとき，すなわち，重複度が高くなると収束率は，

$$\left(1-\frac{1}{m}\right) \approx 1$$

と 1 に近くなり，収束が遅くなる．

計算効率が悪いだけでなく収束判定も難しくなるので，重解をもつ問題には特に注意しよう．

補足 9.2.6. $f(x)=0$ の解 α が m 重解，つまり $f^{(l)}(\alpha)=0$，$0\leq l\leq m-1$，$f^{(m)}(\alpha)\neq 0$ の場合，ニュートン法の反復解を用いて，

$$m \approx \frac{x_{k-1}-x_k}{x_{k-1}-2x_k+x_{k+1}}, \quad k=1,2,\ldots$$

のように重複次数 m が推定できる．ただし，これは高次の項を無視しているので，k が大きい時点で利用すべきである．詳細は [9] を参照．

同じニュートン法を用いても，次のように，関数の形によって収束次数が変わることが知られている．

例 9.2.1. 実数 $a\neq 0$ の立方根 $\alpha=\sqrt[3]{a}$ をニュートン法で求めるとする．同じ解 α をもつ次の 2 種類の方程式について，解 α の近傍での収束次数を具体的に調べてみよう．

(i) $f(x)=x^3-a=0$,

(ii) $f(x)=x^2-a/x=0$

(i) では，$g'(\alpha)=0$，$g''(\alpha)=\dfrac{2}{\alpha}\neq 0$ より，

$$\begin{aligned} |x_{k+1}-\alpha| &= |g(x_k)-g(\alpha)| \\ &= |g(\alpha)+g'(\alpha)(x_k-\alpha) \\ &\quad + \frac{g''(\xi)}{2!}(x_k-\alpha)^2 - g(\alpha)| \\ &\leq c_1|x_k-\alpha|^2 \end{aligned}$$

と 2 次収束を示す．しかし，(ii) では，$g'(\alpha)=0$，$g''(\alpha)=0$，$g'''(\alpha)\neq 0$ より，

$$
\begin{aligned}
|x_{k+1}-\alpha| &= |g(x_k)-g(\alpha)| \\
&= |g(\alpha)+g'(\alpha)(x_k-\alpha) \\
&\quad + \frac{g''(\alpha)}{2!}(x_k-\alpha)^2 \\
&\quad + \frac{g'''(\xi)}{3!}(x_k-\alpha)^3 - g(\alpha)| \\
&\le c_2|x_k-\alpha|^3
\end{aligned}
$$

と3次収束になることがわかる．

ニュートン法の長所と短所を以下にまとめる．

長所：

・収束が速い

・複素数解も求められる

・重解や偶数乗解も求まる

短所：

・導関数が必要である

・初期値によっては解が求まらない

・収束判定が難しい

補足 9.2.7. 反復列 $\{x_k\}$ の収束が遅いとき，より速い収束する列を作る方法を加速法という．エイトケン (Aitken) の加速法などが知られている．詳細は [6, 5] などを参照．

9.2.3 セカント法

ニュートン法を利用するには微分係数の計算が必要であるが，$f(x)$ が複雑な場合など，継続的に微分の計算ができない場合には，ニュートン法の代わりに次の反復法を利用することができる．

セカント (secant; 割線) 法は微分係数を

$$f'(x_k) = \lim_{x\to x_k}\frac{f(x)-f(x_k)}{x-x_k} \approx \frac{f(x_k)-f(x_{k-1})}{x_k-x_{k-1}}$$

のように2点間の差分量を用いて近似した方法であり，2点 $(x_{k-1}, f(x_{k-1}))$，$(x_k, f(x_k))$ を通る直線と x 軸との交点が反復解となる（図 9.2.5 参照）．

セカント法は微分係数を2点間の差分によって近似したものなので，ニュートン法のように解への2次収束性は期待できない．セカント法の収束次数は黄金比 $\dfrac{1+\sqrt{5}}{2} = 1.618...$ であることが次のように知られている．証明は [10] を参照．

セカント法のアルゴリズム

1. Select initial guesses x_0 and x_1.
2. For $k = 1, 2, \ldots,$ until convergence do:
3. $\quad x_{k+1} = x_k - f(x_k)\dfrac{x_k - x_{k-1}}{f(x_k)-f(x_{k-1})}$
4. End for

定理 9.2.8. 方程式 $f(x)=0$ の解 α を含む閉区間 $I = [\alpha-\xi,\ \alpha+\xi]$ 上の任意の2点 x, y に対して，

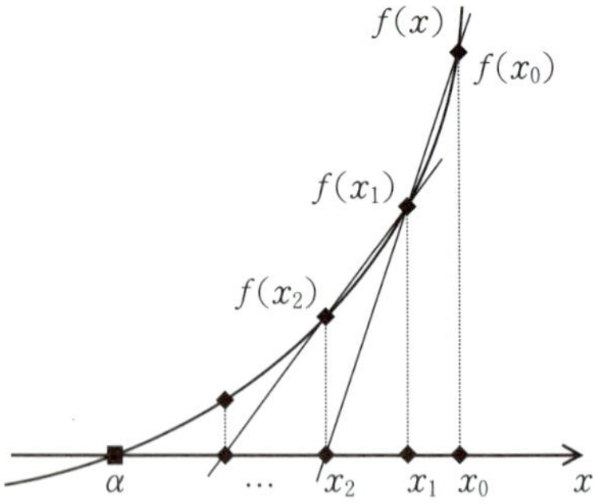

図 9.2.5　セカント法の計算過程

$$\left|\frac{f''(y)}{f'(x)}\right| \le \frac{2\kappa}{\xi}, \quad 0<\kappa<1$$

が成り立つと仮定する．このとき，I 上の任意の2点 x_0，x_1 を初期値とするセカント法によって生じる数列 $\{x_n\}$ は，I 上にあって，解 α に収束する．この収束次数は約 1.618 次である．

補足 9.2.9. ニュートン法の微分係数に，初期値での値 $f'(x_0)$ を利用し続ける方法

$$x_{k+1} = x_k - \frac{f(x_k)}{f'(x_0)}, \quad k = 0, 1, 2, \ldots$$

として，フォン・ミーゼ (von Mises) 法 [5]，あるいはパラレルコード (parallel chord) 法 [11] がある．$f'(x_0) \ne 0$ ならば，計算の途中で破綻しないので有効であるが，収束率は $1 - f'(\alpha)/f'(x_0)$ の1次収束となる．

収束次数の検証

ニュートン法とセカント法により，

$$x^2 - 7x + 12 = 0$$

の解を具体的に計算してみよう．初期値は $x_0 = 1$（セカント法の場合は $x_0 = 0.5$，$x_1 = 1$）とする．このとき，反復列は解の一つ $\alpha = 3$ に収束すると考えられる．収束判定は残差を用いて $|f(x_k)| < \varepsilon = 10^{-9}$ とし，倍精度演算で計算する．

この例は真の解がわかっているので，収束の状況を評価するために，各反復 k における絶対誤差 $|x_k - \alpha|$ の振る舞いを図 9.2.6 に示した．グラフの横軸は反復回数，縦軸は絶対誤差を表している．$|x_{k+1} - \alpha| = C_k|x_k - \alpha|^p$ とおくと，反復が進んで誤差が小さくなったところでは，ニュートン法では $C_k \approx 1$，$p = 2$，セカント法では $C_k \approx 1$，$p \approx 1.618$ という関係が成り立っていることが確認できる．

9.2.4 2　分　法

2 分法 (bisection method) は，代数方程式などの実

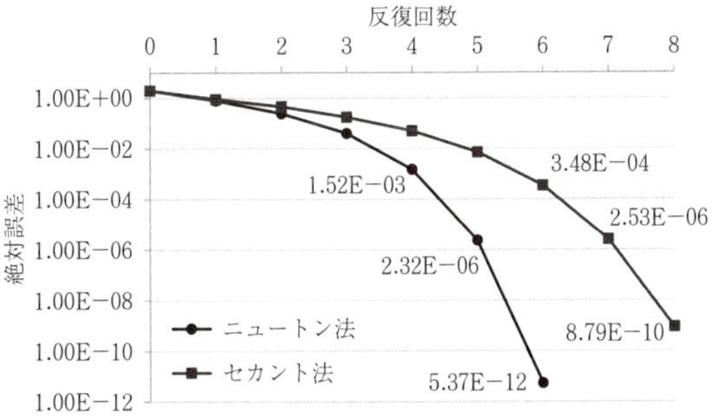

図 9.2.6　ニュートン法とセカント法の収束履歴

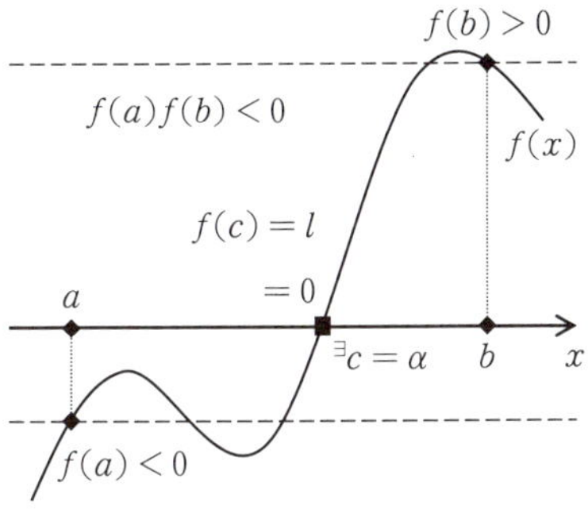

図 9.2.7　方程式の解を含む区間

数の近似解を数値計算で求める方法であり，考え方は中間値の定理が基礎となる．$f(x)$ が閉区間 $[a, b]$ で連続で $f(a) \neq f(b)$ ならば，$f(a)$ と $f(b)$ の間の任意の数 l に対して，$f(c) = l$ となる点 c $(a < c < b)$ が必ず存在する．$f(a)f(b) < 0$ ならば，$[a, b]$ 間に少なくとも 1 つの解が存在するといえるので，まずは解を含む区間を見つける（図 9.2.7 参照）．

ある解を含む区間 $[a, b]$ に対し，$[a, b]$ を半分に分ける点を $c = \dfrac{a+b}{2}$ とする．$f(c) = 0$ ならば解は c となるが，そうでなければ，解は分割された区間のどちらかに存在するので，同様にして解のある区間を次々と縮小していくことで，解が求まる．

2 分法のアルゴリズム

1. Select endpoints a and b of an interval.
2. While $|b - a|/2.0 \geq \varepsilon$, do:
3. 　Set $c = (a + b)/2.0$.
4. 　If $f(a)f(c) > 0$, then $a = c$,
5. 　　else if $f(a)f(c) < 0$, then $b = c$,
6. 　　　else break, End if.
7. End while
8. Output c.

$f(c) = 0$ となる点 c が正確に計算で求まることはほとんどないので，これは判定条件にはできない．そこで，ニュートン法と同様に，反復に対する終了判定条件が必要になる．図 9.2.8 にあるように，解と c と

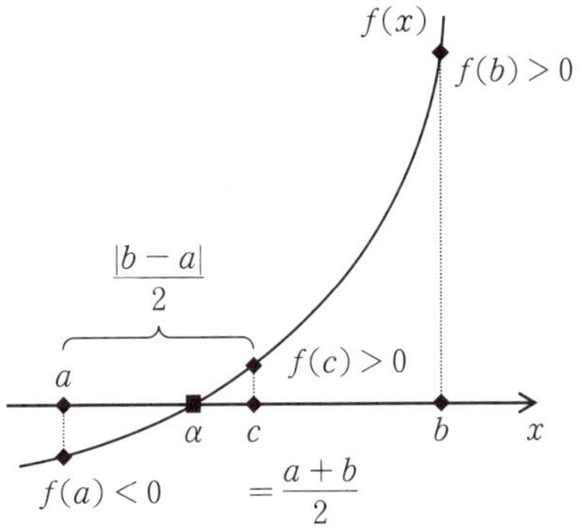

図 9.2.8　2 分法の誤差

の距離は高々 $\dfrac{|b-a|}{2}$ である．十分小さい $\varepsilon > 0$ に対し，$\dfrac{|b-a|}{2} < \varepsilon$ となったときに計算を終了すると，点 c と解 α の誤差 $|c - \alpha|$ は ε で抑えられることになる．

上記の手順を繰り返したとき，どのくらいの反復回数が必要なのかを考えてみよう．最初に与えられた区間 $[a, b]$ から始まり，各反復において，解の存在する側の $[a, b]$ が 2 等分されていくので，計算が終了したときの区間は次の式で表されることになる．

$$\frac{|b-a|}{2^{n+1}} < \varepsilon$$

よって，与えられた ε に対し，この式を満たす最小の n が 2 分法で必要な計算回数といえる．

9.2.5　連立非線形方程式

n 個の未知数 $x_1, x_2, \ldots, x_n$ に対する n 本の連立非線形方程式

$$\begin{cases} f_1(x_1, x_2, \ldots, x_n) = 0 \\ f_2(x_1, x_2, \ldots, x_n) = 0 \\ \quad\vdots \\ f_n(x_1, x_2, \ldots, x_n) = 0 \end{cases} \tag{9.2.6}$$

の解を求める反復法を考えよう．ベクトル $\boldsymbol{x} = [x_1, x_2, \ldots, x_n]^\top$ を用いて，$f_j(x_1, x_2, \ldots, x_n) = f_j(\boldsymbol{x})$ と表し，$f_1, f_2, \ldots, f_n$ を成分とするベクトル $\boldsymbol{f}$ を用いると (9.2.6) は

$$\boldsymbol{f}(\boldsymbol{x}) = \boldsymbol{0}$$

となる．これに対し，9.2.1 項で述べた 1 変数の場合と同じように，ベクトルでの反復式 $\boldsymbol{x}^{(k+1)} = \boldsymbol{g}(\boldsymbol{x}^{(k)})$, $k = 0, 1, 2, \ldots$ を作る．

ここで，k 回目の反復解（ベクトル）を $\boldsymbol{x}^{(k)} = [x_i^{(k)}]$，真の解（ベクトル）を $\boldsymbol{s} = [s_i]$ とする．9.3 節

で定義するベクトルのノルム $||\boldsymbol{x}||$ を利用して，

$$||\boldsymbol{x}^{(k)} - \boldsymbol{s}|| \to 0 \quad (k \to \infty)$$

となるとき，$\boldsymbol{x}^{(k)}$ は $\boldsymbol{s}$ に収束すると考えることができる．$\boldsymbol{x}^{(k)}$ が解 $\boldsymbol{s}$ に収束するための必要十分条件は，各成分に対し，$x_i^{(k)} \to s_i$ となることである．

n 次元空間の領域 D から D への写像について，$\boldsymbol{x}, \boldsymbol{y} \in D$ ならば，

$$||\boldsymbol{f}(\boldsymbol{x}) - \boldsymbol{f}(\boldsymbol{y})|| \leq L||\boldsymbol{x} - \boldsymbol{y}||$$

となる $L < 1$ をもつとき，$\boldsymbol{f}$ は D 上の縮小写像という．定理 9.2.1 は $\boldsymbol{x} = [x]$ とした 1 変数の場合なので，以下に含まれる．

定理 9.2.10. D 上の縮小写像 $\boldsymbol{f}$ に対し，任意の $\boldsymbol{x}^{(0)} \in D$ から始めた反復

$$\boldsymbol{x}^{(k+1)} = \boldsymbol{g}(\boldsymbol{x}^{(k)}), \quad k = 0, 1, 2, \ldots$$

は $\boldsymbol{s} = \boldsymbol{g}(\boldsymbol{s})$ を満たす解 $\boldsymbol{s}$ に収束する．

連立ニュートン法

ここで，方程式 $\boldsymbol{f}(\boldsymbol{x}) = \boldsymbol{0}$ に対し，n 変数 $\boldsymbol{x} = [x_1, x_2, ..., x_n]^\top$ の連立ニュートン法を考えよう．9.2.2 項の 1 変数の非線形方程式に対するニュートン法では，$f'(x) \neq 0$ を利用したが，n 変数以上の場合には，導関数の役割を次のヤコビ行列

$$J(\boldsymbol{x}) = \begin{bmatrix} \frac{\partial}{\partial x_1} f_1(\boldsymbol{x}) & \frac{\partial}{\partial x_2} f_1(\boldsymbol{x}) & \cdots & \frac{\partial}{\partial x_n} f_1(\boldsymbol{x}) \\ \frac{\partial}{\partial x_1} f_2(\boldsymbol{x}) & \frac{\partial}{\partial x_2} f_2(\boldsymbol{x}) & \cdots & \frac{\partial}{\partial x_n} f_2(\boldsymbol{x}) \\ \vdots & \vdots & \ddots & \vdots \\ \frac{\partial}{\partial x_1} f_n(\boldsymbol{x}) & \frac{\partial}{\partial x_2} f_n(\boldsymbol{x}) & \cdots & \frac{\partial}{\partial x_n} f_n(\boldsymbol{x}) \end{bmatrix}$$

を用いて表す．ヤコビ行列の逆行列を用いることで，n 変数のニュートン法は，次のように表される．

$$\boldsymbol{x}^{(k+1)} = \boldsymbol{x}^{(k)} - (J(\boldsymbol{x}^{(k)}))^{-1} \boldsymbol{f}(\boldsymbol{x}^{(k)}), \qquad (9.2.7)$$
$$k = 0, 1, 2, \ldots.$$

(9.2.4) での計算が破綻しないための条件 $f'(x) \neq 0$ は，(9.2.7) では“ヤコビ行列が正則である”こととなる．

初期点 $\boldsymbol{x}^{(0)}$ を解 $\boldsymbol{s}$ の近くに選ぶとき，連立ニュートン法の 2 次収束性が次のように示されている．

定理 9.2.11. $f_j(\boldsymbol{x})$ が C^2 級で $\boldsymbol{f}(\boldsymbol{x}) = \boldsymbol{0}$ が解 $\boldsymbol{s}$ をもち，ヤコビ行列 $J(\boldsymbol{s})$ が正則のとき，解 $\boldsymbol{s}$ の近くに初期点 $\boldsymbol{x}^{(0)}$ をとったニュートン法は解 $\boldsymbol{s}$ に 2 次収束する．

注意 9.2.2. 9.3 節で示すように，逆行列の計算は連立 1 次方程式の解法よりも多くの演算量を必要とする．そこで，連立ニュートン法 (9.2.7) の $\boldsymbol{x}^{(k+1)}$ の計算も，実際には逆行列は計算せず，連立 1 次方程式の解を求めて進める．具体的には，$\boldsymbol{y}^{(k)} = \boldsymbol{x}^{(k+1)} - \boldsymbol{x}^{(k)}$ とし，(9.2.7) を次のように変形する．

$$J(\boldsymbol{x}^{(k)})\boldsymbol{y}^{(k)} = -\boldsymbol{f}(\boldsymbol{x}^{(k)}), \quad k = 0, 1, 2, \ldots.$$

9.3 節の解法を用いて $\boldsymbol{y}^{(k)}$ を求め，$\boldsymbol{x}^{(k+1)} = \boldsymbol{x}^{(k)} + \boldsymbol{y}^{(k)}$ とすると，(9.2.7) の新たな反復解を得るので，これを繰り返せばよい．

補足 9.2.12. ここで，非線形最適化問題を解くためのニュートン法について少し述べる．実数値関数 $f : \mathbb{R}^n \to \mathbb{R}$ が与えられたとき，次の最小化問題を考える．

$$\min f(\boldsymbol{x})$$

ただし，$\boldsymbol{x} = [x_1, x_2, \ldots, x_n]^\top$ である．この問題を解くためのニュートン法は，適当な初期点 $\boldsymbol{x}^{(0)}$ から出発して，

$$\boldsymbol{x}^{(k+1)} = \boldsymbol{x}^{(k)} + \boldsymbol{y}^{(k)}$$

の反復を用いて k 回目の近似解 $\boldsymbol{x}^{(k)}$ を更新していく．ここで $\boldsymbol{y}^{(k)}$ は探索方向とよばれるベクトルで，目的関数 $f(\boldsymbol{x}^{(k)} + \boldsymbol{y})$ のテイラー展開

$$f(\boldsymbol{x}^{(k)} + \boldsymbol{y})$$
$$= f(\boldsymbol{x}^{(k)}) + \nabla f(\boldsymbol{x}^{(k)})^\top \boldsymbol{y} + \frac{1}{2}\boldsymbol{y}^\top \nabla^2 f(\boldsymbol{x}^{(k)})\boldsymbol{y} + \cdots$$

を 2 次近似した関数

$$q(\boldsymbol{y}) = f(\boldsymbol{x}^{(k)}) + \nabla f(\boldsymbol{x}^{(k)})^\top \boldsymbol{y} + \frac{1}{2}\boldsymbol{y}^\top \nabla^2 f(\boldsymbol{x}^{(k)})\boldsymbol{y}$$

を $\boldsymbol{y}$ について最小化することによって得られる．ただし，$\nabla f(\boldsymbol{x}), \nabla^2 f(\boldsymbol{x})$ はそれぞれ**勾配ベクトル (gradient vector)**，**ヘッセ行列 (Hessian matrix)** であり，

$$\nabla f(\boldsymbol{x}) = \left[\frac{\partial}{\partial x_1} f(\boldsymbol{x}), \frac{\partial}{\partial x_2} f(\boldsymbol{x}), \ldots, \frac{\partial}{\partial x_n} f(\boldsymbol{x})\right]^\top,$$

$$\nabla^2 f(\boldsymbol{x}) = \begin{bmatrix} \frac{\partial^2}{\partial x_1^2} f(\boldsymbol{x}) & \cdots & \frac{\partial^2}{\partial x_1 \partial x_n} f(\boldsymbol{x}) \\ \vdots & \ddots & \vdots \\ \frac{\partial^2}{\partial x_n \partial x_1} f(\boldsymbol{x}) & \cdots & \frac{\partial^2}{\partial x_n^2} f(\boldsymbol{x}) \end{bmatrix}$$

と定義される．2 次近似した関数 $q(\boldsymbol{y})$ の最小解であるための必要条件は，その勾配ベクトル $\nabla q(\boldsymbol{y})$ が零ベクトルに等しくなることなので

$$\nabla q(\boldsymbol{y}^{(k)}) = \nabla f(\boldsymbol{x}^{(k)}) + \nabla^2 f(\boldsymbol{x}^{(k)})\boldsymbol{y}^{(k)} = \boldsymbol{0}$$

を満たす $\boldsymbol{y}^{(k)}$ を求めればよい．すなわち，連立 1 次方程式

$$\nabla^2 f(\boldsymbol{x}^{(k)})\boldsymbol{y}^{(k)} = -\nabla f(\boldsymbol{x}^{(k)})$$

の解を探索方向に選ぶ．これは，$f(\boldsymbol{x})$ の最小解であるための必要条件に相当する非線形方程式 $\nabla f(\boldsymbol{x}) = \boldsymbol{0}$ に連立ニュートン法 (9.2.7) を適用することに対応している．したがって，非線形最適化問題に対するニュートン法についても，定理 9.2.11 と同様の収束定理が得られる．詳細は [12] などを参照．

9.2.6 同時反復法

ここで，すべての解と同数の近似解を同時に求める方法に触れておこう．

次のように，n 次で最高次の係数が 1 の多項式 $f(x)$ をモニック多項式という．この $f(x)$ の零点を $\alpha_1, \alpha_2, \ldots, \alpha_n$ とし，$x_1, x_2, \ldots, x_n$ をそれぞれの近似解とする．

$$f(x) = (x - \alpha_1)(x - \alpha_2)\cdots(x - \alpha_n).$$

ここで，

$$W_i(x) = \frac{f(x)}{\prod_{j=1,\ j\neq i}^{n}(x - x_j)}$$

とおき，x_i，$i = 1, 2, \ldots, n$ がそれぞれ α_i，$i = 1, 2, \ldots, n$ に十分近いと仮定すると，

$$W_i(x) = \frac{\prod_{j=1}^{n}(x - \alpha_j)}{\prod_{j=1,\ j\neq i}^{n}(x - x_j)} \approx (x - \alpha_i)$$

と考えられる．そこで，新しい近似解を求める手順として，次のような式を考える．

$$\begin{aligned}\hat{x}_i &= x_i - W_i(x_i)\\ &= x_i - \frac{f(x_i)}{\prod_{j=1,\ j\neq i}^{n}(x_i - x_j)}, \quad i = 1, 2, \ldots, n.\end{aligned}$$

この方法は**デュラン-ケルナー (Durand-Kerner，D-K) 法**とよばれており，ニュートン法と同様に 2 次収束となることが知られている．ただし，$f(x)$ がモニック多項式でない場合には D-K 法は適用できないことに注意しよう．

注意 9.2.3. 同時反復法の初期値として，多項式 $f(x)$ の解の重心を中心としてすべての解を含むような円周上に配置する**アバース (Aberth) の初期値**とよばれる与え方が一般に知られている．詳細は [5, 3, 13] などを参照．

9.2.7 数値計算と数式処理

この章で扱っている数値計算には誤差がつきものであった（したがって，最初に誤差について説明した）．ところで，誤差のない計算を可能な限り行う数式処理という計算手法も存在する．ここで，両者の比較を簡単に記述しておこう．

コンピュータによって数学の計算や科学技術計算を行う方法には，大きく分けて数値計算と数式処理という二つの種類がある．数値計算は，近似計算（主に浮動小数点演算）を用い，適当な初期値から始めて近似解の精度を次第に上げていくことが多く，非線形方程式に対するニュートン法はその典型である．数値計算の利点として，近似計算を用いるため計算が軽い（メモリをそれほど必要としない，計算時間が短い）こと，数式の係数などが近似値であっても処理が可能であり，計算を途中で打ち切ってもある程度意味のある結果が得られる融通性があること挙げられる．しかし，誤差を伴うので計算結果の信頼性を保証するために誤差解析が必要になる．

数式処理（計算機代数あるいは計算代数ともいう）は，近似計算は用いず正確に計算を行うこと，有限ステップで終了する代数的な計算を行うこと，変数記号を残したままで計算できることなどが特徴であり，5 章で取り上げたグレブナー基底の計算が一つの典型である．数式処理は結果に誤差はなく信頼できるという利点があるが，数式の係数などは正確であることが前提であり，さらに，最後まで計算しないと意味のある結果が得られないといった融通性に欠ける面や，計算過程や計算結果に現われる多項式の係数などの桁数が非常に大きくなることがあり計算が重い（多量のメモリが必要，計算時間が長い）といった問題もある．

計算が重いため，応用面から敬遠されていた数式処理であるが，コンピュータの性能向上に伴い，実際の応用にも使われるようになってきた．たとえば，従来，設計においてパラメータの値を決定する際，パラメータが複数のときなどパラメータの値を少しずつ変えて何度も数値計算を行うトライアル・アンド・エラーによることが多かったが，要求仕様を満たす解を求めるのは困難な場合もあった．一方，数式処理では扱える問題の規模には制限はあるものの，パラメータを残したまま計算することが可能なので，仕様を満たす複数パラメータの存在領域を正確に求めることにより解を求めることも可能になってきている．

また，融通性の向上を目指して誤差を含む入力も対象としたり，計算を軽くするために一部で近似計

算を利用したりする研究も行われている．こういった方向は**数値数式融合計算（symbolic-numeric computation）**と呼ばれ，活発に研究されている分野である．

9.3 連立1次方程式に対する数値解法

n 個の未知数 $x_1, x_2, \ldots, x_n$ に対して，n 元連立1次方程式

$$\begin{cases} a_{11}x_1 + a_{12}x_2 + \cdots + a_{1n}x_n = b_1 \\ a_{21}x_1 + a_{22}x_2 + \cdots + a_{2n}x_n = b_2 \\ \quad \vdots \\ a_{n1}x_1 + a_{n2}x_2 + \cdots + a_{nn}x_n = b_n \end{cases} \tag{9.3.1}$$

は $A\boldsymbol{x} = \boldsymbol{b}$ と表せる．ただし，係数行列を $A = [a_{ij}]$，右辺項を表す n 次元ベクトルを $\boldsymbol{b} = [b_1, b_2, \ldots, b_n]^\top$，解ベクトルを $\boldsymbol{x} = [x_1, x_2, \ldots, x_n]^\top$ とする．解 $\boldsymbol{x}$ が唯一つであるための必要十分条件は，行列 A が正則であることである．

正則行列 A に対して，$A\boldsymbol{x} = \boldsymbol{b}$ の唯一つの解は $\boldsymbol{x} = A^{-1}\boldsymbol{b}$ と表され，理論的にはクラメル（Cramer）の公式でも求まる．しかし，逆行列 A^{-1} を陽に求めるには多くの計算コストが必要であり，クラメルの公式でも $n+1$ 個の行列式を計算しなければならないため，行列サイズが大きくなればなるほど，計算量が膨大となり実用的ではない．そこで，コンピュータを用いて連立1次方程式を効率よく解くための計算法を取り上げよう．大別すると**直接法（direct method）**と**反復法（iterative method）**があり，さらに反復法は定常反復法と非定常反復法（主にクリロフ部分空間法）とに分類される．

直接法は線形代数で学習した掃き出し法や行列の分解の考え方に基礎をおくものである．丸め誤差がなければ，有限回の操作で真の解が得られる頑健（robust）な方法であるが，n 元の方程式を解く場合は一般に $O(n^3)$ の演算回数が必要となる．直接法はほとんどの要素が0でない**密（dense）行列**を係数にもつ場合に適しており，小～中規模（数十～数万元）の問題に対してよく利用される．一方，反復法は適当な初期値から出発し，近似解を更新して真の解へ近づけていく方法である．連立1次方程式が現れる物理現象などの性質や離散化（9.7節参照）の方法によって，ほとんどの要素が0であるような**疎（sparse）行列**を扱うことも多い．係数行列の非零要素数を "nnz"（number of nonzero）と表すと，反復法では1反復あたりの計算量を $O(\mathrm{nnz})$ に抑えられる場合もあり，少ない反復回数で収束すればとても効率がよい．反復法は疎行列を係数にもつ中～大規模（数万～数千万元）の問題に対してよく利用される．与えられた問題の性質，すなわち，連立1次方程式の係数行列の特徴などを踏まえて，適切な数値解法を選ぶことが重要である．

主に連立1次方程式や固有値問題の数値解法など，行列に関する数値計算を総称して**線形計算**という．

9.3.1 正定値対称行列

線形計算では正定値対称行列を扱う場合が多く，特に自然現象をモデル化した微分方程式などから得られる連立1次方程式の係数としてよく現れる．そこで，正定値性に関してはじめに導入しよう．

定義 9.3.1. n 次複素行列 $A = [a_{ij}]$ をエルミート行列（Hermitian matrix：A の共役転置行列 A^* に対して $A = A^*$）とする．任意の n 次元ベクトル $\boldsymbol{x} \neq \boldsymbol{0}$ に対して，

$$(\boldsymbol{x}, A\boldsymbol{x}) = \boldsymbol{x}^* A\boldsymbol{x} = \sum_{i,j=1}^{n} a_{ij}\bar{x}_i x_j > 0$$

となるとき，A を**正定値（positive definite）**エルミート行列という．A が実対称行列ならば，正定値対称（symmetric positive definite, SPD）行列となる．

注意 9.3.1. 任意の $\boldsymbol{x} \neq \boldsymbol{0}$ に対して，$(\boldsymbol{x}, A\boldsymbol{x}) \geq 0$ のとき，特に半正定値（positive semi-definite）または非負定値（nonnegative-definite）という．

定理 9.3.2. n 次実正則行列 A に対して，$B = A^\top A$ は正定値対称行列となる．

証明　行列 B は次のように対称であることがわかる．

$$B^\top = (A^\top A)^\top = A^\top A = B.$$

さらに，A は正則であることから，任意の n 次元ベクトル $\boldsymbol{x} \neq \boldsymbol{0}$ に対して，

$$\begin{aligned}(\boldsymbol{x}, B\boldsymbol{x}) &= (\boldsymbol{x}, A^\top A\boldsymbol{x}) = \boldsymbol{x}^\top A^\top A\boldsymbol{x} \\ &= (A\boldsymbol{x})^\top A\boldsymbol{x} = (A\boldsymbol{x}, A\boldsymbol{x}) > 0.\end{aligned}$$

よって，B は正定値対称行列である．□

定理 9.3.3. 実対称行列 A が正定値ならば，その対角成分はすべて正である．

注意 9.3.2. 定理 9.3.3 の逆は成り立たない．実際に，以下の行列 A とベクトル $\boldsymbol{x}$ に対しては，$(\boldsymbol{x}, A\boldsymbol{x}) = -3 < 0$ となり，A は正定値にはならない．

$$A = \begin{bmatrix} 1 & 3 \\ 3 & 2 \end{bmatrix}, \quad \boldsymbol{x} = \begin{bmatrix} 1 \\ -1 \end{bmatrix}.$$

定義 9.3.4. n 次行列 $A = [a_{ij}]$ に対して，次の行列式を**首座小行列式**という．

$$|A_k| = \begin{vmatrix} a_{11} & a_{12} & \cdots & a_{1k} \\ a_{21} & a_{22} & \cdots & a_{2k} \\ \vdots & & \ddots & \vdots \\ a_{k1} & a_{k2} & \cdots & a_{kk} \end{vmatrix}, \quad k = 1, 2, \ldots, n.$$

定理 9.3.5. 実対称行列 A に対して，次の3つの条件は等価である．

(1) A は正定値である．

(2) A の首座小行列式はすべて正である．

(3) A の固有値はすべて正である．

9.3.2 ノルム

線形計算では，ベクトルや行列の大きさを評価したい場合が頻繁に現れる．たとえば，n 元連立1次方程式 $A\boldsymbol{x} = \boldsymbol{b}$ の真の解 $\boldsymbol{x}$ に対して，近似解 $\tilde{\boldsymbol{x}}$ $(\neq \boldsymbol{x})$ が得られたとき，9.1.1項の誤差に対応して，誤差ベクトル $\tilde{\boldsymbol{x}} - \boldsymbol{x}$ を評価できると有用である．このとき，n 個の成分すべてを評価するのは大変なので，1つの値で評価できるように**ノルム**を利用する．

ベクトルノルム

n 個の複素数を成分とする n 次元ベクトル $\boldsymbol{x} = [x_1, x_2, \ldots, x_n]^\top$ の大きさを表す値として，ベクトルノルム (vector norm) があり，$\|\boldsymbol{x}\|$ と書く．$\|\boldsymbol{x}\|$ は次の性質を満たす（ベクトルノルムの公理）．

i）すべての $\boldsymbol{x}$ に対して $\|\boldsymbol{x}\| \geq 0$ であり，$\boldsymbol{x} = \boldsymbol{0}$ のときに限り $\|\boldsymbol{x}\| = 0$.

ii）スカラー α に対して $\|\alpha\boldsymbol{x}\| = |\alpha|\|\boldsymbol{x}\|$.

iii）ベクトル $\boldsymbol{x}, \boldsymbol{y}$ に対して $\|\boldsymbol{x} + \boldsymbol{y}\| \leq \|\boldsymbol{x}\| + \|\boldsymbol{y}\|$.

数値解析でよく利用されるベクトルノルムには次のようなものがある．

$$1 \text{ノルム}: \ \|\boldsymbol{x}\|_1 = \sum_{i=1}^{n} |x_i|.$$

$$2 \text{ノルム}: \ \|\boldsymbol{x}\|_2 = \sqrt{\sum_{i=1}^{n} |x_i|^2}.$$

$$\infty \text{ノルム}: \ \|\boldsymbol{x}\|_\infty = \max_{1 \leq i \leq n} |x_i|.$$

定理 9.3.6. 2つのベクトルノルム $\|\cdot\|_\alpha$, $\|\cdot\|_\beta$ が与えられたとき，すべての n 次元ベクトル $\boldsymbol{x}$ に対して，次の関係を満たす正の定数 m, M が存在する．

$$m\|\boldsymbol{x}\|_\alpha \leq \|\boldsymbol{x}\|_\beta \leq M\|\boldsymbol{x}\|_\alpha.$$

定理 9.3.6 の m, M は $\boldsymbol{x}$ には無関係であるが，ノルムの選び方には依存する．たとえば，次が成り立つ．

$$\|\boldsymbol{x}\|_\infty \leq \|\boldsymbol{x}\|_2 \leq \sqrt{n}\|\boldsymbol{x}\|_\infty,$$
$$\|\boldsymbol{x}\|_\infty \leq \|\boldsymbol{x}\|_1 \leq n\|\boldsymbol{x}\|_\infty.$$

行列ノルム

n 次行列 A に対するノルムとして，

$$\|A\| := \sup_{\boldsymbol{x} \neq \boldsymbol{0}} \frac{\|A\boldsymbol{x}\|}{\|\boldsymbol{x}\|}$$

をベクトルから導かれるノルム（またはベクトルノルムに従属するノルム，自然なノルムなど）という．行列のノルムは次の性質を満たす（行列ノルムの公理）．

i）$\|A\| \geq 0$ で，$A = O$ のときに限り $\|A\| = 0$.

ii）スカラー α に対して $\|\alpha A\| = |\alpha|\|A\|$.

iii）行列 A, B に対して $\|A + B\| \leq \|A\| + \|B\|$.

また，行列とベクトルの積について，$\|A\boldsymbol{x}\| \leq \|A\|\|\boldsymbol{x}\|$ が成り立ち，行列同士の積については，$\|AB\| \leq \|A\|\|B\|$ が成り立つ．

数値解析でよく利用される行列ノルムには次のようなものがある．

$$1 \text{ノルム}: \ \|A\|_1 := \sup_{\boldsymbol{x} \neq \boldsymbol{0}} \frac{\|A\boldsymbol{x}\|_1}{\|\boldsymbol{x}\|_1} = \max_{1 \leq j \leq n} \sum_{i=1}^{n} |a_{ij}|.$$

$$2 \text{ノルム}: \ \|A\|_2 := \sup_{\boldsymbol{x} \neq \boldsymbol{0}} \frac{\|A\boldsymbol{x}\|_2}{\|\boldsymbol{x}\|_2} = \sqrt{\rho(A^* A)}.$$

$$\infty \text{ノルム}: \ \|A\|_\infty := \sup_{\boldsymbol{x} \neq \boldsymbol{0}} \frac{\|A\boldsymbol{x}\|_\infty}{\|\boldsymbol{x}\|_\infty} = \max_{1 \leq i \leq n} \sum_{j=1}^{n} |a_{ij}|.$$

ただし，A^* は A の共役転置行列である．また，$\rho(A)$ は A の固有値の絶対値最大 $\max_i |\lambda_i|$ を表し，A の**スペクトル半径 (spectral radius)** という．1ノルムは A の絶対値最大列和，∞ ノルムは A の絶対値最大行和と覚えよう．

定理 9.3.7. $\|A\|$ が A の自然なノルムならば，次が成り立つ．

$$\max_i |\lambda_i| = \rho(A) \leq \|A\|.$$

自然なノルムで定義されない行列ノルムとしては，

$$\|A\|_F := \sqrt{\sum_{i=1}^{n} \sum_{j=1}^{n} |a_{ij}|^2}$$

で定義されるフロベニウス・ノルム (Frobenius norm) がある．単位行列 I について，自然なノルムでは

$$\|I\| = \sup_{\boldsymbol{x} \neq \boldsymbol{0}} \frac{\|I\boldsymbol{x}\|}{\|\boldsymbol{x}\|} = \sup_{\boldsymbol{x} \neq \boldsymbol{0}} \frac{\|\boldsymbol{x}\|}{\|\boldsymbol{x}\|} = 1$$

が成り立つが，フロベニウス・ノルムでは $\|I\|_F = \sqrt{\sum_i |a_{ii}|^2} = \sqrt{1^2+1^2+\cdots+1^2} = \sqrt{n}$ となり，自然なノルムに一致しないことがわかる．

補足 9.3.8. $\|A\|_2 = \sqrt{\rho(A^*A)}$ となることを確認しよう．A^*A は半正定値エルミート行列である．その固有値を $\lambda_1 \geq \lambda_2 \geq \cdots \geq \lambda_n \geq 0$，対応する固有ベクトルを $\boldsymbol{y}_1, \boldsymbol{y}_2, \ldots, \boldsymbol{y}_n$ とすると，$A^*A\boldsymbol{y}_i = \lambda_i \boldsymbol{y}_i$，$i = 1, 2, \ldots, n$ であり，$\boldsymbol{y}_i^*\boldsymbol{y}_j = \delta_{ij}$（クロネッカーのデルタ）ととれる．ここで，任意のベクトル $\boldsymbol{x} \neq \boldsymbol{0}$ を固有ベクトルで展開する（線形結合で表す）と，

$$\boldsymbol{x} = c_1\boldsymbol{y}_1 + c_2\boldsymbol{y}_2 + \cdots + c_n\boldsymbol{y}_n, \quad c_i \in \mathbb{C}$$

と書けるので，

$$\begin{aligned}
\|\boldsymbol{x}\|_2^2 &= \boldsymbol{x}^*\boldsymbol{x} = |c_1|^2 + |c_2|^2 + \cdots + |c_n|^2, \\
\|A\boldsymbol{x}\|_2^2 &= \boldsymbol{x}^*A^*A\boldsymbol{x} \\
&= \boldsymbol{x}^*A^*A(c_1\boldsymbol{y}_1 + c_2\boldsymbol{y}_2 + \cdots + c_n\boldsymbol{y}_n) \\
&= \boldsymbol{x}^*(c_1\lambda_1\boldsymbol{y}_1 + c_2\lambda_2\boldsymbol{y}_2 + \cdots + c_n\lambda_n\boldsymbol{y}_n) \\
&= \lambda_1|c_1|^2 + \lambda_2|c_2|^2 + \cdots + \lambda_n|c_n|^2
\end{aligned}$$

が得られる．これより，

$$0 \leq \lambda_n \leq \left(\frac{\|A\boldsymbol{x}\|_2}{\|\boldsymbol{x}\|_2}\right)^2 \leq \lambda_1$$

であり，$\boldsymbol{x} = \boldsymbol{y}_1$ と選べば最大値をとる．よって，

$$\|A\|_2^2 = \sup_{\boldsymbol{x}\neq\boldsymbol{0}} \left(\frac{\|A\boldsymbol{x}\|_2}{\|\boldsymbol{x}\|_2}\right)^2 = \lambda_1 = \rho(A^*A)$$

となることが分かる．

問 9.3.1. 補足 9.3.8 に倣い，1 ノルムと ∞ ノルムの場合について確認せよ．

定理 9.3.9. 2 つの行列ノルム $\|\cdot\|_\alpha, \|\cdot\|_\beta$ が与えられたとき，すべての n 次行列 A に対して，次の関係を満たす正の定数 m, M が存在する．

$$m\|A\|_\alpha \leq \|A\|_\beta \leq M\|A\|_\alpha.$$

定理 9.3.9 の例として，次が成り立つ．

$$\frac{1}{\sqrt{n}}\|A\|_\infty \leq \|A\|_2 \leq \sqrt{n}\|A\|_\infty,$$
$$\|A\|_2 \leq \|A\|_F \leq \sqrt{n}\|A\|_2.$$

9.3.3 条件数と解きにくさ

連立 1 次方程式を数値的に解く場合，その係数行列に対する条件数という値が，解きにくさを表す重要な指標となる．

定義 9.3.10. 正則行列 A に対して，

$$\kappa_\alpha(A) := \|A\|_\alpha\|A^{-1}\|_\alpha$$

を A の**条件数 (condition number)** という．α は適当なノルムを表し，$\mathrm{cond}_\alpha(A)$ とも書く．自然なノルムであれば，$AA^{-1} = I$ より $\kappa(A) \geq 1$ である．

A がエルミート行列の場合は，A の固有値 λ_i と対応する固有ベクトル $\boldsymbol{y}_i$ に対して，

$$A^*A\boldsymbol{y}_i = AA\boldsymbol{y}_i = A(\lambda_i\boldsymbol{y}_i) = \lambda_i^2\boldsymbol{y}_i$$

である．これより，

$$\|A\|_2 = \rho(A) = \max_i |\lambda_i|$$

となる．また，

$$\|A^{-1}\|_2 = \rho(A^{-1}) = \max_i \left|\frac{1}{\lambda_i}\right| = \frac{1}{\min_i |\lambda_i|}$$

であるので，この場合の 2 ノルムによる条件数は

$$\kappa_2(A) = \|A\|_2\|A^{-1}\|_2 = \frac{\max_i |\lambda_i|}{\min_i |\lambda_i|}$$

となり，絶対値最大・最小の固有値の比で表される．

さて，正則行列 A に対して，$A\boldsymbol{x} = \boldsymbol{b}$ の解きにくさを考えてみよう．右辺項 $\boldsymbol{b}$ に誤差 $\Delta\boldsymbol{b}$ が混入したとき，解 $\boldsymbol{x}$ は誤差 $\Delta\boldsymbol{x}$ を含み，$\boldsymbol{x} + \Delta\boldsymbol{x}$ に変化したとする．$A(\boldsymbol{x} + \Delta\boldsymbol{x}) = \boldsymbol{b} + \Delta\boldsymbol{b}$ より，$A\Delta\boldsymbol{x} = \Delta\boldsymbol{b}$ であるから，両辺に A^{-1} を掛けてノルムをとると，

$$\|\Delta\boldsymbol{x}\| \leq \|A^{-1}\|\|\Delta\boldsymbol{b}\|$$

となる．これと $\|\boldsymbol{b}\| \leq \|A\|\|\boldsymbol{x}\|$ を合わせると，次の関係が得られる．

$$\frac{\|\Delta\boldsymbol{x}\|}{\|\boldsymbol{x}\|} \leq \|A\|\|A^{-1}\|\frac{\|\Delta\boldsymbol{b}\|}{\|\boldsymbol{b}\|} = \kappa(A)\frac{\|\Delta\boldsymbol{b}\|}{\|\boldsymbol{b}\|}. \qquad (9.3.2)$$

よって，条件数 $\kappa(A)$ は，右辺項 $\boldsymbol{b}$ に誤差が混入したときに，解がどのくらい変化するのかを示す値と考えられる．もし条件数が大きいと，誤差 $\Delta\boldsymbol{x}$ は誤差 $\Delta\boldsymbol{b}$ に対して大幅に拡大される可能性がある．

補題 9.3.11. $\|I\| = 1$ を満たす行列ノルムに対して，$\|A\| < 1$ ならば，次が成り立つ．

$$\frac{1}{1+\|A\|} \leq \|(I \pm A)^{-1}\| \leq \frac{1}{1-\|A\|}.$$

補題 9.3.11 を用いると，係数行列にも誤差が混入した場合の解の変化について評価ができる．証明は [5] などを参照．

定理 9.3.12. 正則行列 A に対して，$A\boldsymbol{x}=\boldsymbol{b}$ の解 $\boldsymbol{x}$ を求めるとき，行列 A にも右辺項 $\boldsymbol{b}$ にも誤差が混入したとする．すなわち，$(A+\Delta A)(\boldsymbol{x}+\Delta\boldsymbol{x})=\boldsymbol{b}+\Delta\boldsymbol{b}$ とする．$\|\Delta A\|\|A^{-1}\|<1$ を仮定すると，次の評価を得る．

$$\frac{\|\Delta\boldsymbol{x}\|}{\|\boldsymbol{x}\|}\le\frac{\kappa(A)}{1-\kappa(A)\dfrac{\|\Delta A\|}{\|A\|}}\left(\frac{\|\Delta A\|}{\|A\|}+\frac{\|\Delta\boldsymbol{b}\|}{\|\boldsymbol{b}\|}\right).$$

以上より，$A\boldsymbol{x}=\boldsymbol{b}$ をコンピュータを利用して数値的に解く際に，A や $\boldsymbol{b}$ に微小な変化が生じたとき，解 $\boldsymbol{x}$ の変化については次のことがいえる．

i) $\kappa(A)$ が小さいと誤差は拡大されにくく，$\boldsymbol{x}$ の変化も小さいため，解を求める際にあまり影響を受けない．このとき，方程式は性質が良い，あるいは**良条件 (well-conditioned)** という．

ii) $\kappa(A)$ が大きいと誤差が拡大されやすく，$\boldsymbol{x}$ が大きく変化する場合があり，解を求める際に影響を受けることがある．このとき，方程式は性質が悪い，あるいは**悪条件 (ill-conditioned)** という．

次に，真の解 $\boldsymbol{x}$ に対する近似解 $\tilde{\boldsymbol{x}}$ が得られたとき，**残差 (residual) と誤差の関係**について見ていこう．

定理 9.3.13. 正則行列 A に対して，$A\boldsymbol{x}=\boldsymbol{b}$ の近似解を $\tilde{\boldsymbol{x}}$ とする．誤差を $\boldsymbol{e}=\tilde{\boldsymbol{x}}-\boldsymbol{x}$，残差を $\boldsymbol{r}=\boldsymbol{b}-A\tilde{\boldsymbol{x}}$ とすると，次が成り立つ．

$$\|\boldsymbol{e}\|\le\|A^{-1}\|\|\boldsymbol{r}\|. \tag{9.3.3}$$

式 (9.3.3) を相対評価にすると，条件数を用いた次の関係が得られる．

$$\frac{\|\boldsymbol{e}\|}{\|\boldsymbol{x}\|}\le\kappa(A)\frac{\|\boldsymbol{r}\|}{\|\boldsymbol{b}\|}. \tag{9.3.4}$$

通常は真の解が分からないため，残差を用いて近似解の精度を評価する．しかし，式 (9.3.4) より，悪条件な方程式では，残差がいくら小さくなっても，誤差は条件数に応じて大きくなる可能性があり，真の解に近づくとは限らないため，計算を行う際に注意が必要である．具体的に次の例を見てみよう．

例 9.3.1. 条件数の大きい行列として，次のヒルベルト (Hilbert) 行列が知られている．

$$A=\begin{bmatrix}1 & \frac{1}{2} & \frac{1}{3} & \cdots & \frac{1}{n}\\ \frac{1}{2} & \frac{1}{3} & \frac{1}{4} & \cdots & \frac{1}{n+1}\\ \frac{1}{3} & \frac{1}{4} & \frac{1}{5} & \cdots & \frac{1}{n+2}\\ \vdots & \vdots & \vdots & \ddots & \vdots\\ \frac{1}{n} & \frac{1}{n+1} & \frac{1}{n+2} & \cdots & \frac{1}{2n-1}\end{bmatrix}.$$

表 9.3.1 ヒルベルト行列の条件数

n	$\kappa_\infty(A)$
5	9.44e+05
10	3.54e+13
15	1.11e+18

$n=5, 10, 15$ としたときの ∞ ノルムによる条件数の近似値を表 9.3.1 に示す．行列のサイズが小さくても，条件数は非常に大きくなることがわかる．

ここで，$n=10$ として，$A\boldsymbol{x}=\boldsymbol{b}$ を倍精度演算で解いてみよう．右辺項 $\boldsymbol{b}$ は真の解 $\boldsymbol{x}$ の要素がすべて 1 となるように設定し，解法は後述の部分ピボット選択付きガウスの消去法を用いる．得られた近似解 $\tilde{\boldsymbol{x}}_1$ に対する残差と誤差を評価すると，次のようになる．

$$\|\boldsymbol{b}-A\tilde{\boldsymbol{x}}_1\|_\infty\approx 2.22\mathrm{e}-16,$$
$$\|\tilde{\boldsymbol{x}}_1-\boldsymbol{x}\|_\infty\approx 3.18\mathrm{e}-04.$$

残差ノルムは非常に小さく，精度のよい近似解が得られたように思えるが，条件数の大きさに応じて誤差ノルムは大きくなっていることが分かる．

また，式 (9.3.2) についても検証しよう．右辺項 $\boldsymbol{b}$ の第一成分に誤差 $\Delta b_1=0.001b_1$ を混入させて，

$$A\boldsymbol{x}=\boldsymbol{b}+\Delta\boldsymbol{b},\quad \Delta\boldsymbol{b}=[\Delta b_1, 0, \ldots, 0]^\top$$

を解いてみると，得られた近似解 $\tilde{\boldsymbol{x}}_2$ に対する誤差ノルムは $\|\tilde{\boldsymbol{x}}_2-\boldsymbol{x}\|_\infty\approx 2.81\mathrm{e}{+}04$ となり，解とはかけ離れた値となる．いま，$\|\Delta\boldsymbol{b}\|_\infty/\|\boldsymbol{b}\|_\infty=0.001$ であるが，解に含まれる誤差 $\|\Delta\boldsymbol{x}\|_\infty/\|\boldsymbol{x}\|_\infty$ の上限は，式 (9.3.2) より 3.54e+10 となる．右辺項に混入した誤差が微小であれば，解の変化も小さいように思われるが，この例のように，実際には条件数に応じて非常に大きくなる場合があることが確認できる．

注意 9.3.3. 2 元連立 1 次方程式は，xy-平面上の 2 直線の交点を求める問題とみなせる．2 直線が直交するような場合，係数行列の条件数は 1 と最も小さくなる．一般に，行列のサイズに依らず直交行列の条件数は 1 となるから，係数行列がこれに近いと，解きやすい方程式であると考えられる．また，条件数が大きくても，方程式が容易に解ける問題もまれにある．

補足 9.3.14. 行列 A の条件数の計算には，逆行列 A^{-1} のノルムや固有値の値などが必要であるが，それらを求める計算コストは，連立 1 次方程式を解くよりもはるかに大きくなってしまう．しかし，条件数を解きにくさの目安とする際には，正確な値を求める必要はないと考えられるので，実際には A の成分などを利用して近似値を見積もる簡便な方法を用いることも多

い．たとえば，$A=[a_{ij}]$ が狭義対角優位行列（定義 9.3.31 参照）の場合は，

$$d_i = |a_{ii}| - \sum_{j\neq i} |a_{ij}|$$

とすると

$$\kappa_\infty(A) \le \frac{1}{\min_i d_i} \|A\|_\infty$$

が成り立つので，この上限を利用する方法などがある．

また，A の近似逆行列が得られている場合は，それを用いて逆行列のノルムを評価することもできる．

定理 9.3.15. 正則行列 A の近似逆行列を X とし，XA に対する残差行列を $R := I - XA$ とする．R の成分は一般には小さな量で，X が真の逆行列 A^{-1} に一致すれば $R = O$ である．そこで，$\|R\| < 1$ と仮定する．このとき，次の評価を得る．

$$\|A^{-1}\| \le \frac{\|X\|}{1-\|R\|}.$$

9.3.4 直　接　法

直接法の代表例がガウスの消去法（Gaussian elimination）といわれる解法である．行列の基本変形に基づく“掃き出し法”の原理を利用し，効率よく解を求められるよう工夫されている．

ガウスの消去法

ガウスの消去法は大きく分けて 2 つの計算過程をもつ．まず，係数行列の狭義下三角部分を消去し，上三角行列に変形する“前進消去過程”である．この過程では掃き出し法の原理をそのまま利用する．次に，上三角行列に対して代入法の考え方を適用して解を求めるのが“後退代入過程”である．

前進消去過程（forward elimination process）

連立 1 次方程式 (9.3.1) の第 1 行目の方程式を利用して，残りの $n-1$ 本の方程式の x_1 の係数を 0 にすることを，第 1 段階の消去という．これには第 1 行目の方程式を何倍かしたものを，第 2 行目から第 n 行目までの方程式からそれぞれ引けばよい．ここで，第 i 行目の方程式の x_1 の係数を消去するために用いるパラメータを $\alpha_{i1} = \dfrac{a_{i1}}{a_{11}}$，$i = 2, 3, \ldots, n$ としよう．$a_{11} \neq 0$ ならば，各方程式ごとに α_{i1} が決まり，第 2 行目以降の方程式の係数は

$$a_{ij}^{(1)} = a_{ij} - \alpha_{i1} a_{1j}, \quad i, j = 2, 3, \ldots, n$$

と書き換えられる．第 1 段階の消去を行った後の連立 1 次方程式は，次の形となる．

$$\begin{aligned}
a_{11}x_1 + a_{12}x_2 + a_{13}x_3 + \cdots + a_{1n}x_n &= b_1 \\
a_{22}^{(1)}x_2 + a_{23}^{(1)}x_3 + \cdots + a_{2n}^{(1)}x_n &= b_2^{(1)} \\
a_{32}^{(1)}x_2 + a_{33}^{(1)}x_3 + \cdots + a_{3n}^{(1)}x_n &= b_3^{(1)} \\
&\vdots \\
a_{n2}^{(1)}x_2 + a_{n3}^{(1)}x_3 + \cdots + a_{nn}^{(1)}x_n &= b_n^{(1)}
\end{aligned}$$

ただし，$b_i^{(1)} = b_i - \alpha_{i1} b_1$, $i = 2, 3, \ldots, n$ である．

次に，対角成分 $a_{22}^{(1)} \neq 0$ ならば，同様に $a_{22}^{(1)}$ を利用して，$a_{32}^{(1)}, a_{42}^{(1)}, \ldots, a_{n2}^{(1)}$ を消去できる（第 2 段階の消去）．このとき，第 3 行目以降の方程式の係数は $\alpha_{i2} = \dfrac{a_{i2}^{(1)}}{a_{22}^{(1)}}$, $i = 3, 4, \ldots, n$ として，

$$a_{ij}^{(2)} = a_{ij}^{(1)} - \alpha_{i2} a_{2j}^{(1)}, \quad i, j = 3, 4, \ldots, n$$

となる．これを順に繰り返すと，一般に第 $(k-1)$ 段階の消去後では，$a_{kk}^{(k-1)} \neq 0$ ならば，

$$\alpha_{ik} = \frac{a_{ik}^{(k-1)}}{a_{kk}^{(k-1)}}, \quad i = k+1, k+2, \ldots, n$$

として，$a_{k+1k}^{(k-1)}, a_{k+2k}^{(k-1)}, \ldots, a_{nk}^{(k-1)}$ を消去でき，第 k 段階の消去で得られる各成分は次のように表される．

$$\begin{aligned}
a_{ij}^{(k)} &= a_{ij}^{(k-1)} - \alpha_{ik} a_{kj}^{(k-1)}, \\
b_i^{(k)} &= b_i^{(k-1)} - \alpha_{ik} b_k^{(k-1)}, \\
i, j &= k+1, k+2, \ldots, n.
\end{aligned}$$

ここで，右辺項に対しても同様の操作をしていることに注意しよう．最終的に第 $(n-1)$ 段階の消去後には，係数行列が上三角（upper triangular）行列である次のような連立 1 次方程式が得られる．ここまでが前進消去過程である．

$$\begin{aligned}
a_{11}x_1 + a_{12}x_2 + a_{13}x_3 + \cdots + a_{1n}x_n &= b_1 \\
a_{22}^{(1)}x_2 + a_{23}^{(1)}x_3 + \cdots + a_{2n}^{(1)}x_n &= b_2^{(1)} \\
a_{33}^{(2)}x_3 + \cdots + a_{3n}^{(2)}x_n &= b_3^{(2)} \\
&\vdots \\
a_{nn}^{(n-1)}x_n &= b_n^{(n-1)}
\end{aligned}$$

後退代入過程（backward substitution process）

前進消去後の第 n 行目で，$a_{nn}^{(n-1)} \neq 0$ ならば，

$$x_n = \frac{b_n^{(n-1)}}{a_{nn}^{(n-1)}}$$

と成分 x_n が求まる．これを第 $(n-1)$ 行目の方程式

$$a_{n-1n-1}^{(n-2)}x_{n-1} + a_{n-1n}^{(n-2)}x_n = b_{n-1}^{(n-2)}$$

表 9.3.2　前進消去過程の演算回数

	乗除算	加減算
α_{ik}	1	0
$a_{ij}^{(k)}$	$n-k$	$n-k$
$b_i^{(k)}$	1	1

に代入すると x_{n-1} が求まる．これを順に繰り返していくと，$x_n, x_{n-1}, \ldots, x_1$ の順に解のすべての成分を求めることができる．この過程を後退代入といい，$k=n, n-1, \ldots, 1$ に対して次の式で表される．

$$x_k = \frac{1}{a_{kk}^{(k-1)}}\left(b_k^{(k-1)} - \sum_{j=k+1}^{n} a_{kj}^{(k-1)} x_j\right).$$

以上の前進消去過程と後退代入過程を合わせると，ガウスの消去法のアルゴリズムが得られる．

ガウスの消去法のアルゴリズム

```
% 前進消去過程
For k = 1, 2, ..., n-1
  For i = k+1, k+2, ..., n
    α = a_ik / a_kk
    For j = k+1, k+2, ..., n
      a_ij = a_ij - α a_kj
    End for
    b_i = b_i - α b_k
  End for
End for
% 後退代入過程
For k = n, n-1, ..., 1
  x_k = b_k
  For j = k+1, k+2, ..., n
    x_k = x_k - a_kj x_j
  End for
  x_k = x_k / a_kk
End for
```

演算回数

ガウスの消去法の演算回数について考えてみよう．前進消去過程の各 i に対して，α_{ik}，$a_{ij}^{(k)}$，$b_i^{(k)}$ を求める際に必要な演算回数を表 9.3.2 に示す．ここで，各 k に対して，i は $i=k+1, k+2, \ldots, n$ と $(n-k)$ 回分動くので，乗除算と加減算は次の回数が必要となる．

$$\text{乗除算：}\ \sum_{k=1}^{n-1}(n-k+2)(n-k),$$

$$\text{加減算：}\ \sum_{k=1}^{n-1}(n-k+1)(n-k).$$

後退代入過程は，各 k に対して，除算1回，乗算 $(n-k)$ 回，減算 $(n-k)$ 回が必要であるので，四則演算の合計は次のようになる．

$$\sum_{k=1}^{n}\{2(n-k)+1\}.$$

以上より，ガウスの消去法では前進消去過程の演算回数が計算の大部分を占める．

注意 9.3.4. 履き出し法の演算回数はガウスの消去法の演算回数のおよそ2倍になる．

LU 分解

前進消去過程は行列を用いて表すことができる．第1段階の消去は，係数行列 A の第1行を $-\alpha_{i1}$ 倍して，第 i 行目 $(i \geq 2)$ に加えている．これは適当な正則行列 M_1^{-1} を A に掛けたことと同じである．具体的に $n=3$ として確認してみよう．$A=[a_{ij}]$ に対して，第1段階の消去は次のように表せる．

$$M_1^{-1} := \begin{bmatrix} 1 & 0 & 0 \\ -\alpha_{21} & 1 & 0 \\ -\alpha_{31} & 0 & 1 \end{bmatrix},$$

$$M_1^{-1}A = \begin{bmatrix} a_{11} & a_{12} & a_{13} \\ 0 & a_{22}^{(1)} & a_{23}^{(1)} \\ 0 & a_{32}^{(1)} & a_{33}^{(1)} \end{bmatrix}.$$

続いて，第2段階の消去は，行列 $M_1^{-1}A$ の (3, 2) 成分を消去するために，第2行目を $-\alpha_{32}$ 倍して第3行目に加えればよいので，次のように表せる．

$$M_2^{-1} := \begin{bmatrix} 1 & 0 & 0 \\ 0 & 1 & 0 \\ 0 & -\alpha_{32} & 1 \end{bmatrix},$$

$$M_2^{-1}(M_1^{-1}A) = \begin{bmatrix} a_{11} & a_{12} & a_{13} \\ 0 & a_{22}^{(1)} & a_{23}^{(1)} \\ 0 & 0 & a_{33}^{(2)} \end{bmatrix}.$$

以上の表現は，同様にして n 元の場合に拡張できる．第 $(n-1)$ 段階の消去後に得られた上三角行列を U とおくと，

$$M_{n-1}^{-1}M_{n-2}^{-1}\cdots M_1^{-1}A = U$$

となり，$L := M_1M_2\cdots M_{n-1}$ とおくと，

$$A = LU$$

と書ける．この L は下三角 (lower triangular) 行列となる．このように，行列 A を下三角行列 L と上三角行列 U の積に表すことを **LU 分解**という．

LU 分解は常に可能であるとは限らないが，可能である条件として，次の定理が知られている．これは，A の首座小行列が正則であることと同値である．

定理 9.3.16. 正則な n 次行列 $A=[a_{ij}]$ が LU 分解可能であるための必要十分条件は，

$$|A_k| \neq 0, \quad k = 1, 2, \ldots, n$$

である．なお，LU 分解が可能なとき，行列 L か U のどちらかの対角成分をすべて 1 とすると，LU 分解は一意に定まる．

LU 分解で得られた行列 L, U を用いて，連立 1 次方程式 $A\boldsymbol{x} = \boldsymbol{b}$ を

$$L\boldsymbol{y} = \boldsymbol{b}, \quad U\boldsymbol{x} = \boldsymbol{y}$$

と分割すると，L に対する前進代入と U に対する後退代入の 2 段階に分けて解を求めることができる．

補足 9.3.17. 特に，次のような形式の行列を三重対角行列という．この三重対角行列については，漸化式により，効率よく LU 分解できる場合がある．

$$A = \begin{bmatrix} b_1 & c_1 & & & \\ a_1 & b_2 & c_2 & & \\ & a_2 & b_3 & \ddots & \\ & & \ddots & \ddots & c_{n-1} \\ & & & a_{n-1} & b_n \end{bmatrix}$$

として，A が次のような下二重対角行列 L と上二重対角行列 U の積で表せるとする．

$$L = \begin{bmatrix} 1 & & & & \\ \ell_1 & 1 & & & \\ & \ell_2 & 1 & & \\ & & \ddots & \ddots & \\ & & & \ell_{n-1} & 1 \end{bmatrix},$$

$$U = \begin{bmatrix} d_1 & u_1 & & & \\ & d_2 & u_2 & & \\ & & d_3 & \ddots & \\ & & & \ddots & u_{n-1} \\ & & & & d_n \end{bmatrix}.$$

このとき，各成分の計算は，$d_1 = b_1$ から始めて，$i = 1, 2, \ldots, n-1$ について次を繰り返せばよい．

$$u_i = c_i, \quad \ell_i = \frac{a_i}{d_i}, \quad d_{i+1} = b_{i+1} - \ell_i u_i.$$

ただし，$d_i \neq 0$ とする．結果として，この場合は $O(n)$ の演算回数で LU 分解が求められる [48]．

問 9.3.2. 三重対角行列の LU 分解に必要な四則演算の回数を具体的に求めよ．

部分ピボット選択

ガウスの消去法では，計算の途中で $a_{kk}^{(k-1)} = 0$ となると，0 での割り算が現れて計算が止まってしまう．また，真に 0 でなくても，$a_{kk}^{(k-1)} \approx 0$ である場合には，α_{ik} の値が著しく大きくなり，深刻な計算誤差が発生する要因となる．このようなアルゴリズムの破綻を防いだり，計算結果の精度を保つための手法のひとつとして，部分ピボット（軸）選択がある．

部分ピボット選択付きガウスの消去法とは，第 k 段階の消去において，第 k 行目の方程式をそのまま使わず，第 k 行目から第 n 行目までの方程式の第 k 列目の成分 $a_{kk}^{(k-1)}, a_{k+1k}^{(k-1)}, \ldots, a_{nk}^{(k-1)}$ の中で，絶対値が最大の成分 $a_{mk}^{(k-1)}$ を探し，その成分をもつ第 m 行目と第 k 行目の方程式を入れ替えてから，消去を行う方法である．消去過程でキーとなる成分 $a_{kk}^{(k-1)}$ を**ピボット (pivot)** または**軸**というため，部分ピボット選択とよばれる．

部分ピボット選択のアルゴリズム

% 前進消去過程

1. For $k = 1, 2, \ldots, n-1$
2. 　Find m such that $|a_{mk}| = \max_{k \le i \le n} |a_{ik}|$.
3. 　Swap the kth and mth rows:
　　$a_{kj} \rightleftarrows a_{mj} \quad (j = k, k+1, \ldots, n)$
　　$b_k \rightleftarrows b_m$
4. 　Eliminate the kth column.
5. End for

$$\begin{aligned} a_{11}x_1 + a_{12}x_2 + \cdots + a_{1k}x_k + \cdots + a_{1n}x_n &= b_1 \\ a_{22}^{(1)}x_2 + \cdots + a_{2k}^{(1)}x_k + \cdots + a_{2n}^{(1)}x_n &= b_2^{(1)} \\ \ddots \qquad \vdots \qquad\qquad &\vdots \\ \underline{a_{kk}^{(k-1)}}x_k + \cdots + a_{kn}^{(k-1)}x_n &= b_k^{(k-1)} \\ \vdots \qquad\qquad &\vdots \\ \underline{a_{mk}^{(k-1)}}x_k + \cdots + a_{mn}^{(k-1)}x_n &= b_m^{(k-1)} \\ \vdots \qquad\qquad &\vdots \\ a_{nk}^{(k-1)}x_k + \cdots + a_{nn}^{(k-1)}x_n &= b_n^{(k-1)} \end{aligned}$$

部分ピボット選択によって，0 での割り算がなくなるだけではなく，絶対値最大の成分で割り算をするため，$|\alpha_{ik}| \leq 1$ が保証される．これにより，大きな計算誤差の発生を防ぐことができるという利点がある．

例 9.3.2. $\varepsilon = 10^{-20}$，$\delta = 10^{-15}$ として，次の連立 1 次方程式を倍精度演算で解いてみよう (cf. [5])．

$$\begin{cases} \varepsilon x_1 + x_2 = 1 - \delta \\ x_1 + x_2 = 1 \end{cases}$$

第1段階の消去を行うと，理論的には $\left(1-\dfrac{1}{\varepsilon}\right)x_2 = 1-\dfrac{1-\delta}{\varepsilon}$ であるが，このとき情報落ちが生じて，

$$\left(1-\frac{1}{\varepsilon}\right) = -\frac{1}{\varepsilon}, \quad 1-\frac{1-\delta}{\varepsilon} = -\frac{1-\delta}{\varepsilon}$$

となると考えられる．実際にガウスの消去法（ピボット選択なし）で計算すると，近似解は

$$x_1 = 0$$
$$x_2 = 0.999999999999999$$

となる．この方程式の真の解は

$$\hat{x}_1 = \frac{\delta}{1-\varepsilon}\ (\approx \delta), \quad \hat{x}_2 = \frac{1-\delta-\varepsilon}{1-\varepsilon}\ (\approx 1-\delta)$$

であるから，x_2 の計算結果は悪くないが，x_1 が大きく異なってしまう．一方，行の交換を行って，

$$\begin{cases} x_1 + x_2 = 1 \\ \varepsilon x_1 + x_2 = 1-\delta \end{cases}$$

として解く（部分ピボット選択付きガウスの消去法を適用する）と，近似解は

$$x_1 = 9.992007221626409\mathrm{e}-16$$
$$x_2 = 0.999999999999999$$

となり，精度のよい近似解を得ることができる．

補足 9.3.18. 部分ピボット選択の"部分"とは，ピボットを選択する際に行交換のみを行うことを意味している．これに対して，列交換も行う場合は完全ピボット選択とよばれる．ただし，部分ピボット選択で十分な効果が得られる場合が多く，計算量も少なく済むため，こちらがよく利用される．

補足 9.3.19. 部分ピボット選択付きガウスの消去法の前進消去過程において，行を入れ替えて消去を行う手順は，適当な置換行列 P を選んで，$PA = LU$ と分解することに相当する．よって，$A\boldsymbol{x} = \boldsymbol{b}$ は $LU\boldsymbol{x} = P\boldsymbol{b}$ と表せるので，分解された行列 L, U を用いて，

$$L\boldsymbol{y} = P\boldsymbol{b}, \quad U\boldsymbol{x} = \boldsymbol{y}$$

を前進代入と後退代入で解き，解 $\boldsymbol{x}$ を求められる．

なお，次の定理によって，A が正定値対称行列である場合は，ピボット選択を行わなくても理論的には破綻しないことが保証される．

定理 9.3.20. A を n 次正定値対称行列とする．ピボット選択なしで第1段階の消去を行った後の行列を

$$A^{(1)} = \begin{bmatrix} a_{11} & \boldsymbol{c} \\ \boldsymbol{0} & B \end{bmatrix}, \quad B = \begin{bmatrix} a_{22}^{(1)} & \cdots & a_{2n}^{(1)} \\ \vdots & \ddots & \vdots \\ a_{n2}^{(1)} & \cdots & a_{nn}^{(1)} \end{bmatrix},$$
$$\boldsymbol{c} = [a_{12}, \ldots, a_{1n}]$$

とすると，$(n-1)$ 次行列 B も正定値対称行列となる．

コレスキー分解

A が正定値対称行列のとき，LU 分解のかわりに $A = LL^\top$（L は下三角行列）という形に分解ができる．これを**コレスキー（Cholesky）分解**という．

定理 9.3.21. A が正定値対称行列ならば，A のコレスキー分解は対角成分の符号を除いて一意に定まる．

A の成分 a_{ij} と $LL^\top$ の成分を比較することにより，コレスキー分解の計算手順を考えよう．

$$A = [a_{ij}] = LL^\top$$
$$= \begin{bmatrix} l_{11} & & & \\ l_{21} & l_{22} & & \\ \vdots & \vdots & \ddots & \\ l_{n1} & l_{n2} & \cdots & l_{nn} \end{bmatrix} \begin{bmatrix} l_{11} & l_{21} & \cdots & l_{n1} \\ & l_{22} & \cdots & l_{n2} \\ & & \ddots & \vdots \\ & & & l_{nn} \end{bmatrix}$$

とおくと，まず $a_{11} = l_{11}^2$ より，$l_{11} = \sqrt{a_{11}}$ となる．また，A の第1列目の成分 a_{i1} は $a_{i1} = l_{i1}l_{11}$ と表されるので，$l_{i1} = a_{i1}/l_{11}$，$i = 2, 3, \ldots, n$ となる．

次に，A の第2列目の対角成分 a_{22} について，

$$a_{22} = l_{21}^2 + l_{22}^2 > 0 \text{ より，} l_{22} = \sqrt{a_{22} - l_{21}^2}.$$

また，成分 a_{i2}，$i = 3, 4, \ldots, n$ について，

$$a_{i2} = l_{i1}l_{21} + l_{i2}l_{22} \text{ より，} l_{i2} = \frac{1}{l_{22}}(a_{i2} - l_{i1}l_{21}).$$

一般に，成分 a_{ij} は $a_{ij} = \sum_{k=1}^{j} l_{ik}l_{jk}$ $(1 \leq j \leq i \leq n)$ と表せるから，

$$\begin{cases} l_{i1}^2 + l_{i2}^2 + \cdots + l_{ii-1}^2 + l_{ii}^2 = a_{ii} > 0 \text{ より，} \\ l_{ii} = \sqrt{a_{ii} - \displaystyle\sum_{k=1}^{i-1} l_{ik}^2}, \quad i = j. \\ a_{ij} = \displaystyle\sum_{k=1}^{j-1} l_{ik}l_{jk} + l_{ij}l_{jj} \text{ より，} \\ l_{ij} = \dfrac{1}{l_{jj}}\left(a_{ij} - \displaystyle\sum_{k=1}^{j-1} l_{ik}l_{jk}\right), \quad j < i \leq n, \quad i \neq j. \end{cases}$$

よって，l_{11} から始めて，$l_{21}, l_{31}, \ldots, l_{n1}, l_{22}, l_{32}, \ldots$ の順に成分が計算できる．このとき，次の定理によって計算は破綻しないことが保証される．

定理 9.3.22. n 次行列 A が正定値対称ならば，$l_{ii}^2 = a_{ii} - \sum_{k=1}^{i-1} l_{ik}^2 > 0$ である．

問 9.3.3. 次の行列 A に対して，コレスキー分解 $A =$

$LL^\top$ を求めよ.

$$A = \begin{bmatrix} 1 & 1 & 1 \\ 1 & 5 & 5 \\ 1 & 5 & 14 \end{bmatrix}.$$

コレスキー分解が求められれば, $A\boldsymbol{x} = \boldsymbol{b}$ は $LL^\top \boldsymbol{x} = \boldsymbol{b}$ と表せる. そこで, LU 分解を利用して解を求めた方法と同様に, 2 つの方程式

$$L\boldsymbol{y} = \boldsymbol{b}, \quad L^\top \boldsymbol{x} = \boldsymbol{y}$$

にそれぞれ前進代入と後退代入を適用することで, 解が得られる. これをコレスキー法とよぶ.

注意 9.3.5. コレスキー分解によって得られた L の対角成分は必ずしも 1 にならないことに注意しよう. また, コレスキー分解の四則演算の回数はガウスの消去法のおよそ半分で済むため効率がよい.

修正コレスキー分解

コレスキー分解では, 平方根の計算を行う必要があり, これは四則演算に比べると意外と計算コストがかかる. また, 正定値でなければ平方根の中が負になる可能性もある. そこで, 平方根を計算しなくて済むように改良した方法が修正コレスキー分解である.

まず, 下三角行列 L を次のように分解する.

$$L = \tilde{L}\tilde{D}$$
$$= \begin{bmatrix} 1 & & & \\ \frac{l_{21}}{l_{11}} & 1 & & \\ \vdots & \ddots & \ddots & \\ \frac{l_{n1}}{l_{11}} & \cdots & \frac{l_{nn-1}}{l_{n-1n-1}} & 1 \end{bmatrix} \begin{bmatrix} l_{11} & & & \\ & \ddots & & \\ & & \ddots & \\ & & & l_{nn} \end{bmatrix}.$$

ここで, $D = \tilde{D}\tilde{D}$ とすると,

$$A = LL^\top = (\tilde{L}\tilde{D})(\tilde{L}\tilde{D})^\top = \tilde{L}\tilde{D}\tilde{D}\tilde{L}^\top = \tilde{L}D\tilde{L}^\top$$

となる. この分解が修正コレスキー分解である. 行列 D の対角成分を d_{ii}, 行列 $\tilde{L}$ の成分を $\tilde{l}_{ij}$ とすると,

$$a_{ij} = \sum_{k=1}^{j} \tilde{l}_{ik} d_{kk} \tilde{l}_{jk} = \sum_{k=1}^{j-1} \tilde{l}_{ik} d_{kk} \tilde{l}_{jk} + \tilde{l}_{ij} d_{jj} \tilde{l}_{jj}$$

であるので, $\tilde{l}_{jj} = 1$ となることに注意すると,

$$\tilde{l}_{ij} = \frac{1}{d_{jj}} \left(a_{ij} - \sum_{k=1}^{j-1} \tilde{l}_{ik} d_{kk} \tilde{l}_{jk} \right), \quad j = 1, 2, \ldots, i-1$$

となる. また, $i = 2, 3, \ldots, n$ について,

$$a_{ii} = \sum_{k=1}^{i} \tilde{l}_{ik} d_{kk} \tilde{l}_{ik} \text{ より}, \quad d_{ii} = a_{ii} - \sum_{k=1}^{i-1} \tilde{l}_{ik}^2 d_{kk}$$

となる. 以上より, 修正コレスキー分解のアルゴリズムが得られる.

補足 9.3.23. $A\boldsymbol{x} = \boldsymbol{b}$ は $\tilde{L}D\tilde{L}^\top \boldsymbol{x} = \boldsymbol{b}$ と表せるので, $\tilde{L}D\boldsymbol{y} = \boldsymbol{b}$, $\tilde{L}^\top \boldsymbol{x} = \boldsymbol{y}$ に対する前進代入と後退代入により, $A\boldsymbol{x} = \boldsymbol{b}$ の解が得られる.

修正コレスキー分解のアルゴリズム

1. Set $d_{11} = a_{11}$ and $\tilde{l}_{11} = 1$.
2. For $i = 2, 3 \ldots, n$
3. 　$\tilde{l}_{ii} = 1$
4. 　For $j = 1, 2 \ldots, i$
5. 　　Set $s = 0$.
6. 　　For $k = 1, 2 \ldots, j-1$
7. 　　　$s = s + \tilde{l}_{ik} d_{kk} \tilde{l}_{jk}$
8. 　　End for
9. 　　If $i = j$, then $d_{ii} = a_{ii} - s$,
10. 　　　else $\tilde{l}_{ij} = (a_{ij} - s)/d_{jj}$, End if.
11. 　End for
12. End for

補足 9.3.24. コレスキー分解や LU 分解は, 9.3.6 項で述べる非定常反復法に対する前処理としても利用される. この場合は, 分解を厳密に行うのではなく, あえて誤差を含むような不完全な分解を行うことで, 計算コストを大幅に抑える工夫を行う.

反復改良法

$A\boldsymbol{x} = \boldsymbol{b}$ の近似解 $\boldsymbol{x}^{(0)}$ が何らかの方法 (直接法あるいは後述の反復法など) によって得られたとする. このとき, 近似解の精度を上げるための手法として, 次のような逐次補正による反復改良法 (**iterative refinement method**) が知られている. 通常は, 1, 2 回の反復で近似解の精度が十分に改善される.

反復改良法のアルゴリズム

1. For $k = 0, 1, 2, \ldots$, until convergence do:
2. 　Compute $\boldsymbol{r}^{(k)} = \boldsymbol{b} - A\boldsymbol{x}^{(k)}$
　　　using high-precision arithmetic.
3. 　Solve $A\boldsymbol{z}^{(k)} = \boldsymbol{r}^{(k)}$ accurately.
4. 　$\boldsymbol{x}^{(k+1)} = \boldsymbol{x}^{(k)} + \boldsymbol{z}^{(k)}$
5. End for

9.3.5 定常反復法

連立 1 次方程式 $A\boldsymbol{x} = \boldsymbol{b}$ に対する定常反復法 (**stationary iterative method**) について見ていこう.

まず, M を適当な正則行列として, 係数行列を $A = M - N$ と分離する. これを元の方程式に代入して変形すると,

$$\boldsymbol{x} = M^{-1}N\boldsymbol{x} + M^{-1}\boldsymbol{b} \tag{9.3.5}$$

となる. ここで, 右辺の $\boldsymbol{x}$ に初期値 $\boldsymbol{x}^{(0)}$ を代入して得られる結果を新しい近似解とする. すなわち,

$\boldsymbol{x}^{(1)} = M^{-1}N\boldsymbol{x}^{(0)} + M^{-1}\boldsymbol{b}$ である．同様にして，$\boldsymbol{x}^{(1)}$ から $\boldsymbol{x}^{(2)}$ への更新が考えられ，一般には，

$$\boldsymbol{x}^{(k+1)} = M^{-1}N\boldsymbol{x}^{(k)} + M^{-1}\boldsymbol{b}, \quad k = 0, 1, 2, \ldots$$

を繰り返すことで反復解 $\boldsymbol{x}^{(k)}$ が得られる．

$T := M^{-1}N$，$\boldsymbol{c} := M^{-1}\boldsymbol{b}$ とおくと，反復式は次のように書き直せる．

$$\boldsymbol{x}^{(k+1)} = T\boldsymbol{x}^{(k)} + \boldsymbol{c}, \quad k = 0, 1, 2, \ldots. \tag{9.3.6}$$

最初に $A = M - N$ と分離してしまえば，行列 T とベクトル $\boldsymbol{c}$ は各反復で変化することはない．このことから，一般に (9.3.6) の形式を用いる反復法を定常反復法といい，行列 T を“反復行列”とよぶ．

収束のための条件

反復式 (9.3.6) によって得られる反復解 $\boldsymbol{x}^{(k)}$ が真の解 $\hat{\boldsymbol{x}}$ に収束しなければ，反復する意味がない．そこで，収束のための条件を考えよう．

真の解 $\hat{\boldsymbol{x}}$ は式 (9.3.5) の等式を満たすので，式 (9.3.6) から真の解 $\hat{\boldsymbol{x}}$ を代入した式 (9.3.5) を引くと，

$$\begin{aligned}\boldsymbol{x}^{(k+1)} - \hat{\boldsymbol{x}} &= T(\boldsymbol{x}^{(k)} - \hat{\boldsymbol{x}}) = T^2(\boldsymbol{x}^{(k-1)} - \hat{\boldsymbol{x}}) \\ &= \cdots = T^{k+1}(\boldsymbol{x}^{(0)} - \hat{\boldsymbol{x}})\end{aligned} \tag{9.3.7}$$

を得る．誤差ベクトルを $\boldsymbol{e}^{(k)} := \boldsymbol{x}^{(k)} - \hat{\boldsymbol{x}}$ とおくと，反復解 $\boldsymbol{x}^{(k)}$ が $\hat{\boldsymbol{x}}$ に収束するとは，$\lim_{k\to\infty} \boldsymbol{e}^{(k)} = \boldsymbol{0}$ となることなので，$\boldsymbol{e}^{(0)} \neq \boldsymbol{0}$ のとき，

$$\lim_{k\to\infty} T^k \boldsymbol{e}^{(0)} = \boldsymbol{0}$$

となる条件を見つければよい．$\|T\boldsymbol{e}^{(0)}\| \leq \|T\|\|\boldsymbol{e}^{(0)}\|$ であり，さらに

$$\|T^2\boldsymbol{e}^{(0)}\| \leq \|T\| \cdot \|T\boldsymbol{e}^{(0)}\| \leq \|T\|^2\|\boldsymbol{e}^{(0)}\|$$

である．同様にして，$\|T^k\boldsymbol{e}^{(0)}\| \leq \|T\|^k\|\boldsymbol{e}^{(0)}\|$ となるから，次のような条件が得られる．

系 9.3.25. あるノルムで $\|T\| < 1$ ならば，任意の初期値 $\boldsymbol{x}^{(0)}$ に対して，反復式 (9.3.6) で得られる反復列 $\{\boldsymbol{x}^{(k)}\}$ は解 $\hat{\boldsymbol{x}}$ に収束する．

系 9.3.25 は反復列 $\{\boldsymbol{x}^{(k)}\}$ が解 $\hat{\boldsymbol{x}}$ に収束するための十分条件である．そこで，反復列が解に収束するための必要十分条件を考えよう．以下の定理の証明は [5] などを参照．

定理 9.3.26. 行列 T が与えられたとき，任意の $\varepsilon > 0$ に対して，次を満たす自然なノルム $\|\cdot\|_\alpha$ が存在する．

$$\|T\|_\alpha \leq \rho(T) + \varepsilon.$$

定理 9.3.26 から，反復行列 T のスペクトル半径が小さいほど，$\|T\|^k$ の 0 への収束が速いことがわかり，さらに収束の条件に関する次の定理が得られる．

定理 9.3.27. 任意の初期値 $\boldsymbol{x}^{(0)}$ に対して，反復式 (9.3.6) が解に収束するための必要十分条件は，次を満たすことである．

$$\rho(T) < 1.$$

証明 まず，(⇒) を示す．(9.3.7) より，$\boldsymbol{e}^{(k)} = T^k\boldsymbol{e}^{(0)}$ が成り立つ．ここで，初期ベクトル $\boldsymbol{e}^{(0)}$ として，T の固有値 λ_i に対応する固有ベクトル $\boldsymbol{u}_i \neq \boldsymbol{0}$ をとると，

$$||\boldsymbol{e}^{(k)}|| = ||T^k\boldsymbol{u}_i|| = |\lambda_i|^k||\boldsymbol{u}_i||.$$

いま，反復式 (9.3.6) は解に収束するという仮定があり，$k \to \infty$ で $||\boldsymbol{e}^{(k)}||$ が $\boldsymbol{0}$ に収束するためには，すべての λ_i について $|\lambda_i| < 1$ でなければならない．

次に，(⇐) を示す．$\rho(T) < 1$ であるので，$\rho(T) + \varepsilon < 1$ を満たす十分小さな $\varepsilon > 0$ に対して，定理 9.3.26 より，$\|T\|_\alpha \leq \rho(T) + \varepsilon < 1$ となる自然なノルム $\|\cdot\|_\alpha$ が存在する．よって，系 9.3.25 より，反復列 $\{\boldsymbol{x}^{(k)}\}$ は解に収束する． □

なお，一般に正方行列 A のスペクトル半径とべき乗との間には，次の関係があることが知られている．

定理 9.3.28. $\rho(A) < 1$ となる必要十分条件は，

$$\lim_{k\to\infty} A^k = O.$$

3つの定常反復法

n 次正則行列 $A = [a_{ij}]$ を $A = E + D + F$ と分離する．ただし，D は対角行列 $D = \mathrm{diag}(a_{11}, a_{22}, \ldots, a_{nn})$ であり，E と F はそれぞれ次のような狭義下三角行列と狭義上三角行列である，

$$E = \begin{bmatrix} 0 & & & \\ a_{21} & 0 & & \\ \vdots & \ddots & \ddots & \\ a_{n1} & \cdots & a_{nn-1} & 0 \end{bmatrix},$$

$$F = \begin{bmatrix} 0 & a_{12} & \cdots & a_{1n} \\ & 0 & \ddots & \vdots \\ & & \ddots & a_{n-1n} \\ & & & 0 \end{bmatrix}.$$

このとき，行列 M, N のとり方によって，以下の3つの定常反復法がよく知られている．

ヤコビ法

$M = D$ かつ $N = -(E + F)$ とする方法が**ヤコビ (Jacobi) 法** (1854 年) である．反復式は，

$$\boldsymbol{x}^{(k+1)} = -D^{-1}(E+F)\boldsymbol{x}^{(k)} + D^{-1}\boldsymbol{b},\quad k=0,1,2,\ldots$$

となる．ここで，分離した行列を別々に保持すると，多くのメモリを使用してしまうが，反復式を成分ごとに書き下すと，係数行列をそのまま用いて近似解の成分を順次更新すればよいことがわかる．具体的に，各成分の更新は次のように表せる．

$$x_i^{(k+1)} = \frac{1}{a_{ii}}\left(b_i - \sum_{j\neq i} a_{ij}x_j^{(k)}\right),\quad i=1,2,\ldots,n,\quad k=0,1,2,\ldots.$$

ガウス-ザイデル法

$M = D+E$ かつ $N=-F$ とする方法を**ガウス-ザイデル (Gauss-Seidel) 法**という．反復式は，

$$(D+E)\boldsymbol{x}^{(k+1)} = -F\boldsymbol{x}^{(k)} + \boldsymbol{b},\quad k=0,1,2,\ldots$$

となる．逆行列 $(D+E)^{-1}$ を掛けて反復解を求めるように思えるが，E に関する部分を移項すると，

$$\boldsymbol{x}^{(k+1)} = D^{-1}(\boldsymbol{b} - E\boldsymbol{x}^{(k+1)} - F\boldsymbol{x}^{(k)})$$

となる．これを成分ごとに書くと，次のように表せる．

$$x_i^{(k+1)} = \frac{1}{a_{ii}}\left(b_i - \sum_{j=1}^{i-1} a_{ij}x_j^{(k+1)} - \sum_{j=i+1}^{n} a_{ij}x_j^{(k)}\right),\quad i=1,2,\ldots,n,\quad k=0,1,2,\ldots.$$

ヤコビ法のように1つ前の反復解を保存しておく必要はなく，反復解を求める過程ですでに更新された成分を利用するため，一般にはヤコビ法よりも収束が速いとされる．

SOR 法

パラメータ $\omega>0$ を用いてガウス-ザイデル法を加速するように改良した方法が**逐次緩和 (successive over-relaxation, SOR) 法**であり，ω を緩和係数 (relaxation parameter) または加速係数という．

分離した行列を

$$M = \frac{1}{\omega}(D+\omega E),\quad N = \frac{1}{\omega}\{(1-\omega)D - \omega F\}$$

とすると，反復式は，

$$\boldsymbol{x}^{(k+1)} = (D+\omega E)^{-1}\{(1-\omega)D - \omega F\}\boldsymbol{x}^{(k)} + \omega(D+\omega E)^{-1}\boldsymbol{b},\quad k=0,1,2,\ldots$$

となる．これを2段階で表すと，

$$\begin{cases} \tilde{\boldsymbol{x}}^{(k+1)} = D^{-1}(\boldsymbol{b} - E\boldsymbol{x}^{(k+1)} - F\boldsymbol{x}^{(k)}),\\ \boldsymbol{x}^{(k+1)} = \boldsymbol{x}^{(k)} + \omega(\tilde{\boldsymbol{x}}^{(k+1)} - \boldsymbol{x}^{(k)}) \end{cases}$$

となるので，ガウス-ザイデル法で得られる反復解を改良していることになる．$\omega=1$ ならば，ガウス-ザイデル法に一致する．反復式を成分ごとに書き下すと，次のようになる．

$$\tilde{x}_i^{(k+1)} = \frac{1}{a_{ii}}\left(b_i - \sum_{j=1}^{i-1} a_{ij}x_j^{(k+1)} - \sum_{j=i+1}^{n} a_{ij}x_j^{(k)}\right),$$
$$x_i^{(k+1)} = x_i^{(k)} + \omega(\tilde{x}_i^{(k+1)} - x_i^{(k)}),$$
$$i=1,2,\ldots,n,\quad k=0,1,2,\ldots.$$

注意 9.3.6. SOR 法は 1950 年にヤング (Young) によって提案されたが，同年にフランクル (Frankle) らによって同様の解法が accelerated Liebmann 法としても示されている．詳細は [14] などを参照．

注意 9.3.7. SOR 法の反復式を繰り返し計算すると，$\tilde{x}_i^{(k+1)} - x_i^{(k)}$ が非常に小さくなる．そこで，次のように計算したほうが桁落ちなどの心配がなくてよい．

$$x_i^{(k+1)} = (1-\omega)x_i^{(k)} + \omega\tilde{x}_i^{(k+1)}.$$

ここで，行列 A の対角成分を1にするようにスケーリングした行列 $D^{-1}A$ を考える．これを係数行列とすると，SOR 法の反復行列は以下のように書き直せる．ただし，$L := D^{-1}E$, $U := D^{-1}F$ である．

$$\mathcal{L}_\omega = (I+\omega L)^{-1}\{(1-\omega)I - \omega U\}.$$

これを SOR 行列とよぶ．SOR 行列のスペクトル半径と緩和係数の関係について，次のカハン (Kahan) の定理がよく知られている．

定理 9.3.29. SOR 行列を $\mathcal{L}_\omega = (I+\omega L)^{-1}\{(1-\omega)I - \omega U\}$ とすると，任意の緩和係数 ω に対して，次が成り立つ．ただし，等号はすべての固有値の絶対値が $|\omega-1|$ に等しい場合に限り成り立つ．

$$\rho(\mathcal{L}_\omega) \geq |\omega-1|.$$

証明　$\mathcal{L}_\omega$ の特性多項式を $\phi(\lambda) = \det(\lambda I - \mathcal{L}_\omega)$ とする．L は狭義下三角行列なので，$\det(I+\omega L)=1$ であり，次を得る．

$$\phi(\lambda) = \det(I+\omega L)\cdot\det(\lambda I - \mathcal{L}_\omega) = \det\{(\lambda+\omega-1)I + \lambda\omega L + \omega U\}.$$

ここで，$\lambda=0$ とすると，$\mathcal{L}_\omega$ の固有値 $\lambda_1, \lambda_2, \ldots, \lambda_n$ に対して，以下が成り立つ．

$$(-1)^n\lambda_1\lambda_2\cdots\lambda_n = \det\{(\omega-1)I + \omega U\} = (\omega-1)^n.$$

よって，$\rho(\mathcal{L}_\omega) = \max_i |\lambda_i| \geq |1-\omega|$ となる． □

カハンの定理より，$\omega \geq 2$ のときは $\rho(\mathcal{L}_\omega) \geq 1$ となり，SOR 法は収束しないことになる．よって，SOR 法が収束するための緩和係数 ω の範囲は $0 < \omega < 2$ である．また，$0 < \omega < 2$ において，SOR 法が最も速く収束するのは，$\rho(\mathcal{L}_\omega)$ が最小の場合と考えられる．このときの緩和係数を，特に**最適緩和係数** (optimal relaxation parameter) といい，ω_{opt} と表す．

補足 9.3.30. $0 < \omega < 1$ のときを successive under-relaxation(SUR) 法とよぶことがある．

3つの解法の収束性

係数行列の特徴によって，定常反復法の収束に関するいくつかの結果が知られている．詳細は [15, 5] などを参照．

定義 9.3.31. 以下の条件を満たす n 次行列 $A = [a_{ij}]$ を**対角優位 (diagonally dominant) 行列**（あるいは優対角行列）という．特に，すべての i に対して，等号を含まない場合を**狭義 (strictly) 対角優位行列**という．

$$|a_{ii}| \geq \sum_{j \neq i}^{n} |a_{ij}|, \quad i = 1, 2, \ldots, n.$$

この性質を満たす行列に対しては，以下の収束定理が知られている．

定理 9.3.32. 行列 A が狭義対角優位行列ならば，任意の初期値 $\boldsymbol{x}^{(0)}$ に対して，ヤコビ法とガウス-ザイデル法は収束する．

定理 9.3.33. 行列 A が狭義対角優位行列ならば，任意の初期値 $\boldsymbol{x}^{(0)}$ に対して，$0 < \omega < 1$ とする SOR 法は収束する．

一方，正定値対称行列に対しては，次の収束定理が知られている．

定理 9.3.34. 行列 A が正定値対称行列ならば，任意の初期値 $\boldsymbol{x}^{(0)}$ に対して，ガウス-ザイデル法は収束する．

また，SOR 法の収束に関しては，次のオストロフスキー (Ostrowski) の定理がよく知られている．

定理 9.3.35. n 次実対称行列 $A = [a_{ij}]$ について，$a_{ii} > 0$, $i = 1, 2, \ldots, n$ とする．このとき，SOR 法が収束するための必要十分条件は，A が正定値かつ $0 < \omega < 2$ となることである．

9.3.6 非定常反復法

定常反復法は反復式が簡単で実装が容易であり，収束の振る舞いも一定でわかりやすいため，広く利用されてきた．しかし，近年では，クリロフ部分空間法をはじめとする**非定常反復法 (non-stationary iterative method)** も多く開発・改良されている．これらの解法では，反復行列に相当する情報を反復ごとに入れ替えることで収束を早める工夫を行っている．また，クリロフ部分空間法においては，単独で利用されるだけではなく，収束を向上させるための“前処理”とよばれる操作と併用される．前処理は，与えられた方程式を，より解きやすい，性質の良い方程式に変形してから解くという考えに基づいた手法である．

本項では，クリロフ部分空間法の概要と，その中で最も代表的な解法である共役勾配法，およびその前処理について紹介する．

クリロフ部分空間法

クリロフ部分空間法 (Krylov subspace method) は，線形部分空間を広げながら解を探索する反復法群である．ただし，定常反復法では近似解 $\boldsymbol{x}^{(k)}$ の更新のみを考えたが，クリロフ部分空間法の多くは $\boldsymbol{x}^{(k)}$ に対応する残差 $\boldsymbol{r}^{(k)} = \boldsymbol{b} - A\boldsymbol{x}^{(k)}$ の更新も同時に考える．もし，ある $k > 0$ で $\boldsymbol{r}^{(k)} = \boldsymbol{0}$ となれば，反復解は真の解に収束したといえるので，反復過程における残差の振る舞いはとても重要である．

まず，クリロフ部分空間を導入しよう．部分空間

$$\mathcal{K}_k(A, \boldsymbol{r}^{(0)}) := \mathrm{span}\{\boldsymbol{r}^{(0)}, A\boldsymbol{r}^{(0)}, \ldots, A^{k-1}\boldsymbol{r}^{(0)}\}$$

を行列 A とベクトル $\boldsymbol{r}^{(0)}$ で張られる k 次のクリロフ部分空間という．ただし，$\boldsymbol{r}^{(0)}$ は初期値 $\boldsymbol{x}^{(0)}$ に対応する初期残差である．クリロフ部分空間と連立1次方程式の解に対して，次の性質が知られている．詳細は [16, 17] などを参照．

定理 9.3.36. 正則行列 A に対して，次の2つの条件は等価である．

1. $\mathcal{K}_{\bar{k}}(A, \boldsymbol{r}^{(0)}) = \mathcal{K}_{\bar{k}+1}(A, \boldsymbol{r}^{(0)})$.
2. $\hat{\boldsymbol{x}} \in \boldsymbol{x}^{(0)} + \mathcal{K}_{\bar{k}}(A, \boldsymbol{r}^{(0)})$.

ただし，$\bar{k}$ は条件 1, 2 を満たす最小の整数とし，$\hat{\boldsymbol{x}}$ は $A\boldsymbol{x} = \boldsymbol{b}$ の真の解とする．

以下では，簡単のため $\mathbb{R}^n$ の部分空間 $\mathcal{K}_k(A, \boldsymbol{r}^{(0)})$ の次元は常に k であると仮定する．

定義 9.3.37. 集合 S の任意の元 P と線形空間 V の元 $\boldsymbol{x}$ に対して，和 $P + \boldsymbol{x} \in S$ が定義されており，以下を満たすとき，S を**アフィン空間**とよぶ．

(1) V の零ベクトル $\boldsymbol{0}$ に対して $P + \boldsymbol{0} = P$.

(2) $\boldsymbol{x}, \boldsymbol{y} \in V$ に対して $(P+\boldsymbol{x})+\boldsymbol{y} = P+(\boldsymbol{x}+\boldsymbol{y})$.

(3) P を1つ固定したとき，S の任意の元 Q に対し，$Q = P + \boldsymbol{x}$ を満たす $\boldsymbol{x} \in V$ が唯一つ存在する．

一般に，クリロフ部分空間法とは，k 反復目の近似

解 $\boldsymbol{x}^{(k)}$ を初期値 $\boldsymbol{x}^{(0)}$ と部分空間 $\mathcal{K}_k(A, \boldsymbol{r}^{(0)})$ によって作られるアフィン空間

$$\boldsymbol{x}^{(0)} + \mathcal{K}_k(A, \boldsymbol{r}^{(0)}) = \{\boldsymbol{x}^{(0)} + \boldsymbol{v} \mid \boldsymbol{v} \in \mathcal{K}_k(A, \boldsymbol{r}^{(0)})\}$$

の中で探索する方法である．すなわち，次のような空間条件を課す．

空間条件 KS(Krylov subspace condition)：

$$\boldsymbol{x}^{(k)} = \boldsymbol{x}^{(0)} + \boldsymbol{z}^{(k)}, \quad \boldsymbol{z}^{(k)} \in \mathcal{K}_k(A, \boldsymbol{r}^{(0)}).$$

しかし，空間条件を満たすだけでは，$\boldsymbol{z}^{(k)}$ の選び方に任意性があり，反復解を唯一に定められないため，他の条件を加える．ここで，近似解 $\boldsymbol{x}^{(k)}$ に対応する残差 $\boldsymbol{r}^{(k)}$ は次を満たす．

$$\boldsymbol{r}^{(k)} = \boldsymbol{b} - A\boldsymbol{x}^{(k)} = \boldsymbol{r}^{(0)} - A\boldsymbol{z}^{(k)} \in \mathcal{K}_{k+1}(A, \boldsymbol{r}^{(0)}).$$

従って，反復解を定めることは，$k+1$ 次のクリロフ部分空間の中から残差を適切に選ぶことでもある．そこで，収束に有利なように，残差に関する次のような3通りの条件を与えよう．詳細は[17, 18]などを参照．

(1) **残差最小条件 MR**(minimal residual condition)

$$\|\boldsymbol{r}^{(k)}\|_2 = \min_{\boldsymbol{x} \in \boldsymbol{x}^{(0)} + \mathcal{K}_k(A, \boldsymbol{r}^{(0)})} \|\boldsymbol{b} - A\boldsymbol{x}\|_2.$$

(2) **残差直交条件 OR**(orthogonal residual condition)

$$\boldsymbol{r}^{(k)} \perp \mathcal{K}_k(A, \boldsymbol{r}^{(0)}).$$

(3) **残差双直交条件 Bi-OR**(bi-orthogonal residual condition)

$$\boldsymbol{r}^{(k)} \perp \mathcal{K}_k(A^\top, \tilde{\boldsymbol{r}}^{(0)}).$$

ここで，直交条件 OR および双直交条件 Bi-OR は，それぞれリッツ-ガレルキン (Ritz-Galerkin) 条件，ペトロフ-ガレルキン (Petrov-Galerkin) 条件ともよばれる．また，Bi-OR におけるベクトル $\tilde{\boldsymbol{r}}^{(0)}$ は，初期シャドウ残差とよばれる任意の n 次元ベクトルであり，通常は $\boldsymbol{r}^{(0)}$ と同じベクトルや乱数ベクトルなどが用いられる．

補足 9.3.38. 3つの条件において，通常は $\mathbb{R}^n$ の標準内積 $(\boldsymbol{x}, \boldsymbol{y}) = \boldsymbol{x}^\top \boldsymbol{y}$ が用いられるが，一般の場合へ拡張して考えてもよい．すなわち，W を n 次正定値対称行列とするとき，n 次元ベクトル $\boldsymbol{x}, \boldsymbol{y}$ に対して，W-内積を $(\boldsymbol{x}, \boldsymbol{y})_W = \boldsymbol{x}^\top W \boldsymbol{y}$ と定義する．この内積から導かれる W-ノルムを $\|\boldsymbol{x}\|_W = \sqrt{\boldsymbol{x}^\top W \boldsymbol{x}}$ とすれば，最小条件 MR で利用できる（$W = I$ のとき，ユークリッドノルムに一致する）．また，$(\boldsymbol{x}, \boldsymbol{y})_W = 0$ のとき，ベクトル $\boldsymbol{x}, \boldsymbol{y}$ は W-直交する（あるいは W に関して共役である）といい，これは直交条件 OR や双直交条件 Bi-OR において利用できる．

クリロフ部分空間法の多くは，近似解に空間条件を課し，対応する残差に対して最小条件 MR，直交条件 OR，双直交条件 Bi-OR のいずれかを選択して課すことで導出される．いずれの条件を選択したとしても，少なくとも n 反復でクリロフ部分空間が $\mathbb{R}^n$ に一致するとすれば，残差は $\boldsymbol{0}$ になり得るので，理論上は有限回の操作で真の解が得られることになる．このことから，クリロフ部分空間法は直接法としての性質ももつといえる．

係数行列の特徴に合わせて条件を選択することで，効率のよいアルゴリズムを構築できる．以下では，正定値対称行列に対して，直交条件 OR，あるいは $W = A^{-1}$ とする最小条件 MR を満たす解法として知られる共役勾配法を解説する．

共役勾配法

係数行列が正定値対称である場合，特に有効とされる解法が 1952 年にヘステンス (Hestenes) とシュティーフェル (Stiefel) によって提案された**共役勾配 (conjugate gradient，CG) 法**である．当初は丸め誤差に弱いために注目されない時期もあったが，1970 年代以降，計算機の性能が向上し，また前処理との併用によって驚くほど収束性が向上することが知られるようになり，脚光を浴びるようになった．正定値対称行列に対しては，計算が破綻することなく高々 n 反復で真の解に収束することが理論的に保証されているため，先に述べたように直接法としての側面もあるが，現在は大規模疎行列向けの反復法として扱われることが多い．

アルゴリズムの導出

A を正定値対称行列とする．CG 法は $A\boldsymbol{x} = \boldsymbol{b}$ の真の解 $\hat{\boldsymbol{x}}$ が二次関数

$$f(\boldsymbol{x}) = \frac{1}{2}\boldsymbol{x}^\top A\boldsymbol{x} - \boldsymbol{b}^\top \boldsymbol{x} \tag{9.3.8}$$

を最小にするという性質に基づいて構成される．実際に，任意の n 次元ベクトル $\boldsymbol{h} \neq \boldsymbol{0}$ に対して，A の対称性より

$$\begin{aligned} f(\hat{\boldsymbol{x}} + \boldsymbol{h}) &= \frac{1}{2}(\hat{\boldsymbol{x}} + \boldsymbol{h})^\top A(\hat{\boldsymbol{x}} + \boldsymbol{h}) - \boldsymbol{b}^\top(\hat{\boldsymbol{x}} + \boldsymbol{h}) \\ &= f(\hat{\boldsymbol{x}}) + \frac{1}{2}\boldsymbol{h}^\top A\boldsymbol{h} \end{aligned}$$

となるが，A は正定値より $\boldsymbol{h}^\top A\boldsymbol{h} > 0$ であるから，

$$f(\hat{\boldsymbol{x}} + \boldsymbol{h}) > f(\hat{\boldsymbol{x}})$$

が得られ，$f(\hat{\boldsymbol{x}})$ が最小であることがわかる．

補足 9.3.39. 二次関数 (9.3.8) は狭義凸関数であるため，最適性の条件を考えると，勾配 $\nabla f(\boldsymbol{x}) = A\boldsymbol{x} - \boldsymbol{b}$ を $\boldsymbol{0}$ にする点が大域的最小解となる．このことからも，連立1次方程式の解 $\hat{\boldsymbol{x}}$ が関数 f を最小にすることが確認できる．

クリロフ部分空間法の基本はアフィン空間 $\boldsymbol{x}^{(0)} + \mathcal{K}_k(A, \boldsymbol{r}^{(0)})$ の中で解を探索することであるから，反復解 $\boldsymbol{x}^{(k)}$ が得られたとき，$\boldsymbol{x}^{(k)} = \hat{\boldsymbol{x}}$ でなければ，新しい探索の方向を表す適当なベクトル $\boldsymbol{p}^{(k)} \neq \boldsymbol{0}$ を定めて，その方向で次の反復解 $\boldsymbol{x}^{(k+1)}$ を定めることを考える．すなわち，次の漸化式で近似解を更新する．

$$\boldsymbol{x}^{(k+1)} = \boldsymbol{x}^{(k)} + \alpha^{(k)}\boldsymbol{p}^{(k)}. \tag{9.3.9}$$

ここで，スカラー係数 $\alpha^{(k)}$ はステップ幅とよばれる．探索方向 $\boldsymbol{p}^{(k)}$ の選び方は後述するが，適切な方向が定まったとして，$\alpha^{(k)}$ はどのように定めればよいだろうか．二次関数を最小化したいので，$f(\boldsymbol{x}^{(k+1)})$ が最小となるように $\alpha^{(k)}$ を定めるのが自然である．A の対称性と残差の定義 $\boldsymbol{r}^{(k)} = \boldsymbol{b} - A\boldsymbol{x}^{(k)}$ より，

$$\begin{aligned} f(\boldsymbol{x}^{(k+1)}) &= f(\boldsymbol{x}^{(k)} + \alpha^{(k)}\boldsymbol{p}^{(k)}) \\ &= \frac{1}{2}(\boldsymbol{p}^{(k)}, A\boldsymbol{p}^{(k)})(\alpha^{(k)})^2 - (\boldsymbol{r}^{(k)}, \boldsymbol{p}^{(k)})\alpha^{(k)} + f(\boldsymbol{x}^{(k)}) \end{aligned}$$

となる．これを $\alpha^{(k)}$ の二次関数と見れば，$(\boldsymbol{p}^{(k)}, A\boldsymbol{p}^{(k)}) > 0$ であるから，$f(\boldsymbol{x}^{(k+1)})$ を最小にする $\alpha^{(k)}$ は，次のように与えられる．

$$\alpha^{(k)} = \frac{(\boldsymbol{r}^{(k)}, \boldsymbol{p}^{(k)})}{(\boldsymbol{p}^{(k)}, A\boldsymbol{p}^{(k)})}. \tag{9.3.10}$$

以上のような近似解の更新方法は，一般に（正確な）直線探索とよばれる．

係数 $\alpha^{(k)}$ の計算に残差が現れたが，残差を更新する漸化式もここで与えておこう．近似解の漸化式 (9.3.9) の両辺に A を掛けて，右辺項 $\boldsymbol{b}$ から引くと，

$$\boldsymbol{r}^{(k+1)} = \boldsymbol{r}^{(k)} - \alpha^{(k)}A\boldsymbol{p}^{(k)} \tag{9.3.11}$$

となる．ベクトル $A\boldsymbol{p}^{(k)}$ は係数行列 A と探索方向 $\boldsymbol{p}^{(k)}$ の積を計算することで得られる．

注意 9.3.8. 残差は定義通りに $\boldsymbol{r}^{(k)} = \boldsymbol{b} - A\boldsymbol{x}^{(k)}$ と計算する方法も考えられるが，α_k の計算にも行列ベクトル積 $A\boldsymbol{p}^{(k)}$ が現れるため，漸化式 (9.3.11) を用いた方がはるかに計算効率がよい．

さて，解を探索する上で重要な要素である探索方向 $\boldsymbol{p}^{(k)}$ の選び方を考えよう．基本的にはクリロフ部分空間の基底となるような方向を定める必要があり，またその方向に進むことで関数値が下がるような方向を選ばなければ意味がない．このことから，1反復目の探索方向は $\boldsymbol{p}^{(0)} = \boldsymbol{r}^{(0)}$ とすると都合が良い．初期残差は $\mathcal{K}_1(A, \boldsymbol{r}^{(0)})$ の基底であり，かつ $\boldsymbol{r}^{(0)} = -\nabla f(\boldsymbol{x}_0)$ であることから，残差は関数値を下げる方向をなすためである．

補足 9.3.40. 一般に，最小化を行いたい関数 $f(\boldsymbol{x})$ と現在の反復解 $\boldsymbol{x}^{(k)}$ に対して，$\nabla f(\boldsymbol{x}^{(k)})^\top \boldsymbol{d} < \boldsymbol{0}$ を満たすベクトル $\boldsymbol{d}$ を降下方向とよぶ．詳細は [12] などを参照．

2反復目以降も同様に考えると，近似解 $\boldsymbol{x}^{(k)}$ が空間条件を満たせば，残差 $\boldsymbol{r}^{(k)}$ は $k+1$ 次のクリロフ部分空間に属しており，また降下方向をなすならば残差を活用するのがよいであろう．さらに，残差は漸化式 (9.3.11) で既に計算されているので，計算効率も良いと考えられる．しかし，各反復の探索方向として残差を選ぶだけでは，クリロフ部分空間法における3通りの条件はいずれも満たすことができない．そこで，探索方向に自由度をもたせるために，残差を基準にして1つ前の探索方向で補正を行うことを考える．すなわち，次の漸化式で探索方向を更新する．

$$\boldsymbol{p}^{(k+1)} = \boldsymbol{r}^{(k+1)} + \beta^{(k)}\boldsymbol{p}^{(k)}. \tag{9.3.12}$$

ここで，係数 $\beta^{(k)}$ の定め方が重要となるが，$\boldsymbol{p}^{(k+1)}$ が $\boldsymbol{p}^{(k)}$ と A-直交するように定める．

$$\begin{aligned} (\boldsymbol{p}^{(k+1)}, A\boldsymbol{p}^{(k)}) &= (\boldsymbol{r}^{(k+1)} + \beta^{(k)}\boldsymbol{p}^{(k)}, A\boldsymbol{p}^{(k)}) \\ &= (\boldsymbol{r}^{(k+1)}, A\boldsymbol{p}^{(k)}) + \beta^{(k)}(\boldsymbol{p}^{(k)}, A\boldsymbol{p}^{(k)}) \end{aligned}$$

より，これを0にするためには，$\beta^{(k)}$ は次のように与えればよい．

$$\beta^{(k)} = -\frac{(\boldsymbol{r}^{(k+1)}, A\boldsymbol{p}^{(k)})}{(\boldsymbol{p}^{(k)}, A\boldsymbol{p}^{(k)})}. \tag{9.3.13}$$

補足 9.3.41. 探索方向として残差（勾配）そのものを選ぶ方法は，最も基本的な最適化手法として知られる**最急降下 (steepest descent) 法**に相当する．

注意 9.3.9. 空間条件を満たすような探索方向の選び方は式 (9.3.12) の限りではないが，補正項が増えれば計算量も増加する．実際には，1つ前の探索方向との A-直交性を課すだけで，直交条件 OR が満たされるので，式 (9.3.12) は最も効率が良いと考えられる．

定理 9.3.42. 式 (9.3.11)，(9.3.12) によって求まる残差と探索方向について，$i \neq j$ のとき，以下の直交性が成り立つ．

$$(\boldsymbol{r}^{(i)}, \boldsymbol{r}^{(j)}) = 0,$$
$$(\boldsymbol{p}^{(i)}, A\boldsymbol{p}^{(j)}) = 0.$$

式 (9.3.11) で求めた残差 $\boldsymbol{r}^{(0)}, \boldsymbol{r}^{(1)}, \ldots, \boldsymbol{r}^{(k-1)}$ は，明らかにクリロフ部分空間 $\mathcal{K}_k(A, \boldsymbol{r}_0)$ の基底となるから，定理 9.3.42 より，k 反復目の残差 $\boldsymbol{r}^{(k)}$ は直交条件

OR を満たすといえる．よって，有限回の操作によって残差が $\mathbf{0}$ となり，真の解が得られることがわかる．

アルゴリズムの導出に際して，少しでも計算量を減らせるように，係数 $\alpha^{(k)}$，$\beta^{(k)}$ の計算式を変更しよう．まず，漸化式 (9.3.11) と式 (9.3.10) より，$(\boldsymbol{r}^{(k)}, \boldsymbol{p}^{(k-1)}) = 0$ となる．よって，

$$(\boldsymbol{r}^{(k)}, \boldsymbol{p}^{(k)}) = (\boldsymbol{r}^{(k)}, \boldsymbol{r}^{(k)} + \beta^{(k-1)}\boldsymbol{p}^{(k-1)}) \\ = (\boldsymbol{r}^{(k)}, \boldsymbol{r}^{(k)})$$

が得られる．また，$\boldsymbol{r}^{(k)} \neq \mathbf{0}$ であれば $\alpha^{(k)} > 0$ であることに注意して，

$$(\boldsymbol{r}^{(k+1)}, A\boldsymbol{p}^{(k)}) = \frac{1}{\alpha^{(k)}}(\boldsymbol{r}^{(k+1)}, \boldsymbol{r}^{(k)} - \boldsymbol{r}^{(k+1)}) \\ = -\frac{1}{\alpha^{(k)}}(\boldsymbol{r}^{(k+1)}, \boldsymbol{r}^{(k+1)}).$$

これらを式 (9.3.10)，(9.3.13) に代入すると，

$$\alpha^{(k)} = \frac{(\boldsymbol{r}^{(k)}, \boldsymbol{r}^{(k)})}{(\boldsymbol{p}^{(k)}, A\boldsymbol{p}^{(k)})}, \\ \beta^{(k)} = \frac{(\boldsymbol{r}^{(k+1)}, \boldsymbol{r}^{(k+1)})}{(\boldsymbol{r}^{(k)}, \boldsymbol{r}^{(k)})}$$

となる．結果として，1 反復あたりの内積の計算回数を削減することができる．

以上より，CG 法のアルゴリズムが得られる．

CG 法のアルゴリズム

1. Select an initial guess $\boldsymbol{x}^{(0)}$.
2. Compute $\boldsymbol{r}^{(0)} = \boldsymbol{b} - A\boldsymbol{x}^{(0)}$ and set $\boldsymbol{p}^{(0)} = \boldsymbol{r}^{(0)}$.
3. While $\|\boldsymbol{r}^{(k)}\| \geq \varepsilon\|\boldsymbol{b}\|$, do:
4. $\alpha^{(k)} = \dfrac{(\boldsymbol{r}^{(k)}, \boldsymbol{r}^{(k)})}{(\boldsymbol{p}^{(k)}, A\boldsymbol{p}^{(k)})}$
5. $\boldsymbol{x}^{(k+1)} = \boldsymbol{x}^{(k)} + \alpha^{(k)}\boldsymbol{p}^{(k)}$
6. $\boldsymbol{r}^{(k+1)} = \boldsymbol{r}^{(k)} - \alpha^{(k)}A\boldsymbol{p}^{(k)}$
7. $\beta^{(k)} = \dfrac{(\boldsymbol{r}^{(k+1)}, \boldsymbol{r}^{(k+1)})}{(\boldsymbol{r}^{(k)}, \boldsymbol{r}^{(k)})}$
8. $\boldsymbol{p}^{(k+1)} = \boldsymbol{r}^{(k+1)} + \beta^{(k)}\boldsymbol{p}^{(k)}$
9. End while

補足 9.3.43. CG 法において，係数行列への参照が必要な演算は，行列ベクトル積のみであることがわかる．ガウスの消去法などの直接法では，係数行列そのものを変形するため，常に行列を参照しなければならないが，CG 法は係数行列と与えられたベクトルの積の演算結果さえ得られれば，アルゴリズムを実行できるため，行列を陽に保持しておく必要はない．このような性質を matrix-free といい，行列ベクトル積の演算が別の関数などで与えられる場合にも有効となる．クリロフ部分空間法の多くは matrix-free である．

収束の判定

定常反復法の収束判定は，収束の振る舞いが単調であることから，隣り合う近似解同士の差分を調べて，判定に用いる場合が多い．すなわち，相対誤差ノルムを用いて，

$$\frac{\|\boldsymbol{x}^{(k)} - \boldsymbol{x}^{(k-1)}\|}{\|\boldsymbol{x}^{(k)}\|} < \varepsilon \qquad (9.3.14)$$

などと設定される．ただし，$0 < \varepsilon \leqq 1$ とする．

一方，部分空間を広げながら解を探索する反復法では，収束の振る舞いが一定ではない（広げた空間内でよりよい近似解を見つけられれば誤差は減少するが，見つからなければ誤差がほとんど変化しないこともある）．そのため，CG 法の収束判定は，アルゴリズム中に示しているように，相対残差ノルムを用いて，

$$\frac{\|\boldsymbol{r}^{(k)}\|}{\|\boldsymbol{b}\|} < \varepsilon \qquad (9.3.15)$$

と設定することが多い．近似解同士の差分を用いると，たまたま近似解の変動が少ないタイミングで反復が停止してしまう恐れがあるので，残差ノルムを調べる方が標準的である．ただし，残差ノルムが小さくなったとしても，9.3.3 項で示したように，条件数に応じて誤差ノルムは拡大してしまう可能性があるので注意が必要である．

補足 9.3.44. 式 (9.3.14)，(9.3.15) のルムは，問題に応じて選択されるが，式 (9.3.14) では ∞ ノルムが，式 (9.3.15) では 2 ノルムがそれぞれよく用いられる．

また，残差と誤差の関係だけではなく，残差を式 (9.3.11) のような漸化式で求める場合は，さらに注意する点がある．漸化式から求めた残差 $\boldsymbol{r}^{(k)}$ と近似解 $\boldsymbol{x}^{(k)}$ との間には，本来は $\boldsymbol{r}^{(k)} = \boldsymbol{b} - A\boldsymbol{x}^{(k)}$ という関係があるが，丸め誤差の影響によりこの関係は成り立たなくなる．すなわち，浮動小数点演算においては，漸化式 (9.3.11) によって求まる残差 $\boldsymbol{r}^{(k)}$ に誤差項 $\boldsymbol{\delta}^{(k)}$ が加わり，

$$\boldsymbol{b} - A\boldsymbol{x}^{(k)} = \boldsymbol{r}^{(k)} + \boldsymbol{\delta}^{(k)}$$

となる．ここで，左辺は近似解 $\boldsymbol{x}^{(k)}$ を用いて $\boldsymbol{b} - A\boldsymbol{x}^{(k)}$ を陽に計算して求まる残差であり，真の残差とよばれる．丸め誤差がなければ，$\boldsymbol{\delta}^{(k)} = \mathbf{0}$ である．

反復法を実行して，収束判定 (9.3.15) を満たしたとき，もし $\boldsymbol{\delta}^{(k)}$ が十分に小さければ問題はないが，クリロフ部分空間法では，反復過程で丸め誤差が蓄積して，$\boldsymbol{\delta}^{(k)}$ が大きくなってしまう場合がある．そのため，反復を終了した時点で，真の残差ノルム $\|\boldsymbol{b} - A\boldsymbol{x}^{(k)}\|_2$ の大きさを確認して，きちんと要求精度を満たしているかを確認することが重要である．

CG 法の収束性

CG 法の収束性について，理論と実験の両面から見

ていこう．

例 9.3.3. 2 元連立 1 次方程式 $A\boldsymbol{x} = \boldsymbol{b}$ に CG 法を適用し，2 反復で残差が $\mathbf{0}$ になることを確認しよう．ただし，行列 A と右辺項 $\boldsymbol{b}$ は以下のように与え，初期値は $\boldsymbol{x}^{(0)} = [0, 0]^\top$ とする．

$$A = \begin{bmatrix} 2 & -1 \\ -1 & 3 \end{bmatrix}, \quad \boldsymbol{b} = \begin{bmatrix} 3 \\ 1 \end{bmatrix}.$$

この問題に CG 法を適用すると，各反復で得られるベクトルは次のようになる．

1 反復目：

$$\boldsymbol{p}^{(0)} = \begin{bmatrix} 3 \\ 1 \end{bmatrix}, \quad \boldsymbol{x}^{(1)} = \begin{bmatrix} 2 \\ 2/3 \end{bmatrix}, \quad \boldsymbol{r}^{(1)} = \begin{bmatrix} -1/3 \\ 1 \end{bmatrix}.$$

2 反復目：

$$\boldsymbol{p}^{(1)} = \begin{bmatrix} 0 \\ 10/9 \end{bmatrix}, \quad \boldsymbol{x}^{(2)} = \begin{bmatrix} 2 \\ 1 \end{bmatrix}, \quad \boldsymbol{r}^{(2)} = \begin{bmatrix} 0 \\ 0 \end{bmatrix}.$$

2 反復で残差が $\mathbf{0}$ となり，真の解が得られていることがわかる．

注意 9.3.10. 実際にコンピュータによる浮動小数点演算を行う場合は，アルゴリズム中の各計算において丸め誤差の影響を受けるため，理論通りに n 反復で残差が $\mathbf{0}$ になることはない．残差のノルムがある程度小さくなればよいが，特に大規模な問題や悪条件な問題では，理論通りに収束しない場合もあるので注意が必要である．

行列サイズ n が非常に大きい場合は，n 回よりもずっと少ない反復回数である程度の精度の近似解が得られないと実用的ではない．そこで，CG 法の収束性に関するいくつかの有用な定理を紹介する．以後，真の解を $\hat{\boldsymbol{x}}$ とする．なお，定理の証明は [16, 17, 19] などを参照．

定理 9.3.45. A を正定値対称行列とするとき，相異なる固有値が k 個ならば，任意の初期値 $\boldsymbol{x}^{(0)}$ に対して，CG 法は高々 k 反復で解に収束する．

定理 9.3.46. A を正定値対称行列とする．右辺項 $\boldsymbol{b}$ が A の $\bar{k}$ 本の固有ベクトルの線形結合で表せるとすると，初期値 $\boldsymbol{x}^{(0)} = \mathbf{0}$ とする CG 法は，ちょうど $\bar{k}$ 反復で解に収束する．

定理 9.3.47. A を正定値対称行列とする．CG 法によって生成される反復解 $\boldsymbol{x}^{(k)}$ は，アフィン空間 $\boldsymbol{x}^{(0)} + \mathcal{K}_k(A, \boldsymbol{r}^{(0)})$ 上で二次関数 $f(\boldsymbol{x})$ を最小にし，同時にノルム $\|\boldsymbol{x} - \hat{\boldsymbol{x}}\|_A = \|\boldsymbol{b} - A\boldsymbol{x}\|_{A^{-1}}$ も最小にする．

定理 9.3.48. A を正定値対称行列とするとき，CG 法によって生成される反復解 $\boldsymbol{x}^{(k)}$ は，次を満たす．

$$\|\boldsymbol{x}^{(k)} - \hat{\boldsymbol{x}}\|_A \leq 2\left(\frac{\sqrt{\kappa_2(A)} - 1}{\sqrt{\kappa_2(A)} + 1}\right)^k \|\boldsymbol{x}^{(0)} - \hat{\boldsymbol{x}}\|_A.$$

ただし，$\kappa_2(A)$ は 2 ノルムによる条件数を表す．

以上の定理から，CG 法の収束性は特に固有値の分布と深い関係があることがわかる．定理 9.3.45, 9.3.46 より，重複する固有値が多ければ，それだけ収束するまでの反復回数は少なく済むといえる．また，これらの定理における "収束" とは，誤差あるいは残差が $\mathbf{0}$ になることを指しているが，実際には近似計算であるから，ユーザーが期待することは少ない反復回数で誤差や残差が要求した精度まで小さくなることである．これに対して，定理 9.3.47, 9.3.48 は収束の振る舞い，および条件数と収束の速さの関係を示すものである．誤差 A-ノルムは単調減少し，$W = A^{-1}$ とする最小条件 MR を満たすといえる．また，正定値対称行列の条件数は最大固有値と最小固有値の比で表せるから，やはり固有値の分布が重要となる．条件数が小さい場合，すなわち固有値全体が密集している場合は，それだけ反復ごとの誤差 A-ノルムの減少率が大きいといえる．

これらの性質に基づき，収束性を向上させる手法として，後述する前処理が知られている．

注意 9.3.11. 非対称行列の場合には，固有値全体が密集していることと条件数が小さいことは，必ずしも同義にはならない．たとえば，対角成分が一定である三角行列では，固有値はその対角成分そのものであるが，条件数は非対角成分によっていくらでも大きくすることができる．

例 9.3.4. 次の三重対角行列を係数にもつ連立 1 次方程式に CG 法を適用し，残差と誤差の振る舞いを調べてみよう．

$$A = \begin{bmatrix} 1 & -1 & & & \\ -1 & 2 & -1 & & \\ & \ddots & \ddots & \ddots & \\ & & -1 & n-1 & -1 \\ & & & -1 & n \end{bmatrix}.$$

行列サイズは $n = 5000$ とし，右辺項 $\boldsymbol{b}$ は真の解 $\hat{\boldsymbol{x}}$ の要素がすべて 1 となるように設定する．初期値は $\boldsymbol{x}^{(0)} = \mathbf{0}$，収束判定は $\|\boldsymbol{r}^{(k)}\| < 10^{-10}\|\boldsymbol{b}\|$ とし，倍精度演算で計算する．

各反復 k における相対残差 2 ノルム $\|\boldsymbol{r}^{(k)}\|_2/\|\boldsymbol{b}\|_2$ と相対誤差 A-ノルム $\|\boldsymbol{x}^{(k)} - \hat{\boldsymbol{x}}\|_A/\|\hat{\boldsymbol{x}}\|_A$ の振る舞いを図 9.3.1 に示す．グラフの横軸は反復回数，縦軸は相対

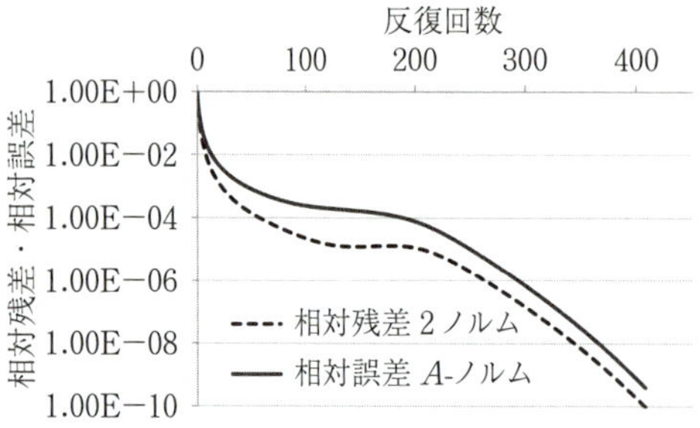

図 9.3.1　CG 法の収束履歴

残差と相対誤差のノルムを表している．行列サイズ n に対して，十分に少ない反復回数で残差および誤差が小さくなっており，特に誤差 A-ノルムは単調減少していることが確認できる．なお，反復終了時点での真の相対残差 2 ノルム $\|\boldsymbol{b} - A\boldsymbol{x}^{(k)}\|_2/\|\boldsymbol{b}\|_2$ の値はおよそ 9.72e−11 であり，きちんと要求精度を満たしている．

その他のクリロフ部分空間法

CG 法以外のクリロフ部分空間法について，少しだけ紹介する．詳細は [16, 20, 18, 17] などを参照．

係数行列が対称であるが正定値でない場合は，2 ノルムによる最小条件 MR を満たす共役残差（conjugate residual, CR）法や最小残差（minimum residual, MINRES）法が有効な解法として知られている．両者は数学的には等価な反復解を生成するが，アルゴリズムは大きく異なる．また，非対称行列に対しては，CG 法を拡張した双共役勾配法（bi-conjugate gradient, Bi-CG）法がよく知られている．Bi-CG 法は双直交条件 Bi-OR に基づく計算効率のよい解法であり，その収束性を改善した積型 Bi-CG 法とよばれる解法群について，現在も盛んに研究が行われている．また，2 ノルムによる最小条件 MR を満たす一般化共役残差（generalized conjugate residual, GCR）法や一般化最小残差（generalized minimal residual, GMRES）法も非対称行列向けの有効な解法である．これらは，Bi-CG 系統の解法群に比べるとやや計算コストはかかるが，丸め誤差の影響を比較的受けにくく，頑健な解法であることから広く利用されている．

前処理

CG 法では，固有値全体が密集しており，条件数が小さいほど収束が早いといえる．そこで，あらかじめ解きやすい方程式に同値変形してから CG 法を適用することを考える．このような処理を**前処理（preconditioning）**という．前処理によって固有値分布が改善されれば，前処理しない場合に比べて早く収束すると期待できる．一般に，同値変形には以下の 3 種類がよく用いられる．

(1) 右前処理

$$\widetilde{A}\widetilde{\boldsymbol{x}} = \boldsymbol{b}, \quad \widetilde{A} = AM^{-1}, \quad \widetilde{\boldsymbol{x}} = M\boldsymbol{x}.$$

(2) 左前処理

$$\widetilde{A}\boldsymbol{x} = \widetilde{\boldsymbol{b}}, \quad \widetilde{A} = M^{-1}A, \quad \widetilde{\boldsymbol{b}} = M^{-1}\boldsymbol{b}.$$

(3) 両側前処理

$$\widetilde{A}\widetilde{\boldsymbol{x}} = \widetilde{\boldsymbol{b}}, \quad \widetilde{A} = M_L^{-1}AM_R^{-1},$$
$$\widetilde{\boldsymbol{x}} = M_R\boldsymbol{x}, \quad \widetilde{\boldsymbol{b}} = M_L^{-1}\boldsymbol{b}.$$

ここで，正則行列 $M(= M_LM_R)$ を前処理行列とよぶ．CG 法では，係数行列が正定値対称であることを維持する必要があるので，$M_L^\top = M_R$ として，両側前処理が適用される．

補足 9.3.49. 条件数が大きくても，固有値の分布がいくつかの小さな区間に密集している場合などは，早く収束することがある．詳細は [19] などを参照．

前処理付きアルゴリズム

同値変形した方程式を陽に構成するには，前処理行列の逆行列を求めたり，行列と行列の積を計算する必要があり，元の方程式を解くよりも多くの計算コストが必要となってしまう．そこで実際には，前処理後の方程式に CG 法を適用することと等価になるようなアルゴリズムを構築する．

両側前処理後の方程式に CG 法のアルゴリズムを適用し，変数変換

$$\widetilde{\boldsymbol{x}}^{(k)} = M_R\boldsymbol{x}^{(k)},$$
$$\widetilde{\boldsymbol{r}}^{(k)} = M_L^{-1}\boldsymbol{r}^{(k)},$$
$$\widetilde{\boldsymbol{p}}^{(k)} = M_R\boldsymbol{p}^{(k)}$$

を施すと，前処理付き CG 法のアルゴリズムが得られる．ただし，$M = M_LM_R$ かつ $M_L^\top = M_R$ とする．

前処理付きアルゴリズムの基本構造は，前処理しない場合とほぼ同様であり，k 反復目で $\boldsymbol{z}^{(k)} = M^{-1}\boldsymbol{r}^{(k)}$ の計算が加わっただけである．

注意 9.3.12. 前処理行列 M に対して，その逆行列を掛ける演算が容易であればよいが，そうでない場合，アルゴリズム中の 3 行目や 8 行目は“方程式 $M\boldsymbol{z}^{(k)} = \boldsymbol{r}^{(k)}$ を解く”と解釈した方が計算効率がよいことが多い．

前処理付き CG 法のアルゴリズム

1. Select an initial guess $\boldsymbol{x}^{(0)}$.
2. Compute $\boldsymbol{r}^{(0)} = \boldsymbol{b} - A\boldsymbol{x}^{(0)}$.
3. Compute $\boldsymbol{z}^{(0)} = M^{-1}\boldsymbol{r}^{(0)}$ and set $\boldsymbol{p}^{(0)} = \boldsymbol{z}^{(0)}$.
4. While $\|\boldsymbol{r}^{(k)}\| \geq \varepsilon\|\boldsymbol{b}\|$, do:
5. $\quad \alpha^{(k)} = \dfrac{(\boldsymbol{r}^{(k)}, \boldsymbol{z}^{(k)})}{(\boldsymbol{p}^{(k)}, A\boldsymbol{p}^{(k)})}$
6. $\quad \boldsymbol{x}^{(k+1)} = \boldsymbol{x}^{(k)} + \alpha^{(k)}\boldsymbol{p}^{(k)}$
7. $\quad \boldsymbol{r}^{(k+1)} = \boldsymbol{r}^{(k)} - \alpha^{(k)}A\boldsymbol{p}^{(k)}$
8. $\quad$ Compute $\boldsymbol{z}^{(k+1)} = M^{-1}\boldsymbol{r}^{(k+1)}$
9. $\quad \beta^{(k)} = \dfrac{(\boldsymbol{r}^{(k+1)}, \boldsymbol{z}^{(k+1)})}{(\boldsymbol{r}^{(k)}, \boldsymbol{z}^{(k)})}$
10. $\quad \boldsymbol{p}^{(k+1)} = \boldsymbol{z}^{(k+1)} + \beta^{(k)}\boldsymbol{p}^{(k)}$
11. End while

前処理行列の選び方

前処理行列 M をどのように選ぶかが重要な問題である．条件数を下げる最もわかりやすい方法は，単位行列に近づけることであるから，M^{-1} が A の逆行列の近似となることが望ましい．しかし，高精度な近似逆行列を作るには計算コストがかかるし，$M\boldsymbol{z}^{(k)} = \boldsymbol{r}^{(k)}$ が元の方程式に比べてはるかに少ない計算コストで解けなければ，前処理する意味がない．ここでは，代表的な3種類の前処理行列を紹介する．詳細は[21, 20, 17]などを参照．

対角スケーリング前処理

行列 $A = [a_{ij}]$ の対角成分を用いて，

$$M = \mathrm{diag}(a_{11}, a_{22}, \ldots, a_{nn})$$

とする方法であり，ヤコビ前処理ともよばれる．実装が容易で計算コストも少ないことからよく用いられ，特に対角成分の絶対値が大きい場合には効果が大きいとされる．この前処理では，前処理後の方程式を陽に構成することも容易であるので，方程式を同値変形してから，他の前処理と併用されることもある．

SSOR 前処理

SSOR(symmetric SOR) 法は定常反復法の1つであり，その反復行列を活用した前処理である．$A = E + D + F$ と分離したとき，前処理行列は以下のように与えられる．

$$M = (D + \omega E)D^{-1}(D + \omega F).$$

ただし，行列 E，D，F はそれぞれ A の狭義下三角部分，対角部分，狭義上三角部分である．緩和係数 ω は $0 < \omega < 2$ の範囲で選ばれるが，前処理では厳密な計算を要求しないため，$\omega = 1$ とする場合も多い．また，対角スケーリングと同様に A の要素しか用いていないため，前処理行列を構成するための余分な計算は不要であるという利点がある．

不完全コレスキー分解前処理

不完全コレスキー (incomplete Cholesky) 分解とは，(修正) コレスキー分解の一部の計算を除外することで，不完全な分解を行うものである．一般に，誤差項を行列 Δ_A で表すと，

$$A = LDL^\top + \Delta_A$$

の形式に分解を行い，前処理行列は $M = LDL^\top$ とする．ここで，下三角行列 L の選び方が重要であるが，誤差項 Δ_A が O に近いほど，不完全分解に必要な計算量は多くなり，たとえ A が疎行列であっても，行列 L は密行列となる可能性が高い．それでは採算が取れないので，A の疎性と計算コストを考慮して不完全分解を行う必要がある．最も代表的な方法は，行列 L の疎性を A と一致させることである．すなわち，$A = [a_{ij}]$ の非零成分の添え字集合を

$$P = \{(i.j) \mid a_{ij} \neq 0\}$$

とするとき，(修正) コレスキー分解を行う過程で，添え字が P に属する成分のみ計算を行い，その他は強制的に0にするものである．次の例を見てみよう．

例 9.3.5. 次の正定値対称行列を考える．

$$A = \begin{bmatrix} 4 & -1 & -1 & 0 \\ -1 & 4 & 0 & -1 \\ -1 & 0 & 4 & -1 \\ 0 & -1 & -1 & 4 \end{bmatrix}.$$

不完全コレスキー分解 $A = LDL^\top + \Delta_A$ を求めると，下三角行列 L，対角行列 D，誤差項 Δ_A は以下のようになる (cf. [21])．

$$L = \begin{bmatrix} 1 & 0 & 0 & 0 \\ -\frac{1}{4} & 1 & 0 & 0 \\ -\frac{1}{4} & 0 & 1 & 0 \\ 0 & -\frac{4}{15} & -\frac{4}{15} & 1 \end{bmatrix},$$

$$D = \begin{bmatrix} 4 & 0 & 0 & 0 \\ 0 & \frac{15}{4} & 0 & 0 \\ 0 & 0 & \frac{15}{4} & 0 \\ 0 & 0 & 0 & \frac{52}{15} \end{bmatrix},$$

$$\Delta_A = \begin{bmatrix} 0 & 0 & 0 & 0 \\ 0 & 0 & -\frac{1}{15} & 0 \\ 0 & -\frac{1}{15} & 0 & 0 \\ 0 & 0 & 0 & 0 \end{bmatrix}.$$

不完全コレスキー分解前処理は，比較的簡単な計算

で大きな効果が得られることから，現在も広く利用されている．不完全コレスキー分解前処理を用いたCG法は，特に**ICCG法**とよばれる．

補足 9.3.50. 行列の分解において，成分が元は0であった部分が，分解後に0ではなくなることをfill-inが発生するという．不完全分解後の行列の疎性をAの疎性と一致させることは，fill-inを考慮しないレベル0の分解（IC(0)分解）とよばれる．fill-inを考慮した分解を行えば，必要な計算コストは増えるが，それだけ前処理の効果も大きくなると考えられる．

補足 9.3.51. 非対称行列に対しては，同様の考え方をLU分解に適用した不完全LU分解に基づく前処理がよく用いられる．

一般に，前処理による計算コストの増大と収束性の向上との間にはトレードオフの関係があるが，適切な前処理を行えば大幅に計算時間を短縮することができたり，前処理なしでは収束しない問題が解けるようになる場合があるため，反復法と合わせて前処理の研究も盛んに行われている．

疎行列の扱い

CG法をはじめとするクリロフ部分空間法は，係数行列が疎行列（成分のほとんどが0である行列）である場合に，特に有効とされる．アルゴリズム中に現れる最も主要な演算は係数行列とベクトルの積であるから，行列ベクトル積を効率よく行うことが計算時間の短縮のためにも重要となる．疎行列であれば，成分が0である部分の演算は省略してよい．0成分をわざわざ保持しておく必要はないのだから，疎行列に特化した行列の格納形式や演算手法を考えることで，メモリ使用量や演算回数を削減できる．

CRS形式

ここでは，疎行列に対して非零成分とその位置情報のみを保持する格納形式として，**CRS(compressed row storage)形式**を紹介する．詳細は文献[22]など参照．

CRS形式では，疎行列を以下の3つのデータに分けて保持する．

val：非零成分を行の昇順で格納する

colInd：非零成分の列番号を格納する

rowPtr：各行がvalの何番目から始まるかを格納する

ここで，非零要素数をnnzと表すと，valとcolIndの要素数はそれぞれnnzに一致する．また，行列サイズがnのとき，rowPtrの要素数は$n+1$とし，最後の要素にはnnz＋1の値を格納しておく．

例 9.3.6. 次の疎行列をCRS形式で表そう．

$$A = \begin{bmatrix} 2 & 0 & -7 & 0 & 0 \\ 0 & 5 & 1 & 0 & -6 \\ 10 & 0 & 0 & 9 & 0 \\ 0 & 0 & 8 & 3 & 0 \\ 0 & 0 & 0 & 0 & 4 \end{bmatrix}.$$

3つの格納データは，それぞれ次のようになる．

$$\text{val}：\begin{bmatrix} 2 & -7 & 5 & 1 & -6 & 10 & 9 & 8 & 3 & 4 \end{bmatrix}$$

$$\text{colInd}：\begin{bmatrix} 1 & 3 & 2 & 3 & 5 & 1 & 4 & 3 & 4 & 5 \end{bmatrix}$$

$$\text{rowPtr}：\begin{bmatrix} 1 & 3 & 6 & 8 & 10 & 11 \end{bmatrix}$$

rowPtrにおいて，たとえば3つ目の要素は6であるが，これは“3行目のデータはvalの6番目の要素から始まる”ことを意味している．

通常，n次行列を二次元配列に格納すると，当然n^2個の要素に対応するメモリが必要であるが，疎行列をCRS形式で保持する場合は，2nnz＋n＋1個分のメモリ使用量に抑えることができる．

補足 9.3.52. 行列が対称である場合は，三角部分の情報のみを保持することで，さらに使用メモリを削減した対称行列向けのCRS形式もある．詳細は[22]などを参照．

補足 9.3.53. CRS形式は，その名の通り成分を行方向に見て保持する形式であるが，同様の考え方を列方向に適用してもよい．そのような格納方法はCCS(compressed column storage)形式とよばれる．

疎行列ベクトル積

CRS形式で表された疎行列とベクトルの積の計算法についても触れておこう．3つのデータがそれぞれ1次元配列val[ ], colInd[ ], rowPtr[ ]に保持されているとする．非零要素は列および行に関して昇順に並んでおり，列番号の情報はcolIndが，各行の始まり位置はrowPtrがそれぞれ保持している．よって，内積演算に基づく行列ベクトル積のアルゴリズムは，以下のように書き下せる．ただし，掛けられる側のベクトルを表す1次元配列をx[ ]，行列ベクトル積の結果として得られるベクトルを表す1次元配列をy[ ]とする．また，行列サイズはnとし，配列のインデックスは1から始まるものとする．

CRS 形式による行列ベクトル積のアルゴリズム

```
For i = 1, 2, ..., n
   y[i] = 0.0
   For j = rowPtr[i], ..., rowPtr[i+1] − 1
      y[i] = y[i] + val[j] * x[colInd[j]]
   End for
End for
```

注意 9.3.13. 行列ベクトル積の演算回数は，密行列であれば一般に $O(n^2)$ と見積もれるが，疎行列に対して CRS 形式を用いる場合は $O(\mathrm{nnz})$ である．

以上は最も基本的なものであるが，疎行列の格納方法や疎行列ベクトル積の演算手法などは，並列計算と併せて多くの研究がなされている．また，応用分野で実際に現れる疎行列をまとめたデータベースなども公開されている．詳細は [23, 24] などを参照．

9.4 固有値計算

n 次行列 A に対し，

$$A\boldsymbol{x} = \lambda\boldsymbol{x} \tag{9.4.1}$$

を満たす $\boldsymbol{x} \neq \boldsymbol{0}$ が存在し，スカラー $\lambda \in \mathbb{C}$ を A の固有値，また，(9.4.1) を満たすベクトル $\boldsymbol{x} \in \mathbb{C}^n$ を λ に対する固有ベクトルという．$(A - \lambda I)\boldsymbol{x} = \boldsymbol{0}$ と変形すると，$\boldsymbol{x} \neq \boldsymbol{0}$ となる解をもつのは

$$\Phi_A(\lambda) \equiv |A - \lambda I| = 0$$

の場合となる．ここで，$\Phi_A(\lambda)$ を固有多項式という．

代数学の基本定理より，複素係数をもつ固有方程式 $\Phi_A(\lambda) = 0$ は重複度も込めて，ちょうど n 個の（複素）解をもつので，この固有方程式を解けば，固有値が求まる．ところが，9.2 節で述べたように，5 次以上の代数方程式に対する解の公式は存在せず，解を求めるには数値計算（反復法）を利用することになる．行列の次数が大きくなると計算量は大きくなり，すべての解を求めるには誤差も拡大する．そのため，さまざまな数値計算アルゴリズムが考察されており，固有値の計算といっても，

- 行列は対称か？
- すべての固有値を求めるか，数個だけ求めるか？
- 固有ベクトルも求めるか？

など，求めるものに応じた解法を選ぶ必要がある．

大規模な行列になると，直交行列を直接的に求めることは難しいので，反復計算を利用して近似的に求めることになる．たとえば，与えられた実対称行列 $A = A_1$ からはじめる相似変換に番号を付けて，

$$A_{m+1} = P_m^{-1} A_m P_m, \qquad m = 1, 2, \ldots$$

とおき，

$$T = \lim_{m\to\infty} P_1 P_2 \cdots P_m$$

を作ると，$\Lambda = T^{-1}AT$ となる．ここで，Λ は対角行列である．行列の固有値は相似変換によって不変に保たれるので，Λ の対角成分 $\lambda_1, \lambda_2, \ldots, \lambda_n$ は与えられた行列 A の固有値に他ならない．

行列 A の固有ベクトルも上記の操作で同時に求めることができる．相似変換は $T\Lambda = AT$ と表すことができるが，行列 T の第 k 列からなる列ベクトルを $\boldsymbol{t}_k$ とすると，

$$A\boldsymbol{t}_k = \lambda_k \boldsymbol{t}_k$$

が成立する．すなわち，T の第 k 列のベクトル $\boldsymbol{t}_k$ が A の固有値 λ_k に対応する固有ベクトルである．以下に述べる数値解法はこれらの性質を利用している．

ここで，良く知られた固有値の包含定理として，以下のゲルシュゴリン (Gerschgorin) の定理を挙げておく．証明は [5, 6, 7] などを参照．

定理 9.4.1. 行列 $A \in \mathbb{C}^{n\times n}$ に対し，$R_i = \sum_{k\neq i}|a_{ik}|$ とし，複素平面上の円 $D_i = \{z \in \mathbb{C} \mid |z - a_{ii}| \leq R_i\}$ とおくと，

i) A のすべての固有値は $\cup_{i=1}^{n} D_i$ に含まれる．

ii) $D_i (i = 1, 2, \ldots, n)$ が互いに交わらなければ，各円 D_i はただ 1 つの固有値を含む．

注意 9.4.1. n 次行列 A, B に対し，$A\boldsymbol{x} = \lambda B\boldsymbol{x}$ は一般化固有値問題とよばれ，振動解析などの応用に現れる．B が正則であれば，$B^{-1}A\boldsymbol{x} = \lambda\boldsymbol{x}$ となり，標準固有値問題 (9.4.1) に帰着される．本節では標準固有値問題に対する解法のみ扱う．

以下，実行列に限定して，解法を見ていこう．

9.4.1 ヤコビ法

対称行列の固有値および固有ベクトルを求める計算法であるヤコビ法を [6] にならって，紹介する．

$\boldsymbol{e}_i$ を i 番目の n 次元単位ベクトルとし，n 次行列 P を $P = [\boldsymbol{p}_1 \boldsymbol{p}_2 \cdots \boldsymbol{p}_n]$ とおく．$P^\top P$ の (i, j) 成分 p_{ij} は内積 $\boldsymbol{p}_i^\top \boldsymbol{p}_j$ で与えられることに注意して，次の補題を考えよう．

補題 9.4.2. n 次行列 P を次のようにおく（ギブンス (Givens) 回転行列とよばれる）．

$$P = [\boldsymbol{e}_1 \cdots \boldsymbol{e}_{k-1}\ \boldsymbol{p}_k\ \boldsymbol{e}_{k+1} \cdots \boldsymbol{e}_{m-1}\ \boldsymbol{p}_m\ \boldsymbol{e}_{m+1} \cdots \boldsymbol{e}_n].$$

ただし，$\boldsymbol{p}_k$，$\boldsymbol{p}_m$ はいずれも第 k, m 成分だけが 0 でな

い次のようなベクトルとする．

$$\boldsymbol{p}_k = \begin{bmatrix} 0 \\ \cos\varphi \\ 0 \\ \sin\varphi \\ 0 \end{bmatrix} \begin{matrix} \\ k \\ \\ m \\ \\ \end{matrix}, \quad \boldsymbol{p}_m = \begin{bmatrix} 0 \\ -\sin\varphi \\ 0 \\ \cos\varphi \\ 0 \end{bmatrix} \begin{matrix} \\ k \\ \\ m \\ \\ \end{matrix}$$

このとき，P は直交行列となる．

定理 9.4.3. 対称行列 $A = [a_{ij}]$ に対して，$k, m\ (k \neq m)$ を決めて $\tan 2\varphi = \dfrac{2a_{km}}{a_{kk} - a_{mm}}$ とおく．k, m, φ に対して，補題 9.4.2 の直交行列 P をとり，$C = P^\top AP = [c_{ij}]$ を作ると，$c_{km} = c_{mk} = 0$ となる．

ヤコビ法は定理 9.4.3 を用いて対称行列 A に相似変換を施し，対角行列に収束させる方法である．

Step 1. A の非対角要素の中で絶対値最大の成分 a_{km} を選ぶ．

$$|a_{km}| = \max_{i \neq j} |a_{ij}|, \quad k \neq m.$$

Step 2. P_i の成分を以下で計算する（φ は求めない）．

$$s = \frac{a_{kk} - a_{mm}}{2},$$
$$\cos\varphi = \sqrt{\frac{1}{2}\left(1 \pm \frac{s}{\sqrt{s^2 + a_{km}^2}}\right)},$$
$$\sin\varphi = \frac{\pm a_{km}}{2\sqrt{s^2 + a_{km}^2}\cos\varphi}.$$

ただし，$a_{kk} = a_{mm}$ ならば $\varphi = \dfrac{\pi}{4}$ にとる．また，複号は $a_{kk} - a_{mm} \geq 0$ のとき $+$ とし，$a_{kk} - a_{mm} < 0$ のとき $-$ をとる．

Step 3. 上で求めた $\sin\varphi$，$\cos\varphi$ を用いて補題 9.4.2 の直交行列 P を作り，$P_1 = P$ とする．

Step 4. 相似変換 $A_2 = P_1^\top A_1 P_1$ を計算する．ここで，$A_1 = A$ である．

Step 5. 以上の 1〜4 の手順を $l = 1, 2, \ldots$ に対して繰り返し，$A_{l+1} = P_l^\top A_l P_l$ を計算する．ただし，A_{l+1} の非対角要素が十分に小さくなったら終了し，そのときの対角要素を近似固有値とする．

定理 9.4.4. ヤコビ法で A_l，$l = 1, 2, \ldots$ を作り，$A_l = [a_{ij}^{(l)}]$ とすると，$\displaystyle\lim_{l\to\infty} a_{ij}^{(l)} = 0$，$i \neq j$ となる．

9.4.2 べき乗法

n 次行列 A の絶対値最大の固有値を求める方法に**べき乗法 (power method)** がある．[6] にならって記述する．

A の固有値を絶対値の大きい順に並べて，

$$|\lambda_1| > |\lambda_2| \geq \cdots \geq |\lambda_n| \tag{9.4.2}$$

であるとし，対応する固有ベクトル $\boldsymbol{u}_1, \boldsymbol{u}_2, \ldots, \boldsymbol{u}_n$ は互いに一次独立とする．

$\boldsymbol{x}^{(0)} = [x_j^{(0)}]$ を $\boldsymbol{0}$ でない任意の n 次元ベクトルとし，次々に $\boldsymbol{x}^{(k+1)} = A\boldsymbol{x}^{(k)}$，$k = 0, 1, 2, \ldots$ を作る．ここで，$y^{(k)} = \dfrac{x_j^{(k)}}{x_j^{(k-1)}}$ を考えると（ただし，$x_j^{(k-1)} \neq 0$），

$$\lim_{k\to\infty} y^{(k)} = \lambda_1, \quad \lim_{k\to\infty} \frac{\boldsymbol{x}^{(k)}}{(y^{(k)})^k} = \boldsymbol{u}$$

となることを示そう．ただし，$\boldsymbol{u}$ は λ_1 に対応する固有ベクトルである．

固有ベクトルは一次独立なので，

$$\boldsymbol{x}^{(0)} = c_1\boldsymbol{u}_1 + c_2\boldsymbol{u}_2 + \cdots + c_n\boldsymbol{u}_n$$

で表せる（c_i は定数で，$c_1 \neq 0$ とする）．A を両辺に掛けて，$A\boldsymbol{u}_1 = \lambda_1\boldsymbol{u}_1, \ldots, A\boldsymbol{u}_n = \lambda_n\boldsymbol{u}_n$ を利用すると，

$$\boldsymbol{x}^{(1)} = A\boldsymbol{x}^{(0)} = c_1\lambda_1\boldsymbol{u}_1 + c_2\lambda_2\boldsymbol{u}_2 + \cdots + c_n\lambda_n\boldsymbol{u}_n.$$

同様に，A を掛けていくと，

$$\boldsymbol{x}^{(k)} = A\boldsymbol{x}^{(k-1)} = c_1\lambda_1^k\boldsymbol{u}_1 + c_2\lambda_2^k\boldsymbol{u}_2 + \cdots + c_n\lambda_n^k\boldsymbol{u}_n$$

となる．

$$y^{(k)} = \frac{x_j^{(k)}}{x_j^{(k-1)}} = \frac{c_1\lambda_1^k u_j^{(1)} + c_2\lambda_2^k u_j^{(2)} + \cdots + c_n\lambda_n^k u_j^{(n)}}{c_1\lambda_1^{k-1} u_j^{(1)} + c_2\lambda_2^{k-1} u_j^{(2)} + \cdots + c_n\lambda_n^{k-1} u_j^{(n)}}$$

$u_j^{(1)} \neq 0$ として，$c_1\lambda_1^k u_j^{(1)}$ でまとめると，

$$y^{(k)} = \frac{\lambda_1\left(1 + \dfrac{c_2}{c_1}\left(\dfrac{\lambda_2}{\lambda_1}\right)^k \dfrac{u_j^{(2)}}{u_j^{(1)}} + \cdots + \dfrac{c_n}{c_1}\left(\dfrac{\lambda_n}{\lambda_1}\right)^k \dfrac{u_j^{(n)}}{u_j^{(1)}}\right)}{1 + \dfrac{c_2}{c_1}\left(\dfrac{\lambda_2}{\lambda_1}\right)^{k-1} \dfrac{u_j^{(2)}}{u_j^{(1)}} + \cdots + \dfrac{c_n}{c_1}\left(\dfrac{\lambda_n}{\lambda_1}\right)^{k-1} \dfrac{u_j^{(n)}}{u_j^{(1)}}}$$

と表せる．仮定 (9.4.2) を用いると，

$$\lim_{k\to\infty}\left(\frac{\lambda_j}{\lambda_1}\right)^k = 0, \quad j = 2, 3, \ldots, n$$

となり，$\lim_{k\to\infty} y^{(k)} = \lambda_1$ を得る．同様に，

$$\frac{\boldsymbol{x}^{(k)}}{(y^{(k)})^k} \approx \frac{\boldsymbol{x}^{(k)}}{\lambda_1^k} = c_1\boldsymbol{u}_1 + c_2\left(\frac{\lambda_2}{\lambda_1}\right)^k \boldsymbol{u}_2 + \cdots + c_n\left(\frac{\lambda_n}{\lambda_1}\right)^k \boldsymbol{u}_n \to c_1\boldsymbol{u}_1 \quad (k \to \infty)$$

より，$c_1\boldsymbol{u}_1$ が λ_1 に対する A の固有ベクトルであり，

$\dfrac{\boldsymbol{x}^{(k)}}{(y^{(k)})^k}$ が近似固有ベクトルとなる．

補足 9.4.5. べき乗法で求めたベクトル $\boldsymbol{x}^{(k)}$ を利用して絶対値最大の固有値を求めるには，次の**レイリー(Rayleigh)商**とよばれる内積を用いた方法もある．

$$\lambda = \frac{(\boldsymbol{x}^{(k)}, A\boldsymbol{x}^{(k)})}{(\boldsymbol{x}^{(k)}, \boldsymbol{x}^{(k)})} = \frac{(\boldsymbol{x}^{(k)}, \boldsymbol{x}^{(k+1)})}{(\boldsymbol{x}^{(k)}, \boldsymbol{x}^{(k)})} = \frac{\sum_{j=1}^{n} x_j^{(k)} x_j^{(k+1)}}{\sum_{j=1}^{n} (x_j^{(k)})^2}.$$

例 9.4.1. 行列 A の固有値・固有ベクトルをべき乗法で求めよう．初期値は $\boldsymbol{x}^{(0)} = [1, 1, 1]^\top$ とする．

$$A = \begin{bmatrix} 2 & 1 & 0 \\ 1 & 4 & 1 \\ 1 & 1 & 3 \end{bmatrix}.$$

順次計算すると次のようになる．

$$\boldsymbol{x}^{(1)} = \quad A\boldsymbol{x}^{(0)} = \begin{bmatrix} 3 \\ 6 \\ 5 \end{bmatrix}, \quad \boldsymbol{x}^{(2)} = \begin{bmatrix} 12 \\ 32 \\ 24 \end{bmatrix}, \ \cdots$$

5 回目の値より，絶対値最大の固有値は

$$y^{(5)} = \frac{x_1^{(5)}}{x_1^{(4)}} = \frac{1380}{276} = 5, \quad \frac{x_2^{(5)}}{x_2^{(4)}} = \frac{4156}{828} = 5.01932\ldots, \ \ldots.$$

固有ベクトルは $\dfrac{\boldsymbol{x}^{(5)}}{\lambda_1^5} = \dfrac{1}{3125}[1380, 4156, 2808]^\top = [0.4416\ldots, 1.3299\ldots, 0.8985\ldots]^\top$ となる．レイリー商により，絶対値最大の固有値

$$\frac{(\boldsymbol{x}^{(4)}, \boldsymbol{x}^{(5)})}{(\boldsymbol{x}^{(4)}, \boldsymbol{x}^{(4)})} = 4.99546\ldots$$

を得る．真の絶対値最大の固有値は 5，対応する固有ベクトルは $[1, 3, 2]^\top$ である．上で得られた固有ベクトル $\boldsymbol{x}^{(5)}/\lambda_1^5$ の成分比は $1:3:2$ となっており，5 回目の反復で近似値が得られている．

注意 9.4.2. 実際には，オーバーフローを防ぐために，各 k に対し $\boldsymbol{x}^{(k)}$ をその長さ $\|\boldsymbol{x}^{(k)}\|$ で割って“正規化”をする．

逆反復法

正則な n 次行列 A の固有値 $\lambda_1, \lambda_2, \ldots, \lambda_n$ に対し，A^{-1} の固有値は $\dfrac{1}{\lambda_1}, \dfrac{1}{\lambda_2}, \ldots, \dfrac{1}{\lambda_n}$ である．よって，A^{-1} にべき乗法を適用することで，A^{-1} の絶対値最大固有値が求まる．すなわち，$\max_i |\lambda_i^{-1}| = 1/\min_i |\lambda_i|$ となるので，A の絶対値最小の固有値が計算できる．これらの性質を利用し，逆行列にべき乗法を適用する方法が**逆反復(inverse iteration)法**である．

ところで，A の固有値 λ に対して，実数 $s \neq 0$ により，$A - sI$ とおいた行列の固有値は $\lambda - s$ となる．これを原点移動（シフト）という．

A の固有値 λ に対する近似固有値 $\tilde{\lambda}$ が得られたとし，$(A - \tilde{\lambda}I)^{-1}$ の固有値・固有ベクトルを考えてみよう．

$$(A - \tilde{\lambda}I)^{-1}\boldsymbol{x} = \frac{1}{\lambda - \tilde{\lambda}}\boldsymbol{x}$$

より，$\tilde{\lambda}$ が λ に十分近いとすると，$1/|\lambda - \tilde{\lambda}|$ は絶対値最大固有値にとれる．そこで，初期ベクトル $\boldsymbol{y}^{(0)}$ を選んで，$(A - \tilde{\lambda}I)^{-1}$ にべき乗法を適用してみると，

$$\boldsymbol{y}^{(k)} = (A - \tilde{\lambda}I)^{-1}\boldsymbol{y}^{(k-1)}, \quad k = 1, 2, \ldots \qquad (9.4.3)$$

より，$\lim \boldsymbol{y}^{(k)} = \boldsymbol{x}$ となる．(9.4.3) はそのまま計算せずに，連立 1 次方程式

$$(A - \tilde{\lambda}I)\boldsymbol{y}^{(k)} = \boldsymbol{y}^{(k-1)}, \quad k = 1, 2, \ldots$$

を解いて $\boldsymbol{y}^{(k)}$ を求め，正規化したベクトルを $\boldsymbol{x}$ の近似固有ベクトルとする．

$\boldsymbol{y}^{(k)}$ によるレイリー商で固有値 μ を求めたとすると，A の固有値は $\lambda = \tilde{\lambda} + 1/\mu$ のように求められる．

9.4.3 QR 法

固有値と固有ベクトルの両方を求める一連の手順として，代表的なものに QR 法がある．行列が対称・非対称に限らず，特異行列にも適用できるので広く利用されている．

QR 分解

QR 分解は，第 3 章でも記されている通り，$A \in \mathbb{R}^{m\times n}$ $(m \geq n)$ を，列直交行列 $Q \subset \mathbb{R}^{m\times n}$ と上三角行列 $R \in \mathbb{R}^{n\times n}$ との積に分解する，ことである．

特に A が n 次正則行列の場合には，QR 分解は次のように一意に得られる．証明は [15, 5, 9] を参照．

定理 9.4.6. A を正則な n 次実行列とするとき，$A = QR$ と一意に分解できる．ただし，Q は n 次直交行列で，R は対角成分が正である n 次上三角行列である．

注意 9.4.3. $A \in \mathbb{R}^{m\times n}$ $(m \geq n)$ に対し，$\mathrm{rank}(A) = n$ となる場合をフルランクという．この場合も QR 分解の一意性が示されている [25]．

QR 法とは，n 次行列（対称行列）$A_1 = A$ に対し，

$$A_k = Q_k R_k, \quad A_{k+1} = R_k Q_k, \quad k = 1, 2, \ldots \quad (9.4.4)$$

と行列の分解と逆順の積を繰り返し，A_{k+1} を上三角行列（対角行列）に近づけることで，対角成分を近似固有値として求める計算法である．手順はとても簡単にみえるが，上三角化するための直交行列 Q_k の選び

方は，グラム-シュミットの直交化法，9.4.1 項のヤコビ法で用いたギブンス回転行列，ハウスホルダー変換など様々である．計算手順の詳細は [5, 15, 25, 1] などを参照．

注意 9.4.4. 第 3 章で示されているグラム-シュミット法は，桁落ちによって行列 Q の直交性が劣化しやすいことで知られており，古典的グラム-シュミット（classical Gram-Schmidt, CGS）法とよばれている．QR 分解での近似固有値の精度も落ちるので，改良法として，**修正グラム-シュミット（modified Gram-Schmidt, MGS）法**が用いられる．詳細は [16, 1] などを参照．

Q_i を正則な直交行列とすると，(9.4.4) から，$A_1 = Q_1R_1$，$A_2 = R_1Q_1 = Q_1^\top A_1Q_1$ となる．同様に，

$$A_2 = Q_2R_2, \quad A_3 = R_2Q_2 = Q_2^\top Q_1^\top A_1Q_1Q_2$$

となり，繰り返すと，

$$\cdots Q_k^\top \cdots Q_2^\top Q_1^\top A_1Q_1Q_2\cdots Q_k\cdots$$

となる．よって，QR 法は与えられた行列 A の相似変換を成し，変換された行列の固有値はもとの行列と変わらない．以下の定理によって，収束した行列の対角成分から固有値が得られることがわかる．証明は [15, 9] などを参照のこと．

定理 9.4.7. A は正則な n 次実行列で，異なる n 個の実固有値 $\lambda_1, \lambda_2, \ldots, \lambda_n$ をもち，$|\lambda_1| > |\lambda_2| > \cdots > |\lambda_n| > 0$ とする．また，$X^{-1}AX = \Lambda = \mathrm{diag}(\lambda_1, \lambda_2, \ldots, \lambda_n)$ とし，$X^{-1} = LU$ と分解できるとする．ここで，$L = [l_{ij}]$ は対角成分が 1 の下三角行列で，$U = [u_{ij}]$ は上三角行列とする．このとき，$A_1 = A$ から始まる QR 法 (9.4.4) で得られる行列 A_k は $k \to \infty$ のとき，上三角行列に収束し，その対角成分には絶対値が大きい順に A の固有値が並ぶ．

QR 法で行列の分解と積を繰り返すと計算量が増加するので，反復回数はできるだけ少なくなる方が良い．QR 法は 1 次収束であり，収束の速さは A の固有値の比によって決まる．そこで，収束を加速させるために，**シフト付き QR 法**が用いられている．

$$A_k - sI = Q_kR_k, \quad A_{k+1} = R_kQ_k + sI, \quad k = 0, 1, 2, \ldots \tag{9.4.5}$$

シフト量 s の選び方はさまざまであるが，A の最小固有値に近い値を選ぶと減次という操作が使えて良いとされる．シフト量によっては収束次数が上がる場合も多く，シフト量の選び方はシフト戦略とよばれ，盛んに研究が行われている．詳細は [16, 25, 1] などを参照．

ところで，与えられた行列が密行列のとき，そのまま QR 分解はせず，与えられた行列を中間形といわれる形式に変換してから，QR 分解で固有値を計算，さらに逆反復法により固有ベクトルを計算，といった手順が多くの教科書に記されている [15, 9, 5, 16, 25, 1]．

特に A が対称行列ならば，通常は対称な三重対角行列に変換してから固有値を求める．A を三重対角化する方法として，9.3.6 項の共役勾配法に関連するランチョス (Lanczos) 法や，以下に述べるハウスホルダー変換などがある．精度の面ではハウスホルダー変換が良いとされるので，変換する過程について，少し触れておこう．

ハウスホルダー変換

ハウスホルダー (Householder) 変換とは，線形代数にも現れる鏡映変換に対応する．上三角行列への変換のみならず，以下に示すようにヘッセンベルグ行列（三重対角行列を含む）や二重対角行列にも変換できる．

n 次元実ベクトル $\boldsymbol{u}$ に対して，

$$P = I - 2\boldsymbol{u}\boldsymbol{u}^\top \tag{9.4.6}$$

とおくと，P は n 次の実対称直交行列となる．I は単位行列，$\boldsymbol{u}$ は $\|\boldsymbol{u}\|_2^2 = \boldsymbol{u}^\top\boldsymbol{u} = 1$ を満たすとする．

補題 9.4.8. $\boldsymbol{x} \neq \boldsymbol{y}$ かつ $\|\boldsymbol{x}\|_2 = \|\boldsymbol{y}\|_2$ ならば，$\|\boldsymbol{u}\|_2 = 1$ となるベクトル $\boldsymbol{u}$ を適当に選んで，

$$(I - 2\boldsymbol{u}\boldsymbol{u}^\top)\boldsymbol{x} = \boldsymbol{y}$$

とできる．これは符号を別にして，$\boldsymbol{u} = (\boldsymbol{x} - \boldsymbol{y})/\|\boldsymbol{x} - \boldsymbol{y}\|_2$ と一意に定められる．

ハウスホルダー変換によって，A が次のような上**ヘッセンベルグ (Hessenberg) 行列**に変換されることが以下の定理からわかる [9, 15, 5]．特に A が対称行列ならば，対称な三重対角行列となる．

$$\begin{bmatrix} * & * & \cdots & * \\ * & * & \cdots & * \\ & \ddots & \ddots & \vdots \\ & & * & * \end{bmatrix}$$

定理 9.4.9. A を n 次対称（非対称）行列とする．このとき，高々 $n-2$ 個の (9.4.6) で表される直交行列 $P_1, P_2, \ldots, P_{n-2}$ によって，

$$A_{n-1} = P_{n-2}\cdots P_2P_1AP_1P_2\cdots P_{n-2}$$

は対称な三重対角（上ヘッセンベルグ）行列になる．

ただし，$A_1 = A$とする．

略証

[9, 13]にならって記述する．まずは1行1列目を区分して次のようにおく．また，I_nはn次単位行列とする．

$$A_1 = \begin{bmatrix} a_{11} & \boldsymbol{c}_1^\top \\ \boldsymbol{b}_1 & H_1 \end{bmatrix}, \quad P_1 = I_n - 2\boldsymbol{u}_1\boldsymbol{u}_1^\top = \begin{bmatrix} 1 & \mathbf{0} \\ \mathbf{0} & Q_1 \end{bmatrix}$$

ここで，$\boldsymbol{u}_1 = [0\ \boldsymbol{v}_1]^\top$とし，$n-1$次の単位ベクトル$\boldsymbol{e}_1 = [1, 0, ..., 0]^\top$を用いて，$\boldsymbol{v}_1$は以下のように定められる．

$$s_1 = \|\boldsymbol{b}_1\|_2, \quad \boldsymbol{v}_1 = \frac{\boldsymbol{b}_1 - s_1\boldsymbol{e}_1}{\|\boldsymbol{b}_1 - s_1\boldsymbol{e}_1\|_2}.$$

ただし，$\boldsymbol{b}_1$と$s_1\boldsymbol{e}_1$はノルムが同じになるように定めており，同符号では桁落ちの恐れがあるので，s_1の符号を変えることで回避する．$Q_1 = I_{n-1} - 2\boldsymbol{v}_1\boldsymbol{v}_1^\top$とすると，$\|\boldsymbol{b}_1\|_2 = \|s_1\boldsymbol{e}_1\|_2$なので，補題9.4.8より，$Q_1\boldsymbol{b}_1 = s_1\boldsymbol{e}_1$となる．よって，

$$A_2 = P_1A_1P_1 = \begin{bmatrix} a_{11} & \boldsymbol{c}_1^\top Q_1 \\ s_1\boldsymbol{e}_1 & Q_1H_1Q_1 \end{bmatrix} \qquad (9.4.7)$$

と1列目が変換される．Aが対称ならば，$\boldsymbol{b}_1 = \boldsymbol{c}_1$なので，(9.4.7)は$\boldsymbol{c}_1^\top Q_1 = \boldsymbol{b}_1^\top Q_1 = s_1\boldsymbol{e}_1^\top$より，対称性を保つ．

同様に，$Q_1H_1Q_1 = \begin{bmatrix} \tilde{a}_{22} & \boldsymbol{c}_2^\top \\ \boldsymbol{b}_2 & H_2 \end{bmatrix}$とおき，$n-2$次のベクトル$\boldsymbol{v}_2$を用いて，$\boldsymbol{u}_2 = [0\ 0\ \boldsymbol{v}_2]^\top$，$P_2 = I_n - 2\boldsymbol{u}_2\boldsymbol{u}_2^\top$として，上記と同じ操作を行う．これを繰り返すと，

$$A_{k+1} = \left[\begin{array}{cccccc|ccc} * & * & \cdots & \cdots & & * & * & \cdots & * \\ * & * & * & \cdots & & * & * & \cdots & * \\ & * & * & \cdots & & & & & \\ & & \ddots & \ddots & & * & * & & * \\ & & & & * & * & * & \cdots & * \\ \hline & & & & & * & & & \\ & & & & & & & Q_kH_kQ_k & \\ & & & & & & & & \end{array}\right]$$

となる．

これを$n-2$回繰り返すと上ヘッセンベルグ行列となる．また，特にAが対称行列ならば，$\boldsymbol{b}_i = \boldsymbol{c}_i$より，三重対角化される． □

問 9.4.1. 次の行列にハウスホルダー変換を適用せよ．

$$A = \begin{bmatrix} 2 & 0 & 1 \\ 0 & 2 & 0 \\ 1 & 0 & 2 \end{bmatrix}, \quad A = \begin{bmatrix} 2 & 0 & 1 \\ 1 & 2 & 0 \\ 1 & 0 & 1 \end{bmatrix}$$

また，変換された行列にQR法を適用し，近似固有値を求めよ．

補足 9.4.10. Aが正則なヘッセンベルグ行列のとき，$A = QR$と分解した直交行列Qは，ヘッセンベルグ行列にとれることが知られている．証明は[9]を参照．積RQもまたヘッセンベルグ行列となるので，計算の過程では，行列Aの形式がずっと保持される．

補足 9.4.11. ハウスホルダー変換は，密行列$A \in \mathbb{R}^{m\times n}$を上二重対角行列にも変換できる[25]．

$$QAP = \begin{bmatrix} B \\ O \end{bmatrix}$$

ここで，Qはm次直交行列，Pはn次直交行列とする．Bはn次上二重対角行列になり，Oは$(m-n)\times n$零行列である．上二重対角行列は特異値分解の中間系として利用される．9.5.2項で述べるが，Bの特異値とは$B^\top B$の固有値の平方根を表しており，行列AとBの特異値は不変なので，密行列Aでなく，Bの特異値を求めた方が効率は良さそうである．$B^\top B$は対称な三重対角行列になるので，その解法には，QR分解だけでなく，昔から2分法が挙げられている．また，固有値と固有ベクトルをともに求めるには，QR分解より並列性が高い分割統治法[25, 16]がある．一方で数値的安定性の面から，固有値の計算にはLR法に関連するdqds法が利用されている．LR法とは，QR分解ではなく，LU分解に基づいた固有値の計算法である．詳細は[16, 25, 1]などを参照．

補足 9.4.12. 係数が定数のn次実三重対角行列

$$A = \begin{bmatrix} b & c & & & \\ a & b & c & & \\ & \ddots & \ddots & \ddots & \\ & & a & b & c \\ & & & a & b \end{bmatrix}$$

に対する固有値λ_jと固有ベクトル$\boldsymbol{x}^{(j)}$は次式で与えられている[5]．

$$\lambda_j = b + 2\sqrt{ac}\cos\frac{j\pi}{n+1}, \quad 1 \le j \le n,$$

$$\boldsymbol{x}^{(j)} = \left[\sin\frac{j\pi}{n+1}, \sqrt{\frac{a}{c}}\sin\frac{2j\pi}{n+1}, \ldots, \sqrt{\frac{a}{c}}^{n-1}\sin\frac{nj\pi}{n+1}\right]^\top$$

これより，A の固有値は $ac > 0$ のとき相異なる実数であり，$ac < 0$ であり，特に $b = 0$ のとき相異なる純虚数となる．

9.5 関数近似と数値積分

実験的な観測によって，$m+1$ 組の点列 (x_i, y_i)，$i = 0, 1, \ldots, m$ が与えられたとき，解析するには，それらをすべて通るか，もしくは近いところを通る関数を定めることが必要になる．この方法として補間 (interpolation) 法がある．近似関数を多項式を用いて表す方法が多く知られており，ラグランジュ補間はその基本となる．

9.5.1 補間多項式

区間 $[a, b]$ に関数 $f(x)$ が定義され，相異なる $m+1$ 個の点 x_k，$k = 0, 1, \ldots, m$ における値

$$f_k = f(x_k), \quad k = 0, 1, 2, \ldots, m$$

が与えられているとき，

$$P(x_k) = f_k, \quad k = 0, 1, 2, \ldots, m \tag{9.5.1}$$

を満たす m 次の多項式 $P(x)$ を $f(x)$ に対する **m 次補間多項式**という．

条件 (9.5.1) を満たす m 次多項式は唯一つ決まるが，表し方や求める方法は様々である．ここでは，基本となる**ラグランジュ (Lagrange) 補間**を示しておこう．

$$l_i(x) = \prod_{j=0,\, j\ne i}^{m} \frac{x - x_j}{x_i - x_j}, \quad 0 \le i \le m$$

を考えると，

$$l_i(x_k) = \begin{cases} 1, & k = i \\ 0, & k \ne i \end{cases}$$

となるので，m 次多項式

$$P(x) = \sum_{i=0}^{m} f_i l_i(x)$$

は (9.5.1) を満たす．この $P(x)$ をラグランジュ補間多項式という．この誤差については [5, 6] を参照．

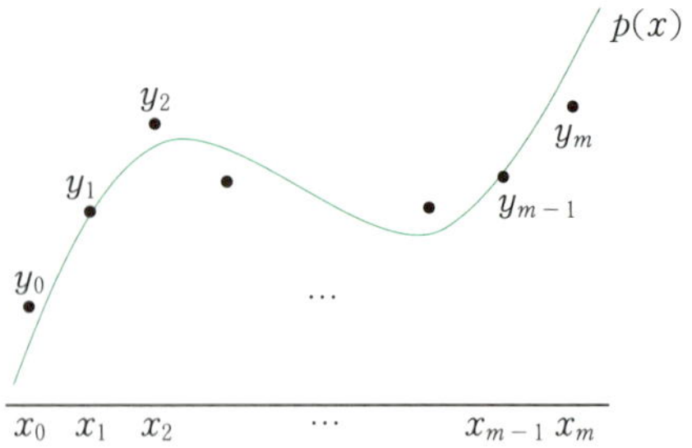

図 9.5.1　観測点の近似関数．

新たに点 (x_{m+1}, y_{m+1}) が加えられたとする．$m+2$ 個の点を通る $m+1$ 次多項式を，既に求めた m 次多項式から生成することは，ラグランジュ補間法では難しい．1 つ点が追加されるごとに，上記の多項式を生成し直すのはとても大変なので，既存の多項式に適当な項を追加して，逐次的に多項式の列を生成できるとよい．その方法として，**ニュートン補間**が挙げられる．また，より精度の良い方法として，エルミート補間公式などがある．詳細は [5, 6] などを参照．

例 9.5.1. 補間する区間の点の数が多くなったり，すべての点を通る多項式を定めようとすると，多項式の次数が非常に高くなり，近似の良し悪しに影響する．たとえば，次の関数

$$f(x) = \frac{1}{1+25x^2}, \quad x \in [-1, 1]$$

を $m+1$ 個の点によって補間する場合，m が大きくなると，与えられた区間の中央値の付近では非常に良い近似となるが，両端にいくほど，大きく振動し，誤差が拡大する．これは**ルンゲの現象**とよばれる有名な例である．詳細は [15, 6, 9] を参照．

このような場合，1 つの高次多項式で全区間を近似するには限界がある．与えられた区間を細かく区切り，各区間ごとの点を通る低次の多項式を求め，これらを繋いでいく方法として，スプライン補間が知られている．各区間の多項式を接続する際，端点で値と傾きを揃えて，連続性を保つ条件を設定すれば有効である．特に，3 次の**スプライン (spline) 補間**が実用的といわれる．詳細は [6, 5, 9] などを参照．

9.5.2 最小二乗問題

スプライン補間のように小区間に区切って補間する方法も有効だが，必ずしも各点を通らずに，できるだけ，すべての点の近くを通る関数を定めることもできる．この実用的な方法が最小二乗近似である．

ここで，m 個の点 (x_i, y_i) を通る関数を 3 次多項式 $P(x) = \sum_{i=0}^{3} a_i x^i$ で近似しようとすると，近似多項式と実際の観測値との誤差は，$r_i = P(x_i) - y_i$，$i =$

$1, 2, \ldots, m$ と表せる．これを行列で表すと，

$$\boldsymbol{r} = \begin{bmatrix} r_1 \\ r_2 \\ \vdots \\ r_m \end{bmatrix} = \begin{bmatrix} P(x_1) - y_1 \\ P(x_2) - y_2 \\ \vdots \\ P(x_m) - y_m \end{bmatrix}$$
$$= \begin{bmatrix} 1 & x_1 & x_1^2 & x_1^3 \\ 1 & x_2 & x_2^2 & x_2^3 \\ \vdots & \vdots & \vdots & \vdots \\ 1 & x_m & x_m^2 & x_m^3 \end{bmatrix} \begin{bmatrix} a_0 \\ a_1 \\ a_2 \\ a_3 \end{bmatrix} - \begin{bmatrix} y_1 \\ y_2 \\ \vdots \\ y_m \end{bmatrix}$$
$$= A\boldsymbol{z} - \boldsymbol{y}$$

となる．すなわち，上記の残差ベクトル $\boldsymbol{r}$ の 2 ノルムは，近似関数 $P(x_i)$ と観測点 y_i との誤差の二乗和を意味する．これより，$\boldsymbol{r}$ が最も小さくなるような $\boldsymbol{z}$ を決定することで，最も良い当てはめの近似式を導くことができる．これは以下に記す最小二乗問題に帰着される．最小二乗問題は，温度分布の推定や画像の復元といった逆問題などにも現れ，特に悪条件な場合に対する数値解法の研究が盛んに行われている [26].

m 次の補間多項式を用いて表す場合，係数行列は正方行列であるが，多項式の次数を下げて近似すると，上記のように長方行列をもつ過剰条件方程式となる．このとき，一般には残差が 0 となる解は得られない．

行列 $A \in \mathbb{R}^{m\times n}$ $(m > n)$ に対する次の**最小二乗問題 (least squares problem)**

$$\min \|A\boldsymbol{z} - \boldsymbol{y}\|_2^2 \tag{9.5.2}$$

を満たす $\boldsymbol{z}$ を求めるためにはいくつかの方法がある．

たとえば，正規方程式

$$A^\top A\boldsymbol{z} = A^\top \boldsymbol{y} \tag{9.5.3}$$

を解くことに置き換えられる．

以下，行列 $A \in \mathbb{R}^{m\times n}$ $(m \geq n)$ に対し，フルランク $(\mathrm{rank}(A) = n)$ であると仮定する．このとき，$A^\top A$ は正定値対称行列となり，最小二乗解は一意に決まる．解は $\boldsymbol{z} = (A^\top A)^{-1} A^\top \boldsymbol{y}$ で定まる．$\boldsymbol{z}$ はコレスキー分解によって求めることもできるし，正規方程式 (9.5.3) に対して，9.3.6 項で示した共役勾配法を適用した **CGLS 法 (conjugate gradient method for least squares)** が知られている [27]．これらは良条件であれば有効だが，条件数が非常に大きい悪条件問題に対しては，近似解の精度が劣化する．そこで QR 分解や特異値分解などの直接法が利用される．少し紹介しておこう．

A は $Q^\top Q = I$ を満たす行列 $Q \in \mathbb{R}^{m\times n}$ と対角が正の上三角行列 $R \in \mathbb{R}^{n\times n}$ に QR 分解できるとする．このとき，(9.5.3) は

$$R^\top Q^\top QR\boldsymbol{z} = R^\top Q^\top \boldsymbol{y}$$

となる．$Q^\top Q = I$ より，辺々から $R^\top$ を消去すると，$R\boldsymbol{z} = Q^\top \boldsymbol{y}$ となる．R は上三角行列なので，$\boldsymbol{z}$ は後退代入で求められる．

さらに，特異値分解についても簡単に触れておこう．検索エンジンの順位付けや画像処理などに用いられる解法である．

行列 $A \in \mathbb{R}^{m\times n}$ $(m > n)$ が与えられたとき，A は

$$A = U\Sigma V^\top$$

と分解できる．これを**特異値分解 (singular value decomposition, SVD)** という．

$U \in \mathbb{R}^{m\times n}$ は，$U^\top U = I$ を満たす行列，$V \in \mathbb{R}^{n\times n}$ は $V^\top V = I$ となる直交行列とする．対角行列 $\Sigma = \mathrm{diag}(\sigma_1, \sigma_2, \ldots, \sigma_n)$ について，対角成分 σ_i が特異値である．これらは，$\sigma_1 \geq \sigma_2 \geq \cdots \geq \sigma_n > 0$ を満たす．さらに，U の列ベクトルは左特異ベクトル，V の列ベクトル $\boldsymbol{v}_i$ は右特異ベクトルを表す．

A の特異値 σ_i に対し，n 次対称行列 $A^\top A$ の固有値は σ_i^2 であり，対応する固有ベクトルは $\boldsymbol{v}_i$ となる．

今，与えられた行列 A が $A = U\Sigma V^\top$ と特異値分解できたとすると，(9.5.3) は

$$\Sigma V^\top \boldsymbol{z} = U^\top \boldsymbol{y}$$

となる．これより $\boldsymbol{z}$ が求まる [25].

補足 9.5.1. $\mathrm{rank}(A) < n$ の場合，上記の解 $\boldsymbol{z}$ は一般化逆行列を用いて表すことになる．

最小二乗問題について，大規模な問題になると計算量が大きくなるので，直接法だけでなく反復法が用いられる．しかしながら，正規方程式に対する CGLS 法は，方程式の係数行列 $A^\top A$ の条件数が A の条件数の 2 乗になることから，悪条件になると，丸め誤差の影響で近似解の精度が大きく劣化する．そこで，数学的には等価で数値的安定な LSQR 法 [27] や，さらに，正則化法を適用した改善方法の研究などが行われている [28].

9.5.3 数値積分法

関数 $f(x)$ の定積分 $I = \int_a^b f(x)dx$ の値を求めるには，原始関数が求まらないと難しい．こういうとき，前項で扱った補間法を用いて，たとえば，$f(x)$ を n 次ラグランジュ補間多項式 P_n を用いて近似すると，

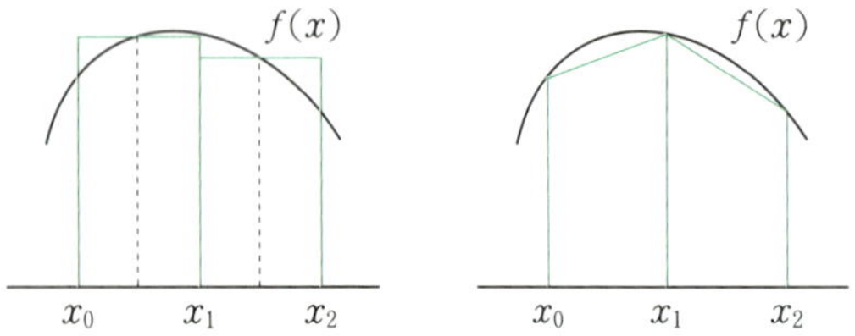

図 9.5.2　中点公式（左）と台形公式（右）

$$I_n = \int_a^b P_n(x)dx$$

は容易に求まる．このように，数値計算によって近似的に積分を計算する方法に少し触れよう．

簡単のために，与えられた積分区間 $[a, b]$ を図 9.5.2 のように 2 等分し，$h=(b-a)/2$ および $x_0=a$，$x_1=a+h$，$x_2=a+2h=b$ とする．

各区間を長方形で近似するとき，$P(x)$ は区間の中点における定数で与えられ，中点公式といわれる．

$$\int_a^b f(x)dx = hf(\frac{x_0+x_1}{2}) + hf(\frac{x_1+x_2}{2})$$

また，台形で近似しようとすると，$P(x)$ は連続な 1 次多項式と考えられるので，次のようになる．

$$\int_a^b f(x)dx = \frac{h}{2}f(x_0) + hf(x_1) + \frac{h}{2}f(x_2)$$

さらに，2 つの区間にある 3 点をラグランジュ補間による 2 次多項式で近似しよう．$f(x_i)=f_i$ とおいて，$P(x)=\sum_{i=0}^{2} f_i l_i(x)$ を具体的に求める．簡単のために，$x-x_0=sh, x-x_1=(s-1)h, x-x_2=(s-2)h$ とおき，積分すると，$dx=hds$ より，

$$\begin{aligned}\int_a^b P(x)dx &= h\int_0^2 \{\frac{1}{2}(s-1)(s-2)f_0 - s(s-2)f_1 \\ &\quad + \frac{1}{2}s(s-1)f_2\}ds \\ &= h\{\frac{1}{3}f_0 + \frac{4}{3}f_1 + \frac{1}{3}f_2\}\end{aligned}$$

となる．これはシンプソン (Simpson) 公式といわれる．

与えられた区間をもっと細かく分割してみよう．積分区間 $[a, b]$ を N 等分するとし，$h=(b-a)/N$，$x_0=a$，$x_1=a+h, \ldots, x_i=a+ih, \ldots, x_N=a+Nh=b$ とする．

上記で得た積分の手順をそれぞれ，N 等分した全区間に適用して加えると，中点公式に対しては，

$$\int_a^b f(x)dx \approx h\sum_{i=0}^{N-1} f((x_i+x_{i+1})/2)$$

となる．一方で，台形則は，

$$\int_a^b f(x)dx \approx h\{\frac{1}{2}f(a) + \sum_{i=1}^{N-1} f(x_i) + \frac{1}{2}f(b)\}$$

となる．

シンプソン公式は，2 区間ずつ適用するため，区間 $[a, b]$ を $2N$ 等分する．このとき，2 次多項式を用いた全区間での積分は，各区間を $[x_{2k}, x_{2k+2}]$ ずつ取り上げて，

$$\begin{aligned}&\int_a^b f(x)dx \\ &\quad \approx \frac{h}{3}\{f(a) + 4\sum_{i=0}^{N-1} f(x_{2i+1}) + 2\sum_{i=1}^{N-1} f(x_{2i}) + f(b)\}\end{aligned}$$

となる．台形則やシンプソン公式のように，$\int_a^b f(x)dx \approx \sum_{i=0}^{m} \alpha_i f(x_i)$ の形式で書ける公式をニュートン–コーツ (Newton-Cotes) 型積分公式という．

厳密な値 I と近似値 I_n との誤差は，$\nu \in [a, b]$ に対し，中点公式，台形則，シンプソン公式の順に

$$\frac{h^2(b-a)}{24}f''(\nu), \quad \frac{h^2(b-a)}{12}f''(\nu),$$
$$\frac{h^4(b-a)}{180}f^{(4)}(\nu)$$

と与えられている [7]．

注意 9.5.1. 他にも，ガウス型積分公式，ロンバーグ (Romberg) 積分公式，二重指数型積分公式など，さまざまな解法が与えられている．詳細は [6, 15, 5] などを参照．

9.6　常微分方程式の数値解法

物理・化学・生物，株価変動などの経済に関する現象を表す数理モデルの多くは，時間や空間の変化を記述しやすいことから，微分方程式を用いて表されている．現象ごとに方程式はさまざまであり，常微分方程式や偏分方程式に大きく類別されるが，昨今，時間遅れをもつ方程式や確率微分方程式なども取り上げられている．方程式の種類や線形・非線形によっても解析の難しさは異なり，厳密には解が求まらないものも多い．本節では，個体群動態や軌道計算などにも関わる常微分方程式に対して，コンピュータを利用して近似解を求めることを考えよう．

たとえば，変数 t や x の関数 $y(t)$ や $y(x)$ などを未知量（未知関数とよぶ）とする 1 階以上の導関数を含む方程式を常微分方程式 (ordinary differential equation, ODE) という．

1 階の常微分方程式の初期値問題

$$y'(x) = f(x, y), \quad y(a) = y_0$$

の解は連続微分可能な関数 $y(x)$ であり，上記の式を満たす．2 番目の式により，初期条件が与えられて解が求まる．一般に解をもたないこともあるが，

$f(x, y)$ が十分滑らかならば，唯一の解をもつ．

微分方程式を解くとは，値を求めるのではなく，領域内の関数を求めることである．解を解析的に調べる方法については，解析学の章を参照してもらうとして，本節では，厳密ではないが近似的に解の振る舞いを調べることで，現象の理解や予測を行う．

9.6.1 1変数関数の差分近似

微分可能な関数 $f(x)$ に対し，微積分では

$$f'(x) = \lim_{h \to 0} \frac{f(x+h) - f(x)}{h} \tag{9.6.1}$$

と微分係数を定義した．しかし，数値計算では極限の計算はできないので，これに替わるものを考えなくてはならない．ここで，$\frac{f(x+h)-f(x)}{h}$ は $f(x)$ がわかっていれば，具体的に近似値として計算できる．さらに，h が十分に小さいと仮定すれば，この値は $f'(x)$ にかなり近いものになる．

そこで，導関数の近似式として (9.6.1) の右辺を利用して，

$$f'(x) \approx \frac{f(x+h) - f(x)}{h} \tag{9.6.2}$$

を1階の導関数の**差分 (difference) 近似**とよぶ．特に (9.6.2) を1階の**前進差分近似**という．

x を中心とする $f(x)$ のテイラー展開は，$h > 0$ に対して，

$$f(x \pm h) = f(x) \pm hf'(x) + \frac{h^2}{2!} f''(x) \pm \frac{h^3}{3!} f^{(3)}(x) + \cdots \tag{9.6.3}$$

と表される．$f(x+h)$ の展開で $f^{(3)}$ の項以降を打ち切ると

$$\frac{f(x+h) - f(x)}{h} = f'(x) + \frac{h}{2} f^{(2)}(\xi)$$

となり，h が十分に小さければ，これから1階の前進差分近似の打ち切り誤差は $O(h)$ であることがわかる．$f(x-h)$ については同様に，

$$\begin{aligned} \frac{f(x) - f(x-h)}{h} &= f'(x) - \frac{h}{2} f^{(2)}(\xi) \\ &= f'(x) + O(h) \end{aligned}$$

と打ち切り誤差 $O(h)$ の近似式が得られる．ここで，

$$f'(x) \approx \frac{f(x) - f(x-h)}{h}$$

を1階の**後退差分近似**という．

特に $f(x)$ が C^4 級のとき，(9.6.3) の $f(x+h)$，$f(x-h)$ の辺々を引き，$f^{(4)}$ の項以降を打ち切ると，

$$\begin{aligned} \frac{f(x+h) - f(x-h)}{2h} &= f'(x) + \frac{h^2}{6} f^{(3)}(\xi) \\ &= f'(x) + O(h^2) \end{aligned}$$

という打ち切り誤差 $O(h^2)$ の近似が得られる．

$$f'(x) \approx \frac{f(x+h) - f(x-h)}{2h} \tag{9.6.4}$$

は (9.6.2) よりも精度の良い近似になっており，**1階の中心差分近似**とよばれる．

逆に (9.6.3) の $f(x+h)$，$f(x-h)$ を辺々加えて，$f^{(5)}$ の項以降を打ち切れば，

$$\begin{aligned} \frac{f(x+h) - 2f(x) + f(x-h)}{h^2} &= f''(x) + \frac{h^2}{12} f^{(4)}(\xi) \\ &= f''(x) + O(h^2) \end{aligned}$$

という2階の導関数についての打ち切り誤差 $O(h^2)$ の差分近似を得る．

$$f''(x) \approx \frac{f(x+h) - 2f(x) + f(x-h)}{h^2} \tag{9.6.5}$$

を**2階の中心差分近似**という．

9.6.2 初期値問題の数値計算

常微分方程式の**初期値問題 (initial value problem)**

$$y'(x) = f(x, y), \quad y(a) = y_0 \tag{9.6.6}$$

の解を数値計算で求めるためには，この方程式を何らかの形式に置き直す必要がある．

x に関して，ある区間の分点 $a = x_0 < x_1 < \cdots < x_{i-1} < x_i < \cdots$ は，区間を等分割したと考えると，刻み幅 $x_i - x_{i-1} = h > 0$ を用いて $x_i = a + ih$，$i = 0, 1, \ldots$ と表せる．$y'(x)$ に差分近似 (9.6.2) を適用し，$y(x_i)$ の近似解を Y_i とおくと，(9.6.6) は次の式に書き直せる．

$$Y_{i+1} = Y_i + hf(x_i, Y_i), \quad i = 0, 1, 2, \ldots \tag{9.6.7}$$

$Y_0 = y_0$ は与えられているので，Y_i は逐次的に計算できる．得られた近似解 (x_i, Y_i) を直線で結んでいくと，求めたい微分方程式の解の振る舞いを近似的に確認することができる（図 9.6.1 を参照）．常微分方程式の初期値問題に対し，この計算法 (9.6.7) を**オイラー (Euler) 法**という．

注意 9.6.1. (9.6.6) では初期値が与えられただけで，x の区間は半無限となる．しかし，数値計算では有限の範囲での振る舞いを調べたいので，適当な区間を選んで分点を設定すればよい．

2階の常微分方程式の初期値問題

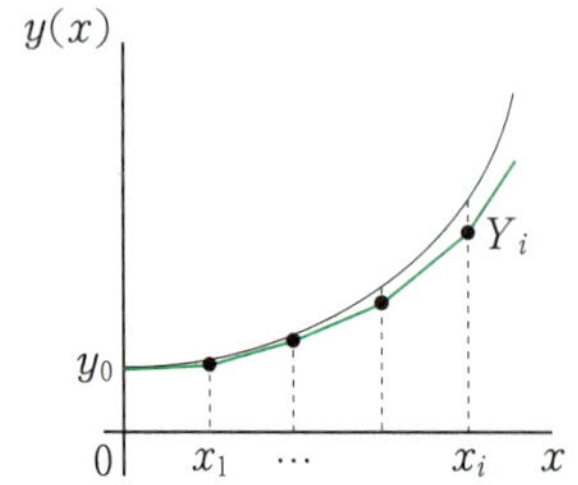

図 9.6.1　厳密解とオイラー法による近似

$$y''(x) + p(x)y'(x) + q(x)y(x) = r(x), \qquad (9.6.8)$$

$$y(a) = \alpha_1, \quad y'(a) = \alpha_2 \qquad (9.6.9)$$

については，$y_1(x) = y(x)$，$y_2(x) = y'(x)$ とおくと，

$$\begin{cases} y_1'(x) = y_2(x), \quad y_1(a) = \alpha_1(= y(a)), \\ y_2'(x) + p(x)y_2(x) + q(x)y_1(x) = r(x), \\ y_2(a) = \alpha_2(= y'(a)) \end{cases}$$

のように，y_1, y_2 の連立の 1 階の常微分方程式に書き直せる．よって，オイラー法などを適用すればよい．一般に $n(\geq 3)$ 階の常微分方程式の初期値問題も，上記と同様の手順を用いて，n 本の連立方程式に書き直すことで計算できる．

問 9.6.1. 次の方程式はばねによるおもりの単振動を表すもので，厳密解は $y(t) = \cos t$ と与えられる [48].

$$y''(x) = -y(x), \quad y(0) = 1, \quad y'(0) = 0$$

上記の手順を用いて計算せよ．

9.6.3　境界値問題の数値計算

次のような 2 階の常微分方程式

$$y''(x) + p(x)y'(x) + q(x)y(x) = r(x),$$
$$y(a) = \alpha, \quad y(b) = \beta \qquad (9.6.10)$$

については，どう計算すればよいだろうか？　微分方程式は (9.6.8) と同じだが，条件 (9.6.10) は (9.6.9) とは異なり，区間 $[a, b]$ の境界上の情報が与えられている．このような問題を**境界値問題 (boundary value problem)** という．

計算手順を見ていこう．$[a, b]$ を $N+1$ 等分し，$h = (b-a)/(N+1)$ とおく．$x_i = a + ih$，$i = 0, 1, \ldots, N+1$ について，$y(x_i)$ の近似解を Y_i とし，$p_i = p(x_i)$，$q_i = q(x_i)$，$r_i = r(x_i)$ とする．もとの微分方程式の $y''(x)$ に (9.6.5) を，$y'(x)$ に (9.6.4) と，ともに中心差分近似を適用すると，

$$(1 - \frac{1}{2}hp_i)Y_{i-1} + (h^2q_i - 2)Y_i + (1 + \frac{1}{2}hp_i)Y_{i+1}$$
$$= h^2r_i, \quad i = 1, 2, \ldots, N$$

と表される．$Y_0 = \alpha$，$Y_{N+1} = \beta$ は既知なので，移項して整理すると，N 元連立 1 次方程式が得られる．この係数は三重対角行列となるので，9.3 節の直接法もしくは反復法で容易に解ける．初期値問題と同様に (x_i, Y_i) を結んでいけば，近似的に解の振る舞いがわかる．

例 9.6.1. 上記の手順で境界値問題を解いてみよう．

$$-y''(x) = r(x), \quad y(0) = \alpha, \quad y(1) = \beta$$

$[0, 1]$ を $N+1$ 等分し，$x_i = ih$，$i = 0, 1, \ldots, N+1$，$h = 1/(N+1)$ に対する $y(x_i)$ の近似解を Y_i とする．$r_i = r(x_i)$ とし，2 階導関数に (9.6.5) を用いると次式を得る．

$$-Y_{i-1} + 2Y_i - Y_{i+1} = h^2r_i, \quad i = 1, 2, \ldots, N.$$

$Y_0 = \alpha$，$Y_{N+1} = \beta$ を代入し，次の N 元連立 1 次方程式を解いて，近似解 Y_i を得る．

$$\begin{bmatrix} 2 & -1 & & & \\ -1 & 2 & -1 & & \\ & \ddots & \ddots & \ddots & \\ & & -1 & 2 & -1 \\ & & & -1 & 2 \end{bmatrix} \begin{bmatrix} Y_1 \\ Y_2 \\ \vdots \\ Y_{N-1} \\ Y_N \end{bmatrix} = \begin{bmatrix} h^2r_1 + \alpha \\ h^2r_2 \\ \vdots \\ h^2r_{N-1} \\ h^2r_N + \beta \end{bmatrix}.$$

例 9.6.2. 境界条件が変化するとどうなるだろうか？

$$-y''(x) = r(x), \quad y(0) = \alpha, \quad \frac{dy}{dx}(1) = \beta.$$

$[0, 1]$ を $N+1$ 等分し，$x_i = ih$ の近似解を Y_i とする．(9.6.5) を利用し，既知の $Y_0 = \alpha$ を代入して連立 1 次方程式を立てるところまでは，例 9.6.1 とまったく同じ手順である．ところが，$x = 1$ での境界条件には任意性がある．たとえば，$x = 1 = x_{N+1}$ において 1 階後退差分近似を用いると，

$$\frac{Y_{N+1} - Y_N}{h} = \beta$$

となる．これを追加して整理すると，次の $N+1$ 元の連立 1 次方程式が得られる．係数行列の対称性は保持されるが，次元が異なることに注意しよう．

$$
\begin{bmatrix}
2 & -1 & & & \\
-1 & 2 & -1 & & \\
 & \ddots & \ddots & \ddots & \\
 & & -1 & 2 & -1 \\
 & & & -1 & 1
\end{bmatrix}
\begin{bmatrix}
Y_1 \\ Y_2 \\ \vdots \\ Y_N \\ Y_{N+1}
\end{bmatrix}
=
\begin{bmatrix}
h^2 r_1 + \alpha \\ h^2 r_2 \\ \vdots \\ h^2 r_N \\ h\beta
\end{bmatrix}.
$$

9.6.4 オイラー法以外の計算法

常微分方程式の初期値問題 (9.6.6) に対する計算法として，オイラー法は単純でわかりやすい．しかし，1 階の差分近似 (9.6.2) に現れる打ち切り誤差を考えると，精度が良いとはいいがたい．ここで，近似解の精度がより高い解法を幾つか挙げておく．$Y_0 = y_0$ とする．

オイラー法に対し，次の**ホイン (Heun) 法**

$$
\begin{cases}
Y_{i+1} = Y_i + h\phi(x_i, Y_i), \quad i = 0, 1, 2, \dots \\
\phi(x_i, Y_i) = \dfrac{1}{2}(f(x_i, Y_i) \\
\qquad\qquad + f(x_{i+1}, Y_i + hf(x_i, Y_i)))
\end{cases}
$$

のほうがより良い近似解が与えられる．

さらに有効な方法として，次の 4 次の**ルンゲ-クッタ (Runge-Kutta) 法**が良く知られている．

$$
\begin{cases}
Y_{i+1} = Y_i + h\phi(x_i, Y_i), \quad i = 0, 1, 2, \dots \\
\phi(x_i, Y_i) = \dfrac{1}{6}(k_1 + 2k_2 + 2k_3 + k_4) \\
\quad \text{ただし} \begin{cases}
k_1 = f(x_i, Y_i) \\
k_2 = f(x_i + \dfrac{h}{2}, Y_i + \dfrac{h}{2}k_1) \\
k_3 = f(x_i + \dfrac{h}{2}, Y_i + \dfrac{h}{2}k_2) \\
k_4 = f(x_i + h, Y_i + hk_3)
\end{cases}
\end{cases}
$$

ここで，精度が良いとはどういうことだろうか？

ある点 x_i における近似解 Y_i と $y(x_i)$ について，$e_i = y(x_i) - Y_i$ を近似解の離散化誤差といい，その絶対値最大値を**大域離散化誤差**という．オイラー法の大域離散化誤差は $O(h)$，ホイン法では $O(h^2)$，4 次のルンゲ-クッタ法では $O(h^4)$ となることが知られている．ホイン法は 2 次のルンゲ-クッタ法ともいわれる．

たとえば，$\max|e_i| = 10^{-8}$ 程度に近似解の誤差を抑えるためには，極端にいうと，オイラー法では刻み幅を $h = 10^{-8}$ にとらなければならない．しかし，4 次のルンゲ-クッタ法では $h = 10^{-2}$ で済む．前項の例に倣うと，刻み幅は分割数の逆数となるので，オイラー法では，10^8 個の分点の計算が必要となる．演算量も保持するデータ量も膨大になるので，より高次の解法を利用したほうが効率も精度も良いといえる．

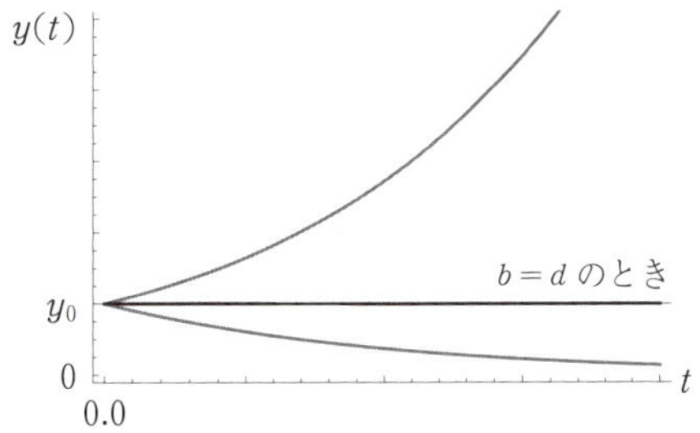

図 9.6.2 マルサスモデル

オイラー法も含めて，ここで挙げた解法は，1 つ前の点 Y_i から次の点 Y_{i+1} の計算ができるようになっている．こういう解法を**1 段階法**とよぶ．

これらの解法は，テイラー展開を利用して求められる．導出方法の詳細は [15, 7, 9, 29] などを参照．

注意 9.6.2. ホイン法はオイラー法の改良と見ることができるが，別の改良の方向として，過去の複数の近似解 $Y_i, Y_{i-1}, Y_{i-2}, \dots$ を用いて，Y_{i+1} を求める**多段階 (multistep) 法**がある．

たとえば，1 階の導関数に中心差分近似を利用すると，オイラー法ではなく，次の 2 段階法が得られる．

$$Y_{i+1} = Y_{i-1} + 2hf(x_i, Y_i), \quad i = 1, 2, \dots \tag{9.6.11}$$

この計算を進めるには，初期値 Y_0 以外に，Y_1 を適当な方法で求めておく必要がある．式の形により，中点則ともよばれる [29, 13]．高次の多段解法として，**アダムス型公式**などが知られている [29, 5, 15]．

数値計算の安定性

数値計算における安定性について，少し触れておこう．次のモデルがよく例に取り上げられている．

例 9.6.3. 以下は**マルサス (Malthus) モデル**とよばれる単一種の個体群変動を表す数理モデルである [30].

$$y'(t) = (b - d)y(t), \quad y(0) = y_0 \tag{9.6.12}$$

$y'(t)$ は時刻 t における個体数 $y(t)$ の変化率を表し，出生 (birth) 率 b と死亡 (death) 率 d を用いて，$y(t)$ に比例するとする．これは線形の微分方程式であり，変数分離法によって，厳密解は $y(t) = y_0 \exp((b - d)t)$ と簡単に求められる．指数関数なので，$b > d$ ならば，個体数は急激に増加し，$b < d$ ならば，個体数は減少しながら 0 に漸近し，絶滅へと向かう．

この方程式について，オイラー法 (9.6.7) や中点則

(9.6.11) を適用するとどうなるかを [6, 29, 13] に倣って見てみよう．中点則のほうがオイラー法よりは良さそうにみえるが，実は振動を引き起こすなど，数値的不安定性が起こることが知られている [5, 15, 6]．

簡単のために，(9.6.12) の $b-d=r$ とおく．特に $r<0$ のとき，すなわち，厳密解が 0 に漸近する場合を考えてみよう．オイラー法を適用し，以下のように漸化式の関係を繰り返し適用すると，

$$Y_{i+1}=Y_i+hrY_i=(1+hr)Y_i=\cdots=(1+hr)^{i+1}Y_0$$

となる．よって，$|1+hr|<1$ ならば，$Y_i\to 0(i\to\infty)$ が成り立つ．$r<0$ より，$h<-2/r$ であれば，オイラー法の解は 0 に収束し，問題はなさそうである．

では，中点則を用いてみよう．

$$Y_{i+2}=Y_i+2hrY_{i+1},\quad i=0,1,\ldots$$

この 3 項漸化式の一般項は $Y_i=c_1\lambda_1^i+c_2\lambda_2^i$ となる．ここで，c_1, c_2 は定数で，特性方程式 $\lambda^2-2hr\lambda-1=0$ の解を $\lambda_1=hr+\sqrt{1+(hr)^2}$ と $\lambda_2=hr-\sqrt{1+(hr)^2}$ とする．$0<\lambda_1<1$ より，$\lambda_1^i\to 0(i\to\infty)$ となるが，λ_2 では $\lambda_2<-1$ なので発散する．これは，$h>0$ をどんなに小さくしても解に収束しないことを意味し，数値的不安定性といわれる現象の理由と考えられる．こういう現象が問題と計算法によって起きることがあるので，注意が必要である．

例 9.6.4. 例 9.6.3 と同じモデルに後退オイラー (backward Euler) 法を適用すると

$$Y_{i+1}=Y_i+hrY_{i+1},\quad i=0,1,2,\ldots$$

と表せる．これを変形した漸化式の関係を繰り返し適用すると，

$$Y_{i+1}=\frac{Y_i}{1-hr}=\cdots=\frac{Y_0}{(1-hr)^{i+1}}$$

となる．$Y_0=y_0\neq 0$ に対し，$|1-hr|>1$ を満たせば，$Y_i\to 0\ (i\to\infty)$ となる．$r<0$ としているので，$h>0$ はどう選んでも条件を満たすことになる．よって，この計算は刻み幅 h に依らずに安定といえる．このように，h の大きさに関係なく無条件に安定な解法を A 安定な解法という．

$z\in\mathbb{C}$ に対し，$R(z)=1/(1-z)$ とおくと，例 9.6.4 で用いた後退オイラー法では，$Y_{i+1}=R(z)Y_i$, $i=0,1,2,\ldots$ と表せる．この $R(z)$ は安定性関数とよばれ，$|R(z)|>1$ のとき，数値解は増大し，$|R(z)|<1$ のとき，数値解は増大せずに収束することが知られている．オイラー法のみならず，ルンゲ-クッタ法に適用した場合の安定性が判別されている [29]．

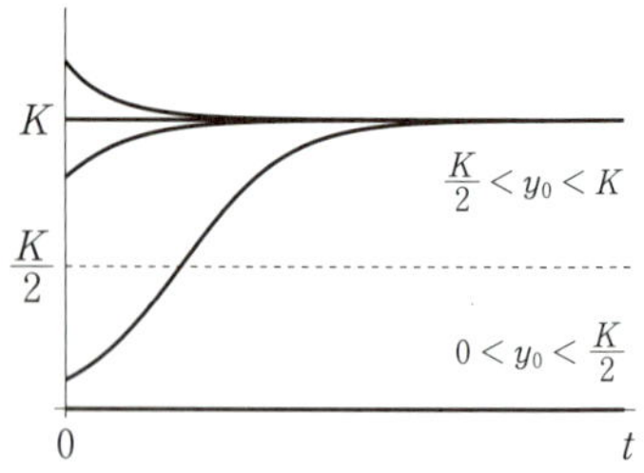

図 9.6.3　ロジスティック成長モデル

注意 9.6.3. マルサスモデルは放射性元素の崩壊を表すモデルとしても考えられる．異なる分野でも数理モデルは同じになることがあるので，解析や予測は共通に行える．これは数理モデルの大切な役割といえる．

補足 9.6.1. 高校の教科書にも載っているフィボナッチ (Fibonacci) 数列は，古い算術書に，ウサギの増殖に関する仮想的な個体数のモデリングの演習問題として書かれたものといわれる [30]．

補足 9.6.2. 本項で述べたオイラー法やルンゲ-クッタ法は，すべて既知の値を用いて，次の近似解を計算する陽的な (explicit) 解法である．これに対し，陰的な (implicit) 解法も考察されており，硬い (stiff) 系とよばれる方程式に対して適用される．詳細は [29, 31] などを参照．

9.6.5　常微分方程式の例

ばねの振動や重力の法則など物理における常微分方程式の例も多く挙げられるが，ここでは，生物の例を幾つか挙げておく．詳しくは [30, 29, 32] を参照．

前項でマルサスモデルを紹介したが，長期的に人口が無限に増え続けることはあり得ない．人口モデルとしては現実とかけ離れすぎているので，数学者の Verhulst は，増加を抑制するような補正を加えた方程式を提案した．以下のロジスティック成長 (logistic growth) モデルは非常に有名である．

$$y'(t)=ry(t)(1-\frac{y(t)}{K}),\quad y(0)=y_0 \qquad (9.6.13)$$

$r>0$ は内的成長率を表し，$K>0$ は環境収容力とよばれ，資源の量などにより定まる．初期値 y_0 に対する厳密解は，次のようになる．

$$y(t)=\frac{y_0Ke^{rt}}{K+y_0(e^{rt}-1)}\to K\quad (t\to\infty)$$

$y_0>K$ ならば単調に減少し，$0<y_0<K$ ならば単調に増加しながら，時間経過とともに定数 K に漸近する．特に $0<y_0<K/2$ のとき，有名な S 字カーブを描く．この方程式は非線形な微分方程式の例である．

上記は連続な微分方程式を取り上げているが，本章

では数値計算法を扱っているので，このモデルも離散化して，計算することを考えてみよう．オイラー法の導出と同じように，(9.6.13) に前進差分近似を適用し，特別に $h=1$ とした場合を考えると，

$$Y_{i+1}-Y_i=rY_i(1-\frac{Y_i}{K}),\quad i=0,1,2,\ldots \tag{9.6.14}$$

となる．変数変換して整理すると次式を得る．

$$Y_{i+1}=r'Y_i(1-Y_i),\quad r'>0 \tag{9.6.15}$$

単純な漸化式にみえるが，これは，もとの微分方程式の解の振る舞いとは異なり，r' の大きさに応じて，様相が変わることで有名な例である．詳細は [8, 30, 32] などを参照．

離散化に注意が必要なロジスティック成長モデル (9.6.13) と似ているが，$Y_0=y_0>0$ ならば，$Y_i>0$ を保持するモデルとして，次の**リッカー (Ricker) 曲線**がある [30, 32]．

$$Y_{i+1}=Y_i\exp[r(1-\frac{Y_i}{K})],\quad r>0,\quad K>0$$

注意 9.6.4. (9.6.13) などの微分方程式を連続型 (continuous) モデルというのに対し，(9.6.14) のように差分近似などの離散化によって得られる差分方程式は差分型もしくは離散型 (discrete) モデルとよばれる．本項で取り上げているのは個体数の変動を表すモデルなので，初期条件 $Y_0=y_0>0$ ならば，ずっと $Y_i>0$ を保つことは重要である．連続型モデルに数値計算を適用する際，このような正値性や有界性など，解の性質を保つ離散化ができれば有効である．(9.6.13) に対し，前進差分近似だけでなく，部分的に後退差分近似を適用すると，

$$Y_{i+1}=Y_i+hrY_i(1-\frac{Y_{i+1}}{K}),\quad i=0,1,2,\ldots$$

と表せる．これを書き直すと，

$$Y_{i+1}=\frac{Y_i(1+hr)}{1+hrY_i/K} \tag{9.6.16}$$

となるので，$h,r,K>0$ より，$Y_0>0$ ならば，近似解 Y_i の正値性をずっと保つことができる．このように差分近似の仕方によっては，数値的に安定な離散型モデルを生み出せる．これはよく知られた例であるが，後述の時間遅れをもつモデルに対しても，この離散化の工夫は有効であることが近年では知られている．(9.6.16) のような形式で正値性を保つことは可積分な方程式の離散化に見られるが，[33] などによる離散化によっても同様な正値性を保つことができる．連続型モデルでの解の性質を離散的に再現できる構造保存型の数値計算が，今では有効といわれている [34]．

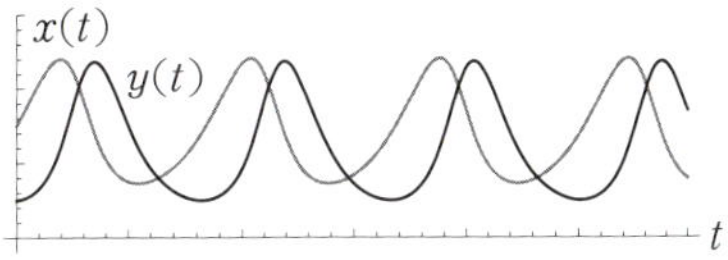

図 9.6.4 (9.6.17) の被食者-捕食者に関する周期解

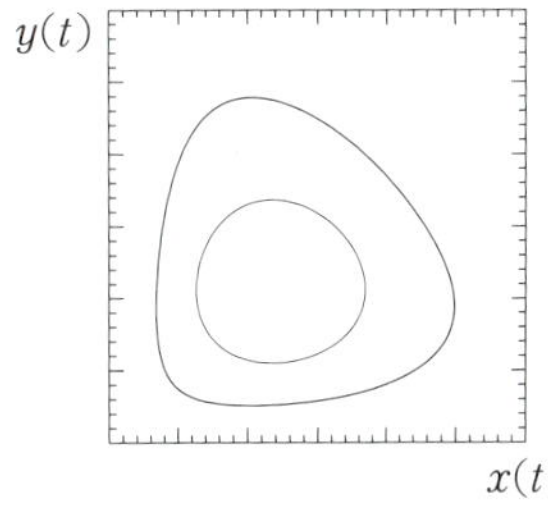

図 9.6.5 (9.6.17) の相平面上の解軌道

ここまでは未知関数が $y(t)$ のように 1 つだけで表される微分方程式を示したが，複数の未知関数を含む連立微分方程式の例にも触れておこう．近似解はオイラー法やルンゲ-クッタ法で計算することができる．

複数の生物種が相互に影響を受ける個体群動態を表すモデルとして，**ロトカ-ボルテラ (Lotka-Volterra) 方程式**は非常に有名である．以下に，2 種の生物種の関係を表す場合を取り上げる．

$$\begin{cases} x'(t)=x(t)(a-by(t)) \\ y'(t)=y(t)(cx(t)-d) \end{cases} \tag{9.6.17}$$

パラメータ a,b,c,d がすべて正定数とすると，(9.6.17) は，小魚とサメのように，時刻 t の被食者 $x(t)$ と捕食者 $y(t)$ の関係を表す．このモデルは，イタリアのアドリア海の魚の個体数の変動をボルテラが調べたことに出来し，**被食者-捕食者 (prey-predator) モデル**の基本である．図 9.6.4 のように，被食者と捕食者の個体数は互いに作用し合って連動する．また，図 9.6.5 のように相平面上での解は閉軌道になり，保存系ともいわれる．

補足 9.6.3. (9.6.17) の生物種を増やしてみよう．ある生物種 X_i が別の生物種 X_{i-1} を食べ，X_{i+1} に食べられるという食物連鎖をモデル化した方程式に対し，離散化を工夫すると，可積分な離散ロトカ-ボルテラ方程式が得られる [35]．近年，この方程式の解の性質を利用した特異値計算法などが与えられており，可積分系方程式と数値計算との関連が知られている [36]．

さらに，ある地域の総人口をクラスに分けて，ウイルスなどによる感染症が伝播する様子を表す数理モデルが挙げられる．以下は，$S\to I\to R$ という状態の変遷の基本となる**ケルマック-マッケンドリック (Kermack-McKendrick) モデル**である [30, 37, 32]．

$$\begin{cases} S'(t) = -\beta S(t)I(t), \\ I'(t) = \beta S(t)I(t) - \gamma I(t), \\ R'(t) = \gamma I(t) \end{cases} \quad (9.6.18)$$

ここで，時刻 t における $S(t)$ は感受性保持者（未感染者），$I(t)$ は感染者，$R(t)$ は回復した免疫保持者を表す．また，$\beta > 0$ は感染率を，$\gamma > 0$ は回復率を表す．(9.6.18) で総人口を $N(t) = S(t) + I(t) + R(t)$ とおくと，$N'(t) = 0$ より総人口は一定になるように定められる．感染者は感受性保持者と感染者とが接触する量に比例し，免疫をもって回復する過程を表している．

この問題は初期条件として，

$$S(0) > 0,\ I(0) > 0,\ R(0) = 0$$

などを与えて，感染が拡大するかどうかを議論することが重要といえる．感染の流行が起こるかどうかは主に，$R_0 = \beta S(0)/\gamma$ という閾値が 1 より大きくなるかどうかで判別されている．

(9.6.18) はペスト流行やインフルエンザなどの短期的な流行の様子を再現できることが知られているが，より現実的に考えると，感染にはある程度の潜伏期間をもつことが多い．たとえば，蚊などの媒介生物を介して人間集団に広がる多くの感染症は，感染者になるまでには一定の時間が必要になる．そのため近年は，時間遅れを考慮した感染症モデルが提案され，解の安定性に関する理論解析が盛んに行われている．一方で，[31] には，方程式 (9.6.18) に定数の時間遅れを考慮し，数値計算を行った結果が紹介されている．

定数 $\tau(\geq 0)$ の**時間遅れ**をもつ方程式

$$y'(t) = f(t, y(t), y(t-\tau)), \quad (t \geq t_0)$$

に対する初期条件は，(9.6.6) のように 1 点の値ではなく，

$$y(t) = \phi(t), \quad -\tau + t_0 \leqq t \leqq t_0$$

のように初期区間における関数が与えられる．

この問題に対し，τ 時間だけ遡った点の値をあらかじめ計算しておき，オイラー法やルンゲ-クッタ法を適用する手順が [29] に示されている．最近は，数式処理ソフトウェア Mathematica でも，定数の時間遅れをもつ場合の計算ができるので，解の概形は掴みやすくなった．しかし，時間遅れが上式のように 1 つの定数だけとは限らない．遅れが複数個の場合や異なる種類についての研究も進められている．

9.7　偏微分方程式の数値解法

物理・化学・生物・経済，工学の分野でもさまざまな現象を表す**偏微分方程式** (partial differential equation, PDE) は，空間や時間を表す $x, y, z, t, \ldots$ のような 2 つ以上の独立変数をもつ関数の偏導関数を含む微分方程式である．

偏微分方程式は非常に種類が多いが，大まかに楕円型 (elliptic)，放物型 (parabolic)，双曲型 (hyperbolic) の方程式の 3 種に類別されている．本節では以下のように，$u(x, y)$ や $u(x, t)$ などの 2 変数関数，2 階の偏導関数を含む線形の偏微分方程式に限定する．

$a1)$ $\dfrac{\partial^2 u}{\partial x^2} + \dfrac{\partial^2 u}{\partial y^2} = 0$　ラプラス方程式（楕円型）

$a2)$ $\dfrac{\partial^2 u}{\partial x^2} + \dfrac{\partial^2 u}{\partial y^2} = f(x, y)$　ポアソン方程式（楕円型）

$b)$ $\dfrac{\partial u}{\partial t} = \kappa \dfrac{\partial^2 u}{\partial x^2}$　1 次元熱伝導方程式（放物型）

$c)$ $\dfrac{\partial^2 u}{\partial t^2} = c^2 \dfrac{\partial^2 u}{\partial x^2}$　1 次元波動方程式（双曲型）

一般に上記の方程式だけでは解は定まらない．たとえば，関数 $u = x^2 - y^2$，$u = e^x \cos y$，$u = \log(x^2 + y^2)$ は異なる形であるが，$a1)$ の解である．

ある閉領域での線形同次偏微分方程式の任意の解を u_1, u_2 とすると，$u = c_1u_1 + c_2u_2$ も同じ閉領域の解である．ここで，c_1, c_2 は任意の定数である．このように解の重ね合わせによっても新しい解が得られる．

偏微分方程式の一意的な解は，状況に応じた次のような付加的な情報を用いて決められる．

- 領域の境界で解の値が与えられている（**境界条件 (boundary condition)**）
- 初期時刻 t_0 での解の値が与えられている（**初期条件 (initial condition)**）

適当な初期条件，境界条件，あるいは初期条件・境界条件を組合せた条件のもとで，解を求めることになる．

方程式も多種多様であるが，コンピュータを利用して解く数値計算法も，領域を格子状に分割して近似計算する（有限）差分法，領域の形が複雑なものにも対応できる有限要素法，境界要素法などさまざまである．方程式の種類とともに，上記の付加条件に応じて，適切な解法を選んで解くことが重要となる．詳しくは [38, 39, 10] などを参照．

9.7.1　2 階偏導関数の差分近似

ここで，偏導関数の差分近似について示しておこう．$u(x, y)$ が C^4 級の関数とするとき，1 変数と同様

にテイラー展開を利用する．k 階微分の項を $\dfrac{\partial^k u}{\partial x^k} \equiv u_x^{(k)}$ と記し，x, y それぞれに関する項だけ書き出すと

$$u(x \pm h, y) = u(x, y) \pm h u_x(x, y) + \frac{h^2}{2!} u_{xx}(x, y) \pm \frac{h^3}{3!} u_x^{(3)}(x, y) + \frac{h^4}{4!} u_x^{(4)}(x, y) + \cdots, \tag{9.7.1}$$

$$u(x, y \pm h) = u(x, y) \pm h u_y(x, y) + \frac{h^2}{2!} u_{yy}(x, y) \pm \frac{h^3}{3!} u_y^{(3)}(x, y) + \frac{h^4}{4!} u_y^{(4)}(x, y) + \cdots. \tag{9.7.2}$$

(9.7.1) の辺々を加えて，5 次以降を打ち切ると，

$$u(x+h, y) + u(x-h, y) = 2u(x, y) + h^2 u_{xx}(x, y) + \frac{h^4}{12} u_x^{(4)}(\xi_1, \xi_2)$$

となるので，h が十分小さいと仮定すれば，

$$\frac{u(x+h, y) - 2u(x, y) + u(x-h, y)}{h^2} = u_{xx}(x, y) + O(h^2) \tag{9.7.3}$$

を得る．同様に (9.7.2) から，

$$\frac{u(x, y+h) - 2u(x, y) + u(x, y-h)}{h^2} = u_{yy}(x, y) + O(h^2) \tag{9.7.4}$$

となる．これらをそれぞれ x, y に関する $u(x, y)$ の 2 階の中心差分近似という．

偏導関数にこれらの差分近似を適用し，計算解を求める有限差分法を以下に示す．

9.7.2 楕円型方程式に対する差分法

まず，楕円型偏微分方程式の代表例として，2 次元領域 D における**ラプラス (Laplace) 方程式**を取り上げる．これは時間変化のない定常状態を表す方程式であり，Δ はラプラシアンとよばれる演算子である．

$$\Delta u \equiv \frac{\partial^2 u}{\partial x^2} + \frac{\partial^2 u}{\partial y^2} = 0, \quad (x, y) \in D, \tag{9.7.5}$$

$$u(x, y) = g(x, y), \quad (x, y) \in \partial D \tag{9.7.6}$$

を満たす解 $u(x, y)$ を求める問題を境界値問題（ディリクレ (Dirichlet) 問題）とよぶ．

ここでは簡単のために，領域 D は $0 < x, y < 1$ の正方領域に限定し，境界上では既知の関数 $g(x, y)$ が与えられているものとする．厳密解は，領域の内部における連続関数 $u(x, y)$ を求めることになるが，数値計算では，$u(x, y)$ の各点における近似解を調べることを意味する．

常微分方程式のときに行った手順と同様に，与えられた微分方程式の偏導関数をそれぞれ，差分近似に置き直し，近似方程式を生成するところから始めよう．

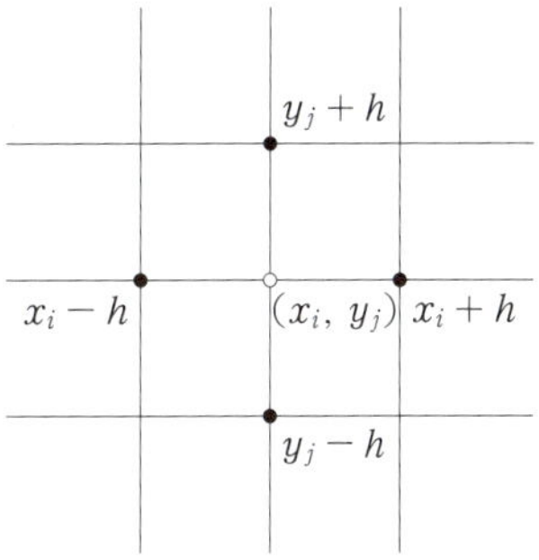

図 9.7.1 5 点差分

ただし，常微分方程式とは異なり，空間は 2 次元なので，D の各辺を細かく分割し，領域を格子状に切り分けることにする．さらに，各格子点での $u(x, y)$ に対する近似解は，得られた近似方程式を数値的に解くことで求まる．

ここで，ある点 (x_i, y_j) での (9.7.5) の偏導関数の項に (9.7.3), (9.7.4) を代入してみよう．

$$\frac{\partial^2 u}{\partial x^2}(x_i, y_j) + \frac{\partial^2 u}{\partial y^2}(x_i, y_j) \approx \frac{u(x_i+h, y_j) - 2u(x_i, y_j) + u(x_i-h, y_j)}{h^2} + \frac{u(x_i, y_j+h) - 2u(x_i, y_j) + u(x_i, y_j-h)}{h^2} = 0$$

となる．整理すると

$$u(x_i, y_j) = \frac{1}{4}\{u(x_i+h, y_j) + u(x_i-h, y_j) + u(x_i, y_j+h) + u(x_i, y_j-h)\} \tag{9.7.7}$$

という関係式を得る．これを図示すると，$u(x_i, y_j)$ は隣り合う 4 点で計算されていることがわかる（図 9.7.1 参照）．

たとえば，D の x, y 方向をそれぞれ 4 等分してみよう．領域 D 上では $u(x_i, y_j)$，$i, j = 0, 1, 2, 3, 4$ と全部で 25 個の交点ができることになり，内部の点は 9 個になる (図 9.7.2 参照)．

$u(x_i, y_j)$ の近似解を U_{ij} と表すと，内部の 9 点に対する (9.7.7) 式は，次のように表される．特に 5 点差分公式ともいわれる．

$$U_{i,j} = \frac{1}{4}(U_{i+1j} + U_{i-1j} + U_{ij+1} + U_{ij-1}).$$

境界条件 (9.7.6) より，$g_{ij} = g(x_i, y_j)$ とし，上記の式に代入して整理すると，9 個の未知数 $(U_{11}, U_{21}, \ldots, U_{33})^\top$ に対する連立 1 次方程式を得る．これを解いて，未知数 U_{ij}，すなわち，$u(x_i, y_j)$ の近似解を求める．

(9.7.5) を数値計算を利用して解くためには，

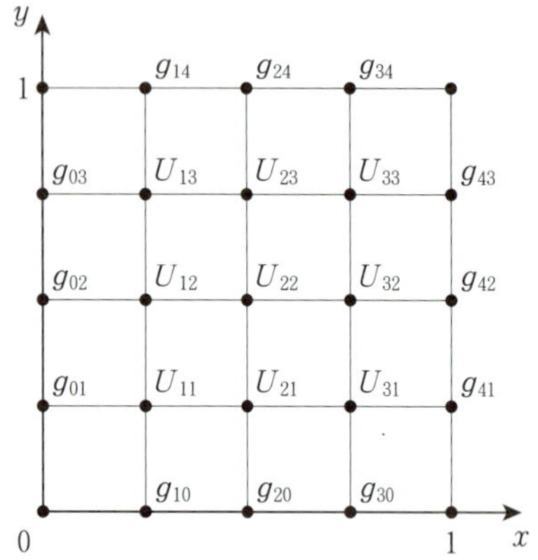

図 9.7.2　正方領域で等分割の場合

- 与えられた領域を格子状に分割する，
- 境界条件などを考慮して整理し，各点に関する方程式を作る，
- これを解いて得られる解をもとの方程式の近似解とする，

という手順による．

このような方法を**有限差分法 (finite difference method，FDM)** という．後述する有限要素法と混同しないように注意しよう．

ところで，現実的な問題において，4 等分だけで良い近似ができるとは考えにくい．一般的には，x, y 方向をそれぞれ $(N+1)$ 等分するとし，(9.7.7) を書き直すことで，次のように同じ形式の小行列をもつ特徴のある連立 1 次方程式を得る．

$$\begin{bmatrix} A_1 & \alpha I & & & \\ \alpha I & A_2 & \alpha I & & \\ & \ddots & \ddots & \ddots & \\ & & \alpha I & A_{N-1} & \alpha I \\ & & & \alpha I & A_N \end{bmatrix} \begin{bmatrix} U_{i1} \\ U_{i2} \\ \vdots \\ U_{iN-1} \\ U_{iN} \end{bmatrix} = \begin{bmatrix} G_{i1} \\ G_{i2} \\ \vdots \\ G_{iN-1} \\ G_{iN} \end{bmatrix} \qquad (9.7.8)$$

ただし，$i = 1, 2, \ldots, N$ で，G_{ij} には境界条件 (9.7.6) によって与えられる既知の値 g_{ij} が含まれている．(9.7.8) の係数行列は小行列 A_i，αI，$\alpha = -1/4$ を成分とする三重対角行列であり，**ブロック三重対角行列**といわれる帯行列になっている．この小行列は具体的に $N \times N$ 行列で，次のようになる．

$$A_i = \begin{bmatrix} 1 & -\frac{1}{4} & & & \\ -\frac{1}{4} & 1 & -\frac{1}{4} & & \\ & \ddots & \ddots & \ddots & \\ & & -\frac{1}{4} & 1 & -\frac{1}{4} \\ & & & -\frac{1}{4} & 1 \end{bmatrix}$$

ただし，I は単位行列である．

たとえば，$N = 10$ 等分すると 100 元の連立 1 次方程式になり，$N = 100$ では 1 万元，さらに細かくすると，100 万元以上の大規模な連立 1 次方程式となる．3 次元のラプラス方程式の場合は，(9.7.8) の係数行列を対角ブロックにもつ行列になるので，$N = 100$ でも 100 万元の方程式となる．9.3 節で，大規模行列と記述したのは，こういう状況が起こるからである．

補足 9.7.1. (9.7.8) の係数行列を T とすると，固有値は

$$\lambda_{k,l} = 4 - 2\cos\frac{k\pi}{N+1} - 2\cos\frac{l\pi}{N+1}, \quad 1 \leq k, l \leq N$$

と表され [13, 16]，T は正定値対称行列といえる．よって，この方程式 (9.7.8) は唯一解をもつ．

また，9.3.3 項より，条件数 $\kappa_2(T) = \|T\|_2\|T^{-1}\|_2$ は T の最大固有値と最小固有値の比で表される．$\lambda_{N,N} \approx 8$，　$\lambda_{1,1} \approx \dfrac{2\pi^2}{(N+1)^2}$ より，

$$\kappa_2(T) = \|T\|_2\|T^{-1}\|_2 = \frac{\lambda_{N,N}}{\lambda_{1,1}}$$
$$\approx \frac{8(N+1)^2}{2\pi^2} = \frac{4}{\pi^2 h^2}$$

となり，刻み幅 h の大きさが小さくなるほど，条件数は反比例して大きくなる．T の性質から，ガウス-ザイデル法や SOR 法，CG 法が適用できる．定常反復法では N に比例して反復回数が多くなると考えられるが，CG 法では，そうならないことがある．CG 法の反復回数は，(9.7.8) の右辺に関係があることは定理 9.3.46 に書かれている．次のポアソン方程式 [7]

$$-\Delta u = 2\pi^2 \sin\pi x \sin\pi y,$$
$$(x, y) = (0, 1) \times (0, 1),$$
$$u(x, y) = 0, \quad (x, y) \in \partial D$$

について，(9.7.8) のように離散化し，CG 法を適用してみると，実は 1 回の反復で終了する．この方程式の厳密解は $u(x, y) = \sin\pi x \sin\pi y$ となるので，この微分方程式の右辺は解の定数倍で表されることになる．また，境界条件により，離散化した式も $T\boldsymbol{z} = c\boldsymbol{z}$ と考えられる．1 本の固有ベクトルで表されるので，定理より，1 回の反復で終了すると考えられる．

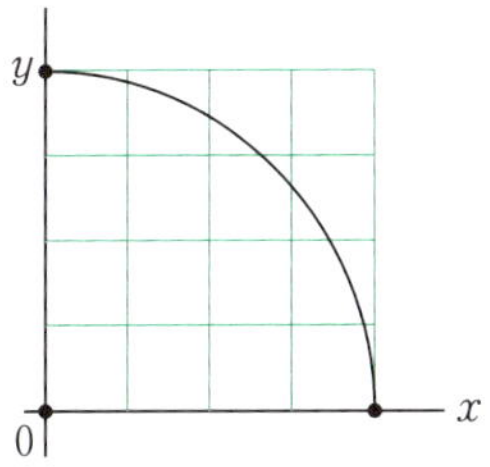

図 9.7.3　領域が四角形でない場合

現象に応じて微分方程式は異なるので，離散化によって得られる連立 1 次方程式の係数行列は，上記のように必ずしも対称で帯とは限らない．任意の疎行列になることも多く，9.3 節で述べたように，反復法が多く提案されているのは，問題に応じて有効な解法を使うことが数値シミュレーションには必要だからである．

注意 9.7.1. 与えられた領域が四角形ではなく円形や複雑な形の場合，図 9.7.3 のように，境界上に分割した点が存在しないことがある．そのときは不等間隔に分割した格子点による差分法を適用したり ([5, 13] 参照)，後述する有限要素法などを適用する．

(9.7.5) において，右辺が 0 でない次の方程式をポアソン (Poisson) 方程式という．

$$\begin{cases} -\Delta u = f(x, y), & (x, y) \in D \\ u(x, y) = g(x, y), & (x, y) \in \partial D \end{cases} \tag{9.7.9}$$

前節では，D を正方領域と考えていたが，$D = (a, b) \times (c, d)$(ただし，$b - a \neq d - c$ とする) としても，解 u が一意に決まることは，次の最大値原理からいえることが知られている．

定理 9.7.2. 関数 u は D の内部で調和 ($\Delta u = 0$) であって，D の内部の 1 点において最大値または最小値をとるならば，u は D において定数である．特に u が $\bar{D} = D \cup \partial D$ において連続ならば，u は ∂D 上で最大値，最小値をとる．

(9.7.9) の解 $u(x_i, y_j)$ に対する近似解 U_{ij}，$1 \leq i \leq N$，$1 \leq j \leq M$ は次式による NM 元連立 1 次方程式の解として定められる．

$$-\left(\frac{U_{i-1j} - 2U_{ij} + U_{i+1j}}{h^2} + \frac{U_{ij-1} - 2U_{ij} + U_{ij+1}}{k^2}\right) = f_{ij} \tag{9.7.10}$$

ただし，$x_i = a + ih$ $(h = (b - a)/(N + 1))$，$y_j = c + jk$ $(k = (d - c)/(M + 1))$，$f(x_i, y_j) = f_{ij}$ とし，境界条件により，∂D では $U_{ij} = g_{ij}$ とする．

(9.7.10) による連立 1 次方程式の係数行列は，既約優対角 L 行列とよばれる正則行列となり，一意解をもつことが知られている．また，離散化誤差に関しては，$u(x, y)$ が x, y について C^4 級ならば，各 i, j に対し，

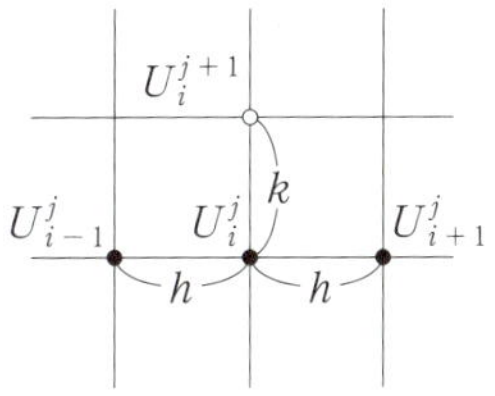

図 9.7.4　陽公式の計算

$$u_{ij} - U_{ij} = O(h^2) + O(k^2)$$

である．詳細は [5] を参照．

9.7.3　1 次元放物型方程式に対する差分法

次の 1 次元放物型偏微分方程式 (熱伝導方程式) の解法を見てみよう．

$$\begin{cases} \dfrac{\partial u}{\partial t} = \dfrac{\partial^2 u}{\partial x^2}, & 0 < x < 1, \quad t > 0, \\ u(x, 0) = f(x), & 0 \leq x \leq 1, \\ u(0, t) = u(1, t) = 0, & t > 0. \end{cases} \tag{9.7.11}$$

有限時間 $0 < t \leq T$ に対して，u を近似するために

$$\begin{cases} x_i = ih, & i = 0, 1, \ldots, n + 1, \quad h = \dfrac{1}{n + 1}, \\ t_j = jk, & j = 0, 1, \ldots, m + 1, \quad k = \dfrac{T}{m + 1} \end{cases}$$

とし，$U_i^j = u(x_i, t_j)$，$f_i = f(x_i)$ とすると，(9.7.11) は

$$\frac{U_i^{j+1} - U_i^j}{k} = \frac{U_{i-1}^j - 2U_i^j + U_{i+1}^j}{h^2}$$

となる．$r = k/h^2$ とおくと次のように書き直される

$$U_i^{j+1} = rU_{i-1}^j + (1 - 2r)U_i^j + rU_{i+1}^j. \tag{9.7.12}$$

ただし，初期条件と境界条件は

$$\begin{cases} U_i^0 = f(ih), & i = 0, 1, \ldots, n + 1, \\ U_0^j = 0, & U_{n+1}^j = 0 \end{cases}$$

である．(9.7.12) は図 9.7.4 のように，$t = t_{j+1}$ における近似値 U_i^{j+1} を，既に得られている $t = t_j$ における近似値 U_i^j によって求めている．このような方法を陽 (explicit) 公式という．

陽解法の安定性条件

上記の離散化によって，本当の近似といえるのか，[6, 5] にならって記述する．(9.7.12) をベクトルを用いて，

$$U^{(j+1)} = \begin{bmatrix} U_1^{j+1} \\ U_2^{j+1} \\ \vdots \\ U_n^{j+1} \end{bmatrix}$$
$$= \begin{bmatrix} 1-2r & r & 0 & \cdots & 0 \\ r & 1-2r & r & \cdots & 0 \\ \vdots & \ddots & \ddots & & \vdots \\ 0 & \cdots & 0 & r & 1-2r \end{bmatrix} \begin{bmatrix} U_1^j \\ U_2^j \\ \vdots \\ U_n^j \end{bmatrix}$$
$$= AU^{(j)} \tag{9.7.13}$$

と表すことができる．これにより，

$$U^{(j+1)} = AU^{(j)} = A \cdot AU^{(j-1)} = \cdots = A^{j+1}U^{(0)}$$

真の値 $\hat{U}$ に対して，誤差を $e^{(j)} = U^{(j)} - \hat{U}$ とおくとき，

$$e^{(j)} = A^j e^{(0)}$$

と表せる．もし，初期値に誤差が含まれず，その後も正しく計算されたなら，$e^{(j)} = \mathbf{0}$ といえるが，普通はそううまくはいかない．ここで，反復が進んでも誤差が拡大されないような条件を考えよう．

A は n 次対称行列なので，実固有値 λ_i, $1 \leq i \leq n$ と対応する固有ベクトル v_i, $1 \leq i \leq n$ をもつ．ただし，$v_i^\top v_j = \delta_{ij}$ とする．$e^{(0)}$ をそれらの 1 次結合により表し，

$$e^{(0)} = \sum_{i=1}^n c_i v_i, \quad c_1, \ldots, c_n \text{ は実数}$$

とおけば，

$$e^{(j)} = A^j e^{(0)} = \sum_{i=1}^n c_i \lambda_i^j v_i,$$
$$\|e^{(j)}\|_2 = \sqrt{\sum_{i=1}^n c_i^2 \lambda_i^{2j}}.$$

ここで，$\|e^{(j)}\|_2$ が有界であるための必要十分条件は

$$|\lambda_i| \leq 1, \quad 1 \leq i \leq n$$

が成り立つことである．このとき，時間が経過しても，誤差は拡大伝播されない．よって，公式 (9.7.12) は**安定**であるという．

(9.7.13) の係数行列 A は三重対角行列なので，その固有値は補足 9.4.12 より，

$$\lambda_i = (1-2r) + 2\sqrt{r^2}\cos\frac{i\pi}{n+1}$$
$$= 1 - 4r\sin^2\frac{i\pi}{2(n+1)}, \quad 1 \leq i \leq n$$

と表される．よって，任意の n に対し，$|\lambda_i| \leq 1$ より，

$$0 < r \leq \frac{1}{2}$$

が得られる．この条件を満たすときに限り，陽公式 (9.7.13) は安定であるといえる．

陽公式は簡単で理解しやすいが，この条件はかなり厳しいものである．たとえば，x 方向の刻み幅を $h = 1/100$ とすると，この条件は $r = k/(1/100^2) \leq 1/2$ を満たさねばならないので，$k \leq 1/20000$ となる．時間間隔が非常に細かくなるので使いづらい．もし，$h = 1/10$, $k = 1/100$ とすると，$r = 1$ となり，条件は満たさないので時間経過とともに振動したり不安定になる．

放物型方程式に対する陰解法

上記のように，実際の計算では，刻み幅を細かくしすぎると計算量が増えてしまう．利用する側からすると，刻み幅の取り方を気にせずに精度の良い解法が欲しい．そこで，刻み幅に依存せず，安定的に計算する手順を述べておこう．

たとえば，$0 \leq \theta \leq 1$ に対し，

$$\frac{U_i^{j+1} - U_i^j}{k} = \frac{\theta(U_{i-1}^{j+1} - 2U_i^{j+1} + U_{i+1}^{j+1}) + (1-\theta)(U_{i-1}^j - 2U_i^j + U_{i+1}^j)}{h^2} \tag{9.7.14}$$

というように未知の点も同時に利用して，計算を進める方法を**陰 (implicit)** 公式という．

これを行列表示で書き直そう．n 次三重対角行列を $A = [-1, 2, -1]$ と表し，単位行列を I とすると，(9.7.14) は次のように表される．

$$U^{(j+1)} = (I + r\theta A)^{-1}\{I - r(1-\theta)A\}U^{(j)} := BU^{(j)}$$

ここで，B の固有値は

$$\mu_i = \frac{1 - 4r(1-\theta)\sin^2\frac{i\pi}{2(n+1)}}{1 + 4r\theta\sin^2\frac{i\pi}{2(n+1)}}, \quad 1 \leq i \leq n$$

であり，差分方程式 (9.7.14) が安定であるための必要十分条件は $|\mu_i| \leq 1$ である．よって，

$$2r(1-2\theta)\sin^2\frac{n\pi}{2(n+1)} \leq 1$$

が成り立てばよい．$n \to \infty$ とすれば，$2r(1-2\theta) \leq 1$ を得る．これより，

$$0 \leq \theta < \frac{1}{2} \quad \text{のとき} \quad r \leq \frac{1}{2-4\theta}$$
$$\frac{1}{2} \leq \theta \leq 1 \quad \text{のとき} \quad \text{無条件}$$

と分類される．特に，$\theta = 1/2$ のとき，クランク-ニコルソン (Crank-Nicolson) 公式とよばれ，無条件安定の公式としてよく知られている [6, 5].

補足 9.7.3. 1 次元放物型方程式 (9.7.11) は拡散方程式ともよばれる．(9.7.11) の $u(x, t)$ に対し，コールホップ（Cole-Hopf）変換 $v(x, t) = (\log u)_x = u_x/u$ をかけて得られるバーガーズ（Burgers）方程式

$$v_t = 2vv_x + v_{xx}$$

は，解 $v(x, t)$ が流体の衝撃波の境界面の振る舞いを表すモデルとして知られている．(9.7.11) を離散化した (9.7.12) において，$r = 1/2$ とおき，コールホップ変換などを介して得られた差分バーガーズ方程式に，さらに，x, t などの独立変数と従属変数 u も離散化する超離散化という手続きを施すと超離散バーガーズ方程式が得られる．この方程式は，初期値に制約を設けると，セルオートマトン（cellular automaton, CA）と関連があり，渋滞の研究に応用されている．詳細は [35] などを参照．

また，9.6.5 項のケルマック-マッケンドリックモデル (9.6.18) に，感染症の空間的な伝播を記述する拡散項を含めると，次の線形拡散モデルが与えられる．反応拡散方程式（reaction-diffusion system）とよばれるものの 1 つで，進行波解の伝播速度などに関する研究が [37] に紹介されている．拡散係数 d_1, d_2 は非負の定数である．

$$\begin{cases} \dfrac{\partial S}{\partial t} = d_1 \dfrac{\partial^2 S}{\partial x^2} - \beta SI, \\ \dfrac{\partial I}{\partial t} = d_2 \dfrac{\partial^2 I}{\partial x^2} + \beta SI - \gamma I. \end{cases}$$

9.7.4 1 次元双曲型方程式に対する差分法

1 次元波動方程式の解法を見てみよう．

$$\begin{cases} \dfrac{\partial^2 u}{\partial t^2} = c^2 \dfrac{\partial^2 u}{\partial x^2}, \quad 0 < x < 1, \quad t > 0 \\ u(x, 0) = f(x), \quad \dfrac{\partial u}{\partial t}(x, 0) = g(x), \quad 0 \leq x \leq 1 \\ u(0, t) = u(1, t) = 0, \quad t \geq 0 \end{cases} \tag{9.7.15}$$

放物型のときと同様に，$u(ih, jk)$ に対し，U_i^j として，$r^2 = k^2/h^2$ とおくと

$$\frac{U_i^{j+1} - 2U_i^j + U_i^{j-1}}{k^2} = c^2 \left(\frac{U_{i-1}^j - 2U_i^j + U_{i+1}^j}{h^2} \right)$$

より，

$$U_i^{j+1} = 2U_i^j - U_i^{j-1} + r^2(U_{i-1}^j - 2U_i^j + U_{i+1}^j) \tag{9.7.16}$$

となる．ここで，境界条件は (9.7.15) の最後の式から $U_0^j = U_{n+1}^j = 0,\ j = 0, 1, 2, \ldots$ と決まる．初期条件を決めれば，順に近似解を計算できる．

まず，初期条件の 1 つは次のようにおく．

$$U_i^0 = f(x_i), \quad i = 0, 1, \ldots, n+1$$

U_i^1 は，たとえば，テイラー展開を利用してみると

$$u(x, k) = u(x, 0) + k\frac{\partial u(x, 0)}{\partial t} + \frac{k^2}{2}\frac{\partial^2 u(x, 0)}{\partial t^2} + O(k^3). \tag{9.7.17}$$

(9.7.15) から，$\dfrac{\partial u(x, 0)}{\partial t} = g(x)$ であり，さらに $t = 0$ でも (9.7.15) の最初の方程式が成り立つとすると，

$$\frac{\partial^2 u(x, 0)}{\partial t^2} = c^2 \frac{\partial^2 u(x, 0)}{\partial x^2}$$

となる．この右辺に 2 階差分商を用いて，

$$\frac{\partial^2 u(x, 0)}{\partial x^2} \approx c^2 \left(\frac{u(x+h, 0) - 2u(x, 0) + u(x-h, 0)}{h^2} \right)$$

を得る．したがって，(9.7.17) は

$$U_i^1 = U_i^0 + kg(x_i) + \frac{r^2}{2}(U_{i+1}^0 - 2U_i^0 + U_{i-1}^0), \quad i = 1, 2, \ldots, n$$

という差分方程式で近似できる．

(9.7.16) が安定であるための条件は $r \leq 1$ である．

9.7.5 有限要素法

前節で紹介した差分法は，微分を差分で置き換えるという手法を用いて，近似式を作ることができる．ただし，複雑な形状の領域に対しては，等間隔格子は使えず，差分スキームの構築は難しい．この欠点を克服できる，有限要素法 (Finite Element Method, FEM) という，もう一つの代表的な数値解法が存在する．有限要素法は，1950 年代に構造力学で生まれ，以後急速に発展し，理工学・医学などさまざまな分野に広く応用されている．同時に，数学的な基盤理論がかなりの程度まで完成している．本項では，有限要素法に関する基本事項を，2 次元の楕円型境界値問題を用いて簡単に説明する．

はじめに，微分方程式の弱形式化 (weak formula-

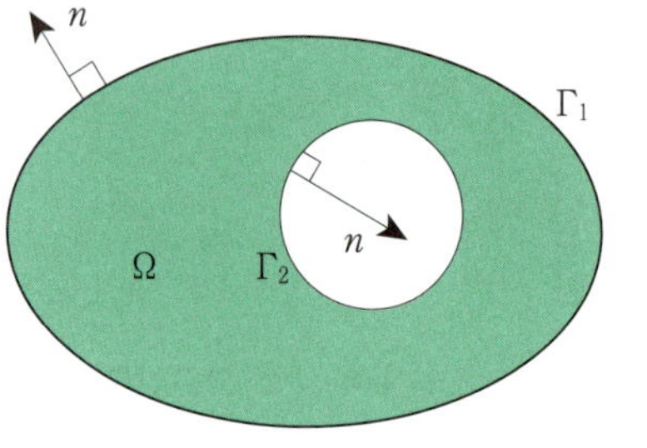

図 9.7.5　Ω, Γ_1 と Γ_2

tion) と変分原理 (variational principle) について述べよう．すでに 9.7.3 項で紹介した 2 次元のポアソン方程式を再度取り上げる．

$$-\Delta u(x) = f(x), \quad x \in \Omega, \tag{9.7.18a}$$

$$u(x) = g_1(x), \quad x \in \Gamma_1, \tag{9.7.18b}$$

$$\frac{\partial u}{\partial n} = g_2(x), \quad x \in \Gamma_2 \tag{9.7.18c}$$

ここで，$x := [x_1, x_2]^\top$, Ω は $\mathbb{R}^2$ 上の有界領域，$\Gamma = \partial\Omega$ はその境界とし，$\Gamma = \Gamma_1 \cup \Gamma_2$, $\overline{\Gamma_1} \cap \overline{\Gamma_2} = \emptyset$ と仮定する（図 9.7.5）．$\overline{\Gamma_i}$ は Γ_i $(i = 1, 2)$ の閉包を表す．また，f, g_1, g_2 は既知関数であり，$\dfrac{\partial u}{\partial n}$ は境界における u の外向き法線方向導関数を表す．すなわち，$\boldsymbol{n} = [n_1, n_2]^\top$ を単位外向き法線ベクトルとして，$\nabla u = [\dfrac{\partial u}{\partial x_1}, \dfrac{\partial u}{\partial x_2}]^\top$ と $\boldsymbol{n}$ の内積が $\dfrac{\partial u}{\partial n}$ である．具体的に書くと，

$$\frac{\partial u}{\partial n} = \nabla u \cdot \boldsymbol{n} = n_1 \frac{\partial u}{\partial x_1} + n_2 \frac{\partial u}{\partial x_2}$$

上の微分方程式では，境界の一部 Γ_1 でディリクレ境界条件 (Dirichlet boundary condition) (9.7.18b) を課し，残りの Γ_2 でノイマン境界条件 (Neumann boundary condition)(9.7.18c) を課す．このような問題は混合境界値 (mixed boundary condition) 問題とよばれる．特に，$\Gamma = \Gamma_1$ の場合を ディリクレ問題，$\Gamma = \Gamma_2$ の場合を ノイマン問題とよぶ．一般の領域 Ω と関数 f, g_1, g_2 に対して，解 u は必ずしも Ω 上で C^2 級になることを保証できない．Ω は十分滑らか，f は Ω 上で連続，g_1 は Γ_1 上で C^2 級，g_2 は Γ_2 上で C^1 級であることを仮定すれば，解 u は唯一つだけ存在し，Ω で C^2 級，通常の意味で (9.7.18) を満たす．

さて，問題 (9.7.18) に対して，弱形式を導入する．v は Ω の閉包 $\overline{\Omega}$ 上で C^1 級で次の条件を満たす任意の関数とする．

$$v(x) = 0, \quad x \in \Gamma_1 \tag{9.7.19}$$

v は試験関数 (test function) とよばれる．方程式 (9.7.18a) の両辺に v を掛け Ω で積分する．

$$-\int_\Omega (\Delta u) v \, dx = \int_\Omega f v \, dx \tag{9.7.20}$$

$dx = dx_1 dx_2$ は 2 次元の微小体積要素である．グリーンの公式 (Green's formula)*2

$$-\int_\Omega (\Delta u) v \, dx + \int_\Gamma \frac{\partial u}{\partial n} v \, d\gamma = \int_\Omega \sum_{i=1}^{2} \frac{\partial u}{\partial x_i} \frac{\partial v}{\partial x_i} \, dx \tag{9.7.21}$$

により（$\int_\Gamma d\gamma$ は Γ での線積分を表す），(9.7.20) は次のようになる．

$$\int_\Omega \sum_{i=1}^{2} \frac{\partial u}{\partial x_i} \frac{\partial v}{\partial x_i} \, dx - \int_\Gamma \frac{\partial u}{\partial n} v \, d\gamma = \int_\Omega f v \, dx$$

さらに，v の条件 (9.7.19) とノイマン境界条件 (9.7.18c) に注意して整理すると，

$$\int_\Omega \sum_{i=1}^{2} \frac{\partial u}{\partial x_i} \frac{\partial v}{\partial x_i} \, dx = \int_\Omega f v \, dx + \int_{\Gamma_2} g_2 v \, d\gamma \tag{9.7.22}$$

この方程式に現れる導関数の階数は 1 階である．すなわち，方程式 (9.7.18) では u に関する微分の階数が 2 階であったのに，u に必要な微分可能性が弱められている．(9.7.22) は (9.7.18) の弱形式 (weak form) とよばれ，微分方程式を弱形式によって定式化することを弱形式化とよぶ．

u は $\overline{\Omega}$ で C^2 級，しかも $u = g_1$（Γ_1 上）を満たすとして，弱形式 (9.7.22) と (9.7.18) の同値性を示す．(9.7.18) の解 u が弱形式 (9.7.22) を満たすことは，すでに確かめた．以下，u は弱形式問題の解として，弱形式から微分方程式 (9.7.18a) とノイマン境界条件 (9.7.18c) を導こう．弱形式 (9.7.22) に対して，グリーンの公式 (9.7.21) を適用する．

$$\begin{aligned} -\int_\Omega (\Delta u) v \, dx + \int_{\Gamma_2} \frac{\partial u}{\partial n} v \, d\gamma \\ = \int_\Omega f v \, dx + \int_{\Gamma_2} g_2 v \, d\gamma \end{aligned} \tag{9.7.23}$$

$v = 0$（Γ 上）を満たす任意の v に対して，

$$-\int_\Omega (\Delta u) v \, dx = \int_\Omega f v \, dx$$

となる．v の任意性により，Ω 上で微分方程式 $-\Delta u = f$ が成立するといえる*3．これを (9.7.23) に代入すると，

$$\int_{\Gamma_2} \frac{\partial u}{\partial n} v \, d\gamma = \int_{\Gamma_2} g_2 v \, d\gamma$$

Γ_2 上での v の任意性から，$\dfrac{\partial u}{\partial n} = g_2$（$\Gamma_2$ 上）を得る．したがって，弱形式 (9.7.22) を満たす u は問題

---

*2 グリーンの公式の詳細は [40] を参照．

*3 正確には変分学の基本補題 [41] を用いる．

(9.7.18) の解であることが示された.

ここで，次の記号を導入しておこう.

$$(f, v)_\Omega = \int_\Omega fv\,dx, \qquad (9.7.24a)$$

$$a(u, v) = \sum_{i=1}^{2}\left(\frac{\partial u}{\partial x_i}, \frac{\partial v}{\partial x_i}\right)_\Omega, \qquad (9.7.24b)$$

$$F(v) = (f, v)_\Omega + \int_{\Gamma_2} g_2 v\,d\gamma \qquad (9.7.24c)$$

この記号を用いて，弱形式 (9.7.22) は次のようになる.

$$a(u, v) = F(v) \qquad (9.7.25)$$

弱形式と微分方程式の同値性により，(9.7.18) の代わりに，次の問題を考えても同じである.

“(9.7.19) を満たす任意の v に対して，(9.7.25) を成立させ，さらに (9.7.18a) を満たす u を見出せ.”

以下，ディリクレ境界値問題およびノイマン境界値問題の弱形式化について，例を挙げながら説明する.

例 9.7.1. 次のディリクレ境界値問題を考えよう.

$$-\Delta u(x) = f(x), \qquad x \in \Omega, \qquad (9.7.26a)$$

$$u(x) = 0, \qquad x \in \Gamma \qquad (9.7.26b)$$

境界 Γ でディリクレ境界条件 (9.7.26b) を課すことにより，試験関数 v は Γ 上で 0 になるような C^1 級の関数とおく. (9.7.26a) の両辺に v を掛け積分し，グリーンの公式を利用して，次の式を得る.

$$\int_\Omega \sum_{i=1}^{2} \frac{\partial u}{\partial x_i}\frac{\partial v}{\partial x_i}\,dx = \int_\Omega fv\,dx$$

記号 (9.7.24) を用いて，上式を書きかえると，

$$a(u, v) = (f, v)_\Omega \qquad (9.7.27)$$

したがって，(9.7.26) の弱形式化は，任意の試験関数 v に対して (9.7.27) を成立させ，しかも $u = 0$ （Γ 上）になるような関数 u を見出すことである.

例 9.7.2. 次のノイマン境界値問題に対しても，弱形式を導いてみよう.

$$-\Delta u + u = f, \qquad x \in \Omega, \qquad (9.7.28a)$$

$$\frac{\partial u}{\partial n} = 0, \qquad x \in \Gamma \qquad (9.7.28b)$$

ノイマン境界条件 (9.7.28b) により，境界上に 0 の値を取ることを要請せず，試験関数 v を任意の C^1 級の関数とおけば良い. グリーンの公式を用いて，(9.7.28a) の両辺に v を掛け積分すると，

$$\int_\Omega \sum_{i=1}^{2} \frac{\partial u}{\partial x_i}\frac{\partial v}{\partial x_i}\,dx + \int_\Omega uv\,dx = \int_\Omega fv\,dx$$

さらに，$a(\cdot, \cdot)$ と $(\cdot, \cdot)_\Omega$ を用いて，弱形式は次のようになる.

$$a(u, v) + (u, v)_\Omega = (f, v)_\Omega \qquad (9.7.29)$$

任意の v に対して (9.7.29) を成立させる u を見出すことは，(9.7.28) の弱形式化である.

ここで，弱形式の話は終わりにして，変分原理という，もう一つの定式化手法を紹介しよう. $\overline{\Omega}$ 上で定義される関数 w に対して，次の量を定義する.

$$I[w] = \frac{1}{2}a(w, w) - F(w)$$

関数 w を 1 つ指定すれば，$I[w]$ の値は一意に定まる. $I[w]$ を**汎関数 (functional)** とよぶ. この汎関数の**最小問題 (minimum problem)** を考えよう.

$$I[u] = \min_w I[w] \qquad (9.7.30)$$

いいかえれば，“$I[w]$ が最小になるような w を見出し，それを解 u とする” ということである. ここで，w は Γ_1 上で $w = g_1$ を満たす任意の関数とする.

このような汎関数の最小問題は**変分問題 (variational problem)** とよばれる.

結論をいうと，弱形式 (9.7.25) によって定まる u は最小問題の解と一致する. まず，弱形式 (9.7.22) の解 u に対して，$I[u]$ は最小値となることを示そう. 任意の w に対して，$I[w] - I[u] \geq 0$ を確認すれば良い. $v = w - u$ とおくと，$v = 0$ （Γ_1 上）を満たし，

$$\begin{aligned} I[w] - I[u] &= I[u+v] - I[u] \\ &= \frac{1}{2}a(u+v, u+v) - F(u+v) - I[u] \\ &= \frac{1}{2}[a(u, u) + 2a(u, v) + a(v, v)] \\ &\qquad F(u) - F(v) - \frac{1}{2}a(u, u) + F(u) \\ &= \frac{1}{2}a(v, v) + a(u, v) - F(v) \end{aligned} \qquad (9.7.31)$$

u は弱形式 (9.7.25) の解なので，

$$I[w] - I[u] = \frac{1}{2}a(v, v) \geq 0$$

逆に，最小問題 (9.7.30) から弱形式を導こう. v は Γ_1 上で $v = 0$ を満たす任意の関数とする. $I[u]$ は最小値であるから，任意の実数 ε に対して，

$$I[u + \varepsilon v] - I[u] \geq 0$$

(9.7.31) と同様に書き下ろすと，

$$
\begin{aligned}
0 &\le I[u+\varepsilon v]-I[u] \\
&= \frac{1}{2}[a(u,u)+2\varepsilon a(u,v)+\varepsilon^2 a(v,v)] \\
&\quad -F(u)-\varepsilon F(v)-\frac{1}{2}a(u,u)+F(u) \\
&= \varepsilon[a(u,v)-F(v)]+\frac{1}{2}\varepsilon^2 a(v,v)
\end{aligned}
$$

ここで，ε が正数の場合，両辺を ε で割って $\varepsilon \to +0$ とすると，

$$a(u,v)-F(v)\ge 0$$

となる．ε が負の場合，$\varepsilon \to -0$ とすると，

$$a(u,v)-F(v)\le 0$$

以上により，u は弱形式 (9.7.25) を満たす．

したがって，もとの問題 (9.7.18) を解くことは，弱形式あるいは最小問題を解くことと等価である．この等価性により，差分法のように微分方程式を直接的に離散化するのではなく，弱形式あるいは最小問題に対して近似解法を提案することが，有限要素法の発想である．これから，二つの近似解法，**ガレルキン法 (Galerkin method)** と**リッツ法 (Ritz method)** について紹介する．

$\overline{\Omega}$ で定義された C^1 級の関数全体を W と表し，V は Γ_1 上で 0 になるような C^1 級の関数全体を表すとする．

$$W=C^1(\overline{\Omega}),\quad V=\{v\in C^1(\overline{\Omega}) \mid v=0\ \ (\Gamma_1\text{上})\}$$

ディリクレ境界条件 (9.7.18a) を考慮し，関数集合 X を定義する．

$$X=\{v\in C^1(\overline{\Omega}) \mid v=g_1\ \ (\Gamma_1\text{上})\}$$

弱形式 (9.7.25) あるいは最小問題 (9.7.30) の解 u は X の関数である．任意の関数 $\phi_0\in X$ を一つ定めると，$\phi_0=u=g_1$（Γ_1 上）であるから，$\hat{u}=u-\phi_0$ は V の関数になる．$u=\hat{u}+\phi_0$ を弱形式 (9.7.25) に代入して，

$$a(\hat{u}+\phi_0, v)=F(v) \tag{9.7.32}$$

上式の解 $\hat{u}\in V$ を求めれば，(9.7.25) の解 u を得る．

V は無限次元であり，一般的に，V の関数を決定するには無限個の変数が必要となる．つまり，問題 (9.7.32) の解 $\hat{u}$ を計算するためには，無限個の変数を用意しなければならない．しかしながら，コンピュータでは有限個の変数しか扱えないので，解を厳密に定めることは特別な場合を除いてできない．ただし，近似的に求めることは可能である．

すなわち，V で解 $\hat{u}$ を見出すことはせず，ある有限次元の関数空間で問題 (9.7.32) を近似してみよう．1 次独立な関数 $\{\phi_i\}_{i=1}^m\subset V$ ($m\in\mathbb{N}$) を用意し，$\{\phi_i\}_{i=1}^m$ の 1 次結合によって定まる関数空間 V_m を導入する．1 次独立とは，任意の ϕ_i が残りの元の 1 次結合として表すことができないということである．

$$V_m=\left\{\sum_{i=1}^m c_i\phi_i \mid c_i\in\mathbb{R},\ 1\le i\le m\right\}$$

とするとき，V_m は m 次元 ($m\in\mathbb{N}$) の関数空間であり，$\{\phi_i\}_{i=1}^m$ は V_m の**基底 (basis)** とよばれる．$\{\phi_i\}_{i=1}^m\subset V$ により，$V_m\subset V$ がわかる．任意の $v_m\in V_m$ に対して，ある実ベクトル $\boldsymbol{c}=[c_1,c_2,\ldots,c_m]^\top$ は一意に存在し，$v_m=\sum_{i=1}^m c_i\phi_i$ と表せる．いいかえれば，任意の $v_m\in V_m$ を m 個の変数 $\{c_i\}_{i=1}^m$ により一意に定めることができる．

V の代わりに，V_m で近似解を求めると，m 個の変数を指定すれば良いので，コンピュータに適用できる．これがガレルキン法のアイデアである．要するに，弱形式 (9.7.32) の代わりに，次のガレルキン近似問題を考える．

“任意の $v_m\in V_m$ に対して，

$$a(\hat{u}_m+\phi_0, v_m)=F(v_m) \tag{9.7.33}$$

を成立させる $\hat{u}_m\in V_m$ を見出せ．”

次に，基底 $\{\phi_i\}_{i=1}^m$ を用いて，(9.7.33) を書き直す．また，近似解 $\hat{u}_m$ は次の形を仮定する．

$$\hat{u}_m=\sum_{i=1}^m \alpha_i\phi_i,\quad 1\le i\le m$$

係数 $\{\alpha_i\}_{i=1}^m$ を指定すれば，$\hat{u}_m$ が定まる．任意の $v_m=\sum_{i=1}^m c_i\phi_i$ に対して，(9.7.33) は次のようになる．

$$a\Big(\sum_{j=1}^m \alpha_j\phi_j, \sum_{i=1}^m c_i\phi_i\Big)=F\Big(\sum_{i=1}^m c_i\phi_i\Big)-a\Big(\phi_0, \sum_{i=1}^m c_i\phi_i\Big) \tag{9.7.34}$$

特に，$v_m=\phi_i$ ($1\le i\le m$) を選ぶと，係数 $\{\alpha_i\}_{i=1}^m$ に関する連立 1 次方程式を得る．

$$\sum_{j=1}^m \alpha_j a(\phi_j,\phi_i)=F(\phi_i)-a(\phi_0,\phi_i)\quad (1\le i\le m) \tag{9.7.35}$$

方程式 (9.7.35) に c_i を掛け，i について和をとると，(9.7.34) に戻る．

行列 $A\in\mathbb{R}^{m\times m}$ とベクトル $\boldsymbol{u}, \boldsymbol{f}\in\mathbb{R}^m$ を次のように定義する．$1\le i, j\le m$ として，

$$
\begin{aligned}
&A=[a_{ij}],\quad a_{ij}=a(\phi_j,\phi_i),\\
&\boldsymbol{u}=[\alpha_1,\alpha_2,\ldots,\alpha_m]^\top,\\
&\boldsymbol{f}=[f_1,f_2,\ldots,f_m]^\top,\quad f_i=F(\phi_i)-a(\phi_0,\phi_i)
\end{aligned}
$$

この記号を用いて，(9.7.35) は次のように書ける．

$$A\boldsymbol{u} = \boldsymbol{f} \tag{9.7.37}$$

A が正則であれば，上の連立 1 次方程式の解 $\boldsymbol{u}$ は一意に存在し，

$$\boldsymbol{u} = A^{-1}\boldsymbol{f}$$

以上の考察により，ガレルキン法は連立 1 次方程式を解くことに帰着される．

さて，(9.7.33) の解 $\hat{u}_m \in V_m$ は本当に解 $\hat{u} \in V$ に近似できるだろうか？ この疑問に答えるため，まず関数空間 V と V_m について次の条件を課す．任意の $v \in V$ に対して，ある関数列 $v_m \in V_m$ $(m = 1, 2, \ldots)$ が存在し，$m \to \infty$ のとき，v_m が v に収束する*4．次に，(9.7.24b) で定義された $a(\cdot, \cdot)$ に対して，**強圧性 (coercivity)** という概念を導入する．強圧性とは，任意の $v \in V$ に対して，$a(v, v) \geq 0$ であり，しかも $a(v, v) = 0$ となるのは $v = 0$ に限られることをいう．$a(\cdot, \cdot)$ が強圧性を持つことは既知である*5．ここで，1 次元の例に対して $a(\cdot, \cdot)$ が強圧的であることを示す．

例 9.7.3. 1 次元の領域 $\Omega = (0, 1)$ とその境界 $\Gamma_1 = \{0\}$, $\Gamma_2 = \{1\}$ を考えよう．そうすると，V と $a(u, v)$ は次のようになる（dx は 1 次元の微小体積要素）．

$$V = \{v \in C^1([0, 1]) \mid v(0) = 0\},$$

$$a(u, v) = \int_0^1 \frac{\partial v}{\partial x}\frac{\partial u}{\partial x}\,dx$$

任意の $v \in V$ に対して，明らかに $a(v, v) = \int_0^1 \left|\frac{\partial v}{\partial x}\right|^2 dx \geq 0$ が成り立つ．さらに，$a(v, v) = 0$ のとき，$\frac{\partial v}{\partial x} = 0$ を満たし，v は定数関数である．$v(0) = 0$ であるから，$v = 0$ が判明する．したがって，$a(\cdot, \cdot)$ は V で強圧性をもつ．

これから，$a(\cdot, \cdot)$ の強圧性を用いて，$\hat{u}_m$ が $\hat{u}$ に収束することを示す．$V_m \subset V$ と (9.7.32) により，任意の $v_m \in V_m$ に対して，

$$a(\hat{u} + \phi_0, v_m) = F(v_m)$$

となり，上式から (9.7.33) を引くと，次式を得る．

$$a(\hat{u} - \hat{u}_m, v_m) = 0 \tag{9.7.38}$$

(9.7.38) を**ガレルキンの直交性 (Galerkin orthogonality)** とよぶ．v_m の任意性と $\hat{u}_m \in V_m$ により，

$$a(\hat{u} - \hat{u}_m, v_m - \hat{u}_m) = 0$$

さらに書き直すと，

$$a(\hat{u} - \hat{u}_m, \hat{u} - \hat{u}_m) = a(\hat{u} - \hat{u}_m, \hat{u} - v_m)$$

V と V_m の仮定によって，$\hat{u}$ に収束するような $v_m \in V_m$ をとり，$m \to \infty$ のとき，上式の右辺は 0 に収束する*6．したがって，$a(\hat{u} - \hat{u}_m, \hat{u} - \hat{u}_m) \to 0$ となり，また，強圧性により，$\hat{u} - \hat{u}_m \to 0$ を得る．結果として，$\hat{u}_m$ は $\hat{u}$ に収束し，$\hat{u}_m$ は $\hat{u}$ の近似解であることが確認された．

次に，最小問題の視点から，リッツ法という近似手法を紹介する．ϕ_0, $\hat{u}$ と関数空間 V, X を用いると，最小問題 (9.7.30) は次の問題に書きかえられる．

“汎関数 $I[v + \phi_0]$ が最小になるような $v \in V$ を見出し，それを解 $\hat{u}$ とする．”

リッツ法とは，$I[v + \phi_0]$ が最小になる v を有限次元の関数空間 V_m で探し，それを $\hat{u}$ の近似解とするということである．具体的に書くと，

$$I[\hat{u}_m + \phi_0] = \min_{v_m \in V_m} I[v_m + \phi_0]$$

ガレルキン法と同様に，$v_m = \sum_{i=1}^m c_i\phi_i$ と表すと，

$$I[v_m + \phi_0] = \frac{1}{2}a\left(\phi_0 + \sum_{j=1}^m c_j\phi_j,\, \phi_0 + \sum_{i=1}^m c_i\phi_i\right) - F\left(\phi_0 + \sum_{i=1}^m c_i\phi_i\right)$$

さらに式を変形すると，

$$I[v_m + \phi_0] = \frac{1}{2}a(\phi_0, \phi_0) + \sum_{i=1}^m c_i a(\phi_0, \phi_i) + \frac{1}{2}\sum_{i=1}^m c_i \sum_{j=1}^m c_j a(\phi_j, \phi_i) - F(\phi_0) - \sum_{i=1}^m c_i F(\phi_i)$$

となる．$I[v_m + \phi_0]$ は変数 $\{c_i\}_{i=1}^m$ の（2 次）関数であり，最小値をとる関数は $\hat{u} = \sum_{i=1}^m \alpha_i\phi_i$ とする．$I[v_m + \phi_0]$ が最小になる必要条件として，各 c_i $(1 \leq i \leq m)$ に関する偏微分 $\frac{\partial I[w_h]}{\partial c_i}$ が $c_i = \alpha_i$ $(1 \leq i \leq m)$ で 0 になることを用いると，(9.7.35) を得る．結論として，リッツ法とガレルキン法は本質的に一致する．

さて，実際の計算について，どんな基底関数 $\{\phi_i\}_{i=1}^m$ を選ぶのか，という疑問が浮かぶだろう．これから，ガレルキン法に対して，具体的な基底関数 $\{\phi_i\}_{i=1}^m$ を導入し，連立 1 次方程式 (9.7.37) の組み立てについて述べたい．有限要素法の基底関数は使われる**有限要素 (finite element)** によって定まる．今回，最も基本的な有限要素，**P1 要素 (P1 element)** を紹介

---

*4 関数の収束に関する詳しい理論は [42] を参照．

*5 $a(\cdot, \cdot)$ の強圧性については [42, 39] を参照．

*6 ここで，$\hat{u}$ と $\hat{u}_m$ のノルム評価と関数の収束理論を利用する．詳細は [42] を参照．

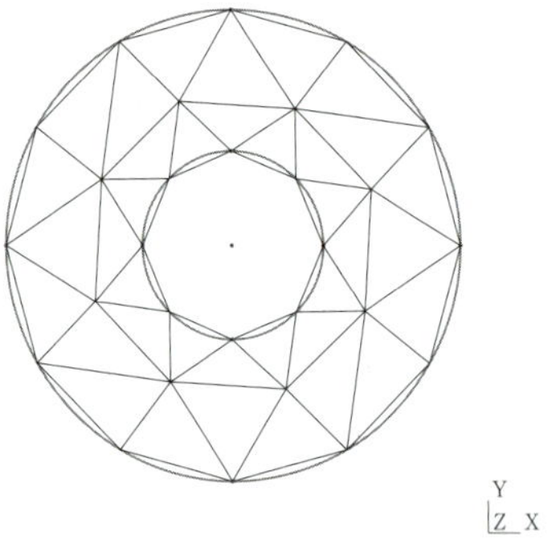

図 9.7.6　領域 Ω と粗いメッシュ分割の例：(9.7.45a) によって定義された円環領域 Ω，その近似多角形領域 Ω_h とメッシュ $\mathcal{T}_h$

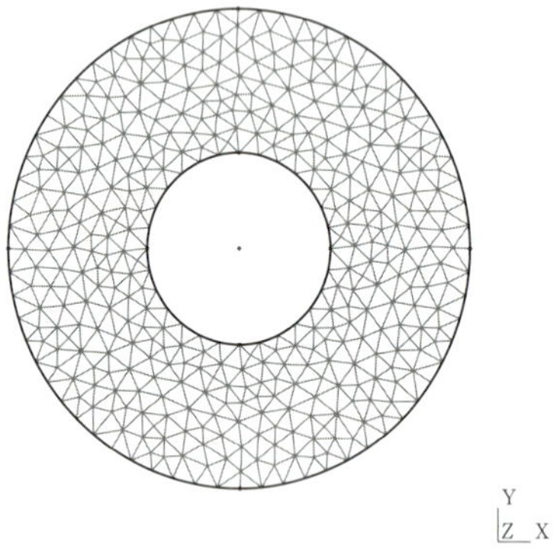

図 9.7.7　細かいメッシュの例：上記の円環領域は細かいメッシュによって分割する

する．

まず，すべての頂点が境界 $\partial\Omega$ 上にある多角形 Ω_h を見つけ出し，滑らかな領域 Ω を近似する（図 9.7.6）．$\partial\Omega = \Gamma_1 \cup \Gamma_1$, $\overline{\Gamma_1} \cap \overline{\Gamma_2} = \emptyset$ により，Ω_h は次の条件を満たすようにとれる：$\partial\Omega_h = \Gamma_{h1} \cup \Gamma_{h2}$，$\overline{\Gamma_{h1}} \cap \overline{\Gamma_{h2}} = \emptyset$，$\Gamma_{h1} \approx \Gamma_1$，$\Gamma_{h2} \approx \Gamma_2$．Ω が多角形の場合，$\Omega_h = \Omega$，$\Gamma_{h1} = \Gamma_1$，$\Gamma_{h2} = \Gamma_2$．

さらに，Ω_h を三角形**メッシュ (mesh)** $\mathcal{T}_h$ によって分割する（図 9.7.6（粗いメッシュ）と図 9.7.7（細かいメッシュ）を参照）．ただし，$\mathcal{T}_h$ は次の 2 つの条件を満たすものに限定する．

- すべての三角形 $T \in \mathcal{T}_h$ を合わせると $\overline{\Omega}_h$ になる．
- 任意の 2 つの三角形 $T_1, T_2 \in \mathcal{T}_h$ に対して，$T_1 \cap T_2$ は $\emptyset$，2 つの三角形の共有の 1 辺，共有の 1 頂点のいずれかに限る．

$\mathcal{T}_h$ を Ω_h の**三角形分割 (triangulation)**，各三角形を**要素 (element)**，三角形の頂点を**節点 (node)** とよび，**メッシュサイズ (mesh size)** h を次のように定義する．

$$h = \max_{T \in \mathcal{T}_h} h_T$$

ここで，h_T は T の外接円の直径を表す．h は分割の細かさを表すパラメータであり，一般に，メッシュを細かく分割すると，精度が良い近似解を得られる*7．

$\mathcal{T}_h$ 上の P1 要素の関数空間 W_h を定義する．

$$W_h = \{v_h \in C(\overline{\Omega_h}) \mid v_h|_T \in P_1(T),\ T \in \mathcal{T}_h\}$$

ここで，$v_h|_T$ は関数 v_h を三角形 T に限定するものであり，$P_1(T)$ は T 上の 1 次多項式の全体を表す．要するに，W_h は $\overline{\Omega_h}$ 上で定義された連続区分 1 次関数の集合である．$\Gamma_{h1} \approx \Gamma_1$ なので，ディリクレ境界条件 $u = g_1$ (Γ_1 上) は次のように近似する．

$$u_h = g_{h1} \quad (\Gamma_{h1}\ 上) \tag{9.7.39}$$

ここで，g_{h1} は Γ_{h1} で定義された，Γ_{h1} 上の各頂点で g_1 と同じ値をとる連続区分 1 次関数である．このような g_{h1} を g_1 の Γ_{h1} 上での 1 次補間関数とよぶ．

ディリクレ境界条件 (9.7.39) を考慮して，関数空間 V_h と X_h を次のように定義する．

$$V_h = \{v_h \in W_h \mid v_h = 0 \ \ (\Gamma_{h1}\ 上)\}$$
$$X_h = \{v_h \in W_h \mid v_h = g_{h1} \ \ (\Gamma_{h1}\ 上)\}$$

V_h は上に定義された V_m に相当するものであり，ガレルキン法により，V_h で弱形式 (9.7.32) の近似解を見出すことになる．V_h の基底関数を導入するために，メッシュ $\mathcal{T}_h$ の節点の集合を考えよう．$\mathcal{T}_h$ は M 個の節点をもち，Γ_{h1} 上の節点の数は m_1 である．$m = M - m_1$ とおく．$\mathcal{P}_{\Gamma_1} := \{p_{m+1}, p_{m+2}, \ldots, p_M\}$ は Γ_{h1} 上の節点の集合を表し，残りの節点は $\mathring{\mathcal{P}} = \{p_1, p_2, \ldots, p_m\}$ と記す．$\mathcal{P} := \mathcal{P}_{\Gamma_1} \cup \mathring{\mathcal{P}}$ はすべての節点の集合である．任意の節点 $p_i \in \mathcal{P}$ に対して，p_i での値が 1，他の節点での値は 0 となるような連続区分 1 次関数を ϕ_i とする（図 9.7.8）．つまり，

$$\phi_i(p_i) = 1, \quad \phi_i(p_j) = 0, \quad 1 \leq j \leq M,\ j \neq i \tag{9.7.40}$$

このような $\{\phi_i\}_{i=1}^M$ は W_h の基底関数であり，任意の $w_h \in W_h$ に対して，

$$w_h = \sum_{i=1}^{M} w_h(p_i)\phi_i \tag{9.7.41}$$

要するに，各節点での値 $\{w_h(p_i)\}_{i=1}^M$ を指定すれば，w_h は一意的に定まる．また，$\phi_i = 0$ (Γ_{h1} 上) ($i =$

*7　近似解の誤差とメッシュサイズの関係はとても重要な課題であり，さまざまな結果が示されている．詳細は [42, 43] を参照．

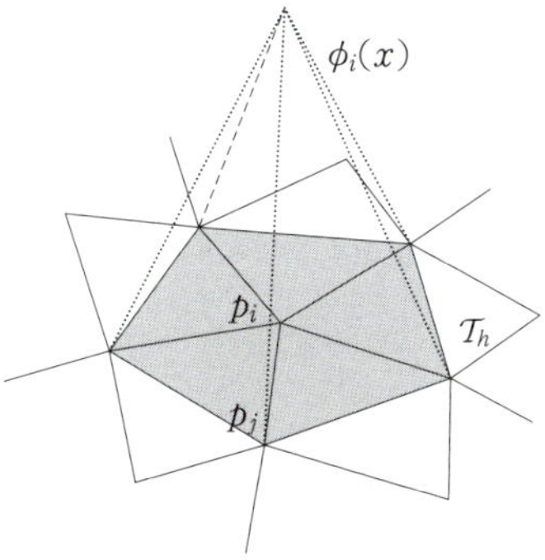

図 9.7.8 P1 要素の基底関数 $\phi_i(x)$

$1, 2, \ldots, m)$ に注意し，$\{\phi_i\}_{i=1}^m$ は V_h の基底関数であることがわかる．そして，近似解 u_h を次の形

$$u_h = \sum_{i=1}^{m} u_i\phi_i + \sum_{i=m+1}^{M} g_{h1}(p_i)\phi_i \tag{9.7.42}$$

と仮定すると，$u_h = g_{h1}$（Γ_{h1} 上）を満たす．ここで，係数 $\{u_i\}_{i=1}^m \in \mathbb{R}^m$ は未知数であり，$\sum_{i=1}^m u_i\phi_i$ は $\hat{u}_m$，$\sum_{i=m+1}^M g_{h1}(p_i)\phi_i$ は ϕ_0 に相当する．

$\Omega_h \approx \Omega$, $\Gamma_{h1} \approx \Gamma_1$，$\Gamma_{h2} \approx \Gamma_2$ であるから，定義された記号 $(\cdot, \cdot)_\Omega$, $a(\cdot, \cdot)$, $F(\cdot)$ は使えず，f を $\Omega_h \cup \Omega$ に拡張し，g_{2h} は g_2 の Γ_{h2} 上での 1 次補間関数として，新たな記号を定義する：

$$(f, v_h)_{\Omega_h} = \int_{\Omega_h} f v_h \, dx,$$
$$a_h(u_h, v_h) = \sum_{i=1}^{2} \left(\frac{\partial u_h}{\partial x_i}, \frac{\partial v_h}{\partial x_i} \right)_{\Omega_h},$$
$$F_h(v) = (f, v_h)_{\Omega_h} + \int_{\Gamma_{h2}} g_{h2} v_h \, d\gamma$$

任意の $v_h \in V_h$ に対して，次の式を成立させる関数 $u_h \in X_h$ を近似解とする．

$$a_h(u_h, v_h) = F_h(v_h) \tag{9.7.43}$$

$i = 1, 2, \ldots, m$ に対して，$v_h = \phi_i$ とし，(9.7.42) を用いると，(9.7.43) は $\{u_i\}_{i=1}^m$ の連立 1 次方程式に書き直すことができる．

$$\sum_{j=1}^{m} u_j a_h(\phi_j, \phi_i) = F_h(\phi_i) - \sum_{j=m+1}^{M} g_{h1}(p_j) a_h(\phi_j, \phi_i) \tag{9.7.44}$$

A, $\boldsymbol{u}$, $\boldsymbol{f}$ を下の式によって再定義する：

$$A = [a_{ij}], \quad a_{ij} = a_h(\phi_j, \phi_i), \ (1 \le i, j \le m)$$
$$\boldsymbol{u} = [u_1, u_2, \ldots, u_m]^\top$$
$$\boldsymbol{f} = [f_1, f_2, \ldots, f_m]^\top$$

ここで，$f_i = F_h(\phi_i) - \sum_{j=m+1}^M g_{h1}(p_j) a_h(\phi_j, \phi_i)$．したがって，(9.7.44) は次の連立 1 次方程式になる．

$$A\boldsymbol{u} = \boldsymbol{f}$$

ϕ_i の定義 (9.7.40) により，メッシュの情報が分かれば，$\{\phi_i\}_{i=1}^m$ が定まる．そして，$a_h(\phi_j, \phi_i)$ と $F_h(\phi_i)$ を数値積分により計算できる．さらに，連立 1 次方程式の数値解法（9.3 節を参照）を利用して，$\boldsymbol{u}$ を求める．

プログラムを組む際，行列 A を得るために $a_h(\phi_j, \phi_i)$ を計算するのは効率的なやり方ではない．一般には，各三角形要素 T に対して，要素マトリクスを計算し，直接剛性法により A を組み立てる．詳細は [39, 40] を参照．

近年，Freefem++，FEniCS など有限要素法のソフトウェアおよびパッケージがかなり発展し，さまざまな問題や要素に対応できる．一般の問題に対して，Freefem++/FEniCS を使うと，直接剛性法を自分でプログラムを組むことは必要なくなり，連立 1 次方程式の実装と数値解法をわずか数行のプログラムにより実現できる．有限要素法について詳しい理論を知らなくても，弱形式を導くことができれば，この技術を簡単に身につけられる*8．ただし，研究者や現場の応用問題を計算する技術者にとって，直接剛性法はとても重要である．原理を知らずに，ソフトウェアを使って現実的な問題を計算するのは危険であり，バックグラウンドでどんなアルゴリズムを用いているのか確認しないと，計算結果は信頼できない．

本節の最後に，混合境界値問題 (9.7.18) に対して，具体的な領域と関数 f, g_1, g_2 を与えて，Freefem++ により有限要素法を実装してみよう．Freefem++ は無料のソフトウェアであり*9，メッシュ分割，ガレルキン法の実装，連立 1 次方程式の数値解法と計算結果の可視化を簡単に実現できる．今回，例 9.7.4 のプログラムに少しだけ解説を入れておく，より詳しい説明は [44, 45] を参照．

例 9.7.4. 領域 Ω と境界 Γ_1，Γ_2 を次のように設定する（図 9.7.6）．

$$\Omega = \{(x_1, x_2) \mid 0.4^2 < x_1^2 + x_2^2 < 1\}, \tag{9.7.45a}$$
$$\Gamma_1 = \{(x_1, x_2) \mid x_1^2 + x_2^2 = 1\}, \tag{9.7.45b}$$
$$\Gamma_2 = \{(x_1, x_2) \mid x_1^2 + x_2^2 = 0.4^2\} \tag{9.7.45c}$$

次の f, g_1, g_2 を与える．

$$f(x) = 4(x_1 + x_2) \quad (\Omega \text{ 上}),$$
$$g_1 = 0 \quad (\Gamma_1 \text{ 上}), \quad g_2 = 0 \quad (\Gamma_2 \text{ 上}).$$

さて，有限要素法により，混合境界値問題 (9.7.18) の

*8 Freefem++/FEniCS の使用方法は [44, 46, 47, 45] を参照．

*9 http://www.freefem.org を参照．

近似解を計算するための準備をしよう.

まず, 弱形式を導く. 斉次のディリクレ境界条件により, 解 u と試験関数 v は V の関数である. さらに, $g_2=0$ と (9.7.22) により, (9.7.18) の弱形式化は, 任意の $v\in V$ に対して,

$$a(u,v)=(f,v)_\Omega$$

を成立させる $u\in V$ を見出すことである.

次に, ガレルキン法により弱形式を近似する. 上に述べたように, Ω を多角形領域 Ω_h によって近似し, Ω_h を三角形メッシュによって分割する (図 9.7.6 (粗いメッシュ) と図 9.7.7 (細かいメッシュ) を参照). そして, P1 要素を用いて, 有限要素空間 V_h で次のガレルキン近似問題を考える. "任意の $v_h\in V_h$ に対して,

$$a_h(u_h,v_h)=(f,v_h)_{\Omega_h}$$

を成立させる $u_h\in V_h$ を見出す." ここで, 境界条件は斉次であるから, 補間関数を利用して, g_1 と g_2 を近似する必要はない. u_h は (9.7.18) の近似解である.

以下にこの問題を Freefem++ で解くプログラム (ソースコード 9.1) を示す*[10].

*10 Freefem++ の使用方法は [45] を参照.

ソースコード 9.1　プログラム

```
1. //境界 Γ1 と Γ2 を宣言する
2. border G1(t=0,2*pi){x=0.4*sin(t);
3.          y=0.4*cos(t);} //Γ1
4. border G2(t=0,2*pi){x=cos(t); y=sin(t);} //Γ2
5.
6. //境界 Γ1 と Γ2 に囲まれた領域を三角形メッシュによって
     分割する.
7. //Γ1 上に 20 個の節点と Γ2 上に 50 個の節点を配置して,
     内部はそれに合わせてメッシュを生成する
     (図 9.7.7 を参照).
8. mesh Th = buildmesh(G1(20)+G2(50));
9.
10. //関数 f = 4(x1 + x2) を宣言する
11. func f = 4*(x+y);
12.
13. //P1 要素空間 Vh を宣言する
14. fespace Vh(Th, P1);
15.
16. //u は近似解 uh(u), v は試験関数 vh
17. Vh u,v;
18. //ガレルキン問題
     (9.7.45) を組み立て, 近似解を求める.
19. //int2d(Th)(...): ∫_Ω(...)dx;
20. //dx(u): ∂u/∂x1; dy(u): ∂u/∂x2;
21. //on(G1, u = 0): uh = 0 (Γ1 上)
22. solve poisson(u,v) = int2d(Th)(dx(u)*dx(v)
         + dy(u)*dy(v)) - int2d(Th)(f*v)
         + on(G1, u=0);
```

上記のプログラムにより, メッシュ T_h と近似解 u_h を出力して, Gnuplot*[11]によって可視化する (図 9.7.9 を参照).

ソースコード 9.1 の 7–8 行目を次のコードに変更すると, 細かいメッシュ (図 9.7.7) の代わりに粗いメッシュ (図 9.7.6) を使用することになる.

ソースコード 9.2　粗いメッシュ

```
1. //Γ1 上に 10 個の節点と Γ2 上に 25 個の節点を配置して,
     内部はそれに合わせてメッシュを生成する.
2. mesh Th = buildmesh(G1(10)+G2(25));
```

粗いメッシュの場合の可視化結果を図 9.7.10 に示す.

Gunplot を使わず, Freefem++ も可視化できる. 上記のプログラムに次のコードを追加すれば良い.

*11 http://www.gnuplot.info を参照.

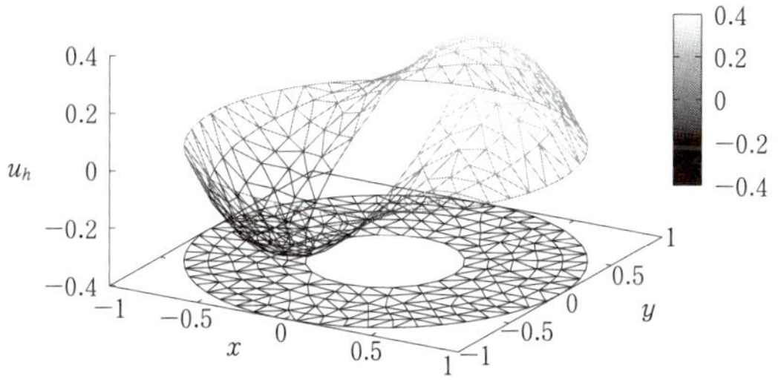

図 9.7.9 下の円環領域 Ω_h は黒い線の三角形メッシュ $\mathcal{T}_h$ によって細かく分割される．上の近似解 u_h は連続区分 1 次（各三角形要素で 1 次多項式）関数である

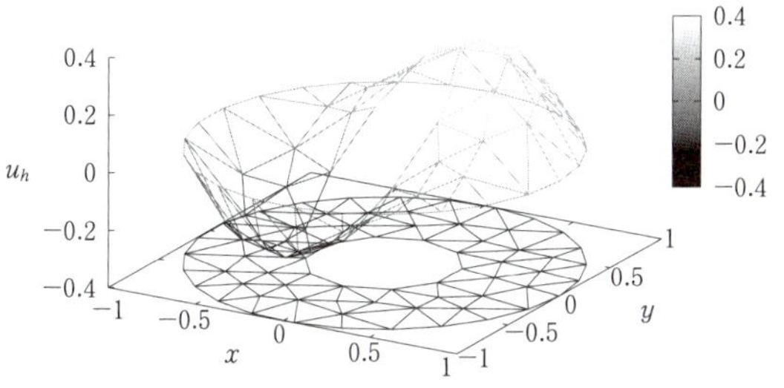

図 9.7.10 粗いメッシュを使用した場合のメッシュ $\mathcal{T}_h$ と近似解 u_h

ソースコード 9.3 可視化コード

```
//メッシュ Th と uh を可視化する.
plot(Th, u);
```

ここで，Freefem++ の可視化結果は省略する．読者自身がプログラムを実行し，調べてもらいたい．

本節では有限要素法について紹介した．まず，偏微分方程式を弱形式あるいは変分原理によって定式化する．次に，ガレルキン法とリッツ法によって弱形式と変分問題を近似する．最後に，P1 要素を導入し，Freefem++ を用いた計算例を挙げた．有限要素法に関しては，近似解の安定性や収束性などさまざまな理論が発展している．ここで，すべてを述べるのは難しいので，興味がある方は[42, 43]を参考にしてもらうとよい．

参考文献

[1] Golub, G. H., Van Loan C. F.: *Matrix Computations, 4th ed.*, The Johns Hopkins University Press, Baltimore, 2013.

[2] 大石進一：精度保証付き数値計算，コロナ社 (1999).

[3] 伊理正夫：数値計算，朝倉書店 (1981).

[4] 齊藤宣一：数値解析，共立出版 (2017).

[5] 山本哲朗：数値解析入門（増訂版），サイエンス社 (2003).

[6] 洲之内治男 著，石渡恵美子 改訂：数値計算（新訂版），サイエンス社 (2002).

[7] 陳小君，山本哲朗：英語で学ぶ数値解析，コロナ社 (2002).

[8] Skeel, R. D., Keiper, J. B. 著，玄光男，辻陽一，尾内俊夫 共訳：Mathematica による数値計算，共立出版 (1995).

[9] 皆本晃弥：C 言語による数値計算入門，サイエンス社 (2005).

[10] 篠原能材：数値解析の基礎，日新出版 (1987).

[11] 鈴木誠道，矢部博，飯田善久，中山隆，田中正次：現代数値計算法，オーム社 (1994).

[12] 矢部博：工学基礎 最適化とその応用，数理工学社 (2006).

[13] 名取亮：数値解析とその応用，コロナ社 (1990).

[14] Varga, R. S.: *Matrix Iterative Analysis, 2nd ed.*, Springer, 2000.

[15] 森正武：数値解析 第 2 版，共立出版 (2002).

[16] 杉原正顯，室田一雄：線形計算の数理，岩波書店 (2009).

[17] Saad, Y.: *Iterative Methods for Sparse Linear Systems, 2nd ed.*, SIAM, Philadelphia, 2003.

[18] 藤野清次，張紹良：反復法の数理，朝倉書店 (1996).

[19] Kelley, C. T.: *Iterative Methods for Linear and Nonlinear Equations*, SIAM, Philadelphia, 1995.

[20] 藤野清次，阿部邦美，杉原正顯，中嶋徳正 著，一般社団法人日本計算工学会 編：線形方程式の反復解法，丸善出版 (2013).

[21] 名取亮：線形計算，朝倉書店 (1993).

[22] 櫻井鉄也：MATLAB/Scilab で理解する数値計算，東京大学出版会 (2003).

[23] Matrix Market: `http://math.nist.gov/MatrixMarket/`

[24] Davis, T.: The University of Florida Sparse Matrix Collection, `http://www.cise.ufl.edu/research/sparse/matrices/`

[25] Demmel, J. W.: *Applied Numerical Linear Algebra*, SIAM, Philadelphia, 1997.

[26] Mueller, J. L., Siltanen, S.: *Linear and Nonlinear Inverse Problems with Practical Applications*, SIAM, 2012.

[27] van der Vorst, H. A.: *Iterative Krylov Methods for Large Linear Systems*, Cambridge University Press, 2003.
[28] Björck, Å.: *Numerical Methods for Least Squares Problems*, SIAM, 1996.
[29] 三井斌友，小藤俊幸，斉藤善弘：微分方程式による計算科学入門，共立出版 (2004).
[30] Murray, J. D. 著，三村昌泰 監修・訳，瀬野裕美，河内一樹，中口悦史 監修：マレー数理生物学入門，丸善出版 (2014).
[31] ハイラー，E.，ネルセット，S. P.，ヴァンナー，G. 著，三井斌友 監訳：常微分方程式の数値解法 I 基礎編，シュプリンガー・ジャパン (2007).
[32] Linda J. S. Allen 著，竹内康博，守田智，佐藤一憲，宮崎倫子 監訳：生物数学入門，共立出版 (2011).
[33] Mickens, R.E.: Discretizations of nonlinear differential equations using explicit nonstandard methods, J. Comput. Appl. Math. 110 (1999), 181-185.
[34] 齊藤宣一：数値解析入門，東京大学出版会 (2012).
[35] 広田良吾，高橋大輔：差分と超離散，共立出版 (2003).
[36] 中村佳正：可積分系の機能数理，共立出版 (2006).
[37] 稲葉寿 編著：感染症の数理モデル，培風館 (2008).
[38] 登坂宣好，大西和榮：偏微分方程式の数値シミュレーション［第 2 版］，東京大学出版会 (2003).
[39] 菊地文雄，齊藤宣一：数値解析の原理，岩波書店 (2016).
[40] 菊地文雄：有限要素法概説［新訂版］，サイエンス社 (1999).
[41] Courant, R., Hilbert, D.: *Methoden der Mathematischen Physik, 4th ed.*, Springer, 1993.
[42] Brenner, S. C., Scott, L. R.: *The Mathematical Theory of Finite Element Method, 3rd ed.*, Springer, 2008.
[43] Ciarlet, P. G.: *Basic Error Estimates for Elliptic Problems, Handbook of Numerical Analysis, Vol. II*, Elsevier, 1991.
[44] Hecht, F., Pironneau, O., Le Hyaric, F., Ohtsuka, K.: FreeFem++, `http://www.freefem.org/`
[45] 大塚厚二，高石武史：有限要素法で学ぶ現象と数理，共立出版 (2015).
[46] Hecht, F.: New development in FreeFem++, J. Numer. Math. 20 (2012), 251-265.
[47] Logg, A., Mardal, K.-A., Wells, G. N. editors: *Automated Solution of Differential Equations by the Finite Element Method*, Springer, 2012.
[48] 高橋大輔：数値計算，岩波書店 (1996).

アンドレ=ルイ・コレスキー

André-Louis Cholesky (1875-1918). フランスの数学者・軍人．砲兵隊に入隊後，陸地測量部の地理部門に配属され，測地学に応用する目的で，最小二乗法における正規方程式を解くための計算法を考え出した．正定値対称行列に対するコレスキー分解は非常に有名であり，連立 1 次方程式を解く際に広く利用されている．

索　引

た

な

は

ま

や

ら・わ

執筆者一覧

小池直之（こいけ なおゆき）[第 6 章（6.2 節，6.3 節，6.4 節）]

1991 年 東京理科大学大学院理学研究科数学専攻博士課程修了，理学博士．東京理科大学理学部第一部数学科講師，准教授を経て，2014 年より東京理科大学理学部第一部数学科教授．

山川大亮（やまかわ だいすけ）[第 6 章（6.1 節）]

2008 年 京都大学大学院数学・数理解析専攻博士課程修了，博士（理学）．神戸大学大学院理学研究科助教，東京工業大学理学院助教を経て，2017 年より東京理科大学理学部第一部数学科講師．

金子 宏（かねこ ひろし）[第 7 章（主に 7.4 節，7.5 節，7.6 節）]

1988 年 大阪大学大学院理学研究科数学専攻博士後期課程修了，理学博士．大阪府立大学工学部助手，東京工業大学理学部助手，東京理科大学理学部第一部講師，同助教授，同准教授を経て，2014 年より東京理科大学理学部第一部数学科教授．

黒沢 健（くろさわ たけし）[第 7 章（主に 7.1 節，7.2 節，7.3 節）]

2009 年 慶應義塾大学大学院理工学研究科基礎理工学専攻後期博士課程修了，博士（理学）．東京理科大学理学部第一部数理情報科学科講師，同学科准教授を経て，2017 年より東京理科大学理学部第一部応用数学科准教授．

宮岡悦良（みやおか えつお）[第 8 章（8.4，8.5 節）]

1987 年 カリフォルニア大学バークレー校で Ph.D. 取得．東京理科大学理学部第二部数学科助手，講師，助教授を経て，現在，理学部第二部数学科教授．

瀬尾 隆（せお たかし）[第 8 章（8.1，8.2，8.3 節）]

1994 年 広島大学大学院理学研究科数学専攻博士課程修了，博士（理学）．東京理科大学理工学部情報科学科助手，理学部第一部応用数学科講師，理学部第一部数理情報科学科講師，助教授，准教授，教授を経て，2017 年より理学部第一部応用数学科教授．

石渡恵美子（いしわた　えみこ）［第 9 章（9.2.7 項，9.3.6 項，9.7.5 項を除く）］

1996 年　早稲田大学大学院理工学研究科数学専攻博士後期課程単位取得退学，博士（理学）．早稲田大学理工学部助手，東邦大学理学部講師，東京理科大学理学部第一部数理情報科学科講師，助教授，准教授，教授を経て，2017 年より理学部第一部応用数学科教授．

相原研輔（あいはら　けんすけ）［第 9 章（9.2 節（9.2.7 項を除く），9.3 節）］

2014 年　東京理科大学大学院理学研究科数理情報科学専攻博士後期課程修了，博士（理学）．東京理科大学理学部第一部数理情報科学科助教を経て，2017 年より東京都市大学知識工学部情報科学科教育講師．

関川　浩（せきがわ　ひろし）［第 9 章（9.2.7 項）］

1989 年　東京大学大学院理学系研究科修士課程修了，博士（数理科学）．日本電信電話株式会社，西日本電信電話株式会社，日本電信電話株式会社，東海大学理学部数学科准教授，東京理科大学理学部第一部数理情報科学科教授を経て，2017 年より同応用数学科教授．

周　冠宇（しゅう　かんう）［第 9 章（9.7.5 項）］

2009 年　中国南開大学（天津）理学部卒業．2010 年–2015 年　東京大学数理科学研究科修士・博士課程修了，博士（数理科学）．2015 年　東京大学数理科学研究科特任研究員．2017 年より東京理科大学理学部第一部応用数学科助教．

理工系の基礎　数学Ⅱ

平成 30 年 1 月 30 日　発　行

編　者　数学 編集委員会

著作者　小池　直之・山川　大亮・金子　　宏
黒沢　　健・宮岡　悦良・瀬尾　　隆
石渡恵美子・相原　研輔・関川　　浩
周　　冠宇

発行者　池　田　和　博

発行所　丸善出版株式会社
〒101-0051 東京都千代田区神田神保町二丁目 17 番
編集：電話 (03)3512-3266／FAX (03)3512-3272
営業：電話 (03)3512-3256／FAX (03)3512-3270
http://pub.maruzen.co.jp/

© 東京理科大学，2018

組版印刷・大日本法令印刷株式会社／製本・株式会社 松岳社

ISBN 978-4-621-30250-7　C 3341　Printed in Japan

JCOPY 〈(社)出版者著作権管理機構 委託出版物〉
本書の無断複写は著作権法上での例外を除き禁じられています．複写される場合は，そのつど事前に，(社)出版者著作権管理機構(電話 03-3513-6969，FAX 03-3513-6979，e-mail：info@jcopy.or.jp)の許諾を得てください．